# 經濟部國營事業

## (台糖、台電、中油、台水、漢翔)新進職員甄試

完整考試資訊

http://goo.gl/VLVflr

一、報名方式：一律採「網路報名」。

二、學歷資格：教育部認可之國內外公私立專科以上學校畢業。

三、應試資訊

(一)甄試類別：各類別考試科目及錄取名額：

| 類別 | 專業科目A (30%) | 專業科目B (50%) |
|---|---|---|
| 企管 | 1. 企業概論<br>2. 法學緒論 | 1. 管理學<br>2. 經濟學 |
| 人資 | 1. 企業概論<br>2. 法學緒論 | 1. 人力資源管理<br>2. 勞動法令 |
| 財會 | 1. 政府採購法規<br>2. 會計審計法規（含預算法、會計法、決算法與審計法） | 1. 中級會計學<br>2. 財務管理 |
| 大眾傳播 | 1. 新媒介科技<br>2. 傳播理論 | 1. 新聞報導與寫作<br>2. 公共關係與危機處理 |
| 資訊 | 1. 計算機原理<br>2. 網路概論 | 1. 資訊管理<br>2. 程式設計 |
| 統計資訊 | 1. 統計學<br>2. 巨量資料概論 | 1. 資料庫及資料探勘<br>2. 程式設計 |
| 法務 | 1. 商事法<br>2. 行政法 | 1. 民法<br>2. 民事訴訟法 |
| 智財法務 | 1. 智慧財產法<br>2. 行政法 | 1. 專利法<br>2. 商標法 |

| 類別 | 專業科目A (30%) | 專業科目B (50%) |
|---|---|---|
| 政風 | 1. 民法<br>2. 行政程序法 | 1. 刑法<br>2. 刑事訴訟法 |
| 地政 | 1. 政府採購法規<br>2. 民法 | 1. 土地法規與土地登記<br>2. 土地利用 |
| 土地開發 | 1. 政府採購法規<br>2. 環境規劃與都市設計 | 1. 土地使用計畫及管制<br>2. 土地開發及利用 |
| 土木 | 1. 應用力學<br>2. 材料力學 | 1. 大地工程學<br>2. 結構設計 |
| 建築 | 1. 建築結構、構造與施工<br>2. 建築環境控制 | 1. 營建法規與實務<br>2. 建築計劃與設計 |
| 水利 | 1. 流體力學<br>2. 水文學 | 1. 渠道水力學<br>2. 土壤力學與基礎工程 |
| 機械 | 1. 應用力學<br>2. 材料力學 | 1. 熱力學與熱機學<br>2. 流體力學與流體機械 |
| 電機(甲) | 1. 電路學<br>2. 電子學 | 1. 電力系統<br>2. 電機機械 |
| 電機(乙) | 1. 計算機概論<br>2. 電子學 | 1. 電路學<br>2. 電磁學 |
| 儀電 | 1. 電路學<br>2. 電子學 | 1. 計算機概論<br>2. 自動控制 |
| 環工 | 1. 環化及環微<br>2. 廢棄物清理工程 | 1. 環境管理與空污防制<br>2. 水處理技術 |
| 畜牧獸醫 | 1. 家畜各論(猪學)<br>2. 猪病學 | 1. 家畜解剖生理學<br>2. 免疫學 |
| 農業 | 1. 植物生理學<br>2. 作物學 | 1. 農場經營管理學<br>2. 土壤學 |

| 類別 | 專業科目A (30%) | 專業科目B (50%) |
|---|---|---|
| 化學 | 1. 普通化學<br>2. 無機化學 | 1. 定性定量分析<br>2. 儀器分析 |
| 化工製程 | 1. 化工熱力學<br>2. 化學反應工程學 | 1. 單元操作<br>2. 輸送現象 |
| 地質 | 1. 普通地質學<br>2. 地球物理概論 | 1. 構造地質學<br>2. 沉積學 |
| 石油開採 | 1. 岩石力學<br>2. 岩石與礦物學 | 1. 石油工程<br>2. 油層工程 |

(二)初(筆)試科目：

1.共同科目：國文、英文，各占初(筆)試成績10%，合計20%。

2.專業科目：除法務類均採非測驗式試題外，其餘各類別之專業科目A採測驗式試題(單選題，答錯倒扣該題分數3分之1)，專業科目B採非測驗式試題。

3.初(筆)試成績占總成績80%，共同科目占初(筆)試成績20%，專業科目占初(筆)試成績80%。

(三)複試(含查驗證件、人格特質評量、現場測試 、口試)。

四、待遇：人員到職後起薪及晉薪依各所分發之機構規定辦理，目前各機構起薪爲新台幣3萬5仟元至3萬8仟元間。本甄試進用人員如有兼任車輛駕駛及初級保養者，屬業務上、職務上之所需，不另支給兼任司機加給。

※詳細資訊請以正式簡章爲準！

# 目　次

## 第 7 章　對稱故障分析



## 第 8 章　非對稱故障分析



## 第 9 章　電力經濟調度



## 第 10 章　電力系統的暫態穩定



## 第 11 章　電力系統的實虛功控制

## 第 12 章　電力系統保護



## 第 13 章　配電系統與避雷器介紹



# 第二部分　歷年試題與解析

# 本書特色

本書乃是針對有志於國家考試及公營事業機構甄試之學子所編寫，其較適用之對象與主要的訴求目的有下：

一、針對理工科系學生，對電機技術類考科有一定瞭解程度者。

二、希望以最短的複習時間取得最佳的考試成績者，所以本書的設定以電力系統各章節為經，以「**考試重點＋牛刀小試＋歷年試題**」為緯，如此矩陣式串連各重點複習。

三、讓讀者可以在考試前快速掌握重點、瞭解考試方向以及抓住解題要訣為主，並有各類題目可供練習。

本書共分為二大部分，概分如下：

## 第一部分　重點統整與高分題庫

一、採焦點方式編排（焦點 1、焦點 2……），亦即將重點內容依照主題分類。

二、焦點內容會先給讀者分析重點如下

(一)各焦點內容在考試中所佔比重，解題之切入點。

(二)考試重點的精華濃縮。

(三)必須牢記的公式。

(四)牛刀小試，解題心得說明。

三、將考試例題以各焦點分類編排，原則上以(一)由易至難、(二)相關性，來加以編排。

四、將相關性較高的題目放在一起，並做綜合性討論題型，俾使讀者能夠釐清觀念與破題技巧。

**第二部分　歷年試題與解析**

收錄 110 ～ 112 年歷年試題，並加以詳解。解析會先闡明「解題要領」，即在正式進入解題前，說明本題解題要領或是關鍵的概念及公式等。

此外，因受限於書本頁數，為了不會造成遺珠之憾，本書將「**全書重點及公式彙整**」**收錄於隨書電子書**，特別以「**填空重點提示**」要旨，**將本書各章重點與必背公式收錄整理，使學生能在最短的時間內將最重點精華快速複習**，以收事半功倍之效，此對時間有限的應試人，將會有莫大之助益。

**廖翔霖** 老師
*2024.07*

# 試題分析

| | 110 經濟部 | | 111 經濟部 | | 111 關務三等 | 112 中鋼師級 | 112 桃園機場 | | 112 經濟部 | | 112 台酒 | 112 關務三等 |
|---|---|---|---|---|---|---|---|---|---|---|---|---|
| | 電機一 | 電機二 | 電機一 | 電機二 | | | A | B | 電機一 | 電機二 | | |
| CH1 電路基礎觀念 | – | – | – | – | – | 37% | 57% | 48% | – | – | – | – |
| CH2 對稱成分法 | – | – | – | – | – | – | – | – | – | – | 10% | – |
| CH3 變壓器 | – | 33% | – | – | 20% | 13% | 31% | 30% | – | – | 10% | – |
| CH4 輸電線參數 | 50% | – | – | – | – | – | – | – | – | – | 10% | – |
| CH5 穩態運轉下之輸電線路 | – | 33% | 50% | 33% | 20% | – | 4% | – | 66% | 33% | 38% | 50% |
| CH6 電力潮流分析 | 50% | – | – | – | 20% | 13% | – | – | – | – | 5% | – |
| CH7 對稱故障分析 | – | – | – | – | 20% | 37% | – | – | – | 33% | – | 25% |
| CH8 非對稱故障分析 | – | – | – | 33% | – | – | – | – | – | 33% | – | – |
| CH9 電力經濟調度 | – | – | 50% | – | 20% | – | 4% | 9% | 33% | – | 5% | – |

(8) 試題分析

| | 110 經濟部 | | 111 經濟部 | | 111 關務三等 | 112 中鋼師級 | 112 桃園機場 | | 112 經濟部 | | 112 台酒 | 112 關務三等 |
|---|---|---|---|---|---|---|---|---|---|---|---|---|
| | 電機一 | 電機二 | 電機一 | 電機二 | | | A | B | 電機一 | 電機二 | | |
| CH10 電力系統的暫態穩定 | – | – | – | – | – | – | – | – | – | – | 14% | – |
| CH11 電力系統的實虛功控制 | – | – | – | – | – | – | – | – | – | – | – | – |
| CH12 電力系統保護 | – | 33% | – | 33% | – | – | – | 4% | – | – | 4% | 25% |
| CH13 配電系統與避雷器介紹 | – | – | – | – | – | – | 4% | 9% | – | – | 4% | – |

經濟部招考的電力系統考科，大致上都會有輸電線路、故障章節之考題，偶爾配上經濟調度、保護電驛或變壓器相關之考題。雖然大部份出題均不難，但是皆屬於須熟練相關章節才能完美作答之題型。電力系統屬於專業考科，佔比也算高，如若能熟讀電力系統，在考試中拿取高分，則高分錄取之機會亦會大幅增加。

桃園機場之考題屬於選擇題類型，大部份都是基本概念或生活題類型，甚至熟讀基本電工概要也能拿取一定之分數。因此此科目平均分數會較高，在準備考科方面，如若時間不足，前面之基本概念章節需要熟讀，至少可拿到基本分數。如若時間充足，應著重於理解各章節之主要重點概念，考試中如有出現計算，也不會是太過困難之計算，因此各章節相關之基本計算應有一定程度之了解。其他考試如台酒、中鋼之類型，考題也是以選擇題為主，非選擇題為輔，準備之方向與

關務特考之考題平均其他考試較為困難，且各章節出現機率差不多，屬於須將整本書都念熟之類型。建議如想考取，應將整本電力系統念熟，除了概念以外，各章節之計算也需理解。畢竟問答題題數少佔比高，如果多熟一個章節，多拿取一整題的分數，那就硬是比別人高了 20% 左右的分數，相對錄取機會也會高很多。其他考試如台酒、中鋼之類型，考題是以選擇題為主，非選擇題為輔，準備之方向與關務特考相似，每章節之概念、基本計算應有理解，但題型不會太難。

# 第一部分　重點統整與高分題庫

# 第1章　電路基礎觀念

## 1-1　電學、磁學基本觀念建立

### 焦點1　電學基本觀念

考試比重 ★★☆☆☆

高中及大一物理復習及其他類組相關考科，多出現於「選擇題」。

1. **庫倫靜電力定律**：兩點電荷各帶電Q、q庫倫的電量，相距r公尺，則點電荷連線有相互作用的靜電力，若兩者電性相同為「斥力」，若兩者電性相異則為「吸引力」。

   (1) 公式：$F_e=\frac{kQq}{r^2}=\frac{1}{4\pi\varepsilon_0}(\frac{Qq}{r^2})$，單位：$F_e:Nt,Q,q:Coul$ ....................(式1-1.)

   $\varepsilon_0$為「真空中的電容率」($\varepsilon_0=8.85\times10^{-12}coul^2/Nt\cdot m^2$)。

   (2) $\varepsilon_o=\frac{1}{4\pi k}$，$k=9\times10^9Nt\cdot m^2/coul^2$，$k$稱為「庫倫力常數」。

   (3) 庫倫定律只有在靜電時才成立，若為「時變電場」則需用「高斯定律」解決相關問題。

2. **電場強度($E$)**：

   (1) 將單位正電荷q置於電場中某一點，其所受的電力$F_e$，即稱為該點的電場強度$E$，當為「點電荷」時，公式為：$E=\frac{F_e}{q}=\frac{\frac{Qq}{4\pi\varepsilon_0r^2}}{q}=\frac{Q}{4\pi\varepsilon_0r^2}$ ..(式1-2.)

   單位為「牛頓/庫倫($N/coul$)」，也等於「伏特/米($V/m$)」，電場強度$E$是一向量，其方向即為正電荷所受靜電力$F_e$的方向。

(2) 多點電荷所建立之電場，其強度等於各電場強度的向量疊加，即

$$\vec{E} = \vec{E_1} + \vec{E_2} + .......$$

(3) 連續分布電荷所建立的電場，則須以「積分求電場強度」，即

$$dE == \frac{Q}{4\pi\varepsilon_0}\frac{dq}{r^2} \Rightarrow E = \int dE = (\int dE_x)\vec{i} + (\int dE_y)\vec{j} + (\int dE_z)\vec{k}$$

3. **電通量與「高斯定律」：**

(1) 電荷所發出通過某一曲面的電力線總數，稱為電通量 $\phi_E$ ；當此一曲面為極小面積時，則視其為一平面，通過之電場視為一均勻電場；若為一極大的曲面面積時，則需以「積分」求之。

(2) 高斯定律：通過某一封閉曲面(高斯面)的電通量，正比於此面內電荷之代數和，即 $\phi_E = \frac{Q}{\varepsilon_0} \Rightarrow E = \oint \vec{E} dA = \phi_E = \frac{Q}{\varepsilon_0}$ ....................................................(式 1-3.)

4. **電位能**：將各點電荷自相隔∞處(零位能)靠近的過程中，外力(克服靜電力)所做的功，以「電位能」的型式儲存在系統中；可分成以下數種情況：

(1) 兩點電荷之間的電位能：

$$\begin{Bmatrix} a.\text{引力}: U = -\frac{kQq}{r} \\ b.\text{斥力}: U = \frac{kQq}{r} \end{Bmatrix}, where U(\infty) = 0$$ ....................................................(式 1-4.)

(2) 均勻電場中的電位能：$U = qE \cdot d = qV$ ...............................................(式 1-5.)

(3) 電位能的單位為：焦耳( $Joule$ )或電子伏特( $eV$ )，如同其他位能，其值為「純量」(Scale，即不具有方向性)。

5. **電位(Electric poyential)**：將一單位正電荷自無窮遠( ∞ )處移到電場中的某一點時，對此電荷所做的功，即稱為該點的電位，其單位為「焦耳/庫倫( $Joule/Coul$ )」也等於「伏特( $V$ )」；電位為「純量」，故只有正負之分，即正電荷所建立的電位為正，負電荷所建立的電位為負。

(1) 電位差(Electric poyential differences)：電力對一單位正電荷，從 B 移到 A 所做的功，即 $\Delta V = V_A - V_B = \frac{W_{AB}}{q} = -\int_B^A \vec{E} \cdot d\vec{l}$ ..........................................(式 1-6.)

(2) 「電場做功」即是「電位之減少」⇒ 可導出「電場強度」即是「電位梯度」的負值( $\vec{E} = -gradV = -\nabla V$ )...............................................................(式 1-7.)

註

$$Oprater\nabla = \hat{i}\frac{\partial}{\partial x} + \hat{j}\frac{\partial}{\partial y} + \hat{k}\frac{\partial}{\partial z}$$

$$\Rightarrow \therefore \vec{E} = \hat{i}E_x + \hat{j}E_y + \hat{k}E_z = \hat{i}\frac{\partial}{\partial x}V + \hat{j}\frac{\partial}{\partial y}V + \hat{k}\frac{\partial}{\partial z}V$$

牛刀小試 ..........................................................................................

(　) ◎ 電荷 Q=–20 庫侖，由 A 點移動到 B 點須做功 100 焦耳，則 $V_{AB}$=？

(A)–5V　(B)+5V　(C)–0.2V　(D)+0.2V。(103 台糖)

詳解 ..........................................................................................

◎**(B)**。(1) 注意本題電荷為負電荷。

(2) 把 Q 由∞處移到 A 點，設需做功 $W_A = QV_A$；把 Q 由∞處移到 B 點，設需做功 $W_B = QV_B$。

(3) $100 = W_B - W_A$

$V_{AB} = V_A - V_B \Rightarrow 100 = -20(V_B - V_A) \Rightarrow V_{BA} = -5V \Rightarrow V_{AB} = +5V$

綜合以上分析，故答案為(B)。

6. **電容**：一導體如帶有電荷值為 Q 時，其電位值為 V，則 Q、V 的比值稱為「電容」，數學式為 $\frac{Q}{V} = C$ ............(式 1-8.)，即是使導體升高一單位電位所需增加的電荷量，導體的「電容」值亦為一「純量」(scale)。

(1) 電容單位：「庫倫/伏特」=「法拉」($Coul/Volt = Farad$)。

(2) 電容的計算步驟：

A. 首先在電量 Q 的情況下，求得電場 E。

B. 再由 E 求得電容器兩極間電位差$V = \int \vec{E} \cdot d\vec{l}$ 。

C. 由$\frac{Q}{V} = C$求得電容值。

(3) 平行金屬板的電容：$C = \frac{Q}{V} = \frac{A}{4\pi kd} = \varepsilon \frac{A}{d}$ …………(式 1-9.)，其中$A$為「平行金屬板的截面積」，$d$為「平行金屬板的間距」，$\varepsilon$為平行板間物質的電容率；兩平行金屬板的電位：$V = Ed = \frac{4\pi kQ}{A} d$ 。

(4) 電容的端電壓、端電流特性：如下圖 1-1 所示，$i_c(t)$為端電流，而$V_c(t)$為端電壓，其關係式為$i_c(t) = C\frac{d}{dt}V_c(t)$ ，有如下重點：

A. 跨電容器之端電壓為連續函數，故可微分。

B. 可解出$V_c(t) = V_c(t_o) + \frac{1}{C}\int_{t_o}^{t} i_c(t)dt$

C. $P_c(t) = i_c(t)V_c(t) = C\frac{dV_c}{dt}V_c(t)$

D. $W_c(t) = \int_{t_o}^{t} P_c(t)dt = \int_{t_o}^{t} C\frac{dV_c}{dt}V_c(t)dt = \frac{C^2}{2}[V_c(t_o)^2 - V_c(t)^2]$ ……………(式 1-10.)

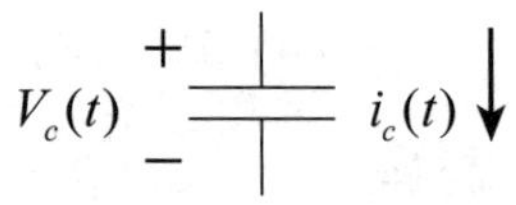

$V_c(t)$ + − $i_c(t)$ ↓

圖 1-1

7. **電容的串聯與併聯與電容器能量：**

(1)「電容」的定義：兩導體間的「電位差」$V$與所充電荷$Q$成正比，其比例常數$\frac{Q}{C}$，稱為兩導體間的電容$C$，單位為「$Farad(F) = \frac{Coul}{Volt}$」。

(2) 電容串聯：因為$Q$相等，又$V_{eq} = V_1 + V_2, V = \frac{Q}{C}$，所以

$\frac{1}{C_{eq}} = \frac{1}{C_1} + \frac{1}{C_2}$ ……………………………………………………(式 1-11.)

(3) 並聯：因為$V$相等，又$Q_{eq} = Q_1 + Q_2, Q = CV$ ，所以$C_{eq} = C_1 + C_2$ ..(式 1-12.)

(4) 外力克服靜電力將 $dq$ 之電荷，從已充電 $q$ 之負電板移到正電板之過程中，所做的功，將造成電位能增加 $dU_e = Vdq = \frac{q}{C}dq$，故自 $q=0$ 充到 $q=Q$ 所儲存的總電位能為 $U_e = \int dU_e = \int_{q=0}^{q=Q} \frac{q}{C}dq = \frac{1}{2}\frac{Q^2}{C} = \frac{1}{2}QV = \frac{1}{2}CV^2$ ...........(式 1-13.)

牛刀小試…………………………………………

( ) 1. 如圖所示之電路，請問 $C_2$ 兩端的電壓為多少？ (A)10V (B)20V (C)30V (D)60V。（103 台北自來水）

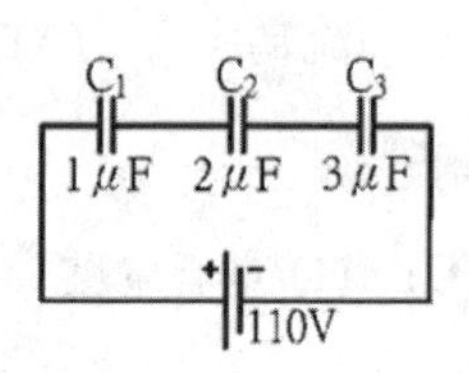


( ) 2. 空氣中有一帶電荷，距離電荷 3 公尺處測得其電場強度為 $10^4$ 牛頓/庫侖，求此電荷之帶電量？ (A)0.3μC (B)1μC (C)3μC (D)10μC。（103 台糖）

( ) 3. 兩個（電容量／耐壓）分別為 30μF/20V 及 60μF/10V 的電容器串聯，其總電容量及耐壓為多少？ (A)20μF，30V (B)45μF，10V (C)90μF，30V (D)30μF，20V。（103 台糖）

( ) 4. 有關自由電子的敘述，下列何者正確？ (A)自由電子又可稱為價電子 (B)自由電子是原子最外層的電子因受到光、熱、輻射影響而脫離軌道的電子 (C)自由電子是原子最外層軌道上的電子 (D)每個自由電子的帶電量為 $6.25\times10^{-19}$ 庫倫。（103 中油）

( ) 5. 下列敘述何者正確？ (A)單位時間內流過某導體截面積的電荷量稱為電流 (B)自由電子流動的方向是由電源的正端流至負端 (C)1 度電相當於 1 仟瓦之電功率 (D)1 度電是電功率的單位。（103 中油）

( ) 6. 半導體元件之原子結構中，最外層軌道有幾個電子？ (A)1 (B)2 (C)4 (D)8。

( ) 7. 市售行動電源規格 20000 mAh，充滿電後可儲存多少電量？ (A)20 庫侖 (B)3600 庫侖 (C)20000 庫侖 (D)72000 庫侖。(103 台糖)

( ) 8. 有一台 1HP/AC110V 抽水機效率 80%，接 AC110V 電源，請問使用電流為何？ (A)3.2A (B)5.4A (C)6.8A (D)8.5A。(103 台糖)

**詳解**

1. **(C)**。(1) 串聯電壓：$V = V_{C1} + V_{C2} + V_{C3} = \dfrac{Q}{C_{eq}}$

(2) $V_{C2} = \dfrac{Q}{C_2}$

(3) $C_{eq} = \dfrac{1}{\dfrac{1}{C_1}+\dfrac{1}{C_2}+\dfrac{1}{C_3}} = \dfrac{1}{\dfrac{1}{C_1}+\dfrac{1}{C_2}+\dfrac{1}{C_3}} = \dfrac{1}{\dfrac{1}{1}+\dfrac{1}{2}+\dfrac{1}{3}} = \dfrac{6}{11}(\mu F)$

$\Rightarrow 110 = \dfrac{Q}{C_{eq}} \Rightarrow Q = 60 \Rightarrow V_2 = \dfrac{Q}{C_2} = \dfrac{60}{2} = 30(V)$

故答案選(C)。

2. **(D)**。 $F_e = \dfrac{kQq}{r^2} = qE \Rightarrow E = \dfrac{1}{4\pi\varepsilon_0}(\dfrac{Q}{r^2})$ ，又 $(\varepsilon_0 = 8.85\times10^{-12} coul^2 / Nt\cdot m^2)$

$\Rightarrow E = \dfrac{1}{4\pi\varepsilon_0}(\dfrac{Q}{r^2}) \Rightarrow Q = \dfrac{4\pi\times8.85\times10^{-12}\times3^2}{10^4} = 10^{-5} = 10\times10^{-6} = 10\mu$ 。

3. **(A)**。電容器串聯：因為 $Q$ 相等，又 $V_{eq} = V_1 + V_2, V = \dfrac{Q}{C}$，所以 $\dfrac{1}{C_{eq}} = \dfrac{1}{C_1} + \dfrac{1}{C_2}$ 。

$\dfrac{1}{C_{eq}} = \dfrac{1}{C_1} + \dfrac{1}{C_2} \Rightarrow C_{eq} = \dfrac{30\times60}{30+60} = 20(\mu F)$ ，

$V_{eq} = V_1 + V_2 = 20 + 10 = 30(V)$ ；故答案選(A)。

4. **(B)**。自由電子的定義：即是原子中最外層的電子因為「光」、「熱」、等因素而脫離軌道可以自由傳導的電子；而(A)：自由電子與「價電子」並不相同。(B)：正確。(C)：原子軌道最外層的電子可能為價電子，如鈍氣族的元素(He,Ne,...)即是。(D)：一個自由電子的帶電量= $9.11\times10^{-27}coul$

5. **(A)**。(B)：自由電子流動即為「電子流」，與電源的正端流往負端的「電流」，方向剛好相反。(C)、(D)：一度電是一千瓦小時，非單純之「電功率」單位。

6. **(C)**。半導體元件之材料，最常見的是「矽(Si)」，因為 Si 在元素週期表中屬於 IV 族元素，其原子最外層軌道有 4 個電子。

7. **(D)**。電流 $\Rightarrow i=\frac{q}{t}\Rightarrow i=\frac{dq}{dt}$ ；其單位為「庫倫/秒」=「安培」，所以 $20000mA=20A=20\frac{coul}{\sec}$ ； $1hr=3600\sec\Rightarrow 20\times3600=72000(coul)$ 。

8. **(D)**。電能輸入功率 $IV$ ，但效率 $\eta=80\%$ ，
而真正輸出 $1hp=746W=110I\times80\%\Rightarrow I=8.48(A)$

8. 電流(current)：導體任一截面於單位時間所流過的電量，稱為該導體的「電流強度」，簡稱為「電流」$\Rightarrow i=\frac{q}{t}\Rightarrow i=\frac{dq}{dt}$

其單位為「庫倫/秒」=「安培」( $Coul/\sec=Amp$ )。

**電流密度(current density)**：單位面積的電流，即 $j=\frac{i}{A}=nqv_d$ .............(式 1-14.)

其中 $v_d$ 為電子漂移速度(draft velocity)， $n$ 為單位體積的載子(carrier)數， $q$ 為載子的電荷。

9. **歐姆定律與電阻定律：**

(1) 歐姆定律：當溫度一定時，載流導線上的電流大小 $I$ 與該導線兩端電位差 $V$ 成正比，而與導線電阻 $R$ 成反比，此關係稱為「歐姆定律」

$\Rightarrow R=\dfrac{V}{I}$ ........................(式 1-15.)

(2) 電阻定律：在均勻的導線上，當溫度一定時，電阻 $R$ 與導線長度 $l$ 則成正比，而與橫截面面積 $A$ 成反比，此關係稱為「電阻定律」

$\Rightarrow R=\rho\dfrac{l}{A}=\rho_0(1+\alpha t)\dfrac{l}{A}$ ........................(式 1-16.)

其中 $\rho$ 為比例常數，$\rho_0$ 為 $t=0°C$ 時的電阻率，$\alpha$ 為溫度係數。

(3) 微觀的歐姆定律：$E=\rho j$ 或 $j=\sigma E$ ........................(式 1-17.)

其中 $E$ 電場強度，$\rho;(\rho=\dfrac{1}{\sigma})$ 為電阻係數，$j$ 為電流密度，$\sigma$ 為電導係數。

10. **電路中的能量：**

(1) 電功率：單位時間所輸出的電能，即 $Power(P)=iV_{ab}$

(2) 焦耳定律：在「電阻」中，「發熱率」即為「電功率」，即

$P=iV_{ab}=i^2R=\dfrac{{V_{ab}}^2}{R}$ …………(式 1-18.)

(3) 電動勢：將單位正電荷由「低電位」，經過發電機或電池移往「高電位」處，所需做的功，即為「電動勢」。

11. **電阻的串並聯：**

(1) 串聯的等效電阻：$R_s=R_1+R_2+....+R_n$ ........................(式 1-19.)

如圖 1-2，因為串聯的電流均相同，故串聯電阻的總電功率等於個別電阻的電功率總和如下式：

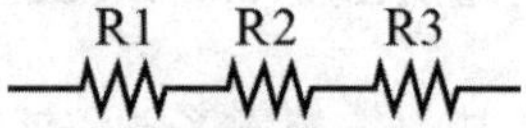

R1 R2 R3

圖 1-2

$P_s=P_1+P_2+....+P_n=IV_1+IV_2+....+IV_n$

$=I^2(R_1+R_2+...+R_n)$ ........................(式 1-20.)

(2) 並聯的等效電阻：$\frac{1}{R_p}=\frac{1}{R_1}+\frac{1}{R_2}+\frac{1}{R_3}+....$ ..........................................(式 1-21.)

如圖 1-3，因為並聯的電壓都相同，故並聯電阻的總電功率等於個別電阻的電功率總和如下式：

$P_p = P_1 + P_2 + .... + P_n = I_1V + I_2V + I_3V + .....$

$= V^2(\frac{1}{R_1}+\frac{1}{R_2}+\frac{1}{R_3}+....)$ …………(式 1-22.)

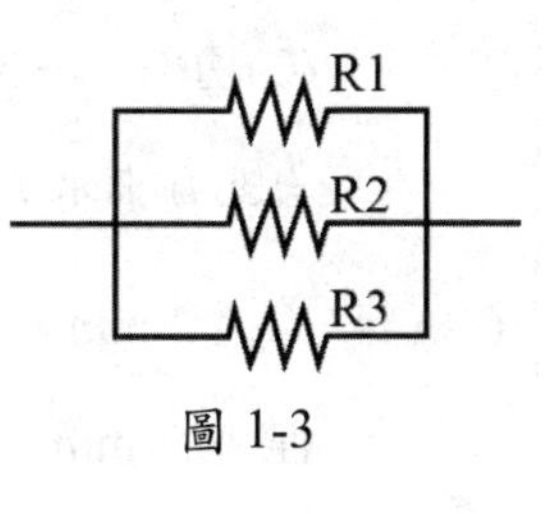

圖 1-3

12.克希荷夫定律：

(1) 第一定律(又稱為「克希荷夫電流定律」KCL)：在電路中任一節點(node，即電路中兩個以上導線的交點)，流入的總電流等於流出的總電流，即 $\Sigma I = 0 \Rightarrow I_1 + I_2 + I_3 + ....... = 0$

(2) 第二定律(又稱為「克希荷夫電壓定律」KVL)：沿電路中的任一迴路，其電位降落的代數和等於電動勢的代數和，即

$V_a - I_1R_1 + I_3R_3 - \varepsilon_1 = V_a \Rightarrow -I_1R_1 + I_3R_3 - \varepsilon_1 = 0 \Rightarrow \varepsilon_1 = -I_1R_1 + I_3R_3$

牛刀小試……………………………………………………………………

(　) 1. 有一台冷氣機額定電壓為 220 伏特，每秒消耗 1000 焦耳的電能，若此冷氣機連續使用 10 小時，則消耗多少度電？　(A)1 度　(B)2 度　(C)5 度　(D)10 度。

(　) 2. 水電工於室內配線時，將原設計之線徑由 2.0 mm 降為 1.6 mm 之單心導線，若長度與材料不變，則其線路的電阻值應為原來的幾倍？　(A)0.8 倍　(B)0.64 倍　(C)1.25 倍　(D)1.5625 倍。(103 台北自來水)

(　) 3. 小明幫媽媽修理家中故障的電鍋，拆開後發現有一段電熱線斷了，因此將電熱線剪掉一部分後再連接；若此電鍋在原額定電壓下使用，可能會發生何種情況? (A)使用時的功率下降 (B)使用時的電流減少 (C)功率下降但電流增加 (D)功率增加，但會有燒毀的可能性。(103 台北自來水)

( ) 4. 線徑 2 mm、長 200 公尺之導線，電阻 1.8Ω，另一同材質之導線，線徑 1.5 mm、長 100 公尺，則其電阻為多少？ (A)1.6Ω (B)1.8Ω (C)2.4Ω (D)4.8Ω。(103 台糖)

( ) 5. 兩個電阻的規格分別為 3Ω/6W 及 6Ω/24W，若將這兩個電阻器串聯，相當於 9Ω 電阻器多少瓦？ (A)24W (B)18W (C)12W (D)9W。(103 中油)

( ) 6. 如圖所示，求 E=？

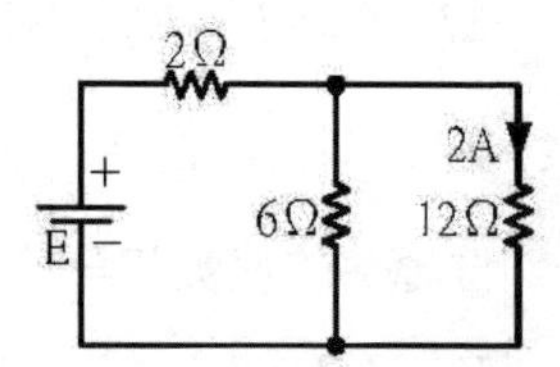


(A)12V (B)18V (C)24V (D)36V。(103 中油)

( ) 7. 三個電阻串聯後接至一直流電源，已知電阻比 $R_1:R_2:R_3=1:4:7$，若 $R_3=50\Omega$ 其消耗功率為 100 瓦，則 $R_2$ 消耗功率幾瓦？ (A)14.3 (B)32.6 (C)57.1 (D)175。(103 台糖)

( ) 8. 克希荷夫電壓定律(KVL)是指任何封閉迴路中，電壓升與電壓降關係為： (A)平方正比 (B)成正比 (C)成反比 (D)電壓升的總和與電壓降的總和相同。(103 中油)

( ) 9. 如圖所示電路，求電流 I 為多少？

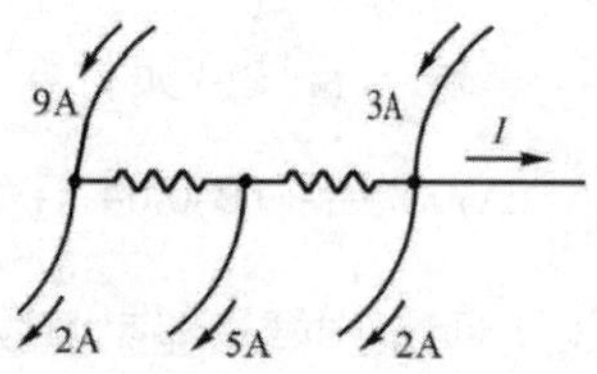


(A)1A (B)3A (C)5A (D)–5A。(103 台糖)

(　)10. 如圖所示，I=？　(A)1A　(B)2/3A　(C)4/3A　(D)2A。(103 台糖)

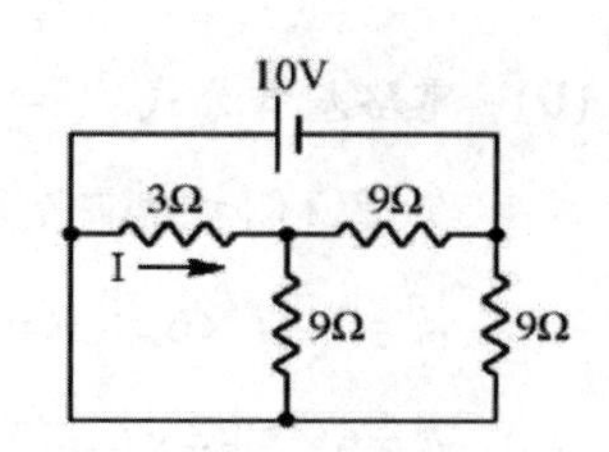


詳解

1. **(D)**。$P = 1000W = 1kW$ 乘上 $10hr.$ 即為 $10kW \cdot hr. = 10$ 度。故答案選(D)。

2. **(D)**。電阻公式：$R = \rho\frac{l}{A}$，其中為 $\rho$ 電阻率，與材料有關；$l$ 為電阻長度，

   $A$ 為電阻的截面積；因為截面積 $\frac{A'}{A} = (\frac{d'}{d})^2 = (\frac{1.6}{2})^2 = \frac{16}{25}$

   $\Rightarrow \frac{R'}{R} = \frac{A}{A'} = \frac{25}{16} = 1.5625$；故答案選(D)。

3. **(D)**。同上電阻公式，長度 $l' < l \Rightarrow R' < R$，而功率 $P = \frac{V^2}{R} \Rightarrow P' > P$，

   所以功率是增加的，但此電熱線因為規格變異，故容易燒毀；

   故答案選(D)。

4. **(A)**。「電阻定律」$\Rightarrow R = \rho\frac{l}{A} = \rho_0(1+\alpha t)\frac{l}{A}$，其中 $\rho$ 為比例常數，

   $\rho_0$ 為 $t = 0°C$ 時的電阻率，$\alpha$ 為溫度係數。

   因 $R = \rho\frac{l}{A}$，故 $R$ 與 $\frac{l}{A}$ 成正比；

   $\Rightarrow \frac{R}{R'} = \frac{l}{l'}(\frac{d'}{d})^2 \Rightarrow \frac{1.8}{R'} = \frac{200}{100}(\frac{1.5}{2})^2 \Rightarrow R' = 1.6\Omega$，故答案為(A)。

5. **(B)**。$\because P = IV = I^2R = \frac{V^2}{R}$，$R_1$、$R_2$ 串聯，$\therefore P_1 = {I_1}^2R_1 \Rightarrow 6 = {I_1}^2 \times 3 \Rightarrow I_1 = \sqrt{2}$；

   $P_2 = {I_2}^2R_2 \Rightarrow 24 = {I_2}^2 \times 6 \Rightarrow I_2 = 2$，取電流小者，故

   $P' = (\sqrt{2})^2 \times 9 = 18(W)$；答案選(B)

6. **(D)**。電路基本公式：$V=IR$，以及 KVL⇒封閉迴路中電壓升等於電壓降。

令12Ω側之端電壓為$V_1=2\times12=24(V)$，則6Ω側之端電壓亦為

$V_1=24=I'\times6\Rightarrow I'=4(A)$，總電流為$I=2+4=6(A)$，故

$E=6\times2+4\times6=12+24=36(V)$；答案選(D)。

7. **(C)**。電阻串聯，則流經各電阻的電流相同；而功率$P=IV=I^2R=\dfrac{V^2}{R}$。

令$R_1=r$，$R_2=4r$，$R_3=7r$；因為$R_3=50=7r\Rightarrow r=\dfrac{50}{7}\Rightarrow R_2=\dfrac{200}{7}$，

而$P_3=I^2R_3\Rightarrow100=I^2\times50\Rightarrow I=\sqrt{2}A$，故

$P_2=I^2R_2=2\times\dfrac{200}{7}=57.14(W)$，答案選(C)。

8. **(D)**。克希荷夫電壓定律即是指在任何封閉迴路中，電壓升的總合與電壓降的總和相等。

9. **(B)**。克希荷夫電流定律(KCL)：在電路中任一結點(node，即電路中兩個以上導線的交點)，流入的總電流等於流出的總電流，即

$\Sigma I=0\Rightarrow I_1+I_2+I_3=0$。

電流流入節點等於電流之流出，所以左列第一段$R$之電流為

$9-2=7(A)$，左列第二段$R$之電流為$7-5=2(A)$，故

$I=(3+2)-2=3(A)$，答案選(B)。

10. **(B)**。用「節點電壓法」解之。

令最中間之電壓為$V$，則由節點電壓法可列方程式

$\dfrac{V-10}{3}+\dfrac{V-10}{9}+\dfrac{V}{9}=0\Rightarrow V=8$，故$I=\dfrac{10-8}{3}=\dfrac{2}{3}$，答案選(B)。

## 焦點 2　磁學物理觀念

考試比重 ★★☆☆☆

高中及大一物理復習，出現於「選擇題」考觀念。

1. 磁場、磁力線與羅倫茲力：

(1) 磁場：當一電荷運動時，除了在附近空間建立靜電場外，同時還建立了磁場；磁場單位為 $Tesla = Wb/m^2 = Nt/coul = Nt/Amp \cdot m$ 。

(2) 磁力：帶電量 $q$ 的點電荷，在磁場 $\vec{B}$ 中以 $\vec{V}$ 的速度運動時，必受一磁力 $\vec{F}$ ，亦即 $\vec{F} = q\vec{V} \times \vec{B}$ …………(式 1-23.)；磁力的方向依「弗萊明右手開掌定則」(或直接外積(Cross multiplier)的方向)來判定(如下圖 1-4)，即：

A. 拇指方向：為「電流」方向或「正電荷」運動的方向

B. 四指方向：為「磁場」方向

C. 掌心方向：為「受力 $\vec{F}$ 」方向

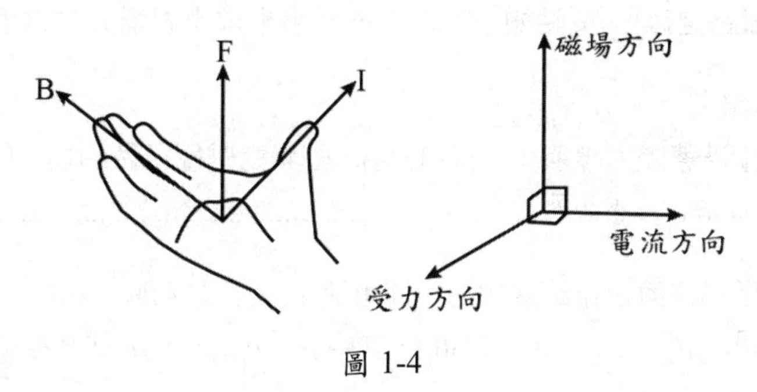


圖 1-4

(3) 羅倫茲力(Lorentz force)：若「磁場」以及「電場」同時存在時，則帶電量 $q$ 的點電荷受力 $\vec{F}$ ，$\Rightarrow \vec{F} = q\vec{E} + q\vec{V} \times \vec{B}$ ……………………………………(式 1-24.)

2. 磁動勢(Magnetomotive force)：電流 $I$ 在 $N$ 匝繞組中流動，其所建立磁通所需之外力，即稱為該磁路的「磁動勢 $\mathbb{F}$ 」，即 $\Rightarrow \mathbb{F} = Ni$ ……………………(式 1-25.)

單位為安匝( $Ampere \cdot Turns = A \cdot T$ )。

3. **磁通量 $\phi$ 與磁通密度 $B$：**

穿過磁路的磁力線總數稱為「磁通 $\phi$ 」，其單位為

$\begin{cases} MKS: 偉伯 Wb \\ CGS: 馬克斯威 Maxwell \end{cases}, (1Wb = 10^8 Maxwell)$；而「磁通密度 $B$ 」是指單位面積垂直通過的磁力線總數，即 $B = \dfrac{\phi}{A}$ …………(式 1-26.)，單位為

$\begin{cases} MKS: Wb/m^2 \\ CGS: 高斯, Gauss \end{cases}, (1Wb/m^2 = 10^4 Gauss)$。

磁場強度(或稱為「磁化力」)：磁路中單位長度的磁動勢稱為「磁場強度 $H$ 」，即 $\mathbb{F} = Ni = Hl$ …………(式 1-27.)；其與「磁通密度 $B$ 」的關係為 $B = \mu H$ ，其中 $\mu$ 為材料的導磁係數，一般題目會給各材料的「相對導磁係數 $\mu_r$ 」，其關係式為 $\mu_r = \dfrac{\mu}{\mu_0}$ …………(式 1-28.)，其中 $\mu_0$ 稱為真空之磁導率，其值為 $\mu_o = 4\pi \times 10^{-7} Wb/Amp \cdot m$ 。

4. **安培定律(磁路定律)**：重點如下，乃是通常用來求「對稱分布之電流」所造成的「對稱磁場」。

(1) 單位磁極沿著磁力線環繞一周(迴路)，磁場對磁極所做的功，稱為磁場環場積(circulation) $\Rightarrow \oint \vec{B} d\vec{l}$ ……………………………………………………(式 1-29.)

(2) 此磁場環場積與迴路範圍內的「淨電流」成正比，即 $\Rightarrow \oint \vec{B} d\vec{l} = \mu i$ …………(式 1-30.)，其中 $\mu = \mu_r \cdot \mu_0$ ， $\mu_r$ 稱為相對磁導率， $\mu_0$ 稱為真空之磁導率。

(3) 因為 $B = \mu H$ ，故上式可改寫為 $\oint \vec{H} \cdot d\vec{l} = I_{net}$ ，此時 $\vec{H}$ 稱為因載流 $I_{net}$ 而生之「磁場強度」(magnetic field intensity，單位為「安匝/米」 $(A \cdot T/m)$，如圖 1-5 所示為一端繞有 N 匝之長方型鐵心，鐵心由鐵磁性物質(ferromagnetic materials)所組成，則由載流導線所構成之磁場基本上都會在鐵心內部，故

上式中安培定律公式中 $\oint d\vec{l} = l_c, l_c$ 為磁路平均路徑長，可得

$Hl_c = Ni \Rightarrow H = \frac{Ni}{l_c}$，則 $B = \mu H = \frac{\mu Ni}{l_c}$，此鐵心區域之因 $Ni$ 所產生之總磁通量 $\phi = \int_A B \cdot dA = B \cdot A = \frac{\mu NiA}{l_c}$ ........................................................(式 1-31.)

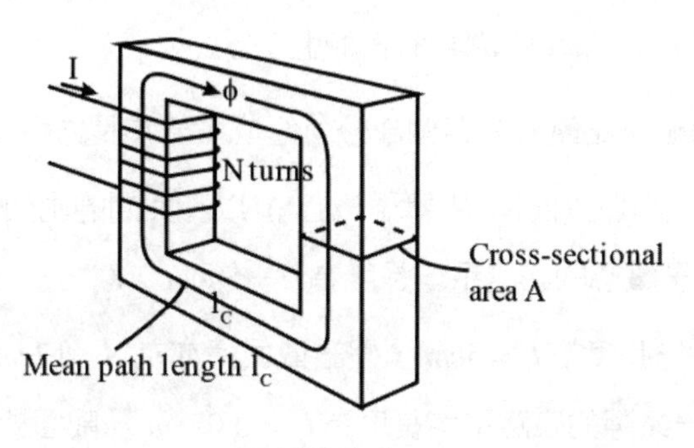


圖 1-5

(4) 磁路的「歐姆定律」: 如上述，對比於電路的「歐姆定律」$V = I \cdot R$，現在定義 $Ni$ 為磁路的「磁動勢 $F$ (magnetomotive force of circuit)」，且「磁阻 (reluctance of circuit)為 $\Re = (\frac{1}{\mu})\frac{l_c}{A}$ 」，則得 $F = \phi \cdot \Re$ ..........................(式 1-32.)

如下圖 1-6 所示，此稱為「磁路的歐姆定律」。

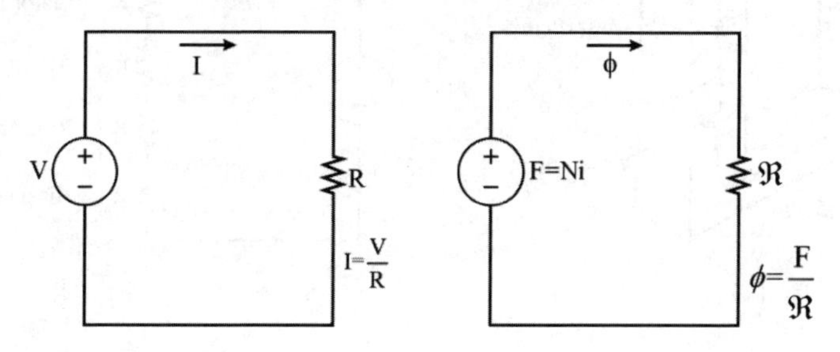


圖 1-6

## 老師的話

1. 對比於「歐姆定律」中的載流導線電阻公式：$R=\rho\frac{l}{A}$，磁阻公式 $\Re=(\frac{1}{\mu})\frac{l_c}{A}$ 與之非常類似，只是電阻率 $\rho$ 換成導磁率的倒數 $(\frac{1}{\mu})$ ，導線長度 $l$ 換成磁路的平均長度 $l_c$ ，同學可以類推記誦此二公式。

2. 如下圖 1-7 整個磁路鐵心由四個部分所組成，一為長方型鐵心(此稱為「定子鐵心」)，圓柱型鐵心(此稱為「轉子鐵心」)，以及其間的兩個「氣隙(air gap)」所組成，若定子鐵心的磁路平均長度為 $l_c=50cm$ ，截面積 $A=12cm^2$ ，轉子鐵心的磁路平均長度為 $l_r=5cm$ ，假設截面積亦為 $A=12cm^2$ ，相對導磁率為 2000，每一氣隙的磁路平均長度為 $l_g=0.05cm$ ，截面積為 $A'=14cm^2$ ，又「載流電流」為 $i=1A$ ，有匝數 $N=200$ ，則由「磁路的歐姆定律」可以類比如下圖 1-8.所示磁路圖，此時「等效磁阻(equilent reluctance)」為 $\mathbb{R}_{eq}=\mathbb{R}_s+\mathbb{R}_{a1}+\mathbb{R}_r+\mathbb{R}_{a2}$ ，如此可計算得此磁路的總磁通量 $\phi_{eq}$ 。

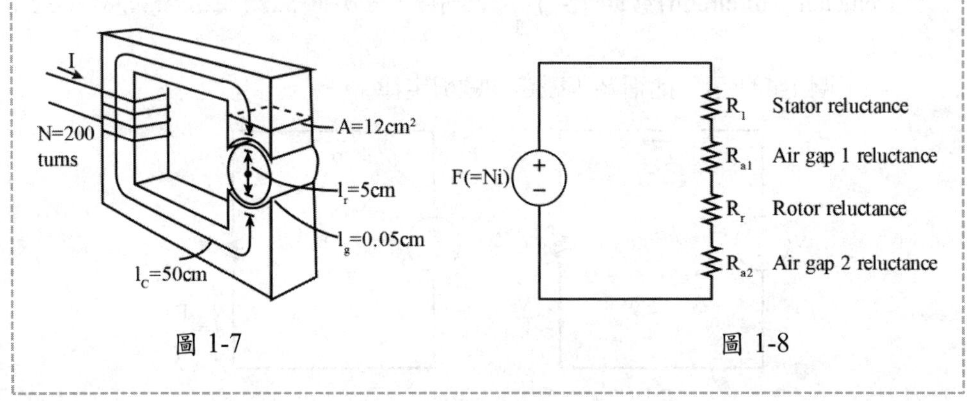


圖 1-7　　圖 1-8

**註**

同學可自行練習得 $\phi_{eq}=2.66\times10^{-4}Wb$

## 牛刀小試

(　) 1. 某實心導線之電流為 i 安培，則導體外 r 公尺處的磁場強度為多少？ (A) $\frac{i}{2\pi r}$ 安-匝/公尺　(B) $\frac{i^2}{2\pi r}$ 安-匝/公尺　(C) $\frac{i}{4\pi r}$ 安-匝/公尺　(D) $\frac{i^2}{4\pi r}$ 安-匝/公尺。（105 台灣自來水）

(　) 2. 圖為直流電動機定子與轉子示意圖，定子平均路徑長度為 50cm，截面積為 12cm$^2$，轉子的平均路徑長度為 5cm，截面積亦為 12cm$^2$，位於轉子與定子間之氣隙長度皆為 0.05cm，

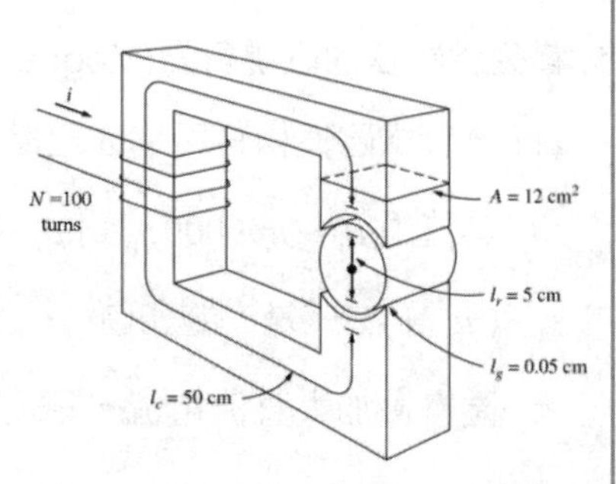


其截面積(包含邊緣效應)為 14cm$^2$。鐵心的導磁係數為 2,000，其上的線圈有 100 匝，若線圈流有 5 安培的電流，試求建立於氣隙的磁通密度為何？　(A)0.48T　(B)1.08T　(C)1.56T　(D)2.35T。（104 中鋼）

## 詳解

1. **(A)**。同上之「安培定律」所述，$\oint H \cdot dl = I_{net}$，則 $H(2\pi r) = i \Rightarrow H = \frac{i}{2\pi r}$，故應選擇(A)。

2. **(A)**。同上所述，可知定子磁阻為：$\mathbb{R}_{stator} = \frac{1}{2000\mu_0}\frac{50}{12}\cdot 10^2$，轉子磁阻為：$\mathbb{R}_{rotor} = \frac{1}{2000\mu_0}\frac{5}{12}\cdot 10^2$，氣隙磁阻為：$\mathbb{R}_{gap} = \frac{1}{\mu_0}\frac{0.05}{14}\cdot 10^2$，

   等效磁阻為：

   $$\mathbb{R}_{eq} = \mathbb{R}_{stator} + \mathbb{R}_{gap} + \mathbb{R}_{rotor} + \mathbb{R}_{gap} = \frac{317}{336\times 4\pi\times 10^{-7}} = 7.5\times 10^5；$$

   磁動勢為 $F = Ni = 100\times 5 = 500$，可得本磁路之總磁通量為

$\phi_{eq}=\dfrac{F}{\mathbb{R}_{eq}}=\dfrac{500}{7.5\times10^{5}}=6.67\times10^{-4}$，故氣隙的磁通密度為

$B_{gap}=\dfrac{\phi_{eq}}{A_{gap}}=\dfrac{6.67\times10^{-4}}{14\times10^{-4}}=0.476(Wb/m^{2}=Tesla)$，

所以本題答案選(A)。

5. **鐵磁性物質的磁場行為(Magnetic behavoir of ferromagnetic materials)：**

(1) 一般鐵磁性物質所構成之鐵心的相對磁導率 $\mu_r$ 會因外加線圈電流而變化，其值由 $\mu_r\sim up6000\mu_o$ 到 $\mu_r\sim1000\mu_o$ 都有可能，端視其是否處於「非飽和區($\mu_r$ 高)」或是「飽和區($\mu_r$ 低)」而定；如上圖 1-5 所示裝置，我們在左側線圈慢慢加大直流電流，鐵心所交鏈產生之「磁通量 $\phi$ 」與所加的「磁動勢 $\mathbb{F}=Ni$ 」之關係圖如下圖 1-9 所示，這曲線稱之鐵磁性物質的「飽和曲線(saturation curve)」(或稱之「磁化曲線(magnetization curve)」)；而由以下兩公式：$\phi=B\cdot A$ & $H=\dfrac{Ni}{l_c}=\dfrac{\mathbb{F}}{l_c}$，我們可由圖 1-9 類比得到圖 1-10，即一般常見的「磁通密度」vs「磁場強度」圖，圖中可知在「非飽和區」曲線的斜率大，逐漸朝「飽和區」變化變小，而由公式 $B=\mu H$ ，可得如下圖 1-11 所示橫軸為對數尺度之 $H$ ，縱軸為 $\mu_r$ 之關係圖，在電機機械中之鐵心，是希望能盡可能得到高的磁通密度，故會在高 $\mu_r$ 的區域中(非飽和區)工作。

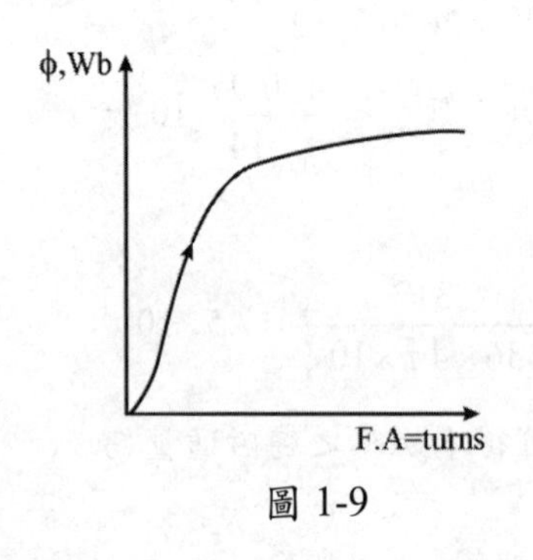

圖 1-9

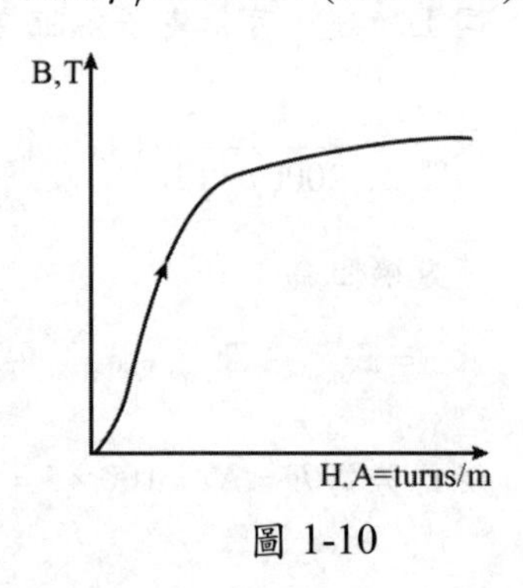

圖 1-10

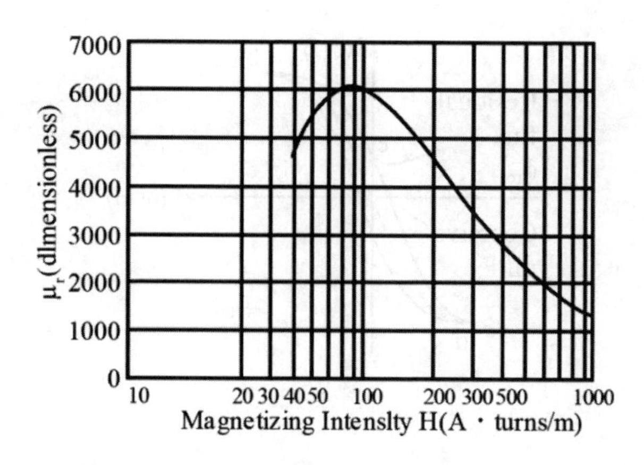


圖 1-11

(2) 若線圈所加的電流為交流電，則鐵心之 B-H 圖如下圖 1-12 所示，設最初之磁通量為 0，當電流增加時，磁通密度 B 會沿著曲線 ab 前進，當交流電大小降下時，B 則沿著 b-c-d 曲線，而當交流電再增大時，B 沿著 d-e-b 曲線前進，注意此時鐵心的磁通量不僅會受到左側纏繞線圈電流之影響，也會受到之前鐵磁性物質是否被磁化程度的影響，此曲線稱為鐵磁性物質的「磁滯曲線」(hysteresis loop)；又當某一大的磁動勢作用於此鐵心，而後又移開，該鐵心之磁通量會沿著曲線 a-b-c 進行，此時磁通量並不為零，意即鐵心中仍殘留著磁通，稱為 $\phi_{res}$ (residual flux，而必須再加以反向的「磁動勢 $\mathbb{F}_c$ (coercive mmf)」(備註：有些書稱之為「矯頑磁動勢」)，才可使其磁通密度為零，而此加入交流電的循環變化使得鐵心中(鐵磁性物質)原子的磁化排列能量損失，造成了鐵損之一的「遲滯損(hysteresis loss)」。

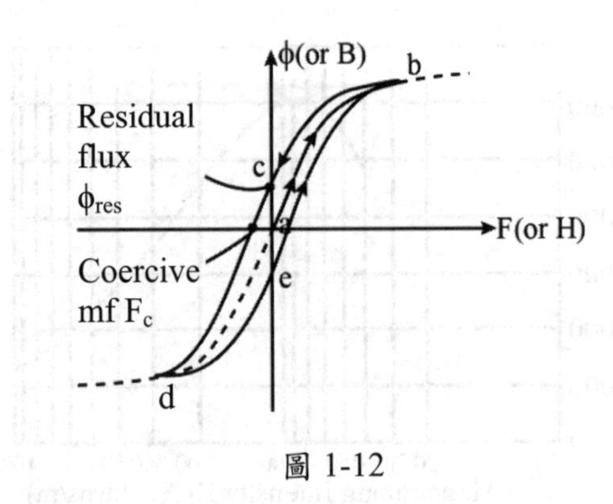


圖 1-12

6. **載流導線所受的磁力**：已知電子在磁場中受力 $\vec{F}=e\vec{V}\times\vec{B}$，載流導線為許多電子沿導線方向漂移，故整條導線受力 $\vec{F}=I\vec{l}\times\vec{B}$，方向依「向量外積」規則定之。

(1) 兩平行長直導線之磁力：如下圖 1-13，兩導線電流若同向則相吸，電流反向則相斥，兩線相距 $d$，則 $\vec{F}=\vec{F}_{21}=I\vec{l}\times\vec{B}'=Il\dfrac{\mu_o I'}{2\pi d}=\dfrac{\mu_o II'l}{2\pi d}$；

$\vec{F}'=\vec{F}_{12}=I'\vec{l}\times\vec{B}=I'l\dfrac{\mu_o I}{2\pi d}=\dfrac{\mu_o II'l}{2\pi d}\Rightarrow\vec{F}=\vec{F}'$ ....................................(式 1-33.)

①電流同向：互相吸引。

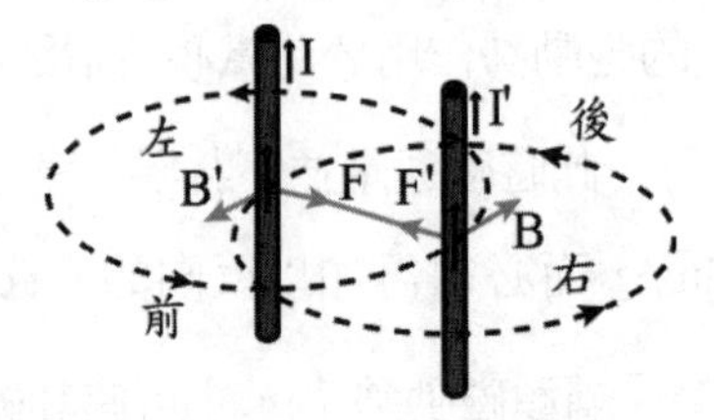


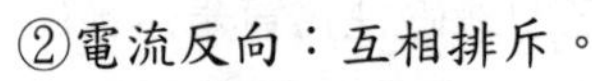


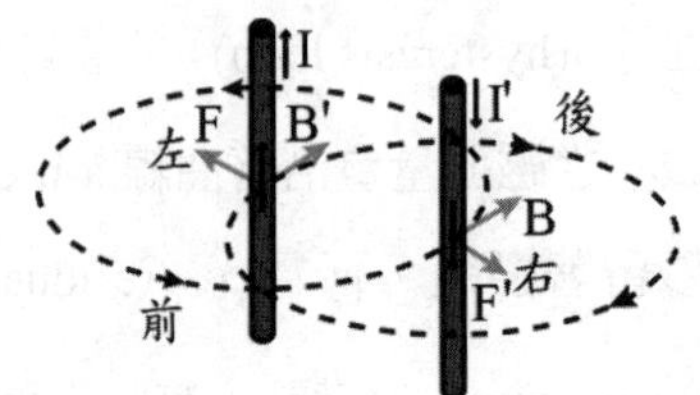


圖 1-13

(2) 由此可做「安培」之定義如下：兩長直載流平行導線，在真空中相距 1 米，導線上每一米受磁力為 $2\times10^{-7}\ Nt$ 時，其中電流大小稱為「一安培」$(1Amp)$。

牛刀小試

(　) ◎ 某導體 a 置放於均勻磁場如圖所示，若導體的電流為流入紙面，則導體的運動方向為何？(A)向左　(B)向右　(C)向上　(D)向下。(103 中油)

詳解

◎(D)。載流直導線，在均勻磁場中會受力 $\vec{F}=l\vec{I}\times\vec{B}$，方向依「向量外積」規則定之。

依據「向量外積」方向之判定，電流 $\vec{I}$ 方向「流入紙面」，而磁場 $\vec{B}$ 方向為向右($N$ 極到 $S$ 極)；故答案選(D)。

# 1-2 電磁效應

## 焦點 3　電磁交互作用之物理觀念

考試比重 ★★★☆☆

出現於「選擇題」及「計算題」。

1. **電機機械中關於「磁場」能量的轉換相當重要，以下有四個最基本的觀念：**
   (1) 帶電導線(current-carrying wire)會在周圍產生特定磁場 ⇒ 安培右手定則。
   (2) 時變磁場的繞阻線圈會產生感應電壓(time-changing magnetic field induces a voltage in a coil of wire if it through the coil) ⇒ 法拉第定律。

(3) 磁場中的帶電導體會受到一特定的作用力$\Rightarrow$電動機基本原理。

(4) 磁場中若有一移動的導線，此導線會產生一特定的感應電壓$\Rightarrow$發電機基本原理。

2. **動生電動勢(Motional emf)**：如下圖 1-14，導體內載子$+q$，由於棒子向右運動，所以受磁力作用向上移動，則上端累積正電荷，下端負電荷而建立向下之電場$\vec{E}$，此時達到平衡狀態$\Rightarrow$靜電力=磁力$\Rightarrow q\vec{E}=qv\vec{B}$，公式：

$$\Rightarrow \varepsilon=\vec{E}\cdot\vec{l}=v\vec{B}\cdot\vec{l}\Rightarrow \varepsilon=\int Bv(r)dr=\int vB(r)dr \text{ ........(式 1-34.)}$$

$\varepsilon$ 稱為「動生磁動勢」，即磁力電荷由下端移到上端所做的功。

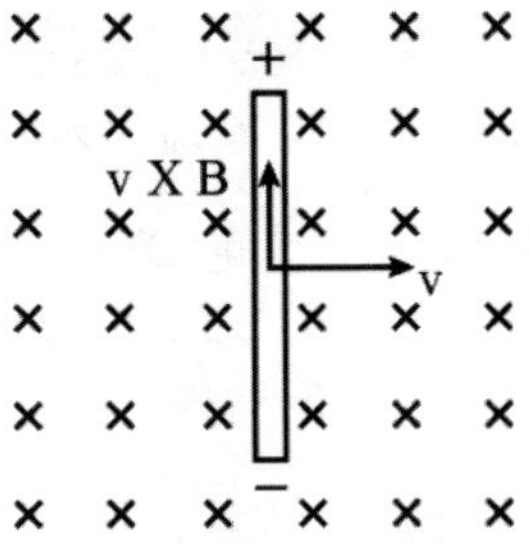

圖 1-14

3. **法拉第定律(Farady's Law)與冷次定律(Lenz's Law)**：如下列重點

(1) 磁通量(Magenetic Flux)： $\phi_B=\oint\vec{B}\cdot\vec{A}$ ...............(式 1-35.)

(2) 法拉第定律即是說明「磁通量的負變化率等於感應電動勢」，即 $e_{ind}=-\frac{d}{dt}\phi_B$，

若繞有 N 匝線圈，則感應電動勢 $e_{ind}=-N\frac{d}{dt}\phi_B$ ...............................(式 1-36.)

(3) 冷次定律：感應電動勢產生感應電流之方向為阻止磁通量改變之方向。

## 牛刀小試

(　) 1. 某截面積為 A 平方公尺之鐵芯繞有 n 匝線圈，若鐵芯之平均磁路長度為 $\ell$ 公尺，磁導係數為 μ 韋伯/(安匝·米)，則鐵芯之磁阻為多少安匝/韋伯？ (A)$\frac{\ell}{\mu A}$ (B)$\frac{\mu\ell}{A}$ (C)$n\frac{\ell}{\mu A}$ (D)$n\frac{\mu\ell}{A}$。(103 中油)

(　) 2. 下列有關法拉第定律之敘述，何者正確？ (A)感應電勢與線圈匝數無關 (B)感應電勢與通過線圈之磁通量成正比 (C)感應電勢與時間成反比 (D)感應電勢與單位時間內通過線圈之磁通變化量成正比。(103 中油)

(　) 3. 將繞有 150 匝的線圈至於磁場中，若線圈感應電動勢為 12 伏特，則線圈內之每秒磁通變化量為多少？ (A)0.04 韋伯 (B)0.06 韋伯 (C)0.08 韋伯 (D)0.12 韋伯。(103 中油)

(　) 4. 如圖所示，將磁鐵向左靠近線圈後再向右離開，則 R 的電流流動方向為： (A)先從 A 流至 B，再轉換為 B 流至 A (B)先從 B 流至 A，再轉換為 A 流至 B (C)持續由 A 流至 B (D)持續由 B 流至 A。(103 中油)

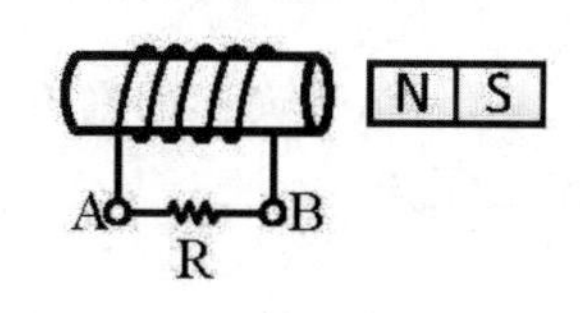


**詳解**

1. **(A)**。阻止磁力線穿過磁路的阻力稱為「磁阻 $\Re$」，即 $\Re=(\frac{1}{\mu})\frac{l}{A}$，單位為 $A\cdot T/Wb$。

**註**
此應用於變壓器「鐵芯」之裝置，磁阻與鐵芯上繞多少匝的線圈數無關。

2. **(D)**。法拉第定律即是說明「磁通量的負變化率等於感應電動勢」，即 $\varepsilon=-\frac{d}{dt}\phi_B$；故答案選(D)。

3. **(C)**。法拉第定律(即「電磁感應定律」)是說明「磁通量的負變化率等於感應電動勢」，即 $\varepsilon=-\frac{d}{dt}\phi_B$，若繞有 N 匝線圈，則感應電動勢 $\varepsilon=-N\frac{d}{dt}\phi_B$。

   題目所問「每秒磁通變化率」即 $\frac{d}{dt}\phi_B$。

   $\varepsilon=-N\frac{d}{dt}\phi_B\Rightarrow\left|\frac{d\phi_B}{dt}\right|=\frac{12}{150}=0.08(Wb)$；故答案選(C)。

4. **(A)**。冷次定律⇒感應電動勢產生感應電流之方向為阻止磁通量改變之方向；本題磁鐵 N 極先向左靠近，則線圈在靠近 N 極磁鐵的那端會感應生成 N 極以抗拒之，則由右手定則，會感應成流出向下的電流，故 R 的電流由 A 端流向 B 端，而當磁鐵 N 極向右遠離，則線圈在靠近 N 極磁鐵的那端會感應生成 S 極以吸引之，則由右手定則，會感應成流出向上的電流，故 R 的電流由 B 端流向 A 端。

4. **電感及其計算**：如下列重點所示

(1) 自感電動勢(self-induced emf)：一線圈中之電流改變時，在同一線圈上所出現的感應電動勢，即 $\varepsilon=-L\frac{di}{dt}$ ..................(式 1-37.)

(2) 磁通鏈數(flux linkage)：即 $N\phi_B$，常與電流 $i$ 成正比，其比例常數稱為「電感 $L$」，亦即 $N\phi_B=Li$，而由「法拉第定律」代入得

$\varepsilon=-\frac{dN\phi_B}{dt}\Rightarrow\varepsilon=-\frac{dLi}{dt}=-L\frac{di}{dt}$ ..................(式 1-38.)

(3) 電感之單位為 $Henry = 1V \cdot \sec / Amp$

(4) 螺線管線圈(Solenoid)：當通電流 $i$，單位長度有匝數 $n$，長度有 $l$，則總匝數 $N = nl$，由「安培定律」可求其「電感」⇒

$$B = \mu_O ni \Rightarrow N\phi_B = (nl)(\mu_O ni)A = \mu_O (\frac{N}{l})^2 iAl \Rightarrow L = \frac{N\phi_B}{i} = \mu_O n^2 lA \quad \text{.....(式 1-39.)}$$

5. **電感的串並聯**：已知 $V_L = L\frac{dI}{dt}$

(1) 串聯：如下圖 1-15.(a)，因為電路的電流 $I$ 相同，所以

$$V_L = V_1 + V_2 + .... + V_N \Rightarrow L\frac{dI}{dt} = L_1\frac{dI}{dt} + L_2\frac{dI}{dt} + ..... + L_N\frac{dI}{dt} \Rightarrow L = L_1 + L_2 + ..... + L_N$$

..............................................................................................................(式 1-40.)

(2) 並聯：如下圖 1-15.(b)，因為電路的電壓相同，所以

$$I = I_1 + I_2 + .... + I_N \Rightarrow \frac{1}{L} = \frac{1}{L_1} + \frac{1}{L_2} + ..... + \frac{1}{L_N} \quad \text{.....................................(式 1-41.)}$$

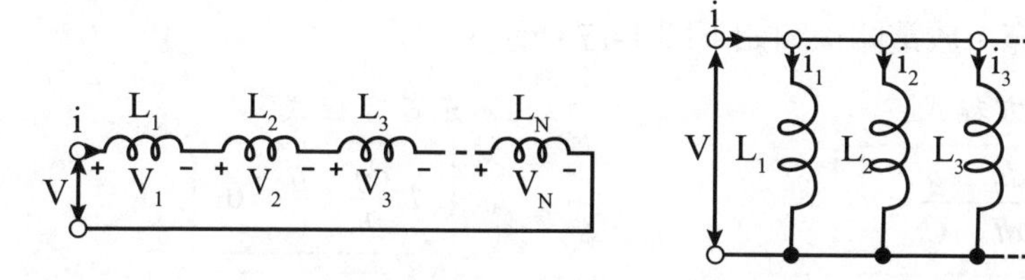


(a)電感器的串聯

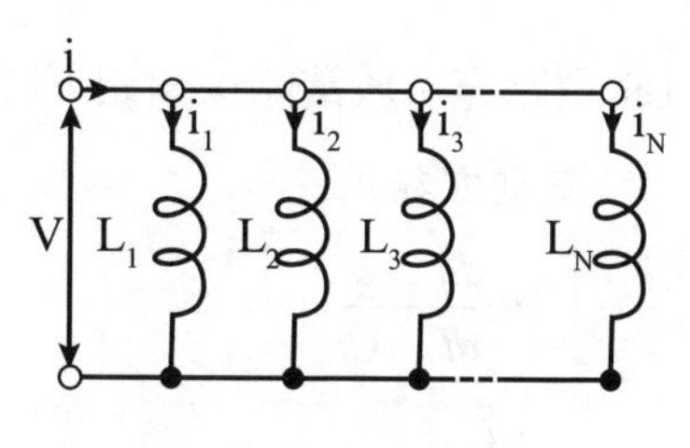


(b)電感器的並聯

圖 1-15

6. **電感與電位差**：電感兩端電位差為 $V_L = L\frac{dI}{dt}$，

(1) 當電流在增加 ⇒ $\frac{dI}{dt} > 0$ ⇒ 端電壓為正。

(2) 當電流在減少 ⇒ $\frac{dI}{dt} < 0$ ⇒ 端電壓為負。

7. **LR 電路**：如圖 1-16，

(1) 當 Switch K 切到「1」時，為 LR 電路的充電過程，由 $iR+V_L=\varepsilon \Rightarrow iR+L\frac{di}{dt}=\varepsilon$,

$with\ i(0)=0 \Rightarrow i=\frac{R}{\varepsilon}(1-e^{-\frac{t}{\tau_L}}),\quad where\ \tau_L=\frac{L}{R}$ 稱為此 LR 電路之「時間常數」。

(2) 當 Switch K 切到「2」時，為 LR 電路的放電過程，由 $iR+V_L=0 \Rightarrow iR+L\frac{di}{dt}=0$

$with\ i(0)=\frac{\varepsilon}{R} \Rightarrow i=\frac{R}{\varepsilon}e^{-\frac{t}{\tau_L}}$ ..........................................................................(式 1-42.)

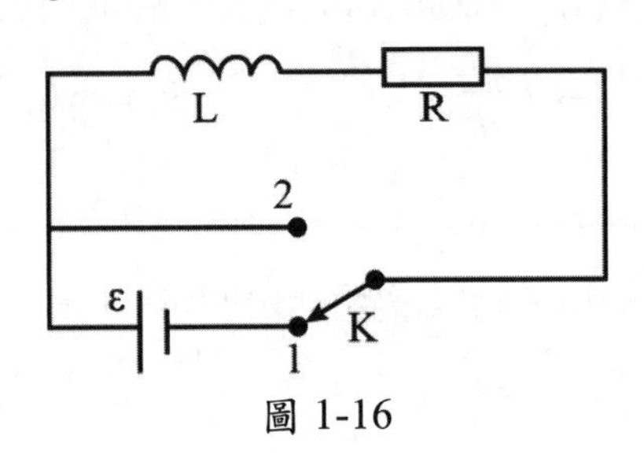


圖 1-16

(3) LR 電路充、放電關係圖如下圖 1-17 所示。

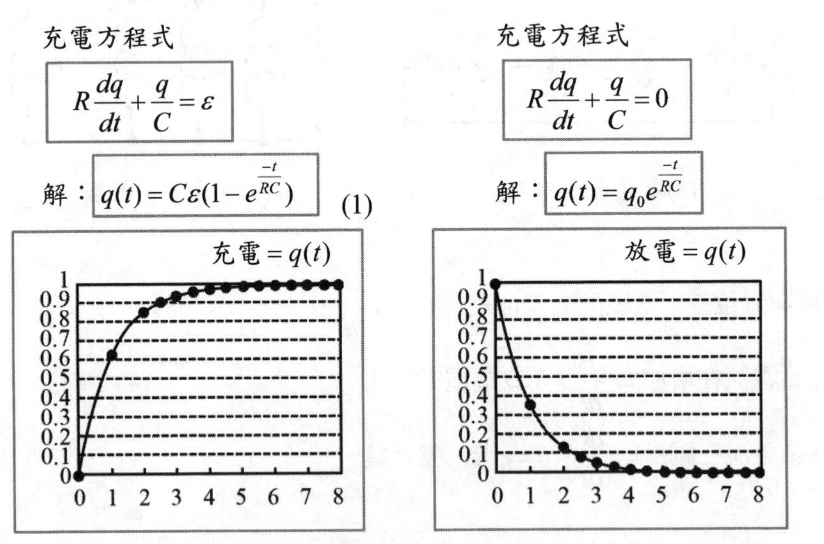


圖 1-17

8. **電感中的能量**：當上述 6.在充電過程中，$\varepsilon = iR + L\dfrac{di}{dt}$，左右同乘 $i$，得 $i\varepsilon = i^2R + Li\dfrac{di}{dt}$，即「**電動勢供給率**」=「**電阻消耗率**」加上「**電感能量儲存率**」，故電感磁能儲存率 $\dfrac{dU_B}{dt} = Li\dfrac{di}{dt} \Rightarrow U_B = \int dU_B = \int_0^i Lidi = \dfrac{1}{2}Li^2$ ..................(式 1-43.)

9. **磁能密度**：磁場中單位體積所含有的能量，稱為磁能密度 $u_B = \dfrac{1}{2}\dfrac{1}{\mu_o}B^2$，再利用 $u_B = \dfrac{1}{2}\dfrac{1}{\mu_o}B^2$ 對體積積分，可以得到總磁能 $U_B$ 。

10. **載流線圈所受的力矩(磁偶極矩)**：如圖 1-18，

(1)若矩形線圈長 $AB = a$，寬 $AD = b$，在右磁場 $\vec{B}$ 中，則 $F = iaB$，若其線圈面法線與磁場夾角 $\alpha$，則有力矩

$\vec{\tau} = Fb\sin\alpha = abiB\sin\alpha = iAB\sin\alpha = i\vec{A}\times\vec{B}$ ........................................(式 1-44.)

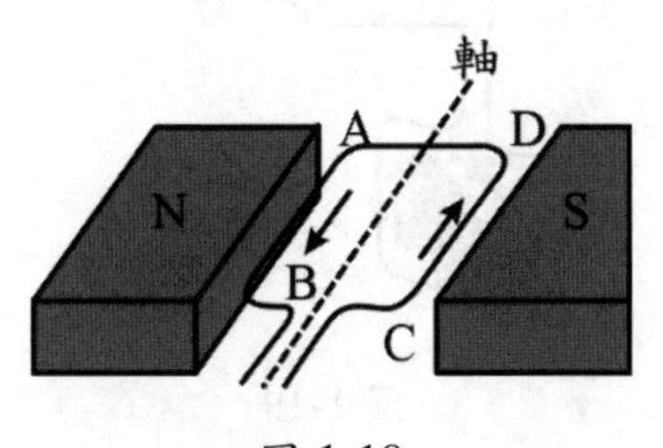

圖 1-18

若定義「磁偶極矩」(magnetic dipole moment) $\vec{m} = i\vec{A}$，則所受力矩

$\vec{\tau} = i\vec{A}\times\vec{B} = \vec{m}\times\vec{B}$ ..........................................................................(式 1-45.)

(2) 磁偶極在磁場 $\vec{B}$ 中之位能為 $U_m(\theta) = -\vec{m}\cdot\vec{B}$ 。

# 1-3 發電機與電動機基本原理

## 焦點 4 基本原理

考試比重 ★★☆☆☆

電機機械基礎觀念。

1. 發電機是把動能或及其它形式的能量轉化成電能的裝置。一般的發電機是通過原動機(如火力發電廠的「氣渦輪機」(Gas Turbine)或「汽渦輪機」(Steam Turbine)或、水力發電的「水輪機」等等)，先將各類一次能源蘊藏的能量(如燃燒「媒」、「油」或「天然氣」......)轉換為機械能，然後通過發電機轉換為電能，經輸電、配電網絡送往各種用電場合，簡單結構圖如圖 1-19 所示。

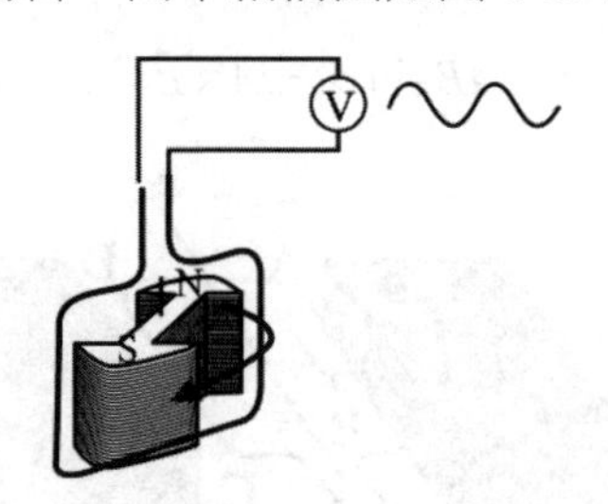


圖 1-19

2. 發電機與電動機基本原理相反，電動機是利用通入電流的線圈產生磁場而形成電磁鐵，以磁鐵間的磁力作用推動線圈作功，是運用「電流磁效應」原理將「電能」轉換成「功」的裝置，而發電機是利用各種動力（如水力、風力）使線圈在磁鐵的兩極間轉動；當線圈轉動時，線圈內的磁場改變，因此產生感應電流，是運用「電磁感應」原理將動力所作的功轉換成電能的裝置。
3. 發電機(Generator)通常由定子(Stator)、轉子(Rotor)、端蓋及軸承等部件構成。定子由定子鐵芯、線包繞組、機座以及固定這些部分的其他結構件組成。轉子由轉子鐵芯（或磁極、磁扼）繞組、護環、中心環、滑環、風扇及轉軸等部件組成。由軸承及端蓋將發電機的定子，轉子連接組裝起來，使轉子能在定子中旋轉，做切割磁力線的運動，從而產生感應電動勢，通過接線端子引出，接在迴路中，便產生了電流。

4. 電動機（Electric motor），又稱為「馬達」，是一種將電能轉化成機械能，並可再使用機械能產生動能，用來驅動其他裝置的電氣設備。大部分的電動馬達通過磁場和繞組電流，在馬達內產生能量，在現代的電力系統控制中，電動機和電力電子、微控器配合已形成一新學門，稱為電動機控制；電動機和「發電機」的結構類似，以基本結構來說，其組成主要由「定子」和「轉子」所構成。定子在空間中靜止不動，轉子則可繞軸轉動，由軸承支撐。定子與轉子之間會有一定空氣間隙（氣隙，Air gap），以確保轉子能自由轉動。機殼（場軛）需要用高導磁係數材料製成，當作磁路之用；直流馬達的原理是定子不動，轉子依交互作用所產生作用力的方向運動，交流馬達則是定子繞組線圈通上交流電，產生旋轉磁場，旋轉磁場吸引轉子一起作旋轉運動。

5. 現代馬達有以下幾種，其特點分述如下：

(1) 同步馬達：特點是恆定速率與不需要調速，**起動轉矩小**，且當馬達達到運轉速度時，轉速穩定，效率高。

(2) 感應馬達：特點是構造簡單耐用，且可使用電阻或電容調整轉速與正反轉，典型應用是風扇、壓縮機、冷氣機。

(3) 可逆馬達：基本上與感應馬達構造與特性相同，特點馬達尾部內藏簡易的剎車機構（摩擦剎車），其目的為了藉由加入摩擦負載，以達到瞬間可逆的特性，並可減少感應馬達因作用力產生的過轉量。

(4) 步進馬達：特點是以一定角度逐步轉動的馬達，因採用開迴路（Open Loop）控制方式處理，因此不需要位置檢出和速度檢出的回授裝置，就能達成精確的位置和速度控制，且穩定性佳。

(5) 伺服馬達：特點是具有轉速控制精確穩定、加速和減速反應快、動作迅速（快速反轉、迅速加速）、小型質輕、輸出功率大（即功率密度高）、效率高等特點，廣泛應用於位置和速度控制上。

(6) 線性馬達：具有長行程的驅動並能表現高精密定位能力。

(7) 其他類：如旋轉換流機（Rotary Converter）、旋轉放大機（Rotating Amplifier）等。

## 1-4 相量(Phasor)觀念

### 焦點 5　何謂「Phasor」？電力系統為何要用「相量分析」？電功率的重新認識？

考試比重 ★★★★☆

基礎觀念，必須全盤了解。

1. 「相量(Phasor)」：乃是向量的一種，亦稱之為 Phase Vector，簡稱為「Phasor」；乃是用來表示如「振幅」、「相角」或「角頻率」等**非時變的弦波訊號**。

2. 「相量」為一「複數(Complex Number)」，將交流弦波訊號(如「電壓」或「電流」...)以相量運算來進行電路分析之技巧及稱為**「相量法」**，此時 R、L、C 等元件將改以複數阻抗表示之，如此以簡單的直流分析(如「歐姆定律」或「阻抗之串並聯」運算等)來代替複雜的交流分析。

3. 相量法運用於**線性電路之「弦波穩態分析」**，可將微分方程式轉化為代數方程式，將三角函數運算轉換為複數代數運算，可大幅簡化計算複雜度。

4. 相量分析下求出之電功率為「複數功率」(P+jQ)，係包含：

(1) 有效功率(P)：即代表元件吸收或提供之**「平均功率」**。

(2) 無效功率(Q)： 即代表電抗性元件**「瞬時功率」**之**「振幅」**而言。

5. 定義「尤拉公式」：$e^{j\theta}=\cos\theta+j\sin\theta$ ......................................................(式 1-46.)

則若有一角頻率 $\omega$ 之正弦電壓 $v(t)=V_m\cos(\omega t+\alpha)=\sqrt{2}V_{rms}\cos(\omega t+\alpha)$ ，左式中

$\Rightarrow V_m$ ：電壓最大值；$V_{rms}$ ：電壓有效值， $\alpha$ ：相角(以 $\cos\omega t$ 為參考)

依據「尤拉公式」，將上式重新整理為

$$v(t)=\mathrm{Re}\left\{\sqrt{2}V_{rms}e^{j(\omega t+\alpha)}\right\}=\mathrm{Re}\left\{\sqrt{2}V_{rms}e^{j\alpha}e^{j\omega t}\right\}=\mathrm{Re}\left\{\sqrt{2}Ve^{j\omega t}\right\}=\sqrt{2}\,\mathrm{Re}\left\{Ve^{j\omega t}\right\}$$

上式中，$V=V_{rms}\,\mathrm{e}^{j\alpha}$ 稱為「電壓相量」(Voltage Phasor)，很明顯的，它是一個「複數」，因其描述弦波電壓之「振幅有效值」以及「相角」，故又稱之為「*rms* 相量表示式」。

6. 常見的複數表示式有下：

(1) 指數表示：$V=V_{rms}\,\mathrm{e}^{j\alpha}$

(2) 極座標表示：$V=V_{rms}\angle\alpha\Rightarrow$ **一般作題均以此表示法為之**

(3) 直角坐標表示： $V=V_{rms}(\cos\alpha+\mathrm{j}\sin\alpha)$

7. 基本相量複數運算：此時均以極座標 $V=V_{rms}\angle\alpha$ 說明

(1) 相量複數乘除：大小相乘除，角度相加減

$$\Rightarrow V=(V_1\angle\alpha)\cdot(V_2\angle\beta)=V_1V_2\angle(\alpha+\beta)$$

$$\Rightarrow V=\frac{V_1\angle\alpha}{V_2\angle\beta}=\frac{V_1}{V_2}\angle(\alpha-\beta)$$

(2) 相量複數加減：以化成「極座標」實部、虛部相加減，必要時再化為相量表示式 $\Rightarrow V=(V_1\angle\alpha)+(V_2\angle\beta)=V_1\cos\alpha+jV_1\sin\alpha+V_2\cos\beta+jV_2\sin\beta$

$$\Rightarrow V=(V_1\cos\alpha+V_2\cos\beta)+j(V_1\sin\alpha+V_2\sin\beta)=|V|\angle\tan^{-1}\frac{V_1\sin\alpha+V_2\sin\beta}{V_1\cos\alpha+V_2\cos\beta}$$

牛刀小試

◎ 已知 $i(t)=200Cos(\omega t+60°)$ A，試求

(1)最大值 $I_M$？均方根值 $I_{rms}$？

(2)各種不同型式之 $rms$ 相量表示式？

詳解

(1) 因為 $i(t)=200Cos(\omega t+60°)=I_M\,Cos(\omega t+60°)=\sqrt{2}I_{rms}Cos(\omega t+60°)$

所以最大值 $I_M=200$ 安培，均方根值 $I_{rms}=\dfrac{200}{\sqrt{2}}=100\sqrt{2}$ 安培

$rms$ 相量表示(以 $Cos\omega t$ 為參考)：

$I=100\sqrt{2}\angle 60°$ (極座標表示式) or $I=100\sqrt{2}e^{j60°}$ (指數表示式)

or $I=100+j100$ (直角坐標表示式)

(2) $rms$ 相量表示(以 $Sin\omega t$ 為參考)：改寫原式為

$i(t)=200Cos(\omega t+60°)=200Sin(\omega t+60°+90°)=I_M Sin(\omega t+150°)$

$=\sqrt{2}I_{rms}Sin(\omega t+150°)$ 故 $I=100\sqrt{2}\angle 150°$ (極座標表示式) or

$I=100\sqrt{2}e^{j150°}$ (指數表示式) or $I=-100+j100$ (直角坐標表示式)

當題目是由 $Cos$ 轉成 $Sin$ 時，記得 $Cos$ 角度加上 90°。

8. 應用「相量分析」可將微分運算轉換為代數運算，如

(1) 電感器 $L$ 可以直接化成 $jX_L \Rightarrow j\omega L$，其中 $X_L$ 稱為「感抗」，單位也由「Henry」變為「Ω」，推導如下：端電壓電感器 $L$

$$v_L = L\frac{di_L}{dt} \Rightarrow \mathrm{Re}[V_L e^{j\omega t}] = L\frac{d\,\mathrm{Re}[I_L e^{j\omega t}]}{dt} = \mathrm{Re}[Lj\omega I_L e^{j\omega t}] \Rightarrow V_L = j\omega L \times I_L$$

(2) 電容器 $C$ 可以直接化成容抗 $C \Rightarrow \frac{1}{j\omega C} = -\frac{j}{\omega C} = -jX_C$，其中 $X_C$ 稱為「容抗」，單位也由「Farad」變為「Ω」。

(3) 所以可知，時域**「一階微分」對應於複數頻域相當於「乘以 $j\omega$ 」**，而時域**「積分」對應於複數頻域相當於「除以 $j\omega$ 」**(亦等於乘以 $-j\frac{1}{\omega}$)。

9. $R,L,C$ 元件之端電壓與電流之關係：Summary 如下表 1-1：

表 1-1

| 元件 | 圖示 | 電流與端電壓相位關係 |
|---|---|---|
| 電阻器<br>(R) | 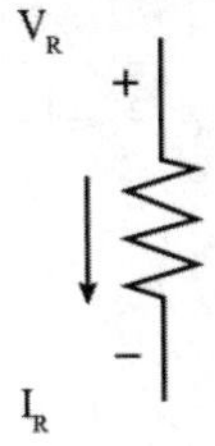 $V_R$ + − $I_R$<br>圖 1-1 | $I_R$ 與 $V_R$ 同相位 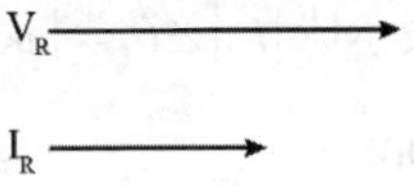<br>$V_R$ → $I_R$ → |
| 電感器<br>(L) | 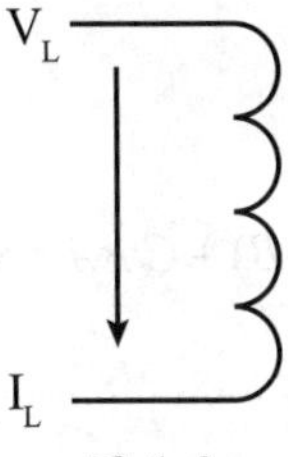 $V_L$ $I_L$<br>圖 1-2 | $I_L$ 相位**落後** $V_L$ 相位 90° 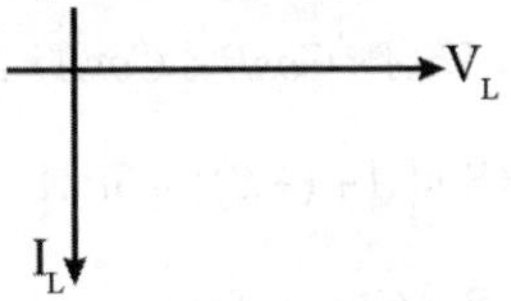<br>$V_L$ $I_L$ |
| 電容器<br>(C) | 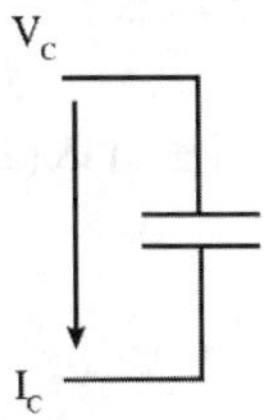 $V_C$ $I_C$<br>圖 1-3 | $I_C$ 相位**領先** $V_C$ 相位 90° 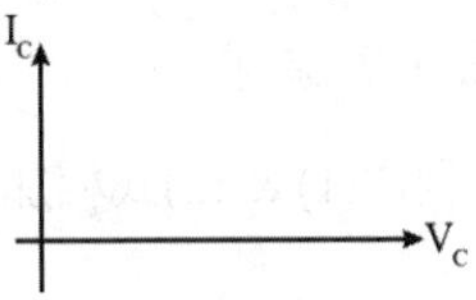 。<br>$I_C$ $V_C$ |

(1) 電阻元件之端電壓$V_R$與電流$I_R$之關係：其關係式為$I_R=\frac{V_R}{R}$，因左式$R$為正實數，**故$I_R$與$V_R$同相位**。

(2) 電感元件之端電壓$V_L$與電流$I_L$之關係：其關係式為$I_L=\frac{V_L}{j\omega L}=-j\frac{V_L}{\omega L}$，由上式可知若電流相角為$\theta_I$，電壓相角為$\theta_V$，則上式可表示成$|I_L|\angle\theta_I=|V_L/\omega L|\angle\theta_L e^{j(-\frac{\pi}{2})}=|V_L/\omega L|\angle(\theta_V-90°)$，**故$I_L$相位落後$V_L$相位$90°$**。

(3) 電容元件之端電壓$V_C$與電流$I_C$之關係：其關係式為$I_C=\frac{V_C}{-jX_C}=\frac{V_C}{-j\frac{1}{\omega C}}=j\omega C\times V_C$，由上式可知若電流相角為$\theta_I$，電壓相角為$\theta_V$，則上式可表示成$|I_C|\angle\theta_I=|\omega CV_C|\angle\theta_C e^{j(\frac{\pi}{2})}=|\omega CV_C|\angle(\theta_V+90°)$，**故$I_C$相位領先$V_C$相位$90°$**。

10. 基本三角函數運算：

(1) $Cos(A-B)=CosA\times CosB+SinA\times SinB$

(2) $Cos(A+B)=CosA\times CosB-SinA\times SinB$

(3) $\mathrm{Sin}(A+B)=SinA\times CosB+CosA\times SinB$

(4) $\mathrm{Sin(A-B)}=\mathrm{Sin}[A+(-B)]=SinA\times Cos(-B)+CosA\times Sin(-B)$

$=SinA\times CosB-CosA\times SinB$ ........................................................................(式 1-47.)

**老師的話**

1. 先熟記此四式，若須求$CosA\times CosB$，則由(1)&(2)式相加減，若須求$SinA\times CosB$，則由(1) & (2)式相加減。

2. 若須求「兩倍角」，則令 $A=B=\theta$ 可得

(1) $Cos2\theta = Cos^2\theta - Sin^2\theta = 2Cos^2\theta - 1 = 1 - 2Sin^2\theta$ ......................(式 1-48.)

(2) $Sin2\theta = 2Sin\theta \times Cos\theta$ ..............................................................(式 1-49.)

亦可運用第(1)式，求得

(3) $Cos^2\theta = \dfrac{1+Cos2\theta}{2}$ ............................................................(式 1-50.)

(4) $Sin^2\theta = \dfrac{1-Cos2\theta}{2}$ ............................................................(式 1-51.)

牛刀小試 ..............................................................................................

◎ **以「三角函數」運算以及「相量運算」簡化下式：**

$i(t) = 20Cos(\omega t + 60°) + 10Cos(\omega t - 45°)$

詳解 ..............................................................................................

(1) 三角函數：$i(t) = 20Cos(\omega t + 60°) + 10Cos(\omega t - 45°)$

$= 20Cos\omega tCos60° - 20Sin\omega tSin60° + 10Cos\omega tCos45° + 10Sin\omega tSin45°$

$= 10Cos\omega t - 10\sqrt{3}Sin\omega t + 5\sqrt{2}Cos\omega t + 5\sqrt{2}Sin\omega t$

$= (10+5\sqrt{2})\text{Cos}\,\omega\text{t} + (5\sqrt{2} - 10\sqrt{3})Sin\omega t$

$\cong 17.07\,\text{Cos}\,\omega\text{t} - 10.25Sin\omega t = 19.92(\dfrac{17.07}{19.92}\text{Cos}\,\omega\text{t} - \dfrac{10.25}{19.92}Sin\omega t)$

Let $\theta = Tan^{-1}\dfrac{10.25}{17.07}$，則上式為

$19.92(\text{Cos}\,\omega tCos\theta - Sin\omega tSin\theta) = 19.92Cos(\omega t + \theta)$

由工程用計算機，可按得 $\theta = Tan^{-1}\dfrac{10.25}{17.07} \cong 30.98°$，故得答案

$19.92Cos(\omega t + 30.98°)$

(2) 相量運算：若以 $Cos\omega t$ 為參考，令 $I = 20\angle 60° + 10\angle -45°$

則 $I = 20(\text{Cos}\,60° + jSin60°) + 10(Cos(-45°) + jSin(-45°))$

$I = 10 + j10\sqrt{3} + 5\sqrt{2} - j5\sqrt{2} \cong 17.07 + j(-10.25) = 19.92\angle -30.98°$

返回時域，則得答案 $I = 19.92(Cos\omega t + 30.98°)$

**註**

若以國家考試允許使用之工程用計算機來做運算，則必須了解計算機中按鍵之規則，以 CASIO fx-82SX 該機種為例，可套用下述之規則來運算此題：

**■Coordinate Conversion**

- **Example 1:** To convert polar coordinates ($r$=2, $\theta$=60°) to rectangular coordinates ($x$, $y$). (DEG mode)

| | | |
|---|---|---|
| $x$ | 2 [SHIFT] [P→R] 60 [=] | DEG 1. |
| $y$ | [SHIFT] [X↔Y] | DEG 1.732050808 |

[SHIFT][X↔Y] swaps displayed value with value in memory.

- **Example 2:** To convert rectangular coordinates (1, $\sqrt{3}$) to polar coordinates ($r$, $\theta$). (RAD mode)

| | | |
|---|---|---|
| $r$ | 1 [SHIFT] [R→P] 3 [√] [=] | RAD 2. |
| $\theta$ | [SHIFT] [X↔Y] | RAD 1.047197551 |

此題 $I = 20\angle 60° + 10\angle -45°$ 先轉成直角座標(Rectangular coordinates)後相加減，再由直角坐標轉為極座標(Polar coordinates)，套回 Cos 的時域表示。

# 1-5 複數功率

## 焦點 6　複數功率與元件的基本觀念與做法

考試比重 ★★★★☆

基礎觀念，必須全盤了解。

1. 運用「相量(Phasor)分析」於弦波穩態電路，可求出元件吸收或提供之複數功率如下式所列：$S = P + jQ$，其中 $P$ 稱為有效功率(Active Power)，或稱之為「實功」(Real Power)，代表元件吸收或提供之**「平均功率」(Average Power)**；而 $Q$ 稱為無效功率(Reactive Power)，或稱之為「虛功」(Imaginary Power)，代表元件吸收或提供之**「電抗性瞬間功率」之振幅**。

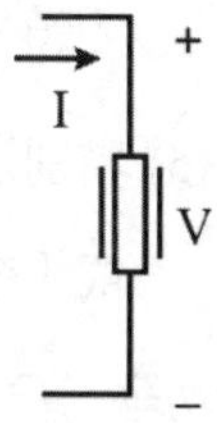

2. **負載**的習慣標示法：如下圖 1-20，若以「負載」觀點來看待元件，則定義為：**「電流流入電壓正端」**；在此定義下，若功率計算結果為正，代表**「吸收功率」**，反之若功率計算結果為負，即代表**「提供功率」**。

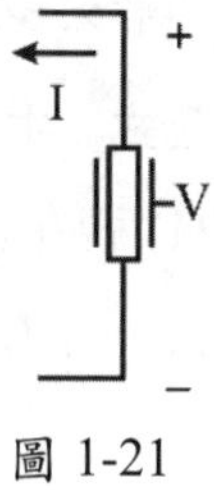

圖 1-20

3. **發電機**的習慣標示法：如下圖 1-21，若以「發電機」觀點來看待元件，則定義為：**「電流流出電壓正端」**；在此定義下，若功率計算結果為正，代表**「提供功率」**，反之若功率計算結果為負，即代表**「吸收功率」**。

圖 1-21

4. 在弦波穩態下，另任一元件兩端之電壓為 $V = |V|\angle\alpha$，通過電流為 $I = |I|\angle\beta$，則其吸收或提供之複數功率為

$$S = P + jQ = VI^* = |V|\angle\alpha|I|\angle-\beta = |V||I|\angle(\alpha-\beta) = |S|\angle(\alpha-\beta)$$

$$= |S|Cos(\alpha-\beta) + jSin(\alpha-\beta) \quad \text{......(式 1-52.)}$$

上式中，$P=|S|Cos(\alpha-\beta)=|V||I|Cos(\alpha-\beta)$ 稱為「有效功率」(單位：W)

$Q=|S|\text{Sin}(\alpha-\beta)=|V||I|Sin(\alpha-\beta)$ 稱為「無效功率」(單位：VAR)

$|S|=|V||I|$ 稱為「視在功率」(Apparent Power)，即複數功率 $S$ 的大小，其單位為「伏安」($VA$)。

5. 上所列之 $\alpha$ 稱為「電壓角」，$\beta$ 稱為「電流角」，則定義
   (1) 功因角 $\theta=\alpha-\beta$，即功因角等於電壓角減去電流角。
   (2) 功率因素(Power Factor) $=\text{Cos}\,\theta=Cos(\alpha-\beta)$ ....................................(式 1-53.)
   (3) 對「電感性負載」元件而言，因為電流相位落後電壓相位，即 $\beta<\alpha$，稱為「落後(lagging)功因」，即功因 $\text{Cos}\,\theta=Cos(\alpha-\beta)$ 為正。
   (4) 對「電容性負載」元件而言，因為電流相位領先電壓相位，即 $\beta>\alpha$，稱為「領先(leading)功因」，即功因 $\text{Cos}\,\theta=Cos(\alpha-\beta)$ 為負。
   (5) **特別注意，若描述「功率因數」時，除了功因的大小外，另須註明「領先」或「落後」(leading or lagging)。**

6. 功率三角形：「功因角 $\theta$」、「有效功率 $P$」、「無效功率 $Q$」及「視在功率 $|S|$」之關係可以用圖 1-22 之三角形來表示，只要牢記此圖，如此可以少記相當多的公式。由此「功率三角形」可得：

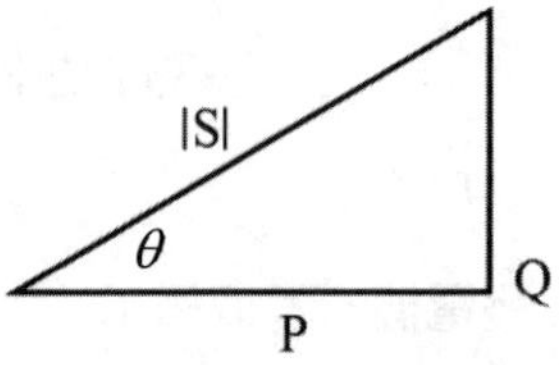

|S|
$\theta$
Q
P

圖 1-22

   (1) 視在功率：$|S|=P^2+Q^2$ ..............................................................................(式 1-54.)
   (2) 功因角：$\theta=Cos^{-1}\dfrac{P}{|S|}=\text{Sin}^{-1}\dfrac{Q}{|S|}=\text{Tan}^{-1}\dfrac{Q}{P}$ .........................................(式 1-55.)
   (3) 有效功率：$P=|S|Cos\theta=\dfrac{Q}{Tan\theta}$ ..................................................(式 1-56.)
   (4) 無效功率：$Q=|S|Sin\theta=P*Tan\theta$ ......................................................(式 1-57.)

## 牛刀小試

1. **某一單相電源如右圖，請計算：**

   **(1)電源所提供的有效功率及無效功率為何？**

   **(2)負載所吸收的有效功率及無效功率為何？**

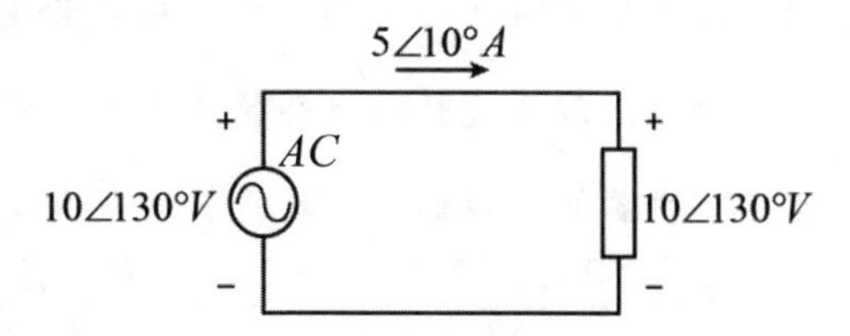


**詳解**

(1) 電源側即上面所述的電流流出電壓正端，乃為「發電機習慣表示法」故由公式：$S_1 = P_1 + jQ_1 = VI^* = 10\angle 130° \cdot 5\angle -10° = 50\angle 120°$
$= 50\cos 120° + j50\sin 120° = -25 + j43.3$ 可知提供-25W 的有效功率以及+43.3VAR 的無效功率，即吸收 P：25W;提供 Q：43.3VAR。

(2) 負載側即上面所述的電流流入電壓正端，乃為「負載習慣表示法」故由公式：$S_2 = P_2 + jQ_2 = VI^* = 10\angle 130° \cdot 5\angle -10° = 50\angle 120°$
$= 50\cos 120° + j50\sin 120° = -25 + j43.3$ 可知吸收–25W 的有效功率以及+43.3VAR 的無效功率，即提供 P：25W; 吸收 Q：43.3VAR，實務上「同步馬達」即為提供「實功」，但吸收「虛功」。

2. **兩單相理想電壓源被以一阻抗為 $0.7 + j2.4$ 的線路連接在一起，如圖所示。$V_1 = 500\angle 16.26°V$ 及 $V_2 = 585\angle 0°V$。試求出各電機的複功率及決定他們是吸收或是供給實功率及虛功率。並求出線路上的實功率及虛功率損失 Ω。**(104 台灣港務局)

0.7+j2.4Ω　$I_{12}$　500∠16.26°V　585∠0°V

詳解

(1) 設流出電流為$I_{12}$，則左側電機符合電流流出電壓正端，係為「電源側」觀點，設其複數功率為$S_1$；而右側電機符合電流流入電壓正端，係為「負載側」觀點，設其複數功率為$S_2$；由 KCL 先計算

$$I_{12}=\frac{500\angle 16.26°-585\angle 0°}{2.5\angle 73.74°}=\frac{480+j140-585}{2.5\angle 73.74°}=\frac{175\angle 126.87°}{2.5\angle 73.74°}=70\angle 53.13°$$

則 $S_1=P_1+jQ_1=V_1I_{12}^*=500\angle 16.26°\cdot(70\angle -53.13°)=35k\angle -36.87°$

$=28k-j21k\Rightarrow P_1=28kW,Q_1=-21kVar$

$S_2=P_2+jQ_2=V_2I_{12}^*=585\angle 0°\cdot(70\angle -53.13°)=40.95k\angle -53.13°$

$=24.57k-j32.76k$ ，$S_2\Rightarrow P_2=24.57kW,Q_2=-32.76kVar$

由以上結論可知「左側電機」提供有效功率 P：28Kw，但吸收無效功率 Q：21kVar；「右側電機」吸收有效功率 P：24.57kW，但提供無效功率 Q：32.76kVar

(2) 由(1)，線路損失「實功率」28–24.57=3.43kW，但增加「虛功率」$32.76-21=11.76$ kVar。

7. $R$ 、$L$ 、$C$ 元件吸收的複數功率：

(1) 電阻 $R$ 吸收的複數功率：令 $V_R=|V|\angle\alpha$ ，則

$S_R=V_R\mathrm{I}_R^*=V_R\dfrac{V_R^*}{R}=\dfrac{|V|^2}{R}=P_R$ ，即「電阻器」**吸收實功**。

(2) 電感 $L$ 吸收的複數功率：令 $V_L=|V|\angle\alpha$ ，則

$S_L=V_L\mathrm{I}_L^*=V_L(\dfrac{V_L}{jX_L})^*=V_L(\dfrac{V_L^*}{-jX_L})=j\dfrac{|V|^2}{X_L}=jQ_L$ ，即「電感器」**吸收虛功**。

(3) 電容 $C$ 吸收的複數功率：令 $V_C=|V|\angle\alpha$ ，則

$$S_C=V_C\,I_C^*=V_C(\frac{V_C}{-jX_C})^*=V_C(\frac{V_C^*}{jX_C})=-j\frac{|V|^2}{X_C}=-jQ_C$$ ，即「電容器」**提供虛功**。

8. 電感性負載與電容性負載：

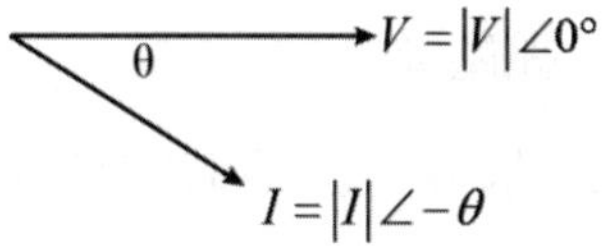

(1) 電感性負載：因為電流落後電壓，且落後角度 $<90°$ ，如圖 1-23 所示：(若為「純電感負載」，則落後角度 $\theta=90°$ )，則其複數功率

$V=|V|\angle 0°$

θ

$I=|I|\angle-\theta$

圖 1-23

$$S=V\,I^*=V\angle 0°(|I|\angle-\theta)^*=|VI|\angle\theta=|VI|Cos\theta+j|VI|Sin\theta$$ ................(式 1-58.)

由左式可知，電感性負載**吸收「實功」及「虛功」**。

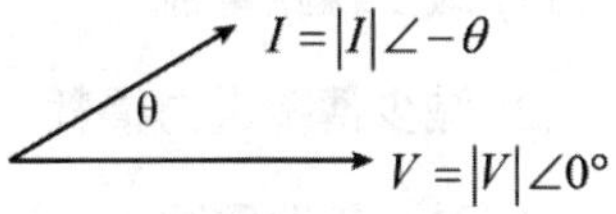

(2) 電容性負載：因為電流領先電壓，且領先角度 $<90°$ ，如圖 1-24 所示：(若為「純電容負載」，則領先角度 $\theta=90°$ )，則其複數功率

$I=|I|\angle-\theta$

θ

$V=|V|\angle 0°$

圖 1-24

$S=V\,I^*=V\angle 0°(|I|\angle\theta)^*=|VI|\angle-\theta=|VI|Cos\theta-j|VI|Sin\theta$ ，由左式可知，電容性負載**吸收「實功」但提供「虛功」**。

# 1-6 功因補償

## 焦點 7　功因補償　考試比重 ★★★★☆

重要觀念，必須全盤了解。

又稱之為「功率因數改善」，一般作法係於負載側並聯「補償電容 C」，以提高其「功率因數」；關於「功因補償」的考題均**假設「不計線路阻抗」，如此補償前後電源側所提供的實功不變**。

1. 負載同時吸收「實功」、「虛功」，但只有實功真正在做功，而虛功僅是在「電感與電容」間交換，並無做功之效果；不過，負載吸收之虛功越大，其吸收之「視在功率」越大，相同供電電壓下，線電流越大，會造成較大之電力損耗以及線路壓降。
2. 功因補償之意義：於負載側並聯「電容器」，以提供電感性負載所需的部分虛功，如此可減少電源提供之 Q(虛功)，進而降低從電源側看進去的「視在功率」以抑制線路電流，稱為**「功因補償」**。
3. 功因補償之優點：
   (1) **減少線路電流**。
   (2) **減少傳輸電力損耗**。
   (3) **減少線路壓降**。
   (4) **改善電壓調整率(Voltage Regulator)**。
4. 如圖 1-25，由於不考慮「線路阻抗」，並聯電容器後負載側電壓不受影響，因此，負載所吸收之「實功」及「虛功」不變，再者因為，電容僅提供虛功，故功因補償後電源提供之「實功」$P$ 不變，但提供之「虛功」下降，因為負載所需之虛功，有一部分由「電容器」所提供，即令電源電壓 $V_S = |V| \angle \alpha$ ，補償前(尚未並聯「電容器」)之功因角為 $\theta$ ，補償後之功因角為 $\theta'$ ，則

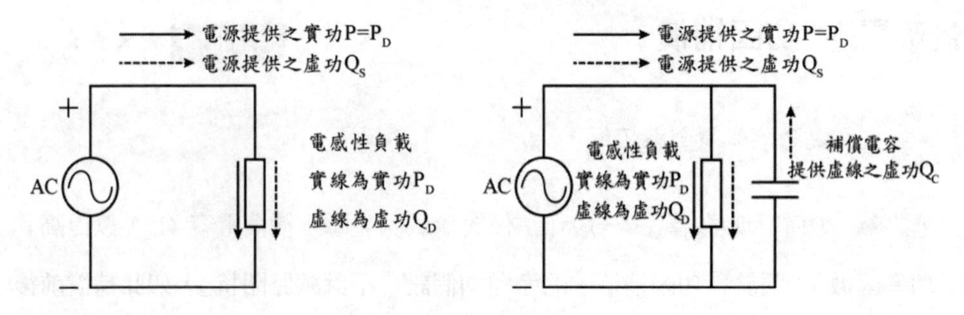


圖 1-25

補償前之「視在功率」$|S|=\sqrt{P_D^2+Q_D^2}(VA)$，功率因數 $p.f.=\frac{P_D}{|S|}$；而補償後之「視在功率」$|S'|=\sqrt{P_D^2+(Q_D-Q_C)^2}(VA)$，功率因數 $p.f^{'}=\frac{P_D}{|S'|}>p.f.(\frac{P_D}{|S|})$，即是「功因補償」。

牛刀小試

1. **上圖之並聯電容器之 $C$ 如何求出？**

詳解

由 $Q_C=\frac{|V|^2}{X_C}=\omega C|V|^2\Rightarrow C=\frac{Q_C}{\omega|V|^2}$ 可得。

2. **某一 110V，60Hz 的單相電源，以 0.9 落後(lagging)功因供應 200kW 至一負載，欲提升功率因數到 0.95lagging，試求並聯電容所需供應的「虛功」為何？並聯電容量為何？**

詳解

因為電源所提供的「實功」不變，仍為 200Kw，則並聯電容器所供應之「虛功」為 $(\tan\theta-\tan\theta')=200[\tan(\cos^{-1}0.9)-\tan(\cos^{-1}0.95)]$

$=200(0.484-0.329)=31.1kVar$，並聯電容量為

$$C=\frac{Q_C}{\omega|V|^2}=\frac{31.1*1000}{377*110^2}=6.82mF$$

3. **現有 5000KVA 之變電設備，其用戶負載為 5000KVA，功率因數為 0.6 落後(lagging)，今加設裝置容量為2000KVA的調相機，其功率因數為______，在不超過變電設備容量下可增加______KVA 功率因數為 0.8 落後之負載，其總功率因數為______？**（97 台電）

詳解

題目所給加設裝置容量為2000KVA的調相機，即為類似並聯電容器做「功因補償」，故現有裝置容量5000KVA之變電設備，會提供實功

$P = P_D = 5000 \times 0.6 = 3000KW$ 及虛功 $Q = Q_D = 5000 \times 0.8 = 4000K\text{var}$，

今加裝調相機，則變電設備提供之需功降為

$Q' = Q_D - Q_C = 4000 - 2000 = 2000K\text{var}$，故功率因數提高為：

$p.f. = \frac{P}{|S|} = \frac{3000}{\sqrt{3000^2 + 2000^2}} = 0.832$ 落後。

若負載以定功因0.8落後方式增加，加計原吸收之實功3000KW及虛功2000KVAR後，不得超過設備容量5000KVA，令分別尚可增加的實功為 $P$，

需功為 $Q$，則 $\begin{cases} (3000+P)^2 + (2000+Q)^2 = 5000^2 ......(1) \\ \frac{Q}{P} = \frac{0.6}{0.8} = \frac{3}{4} ......................................(2) \end{cases}$，聯立(1),(2)可得

$\begin{cases} P = 1116.8KW \\ Q = 837.6K\text{var} \end{cases}$，因此在不超過設備容量的前提下，上可增加功因0.8落

後負載之KVA為 $\sqrt{1116.8^2 + 837.6^2} = 1396KVA$，負載增加後的功率因數為

$p.f.' = \frac{3000 + 1116.8}{5000} = 0.823$ 落後。

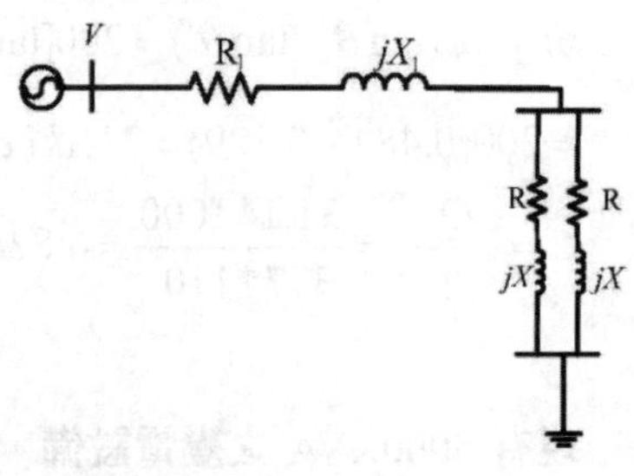


4. **假設在下圖標么系統下，某工廠電源端電壓為** V=1.0∠0°，**線路阻抗** $R_1$=0.5，$X_1$ = 0.5，**負載的等效線路以阻抗來表示為** R = 1.0，X = 1.0，**求：**

(1)**電源輸出實功率為何？** (2)**此系統之功率因數為何？**

(3)**如何提高功率因數至** 95%？（101 普考）【考慮「線路阻抗」的功因補償題型】

詳解

(1) 負載側阻抗為 $(R+jX)$ 並聯 $(R+jX) \Rightarrow Z_L = \dfrac{(1+j)(1+j)}{1+j+1+j} = 0.5 + j0.5$，

線路的等效阻抗為 $Z = 0.5 + j0.5 + 0.5 + j0.5 = 1 + j$，故線路的電流(相量值)為 $I = \dfrac{V}{Z} = \dfrac{1\angle 0^\circ}{1+j} = \dfrac{1\angle 0^\circ}{\sqrt{2}\angle 45^\circ} = \dfrac{\sqrt{2}}{2}\angle -45^\circ (p.u.)$。

電源側之實功率作法有二：

A. $P = |I|^2 R = (\dfrac{\sqrt{2}}{2})^2 \times 1 = 0.5(p.u.)$

B. 複數功率

$$S = P + jQ = V \cdot I^* = (1\angle 0^\circ)(\frac{\sqrt{2}}{2}\angle 45^\circ) = \frac{\sqrt{2}}{2}\angle 45^\circ = 0.5 + j0.5$$

$\Rightarrow P = 0.5(p.u.)$

(2) 本題功率因數須求出兩個，因為有「電源側」以及「負載側」之分：

A. 電源側設為 $p.f_1$：$p.f_1 = \cos[0^\circ - (-45^\circ)] = 0.707 lagging$

B. 負載側設為 $p.f_2$，以及假設負載端電壓為 $V_L$，則

$V_L = \dfrac{1}{2}(1\angle 0^\circ) = 0.5\angle 0^\circ$

線路電流=負載電流 $\Rightarrow pf_2 = \cos[0^\circ - (-45^\circ)] = 0.707 lagging$

(3) 功因改善之法，係在負載側並聯一「電容器」，假設電容阻抗為 $-jX_C = -j\dfrac{1}{\omega C}$，茲重畫線路圖如右圖，

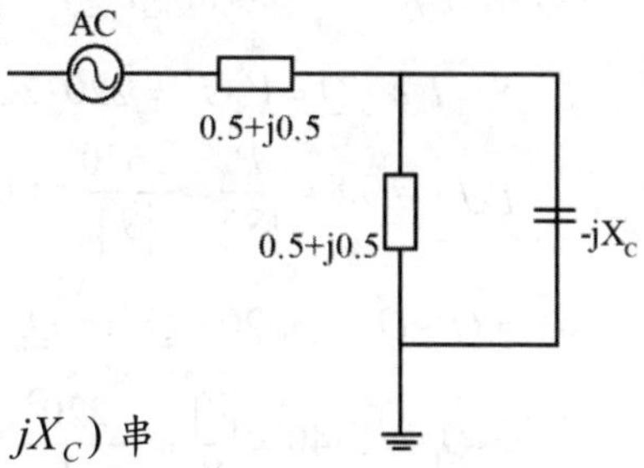

AC
0.5+j0.5
0.5+j0.5
-jX$_c$

則由「功因角=阻抗角」觀念，可以在負載側列式如下：新的功因角：

$p.f_2' = \cos\theta' \Rightarrow \theta' = \cos^{-1} 0.95 = 18.19^\circ$

補償後的阻抗角：$Z' = (0.5 + j0.5)$ 並 $(-jX_C)$ 串

$$(0.5 + j0.5) = \frac{(0.5 + j0.5)\times(-jX_C)}{0.5 + j0.5 + (-jX_C)} = \frac{(0.5 + j0.5)(-jX_C)}{0.5 + j(0.5 - X_C)}$$

故阻抗角為$\theta_z = 45° + (-90°) - Tan^{-1}\dfrac{0.5 - X_C}{0.5}$

$\theta' = \theta_z \Rightarrow 18.19° = -45° - tan^{-1}\dfrac{0.5 - X_C}{0.5} \Rightarrow \tan(-63.19°) = \dfrac{0.5 - X_C}{0.5}$

$\Rightarrow X_C = 1.4896$

5.**某用戶有兩負載，分別為**$Z_1 = 5.5 + j\ 11\ \Omega$**及**$Z_2 = 55\ \Omega$**，並聯後由單相** 60 Hz、220 V(R.M.S)**之電源供電。(請計算至小數點後 2 位，以下四捨五入)**

(1)**求該用戶用電之功率因數**(power factor)**？**

(2)**如欲將該用戶之功率因數改善為** 0.8(**落後**)**，求應並聯多少電容值**(μF)**之電容器？**

(3)**求該用戶功率因數改善後較改善前之用電電流大小增加或減少多少？**

（102 經濟部）

**詳解**

先求電路之等效阻抗，先假設為$Z$，則

$$\frac{1}{Z} = \frac{1}{Z_1} + \frac{1}{Z_2} \Rightarrow \frac{1}{Z} = \frac{1}{5.5 + j11} + \frac{1}{55} \Rightarrow \frac{1}{Z} = 0.0546 - j0.0727 = 0.091\angle -53.1°$$

$$\Rightarrow Z = 11\angle 53.1° = 6.6 + j8.8(\Omega) \Rightarrow I = \frac{V}{Z} = \frac{220}{11\angle 53.1°} = 20\angle -53.1°(A)$$

(1) $p.f. = \cos(0° - (-53.1°)) = 0.6(lagging)$。

(2) 題目 $p.f.' = 0.8(lagging)$，又電源側所提供之複數功率為

$$S = P + jQ = V \cdot I^* = 220 \cdot 20\angle 53.1° = 4400\angle 53.1° = 2640 + j3520$$

$$p.f.' = 0.8 = \frac{P}{|S'|} = \frac{2640}{|S'|} \Rightarrow |S'| = 3300 \Rightarrow Q' = 3300 \cdot 0.6 = 1980$$

$$= Q - Q_C = 3520 - Q_C \Rightarrow Q_C = 1540$$

$$\Rightarrow Q_C = 1540 = \frac{|V|^2}{X_C} = \frac{220^2}{\frac{1}{377C}} \Rightarrow C = \frac{1540}{377 \times 220^2} = 84.4\mu F$$

(3) $S'=P+jQ'=2640+j1980=3300\angle 36.9°=V\cdot I'^{*}\Rightarrow I'=15\angle -36.9°$，故知功因改善後較改善前，其用電電流大小減少 $5A$。

# 1-7 單相交流電路之瞬時功率探討

## 焦點 8　探討「純電阻負載」、「純電感負載」、「純電容負載」及「一般負載」，於穩態下吸收之「瞬時功率」

考試比重 ★★★☆☆

觀念之建立，穿插於各考題之中。

1. 純電阻負載：假設負載電壓(時域表示式)為 $v(t)=V_{\max}\cos(\omega t+\alpha)$

   則對純電阻負載而言，因為流入之電流與負載電壓同相位，故 $\mathrm{i}_R(\mathrm{t})=I_{\max}\cos(\omega t+\alpha)$，左式中 $I_{\max}=\dfrac{V_{\max}}{R}$；因此其吸收之瞬時功率為

   $$p_R(t)=v(t)\mathrm{i}_R(t)=V_{\max}I_{\max}\cos^2(\omega t+\alpha)=\frac{V_{\max}I_{\max}}{2}[1+\cos(2(\omega t+\alpha))]$$

   $$=V_{rms}I_{rms}[1+\cos(2(\omega t+\alpha))]$$

   上式中，$V_{rms}=\dfrac{V_{\max}}{\sqrt{2}}$ and $I_{rms}=\dfrac{I_{\max}}{\sqrt{2}}\Rightarrow$ 由此可知，純電阻性負載吸收之瞬時功率有一「**平均值** $P_R=V_{rms}I_{rms}=\dfrac{V_{rms}{}^2}{R}=I_{rms}{}^2\mathrm{R}$」加上「**雙頻弦波項** $V_{rms}\,\mathrm{I}_{rms}\cos[2(\omega t+\alpha)]$」。

2. 純電感性負載：假設負載電壓(時域表示式)為 $v(t)=V_{\max}\cos(\omega t+\alpha)$，對純電感之負載而言，因為流入負載之電流落後電壓 $90°$，在穩態下，

$\mathrm{i}_L(t)=I_{\max}\cos(\omega t+\alpha-90°)$，左式中 $I_{\max}=\dfrac{V_{\max}}{X_L}=\dfrac{V_{\max}}{\omega L}$；因此，在穩態下之電感性負載吸收之瞬時功率為 $\mathrm{p}_L(\mathrm{t})=\mathrm{v(t)}\,\mathrm{i}_L(\mathrm{t})=\mathrm{V}_{\max}\mathrm{I}_{\max}\cos(\omega t+\alpha)\cos(\omega t+\alpha-90°)$

$=\dfrac{\mathrm{V}_{\max}\mathrm{I}_{\max}}{2}\cos[2(\omega t+\alpha)-90°]=V_{rms}I_{rms}\sin[2(\omega t+\alpha)]\Rightarrow$ 由此可知，純電感性負載在穩態下吸收之瞬時功率只有一「**雙頻弦波項** $V_{rms}I_{rms}\sin[2(\omega t+\alpha)]$」，**而其平均值為零**。

3. 純電容性負載：假設負載電壓(時域表示式)為 $v(t)=V_{\max}\cos(\omega t+\alpha)$，對純電容之負載而言，因為流入負載之電流領先電壓90°，故在穩態下，
$i_c(t)=I_{\max}\cos(\omega t+\alpha+90°)$，左式中 $i_c(t)=I_{\max}=\dfrac{V_{\max}}{X_C}=\omega CV_{\max}$，因此，在穩態下之電容性負載吸收之瞬時功率為
$p_c(t)=v(t)i_c(t)=V_{\max}I_{\max}\cos(\omega t+\alpha)\cos(\omega t+\alpha+90°)$
$=\dfrac{V_{\max}I_{\max}}{2}\cos[2(\omega t+\alpha)+90°)=V_{rms}(-I_{rms})\sin[2(\omega t+\alpha)]$
$\Rightarrow$ 由此可知，純電感性負載在穩態下吸收之瞬時功率亦為一「**雙頻弦波項**」，而**其平均值為零**。

4. 一般 $RLC$ 負載：對一般 $RLC$ 負載而言，流入負載之電流具有以下型式，此時 $\beta$ 稱為電流角，而 $\alpha$ 稱為電壓角：
$i(t)=I_{\max}\cos(\omega t+\beta)$，則一般 RLC 負載所吸收的瞬時功率為
$p(t)=v(t)i(t)=V_{\max}I_{\max}\cos(\omega t+\alpha)\cos(\omega t+\beta)$
$\Rightarrow p(t)=\dfrac{V_{\max}I_{\max}}{2}\{\cos(\alpha-\beta)+\cos[2(\omega t+\alpha)-(\alpha-\beta)]\}$
$\Rightarrow p(t)=V_{rms}I_{rms}\{\cos(\alpha-\beta)+\cos(\alpha-\beta)\cos[2(\omega t+\alpha)]+\sin(\alpha-\beta)\sin[2(\omega t+\alpha)]\}$
$\Rightarrow p(t)=V_{rms}I_{rms}\cos(\alpha-\beta)\{1+\cos[2(\omega t+\alpha)]\}+V_{rms}I_{rms}\sin(\alpha-\beta)\sin[2(\omega t+\alpha)]$
$\Rightarrow p(t)=V_{rms}I_{Rrms}\{1+\cos[2(\omega t+\alpha)]\}+V_{rms}I_{Xrms}\sin[2(\omega t+\alpha)]=p_R(t)+p_X(t)$

上式中，定義：$p_R(t)=V_{rms}I_{Rrms}\{1+\cos[2(\omega t+\alpha)]\}$，$p_X(t)=V_{rms}I_{Xrms}\sin[2(\omega t+\alpha)]$

where $I_{Rrms}=I_{rms}\cos(\alpha-\beta)$、$I_{Xrms}=I_{rms}\sin(\alpha-\beta)$

由此可知，一般 RLC 負載吸收之「瞬時功率」以及「負載電流」之組成成分及意義可以整理如下表所示：

| | | 電阻性成分 | | 電抗性成分 |
|---|---|---|---|---|
| 瞬時功率 | 公式 | $p_R(t)=V_{rms}I_{Rrms}\{1+\cos[2(\omega t+\alpha)]\}$ | 公式 | $p_X(t)=V_{rms}I_{Xrms}\sin[2(\omega t+\alpha)]$ |
| | 意義 | 左式含有負載吸收之實功(即平均功率)及 cos 的雙頻弦波項(虛功)。 | 意義 | 左式只有負載吸收之虛功(即瞬時功率)。 |
| 負載電流 | 公式 | $I_{Rrms}=I_{rms}\cos(\alpha-\beta)$ | 公式 | $I_{Xrms}=I_{rms}\sin(\alpha-\beta)$ |
| | 意義 | 負載電流與負載電壓同相位，為有電流乘上「功率因數」。 | 意義 | 負載電流與負載電壓相位相差 90 度，且電感性與電容性之負載電流不同。 |

牛刀小試……………………………………………………………………

1. **如圖所示電路，若** $v(t)=28.28\cos\omega t$ V，$R=100\Omega$，$X_L=\omega L=3.77\Omega$，**請分別計算「電阻」及「電感」所吸收之瞬時功率？分別求出負載吸收的有效功率？無效功率？功率因數為何？**

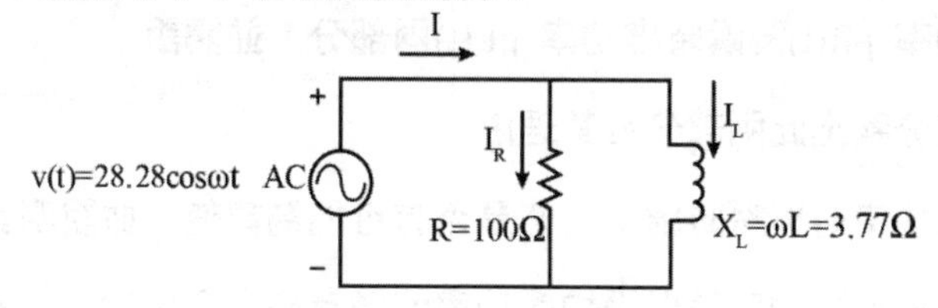

**詳解**

$v(t) = 28.28\cos\omega t$ V 為負載電壓的時域表示式，現在全部轉為 rms 相量如下(此時以 $\cos\omega t$ 為參考)：負載電壓：$V = \frac{28.28}{\sqrt{2}}\angle 0° V$，

電阻電流：$I_R = \frac{20\angle 0°}{100} = 0.2A$，電感電流：$I_L = \frac{20\angle 0°}{j3.77} = 5.31\angle -90° A$，

總負載電流：$I = I_R + I_L = 0.2\angle 0° + 5.31\angle -90° = 0.2 - j5.31 = I_{rms}\angle \beta A$，

$\Rightarrow I_{rms} = 5.31, \angle\beta = -87.84°$；

負載吸收的有效功率為：

$P = V_{rms} I_{rms} \cos[0° - (-87.84°)] = 20 \cdot 5.31 \cdot \cos 87.84° = 4W$，負載吸收的無效功率為：$Q = V_{rms} I_{rms} \sin[0° - (-87.84°)] = 20 \cdot 5.31 \cdot \sin 87.84° = 106.1\,\text{var}$，功率因數為：$p.f. = \cos 87.84° = 0.038$ 落後；另外電阻吸收的瞬時功率為：

$p_R(t) = V_{rms} I_{Rrms} \{1 + \cos[2(\omega t + \alpha)]\} = 20 \cdot 5.31 \cos 87.84°(1 + \cos 2\omega t)$

$= 4(1 + \cos 2\omega t)..(W)$，電感吸收的瞬時功率為：

$p_X(t) = V_{rms} I_{Xrms} \sin[2(\omega t + \alpha)] = 20 \cdot 5.31 \sin 87.84° \sin(2\omega t) = 106.1 \sin 2\omega t(W)$

2. **如圖所示負載，其電壓與電流之瞬時值分別為**

   $v(t) = V_{max}\cos(\omega t)$ **及** $i(t) = I_{max}\cos(\omega t - \theta)$

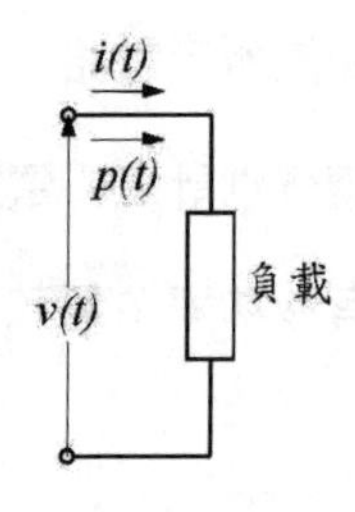


   (1)**試寫出瞬時功率 p(t)之表示式，表示式中須分成瞬時實功率 pR(t)及瞬時虛功率 pL(t)兩部分，並請說明如何分離出此兩部分及其理由。**

   (2)**瞬時實功率值與瞬時虛功率值是否有可能為負值？並說明其理由。**

   (3)**試問其平均實功率值與平均虛功率值各為多少？**（102 關務三等）

**詳解**

本題之「瞬時實功率」即電阻性瞬時功率( $p_R(t)$ )，「瞬時虛功率」即電抗性瞬時功率( $p_X(t)$ )，若元件電流相位落後電壓，則為「電感性元件」瞬時功率( $p_L(t)$ )，若元件電流相位領先電壓，則為「電容性元件」瞬時功率( $p_C(t)$ )。

平均實功率指的是電阻性瞬時功率( $p_R(t)$ )的平均值，平均虛功率指的是電抗性瞬時功率( $p_X(t)$ )的振幅。

(1) 負載吸收的總瞬時功率為

$$p(t) = p_X(t) + p_L(t) = v(t)\cdot i(t) = V_{\max} I_{\max} \cos\omega t \cos(\omega t - \theta)$$

$$\Rightarrow p(t) = \frac{V_{\max} I_{\max}}{2}[\cos\theta + \cos(2\omega t - \theta)]$$

$$= V_{rms} I_{rms} (\cos\theta + \cos 2\omega t \cos\theta + \sin 2\omega t \sin\theta)$$

$$\Rightarrow p(t) = V_{rms} I_{rms} \cos\theta(1 + \cos 2\omega t) + V_{rms} I_{rms} \sin\theta \sin 2\omega t$$

$$\Rightarrow p_R(t) = V_{rms} I_{rms} \cos\theta(1 + \cos 2\omega t); p_L(t) = V_{rms} I_{rms} \sin\theta \sin 2\omega t$$ 。

(2) 由上列公式可知，瞬時實功率 $p_R(t) = V_{rms} I_{rms} \cos\theta(1 + \cos 2\omega t)$ ，可拆解成如下兩部分： $p_R(t) = V_{rms} I_{rms} \cos\theta + V_{rms} I_{rms} \cos\theta \cos 2\omega t$ ，其中 $V_{rms} I_{rms} \cos\theta$ 可視為「平均實功」P，則 $p_R(t) = P(1 + \cos 2\omega t)$ ，此式恆為正值。同理。瞬時虛功率 $p_L(t) = V_{rms} I_{rms} \sin\theta \sin 2\omega t$，其中 $V_{rms} I_{rms} \sin\theta$ 可視為「虛功」Q，則 $p_L(t) = Q \sin 2\omega t$ ，此式恆在 1 與-1 間擺盪，故可為正值或負值。

(3) 平均實功率指的是電阻性瞬時功率( $p_R(t)$ )的平均值，

$$\Rightarrow p_R(t) = V_{rms} I_{rms} \cos\theta(1 + \cos 2\omega t) \Rightarrow \overline{p_R}(t) = V_{rms} I_{rms} \cos\theta$$

平均虛功率指的是電抗性瞬時功率( $p_X(t)$ )的振幅。

$$\Rightarrow p_L(t) = V_{rms} I_{rms} \sin\theta \sin 2\omega t \Rightarrow \overline{p_L}(t) = V_{rms} I_{rms} \sin\theta$$ 。

3. **某單相負載以正弦電壓** v(t)=100$\sqrt{2}$cos(377t)V **供電時，產生的瞬時功率**(instantaneous power)**為** p(t)=400+500cos(754t-36.87°)W **。試求：**

(1)**供應至負載的複功率**(complex power)**及其功率因數**(power factor)**。**

(2)**負載的瞬時電流**(instantaneous current)**及其有效值**(rms value)**。**

(3)**負載阻抗。**（104 中華郵政）

詳解 ……………………………………………………………………

臨場考試時，一般人均無法熟背「瞬時功率」公式，此時則必須有清楚之觀念，並以基本三角積化和差、和差化積等公式來推導。

題目所示 $v(t)=100\sqrt{2}\cos(377t)\Rightarrow V_{\max}=100\sqrt{2}\Rightarrow V_{rms}=100$ ，

$\omega=377\Rightarrow f=60Hz$ ，$\angle\alpha=0°$ ，令 $i(t)=I_{\max}\cos(377t+\beta)$

則瞬時功率 $p(t)=v(t)i(t)=100\sqrt{2}I_{\max}\cos(377t)\cos(377t+\beta)$

$$\Rightarrow p(t)=\frac{100\sqrt{2}I_{\max}}{2}\cos(377t)\cos(377t+\beta)$$

$$=100I_{rms}[\cos(-\beta)+\cos(754t+\beta)]$$

$\Rightarrow p(t)=100I_{rms}\cos(-\beta)+100I_{rms}[\cos754t\cdot\cos\beta-\sin754t\cdot\sin\beta)]$ ，再利用 cos 為偶函數以及 sin 為奇函數等數學特性，改寫上式為

$\Rightarrow p(t)=100I_{rms}\cos(-\beta)+100I_{rms}[\cos754t\cdot\cos(-\beta)+\sin754t\cdot\sin(-\beta)]$ ..(1)

又題目所給之瞬時功率為 $p(t)=400+500\cos(754t-36.87°)$

$\Rightarrow p(t)=400+500\cdot\cos36.87°\cdot\cos754t+500\sin36.87°\cdot\sin754t$ ………..(2)

比較(1)、(2)兩式，得到

$$\begin{cases}100I_{rms}\cos(-\beta)=400\\100I_{rms}\sin(-\beta)=300\end{cases}\Rightarrow\begin{cases}P=400\\Q=300\\-\beta=36.87°\end{cases}，$$

故可得

(1) $\begin{cases} S = P + jQ = 400 + j300 \\ p.f. = \dfrac{P}{|S|} = \dfrac{400}{500} = 0.8lagging \end{cases}$

(2) $100I_{rms}\cos(36.87°) = 400 \Rightarrow I_{rms} = 5 \Rightarrow i(t)=5\sqrt{2}\cos(754t - 36.87°)A$

(3) 以 rms 向量表示 $Z = \dfrac{V}{I} = \dfrac{V_{rms}\angle 0°}{I_{rms}\angle -36.87°} = 20\angle -36.87° = 16 + j12(\Omega)$

# 1-8 網路方程式及匯流排導納矩陣

## 焦點 9　探討柯西荷夫電流定律「KCL」、柯西荷夫電壓定律「KVL」之列式及列出匯流排導納矩陣

考試比重 ★★★☆☆

觀念之建立。

1. 柯西荷夫電流定律「KCL」：相量電路中對任一「節點」(Node)之**相量電流總和為零**；柯西荷夫電壓定律「KVL」：相量電路中對任一「封閉迴路」(Closed Loop)之**相量電壓降總和為零**。
2. 電路學的「匯流排」(Bus)，一般含有以下兩個意義：
   (1) 視同網絡的「節點」(node)。
   (2) 其電路均視為**交流**的「正弦穩態電路」。
3. 利用 KCL 方程式可以導出「匯流排導納矩陣」，做法可歸納如下步驟：

STEP 1. 化成諾頓電路(即化為電流源並聯一阻抗)

**STEP** 2. 令此電路為自然響應狀態，即「無源電路」(**電流源開路 OR 電壓源短路**)，並將「阻抗」改為「導納」(即其「互為倒數」)

**STEP** 3. 寫成 $n \times n$ 階矩陣(此為「對稱矩陣」，$n$ 即為電路之節點個數)如下：

$$Y_{bus} = \begin{pmatrix} Y_{11} & Y_{12} \cdots & Y_{1n} \\ \vdots & \ddots & \vdots \\ Y_{n1} & Y_{n2} \cdots & Y_{nn} \end{pmatrix}_{n \times n}$$

，並符合「節點方程式」：$I = Y_{bus}V$ .(式 1-59.)

**STEP** 4. 其中定義對角元素 $Y_{kk}$ = 與匯流排相連之 $k$ 所有分支導納和，$Y_{kk}$ 稱之為「自導納」(或稱之「驅動點導納」)；以及定義 $Y_{kn}$ = −(同時與匯流排 $k$ 及 $n$ 相連之所有分支導納和)，$Y_{kn}$ 稱之為「互導納」(或稱之「轉移導納」)，如此可得「匯流排導納矩陣」。

4. 如下圖 1-25 直流電路為範例一一說明之。

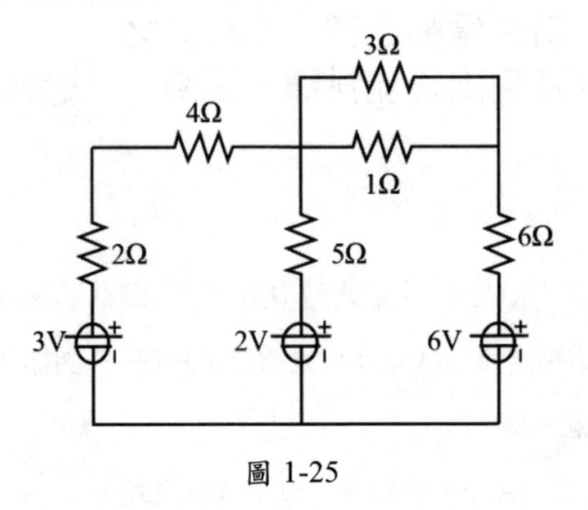


圖 1-25

**STEP** 1. 首先此電路圖戴維寧轉諾頓如下圖 1-26.所示：

**(注意電流源箭頭之方向為電壓源之+端出發)**

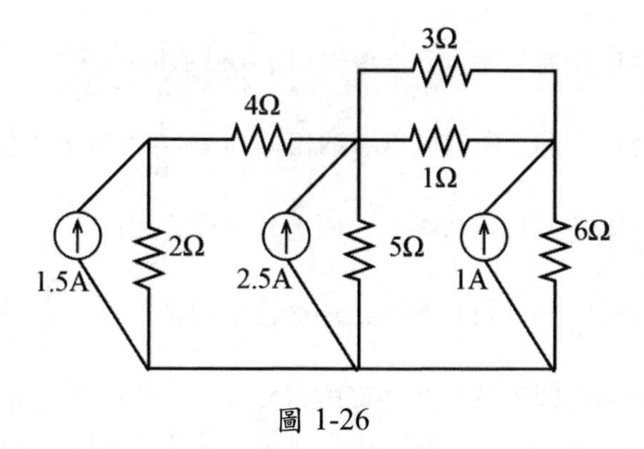


圖 1-26

**STEP** 2. 令此電路為自然響應狀態，即「無源電路」(**電流源開路 OR 電壓源短路**)，本題有三個節點，假設其電壓分別為$V_1$、$V_2$、$V_3$，參考電壓如圖，並將「阻抗」改為「導納」(即其「互為倒數」)，如下圖 1-27。

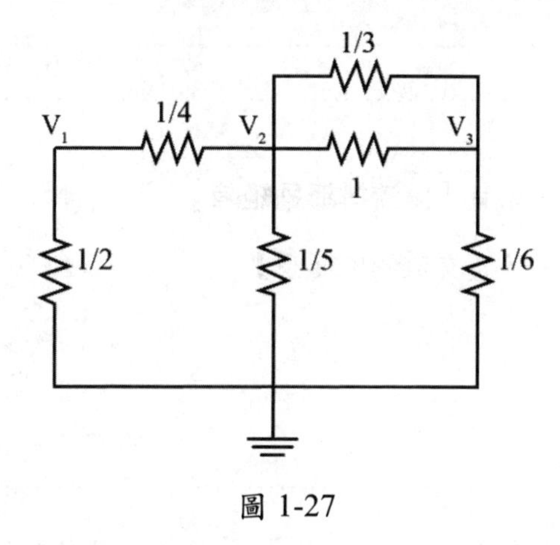


圖 1-27

**STEP** 3. 寫成$n \times n$階矩陣(此為「對稱矩陣」，$n$即為電路之節點個數)如下：

$$Y_{bus} = \begin{pmatrix} Y_{11} & Y_{12} & Y_{13} \\ Y_{21} & Y_{22} & Y_{23} \\ Y_{31} & Y_{32} & Y_{33} \end{pmatrix}_{3\times 3}$$

，並符合「節點方程式」：$I = Y_{bus}V$

**STEP** 4. 矩陣中之對角元素(「自導納」)如下：

$Y_{11} =$ 與$V_1$相連之所有分支導納和$= \dfrac{1}{4} + \dfrac{1}{2}$，

$Y_{22}=$ 與 $V_2$ 相連之所有分支導納和 $=\frac{1}{3}+1+\frac{1}{5}+\frac{1}{4}$，

$Y_{33}=$ 與 $V_3$ 相連之所有分支導納和 $=\frac{1}{3}+1+\frac{1}{6}$；再求「互導納」如下

$Y_{12}=-$(同時與 $V_1$ 及 $V_2$ 相連之所有分支導納和) $=-\frac{1}{4}$，

$Y_{23}=-$(同時與 $V_2$ 及 $V_3$ 相連之所有分支導納和) $=-(\frac{1}{3}+1)$，

$Y_{13}=-$(同時與 $V_1$ 及 $V_3$ 相連之所有分支導納和) $=0$；如此可得「匯流排導納矩陣」$\Rightarrow Y_{bus}=\begin{pmatrix} Y_{11} & Y_{12} & Y_{13} \\ Y_{21} & Y_{22} & Y_{23} \\ Y_{31} & Y_{32} & Y_{33} \end{pmatrix}_{3\times 3}=\begin{pmatrix} \frac{3}{4} & -\frac{1}{4} & 0 \\ -\frac{1}{4} & \frac{23}{15} & -\frac{4}{3} \\ 0 & -\frac{4}{3} & \frac{3}{2} \end{pmatrix}$。

牛刀小試

◎ **如下圖所示網路，求其「匯流排導納矩陣」及「節點方程式」？**【交流網路題型】

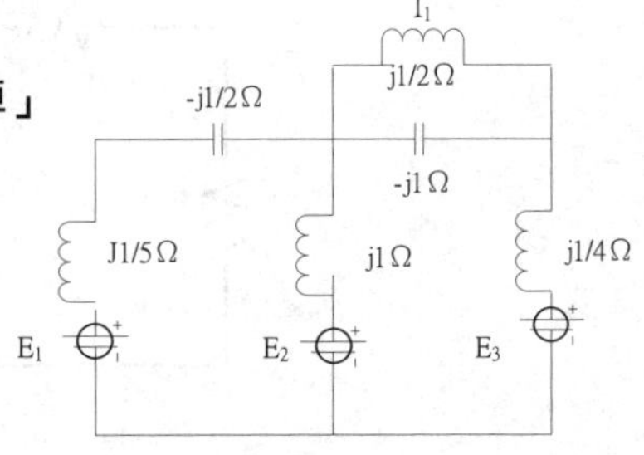


詳解

此交流電路基本上和直流電路解法相似，只是元件的阻抗不同，電感器的阻抗稱為「感抗 $X_L$」，其相量表示法為 $jX_L=j\omega L$，感抗數值為正；電容器的阻抗稱為「容抗 $X_C$」，其相量表示法為 $jX_C=\frac{1}{j\omega C}=-j\frac{1}{\omega C}$，容抗數值為負。

同上所述，求解步驟如下：

STEP 1. 首先此電路圖戴維寧轉諾頓，以及先轉阻抗為導納(即其「互為倒數」，單位為 S=Sieman)如圖所示：(注意電流源箭頭之方向為電壓源之+端出發)

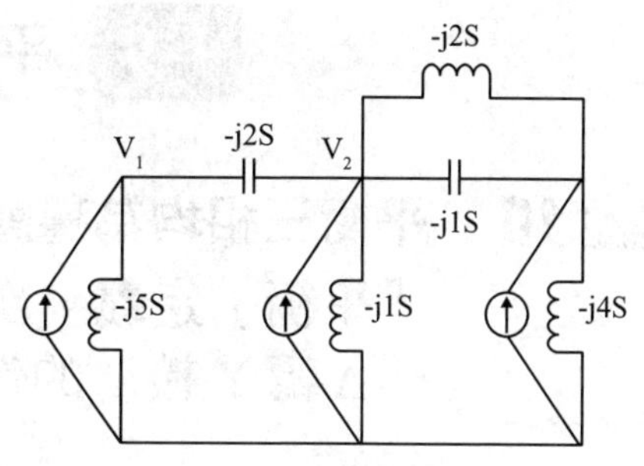


STEP 2. 令此電路為自然響應狀態，即「無源電路」(電流源開路 OR 電壓源短路)，本題有三個節點，假設其電壓分別為$V_1$、$V_2$、$V_3$，參考電壓如圖：

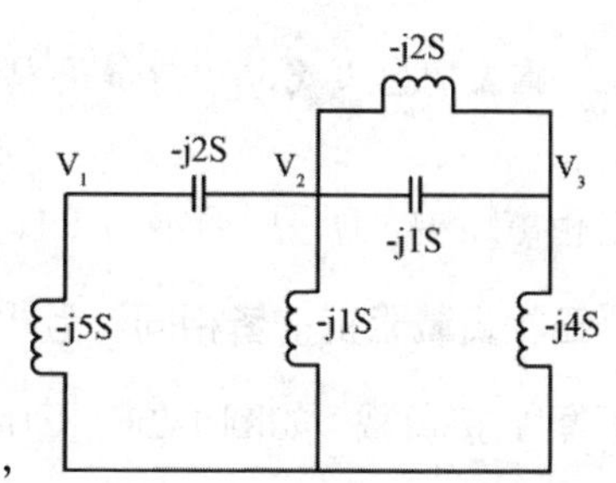


STEP 3. 寫成$n \times n$階矩陣(此為「對稱矩陣」，$n$即為電路之節點個數)如下：

$$Y_{bus} = \begin{pmatrix} Y_{11} & Y_{12} & Y_{13} \\ Y_{21} & Y_{22} & Y_{23} \\ Y_{31} & Y_{32} & Y_{33} \end{pmatrix}_{3\times 3}$$，並符合節點方程式 $I = Y_{bus}V$

STEP 4. 其中 $Y_{11} = j2 + (-j5) = -j3$，$Y_{22} = -j2 + j1 + (-j1) = -j2$，

$Y_{33} = -j2 + j1 + (-j4) = -j5$；$Y_{12} = j2$；$Y_{13} = 0$；$Y_{23} = -j2 + j1 = -j1$

可得「匯流排導納矩陣」

$$\Rightarrow Y_{bus} = \begin{pmatrix} Y_{11} & Y_{12} & Y_{13} \\ Y_{21} & Y_{22} & Y_{23} \\ Y_{31} & Y_{32} & Y_{33} \end{pmatrix}_{3\times 3} = \begin{pmatrix} -j3 & j2 & 0 \\ j2 & -j2 & -\frac{4}{3} \\ 0 & -j1 & -j5 \end{pmatrix}$$。

以及節點方程式：

$$\begin{pmatrix} -j3 & j2 & 0 \\ j2 & -j2 & -\frac{4}{3} \\ 0 & -j1 & -j5 \end{pmatrix}\begin{pmatrix} V_1 \\ V_2 \\ V_3 \end{pmatrix} = \begin{pmatrix} I_1 \\ I_2 \\ I_3 \end{pmatrix}, Where I_1 = \frac{E_1}{j\,1/5}, I_2 = \frac{E_2}{j1}, I_3 = \frac{E_3}{j\,1/4}$$。

# 1-9 平衡三相電路

## 焦點 10 平衡三相均為穩態分析，先了解「平衡」定義，次需熟悉阻抗之「Δ轉 Y 接」的作法及公式

考試比重 ★★★★☆

重要觀念之建立，計算題為主。

1. 三相電路中，所謂「平衡」的定義係指電路在穩態下，其「**三相線路阻抗**」及「**三相負載阻抗**」**皆相同，且**「**電源電壓大小相等、相角各相差120°**」。

2. 平衡 Y 接負載：如圖 1-28，圖中可分為三部分，左側為「電源側」，右側為「負載側」，中間則為線路部分，分界點分別為 a,b,c 以及 A,B,C,；$E_{an},E_{bn},E_{cn}$ 代表各個「相電壓」，$Z_y$ 為負載側 Y 接的阻抗，$I_a,I_b,I_c$ 代表各個「線電流」(此時「線電流」即為其「負載電流」)。

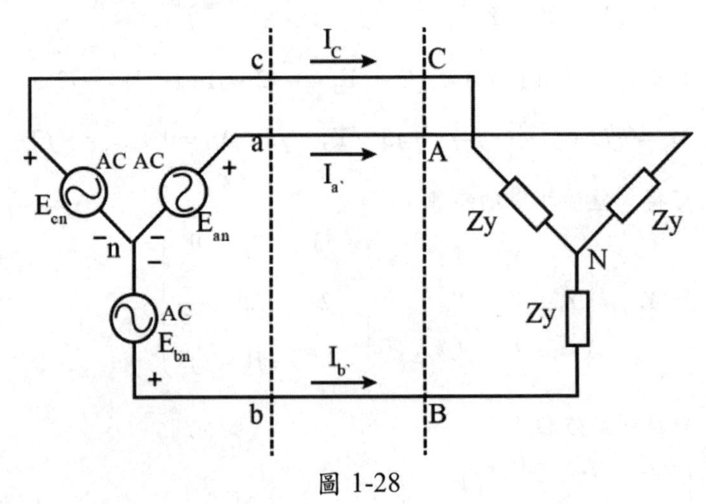


圖 1-28

在此三相電路中，若三相負載阻抗都相同，則稱負載為「平衡」(balanced)，上圖所示 Y 接負載每相阻抗均為 $Z_y$ ，故為平衡 Y 接負載。

(1) 平衡相電壓：圖 1-28.電源側，若三相電源電壓大小相等且任兩相間相角相差$120°$ ，例如$E_{an}=|E|\angle 0°, E_{bn}=|E|\angle -120°, E_{cn}=|E|\angle 120°$ ，則稱該電源是平衡，平衡電源又分為：

A. 正相序(Positive)：三相電源中，若沿著順時鐘方向旋轉，將依序出現$E_{an}, E_{bn}, E_{cn}$ 稱之為「正相序」，正相序又稱為「a-b-c 相序」，以相量表示法為$E_{an}=|E|\angle 0°, E_{bn}=|E|\angle -120°, E_{cn}=|E|\angle 120°$ ，如下圖 1-29。

B. 負相序： (Negative)：三相電源中，若沿著順時鐘方向旋轉，將依序出現$E_{an}, E_{cn}, E_{bn}$ 稱之為「負相序」，故負相序又稱為「a-c-b 相序」，相量表示為$E_{an}=|E|\angle 0°, E_{bn}=|E|\angle 120°, E_{cn}=|E|\angle -120°$ ，如圖 1-30。

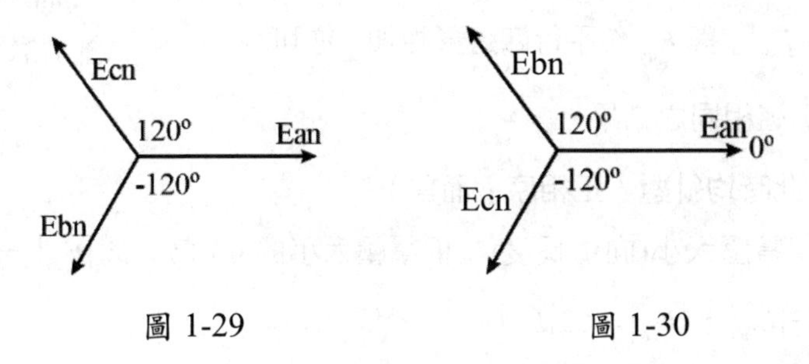


圖 1-29　　　　圖 1-30

(2) 平衡線電壓：相與相之間的電壓，如上圖 1-28.所示之$E_{ab}, E_{bc}, E_{ca}$ 稱為「線電壓」，而$E_{an}, E_{bn}, E_{cn}$ 稱為「相電壓」，若相電壓為上述之平衡正相序，即$E_{an}=|E|\angle 0°, E_{bn}=|E|\angle -120°, E_{cn}=|E|\angle 120°$ ，則其對應之線電壓$E_{ab}, E_{bc}, E_{ca}$ 亦為平衡正序。

老師的話

1. 注意「相電壓」與「線電壓」**配對**，即「線電壓$E_{ab}$」與「相電壓$E_{an}$」為一組，「線電壓$E_{bc}$」與「相電壓$E_{bn}$」為一組，「線電壓$E_{ca}$」與「相電壓$E_{cn}$」為一組。
2. 相量運算轉換：如上圖 1-29.之平衡正序相電壓，已知各相電壓依序為 $E_{an}=|E|\angle 0°, E_{bn}=|E|\angle -120°, E_{cn}=|E|\angle 120°$，則「線電壓」可由 3 之「相量畫圖」求得如下：
3. **相量畫圖轉換**：如圖 1-31 此時亦為平衡正序相電壓，已知各相電壓依序為 $E_{an}=|E|\angle 0°, E_{bn}=|E|\angle -120°, E_{cn}=|E|\angle 120°$ 畫相量圖則「線電壓」$E_{ab}=E_{an}-E_{bn}$，可以「相量$-E_{bn}$」與$E_{an}$作平行四邊形相加，亦可得到與上述相同之結果。

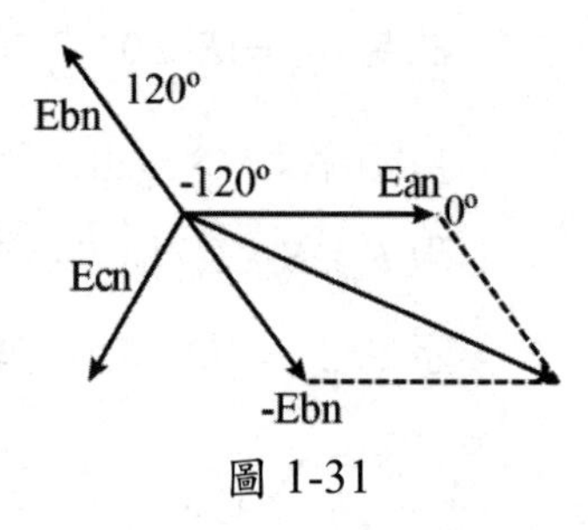

圖 1-31

◎結論：（此時均針對「正相序」而言）

1. 大小：線電壓大小(向量長度)為相電壓大小的$\sqrt{3}$倍，即$|E_{ab}|=\sqrt{3}|E_{an}|$，$|E_{bc}|=\sqrt{3}|E_{bn}|$，$|E_{ca}|=\sqrt{3}|E_{cn}|$。
2. 相角：線電壓之角度較相電壓角度「領先」(向量角度為$\angle +$) 30°。
   (1) 一般學生容易搞混「正、負相序」、「線電壓 Vs 相電壓」、「線電流 Vs 相電流」之大小、相角關係，故此時最佳的記誦方法，即為**只記一種**(如本例中之「正相序」－「電壓關係」)，再依序類推其他情況⇒詳見比較【表 1-2】。
   (2) 一般若題目未言明，則均視為「正相序」。

(3) 平衡線電流：如上圖 1-28.中，若「負載側」之阻抗為 $Z_y = |Z|\angle\theta$，則線電流分別為 $I_a = \dfrac{E_{an}}{Z_y} = \dfrac{|E|\angle 0°}{|Z|\angle\theta} = \dfrac{|E|}{|Z|}\angle -\theta$，

$I_b = \dfrac{E_{bn}}{Z_y} = \dfrac{|E|\angle -120°}{|Z|\angle\theta} = \dfrac{|E|}{|Z|}\angle -120° - \theta$，

$I_c = \dfrac{E_{cn}}{Z_y} = \dfrac{|E|\angle 120°}{|Z|\angle\theta} = \dfrac{|E|}{|Z|}\angle 120° - \theta$，由上可知，若電源及負載是平衡的，則相電流也是平衡的。

(4) 中性線電流：如上圖 1-28.中，若連接「電源側之 n 點」以及「負載側之 N 點」，$\overline{Nn}$ 稱為「中性線」，則中性線之電流為 $I_n = I_a + I_b + I_c = \dfrac{|E|}{|Z|}(\angle -\theta + \angle -120° - \theta + \angle 120° - \theta) = 0$，故可得「平衡三相」之中性線電流**為零(無論中間是否有阻抗或阻抗為何)**。

3. 平衡 Δ 接負載：如圖 1-32，其中右側「負載側」為 Δ 接，$E_{an}, E_{bn}, E_{cn}$ 代表各個「相電壓」，$Z_D$ 為負載側 Δ 接的阻抗，$I_a, I_b, I_c$ 代表各「線電流」，$I_{AB}, I_{BC}, I_{CA}$ 代表各「負載電流」。

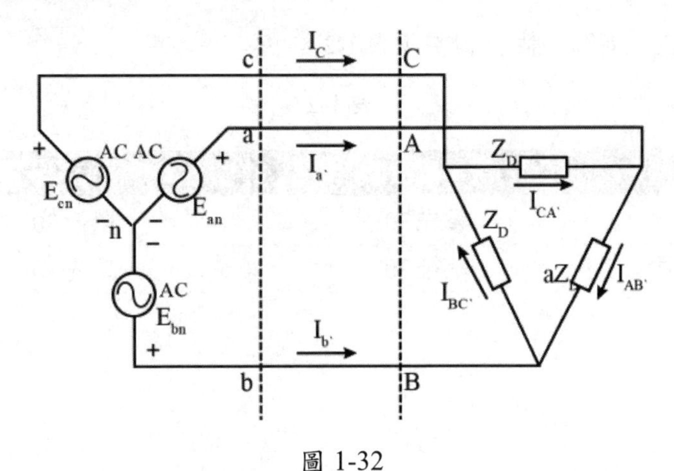


圖 1-32

以下將以實際數值做為範例討論：

若相電壓分別為$E_{an}=10\angle 0°, E_{bn}=10\angle -120°, E_{cn}=10\angle 120°$

則線電壓分別為$E_{ab}=10\sqrt{3}\angle 30°, E_{bc}=10\sqrt{3}\angle -90°, E_{ca}=10\sqrt{3}\angle 150°$，負載阻抗為$Z_D=5\angle 30°$，則此時：

(1) 負載電流：$I_{AB}=\dfrac{E_{ab}}{Z_D}=\dfrac{10\sqrt{3}\angle 30°}{5\angle 30°}=3.464\angle 0°$，

$$I_{BC}=\frac{E_{bc}}{Z_D}=\frac{10\sqrt{3}\angle -90°}{5\angle 30°}=3.464\angle -120°，$$

$$I_{CA}=\frac{E_{ca}}{Z_D}=\frac{10\sqrt{3}\angle 150°}{5\angle 30°}=3.464\angle 120°$$

(2) Δ接線電壓：$I_a=I_{AB}-I_{CA}=3.464\angle 0°-3.464\angle 120°=6\angle -30°$，

$$I_b=I_{BC}-I_{AB}=3.464\angle -120°-3.464\angle 0°=6\angle -150°，$$

$$I_c=I_{CA}-I_{BC}=3.464\angle 120°-3.464\angle -120°=6\angle 90°$$

◎**結論**：此時均針對「**正相序**」之平衡Δ接負載而言

(1) **大小：Δ接線電流大小(相量長度)為負載電流(或稱相電流)大小的$\sqrt{3}$倍。**

(2) **相角：Δ接線電流之角度「落後」(向量角度為$\angle -$)相電流角度30°。**

呼應上述之「老師的話」，詳見下表1-2。

表 1-2

| 相角比較 | (Y-Y)線電壓 VS 相電壓 | (Y-Δ)線電流 VS 負載電流 |
|---|---|---|
| 正相序 | 領先30° | 落後30° |
| 負相序 | 落後30° | 領先30° |

牛刀小試

(　) ◎ 在平衡三相、Y 接、正相序電源中，其線電壓 $V_{ab}$ 與相電壓 $V_{an}$ 之關係為何？ (A) $V_{ab}=V_{an}$ (B) $V_{ab}=\sqrt{3}V_{an}\angle-30°$ (C) $V_{ab}=\sqrt{3}V_{an}\angle 30°$ (D) $V_{ab}=\frac{V_{an}}{\sqrt{3}}\angle-30°$。（105 台北自來水）

詳解

◎(**C**)

4. **Δ 阻抗轉 Y 阻抗**：如圖 1-33 所示，其中外圍(黑色部分)為 Δ 接阻抗，內圍(紅色部分)為相對應之 Y 接阻抗，**阻抗間 Δ 轉 Y 之公式如下**：

$Z_{Y1}=\dfrac{Z_{\Delta2}Z_{\Delta3}}{Z_{\Delta1}+Z_{\Delta2}+Z_{\Delta3}}$，$Z_{Y2}=\dfrac{Z_{\Delta1}Z_{\Delta3}}{Z_{\Delta1}+Z_{\Delta2}+Z_{\Delta3}}$，$Z_{Y3}=\dfrac{Z_{\Delta1}Z_{\Delta2}}{Z_{\Delta1}+Z_{\Delta2}+Z_{\Delta3}}$

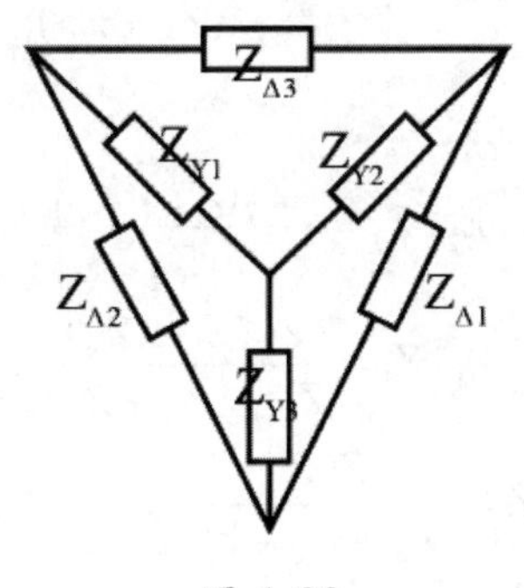


圖 1-33

其中證明詳見以下牛刀小試：

牛刀小試

◎ **如下二圖所示Δ接三相負載，阻抗** $Z_A$、$Z_B$、$Z_C$ **均已知，試求其等效Y接之各相等效阻抗** $Z_1$、$Z_2$、$Z_3$。(99關務三等)【Δ阻抗轉Y阻抗的證明題型】

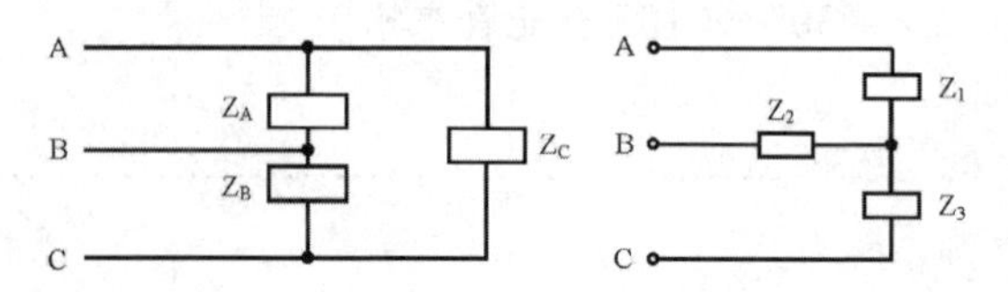


詳解

本題為Δ接轉Y接，因為兩圖為等效，故兩電路從任兩端看進去的阻抗必定相同，左圖中若從A、B中間看進去，為 $Z_A$ 並($Z_B$ 串 $Z_C$)，此即為右圖A、B間之 $Z_1$ 阻抗加 $Z_2$ 阻抗，故可列一方程式：

$$Z_1+Z_2=Z_A \| (Z_B+Z_C) \Rightarrow Z_1+Z_2=\frac{Z_A(Z_B+Z_C)}{Z_A+(Z_B+Z_C)} \text{.......(1)}$$，

同理，亦可列其他之方程式：

$$Z_2+Z_3=Z_B \| (Z_A+Z_C) \Rightarrow Z_2+Z_3=\frac{Z_B(Z_A+Z_C)}{Z_B+(Z_A+Z_C)} \text{.......(2)}$$

$$Z_1+Z_3=Z_C \| (Z_B+Z_A) \Rightarrow Z_1+Z_3=\frac{Z_C(Z_B+Z_A)}{Z_C+(Z_B+Z_A)} \text{.......(3)}$$

由 $\frac{(1)+(3)-(2)}{2}$，可得 $Z_1=\frac{Z_C Z_A}{Z_A+Z_B+Z_C}$；

由 $\frac{(1)+(2)-(3)}{2}$，可得 $Z_2=\frac{Z_A Z_B}{Z_A+Z_B+Z_C}$；

由 $\frac{(2)+(3)-(1)}{2}$，可得 $Z_3=\frac{Z_B Z_C}{Z_A+Z_B+Z_C}$。

5. Y 阻抗轉 Δ 阻抗：

(1) 若給定之阻抗為 Y 接，而需轉成接時，如同上圖 1-33 所示，**阻抗間 Y 轉 Δ 之公式如下**：$Z_{\Delta 1}=\dfrac{Z_{Y1}Z_{Y2}+Z_{Y2}Z_{Y3}+Z_{Y3}Z_{Y1}}{Z_{Y1}}$，$Z_{\Delta 2}=\dfrac{Z_{Y1}Z_{Y2}+Z_{Y2}Z_{Y3}+Z_{Y3}Z_{Y1}}{Z_{Y2}}$，$Z_{\Delta 3}=\dfrac{Z_{Y1}Z_{Y2}+Z_{Y2}Z_{Y3}+Z_{Y3}Z_{Y1}}{Z_{Y3}}$

(2) **一般常考的題型，為相同阻抗** $Z$ **的 Y 接轉為 Δ 接，則由給定之** $Z$ **，求得** $Z_{Y}=\dfrac{Z}{3}$

(3) **另外若為給定之相同電容係數 C 之「電容器」Y 接轉為 Δ 接，則由給定之 C，求得** $C_{Y}=3C$

**!注意**

此時是指**「電容係數 C」，而非相對應之感抗。**

**記誦要訣**

Δ 轉 Y，母同和子夾積；Y 轉 Δ ，子倆倆和同母取一。(母即分母，子即分子)

6. 解「平衡三相」的步驟：

STEP 1. 將各側(電源側或負載側)均由 Δ **轉換成等效 Y 接**。

STEP 2. 將所有 Y 接之中性點相連，而在平衡三相系統中，此中性線之電流為 0，故相連後不影響電流及電壓的分布，也不論中性線是否有其他的阻抗。

STEP 3. 抽出 a 相做「單相分析」，求出 a 相電流、電壓。

STEP 4. b,c 相之對應的電流、電壓，則利用正、負序關係求解。

以下請見相關之牛刀小試解析<平衡三相>以及<不平衡三相>電路，做法並不相同，請同學自行比較。

## 牛刀小試

1. **下圖所示平衡三相交流系統，已知 $\vec{V}_a$ 之對應時域函數為**
   va(t)=$100\sqrt{2}$cos377t V，**試求下圖中 $\vec{V}_1$ 及 $\vec{I}_1$ 之對應時域函數。**
   （98 電機技師特考）【平衡三相電路題型】

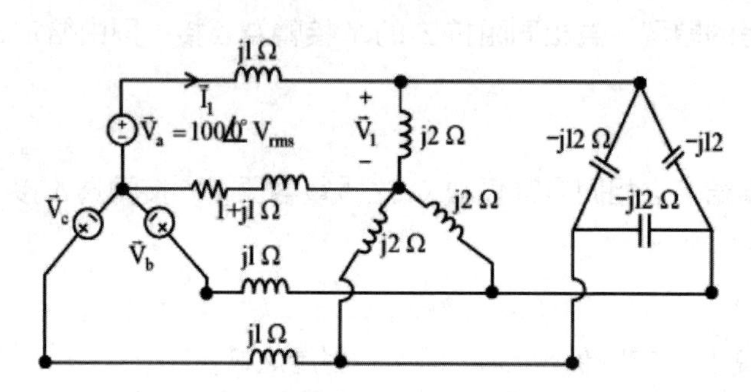


**詳解**

同上所述，將依序解題如下：

**STEP** 1. 將各側(電源側或負載側)均由 Δ 轉換成等效 Y 接，此時最右側之 Δ 接電容器，求出其等效 Y 接感抗為 $X_{C_Y}=-j4$。

**STEP** 2. 將所有 Y 接之中性點相連，得到一「中性線」，因為此時為「平衡三相電路」，故不論其中之阻抗「$1+j1$」，中性線之電流仍為 0。

**STEP** 3. 如此可做單相處理，如下圖之 a 相電路，並求出 a 相電流相量 $I_1$。

I1　j1Ω
100∠0°V AC　j2Ω　V1　-j4Ω

$$I_1=\frac{100\angle 0^\circ}{j2+[j2\parallel(-j4)]}=20\angle-90^\circ(A)$$

⇒ 其對應之時域函數為 $i_1(t)=20\cos(377t-90^\circ)A$

$V_1 = I_1[j2 \parallel (-j4)] = 80\angle 0°(V)$

$\Rightarrow$ 其對應之時域函數為 $v_1(t) = 80\cos(377t)V$

2. **下圖為一個三相四線不平衡電力系統，試求：**

   (1)**中性線電流與電壓。**

   (2)**此系統實功輸出為多少？**（95 高考）【不平衡三相電路題型】

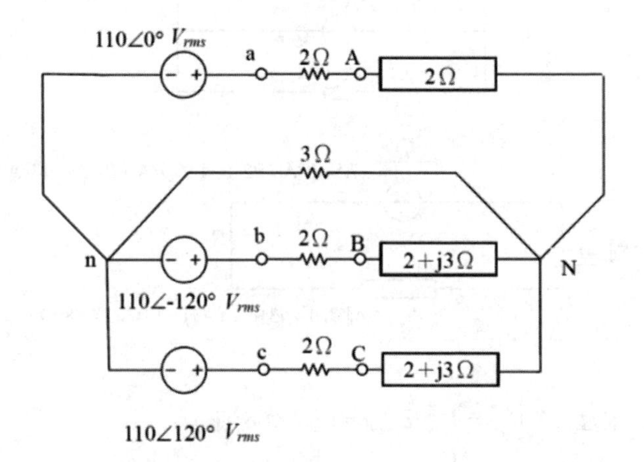


**詳解**

先確認是否為平衡三相，在電源側為「平衡三相正相序」電源，線路阻抗均為 2Ω(不管中性線阻抗為何？)，但負載阻抗並不相同，故為「不平衡三相系統」，解題將以「**戴維寧電路轉諾頓電路**」為切入重點。

戴維寧電路為「一個電壓源串聯一個阻抗」，諾頓電路則為「一個電流源並聯一個原來阻抗」，故本題可以簡化電路圖如下：

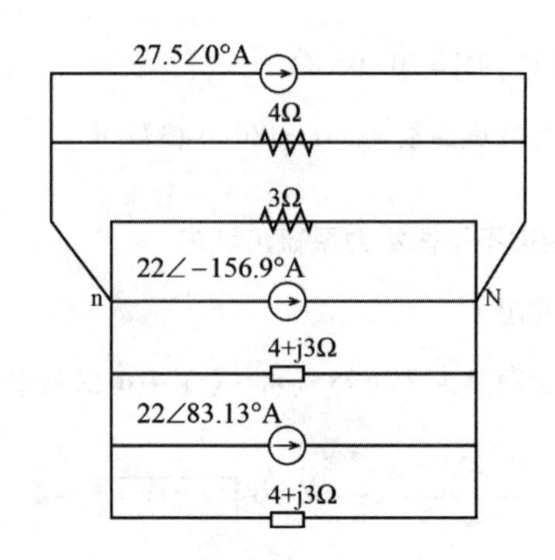


再簡化為右圖

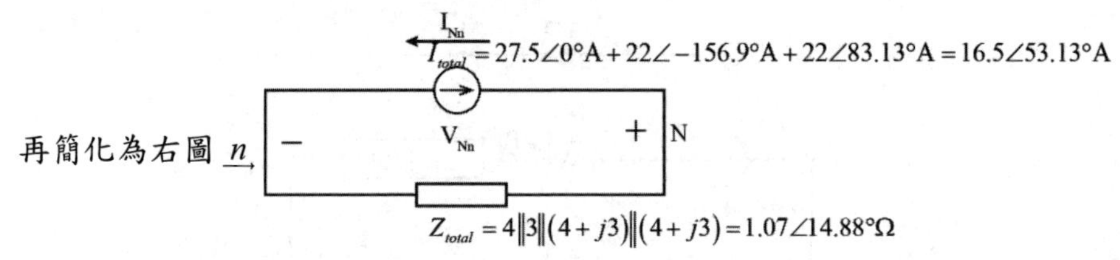


得 (1)「中性線電壓」：$V_{Nn} = I_{total} Z_{total} = 17.7\angle 68°(V)$ ；

「中性線電流」：$I_{Nn} = \dfrac{V_{Nn}}{3} = 5.9\angle 68°(A)$ ，以及各線電流：

(2) $I_{aA} = \dfrac{V_{an} - V_{Nn}}{4} = \dfrac{110\angle 0° - 17.7\angle 68°}{4} = 26.18\angle -9°(A)$

$I_{bB} = \dfrac{V_{bn} - V_{Nn}}{4 + j3} = \dfrac{110\angle -120° - 17.7\angle 68°}{4 + j3} = 25.5\angle -55.87°(A)$

$I_{cC} = \dfrac{V_{cn} - V_{Nn}}{4 + j3} = \dfrac{110\angle 120° - 17.7\angle 68°}{4 + j3} = 20\angle -91.13°(A)$

故系統時功輸出為：$P_{out} = 26.18^2 \times 2 + 25.5^2 \times 2 + 20^2 \times 2 = 3471(W)$

## 焦點 11　平衡三相的瞬時及複數功率分析

與前面觀念相呼應，為近年常見的基本考題。

1. 已知一部運轉於平衡三相正序的發電機，設其 a 相瞬時線至中性線電壓為 $v_{an}(t)=\sqrt{2}V_{LN}\cos(\omega t+\alpha)$，流出 a 相正端之瞬時電流為 $i_{an}(t)=\sqrt{2}I_L\cos(\omega t+\beta)$ (上兩式中，$V_{LN}$ 為 rms 相電壓，$I_L$ 為 rms 線電流)，則發電機 a 相供應之瞬時功率為：$p_a(t)=v_{an}(t)i_a(t)=2V_{LN}I_L\cos(\omega t+\alpha)\cos(\omega t+\beta)$

   $\Rightarrow p_a(t)=V_{LN}I_L\cos(\alpha-\beta)+V_{LN}I_L\cos(2\omega t+\alpha+\beta)$ ................................(式 1-60.)

   同理，發電機 b 相供應之瞬時功率為：

   $p_b(t)=v_{bn}(t)i_b(t)=2V_{LN}I_L\cos(\omega t+\alpha-120°)\cos(\omega t+\beta-120°)$

   $\Rightarrow p_b(t)=V_{LN}I_L\cos(\alpha-\beta)+V_{LN}I_L\cos(2\omega t+\alpha+\beta-240°)$，c 相供應之瞬時功率為：$p_c(t)=v_{cn}(t)i_c(t)=2V_{LN}I_L\cos(\omega t+\alpha+120°)\cos(\omega t+\beta+120°)$

   $\Rightarrow p_c(t)=V_{LN}I_L\cos(\alpha-\beta)+V_{LN}I_L\cos(2\omega t+\alpha+\beta+240°)$，

   如此可得，三相發電機供應之總瞬時功率為：

   $p_{3\phi}(t)=p_a(t)+p_b(t)+p_c(t)=3V_{LN}I_L\cos(\alpha-\beta)=\sqrt{3}V_{LL}I_L\cos(\alpha-\beta)$

   上式中，$V_{LL}$ 為「rms 線間電壓」，且 $V_{LL}=\sqrt{3}V_{LN}$，故可得知，在平衡三相運轉下，發電機供應的**總瞬時功率為一定值**，而非時間的函數；又若三相發電機送出的電功率為常數，代表原動機輸入的機械軸轉矩 $T_{mech}$ 亦為常數，即 $T_{mech}=\dfrac{P_{mech}}{\omega_m}=\dfrac{P_{Generator}}{\omega_m}=const.\Rightarrow$ **固定的轉矩提供了穩定的運轉，相對的軸震動可以大幅地降低**。

2. 令電壓及電流的相量表示式為 $V_{an}=V_{LN}\angle\alpha, I_a=I_L\angle\beta$，則發電機 a 相供應的複數功率為 $S_a=V_aI_a^*=V_{LN}I_L\angle(\alpha-\beta)=V_{LN}I_L\cos(\alpha-\beta)+jV_{LN}I_L\sin(\alpha-\beta)$，在平衡運轉下，b 相與 c 相供應的複數功率與 a 相相同，故發電機提供的總複數功

率為，$S_{3\phi}=S_a+S_b+S_c=V_aI_a^*=3V_{LN}I_L\cos(\alpha-\beta)+j3V_{LN}I_L\sin(\alpha-\beta)=P_{3\phi}+jQ_{3\phi}$

其中 $P_{3\phi}=3V_{LN}I_L\cos(\alpha-\beta)=\sqrt{3}V_{LL}I_L\cos(\alpha-\beta)$，

$Q_{3\phi}=3V_{LN}I_L\sin(\alpha-\beta)=\sqrt{3}V_{LL}I_L\sin(\alpha-\beta)$，

三相總視在功率為$\left|\boldsymbol{S_{3\phi}}\right|=\boldsymbol{3V_{LN}I_L}=\boldsymbol{\sqrt{3}V_{LL}I_L}$。

3. 三相電路系統為何比單相系統為優，其主要理由有下列三點：
   (1) 穩態下，平衡三相電路系統之瞬時功率為常數，推導如上所述。
   (2) 三相電路系統之線路壓降較單相系統低，固可降低其運轉成本。
   (3) 三相電路系統之線路成本費用較單相系統為低。
   (4) 可以提供較佳的「電壓調整率」(voltage regular rate)。

牛刀小試

(　) ◎ 三相電動機在平衡穩態時，其總瞬時功率為何？ (A)常數 (B)兩倍頻率弦波項 (C)三倍頻率弦波項 (D)一個常數項與兩倍頻率弦波項。（105 台北自來水）

詳解

◎ **(A)**。穩態下，平衡三相電路系統之瞬時功率為常數，故選(A)。

# 第 2 章　對稱成分法

## 2-1 對稱成分導論

### 焦點 1 對稱成分法的功用、優點、限制及定義

考試比重 ★★☆☆☆

基本綜合題型或出現於「選擇題」考觀念。

1. 1918 年，佛斯特科發表對稱成分理論，為分析不平衡三相(如非對稱故障)工具之一。
2. 對稱成分法的解題情況：
   (1) 解非對稱故障問題時，若發生在三相「**電壓源不平衡**」情況下，對稱成分法適用之；但如果是在「負載側」或「線路側」的不平衡，則無法用「對稱成分法」解之。
   (2) 電力系統**原本是三相平衡**，若是在線路發生單相或相間接地故障，可以「對稱成分法」解之。(詳參第 3 章【焦點 10】之範例解說)
3. 對稱成分法具有以下之優點：
   (1) 對平衡三相而言，零序、正序、負序網路彼此獨立，互不相連。
   (2) 對平衡三相正序而言，僅正序網路有「電壓」，且恰為 a 相電壓($V_a$)，因此僅有正序網路存在電流($I_1$)，零($I_0$)及負($I_2$)序網路的電流均為零。
   (3) 對平衡三相負序而言，僅負序網路有「電壓」，且恰為 a 相電壓($V_a$)，因此在負序情況，僅負序網路存在電流($I_2$)，零($I_0$)及正序($I_1$)網路的電流均為零。((2)、(3)詳見下列【牛刀小試】)

(4) 對不平衡三相電路而言，三個序網路只有在「**非平衡點**」(即「故障點」)處相連。

4. 對稱成分之定義：對稱成分法乃利用「線性轉換」方式，將每一相成分(如 a 相、b 相、c 相之電壓或電流)，轉換成一組對稱成分之組合，即拆成零序分量、正序分量、負序分量之和，舉各相電壓為例如下：

a 相電壓：$V_a = V_{a0} + V_{a1} + V_{a2}$ ............................................................(式 2-1)

其中$V_{a0}$稱為 a 相電壓的零序分量，$V_{a1}$稱為 a 相電壓的正序分量，$V_{a2}$稱為 a 相電壓的負序分量，同理 b,c 相電壓亦同。

註

一般以$V_0$表示零序分量，即$V_{a0} = V_{b0} = V_{c0} = V_0$ ............................(式 2-2)

以$V_1$表示正序分量，即$V_{a1} = V_1$ ......................................................(式 2-3)

以$V_2$表示負序分量，即$V_{a2} = V_2$ ......................................................(式 2-4)

5. 定義運算子$a = 1\angle 120°$，即相量乘上 a 之後，表示該相量大小不變，但方向轉了120°，另外定義「零序」、「正序」及「負序」各分量之關係如下圖 2-1 所示：

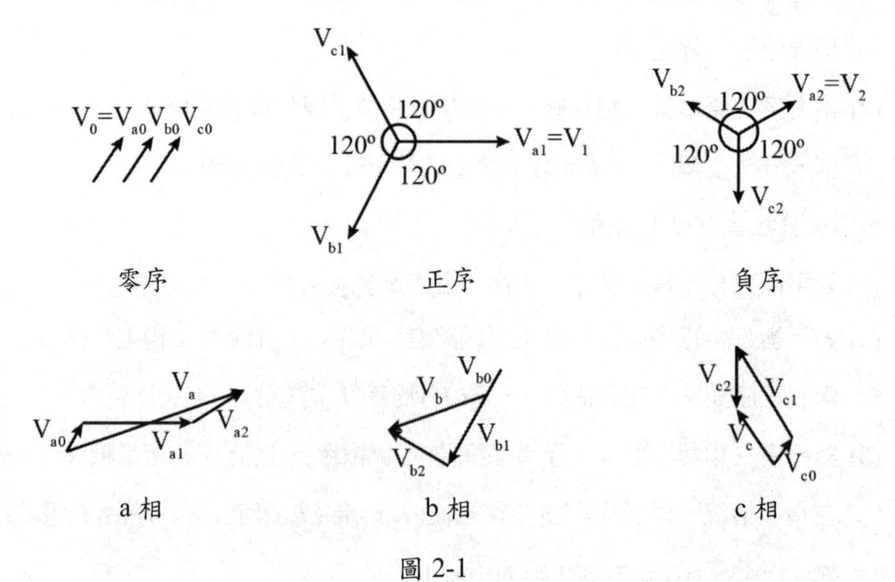


圖 2-1

如圖 2-1.所示，若各相電壓表示為：$\begin{cases} V_a = V_{a0} + V_{a1} + V_{a2} \\ V_b = V_{b0} + V_{b1} + V_{b2} \\ V_c = V_{c0} + V_{c1} + V_{c2} \end{cases}$ ........................(式 2-5)

其中

零序分量：$V_{a0} = V_{b0} = V_{c0} = V_0$，表示各分量大小、角度均相同，

正序分量：$\begin{cases} V_{a1} = V_1 = |V_1|\angle 0° \\ V_{b1} = |V_1|\angle -120° \\ V_{c1} = |V_1|\angle +120° \end{cases}$ ................................................................(式 2-6)

表示各分量符合正相序相量，負序分量：$\begin{cases} V_{a2} = V_2 = |V_2|\angle 0° \\ V_{b2} = |V_2|\angle +120° \\ V_{c2} = |V_2|\angle -120° \end{cases}$ .................(式 2-7)

表示各分量符合負相序相量，先定義「運算子 a 為 $a = 1\angle 120°$ 」，再配合上述之 a 運算子轉換，可得各相電壓為：

$\begin{cases} V_a = V_{a0} + V_{a1} + V_{a2} = V_0 + V_1 + V_2 \\ V_b = V_{b0} + V_{b1} + V_{b2} = V_0 + a^2 V_1 + a V_2 \\ V_c = V_{c0} + V_{c1} + V_{c2} = V_0 + a V_1 + a^2 V_2 \end{cases}$ ........................................................(式 2-8)

6. 上式 2-8 中，可以矩陣形式表示，

令相電壓形成之行相量為$\begin{pmatrix} V_a \\ V_b \\ V_c \end{pmatrix}$，序電壓形成的行相量為$\begin{pmatrix} V_0 \\ V_1 \\ V_2 \end{pmatrix}$，

則可表示為$\begin{pmatrix} V_a \\ V_b \\ V_c \end{pmatrix} = \begin{pmatrix} 1 & 1 & 1 \\ 1 & a^2 & a \\ 1 & a & a^2 \end{pmatrix} \begin{pmatrix} V_0 \\ V_1 \\ V_2 \end{pmatrix} \Rightarrow \overline{V}_{Phase} = \overline{A} \cdot \overline{V}_{Sequence}$ ..........................(式 2-9)

其中$\overline{A} = \begin{pmatrix} 1 & 1 & 1 \\ 1 & a^2 & a \\ 1 & a & a^2 \end{pmatrix}$為轉換矩陣；若將式 2-9 左右兩邊同乘上 $\overline{A}^{-1}$ 後可得

$\overline{A}^{-1}\overline{V}_{Phase}=\overline{A}^{-1}\overline{A}\cdot\overline{V}_{Sequence}\Rightarrow\overline{V}_{Sequence}=\overline{A}^{-1}\overline{V}_{Phase}$

$\Rightarrow\begin{pmatrix}V_0\\V_1\\V_2\end{pmatrix}=\frac{1}{3}\begin{pmatrix}1&1&1\\1&a&a^2\\1&a^2&a\end{pmatrix}\begin{pmatrix}V_a\\V_b\\V_c\end{pmatrix}$ ..........(式 2-10)

7. 由式 2-10 可知，同理亦可類比為電流形式 $\begin{pmatrix}I_0\\I_1\\I_2\end{pmatrix}=\frac{1}{3}\begin{pmatrix}1&1&1\\1&a&a^2\\1&a^2&a\end{pmatrix}\begin{pmatrix}I_a\\I_b\\I_c\end{pmatrix}$，

   其中零序電流 $I_0=\frac{1}{3}(I_a+I_b+I_c)$ ..........(式 2-11)

   **上式的物理意義為：零序電流恰好是相電流的平均值。**

8. Y 接負載的中性線電流 $I_n$，符合 $I_n=I_a+I_b+I_c$ ..........(式 2-12)

   故由式 2-11 與式 2-12 得知**中性線電流恰為零序電流的三倍**

   $\Rightarrow$ 即 $I_n=3I_0$ ..........(式 2-13)

9. 零序電流值為 0 的情況有以下三種：

   (1) 如圖 2-2 的「三相四線式平衡系統」，因為中性線接地，故

   $I_n=I_a+I_b+I_c=3I_0=0$。

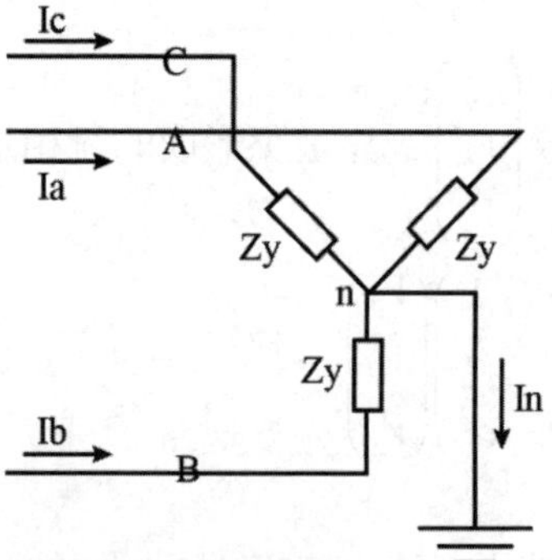

圖 2-2

   (2) 三相三線式系統(**不論系統是否平衡**)，如圖 2-3，因為無「中性線電流」，故

   $I_0=\frac{1}{3}(I_a+I_b+I_c)=0$。

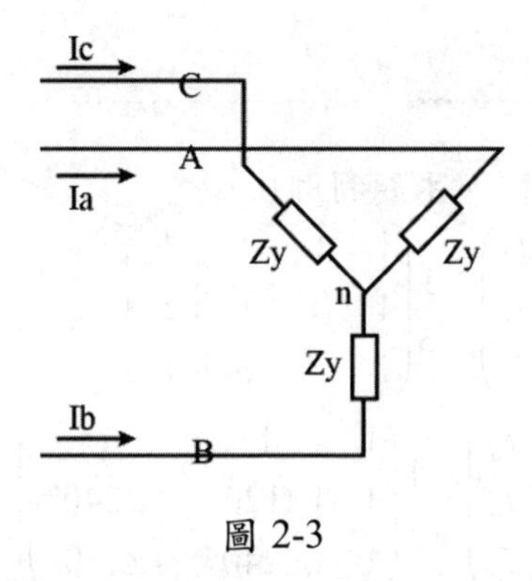


圖 2-3

(3) 如圖 2-4 的 Δ 接系統(**不論系統是否平衡**)，此時視為一「超節點」，則流入之相電流 $I_a + I_b + I_c = 0$，故 $I_0 = \frac{1}{3}(I_a + I_b + I_c) = 0$

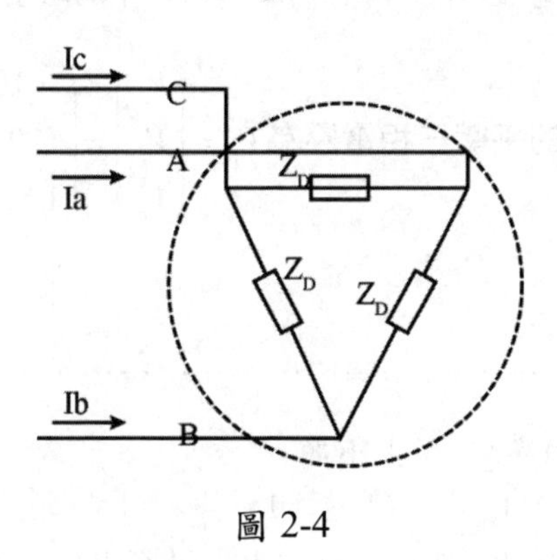


圖 2-4

牛刀小試

1. **已知一組 abc 相序的平衡三相電流為** $I_p = \begin{pmatrix} I_a \\ I_b \\ I_c \end{pmatrix} = \begin{pmatrix} 100\angle 0^\circ \\ 100\angle -120^\circ \\ 100\angle +120^\circ \end{pmatrix} A$，

   **試求其序成分？**

**詳解**

abc 相序即為「正相序」，本題利用

$$I_{Sequence}=A^{-1}I_{Phase}\Rightarrow\begin{pmatrix}I_0\\I_1\\I_2\end{pmatrix}=\frac{1}{3}\begin{pmatrix}1&1&1\\1&a&a^2\\1&a^2&a\end{pmatrix}\begin{pmatrix}I_a\\I_b\\I_c\end{pmatrix}$$

$$\begin{pmatrix}I_0\\I_1\\I_2\end{pmatrix}=\frac{1}{3}\begin{pmatrix}1&1&1\\1&a&a^2\\1&a^2&a\end{pmatrix}\begin{pmatrix}I_a\\I_b\\I_c\end{pmatrix}=\frac{1}{3}\begin{pmatrix}1&1&1\\1&1\angle120^\circ&1\angle240^\circ\\1&1\angle240^\circ&1\angle120^\circ\end{pmatrix}\begin{pmatrix}100\angle0^\circ\\100\angle-120^\circ\\100\angle+120^\circ\end{pmatrix}=\begin{pmatrix}0\\100\angle0^\circ\\0\end{pmatrix}$$

對平衡三相正序而言，僅正序網路有「電壓」，且恰為 a 相電壓($V_a$)，因此僅有正序網路存在電流($I_1$)，零($I_0$)及負($I_2$)序網路的電流均為零。

2. **已知一組 acb 相序的平衡三相電壓為**$V_p=\begin{pmatrix}V_a\\V_b\\V_c\end{pmatrix}=\begin{pmatrix}10\angle0^\circ\\10\angle120^\circ\\10\angle-120^\circ\end{pmatrix}V$**，試求其序成分？**

**詳解**

acb 相序即為「負相序」，同上小題

$$\begin{pmatrix}V_0\\V_1\\V_2\end{pmatrix}=\frac{1}{3}\begin{pmatrix}1&1&1\\1&a&a^2\\1&a^2&a\end{pmatrix}\begin{pmatrix}V_a\\V_b\\V_c\end{pmatrix}=\frac{1}{3}\begin{pmatrix}1&1&1\\1&1\angle120^\circ&1\angle240^\circ\\1&1\angle240^\circ&1\angle120^\circ\end{pmatrix}\begin{pmatrix}10\angle0^\circ\\10\angle120^\circ\\10\angle-120^\circ\end{pmatrix}=\begin{pmatrix}0\\0\\10\angle0^\circ\end{pmatrix}$$

對平衡三相負序而言，僅負序網路有「電壓」，且恰為 a 相電壓($V_a$)。

3. **若三相電壓**$V_a=150\angle30^\circ$**伏，**$V_b=V_c=0$**伏，則 a 相之零相序對稱分量 $V_{a0}$ 和正相序對稱分量 $V_{a1}$ 分別為何？**（102 桃園機場）

**詳解**

$V_{a0}=V_0$，$V_{a1}=V_1$，則由序阻抗矩陣公式

$$\begin{pmatrix}V_0\\V_1\\V_2\end{pmatrix}=A^{-1}\begin{pmatrix}V_a\\V_b\\V_c\end{pmatrix}=\frac{1}{3}\begin{pmatrix}1&1&1\\1&a&a^2\\1&a^2&a\end{pmatrix}\begin{pmatrix}150\angle 30^\circ\\0\\0\end{pmatrix}=\begin{pmatrix}50\angle 30^\circ\\50\angle 30^\circ\\50\angle 30^\circ\end{pmatrix}$$

故知 $V_{a0}=V_{a1}=50\angle 30^\circ$。

4. **請說明電力系統在對稱短路故障分析時，常利用對稱成分法**(symmetrical component method)**之原因。**（102 桃園機場）

**詳解**

電力系統在做對稱短路故障分析時，利用「對稱成分法」之原因，乃在「對稱成分分析」具有以下之優點：

(1) 對平衡三相而言，零序、正序、負序網路彼此獨立，互不相連。

(2) 對平衡三相正序而言，僅正序網路有「電壓」，且恰為 a 相電壓($V_a$)，因此僅有正序網路存在電流($I_1$)，零($I_0$)及負($I_2$)序網路的電流均為零。

(3) 對平衡三相負序而言，僅負序網路有「電壓」，且恰為 a 相電壓($V_a$)，因此在負序情況，僅負序網路存在電流($I_2$)，零($I_0$)及正序($I_1$)網路的電流均為零。

(4) 對不平衡三相電路而言，三個序網路只有在「**非平衡點**」(即「故障點」)處相連。

(　) 5. 某負載之三相電流分別為 $I_a$、$I_b$ 與 $I_c$，令運算子 $a=1\angle 120^\circ$，則其正序電流為：　(A) $I_a+I_b+I_c$　(B) $\frac{1}{3}(I_a+I_b+I_c)$　(C) $\frac{1}{3}(I_a+aI_b+a^2I_c)$　(D) $\frac{1}{3}(I_a+a^2I_b+aI_c)$。（105 台北自來水）

**詳解**

5. (**C**)。$\begin{pmatrix} I_0 \\ I_1 \\ I_2 \end{pmatrix} = \dfrac{1}{3}\begin{pmatrix} 1 & 1 & 1 \\ 1 & a & a^2 \\ 1 & a^2 & a \end{pmatrix}\begin{pmatrix} I_a \\ I_b \\ I_c \end{pmatrix} = \dfrac{1}{3}\begin{pmatrix} I_a + I_b + I_c \\ I_a + aI_b + a^2 I_c \\ I_a + a^2 I_b + aI_c \end{pmatrix}$，故選(C)。

# 2-2 阻抗負載的序網路

## 焦點 2 平衡 Y 接、平衡 Δ 接以及「一般化」的負載阻抗的序網路模型

考試比重 ★★★☆☆

本節為考題重點，須加以熟練之，出題以非選擇題居多。

1. 平衡 Y 接阻抗負載的序網路：

(1) 如下圖 2-5 所示之平衡三相 Y 接負載阻抗，每相阻抗均為 $Z_y$，負載中性點及大地間利用阻抗為 $Z_n$ 之中性線相連，則線對地之電壓 $V_{ag}$，利用 KVL 可得：

$$V_{ag} = I_a Z_y + I_n Z_n = I_a Z_y + (I_a + I_b + I_c) Z_n$$
$$= I_a (Z_y + Z_n) + I_b Z_n + I_c Z_n \text{ ....(式 2-14)}$$

同理，

$$V_{bg} = I_b Z_y + I_n Z_n = I_b Z_y + (I_a + I_b + I_c) Z_n$$
$$= I_a Z_n + I_b (Z_y + Z_n) + I_c Z_n \text{ ....(式 2-15)}$$

$$V_{cg} = I_c Z_y + I_n Z_n = I_c Z_y + (I_a + I_b + I_c) Z_n$$
$$= I_a Z_n + I_b Z_n + I_c (Z_y + Z_n) \text{ ...(式 2-16)}$$

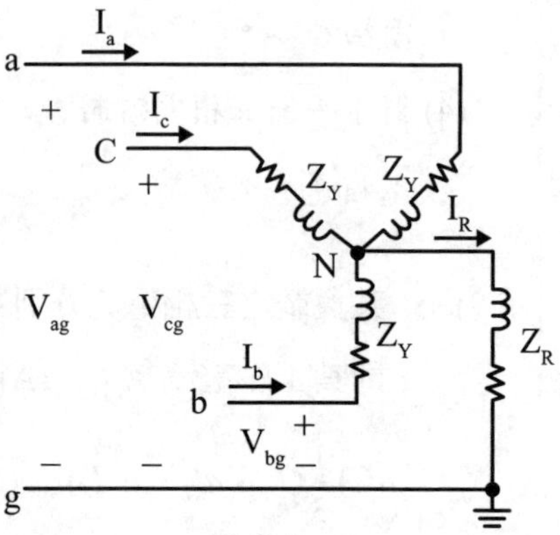

圖 2-5

由式 2-13、2-14、2-15 可以寫成矩陣形式如下：

$$\begin{pmatrix} V_{ag} \\ V_{bg} \\ V_{cg} \end{pmatrix} = \begin{pmatrix} Z_y + Z_n & Z_n & Z_n \\ Z_n & Z_y + Z_n & Z_n \\ Z_n & Z_n & Z_y + Z_n \end{pmatrix} \begin{pmatrix} I_a \\ I_b \\ I_c \end{pmatrix} \Rightarrow V_{phase} = Z_p \cdot I_p \quad \text{(式 2-17)}$$

即相電壓矩陣 $V_{phase}$ = 相阻抗矩陣 $Z_p \cdot$ 相電流矩陣 $I_p$，在式 2-17 中，因為相電壓 = 轉換矩陣 x 序電壓，故可改寫如下：

$$V_p = Z_p \cdot I_p \Rightarrow AV_s = Z_p \cdot AI_s \quad \text{(式 2-18)}$$

式 2-18 若左右兩邊均乘上 $A^{-1}$，則

$$V_s = A^{-1} Z_p A \cdot I_s \Rightarrow V_s = Z_s \cdot I_s, where Z_s = A^{-1} Z_p A \quad \text{(式 2-19)}$$

即序電壓行相量 $V_s$ = 序阻抗矩陣($Z_s = A^{-1} Z_p A$) × 序電流行相量 $I_s$

(2) 因此可以推導出「序阻抗矩陣 $\Rightarrow Z_s = A^{-1} Z_p A$」為

$$Z_s = A^{-1} Z_p A = \frac{1}{3} \begin{pmatrix} 1 & 1 & 1 \\ 1 & a & a^2 \\ 1 & a^2 & a \end{pmatrix} \begin{pmatrix} Z_y + Z_n & Z_n & Z_n \\ Z_n & Z_y + Z_n & Z_n \\ Z_n & Z_n & Z_y + Z_n \end{pmatrix} \begin{pmatrix} 1 & 1 & 1 \\ 1 & a^2 & a \\ 1 & a & a^2 \end{pmatrix}$$

$$= \begin{pmatrix} Z_y + 3Z_n & 0 & 0 \\ 0 & Z_y & 0 \\ 0 & 0 & Z_y \end{pmatrix} \quad \text{(式 2-20)}$$

此與「相阻抗矩陣」最大的不同點就是非對角線元素均為零，這也表示「序電壓行相量 $V_s$ = 序阻抗矩陣($Z_s = A^{-1} Z_p A$) × 序電流行相量 $I_s$」這一關係式，較「相電壓矩陣 $V_{phase}$ = 相阻抗矩陣 $Z_p \cdot$ 相電流矩陣 $I_p$」此一關係式，明顯的各相解耦合了；故代回

$$V_s = Z_s \cdot I_s \Rightarrow \begin{pmatrix} V_0 \\ V_1 \\ V_2 \end{pmatrix} = \begin{pmatrix} Z_y + 3Z_n & 0 & 0 \\ 0 & Z_y & 0 \\ 0 & 0 & Z_y \end{pmatrix} \begin{pmatrix} I_0 \\ I_1 \\ I_2 \end{pmatrix} \quad \text{(式 2-21)}$$

(3) 由上式 2-21.可畫出平衡 Y 接阻抗負載各對應之序網路如下圖 2-6 所示，其中$V_0,V_1,V_2$係為$V_{ag},V_{bg},V_{cg}$所對應之序電壓，$I_0,I_1,I_2$為$I_a,I_b,I_c$所對應之序電流，如此各序網路彼此**互不耦合**。

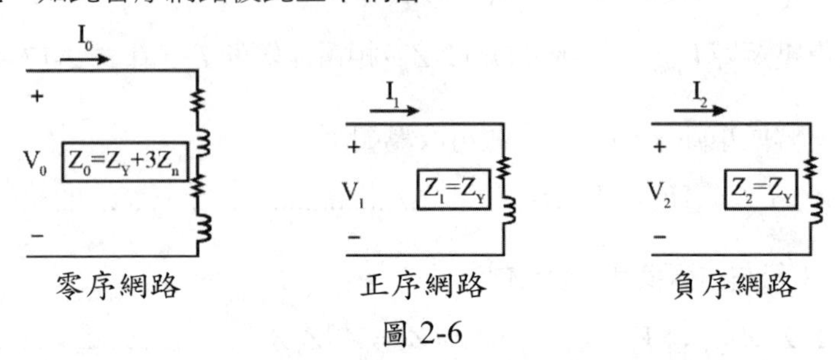

圖 2-6

(4) 若圖 2-5 之 Y 接中性點未接地，則相當於中性線阻抗$Z_n$趨近於∞，則對應之「零序網路」將開路(open)，無零序電流($I_0=0$)；若中性線係透過有限阻抗接地，則由於不平衡電壓加至負載而產生零序電壓，此時將有零序電流存在。

2. 平衡Δ接阻抗負載的序網路：

(1) 設有一平衡Δ接阻抗負載，每相阻抗均為$Z_\Delta$，則依以上所討論，先將Δ接轉成Y接阻抗負載，則每相阻抗為$Z_Y=\dfrac{Z_\Delta}{3}$，而且中性點未接地，則$Z_n=\infty$，因此各對應之序網路模型如下圖 2-7 所示：

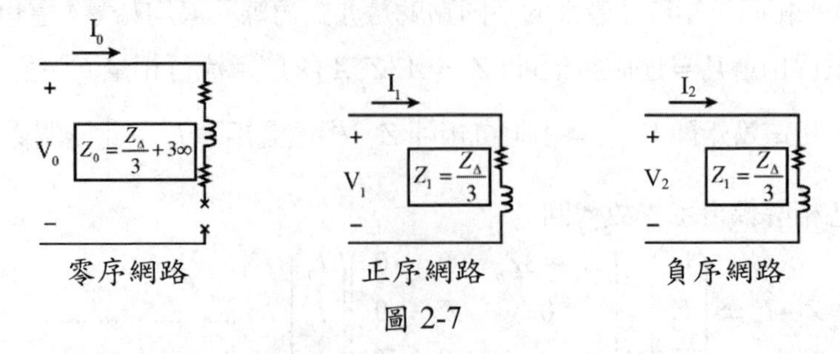

圖 2-7

(2) 上圖代表自端點看到的平衡Δ接阻抗負載的「序網路」，其中係供電至Δ接負載之線電流的序成分，而非Δ接負載電流之序成分，且因為零序網路開路(open)，故供電至Δ接負載之線電流中無零序成分。

3. 一般化三相阻抗負載的序網路：

(1) 如圖 2-8 所示之一般化三相負載阻抗，可以是平衡或是不平衡負載，可以 Y 接或是 Δ 接，但須假設此三相負載阻抗須是「**線性、雙向、非旋轉設備**」之阻抗負載。

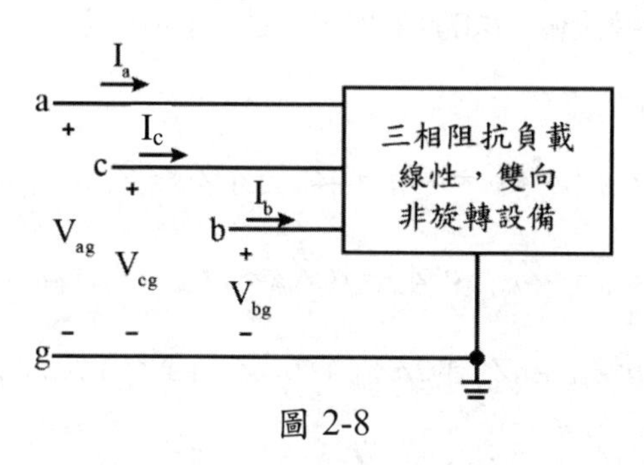


圖 2-8

(2) 線對地電壓依 KVL 可列式如下：$\begin{cases} V_{ag} = Z_{aa}I_a + Z_{ab}I_b + Z_{ac}I_c \\ V_{bg} = Z_{ba}I_a + Z_{bb}I_b + Z_{bc}I_c \\ V_{cg} = Z_{ca}I_a + Z_{cb}I_b + Z_{cc}I_c \end{cases}$ .........(式 2-22)

以矩陣方式表示為 $\begin{pmatrix} V_{ag} \\ V_{bg} \\ V_{cg} \end{pmatrix} = \begin{pmatrix} Z_{aa} & Z_{ab} & Z_{ac} \\ Z_{ab} & Z_{bb} & Z_{bc} \\ Z_{ac} & Z_{bc} & Z_{cc} \end{pmatrix} \begin{pmatrix} I_a \\ I_b \\ I_c \end{pmatrix} \Rightarrow \mathrm{V}_p = Z_p \cdot I_p$ ........(式 2-23)

其中 $\mathrm{V}_p$ 稱為「相電壓行相量」，$Z_p$ 稱為「相阻抗矩陣」，$I_p$ 稱為「相電流行相量」，且因為假設三相負載阻抗須是「**線性、雙向、非旋轉設備**」，故相阻抗矩陣為一「**對稱矩陣**」。

(3) 由上所述，序阻抗矩陣 $Z_s$ 與相阻抗矩陣 $Z_p$ 之關係式為 $Z_s = A^{-1}Z_pA$，則

$Z_s = \begin{pmatrix} Z_0 & Z_{01} & Z_{02} \\ Z_{10} & Z_1 & Z_{12} \\ Z_{20} & Z_{21} & Z_2 \end{pmatrix} = \dfrac{1}{3}\begin{pmatrix} 1 & 1 & 1 \\ 1 & a & a^2 \\ 1 & a^2 & a \end{pmatrix} \begin{pmatrix} Z_{aa} & Z_{ab} & Z_{ac} \\ Z_{ab} & Z_{bb} & Z_{bc} \\ Z_{ac} & Z_{bc} & Z_{cc} \end{pmatrix} \begin{pmatrix} 1 & 1 & 1 \\ 1 & a^2 & a \\ 1 & a & a^2 \end{pmatrix}$；上述矩陣乘法，需善用恆等式：$1 + a + a^2 = 0$，可得序阻抗矩陣之對角線元素：

<零序阻抗> $Z_0 = \dfrac{1}{3}(Z_{aa} + Z_{bb} + Z_{cc} + 2Z_{ab} + 2Z_{ac} + 2Z_{bc})$ ..................(式 2-24)

<正序阻抗> $Z_1 = \frac{1}{3}(Z_{aa} + Z_{bb} + Z_{cc} - Z_{ab} - Z_{ac} - Z_{bc})$ ..........................(式 2-25)

<負序阻抗> $Z_2 = \frac{1}{3}(Z_{aa} + Z_{bb} + Z_{cc} - Z_{ab} - Z_{ac} - Z_{bc})$ ..........................(式 2-26)

由式 2-25,2-26 可知，無論阻抗負載是否平衡，其正負阻抗**必會相同**，但這特點對於「旋轉設備」(如發電機、馬達…)並不成立；另外序阻抗之「非對角線元素」為：

$Z_{01} = Z_{20} = \frac{1}{3}(Z_{aa} + a^2 Z_{bb} + aZ_{cc} - aZ_{ab} - a^2 Z_{ac} - Z_{bc})$ ..........................(式 2-27)

$Z_{02} = Z_{10} = \frac{1}{3}(Z_{aa} + aZ_{bb} + a^2 Z_{cc} - a^2 Z_{ab} - aZ_{ac} - Z_{bc})$ ..........................(式 2-28)

$Z_{12} = \frac{1}{3}(Z_{aa} + a^2 Z_{bb} + aZ_{cc} + 2aZ_{ab} + 2a^2 Z_{ac} + 2Z_{bc})$ ............................(式 2-29)

$Z_{21} = \frac{1}{3}(Z_{aa} + aZ_{bb} + a^2 Z_{cc} + 2a^2 Z_{ab} + 2aZ_{ac} + 2Z_{bc})$ ............................(式 2-30)

(4) 若為「對稱負載阻抗(symmetrical load)」，則其對應之序阻抗矩陣 $Z_s$ 係為「對角矩陣」，即式 2-27~2-30 之「互阻抗」均為 0，求解可得 $\begin{Bmatrix} Z_{aa} = Z_{bb} = Z_{cc} \\ Z_{ab} = Z_{bc} = Z_{ca} \end{Bmatrix} \Rightarrow$ 即知相阻抗矩陣 $Z_p$ 有「對角線元素彼此相等」、「非對角線元素彼此也相等」等特性，代回式 2-24~2-26 中，可得對稱負載之「序阻抗矩陣」如下：

$$Z_s = \begin{pmatrix} Z_0 & 0 & 0 \\ 0 & Z_1 & 0 \\ 0 & 0 & Z_2 \end{pmatrix} = \begin{pmatrix} Z_{aa} + 2Z_{ab} & 0 & 0 \\ 0 & Z_{aa} - Z_{ab} & 0 \\ 0 & 0 & Z_{aa} - Z_{ab} \end{pmatrix} \text{....................(式 2-31)}$$

如此可畫出「三相對稱阻抗負載之序網路模型」如下圖 2-9 所示。

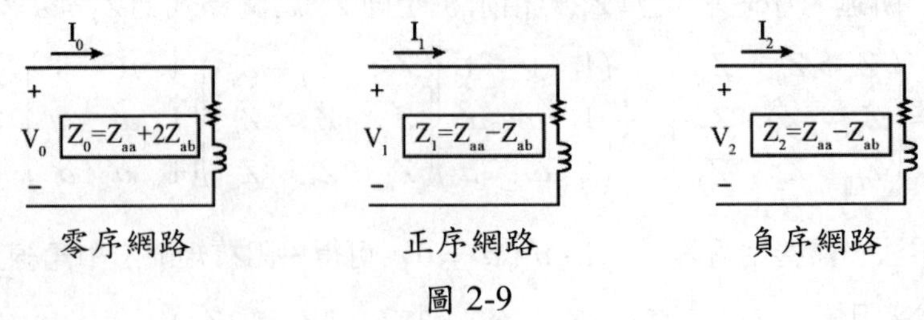


圖 2-9

## 牛刀小試

1. **一平衡 Y 接負載與一平衡 Δ 接電容器並聯，已知 Y 接負載每相阻抗 $Z_Y = 3 + j4(\Omega)$，且其中性線經感抗 $Z_n = 2(\Omega)$ 接地，電容器每相具有容抗 $X_c = 30(\Omega)$，請計算其「負載序阻抗」並劃出各序域網路模型。**

**詳解**

依題意可知，各相阻抗為 Y 接，但並聯之電容器為 Δ 接，且 Δ 接之中性線未接地(零序網路電容器側 open)，故可畫出各序網路如下：

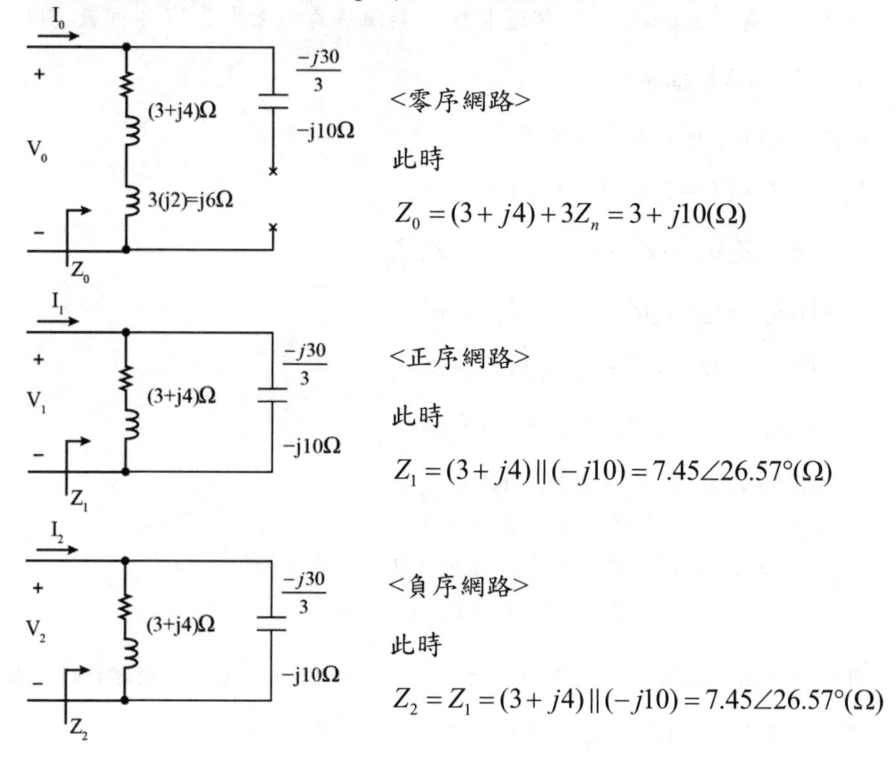


<零序網路>

此時

$Z_0 = (3 + j4) + 3Z_n = 3 + j10(\Omega)$

<正序網路>

此時

$Z_1 = (3 + j4) \| (-j10) = 7.45\angle 26.57°(\Omega)$

<負序網路>

此時

$Z_2 = Z_1 = (3 + j4) \| (-j10) = 7.45\angle 26.57°(\Omega)$

2. **考慮一個三相平衡 Y 接線負載，同時存在有自感量與互感量，如圖所示。假設三相的相電壓不平衡，且負載的中性線與大地之間有一個阻抗 $Z_n$。請推導出下列公式：**

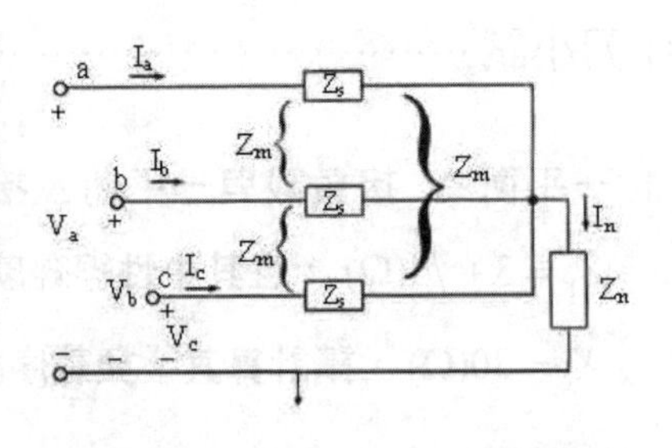


(1)**零序阻抗。** (2)**正序阻抗。** (3) **負序阻抗。**（98 鐵路特考）

**詳解**

因為本題有「互感抗」，故前述平衡 Y 接阻抗負載之式 2-17.不可直接用，需自行以 KVL 推導。

依據「KVL」可分別列式如下：

$$V_a = [I_a Z_s + (I_b + I_c)Z_m] + (I_a + I_b + I_c)Z_n$$
$$= (Z_s + Z_n)I_a + (Z_m + Z_n)I_b + (Z_m + Z_n)I_c$$
$$V_b = [I_b Z_s + (I_a + I_c)Z_m] + (I_a + I_b + I_c)Z_n$$
$$= (Z_m + Z_n)I_a + (Z_s + Z_n)I_b + (Z_m + Z_n)I_c$$
$$V_c = [I_c Z_s + (I_b + I_a)Z_m] + (I_a + I_b + I_c)Z_n$$
$$= (Z_m + Z_n)I_a + (Z_m + Z_n)I_b + (Z_s + Z_n)I_c$$
$$\Rightarrow \begin{pmatrix} V_a \\ V_b \\ V_c \end{pmatrix} = \begin{pmatrix} Z_s + Z_n & Z_m + Z_n & Z_m + Z_n \\ Z_m + Z_n & Z_s + Z_n & Z_m + Z_n \\ Z_m + Z_n & Z_m + Z_n & Z_s + Z_n \end{pmatrix} \begin{pmatrix} I_a \\ I_b \\ I_c \end{pmatrix}$$

符合「相阻抗矩陣」之「對角線元素」與「非對角線元素」相等特性，故

零序阻抗：$Z_0 = (Z_s + Z_n) + 2(Z_m + Z_n) = Z_s + 2Z_m + 3Z_n$，

正序阻抗 = 負序阻抗：$Z_1 = Z_2 = (Z_s + Z_n) - (Z_m + Z_n) = Z_s - Z_m$。

3. **一線對中性線電壓為 360V 的平衡三相電壓，供電給一中性點不接地之三相平衡 Y 接負載，如圖所示。此三相負載係由三個相互耦合的電抗所組成，每一相的串聯電抗為 $Z_s = j24\Omega$，而相間的互耦為 $Z_m = j6\Omega$。假設以 a 相電壓為參考相量，即，請用對稱成分法**(method of symmetrical components)**求解線路電流** $I_a$、$I_b$ **及** $I_c$。(104 中華郵政)

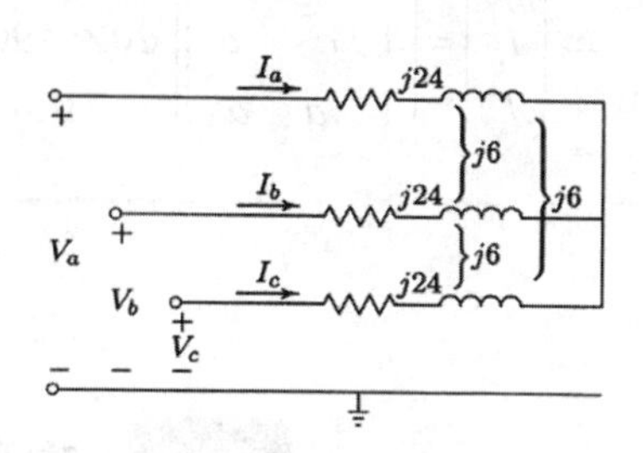


**詳解**

設此平衡三相電壓為平衡正序，則相電壓 $V_p = \begin{pmatrix} V_a \\ V_b \\ V_c \end{pmatrix} = \begin{pmatrix} 360\angle 0° \\ 360\angle -120° \\ 360\angle 120° \end{pmatrix}$

又 $V_p = A \cdot V_s \Rightarrow V_s = A^{-1} V_p$，則

$$V_s = \begin{pmatrix} V_0 \\ V_1 \\ V_2 \end{pmatrix} = \frac{1}{3} \begin{pmatrix} 1 & 1 & 1 \\ 1 & a & a^2 \\ 1 & a^2 & a \end{pmatrix} \begin{pmatrix} 360\angle 0° \\ 360\angle -120° \\ 360\angle 120° \end{pmatrix} = \begin{pmatrix} 0 \\ 360\angle 0° \\ 0 \end{pmatrix}$$

本題依 KVL 可列式如下：

$$\begin{Bmatrix} V_a - V_n = I_a Z_s + (I_b + I_c) Z_m \\ V_b - V_n = I_b Z_s + (I_a + I_c) Z_m \\ V_c - V_n = I_c Z_s + (I_b + I_a) Z_m \end{Bmatrix} \Rightarrow Z_p = \begin{pmatrix} Z_s & Z_m & Z_m \\ Z_m & Z_s & Z_m \\ Z_m & Z_m & Z_s \end{pmatrix}$$

$$\Rightarrow Z_s = \begin{pmatrix} Z_s + 2Z_m & 0 & 0 \\ 0 & Z_s - Z_m & 0 \\ 0 & 0 & Z_s - Z_m \end{pmatrix}$$

則 $\begin{Bmatrix} V_0 = 0 \\ V_1 = 360\angle 0° = (Z_s - Z_m) I_1 \\ V_2 = 0 = (Z_s - Z_m) I_2 \end{Bmatrix} \Rightarrow \begin{Bmatrix} I_0 = 0 \\ I_1 = \dfrac{360\angle 0°}{j18} = 20\angle -90° \\ I_2 = 0 \end{Bmatrix} \Rightarrow I_p = A \cdot I_s$

$$\Rightarrow\begin{pmatrix} I_a \\ I_b \\ I_c \end{pmatrix}=\begin{pmatrix} 1 & 1 & 1 \\ 1 & a^2 & a \\ 1 & a & a^2 \end{pmatrix}\begin{pmatrix} 0 \\ 20\angle-90^\circ \\ 0 \end{pmatrix}=\begin{pmatrix} 20\angle-90^\circ \\ 20\angle150^\circ \\ 20\angle30^\circ \end{pmatrix}=\begin{pmatrix} -j20 \\ -10\sqrt{3}+j10 \\ 10\sqrt{3}+j10 \end{pmatrix}$$

# 2-3 串聯阻抗的序網路

## 焦點 3　輸電線模型適用之串聯阻抗的序網路

考試比重 ★★★☆☆

考題形式　與 2-2 節、2-4 節各重點合併出題，以「計算題」為主。

1. 如下圖 2-10 所示，串聯阻抗係連接 abc 三相匯流排及 a'b'c'三相匯流排，此類阻抗通常為輸電線、變壓器等的非旋轉電氣設備之串聯阻抗。

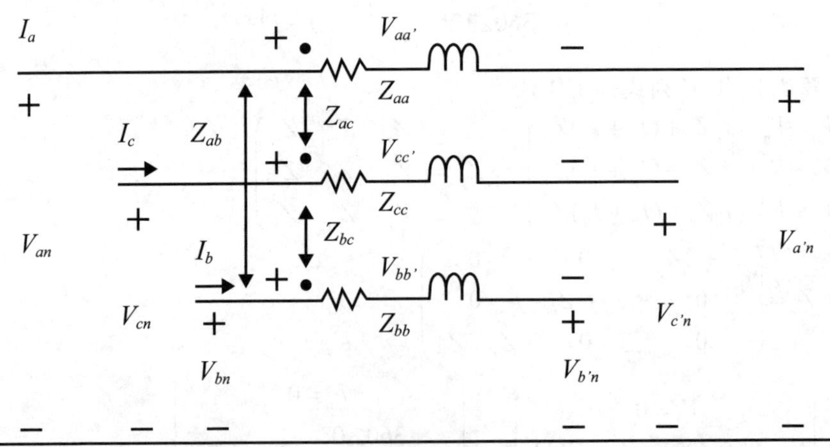


圖 2-10

其中各相自阻抗分別為 $Z_{aa}$、$Z_{bb}$ 及 $Z_{cc}$，互阻抗則分別為 $Z_{ab}$、$Z_{bc}$、$Z_{ca}$，則跨於串聯阻抗上之壓降如下：

$$\begin{cases} V_{an}-V_{a'n}=I_aZ_{aa}+I_bZ_{ab}+I_cZ_{ac} \\ V_{bn}-V_{b'n}=I_aZ_{ab}+I_bZ_{bb}+I_cZ_{bc} \\ V_{cn}-V_{c'n}=I_aZ_{ac}+I_bZ_{bc}+I_cZ_{cc} \end{cases} \Rightarrow \begin{pmatrix} V_{aa'} \\ V_{bb'} \\ V_{cc'} \end{pmatrix}=\begin{pmatrix} Z_{aa} & Z_{ab} & Z_{ac} \\ Z_{ab} & Z_{bb} & Z_{bc} \\ Z_{ac} & Z_{bc} & Z_{cc} \end{pmatrix}\begin{pmatrix} I_a \\ I_b \\ I_c \end{pmatrix}$$

$\Rightarrow V_P-V_{P'}=Z_P\cdot I_P$ ..........................................................................(式 2-32)

其中：$V_P$ 為匯流排 abc 之相電壓向量，$V_{P'}$ 為匯流排 a'b'c'之相電壓向量，$I_P$ 為線電壓向量，$Z_P$ 為串聯網路之 $3\times3$ 階相阻抗矩陣，亦為一「對稱矩陣」。

2. 轉換至「序阻抗矩陣」$Z_s$ 為

$AV_s-AV_{s'}=Z_s\cdot AI_s\Rightarrow V_s-V_{s'}=A^{-1}Z_s\cdot AI_s=Z_s\cdot I_s$ ..................................(式 2-33)

根據上節之重點說明，若為對稱串聯阻抗，即滿足以下條件：$\begin{cases} Z_{aa}=Z_{bb}=Z_{cc} \\ Z_{ab}=Z_{bc}=Z_{ca} \end{cases}$，

則 $Z_s$ 係「對角矩陣」，此時對應之 $3\times3$ 階序阻抗矩陣為

$Z_s=\begin{pmatrix} Z_0 & 0 & 0 \\ 0 & Z_1 & 0 \\ 0 & 0 & Z_2 \end{pmatrix}$.......(式 2-34)，其中 $\begin{cases} Z_0=Z_{aa}+2Z_{ab} \\ Z_1=Z_2=Z_{aa}-Z_{ab} \end{cases}$ ............(式 2-35)，

且由式 2-33.可得三個未耦合方程式如下：$\begin{cases} V_0-V_{0'}=Z_0I_0 \\ V_1-V_{1'}=Z_1I_1 \\ V_2-V_{2'}=Z_2I_2 \end{cases}$ .................(式 2-36)

上式 2-36.代表三個**互不耦合的序網路**，如下圖 2-11 之各序域模型所示。

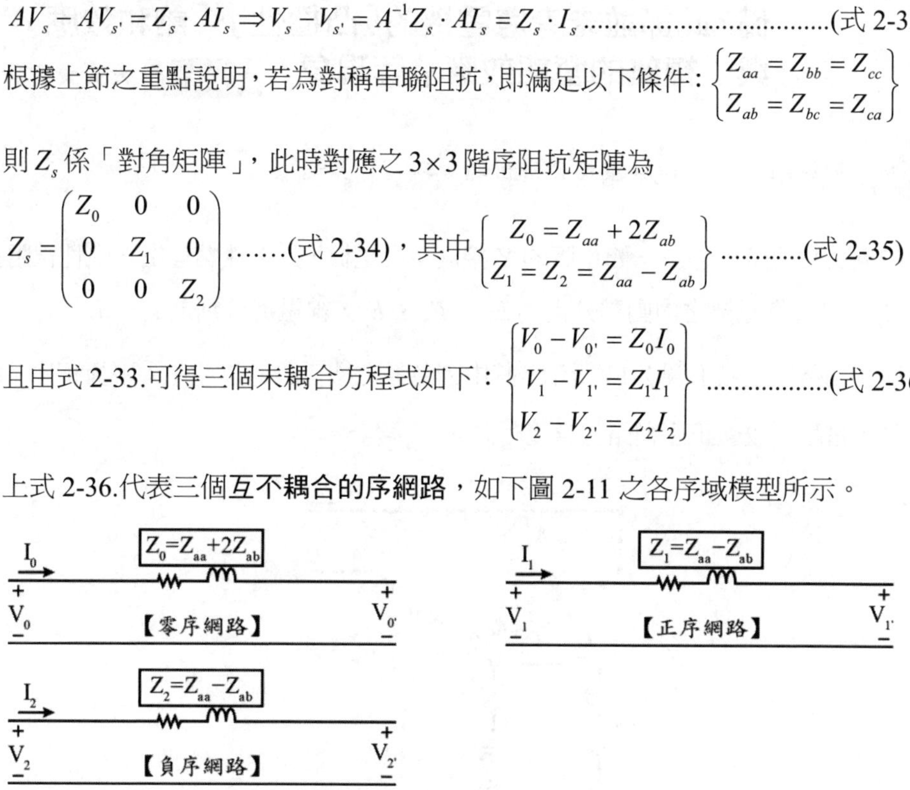

圖 2-11

則可得對稱串聯阻抗之正序壓降值僅與正序電流有關，負序壓降值僅與負序電流有關，零序壓降值僅與零序電流有關；不過，若串聯阻抗非對稱，則為「非對角矩陣」，此時各序網路間**相互耦合**，跨於任一序網路上的壓降將由 3 個序電流來決定。

## 2-4 旋轉電機的序網路

### 焦點 4 旋轉電機係指如「發電機」、「電動機」等電氣設備，此節並未考慮電機的「凸極性」、「飽和效應」與「複雜的暫態效應」等現象

考試比重 ★★★☆☆

考題形式 與 2-2 節、2-3 節各重點合併出題，以「計算題」為主。

1. 如圖 2-12 所示，係為一簡化版的 Y 接同步發電機，其中性點經由一中性線阻抗 $Z_n$ 接地，發電機之內動勢分別為 $E_a$、$E_b$、$E_c$，線電流分別為 $I_a$、$I_b$、$I_c$，各序域網路模型如下圖 2-13 所示，其中因為發電機係設計以產生「平衡正序」的內生電壓，故僅正序網路包含電壓源。

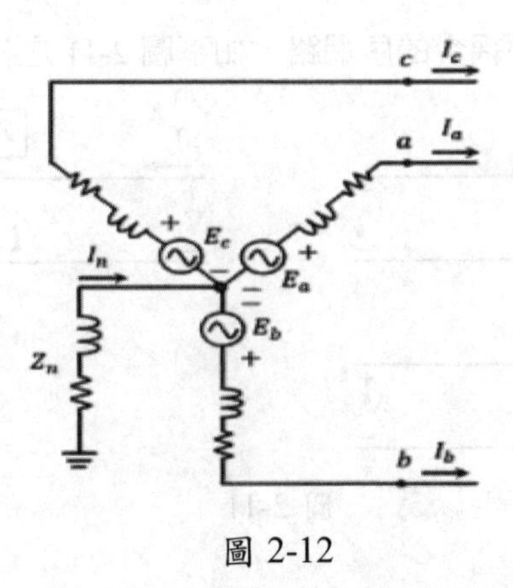


圖 2-12

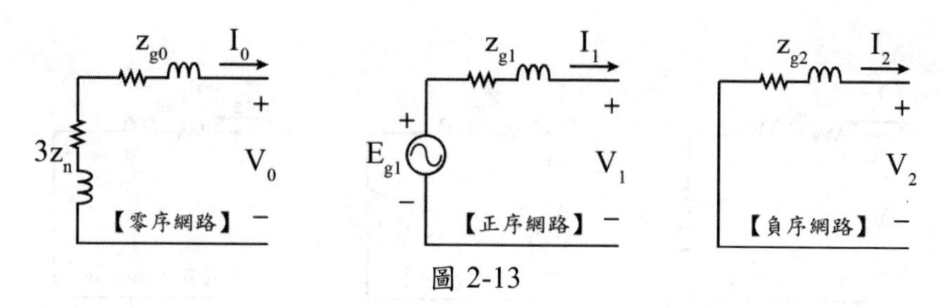


圖 2-13

2. 旋轉電機之各序阻抗並不相同，一般而言其值大小關係為：

$Z_{g1} > Z_{g2} > Z_{g0}$ ............................................(式 2-37)

式中 $Z_{g1}$ 為正序阻抗，$Z_{g2}$ 為負序阻抗，$Z_{g0}$ 為零序阻抗(其中 $Z_{g1}$ 正比於「同步電抗($X_s$)」)；式 2-37 原因略述如下：簡化一發電機之阻抗為 $R + jX$，其中電抗值 $X = \omega L$ 較電阻值 $R$ 大(約十數倍)，在**穩態平衡運轉**下，平衡三相正序電流產生之「磁動勢」($\lambda = LI$)將以同步轉速與轉子同向運轉，故磁動勢與轉子間並無相對運動，此時大量磁通($\phi \propto \lambda$)會貫穿轉子，故具有高值的正序阻抗「$Z_{g1}$」，若為平衡三相負序電流，則產生之「磁動勢」將以同步轉速與轉子反向運轉，對轉子而言，磁動勢係以兩倍同步轉速旋轉，依據「楞次定理」，此時轉子繞阻終將產生「感應電流」以對抗穿越轉子的磁通，因而負序阻抗較正序同步阻抗為小；大小及相位均相等的零序電流輸入同步電機時，理論上產生的淨磁動勢為零，故零序阻抗應是三者中最小的。

3. 圖 2-13 所表示的是「同步發電機」的序域網路，當旋轉電機為「同步電動機」時，其序域網路如圖 2-14 所示，其中 $Z_{m0}$ 為同步電動機的零序阻抗，$Z_{m1}$ 為同步電動機的正序阻抗，$Z_{m2}$ 為同步電動機的負序阻抗，與同步發電機相類似，也只有正序網路有電壓源 $E_{m1}$，只是電動機之**序電流係流入序網路**，此為前所述及「馬達」之觀點所得。

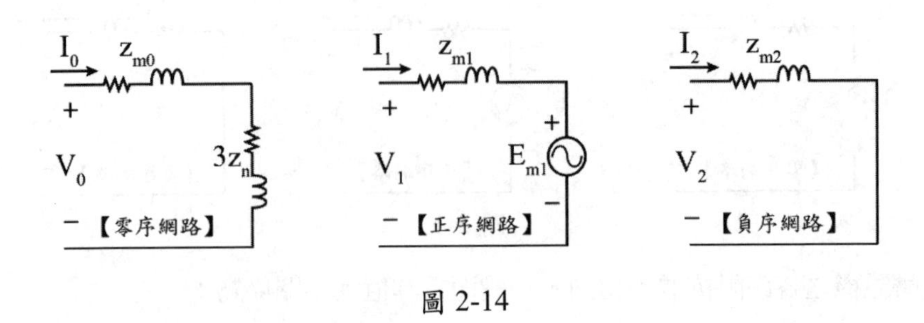


圖 2-14

4. 圖 2-15 所表示的是「感應發電機」的序域網路，與「同步電動機」相類似，但因感應馬達轉子並無產生磁通的直流電源，故 $E_{m1}$ 為零，此時正序網路右側「短路」。

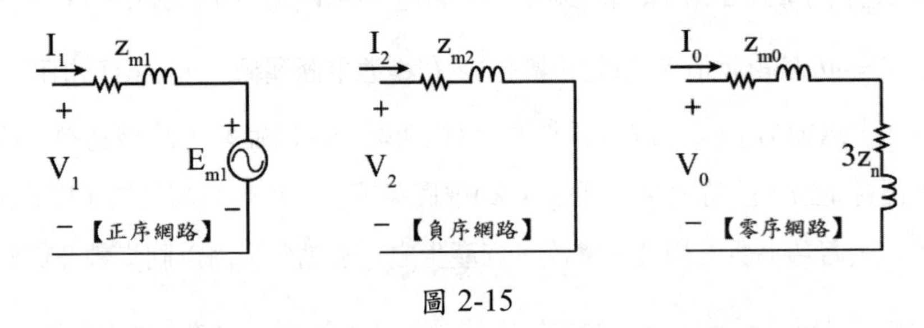


圖 2-15

牛刀小試……………………………………………………………………

1. **圖為平衡 Y 連接之同步發電機之等效電路圖，以中性阻抗 $Z_n$ 接地，$Z_a = Z_b = Z_c$。試求出其負序等效電路與零序等效電路。**（106 關務三等）

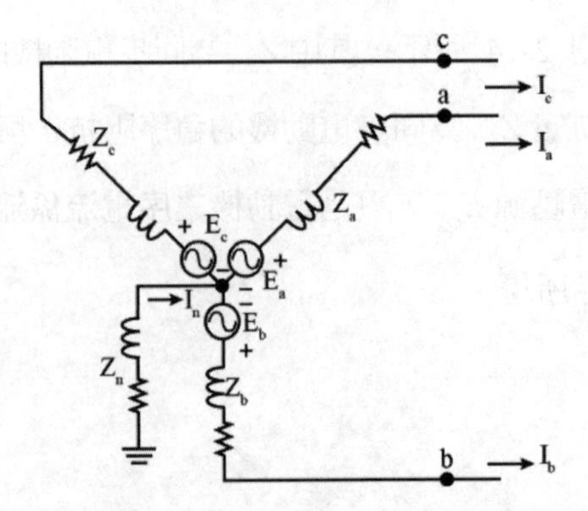

**詳解**

此題與上述「同步發電機」內容稍有不同，重點說明係為簡化版之 Y 接發電機，而由本範例各序網路模型應為導出之序阻抗與「$Z_{g0},Z_{g1},Z_{g2}$」串聯之。

由 KVL 可以導出「相阻抗矩陣」為 $Z_p=\begin{pmatrix} Z_a+Z_n & Z_n & Z_n \\ Z_n & Z_a+Z_n & Z_n \\ Z_n & Z_n & Z_a+Z_n \end{pmatrix}$，

因為該矩陣亦為「對稱矩陣」，且有「對角線元素彼此相等」、「非對角線元素彼此也相等」等特性，故其所對應之「序阻抗矩陣」為

$$Z_s=\begin{pmatrix} Z_a+3Z_n & 0 & 0 \\ 0 & Z_a & 0 \\ 0 & 0 & Z_a \end{pmatrix}$$

而發電機之「零序阻抗」、「正序阻抗」、「負序阻抗」分別為 $Z_{g0},Z_{g1},Z_{g2}$，

故本題「負序等效網路」及「零序等效網路」如下圖所示。

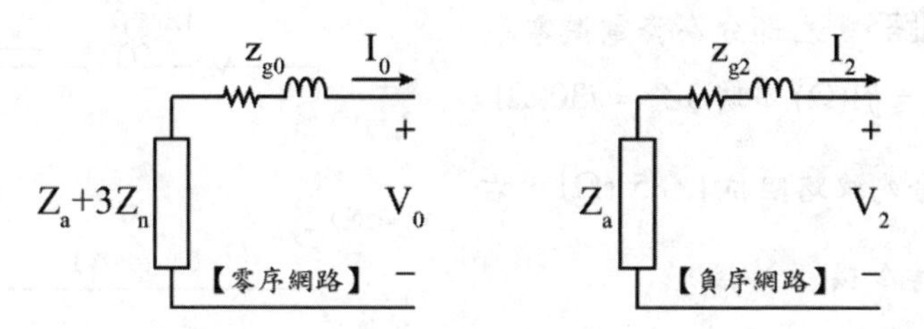


2. **如圖所示的平衡三相電路，已知 $V_{ab}=480\angle 0°(V)$，請畫出各序網路模型並計算線電流之序成分？**

**(發電機之序阻抗為 $Z_{g0}=j1(\Omega)$，$Z_{g1}=j15(\Omega)$，$Z_{g2}=j3(\Omega)$)**

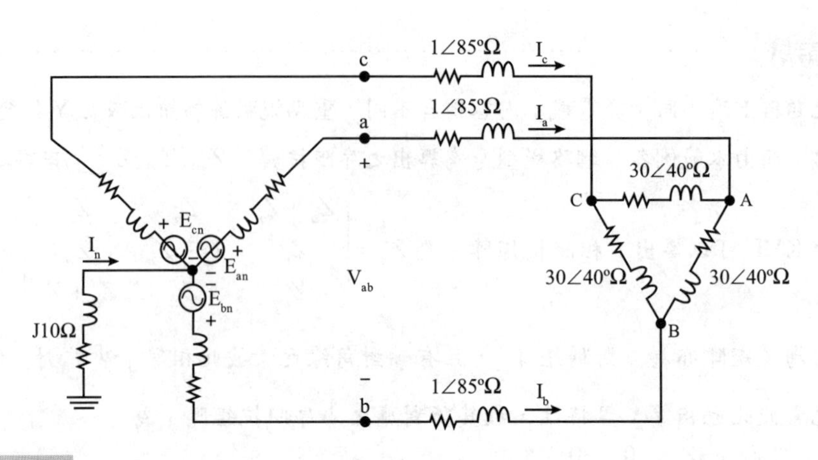


**詳解**

如圖概分為左、中、右三部分，左部分為「發電機的序網路模型」，中間為線路的「串聯阻抗序域模型」，右部分為「Δ 接阻抗序域模型」，故須個別以前面幾節之重點說明討論並畫出。

<零序網路> 左部分為發電機零序阻抗 $Z_{g0} = j1(\Omega)$ 串聯 $3Z_n = j30(\Omega)$，中間部分為線路阻抗 $1\angle 85°(\Omega)$，右部分先轉 Δ 接為 Y 接

【零序網路】

$\Rightarrow \frac{1}{3} Z_{\Delta} = 10\angle 40°(\Omega)$，但因未接地 $3Z_n = \infty(\Omega)$，故為「開路」(open)，故零序電流 $I_0 = 0(A)$，可畫「零序網路」如圖。

<正序網路> 左部分為發電機正序阻抗 $Z_{g1} = j15(\Omega)$ 串聯發電機內生電壓 $E_{g1} = E_{an}(V)$，正序電壓 $V_1$ 為跨接於 $Z_{g1}$ 與 $E_{g1}$ 間，其值為

【正序網路】

$V_1 = \frac{480}{\sqrt{3}} \angle -30°(V)$【詳參§3-6.焦點 6：Y 接特性說明】；

中間部分為線路阻抗$1\angle 85°(\Omega)$，右部分為$\frac{1}{3}Z_{\Delta}=10\angle 40°(\Omega)$，故正序網路可畫出如圖，其正序電流$I_1=\frac{V_1}{1\angle 85°+10\angle 40°}=25.8\angle 73.8°(A)$

<負序網路>　左部分為發電機負序阻抗$Z_{g2}=j3(\Omega)$，中間部分為線路阻抗$1\angle 85°(\Omega)$，右部分為負載阻抗$\frac{1}{3}Z_{\Delta}=10\angle 40°(\Omega)$，因無「電壓源」

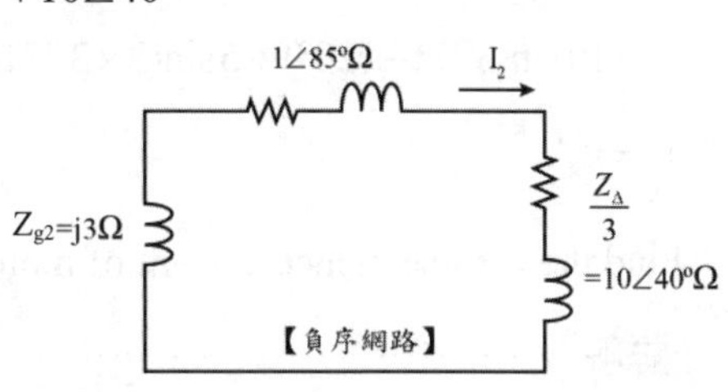


故「負序電流」$I_2=0(A)$，並可畫「負序網路」如圖。

3. **某三相 60Hz 電力系統 161kV 輸電線路發生 a、b 兩相接地短路故障，其故障阻抗為零，已知故障點 a 相之正序、負序、零序電流標么值分別為** $\overline{I}_{a1F}=5\angle 150°pu$、$\overline{I}_{a2F}=2\angle -150°pu$、$\overline{I}_{a0F}=3\angle 90°pu$ **，請問：**

   (1)**故障點 a 相電流之標么值為多少 pu？**

   (2)**故障點 b 相電流之標么值為多少 pu？**

   (3)**故障點 c 相電流之標么值為多少 pu？**

**詳解** ……………………………………………………………………………

以「對稱成分法」分析故障點各相電流，其轉換公式為：

$$I_p=A\cdot I_s\Rightarrow\begin{pmatrix}I_a\\I_b\\I_c\end{pmatrix}=\begin{pmatrix}1&1&1\\1&a^2&a\\1&a&a^2\end{pmatrix}\begin{pmatrix}I_0\\I_1\\I_2\end{pmatrix}$$

故
$$\begin{pmatrix}I_a\\I_b\\I_c\end{pmatrix}=\begin{pmatrix}1&1&1\\1&\angle 240°&\angle 120°\\1&\angle 120°&\angle 240°\end{pmatrix}\begin{pmatrix}3\angle 90°\\5\angle 150°\\2\angle -150°\end{pmatrix}=\begin{pmatrix}-6.6+j4.5\\6.6+j4.5\\0\end{pmatrix}(p.u.)$$

4. The line current of an inverter-fed AC motor drive are:

$i_a = 10\sin 377\,t + 5\sin(3\times 377\,t)\,A$

$i_b = 10\sin(377\,t - 120°) + 5\sin(3\times 377\,t)\,A$

$i_c = 0\,A$

Find the zero-sequence current of motor.

詳解

本題線電流以「時域」表示方式，但仍可以「相量法」就單一相同頻率來計算，其分析如下：

$i_a(t) = 10\sin 377t + 5\sin(3\times 377t), let\omega = 377 \Rightarrow I_a = I_{a,\omega} + I_{a,3\omega}$

based on sin fuction

$i_b(t) = 10\sin(377t - 120°) + 5\sin(3\times 377t), let\omega = 377 \Rightarrow I_b = I_{b,\omega} + I_{b,3\omega}$

$i_c(t) = 0$

(1) $\omega = 377$

$$I_{0,\omega} = \frac{1}{3}(I_{a,\omega} + I_{b,\omega} + I_{c,\omega}) = \frac{1}{3}(10\angle 0° + 10\angle -120° + 0) = \frac{10}{3}\angle -60°$$

(2) $\omega = 3\times 377$，$I_{0,3\omega} = \frac{1}{3}(I_{a,3\omega} + I_{b,3\omega} + I_{c,3\omega}) = \frac{1}{3}(5\angle 0° + 5\angle 0° + 0) = \frac{10}{3}\angle 0°$

綜合(1),(2)可得「零序電流」$I_0 = I_{0,\omega} + I_{0,3\omega} = \frac{10}{3}\angle -60° + \frac{10}{3}\angle 0°$，

轉成「時域」表示：$i(t) = \frac{10}{3}\sin(377t - 60°) + \frac{10}{3}\sin(3\times 377t + 0°)A$

# 第3章　變壓器

## 3-1　理想變壓器與理想相位移變壓器

### 焦點 1　理想變壓器的原理及理想相位移變壓器

考試比重 ★★★☆☆

基本題型常考重點。

1. 單相雙繞組變壓器：如圖 3-1 所示為一「單相雙繞組變壓器」及其電路概略圖，雙繞組係環繞於鐵心上，一、二次側之繞組匝數分別為 $N_1$、$N_2$，假設鐵心磁導係數 $\mu_c$、鐵心截面積 $A_c$ 及磁路平均長度 $l_c$ 均假設為常數，通電後在「弦波穩態」下，

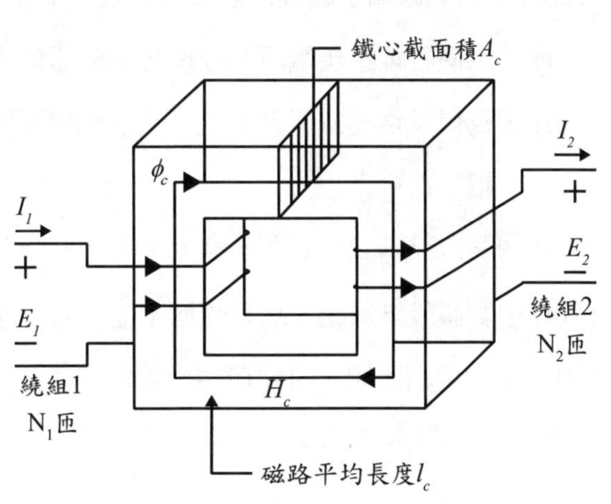


令繞組兩端的相電壓分別為 $E_1$、$E_2$，流入一次側繞組之相電流為 $I_1$，流出二次側繞組之相電流為 $I_2$，鐵心中磁通量為 $\phi_C$，則依據「安培定律」，因鐵心磁場強度 $H_C$ 與積分路徑同向，故磁場強度沿著封閉路徑之正切分量恰為磁場強度，由於在理想單相雙繞組變壓器中，當右手四指順時針旋轉時，右手拇指方向係射入紙面，故封閉路徑圍繞之「淨電流」大小 (設以射入紙面為正向)為 $N_1I_1 - N_2I_2$，故

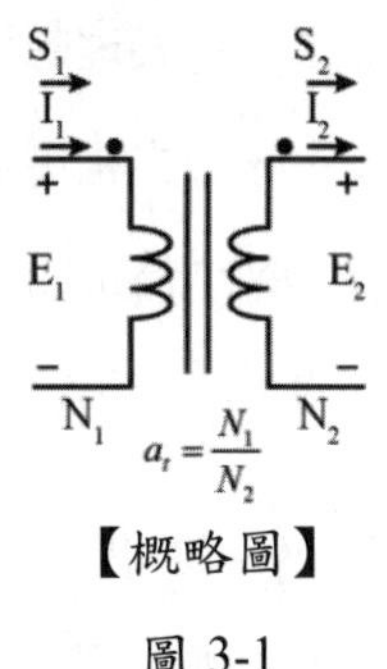


【概略圖】

圖 3-1

$H_C = N_1I_1 - N_2I_2$ ……………………………………(式 3-1)

2. 此外，因導磁係數 $\mu_c$ 假設為常數，故鐵心中磁通密度 $B_c$ 亦為常數，且與磁場強度成正比，即 $B_c = \mu_c H_C$，於是鐵心內磁通為 $\phi_c = B_c \mu_c$ ............................(式 3-2)

   如此可以導出 $N_1 I_1 - N_2 I_2 = \dfrac{l_c}{\mu_c A_c}\phi_C$ ............................................................(式 3-3)

   又磁動勢為 $mmf = N_1 I_1 - N_2 I_2$，磁阻為 $R_C$，則 $mmf = \dfrac{l_c}{\mu_c A_c}\phi_c = \phi_c R_C$ .....(式 3-4)

   上式又稱為「磁路的歐姆定律」。

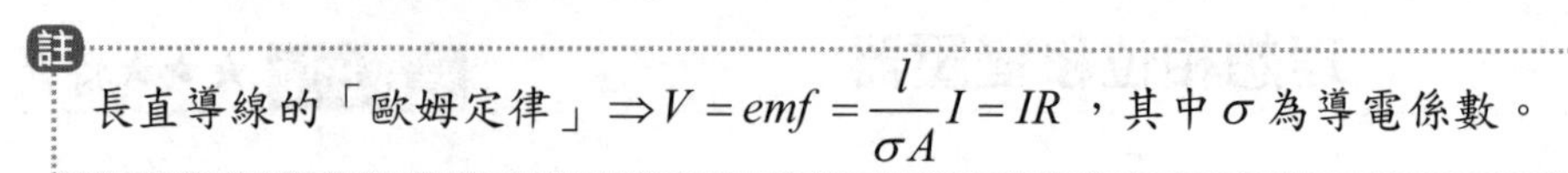

註 長直導線的「歐姆定律」$\Rightarrow V = emf = \dfrac{l}{\sigma A} I = IR$，其中 $\sigma$ 為導電係數。

3. 由能量損失觀點了解**理想變壓器特性**：

   (1) 因為假設繞組無電阻，故理想變壓器**無「線損 $I^2R$」**。

   (2) 因為假設鐵心無能量損耗，故理想變壓器**無**「**鐵損**(包括「遲滯損」及「渦流損」)」。

   (3) 因為假設鐵心之磁導係數 $\mu_c = \infty$，故理想變壓器之磁阻 $R_c = 0$。

   (4) 因為假設**無漏磁**，故理想變壓器所有磁通侷限於鐵心且與雙繞組交鏈。

4. 由 1,2 之重點說明，可知理想變壓器

   $R_c = 0 \Rightarrow N_1 I_1 = N_2 I_2 \Rightarrow \dfrac{N_1}{N_2} = a_t = \dfrac{I_2}{I_1}$ ............................................................(式 3-5)

   上式即代表**理想變壓器之「平衡安匝特性」**，其物理意義即為當繞組的匝數越多，該側之相電流越小。

5. 設一N匝繞組由一正弦穩態之時變磁通 $\phi(t)$ 所交鏈，其所感應出來電壓為 $e(t)$，依據「法拉第定律」：$e(t) = N\dfrac{d\phi(t)}{dt}$，若改以相量關係表示則為

   $E = N \cdot j\omega \cdot \Phi$ ..................................................................................................(式 3-6)

   (Hint：轉為相量時，一次微分即乘上 s ⇒ s=jω)，又因為「理想變壓器」之第(4)個特性，繞組 1,2 兩端之「感應電壓」分別為

$$\begin{cases} E_1 = N_1(j\omega)\Phi_c \\ E_2 = N_2(j\omega)\Phi_c \end{cases} \Rightarrow \frac{E_1}{E_2} = \frac{N_1}{N_2} = a_t \quad \text{(式 3-7)}$$

其中 $a_t$ 定義為「匝數比」(turn ratio)；由式 3-7 可知，對理想變壓器而言，電壓與匝數成正比，若匝數越多，則電壓越高。

6. 如圖 3-1 中之「概略圖」所示，若流入繞組 1 之複數功率為 $S_1$，流出繞組 2 之複數功率為 $S_2$，則 $S_1 = E_1 I_1^* = a_t E_2 (\frac{I_2^*}{a_t}) = E_2 I_2^* = S_2$ ……(式 3-8)

   由式 3-8.可知，流出理想變壓器之複數功率與流入的複數功率相同，亦即「**理想變壓器無實、虛功損失**」。

7. 如圖 3-1 中之「概略圖」所示，圖中「黑點」稱為**極性符號**，乃用以定義變壓器之「電壓」、「電流」極性及方向，分別定義如下：
   (1) $E_1$ 與 $E_2$ 之正極(+)均位於打點端。
   (2) $I_1$ 流入打點，$I_2$ 流出打點；

8. 則依據上述定義則如圖 3-1 之標示 $E_1$ 與 $E_2$ 為「同相位電壓」，$I_1$ 與 $I_2$ 為「同相位電流」。

   如圖 3-1.中之「概略圖」，假設跨接於繞組 2 之負載阻抗為 $Z_2$，則 $Z_2 = \frac{E_2}{I_2}$，又由繞組 1 看進去之阻抗為 $Z_1$，則 $Z_1 = \frac{E_1}{I_1} = \frac{a_t E_2}{\frac{I_2}{a_t}} = a_t^2 Z_2$，可知理想變壓器二次側阻抗如欲轉至一次側，必須乘上 $a_t^2$ 。

**老師的話**

變壓器之二次側「電壓」、「電流」、「阻抗」若欲轉成一次側，則分別乘上 $a_t$、$\frac{1}{a_t}$、$a_t^2$，一般記憶方式可以「分子、分母」($\frac{(一次側)}{(二次側)}$ ⇒ 轉成分子為乘，轉成分母為除)之觀點記之。

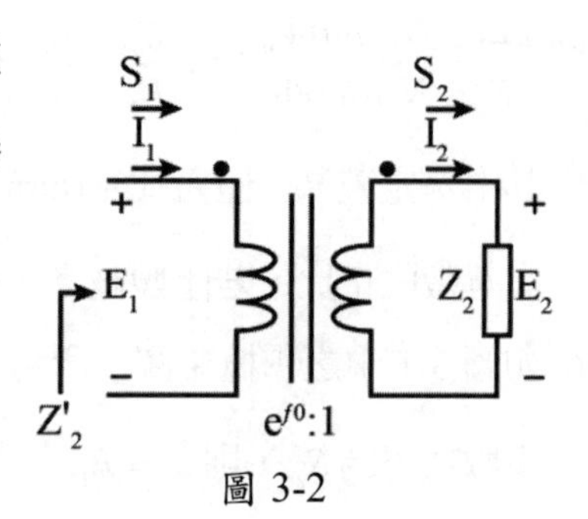

圖 3-2

9. 如圖 3-2 所示為一簡略的單相相位移變壓器電路圖，用以代表**三相Δ-Y 接(或 Y-Δ 接)變壓器兩側相位移**之模型，其中匝數比可以是複數，此有別於上述之單相雙繞組變壓器；令匝數比為 $a_t = e^{j\phi}$，其中 $\phi$ 為「相移角」，則電壓關係式為：

$$E_1 = a_t E_2 = e^{j\phi} E_2 = a_t E_2 \quad \text{(式 3-9)}$$

因理想變壓器沒有實、虛功之損耗 $\Rightarrow S_1 = S_2$，則其電流關係為：

$$E_1 I_1^* = E_2 I_2^* \Rightarrow I_1 = (\frac{E_2}{e^{j\phi} E_2} I_2^*)^* = e^{j\phi} I_2 \Rightarrow I_1 = a_t I_2 \quad \text{(式 3-10)}$$

由式 3-9.及式 3-10.可知，相位移變壓器之「端電壓」及「相電流」有以下之關係：

(1) $E_1$ **超前** $E_2$ 相角 $\phi$，而 $I_1$ **亦超前** $I_2$ 相角 $\phi$。

(2) 相位移變壓器兩側**電壓大小相等** $\Rightarrow |E_1| = |E_2|$，**兩側電流大小亦相等** $\Rightarrow |I_1| = |I_2|$。

10. 如上圖 3-2 所示，理想相位移變壓器之阻抗轉換關係如下式：

$$Z_2' = \frac{E_1}{I_1} = \frac{a_t E_2}{\frac{I_2}{a_t^*}} = \frac{E_2}{I_2} = Z_2 \quad \text{(式 3-11)}$$

如此可知阻抗自理想相位移變壓器之一側轉換至另一側時，**其值不變**。

牛刀小試

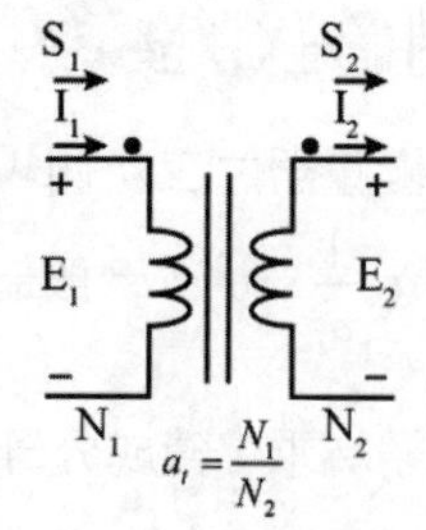


1. **如圖，已知一「理想單相雙繞組變壓器」之額定容量為** 100kVA，480/120V，60Hz，**現有一電源連至** 480V **繞組端(**$E_1$**)，供電給連接至** 120V **繞組端(**$E_2$**)之負載阻抗；若負載電壓** $E_2 = 118V$，**負載以** 0.9 **落後功因吸收** 80kVA，

**試求：(1)480V 繞組端電壓？(2)負載阻抗？(3)換算至 480V 繞組側之負載阻抗？(4)供電至 480V 側之有效功率？無效功率？**

**詳解**

變壓器所給的資訊一般有兩個，即「額定容量」以及「額定電壓」，額定容量即為其「視在功率」，單位為「VA」，且一二側都是同樣的；額定電壓則有一二次側之分，跟「匝數比」有關。

(1) 令負載電壓相量為 $E_2 = 118\angle 0°V$ ，則 480V 繞組端電壓相量為

$$E_1 = a_t E_2 = (\frac{480}{120})118\angle 0° = 472\angle 0°V$$ 。

(2) 負載吸收之複數功率為 $S_2 = 80000\angle \cos^{-1} 0.9 = 80000\angle 25.8°$ ，故負載電流為 $I_2 = (\frac{S_2}{E_2})^* = (\frac{80000\angle 25.8°}{118\angle 0°})^* = 678\angle -25.8°$ ，所以負載阻抗為

$$Z_2 = \frac{E_2}{I_2} = \frac{118\angle 0°}{678\angle -25.8°} = 0.174\angle 25.8°(\Omega)$$ 。

(3) 換算至 480V 繞組側之負載阻抗

$$Z_1 = a_t^2 Z_2 = 16 \times 0.174\angle 25.8° = 2.785\angle 25.8°(\Omega)$$

(4) 因理想變壓器無實、虛功損失，故供電至 480V 側之複數功率為

$$S_1 = S_2 = 80000\angle \cos^{-1} 0.9 = 80000\angle 25.8° = 72K + j34.8K$$

所以有效功率 $P = 72KW$ ，無效功率 $Q = 34.8KVar$ 。

2. **一個 600/120-Vrms 的理想變壓器，高壓側阻抗為** $52 - j30\Omega$ **，低壓側連接一阻抗為** $0.8\angle 10°\Omega$ **的負載，試求：(1)一次側電流？(2)二次側電流？**（101 普考）

**詳解**

一般解題都優先從負載側考慮，求出負載電流。

依題意所示，可畫電路簡圖如右：

設負載側電壓為 $V_2 = 120\angle 0° V$，

則二次側電流為

$I_2 = \dfrac{120\angle 0°}{0.8\angle 10°} = 150\angle -10°(A)$，

故一次側電流為 $I_1 = \dfrac{1}{a_t} I_2 = \dfrac{150\angle -10°}{5} = 30\angle -10°(A)$

**!注意**

此題無法先從電源側電壓假設，因為有線路阻抗及內阻。

3. **將一個 100：200V 的「理想單相變壓器」(TR-A)的高壓側連接到另一個 200：100V 的「理想單相變壓器」(TR-B)的高壓側，若將 TR-A 的低壓側連接至一個為 100V(rms)之交流電壓源，試求若在 TR-B 的低壓側連接一能消耗 500W 的純電阻性負載，由交流電壓源所流出的電流為？安培，電壓源所提供的總實功率為多少瓦？**（98 普考）

**詳解**

依題意可畫出變壓器簡圖如下，設 TR-A 匝數比為 a1，TR-B 匝數比為 a2，一次側電流為 $I_1$

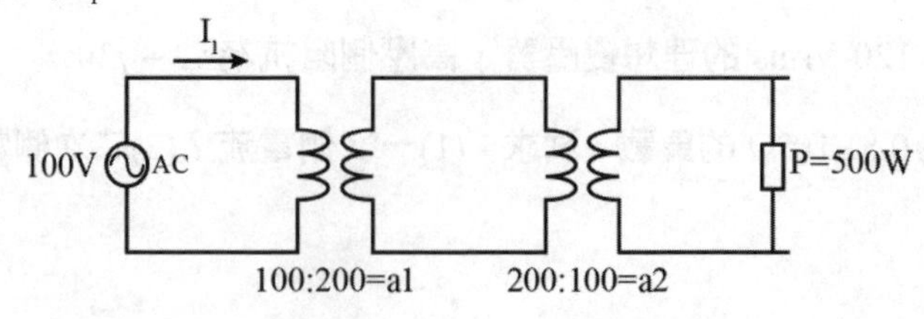

同時轉至電源側之等效電路圖如右：

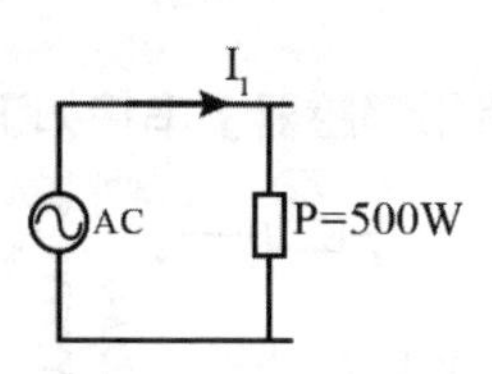


則 $I_L=\dfrac{500W}{100V}=5A \Rightarrow I_1=\dfrac{5}{a1\cdot a2}=5A$

電壓源所提供的總實功率 $P_1=V\cdot I_1=100\cdot 5=500W$

4. **有一「理想單相變壓器」：60V/20V,1KVA,40Hz,300 匝/100 匝，若忽略損失因素，使用在 60Hz 的電源上，保持相同的磁通密度，試求：**

 (1)**在 60Hz 時能加在高壓側的最大電壓為多少 V？**

 (2)**在 60Hz 時能加在低壓側的最大電壓為多少 V？**

 (3)**在 40Hz 時每匝之電壓為多少 V？**（97 關務四等）

**詳解**

依據「法拉第定律」，在變壓器一次側線圈所感應之電動勢 $E_1=-N_1\dfrac{\Delta\phi}{\Delta t}$，此所產生之最大磁交鏈為 $\phi_m$(如下圖)，通電後會交鏈至二次側，使得在負載側產生端電壓 $E_2$，故感應電動勢的平均值為

$E_{avg}=-N\dfrac{\phi_m-(-\phi_m)}{\frac{1}{2}f}=-4Nf\phi_m$，又有效值

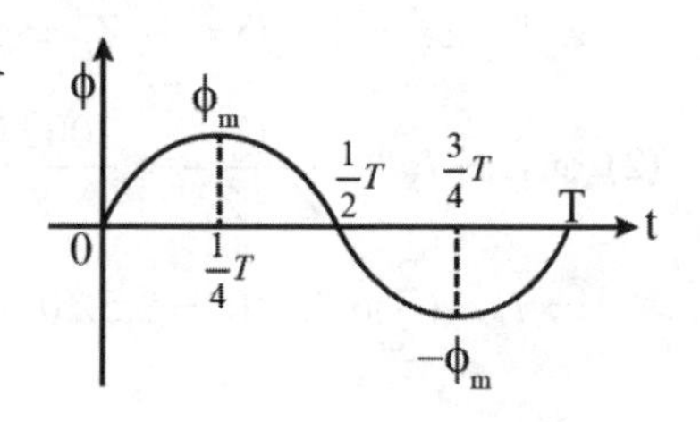


(rms)為平均值(avg.)的 1.11 倍，故知

$E_{rms}=-4.44Nf\phi_m$

由提示可知 $E_{rms}\propto f$，故

(1) $\dfrac{60V}{E_1'}=\dfrac{40Hz}{60Hz}\Rightarrow E_{1(rms)}'=90V\Rightarrow E_{1(\max)}'=90\sqrt{2}V$

(2) $\dfrac{20V}{E_2'}=\dfrac{40Hz}{60Hz}\Rightarrow E_{2(rms)}'=30V\Rightarrow E_{2(\max)}'=30\sqrt{2}V$

(3) 高壓側：$\dfrac{60V}{300turns}=0.2\dfrac{V}{turns}$，低壓側：$\dfrac{20V}{100turns}=0.2\dfrac{V}{turns}$。

5. **兩台「理想單相變壓器」串接如下圖所示，試求：**

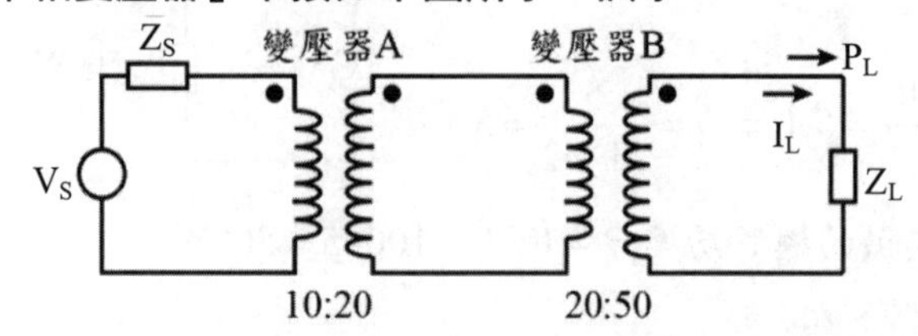


(1)**設** $Z_s = 4 + j3\Omega$**，若欲由電源側獲得可能最大功率，則** $Z_L$ **應為多少** $\Omega$ **？**

(2)**當** $V_s = 100\angle 0°V$ **時，負載電流** $I_L$ **的大小為多少** A**？其所消耗的實功** $P_L$ **為多少** W**？**（98 關務四等）

**詳解**

首先化簡題目所給的圖，即均轉至一次側如下：

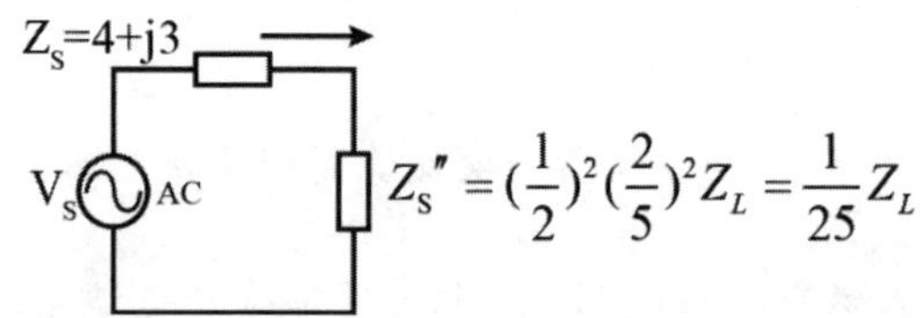


$$Z_S'' = (\frac{1}{2})^2(\frac{2}{5})^2 Z_L = \frac{1}{25} Z_L$$

(1) 欲由電源側獲得最大功率移轉，可知

$$Z_S'' = Z_S^* = 4 - j3 = \frac{1}{25} Z_L \Rightarrow Z_L = 100 - j75\Omega$$

(2) 如上圖 $I_S'' = \dfrac{V_S}{Z_S + Z_S''} = \dfrac{100\angle 0°}{8} = 12.5\angle 0° \Rightarrow I_S' = (\dfrac{1}{2})12.5\angle 0° = 6.25\angle 0°$

$\Rightarrow I_L = (\dfrac{2}{5})6.25\angle 0° = 2.5\angle 0° A$，則 $P_L = I_L^2(R_L) = 2.5^2 \cdot 100 = 625W$。

# 3-2 實際變壓器與其「等效電路」、變壓器之試驗

## 焦點 2　實際變壓器等效電路及其試驗　考試比重 ★★★★☆

綜合題型，本節為考試常考重點。

1. 由實際變壓器與理想變壓器之不同處導出變壓器等效電路：

(1) 實際變壓器等效電路如下圖 3-3 所示，其中 $V_1, V_2$ 為實際變壓器的端電壓，此與理想變壓器兩側電壓 $E_1, E_2$ 有所不同，$I_1, I_2$ 分別為變壓器之一、二次側電流，匝數比為 $N_1 : N_2$。

(2) 實際變壓器與理想變壓器不同處第一點為其一二次側繞組是有電阻的，如圖 3-3 之 $R_1$ 及 $R_2$，故有「線損」。

(3) 第二個不同處為實際變壓器之鐵心導磁係數非無限大($\mu_C \neq \infty$)，且磁通不完全侷限於鐵心中，故繞組存在「漏磁通」；繞組 1 的漏磁通代表那些僅與繞組 1 交鏈而未與繞組 2 交鏈之磁通分量，如下圖 3-3 以漏電抗 $jX_1$ 表示；同理，繞組 2 的漏磁通代表那些僅與繞組 2 交鏈而未與繞組 1 交鏈之磁通分量，圖 3-3 以漏電抗 $jX_2$ 表示之；當電流流過漏電抗時，除產生壓降 $jXI$ 外，亦將造成**無效功率損失**$|I|^2 X$。

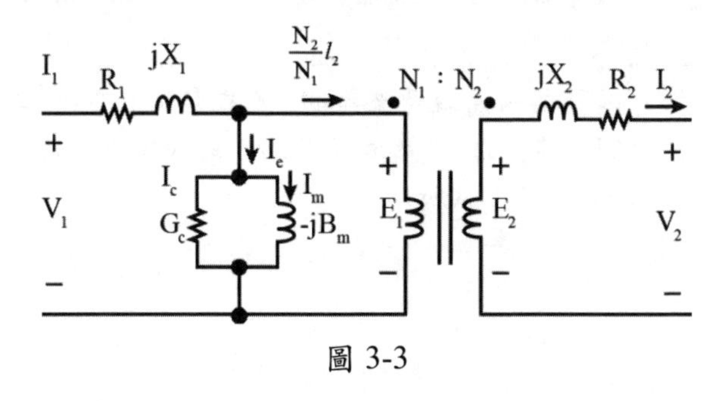


圖 3-3

(4) 實際變壓器的一次側有「併聯電抗」，其中並聯電納 $B_m$ 及電導 $G_c$ ，其推導如下：

由 $N_1 i_1 - N_2 i_2 = \phi_c R_C$ ，改以「相量」表示為 $N_1 I_1 - N_2 I_2 = \Phi_c R_C$ ，又一次側磁通 $\Phi_c = \dfrac{E_1}{j\omega N_1}(\because e_1 = N_1 \dfrac{d\phi}{dt})$ ....................(式 3-12)

則 $I_1 - \dfrac{N_2}{N_1} I_2 = \dfrac{E_1}{j\omega {N_1}^2} R_C = \dfrac{E_1}{j\omega \dfrac{{N_1}^2}{R_C}}$ ....................(式 3-13)

而「磁化電感」$L_m = \dfrac{{N_1}^2}{R_C}$ ....................(式 3-14)

代入得 $I_1 - \dfrac{N_2}{N_1} I_2 = \dfrac{E_1}{j\omega L_m}$ ....................(式 3-15)

其中 $\omega L_m$ 為「磁化電抗 $X_m$ 」；在等效電路圖中間部分為「理想變壓器」，故由平衡安匝觀念，可以導出 $\dfrac{N_2}{N_1} I_2$ 流入打點正端，式 3-14.可以改寫為

$I_1 - \dfrac{N_2}{N_1} I_2 = \dfrac{E_1}{j\omega L_m} = \dfrac{E_1}{jX_m} = -jB_m E_1$ ....................(式 3-16)

此時電抗為電納的導數($\dfrac{1}{X_m} = B_m$)，故實際變壓器一次側有一「支流電流 $I_1 - \dfrac{N_2}{N_1} I_2$ 」流入併聯電抗，此處以「激磁電流 $I_e$ 」表示之；併聯電抗中有一模擬鐵損的電阻 $R_C$ (此處以電導 $G_C = \dfrac{1}{R_C}$ 表示之)，所以有鐵損電流 $I_C$ ，磁化電流 $I_m$ ，並定義出「激磁電流」$I_e = I_m + I_c$ ....................(式 3-17)

**註**

激磁電流 $I_e$ 又可稱為無載變壓器的「無載電流」(亦即「二次側開路」所得之一次側電流)，有些教本稱 $I_e$ 為「無載電流」時，$I_m$ 稱為「激磁電流」，如下牛刀小試所示。

老師的話

1. 鐵損電流通過的是電阻，故 $I_c$ 與 $E_1$ 同相位，由式 3-14.可知，磁化電流 $I_m$ 落後 $E_1$ 相角 90°。
2. 鐵損電流 $I_c$ 與造成鐵心「有效功率」的損失，包括「遲滯損」以及「渦流損」二部分，遲滯損係因鐵心內磁通週期性變化所造成的熱能損耗，為降低「遲滯損」，可以使用特殊的合金鋼作為鐵心的材料；渦流損則由垂直於磁通方向的感應電流於鐵心內流動所引起，可藉使用由合金鋼疊片組成之鐵心來降低「渦流損」，做法如圖 3-4 所示。

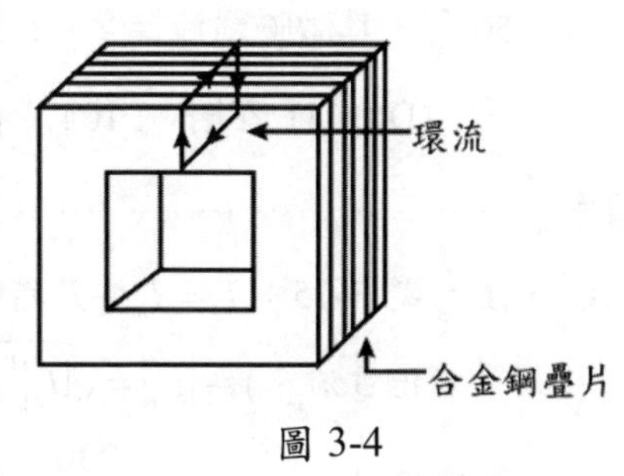

圖 3-4

3. 磁化電流 $I_m$ 與造成鐵心「無效功率」的損失，其值為

$$|I_m|^2 X_m = \frac{|I_m|^2}{B_m} = B_m |E_1|^2 \quad \text{(式 3-18)}$$

4. 激磁電流 $I_e$ 又可稱為「無載變壓器」的無載電流，其值約為一次額定電流的 3~5%，同前所述之 $I_e = I_m + I_c$，其中磁化電流 $I_m$ 負責產生「公共磁通」(與「磁通量 $\phi$ 」同向)，鐵損電流 $I_c$ 負責供應鐵心的有效功率損失(與「外加電壓 $V_1$ 」同向)三者關係如圖所示。

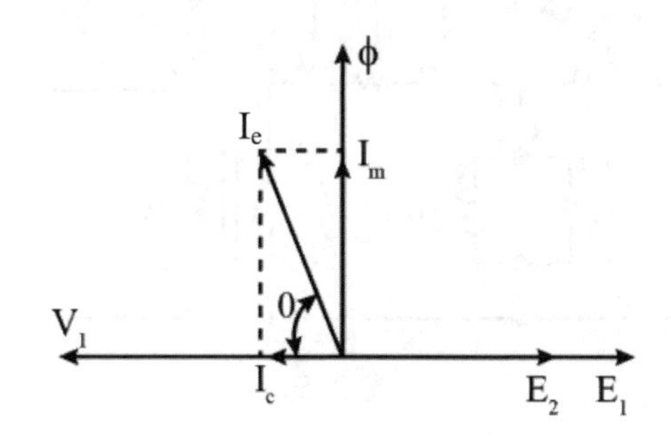

牛刀小試

( 　) ◎ 一單相變壓器，輸入電壓為 230 伏特，無載電流為 2.1 安培，鐵損為 50 瓦，其激磁電流為？ (A)1.594 安培 (B)1.016 安培 (C)2.089 安培 (D)0.111 安培。(104 中鋼)

詳解

◎(C)。注意式 3-15：$I_e = I_m + I_c$ 指的是「向量表示」，故激磁電流(即上述之「磁化電流」)為 $|I_m| = \sqrt{|I_e|^2 - |I_c|^2}$

由鐵損 $P_c = \dfrac{V^2}{R} \Rightarrow R = \dfrac{230^2}{50} = 1058(\Omega)$ 得鐵損電流

$I_c = \dfrac{V}{R} = \dfrac{230}{1058} = 0.217(A)$，所以 $|I_m| = \sqrt{2.2^2 - 0.217^2} = 2.089(A)$，故本題選(C)。

2. 實際單相雙繞組變壓器之等效電路的化簡：

(1) 當把圖 3-3「等效電路」之二次側的阻抗轉至一次側，可以化簡如圖 3-5，其中 $R_2 \Rightarrow (\frac{N_1}{N_2})^2 R_2$， $jX_2 \Rightarrow j(\frac{N_1}{N_2})^2 X_2$。

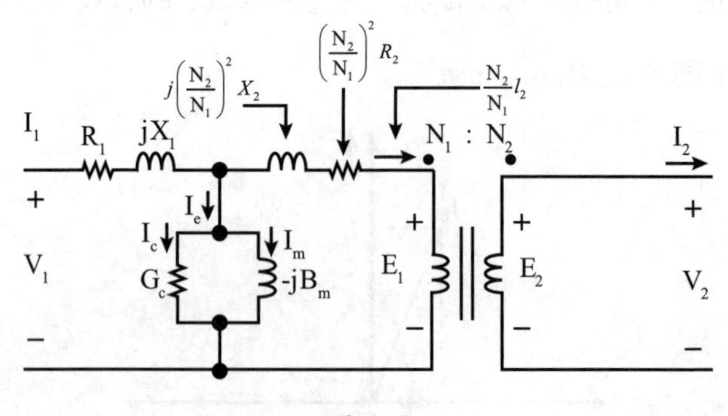


圖 3-5

(2) 若忽略「激磁電流」，且把圖 3-5 之一二次側阻抗加總，可以化簡如下圖 3-6，其中 $R_{eq1} = R_1 + (\frac{N_1}{N_2})^2 R_2$ ，$X_{eq1} = X_1 + (\frac{N_1}{N_2})^2 X_2$ (式 3-18)

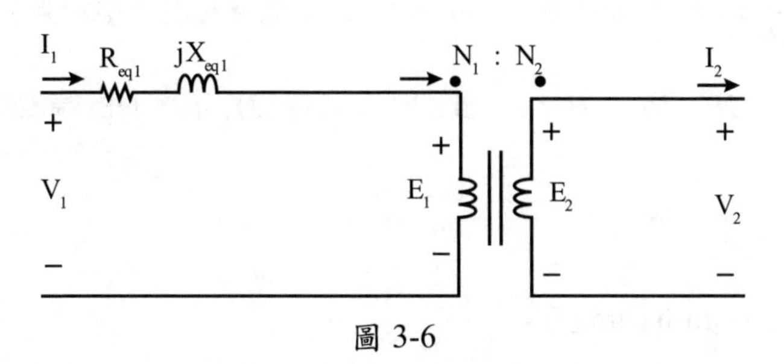

圖 3-6

(3) 因為實際變壓器之電阻相較於電抗，其值太小可以忽略掉，故可進一步簡化如下圖 3-7 所示之電路。

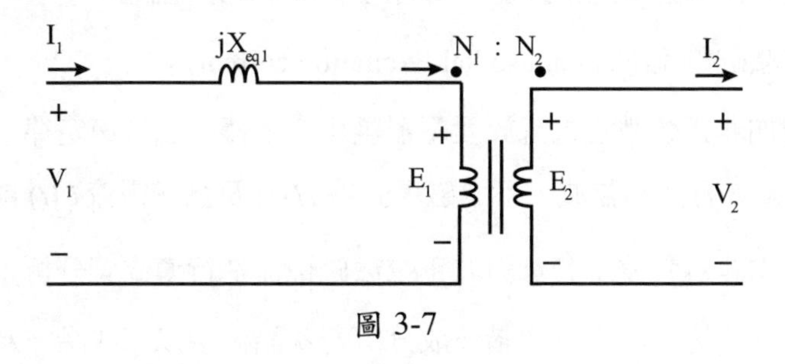

圖 3-7

3. 實際變壓器模型未納入之特性：

(1) 飽和(Satuation)特性：

前述推導理想及實際變壓器模型時，均假設鐵心導磁係數為常數，即假設 $B_c$ 及 $H_c$ 為線性正比關係；事實上，由於磁滯現象之故(詳見 Chap 1.【焦點 2】之 5.)，鐵心之 $B_c$ 及 $H_c$ 間呈現非線性且多值的關係，隨 $H_c$ 值漸增，鐵心漸趨飽和，若外加電壓過高，將導致變壓器鐵心飽和，產生高磁化電流，應儘量避免；實務上，通常設計外電壓峰值於 $B-H$ 曲線轉彎處，其對應之磁化電流才不至於過大。

老師的話

在鐵磁性物質的 $B-H$ 曲線中，通常縱軸的「磁通密度 $B$ 」會正比於 $E$ ，因為 $e=-N\dfrac{d\phi}{dt}\Rightarrow E=-j\omega N\Phi=-j\omega NBA\propto B$ ；而橫軸的「磁場強度 $H$ 」會正比於 $I$ ，因為 $Ni=Hl\Rightarrow H\propto I$ ；此即表示實際變壓器鐵心的端電壓與端電流關係。

(2) 湧入電流(Inrush current)：

變壓器加壓瞬間，通常有一遠大於額定電流之暫態電流流動達數周波之久，此極為「湧入電流」；湧入電流之值可以大到與「短路電流」值相當，良好的變壓器保護必須能正確區分二者之不同，以避免誤判。

(3) 非正弦激磁電流(Non-sinusodial Excitation current)：

假設施加非正弦激磁電流於變壓器繞組，依據「法拉第定律」可知，對應之 $\phi(t)$ 及 $B(t)$ 亦為弦波，不過磁場強度 $H(t)$ 及激磁電流 $i_e(t)$ 卻因曲線之非線性而均非為弦波；若針對非正弦激磁電流進行傅立葉分析，則可發現除基本波外，另有一組奇次諧波成分；奇次諧波中以三次諧波為主要分量，其典型均方根值約占激磁電流均方根值的 40%，不過，因激磁電流僅約占變壓器額定電流的 5%，故其諧波效應通常忽略。

4. 變壓器的開路試驗：

(1) 試驗目的：在求「激磁電導 $G_c$ 」及「激磁電納 $B_m$ 」。

(2) 接線原則：**高壓側開路**，低壓側加入**額定電壓**，所有儀表均置於低壓側。

(3) 電路圖如下圖 3-8 所示：

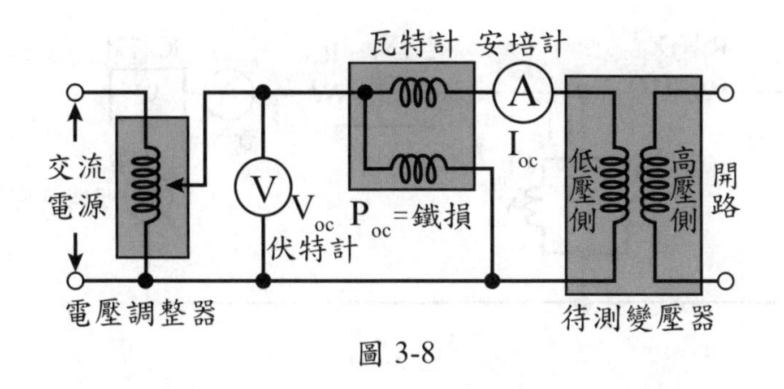


圖 3-8

(4) 上圖對應至上節所講的「等效電路」(注意與圖 3-8 恰好高低壓側相反)如下圖 3-9，令匝數比 $N_1 : N_2 = a$，瓦特計(W)讀數為 $P_{oc}$，電流計 A 與可調變壓器 V 如圖示，加壓後讀數分別為 $I_{oc}$、$V_{oc}$。

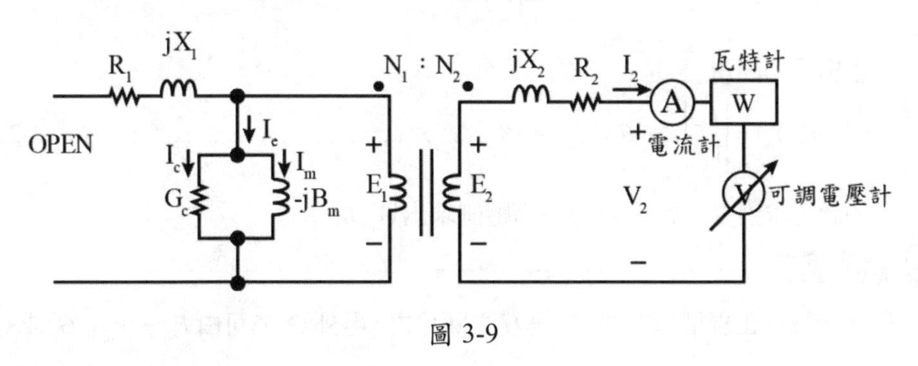


圖 3-9

因在低壓側加壓，故先全部轉到低壓側(即二次側)，電路圖如圖 3-10.所示，其中並聯導納為 $G_{oc} - jB_{oc} = a^2G_c - ja^2B_m$，開路側阻抗 $R_1' = \frac{1}{a^2}R_1$、$jX_1' = j\frac{1}{a^2}X_1$，但因在封閉迴路之外，不必考慮；此時可調電壓計加額定電壓 $V_{oc}$ 後，電流計顯示讀數分別為 $I_{oc}$ 而構成一封閉回路，而 $R_2 + jX_2$ 其值與併聯電抗相比太小，故忽略其壓降。

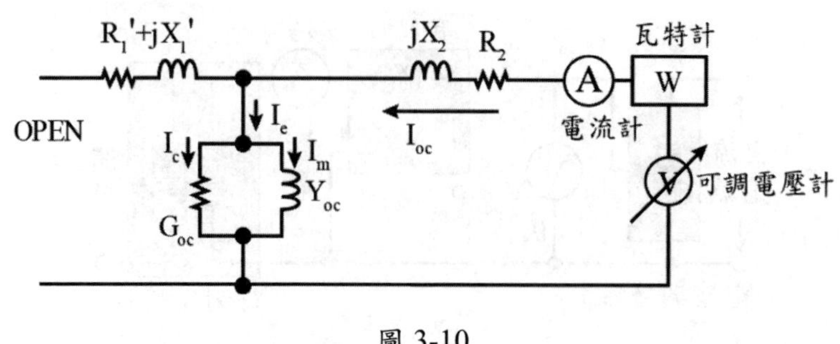


圖 3-10

(5) 開路試驗的重點：

瓦特計讀數 $P_{oc}$ 即為該變壓器之「鐵損」。

由 $P_{oc}=V_{oc}I_{oc}\cos\theta \Rightarrow \theta=\cos^{-1}\dfrac{P_{oc}}{V_{oc}I_{oc}}$ ....................................................(式 3-20)

求出「功因角」。

總導納 $Y_{oc}=\left|\dfrac{I_{oc}}{V_{oc}}\right|\angle-\theta=G_{oc}-jB_{oc}$ ........................................................(式 3-21)

如此可求出 $G_{oc},B_{oc}$ ，再轉回高壓側求出 $G_c,B_m$ 。

老師的話

以上步驟為正規推導與做法，請務必熟稔之，另外 $G_o$ 亦可由 $P_{oc}=\left|V_{oc}\right|^2 G_o$ 求出。

5. 變壓器的短路試驗：

(1) 試驗目的：在求「等效電阻 $R_{eq}$ 」及「等效電抗 $X_{eq}$ 」。

(2) 接線原則：將**低壓側短路**，高壓側接上低電壓源(約額定電壓之 2~12%)，調整電壓使電流為「額定電流」，此時所有儀表均置於高壓側。

**牛刀小試**

(　) ◎ 配電變壓器短路試驗，若從高壓側加電源，所加之電壓約為下列何者？　(A)額定電壓 2%-12%　(B)額定電壓之 90%　(C)額定電壓之 150%　(D)額定電壓之 200%。（105 台北自來水）

**詳解**

◎(**A**)。同上重點說明，本題選(A)。

(3) 電路圖如下圖 3-11.所示：

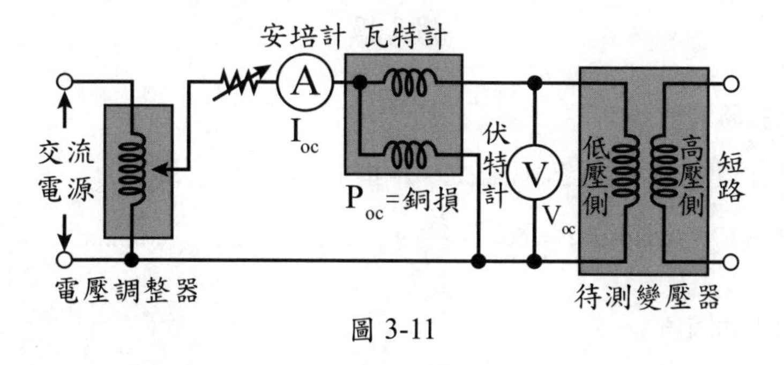


圖 3-11

(4) 上圖對應至「等效電路」如下圖 3-12，令匝數比 $N_1 : N_2 = a$ ，瓦特計(W)讀數為 $P_{sc}$ ，電流計 A 與可調變壓器 V 如圖示。

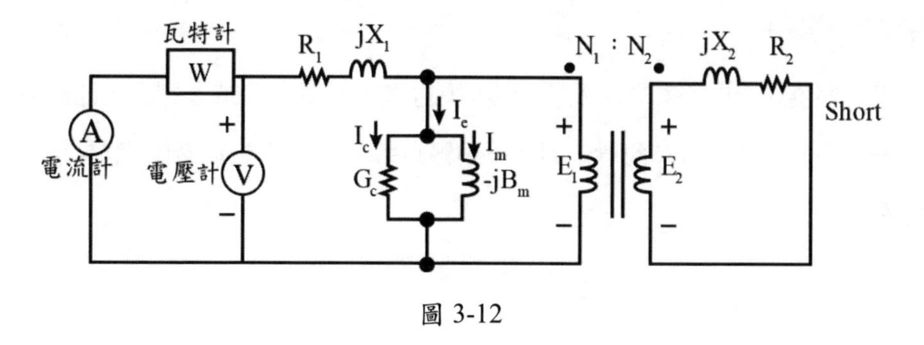


圖 3-12

因在高壓側加壓，故先全部轉到高壓側(即一次側)，電路圖如圖 3-13 所示，其中並聯導納不變，但因此電路右側短路致激磁電流太小，故不必考慮之；原低壓側阻抗 $R_2' = a^2 R_2$、 $jX_2' = ja^2 X_2$ ，此時電流計顯示讀數為額定電流 $I_{sc}$ ，電壓計讀數為 $V_{sc}$ ，而構成一封閉回路。

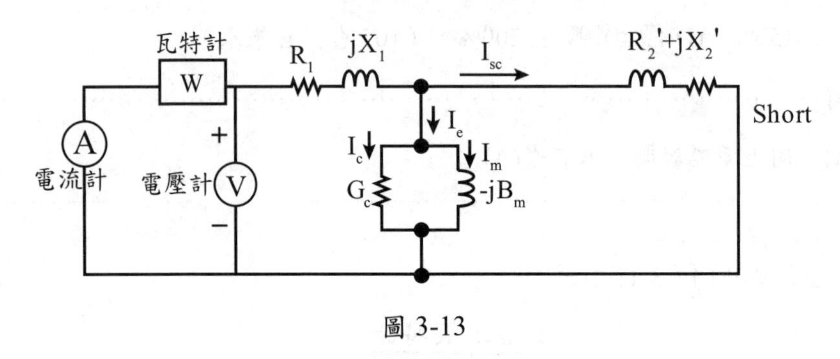


圖 3-13

(5) 短路試驗的重點：

瓦特計讀數 $P_{sc}$ 即為該變壓器之「銅損」。

由 $P_{sc} = V_{sc} I_{sc} \cos\theta \Rightarrow \theta = \cos^{-1} \dfrac{P_{sc}}{V_{sc} I_{sc}}$ ........................................................(式 3-22)

求出「功因角」。

總阻抗 $Z_{eq} = \left|\dfrac{V_{sc}}{I_{sc}}\right| \angle +\theta = R_{eq} + jX_{eq} = (R_1 + a^2 R_2) + j(X_1 + a^2 X_2)$ ........(式 3-23)

如此可求出等效阻抗。

老師的話

若變壓器之「開路試驗」及「短路試驗」均在一次側完成，則與上述說明有所不同，此時較為簡單，因為不必轉到另一側，可直接求出，詳見以下牛刀小試。

牛刀小試

1. **有一台變壓器其規格為** 30KVA,6000/220V,60Hz,**，其相關「開路試驗」及「短路試驗」均在一次側完成，數值如下表所示，試求出：**(1)**並聯導納？**(2)**等效阻抗？**

| 開路試驗(於一次側測得) | 短路試驗(於一次側測得) |
| --- | --- |
| $V_{oc}=8000V$<br>$I_{oc}=0.214A$<br>$P_{oc}=400W$ | $V_{sc}=489V$<br>$I_{sc}=2.5A$<br>$P_{sc}=240W$ |

詳解

(1) 設並聯導納為 $Y_{oc}$，則 $Y_{oc}=\left|\frac{I_{oc}}{V_{oc}}\right|\angle-\theta=G_c-jB_m$，代入測值得

$$Y_{oc}=\left|\frac{I_{oc}}{V_{oc}}\right|=\frac{0.214}{8000}=2.67\times10^{-5},\theta=\cos^{-1}\frac{400}{0.214\times8000}=76.5°$$，

故 $Y_{oc}=G_c-jB_m=2.67\times10^{-5}\angle-76.5°=6.3\times10^{-6}-j2.6\times10^{-5}(\Omega^{-1})$

(2) 設等效阻抗為 $Z_{eq}$ 則 $Z_{eq}=\left|\frac{V_{sc}}{I_{sc}}\right|\angle+\theta=R_{eq}+jX_{eq}$，代入測值得

$$\left|\frac{V_{sc}}{I_{sc}}\right|=\frac{489}{2.5}=195.6,\theta=\cos^{-1}\frac{240}{2.5\times489}=78.7°$$，

故 $Z_{eq}=R_{eq}+jX_{eq}=\left|\frac{V_{sc}}{I_{sc}}\right|\angle+\theta=195.6\angle78.7°=38.4+j191.8(\Omega)$

2. **有一具高壓側及低壓側額定電壓分別為** 4800 V/240 V **之** 240 kVA、60 Hz **單相變壓器，施作開路及短路試驗所得數據如下列，試求：(計算至小數點後第** 3 **位，以下四捨五入)**

**開路試驗數據：**$V_{oc}$ =240 V、$I_{oc}$ =10A、$P_{oc}$ =1680 W

**短路試驗數據**：$V_{sc}$ =187.5 V、$I_{sc}$ =50 A、$P_{sc}$ =2625 W

**等效至高壓側之串聯元件電阻值 $R_{eH}$ 與電抗值 $X_{eH}$ 分別為？**（104 經濟部）

詳解

設串聯阻抗為 $Z_{eH}=R_{eH}+jX_{eH}$，

則 $Z_{eH}=\left|\frac{V_{sc}}{I_{sc}}\right|\angle+\theta=R_{eH}+jX_{eH}=\frac{187.5}{50}\angle\cos^{-1}\frac{2625}{187.5\times 50}=3.75\angle 73.5°$，

故 $R_{eH}=1.065\Omega$，$X_{eH}=3.596\Omega$

3. **有一台 15KVA,2300/230V,之單相變壓器，在高壓側加壓進行「短路試驗」資料為 50V,6A,158W,其激磁損失可忽略，當低壓側外接負載阻抗為 $3+j4\Omega$ 且供電電壓為 230V 時，請劃出等效電路，計算高壓側輸入的電壓、電流、實功率、虛功率？**（99 地特三等）

詳解

激磁損失可忽略，即不考慮到「並聯導納」；本題必須特別注意低壓側負載阻抗及供電電壓之轉換到高壓側之電壓值。

由變壓器之「短路試驗」可得等效阻抗：

設等效阻抗為 $Z_{eq}$ 則 $Z_{eq}=\left|\frac{V_{sc}}{I_{sc}}\right|\angle+\theta=R_{eq}+jX_{eq}$，

代入測值得 $\left|\frac{V_{sc}}{I_{sc}}\right|=\frac{50}{6}=8.33,\theta=\cos^{-1}\frac{158}{50\times 6}=58.2°$

$\Rightarrow Z_{eq}=R_{eq}+jX_{eq}=8.33\angle 58.21°=4.39+j7.08(\Omega)$，又低壓側(二次側)轉到高壓側(一次側)，匝數比為 $a=2300/230=10$，

其負載阻抗為 $R_L'=a^2R_L=300+j400(\Omega)$，以及供電電壓為 $V_2'=aV_2'=2300(V)$，如此可畫出「等效電路圖」如右：

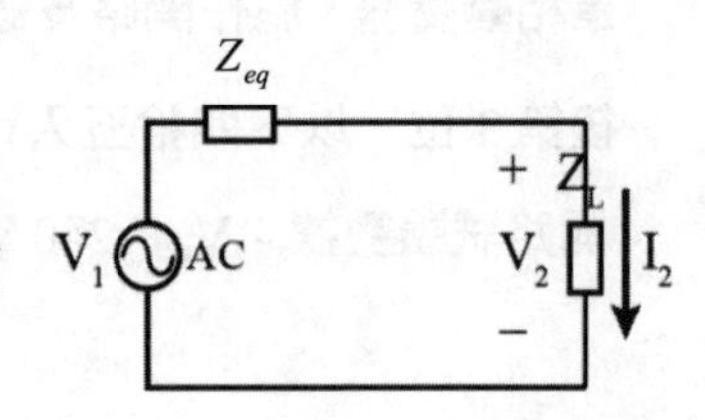

其中 $R_L' = a^2 R_L = 300 + j400(\Omega)$，如此求出負載電流(亦為高壓側電流)

$I_2 = \dfrac{V_2}{R_L'} = \dfrac{2300}{300 + j400} = 4.6\angle -53.13°(A)$，高壓側電壓為

$V_1 = V_2 + I_2 Z_{eq} = 2300 + 4.6\angle -53.13° \times (4.39 + j7.08) = 2338.2\angle 0.083°(V)$

高壓供電端提供之複數功率為

$V_1 I_1^* = 2338.2\angle 0.083° \times 4.6\angle 53.13° = 10755.72\angle 53.213° = 6441 + j8614$

故實功率 $P = 6441W$、虛功率為 $Q = 8614Var$。

4. **假設一變壓器二次側開路，一次側加壓 $v(t) = 100\cos\omega t$，吾人量出一次側電流為 $i(t) = 3\cos(\omega t + 30°)$，若繞組電阻可忽略，試求：(1)鐵損電流均方根值？(2)磁化電流均方根值？**（93 普考）

**詳解**

激磁電流 $I_e$ 又可稱為無載變壓器的「無載電流」(亦即「二次側開路」)，前所述之 $I_e = I_m + I_c$，其中磁化電流 $I_m$ 負責產生「公共磁通」(與「磁通量 $\phi$」同向)，鐵損電流 $I_c$ 負責供應鐵心的有效功率損失(與「外加電壓 $V_1$」同向)，其關係如圖所示。

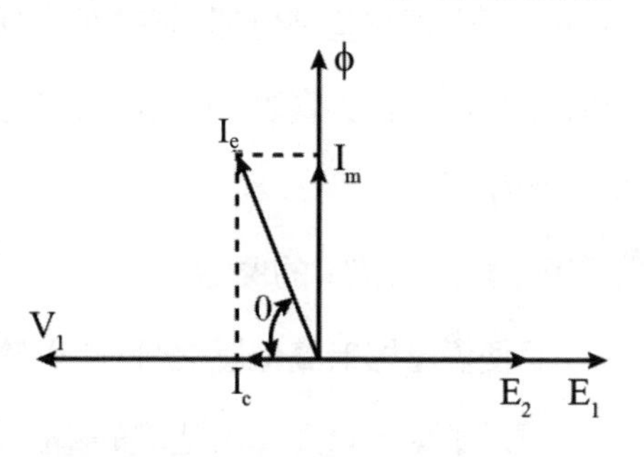


如圖，$v(t) = 100\cos\omega t$ 化為「相量」形式(以 cos 為基準) $V_1 = 100\angle 0° V$，一次側電流(即激磁電流) $i_{rms} = i_e = I_e = \dfrac{3}{\sqrt{2}}\angle 30°$

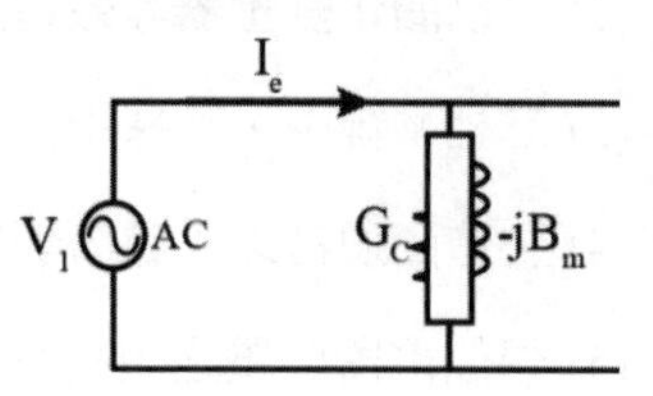


$\Rightarrow I_e = I_c + I_m = |i_e|\cos\theta + j|i_e|\sin\theta = \dfrac{3}{4}\sqrt{6} + j\dfrac{3}{4}\sqrt{2}(A)$，故鐵損電流之均方根值為 $I_c = \dfrac{3}{4}\sqrt{6}(A)$，故磁化電流之均方根值為 $I_m = \dfrac{3}{4}\sqrt{2}(A)$

# 3-3 變壓器的基準值與標么值

## 焦點 3 變壓器的標么系統 (per unit system)

考試比重 ★★★★☆

綜合題型，本節為考試常考重點。

1. 電力系統中，電壓、電流、功率、阻抗或導納常以標么值來表示，例如令某一電壓基準值為 20KV，則 15KV 由電壓對應之標么值為 $\frac{15}{20}=0.75\,p.u.$ 或 75%。

2. 標么值的定義：

   (1) 標么值=$\frac{\text{實際值}}{\text{基準值}}$ ……………………………………………………(式 3-24)

   (2) 因實際值與基準值都具有相同之單位，故標么值無單位。

   (3) 基準值恆為「實數」，但實際值可能為複數，故標么值的角度與實際值的角度相同。

3. 採用「標么系統」的優點：

   (1) 將**使變壓器無高低壓之分**，此對於動輒數百個變壓器之大型電力系統而言，可以避免大量運算所造成的錯誤。

   (2) 可以**簡化變壓器等效電路**，如等效電路中之理想變壓器繞組可以省略。

   (3) 三相系統中，若採用標么值，則無需考慮**常數** 3 **或** $\sqrt{3}$ 之使用。

   (4) 製造商通常以「**銘牌額定**」**為基準**標示標么阻抗值。

   (5) 類似電器裝置之阻抗實際值通常差異頗大，但以裝置額定為基準之標么阻抗，卻僅落在某一小段的範圍內，因此標么系統資料有利於熟悉標么量值者檢查數據是否有誤。

4. 基準值的選定與計算：

(1) 電力系統中，先以單相為基準來討論，選定兩個獨立的基準值，一為以「額定容量 $S_{1\phi}$」作為容量的基準值 $S_b$，二為以「額定電壓 $V_{LN}$」作為電壓的基準值 $V_b$。

(2) 由(1)可以計算電流的基準值：$I_b = \frac{S_b}{V_b}$ ……(式 3-25)

(3) 阻抗的基準值：$Z_b = \frac{V_b^2}{S_b}$ ……(式 3-26)

解標么值的基本原則有二：

1. 各區「額定容量值」為一致。

2. 注意各區的電壓比值來決定「額定電壓」。

註

(1)與「容量標么值($S_b$)」屬同一類的尚有「實、虛功基準值($P_b$、$Q_b$)」。

(2)與「阻抗標么值($Z_b$)」屬同一類的尚有「電阻、電抗基準值($R_b$、$X_b$)」。

5. 不同基準值間，標么值的轉換：

(1) 轉換原則：雖然兩組不同基底不同，但「**實際值不變**」。

(2) $(S,P,Q)_{pu2} = (S,P,Q)_{pu1}(\frac{S_{b1}}{S_{b2}})$ ……(式 3-27)

(3) $V_{pu,2} = V_{pu,1}(\frac{V_{b1}}{V_{b2}})$ ……(式 3-28)

(4) $(Z,R,X)_{pu2} = (Z,R,X)_{pu1}(\frac{V_{b1}}{V_{b2}})^2(\frac{S_{b2}}{S_{b1}})$ ……(式 3-29)

6. 三相系統常見的基準值選定：三相系統中，通常選定「線對線電壓基準 $V_{b,LL}$」及「三相容量基準 $S_{b,3\phi}$」，如此電流基準為：

$$I_b=\frac{S_{b,1\phi}}{V_{b,LN}}=\frac{\frac{S_{b,3\phi}}{3}}{\frac{V_{b,LL}}{\sqrt{3}}}=\frac{S_{b,3\phi}}{\sqrt{3}V_{b,LL}} \text{..........(式 3-30)}$$

阻抗基準為 $Z_b=\frac{V_{b,LN}}{I_b}=\frac{\frac{V_{b,LL}}{\sqrt{3}}}{\frac{S_{b,3\phi}}{\sqrt{3}V_{b,LL}}}=\frac{{V_{b,LL}}^2}{S_{b,3\phi}}$ ..........(式 3-31)

牛刀小試..........

1. **一額定 20KVA,480/120V,60Hz 之單向雙繞組變壓器，已知換算至 120V 側之等效漏阻抗為 $Z_{eq2}=0.5\angle 53.1°\Omega$，令變壓器額定為基準，試分別計算參考繞組 1 及繞組 2 時的標么阻抗？**

詳解..........

依題意，選定變壓器額定為基準如下：$S_b=20kVA,V_b=480/120V$

一二次側的阻抗基準分別為

$$Z_{b1}=\frac{{V_{b1}}^2}{S_b}=\frac{480^2}{20k}=11.52(\Omega),Z_{b2}=\frac{{V_{b2}}^2}{S_b}=\frac{120^2}{20k}=0.72(\Omega)$$

所以二次側繞組 2 之標么漏阻抗為

$$Z_{eq2,pu}=\frac{Z_{eq2}}{Z_{b2}}=\frac{0.5\angle 53.1°}{0.72}=0.69\angle 53.1° p.u.，$$

依匝數比轉換公式，換算至一次側之等效漏阻抗為

$$Z_{eq1}=a^2Z_{eq2}=4^2\times 0.5\angle 53.1°=8\angle 53.1°\Omega$$

故參考繞組 1 之標么漏阻抗為 $Z_{eq1,pu}=\frac{Z_{eq1}}{Z_{b1}}=\frac{8\angle 53.1°}{11.52}=0.69\angle 53.1° p.u.$

老師的話

由本題題解可知，一二次側阻抗經過標么系統轉換後，標么值不變，故轉換後無一二次側之分。

2. **一台** 40 MVA、20 kV/400 kV **之單相變壓器，具有以下之串聯阻抗：**

$Z_1 = 0.9 + j1.8\Omega$ **與** $Z_2 = 128 + j288\Omega$

**式中** $Z_1$ **表示低壓側繞組阻抗；**$Z_2$ **表示高壓側繞組阻抗。**

**請以變壓器額定容量** 40MVA **為基準，回答下列問題，並詳細列示計算過程：**

**(1)以低壓側額定電壓為基準，計算參考至低壓側之變壓器標么阻抗。**

**(2)以高壓側額定電壓為基準，計算參考至高壓側之變壓器標么阻抗。**

（102 台灣菸酒）

詳解

(1) 選定變壓器低壓側為基準，其中額定容量 $S_{b1} = 40MVA$，額定電壓為 $V_{b1} = 20kV$，則阻抗基準值為 $Z_{b1} = \dfrac{V_{b1}^{\ 2}}{S_{b1}} = \dfrac{(20k)^2}{40M} = 10\Omega$，

故參考至低壓側之標么阻抗為 $Z_{1,pu} = \dfrac{Z_1}{Z_{b1}} = \dfrac{0.9 + j1.8}{10} = 0.09 + j0.18 p.u.$

(2) 選定變壓器高壓側為基準，其中額定容量 $S_{b2} = 40MVA$，額定電壓為 $V_{b2} = 400kV$，則阻抗基準值為 $Z_{b2} = \dfrac{V_{b2}^{\ 2}}{S_{b2}} = \dfrac{(400k)^2}{40M} = 4000\Omega$，

故參考至高壓側之標么阻抗為

$$Z_{2,pu} = \frac{Z_2}{Z_{b2}} = \frac{128 + j288}{4000} = 0.032 + j0.072 p.u.$$

3. 圖為一簡單的電力系統，此系統包括一$V_1 = 480V$的發電機，連接到一 1：10 的理想升壓變壓器，其後接著輸電線，再接到 20：1 的理想降壓變壓器，最後接到負載，傳輸線阻抗為$Z_{Line} = 20 + j60\Omega$，負載阻抗為$Z_{Load} = 10\angle 60°\Omega$，選擇發電機的電壓 480V 和容量 10KVA 為系統基準值，試求：

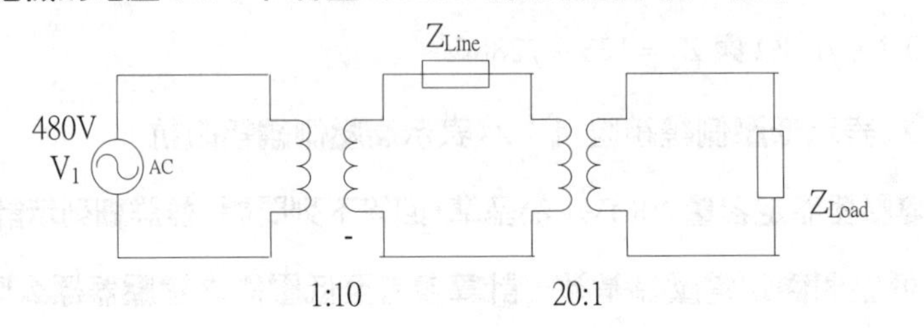


(1)此電力系統中，每一點的電壓基準值、電流基準值、阻抗基準值及視在功率基準值？

(2)將此系統換成標么等效電路？

(3)系統中供應到負載的電功率？

(4)傳輸線的電力損失？（96 普考）

**詳解**

(1) 此電力系統中，概分為「發電機區」、「傳輸線區」及「負載區」三區，本小題可製表如下：

| | 發電機區<br>(第 1 區) | 傳輸線區<br>(第 2 區) | 負載區<br>(第 3 區) |
|---|---|---|---|
| 電壓基準值 | $V_{b1} = 480V$ | $V_{b2} = \frac{480}{1/10} = 4800V$ | $V_{b3} = \frac{4800}{20} = 240V$ |
| 視在功率基準值 | $S_{b1} = 10kVA$ | $S_{b2} = 10kVA$ | $S_{b3} = 10kVA$ |

| | 發電機區<br>(第 1 區) | 傳輸線區<br>(第 2 區) | 負載區<br>(第 3 區) |
|---|---|---|---|
| 電流<br>基準值 | $I_{b1}=\frac{S_{b1}}{V_{b1}}=\frac{10k}{480}$<br>$=20.83A$ | $I_{b2}=\frac{S_{b2}}{V_{b2}}=\frac{10k}{4800}$<br>$=2.083A$ | $I_{b3}=\frac{10k}{240}$<br>$=41.67A$ |
| 阻抗<br>基準值 | $Z_{b1}=\frac{V_{b1}^{\ 2}}{S_{b1}}=\frac{480^2}{10k}$<br>$=23.04\Omega$ | $Z_{b2}=\frac{4800^2}{10k}=2304\Omega$ | $Z_{b3}=\frac{240^2}{10k}$<br>$=5.76\Omega$ |

(2) 此系統之標么等效電路，即可直接求各區之 p.u.值

$\Rightarrow V_{pu1}=\frac{480V}{480V}=1\angle 0°$，$Z_{Line,pu2}=\frac{20+j60}{2304}=0.0087+j0.026$，

$Z_{Load,pu3}=\frac{10\angle 60°}{5.76}=1.74\angle 60°=0.87+j1.507$，並畫等效電路圖如下：

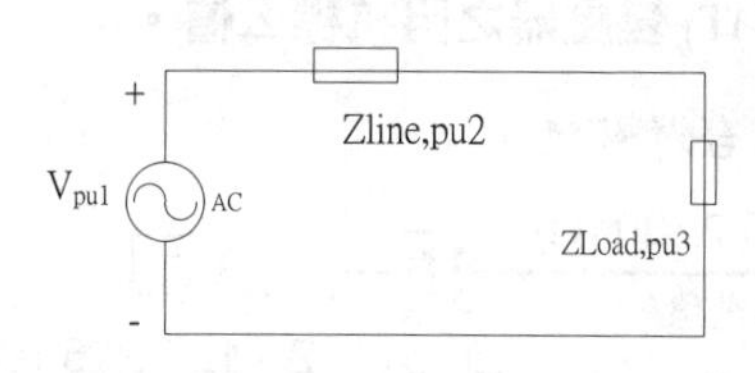


(3) 設系統中供應到負載的電功率為 $P_{Load,pu}$，則 $P_{Load,pu}=I_{Load,pu3}^2 R_{Load,pu3}$，

由 $I_{Load,pu3}=\frac{1\angle 0°}{0.0087+j0.026+0.87+j1.507}$

$=0.57\angle -60.18°=0.283-j0.495$

及 $Z_{Load,pu3}=\frac{10\angle 60°}{5.76}=1.74\angle 60°=0.87+j1.507=R_{pu3}+jX_{pu3}$

可得 $P_{Load,pu}=I_{Load,pu3}^2 R_{Load,pu3}=0.57^2\times 0.87=0.283p.u.$

(4) 設傳輸線的電力損失標么值為 $P_{Loss,pu2}$，則 $P_{Loss,pu2}=I_{Line,pu2}^2 R_{Line,pu2}$，

由 $I_{Line,pu2}=I_{Load,pu3}=\frac{1\angle 0°}{0.0087+j0.026+0.87+j1.507}=0.57\angle -60.18°$

及 $Z_{Line,pu2}=\frac{20+j60}{2304}=0.0087+j0.026$

可得 $P_{Loss,pu2}=I_{Line,pu2}^2 R_{Line,pu2}=0.57^2\times 0.0087=0.00282p.u.$，則傳輸線的電力損失功率為 $P_{loss}=P_{Loss,pu2}\cdot S_{b2}=0.00282\times 10k=28.2W$

4. 如圖所示為某電力系統之單線圖，已知設備之額定與相關參數如下：

輸電線阻抗：$Z_{Line}=95.2\angle 80°(\Omega)$

Y 接負載阻抗：$Z_L=12.7\angle 25°(\Omega)$/相

發電機：30 MVA，13.8 kV，X=10%

$T_1$變壓器：30MVA，13.2 kV -132 kV，X=10%

$T_2$變壓器：20MVA，138 kV -13.8 kV，X=12%

若發電機側選定之容量基準(Base)為 30MVA、電壓基準為 13.8kV，請求出：

(1)發電機之阻抗標么值。 (2)負載之阻抗標么值。

(3)輸電線之阻抗標么值。 (4)$T_1$ 變壓器之阻抗標么值。

(5)$T_2$ 變壓器之阻抗標么值。(102 台灣菸酒)

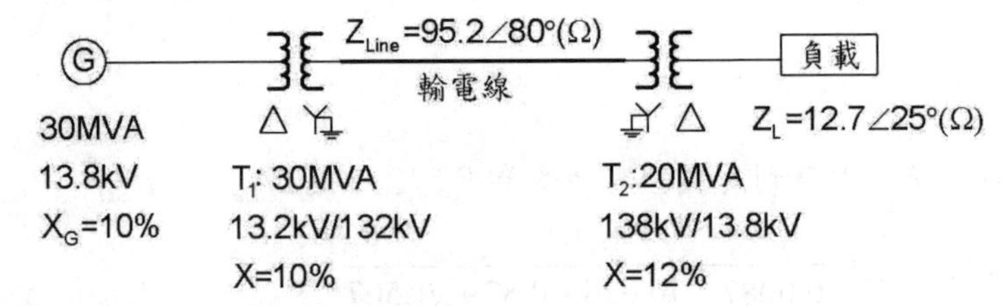


**詳解** ……………………………………………………………………

此電力系統中，可概分為「發電機區(G)」、「傳輸線區(W)」及「負載區(L)」三區並製表如下：

| | 發電機區<br>(第 G 區) | 傳輸線區<br>(第 W 區) | 負載區<br>(第 L 區) |
|---|---|---|---|
| 容量基準值 | $S_{bG}=30MVA$ | $S_{bW}=30MVA$ | $S_{bL}=30MVA$ |
| 電壓基準值 | $V_{bG}=13.8kV$ | $V_{bW}=\dfrac{13.8kV}{1/10}$<br>$=138kV$ | $V_{bL}=\dfrac{138kV}{10}$<br>$=13.8kV$ |

| | 發電機區<br>(第 G 區) | 傳輸線區<br>(第 W 區) | 負載區<br>(第 L 區) |
|---|---|---|---|
| 電流<br>基準值 | $I_{bG}=\frac{S_{bG}}{V_{bG}}=\frac{30M}{13.8k}$<br>$=2173.9A$ | $I_{bW}=\frac{S_{bW}}{V_{bW}}=\frac{30M}{138k}$<br>$=217.39A$ | $I_{bL}=\frac{S_{bL}}{V_{bL}}=\frac{30M}{13.8k}$<br>$=2173.9A$ |
| 阻抗<br>基準值 | $Z_{bG}=\frac{V_{bG}^{\;2}}{S_{bG}}$<br>$=\frac{(13.8k)^2}{30M}=6.348\Omega$ | $Z_{bW}=\frac{(138k)^2}{30M}$<br>$=634.8\Omega$ | $Z_{bL}=\frac{(13.8k)^2}{30M}$<br>$=6.348\Omega$ |

(1) 發電機之阻抗標么值題目已給之電抗標么，故為 $Z_{G,pu}=j0.1p.u.$ 。

(2) 負載之阻抗標么值為 $Z_{L,pu}=\frac{12.7\angle 25°}{6.348}=2\angle 25° p.u.$ 。

(3) 輸電線之阻抗標么值為 $Z_{W,pu}=\frac{95.2\angle 80°}{634.8}=0.15\angle 80° p.u.$ 。

(4) T1 變壓器之阻抗標么值為題目已給之電抗標么，故為 $Z_{T_1,pu}=j0.1p.u.$ 。

(5) T2 變壓器之阻抗標么值亦為題目已給之電抗標么，故為

$Z_{T_2,pu}=j0.12p.u.$ 。

# 3-4 變壓器的電壓調整率

## 焦點 4　變壓器的電壓調整 (Voltage Regulator)

考試比重 ★★★★☆

綜合題型，本節為考試常考重點。

1. 由於變壓器內部漏磁電抗的影響，即使變壓器一次側電壓保持一定，其二次側還是會因負載的不同而變動，其變化大小係依據**「負載電流」**、**「內部阻抗」**及**「功率因數」**而決定。

2. **電壓調整率** $VR\%$ 公式：$VR\%=\dfrac{\text{二次側無載電壓}-\text{二次側滿載電壓}}{\text{二次側滿載電壓}}\times 100\%$

$=\dfrac{V_{2(NL)}-V_{2(FL)}}{V_{2(FL)}}\times 100\%$ ........................................(式 3-32)

3. 前 3-2 節之圖 3-3 如下，其中若二次側無載，則 $I_2=0$，同樣的 $\dfrac{N_2}{N_1}I_2=I_2'=0$ 若變壓器電路中全部轉成一次側等效電路，如下圖 3-14 所示，則 $aV_{2(NL)}=V_1, I_2'=0$；當接負載時如圖 3-15 所示，若此時滿載，則二次側電壓為

$V_2'=aV_{2(FL)}=$ 額定電壓$, I_2'=$ 額定電流，代回電壓調整率公式為

$VR\%=\dfrac{V_{2(NL)}-V_{2(FL)}}{V_{2(FL)}}\times 100\%=\dfrac{aV_{2(NL)}-aV_{2(FL)}}{aV_{2(FL)}}\times 100\%=\dfrac{V_1-V_2'}{V_2'}\times 100\%$

$=\dfrac{\text{一次側電壓}-\text{滿載額定電壓}}{\text{滿載額定電壓}}\times 100\%$ ........................................(式 3-33)

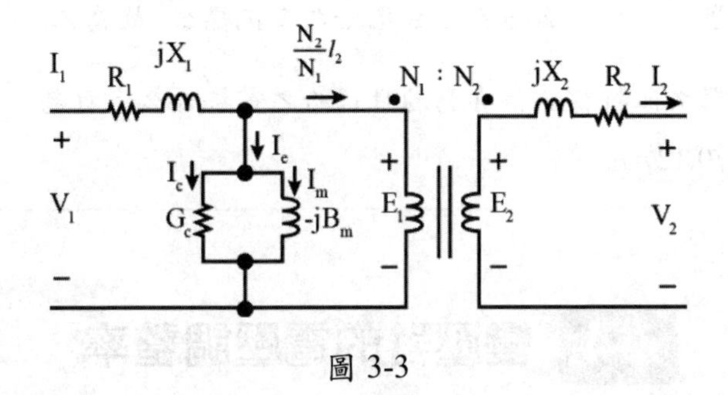

圖 3-3

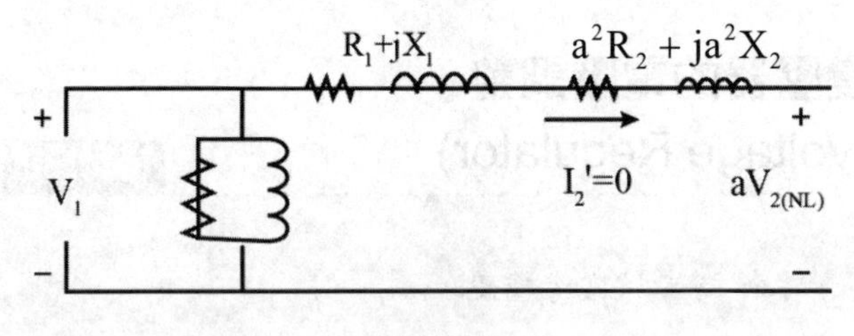

圖 3-14

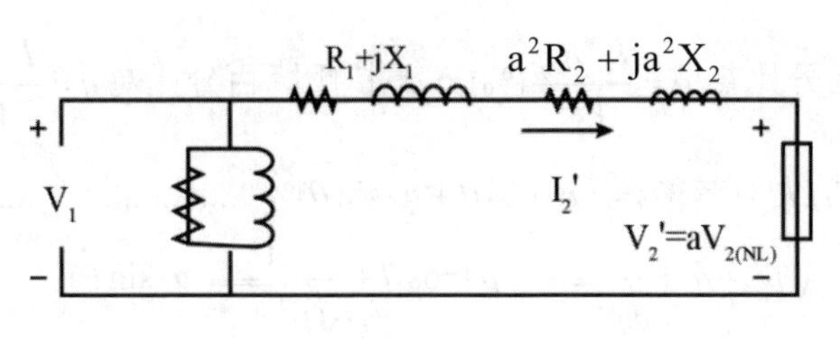


圖 3-15

上圖 3-15 電路中，令等效電阻為 $R_{eq}$，則 $R_{eq}=R_1+a^2R_2$、等效電抗為 $X_{eq}$，則 $X_{eq}=X_1+a^2X_2$；所以導出一次側電壓 $V_1=V_2'+I_2'(R_{eq}+jX_{eq})$ .............(式 3-34)

4. 若所接負載為落後功因的「電感性負載」(電流落後電壓相角 $\theta$)，依據上面說明及式 3-33.可畫**相量圖**如下圖 3-16 所示：

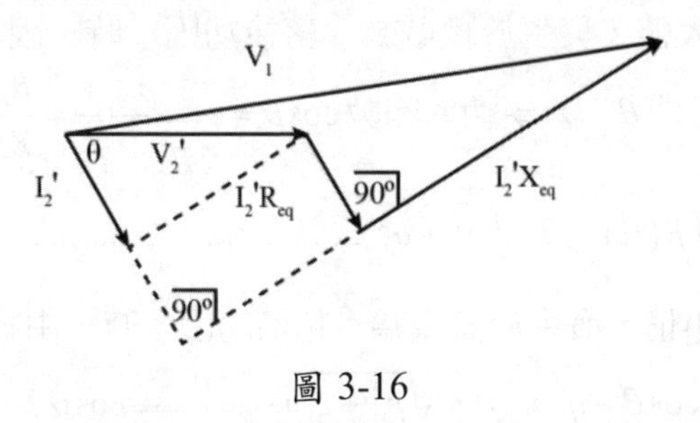


圖 3-16

則 $V_1=\sqrt{(V_2'\cos\theta+I_2'R_{eq})^2+(V_2'\sin\theta+I_2'X_{eq})^2}$；若所接負載為超前功因的「電容性負載」(電流超前電壓相角 $\theta$)，同理可以依樣畫相量圖並得到

$V_1=\sqrt{(V_2'\cos\theta+I_2'R_{eq})^2+(V_2'\sin\theta-I_2'X_{eq})^2}$

**老師的話**

> 接「電感性負載」(功因落後)或電阻(功因=1) $\Rightarrow VR>0$；
>
> 接「電容性負載」(功因超前) $\Rightarrow VR<0$

5. 電壓調整率的另一表示方式為：

$VR\%(落後)=(\frac{I_2'R_{eq}}{V_2'}\cos\theta+\frac{I_2'X_{eq}}{V_2'}\sin\theta)\times100\%$ .......................................(式 3-35)

令電阻壓降百分比為 $p=\frac{I_2'R_{eq}}{V_2'}(\%)$，電抗壓降百分比為 $q=\frac{I_2'X_{eq}}{V_2'}(\%)$，則式 3-34 可改寫為 $VR\%(\text{落後})=(p\cdot\cos\theta+q\cdot\sin\theta)\%$ ..................................(式 3-36)

$$\Rightarrow VR(\text{落後})=\sqrt{p^2+q^2}\left(\frac{1}{\sqrt{p^2+q^2}}p\cdot\cos\theta+\frac{1}{\sqrt{p^2+q^2}}q\cdot\sin\theta\right)$$

$$\Rightarrow VR(\text{落後})=\sqrt{p^2+q^2}(\cos\alpha\cdot\cos\theta+\sin\alpha\cdot\sin\theta)=\sqrt{p^2+q^2}\cos(\theta-\alpha),where$$

$$\cos\alpha=\frac{p}{\sqrt{p^2+q^2}},\sin\alpha=\frac{q}{\sqrt{p^2+q^2}}$$ ..........................................................(式 3-37)

同理，若為「電容性負載」，電壓調整率為

$VR\%(\text{超前})=(p\cdot\cos\theta-q\cdot\sin\theta)\%$ ..........................................................(式 3-38)

6. **電壓調整率的極大值**，發生於負載為「落後功因」時，因為由式 3-37.可知當 $\cos(\theta-\alpha)=1$ 時，即 $\theta=\alpha\Rightarrow$ 功率因數 $\cos\theta=\frac{p}{\sqrt{p^2+q^2}}=\frac{R_{eq}}{Z_{eq}}$ 時，

   $VR(\%)$ 有極大值 $VR(\%)_{\max}=\sqrt{p^2+q^2}$ ........................................................(式 3-39)

7. **電壓調整率的極小值**，發生於負載為「超前功因」時，由式 3-37.

$$\Rightarrow VR(\text{超前})=p\cdot\cos\theta-q\cdot\sin\theta=\sqrt{p^2+q^2}\left(\frac{p}{\sqrt{p^2+q^2}}\cos\theta-\frac{q}{\sqrt{p^2+q^2}}\sin\theta\right)$$

$$=\sqrt{p^2+q^2}(\cos\beta\cos\theta-\sin\beta\sin\theta)=\sqrt{p^2+q^2}\cos(\beta+\theta)$$

可知當 $\cos(\theta+\beta)=0$ 時，即 $\theta+\beta=\frac{\pi}{2}$

$\Rightarrow$ 功率因數 $\cos\theta=\cos(\frac{\pi}{2}-\beta)=\sin\beta=\frac{q}{\sqrt{p^2+q^2}}=\frac{X_{eq}}{Z_{eq}}$ 時，$VR(\%)$ 有極小值 0。

註

輸電線路的電壓調整率與「變壓器」的稍有不同，但其基本精神是一致的，其意義都是**量化描述負載側(或「受電端」)端電壓大小隨者負載變化之情形**，且追求 VR 越小者越佳，有關輸電線路之「電壓調整率 VR」，詳見第 5 章。

## 牛刀小試

1. **一額定** 5KVA,100/200V,60Hz **之單相雙繞組變壓器，已知其百分比阻抗參數中電阻及電抗分別為** $R\%=3\%$ **，** $X\%=10\%$ **；假設功率因數為** 0.8 **，超前、落後及** 1 **三種情形中，試分別計算其電壓調整率為何？**

**詳解**

依題意之百分比阻抗參數中電阻及電抗分別為 $R\%=3\%$ ，$X\%=10\%$ ，可知係以「標么值」表示，故全部以「標么值」解題之。

(1) 功率因數為0.8，超前之情形：

依題意，可以畫出此變壓器之等效電路圖如下所示：

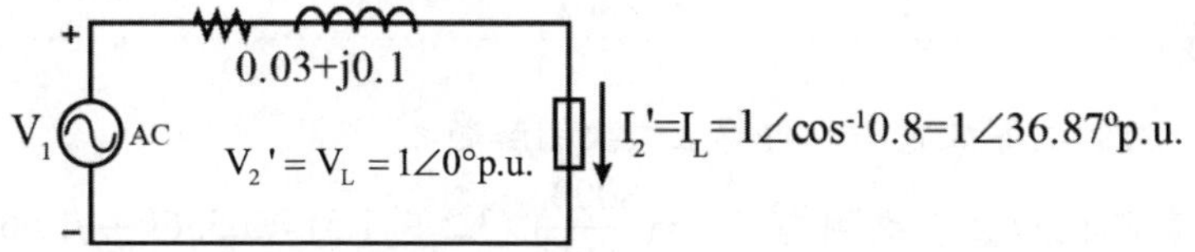

0.03+j0.1

$V_1$ AC

$V_2' = V_L = 1\angle 0°$p.u.

$I_2' = I_L = 1\angle \cos^{-1}0.8 = 1\angle 36.87°$p.u.

又 $V_1 = V_2' + I_2'(0.03 + j0.1) = 1\angle 0° + 1\angle 36.87°(0.03 + j0.1)$

$= 0.969\angle 5.8°\ p.u.$

代入式 3-32. $VR\% = \dfrac{V_1 - V_2'}{V_2'} \times 100\% = \dfrac{0.969 - 1}{1} \times 100\% = -3.1\%$

(2) 功率因數為0.8，落後之情形：

同(1) $V_1 = V_2' + I_2'(0.03 + j0.1) = 1\angle 0^0 + 1\angle -36.87°(0.03 + j0.1).$

$= 1.086\angle 3.3°\ p.u$

代入式 3-32. $VR\% = \dfrac{V_1 - V_2'}{V_2'} \times 100\% = \dfrac{1.086 - 1}{1} \times 100\% = 8.6\%$

(3) 功率因數為 1 之情形： $p.f.=1 => \cos\theta=1 => \theta=0° => I_2'=1\angle 0° p.u.$

$V_1=V_2'+I_2'(0.03+j0.1)=1\angle 0°+1\angle 0°(0.03+j0.1)=1.035\angle 5.5° p.u.$

代入式 3-32. $VR\%=\dfrac{V_1-V_2'}{V_2'}\times 100\%=\dfrac{1.035-1}{1}\times 100\%=3.5\%$

2. **一額定 15KVA,8000/240V,之配電變壓器，參考至一次側之阻抗為 $80+j300\Omega$，參考至一次側之激磁支路阻抗為 $R_c+jX_m=350k+j70k\Omega$，**
   (1)**若一次側電壓為 7.5kV，負載阻抗為 $Z=3.2+j1.5\Omega$，則此變壓器二次側電壓為？V**
   (2)**若將負載改為阻抗為 $Z'=j3.5\Omega$ 之電容器，則二次側電壓為？V，其電壓調整率為何？**

**詳解** ……………………………………………………………………………

先算一次側之等效電路，再轉至二次側解題之。

(1) 負載阻抗轉至一次側為 $Z_L'=(\dfrac{8000}{240})^2(3.2+j1.5)=3.556k+j1.667k\Omega$，

故可畫出等效電路圖如下，其中 $I_L'$ 為負載側電流，得到

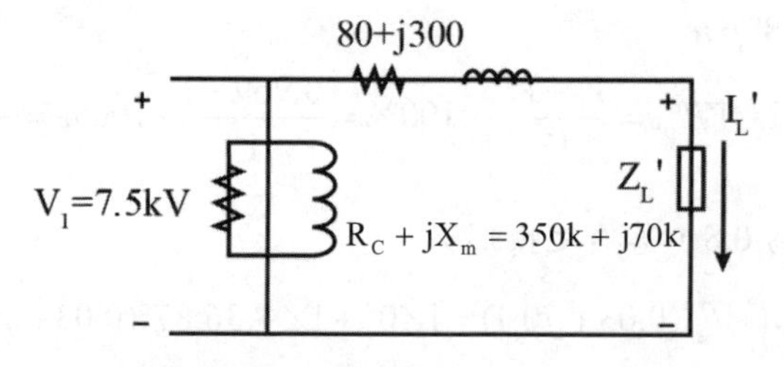


$$I_L'=\frac{7500\angle 0°}{(80+j300)+(3.556k+j1.667k)}=\frac{7500\angle 0°}{3636+j1967}=\frac{7500\angle 0°}{4134\angle 28.41°}$$

$=1.81\angle -28.41°$

$$V_2' = I_L'Z_L' = 1.81\angle -28.41^\circ \times (3556 + j1667)$$

$$= (1.81\angle -28.41^\circ) \times (3927\angle 25.12^\circ) = 7.11\angle -3.29^\circ kV$$

故 $V_2 = V_2'(\frac{240}{8000}) = 7.11(\frac{240}{8000})\angle -3.29^\circ = 213.3\angle -3.29^\circ V$

(2) 同上解法 ⇒ 轉至一次側之新的電抗 $Z_{new}' = (\frac{8000}{240})^2 j3.5 = j3.889k\Omega$

$$I_L' = \frac{7500\angle 0^\circ}{(80 + j300) + j3.889k} = \frac{7500\angle 0^\circ}{j4189} = 1.79\angle -90^\circ A$$

$$V_2' = I_L'Z_L' = 1.79\angle -90^\circ \times (j3889) = 6.963\angle 0^\circ kV$$

故 $V_2 = V_2'(\frac{240}{8000}) = 6963(\frac{240}{8000})\angle 0^\circ = 208.89\angle 0^\circ V$

電壓調整率 $VR\% = \frac{V_1 - V_2'}{V_2'} \times 100\% = \frac{7500 - 6963}{6963} \times 100\% = 7.7\%$

3. **一額定 50KVA,2400/120V,60Hz 之單相變壓器，其換算至高壓側的串聯阻抗為 $2 + j4\Omega$，忽略鐵損，當低壓側以額定電壓供應 40KW,0.8 落後功因之負載時，請計算該變壓器之電壓調整率為何？**（99 地特四等）

**詳解**

依題意乃先畫出全部轉換至「高壓側」之等效電路圖，在負載側先求出負載電流。

全部轉換至「高壓側」之等效電路圖如下圖所示：

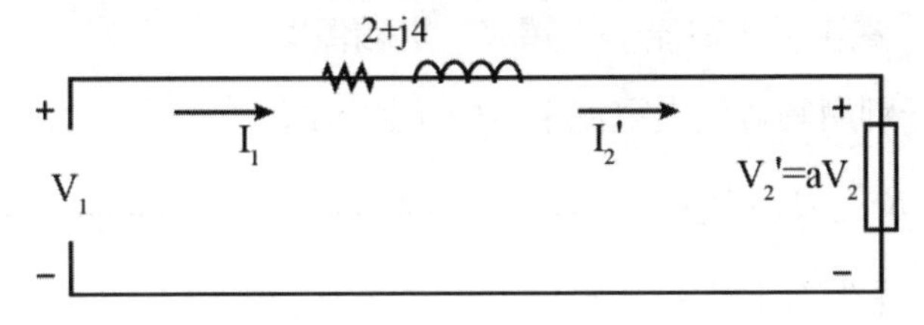


負載電流為落後，故

$$I_2' = \frac{|S_2'|}{|V_2'|\cos\theta}\angle -\theta = \frac{40k}{(\frac{2400}{120})120 \times 0.8}\angle -\cos^{-1}0.8 = 20.83\angle -36.87^\circ$$

一次側電壓：

$V_1 = V_2' + I_2'(2+j4) = 2400 + 20.83\angle -36.87° \times 4.47\angle 63.43°$

$= 2400 + 93.11\angle 27.56° = 2482.54 + j43.08 = 2482.9\angle 0.99° V$

代入式 3-32. $VR\% = \dfrac{V_1 - V_2'}{V_2'} \times 100\% = \dfrac{2482.9 - 2400}{2400} \times 100\% = 3.45\%$

# 3-5 變壓器的損失與效率

## 焦點 5 變壓器的效率定義與計算　考試比重 ★★★★☆

綜合題型，本節亦為常考重點。

1. 變壓器的損失，依性質可歸納為以下兩大類：

   (1) 無載損失：顧名思義即為二次側無負載，故二次側開路，此時若一次側加壓，則只有鐵心之損失，即「鐵損 $P_i$ 」，其中包含「遲滯損 $P_h$ 」及「渦流損 $P_e$ 」。

   (2) 有載損失：此時變壓器會隨著負載變動而產生損失，有負載即有電流，故此時之損失為「銅損 $P_c$ 」，其中包含「一次側銅損 $P_{c1}$ 」及「二次側銅損 $P_{c2}$ 」。

2. **各種損失與「電壓」、「電流」、「頻率」之關係：**

   (1) 銅損 $P_c$ 分別與其各側之電流平方成正比，即

   $P_{c1} = |I_1|^2 R_1$ 、 $P_{c2} = |I_2|^2 R_2$ ……………………………(式 3-40)

   請見以下【牛刀小試第 1 題】。

   (2) 遲滯損 $P_h$ 與電壓平方成正比，與頻率成反比，因為

   $P_h \propto B_m{}^2 f, \because E = 4.44 fNB_m A \therefore P_h \propto \dfrac{E^2}{f}$ ……………………………(式 3-41)

請見以下【牛刀小試第 2 題】。

(3) 渦流損 $P_e$ 與電壓平方成正比，但與頻率無關，因為

$$P_e \propto B_m{}^2 f^2 (thickness)^2, \because E = 4.44\, fNB_m A \therefore P_e \propto E^2 \quad \text{(式 3-42)}$$

牛刀小試

1. **容量為 50KVA 的單相變壓器，當輸出為 40KVA 時，銅損為 750W，若輸出為 50KVA 時，銅損為多少 W？**

詳解

因為銅損 $P_{c,loss}$ 與變壓器之電流平方成正比，而容量與電流成正比，故銅損 $P_{c,loss}$ 與變壓器之容量平方成正比，即 $\frac{P_{c,loss}}{750} = (\frac{50}{40})^2 \Rightarrow P_{c,loss} = 1172W$

2. **40Hz 的變壓器，若用於同電壓但頻率為 60Hz 的電源時，鐵損變為原來的幾倍？**

詳解

因為鐵損包括「遲滯損」與「渦流損」，因為電源電壓不變，故由上述結論，鐵損變為原來的 $\frac{1}{60/40} = \frac{2}{3}$ 倍。

3. 變壓器各種效率定義與重點：

(1) 整體效率定義：輸入功率與輸出功率的比值，即

$$\eta(\%) = \frac{P_{out}}{P_{in}} \times 100\% \quad \text{(式 3-43)}$$

(2) 整體效率的其他表示方式：

$$\eta(\%) = \frac{P_{out}}{P_{in}} \times 100\% = \frac{P_{out}}{P_{out} + P_{loss}} \times 100\% = \frac{P_{in} - P_{loss}}{P_{in}} \times 100\% \quad \text{(式 3-44)}$$

(3) 當變壓器負載為$\frac{1}{m}$時之效率（其中$P_i$為鐵損，$P_c$為銅損）：

$$\eta(\%)=\frac{P_{out}}{P_{out}+P_{loss}}\times 100\%=\frac{\frac{1}{m}VI\cos\theta}{\frac{1}{m}VI\cos\theta+P_i+(\frac{1}{m})^2P_c}\times 100\% \quad \text{(式 3-45)}$$

(4) **變壓器的「最大效率」：**

**<<成立條件>>當「鐵損=滿載銅損」($P_i=P_{(FL)c}$)時，變壓器會有最大效率發生**；故當負載量$\frac{1}{m}$為時，代入上式$P_i=(\frac{1}{m})^2P_{(FL)c}$，可得負載量

$$\frac{1}{m}=\sqrt{\frac{P_i}{P_{(FL)c}}} \quad \text{(式 3-46)}$$

請見以下【牛刀小試第 1 題】。

<<最大效率>> $\eta(\%)=\frac{\frac{1}{m}VI\cos\theta}{\frac{1}{m}VI\cos\theta+2P_i}\times 100\%$ ......(式 3-47)

(5) 全日效率之定義：

$$\eta_{whole}(\%)=\frac{\sum\left(\frac{1}{m}\right)^2VI\cos\theta\times hrs}{\sum\left(\frac{1}{m}\right)^2VI\cos\theta\times hrs+P_i\times 24hrs+\sum\left(\frac{1}{m}\right)^2P_c\times hrs}\times 100\%$$

......(式 3-48)

見以下【牛刀小試第 2 題】。

(6) 效率與電壓調整率的關係：$VR(\%)=\frac{P_{(FL)c}}{S}$ ......(式 3-49)

**<<成立條件>>當「功率因數=1($p.f.=\cos\theta=1$)」時**

<<推導>>因為$VR(\%)=\frac{I_2'R_{eq}}{V_2'}\cos\theta+\frac{I_2'X_{eq}}{V_2'}\sin\theta$

$\Rightarrow VR(\%)=\frac{I_2'R_{eq}}{V_2'}=\frac{I_2'^2R_{eq}}{V_2'I_2'}=\frac{P_{(FL)c}}{S}$ ......(式 3-50)

## 牛刀小試

1. **有一 10KVA,2200/220V,60Hz 的變壓器，於執行開路試驗中，量得電壓表的讀數為 220V，電流表的讀數為 1.5A，瓦特表的讀數為 153W；另由短路試驗中，量得電壓表的讀數為 115V，瓦特表的讀數為 225W，試求負載為額定負載之多少百分比時，變壓器之效率為最大？**（93 地特四等）

**詳解**

開路試驗中，所量得瓦特表的讀數即為該變壓器之「鐵損」，故 $P_i = 153W$，

而由短路試驗中所量得的瓦特表讀數即為該變壓器之「銅損」，故 $P_c = 225W$；且當「鐵損=滿載銅損」（$P_i = P_{(FL)c}$）時，變壓器會有最大效率發生；故當負載量 $\frac{1}{m}$ 為時，代入上式 $P_i = (\frac{1}{m})^2 P_{(FL)c}$，可得負載量

$$\frac{1}{m} = \sqrt{\frac{153}{225}} \Rightarrow \frac{1}{m} = 82.46\%$$

2. **某一單相 5KVA 的變壓器，其鐵損為 60W，滿載銅損為 120W，在一天內於負載功因為 1 之情況下，4 小時為滿載，4 小時為 3/4 載，4 小時為 1/2 載，其餘時間為無載，則此變壓器的全日效率為？%**

**詳解**

因為功因為 1，故 $P_{out} = S = 5000W$，由式 3-47：

$$\eta_{whole}(\%) = \frac{\sum\left(\frac{1}{m}\right)^2 VI\cos\theta \times hrs}{\sum\left(\frac{1}{m}\right)^2 VI\cos\theta \times hrs + P_i \times 24hrs + \sum\left(\frac{1}{m}\right)^2 P_c \times hrs} \times 100\%$$

$$= \frac{5k \times 4 + \left(\frac{3}{4}\right)^2 \times 5k \times 4 + \left(\frac{1}{2}\right)^2 \times 5k \times 4}{20k + \frac{9}{16} \times 20k + \frac{1}{4} \times 20k + P_i \times 24hrs + P_c \times hrs} \times 100\%$$

其中總鐵損：$P_i \times 24 = 60 \times 24 = 1.44kW$ ，

總銅損 $P_c \times hrs = 120 \times 4 + (\frac{3}{4})^2 120 \times 4 + (\frac{1}{2})^2 120 \times 4 = 0.87kW$

故全日效率為 $\eta_{whole}(\%) = \frac{20k + 11.25k + 5k}{20k + 11.25k + 5k + 1.44k + 0.87k} \times 100\% = 95.1\%$

3. **一 50KVA,2400/240V 變壓器，其鐵損為 600W，若一次側繞組的電阻為 1Ω，二次側繞組的電阻為 0.01Ω，當負荷為 50KVA，功率因數為 0.8 時，此時變壓器之效率為？%**

詳解

需先畫出全部轉到一次側之等效電路圖，且假設為電感性負載。

全部轉到一次側之等效電路如圖，

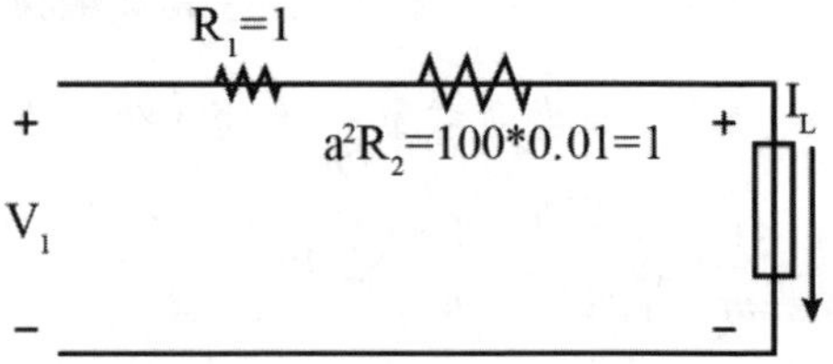

R1=1
a2R2=100*0.01=1
IL
V1

其中 $S_L = 50k\angle\cos^{-1} 0.8$

$\Rightarrow |I_L| = \frac{50k}{2400} = 20.8A$ ，則銅損為

$|I_L|^2 (1\Omega + 1\Omega) = 20.8^2 \times 2\Omega = 865.3W$ 由式 3-43.可得

$$\eta(\%) = \frac{P_{out}}{P_{in}} \times 100\% = \frac{P_{out}}{P_{out} + P_{loss}} \times 100\%$$

$$= \frac{50k \times 0.8}{50k \times 0.8 + 865.3 + 600} \times 100\% = 96.4\%$$

4. **某部 10 仟伏安的單相變壓器，若在額定電壓時，其鐵損為 120 瓦特。額定電流時，其銅損為 180 瓦特。當此變壓器以額定電壓供給功率因數為 80% 的負載時，試：**

**(1)計算滿載時的效率。** **(2)計算半載時的效率。**

**(3)計算無載時的總損失。**

**(4)說明一般變壓器的鐵損可細分為那兩種損失。**（100 地特四等）

詳解

已知 $S=10KVA, P_i=120W, P_c=180W, \cos\theta=0.8$

(1) $\eta(\%)=\dfrac{P_{out}}{P_{out}+P_{loss}}\times 100\%=\dfrac{10K\times 0.8}{10K\times 0.8+0.12K+0.18K}\times 100\%=96.39\%$

(2) $\eta(\%)=\dfrac{P_{out}}{P_{out}+P_{loss}}\times 100\%=\dfrac{\left(\frac{1}{2}\right)^2 10K\times 0.8}{\left(\frac{1}{2}\right)^2 10K\times 0.8+0.12K+\left(\frac{1}{2}\right)^2 0.18K}\times 100\%$

$=\dfrac{2K}{2K+0.12K+0.045K}\times 100\%=92.38\%$

(3) 無載的總損失即為「鐵損」$\Rightarrow P_i=120W$

(4) 鐵損可以分為「渦流損」與「遲滯損」等兩種損失。

5. **一額定 50KVA,2400/120V,60Hz 之單相變壓器，其換算至高壓側的串聯阻抗為 $2+j4\Omega$；忽略鐵損，當低壓側以額定電壓供應 40KW,0.8 落後功因之負載時，請計算該變壓器之「效率」為何？**（99 地特四等）

詳解

同上節之範例，先畫出全部轉換至「高壓側」之等效電路圖，在負載側先求出負載電流，且忽略「鐵損 $P_{i,loss}$」，只考慮「銅損」。

全部轉換至「高壓側」之等效電路圖如下圖所示：

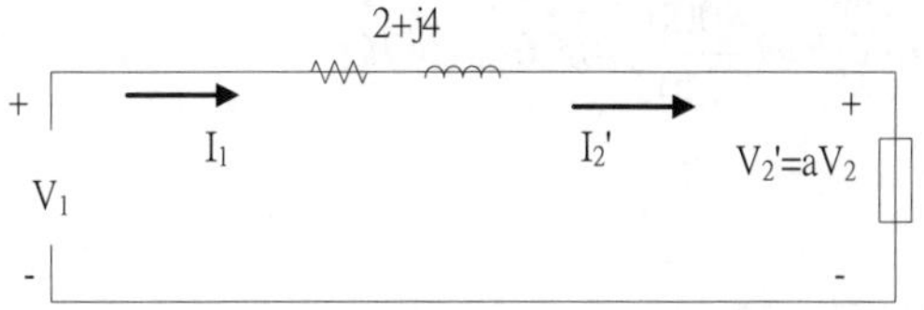

2+j4
+
I1
I2'
+
V1
V2'=aV2
-
-

負載電流為落後，故

$I_2'=\dfrac{|S_2'|}{|V_2'|\cos\theta}\angle-\theta=\dfrac{40k}{(\frac{2400}{120})120\times 0.8}\angle-\cos^{-1}0.8=20.83\angle-36.87^\circ$

銅損 $P_c = |I_2|^2 R = 20.83^2 \times 2(W)$

所以變壓器效率：

$$\eta(\%) = \frac{P_{out}}{P_{out} + P_{loss}} \times 100\% = \frac{40k}{40k + 20.83^2 \times 2} \times 100\% = 97.9\%$$

6. **一額定 20KVA,8000/480V,60Hz 之配電變壓器，其電阻與電抗如下：$R_p = 32\Omega, R_s = 0.05\Omega, X_p = 45\Omega, X_s = 0.06\Omega, R_c = 250k\Omega, X_m = 30k\Omega$，其激磁支路之阻抗為參考至高壓側之值。**

 **(1)求此變壓器參考到高壓側之等效電路。**

 **(2)求此變壓器之標么值等效電路。**

 **(3)假設此變壓器供應一個 480V 額定電壓，功因 0.8 落後之負載，求此變壓器輸入電壓為？V，又其電壓調整率為？**

 **(4)在(3)之條件下，請計算該變壓器之「效率」為何？**

詳解

$R_p, X_p$ 的 p 為「primary」即一次側(高壓側)；$R_s, X_s$ 的 s 為「secondary」即二次側(低壓側)，$R_c = 250k\Omega, X_m = 30k\Omega$ 為激磁支路之阻抗；同上之說明，先全部轉換至「高壓側」並劃出其等效電路圖。

(1) 此變壓器由低壓側轉到高壓側有

$$R_s' = (\frac{8000}{480})^2 0.05 = 13.9\Omega, X_s' = (\frac{8000}{480})^2 0.06 = 16.7\Omega$$

故其等效電路可畫圖如下：

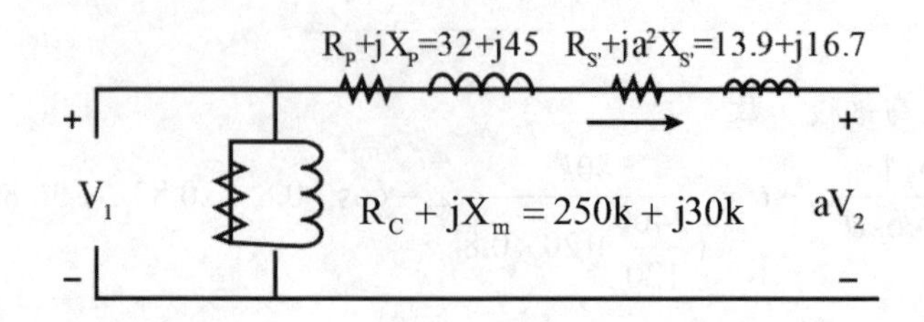

(2) 求標么值先找出各基準值，即

$$V_{bp}=8000V,S_{bp}=20kVA,Z_{bp}=\frac{{V_{bp}}^2}{S_{bp}}=3200\Omega$$

故各標么值為 $R_{p,pu}=\frac{32}{3200}=0.01p.u.;X_{p,pu}=\frac{45}{3200}=0.141p.u.;$

$$R_{s,pu}'=\frac{13.9}{3200}=0.0043p.u.;R_{s,pu}'=\frac{13.9}{3200}=0.0052p.u.$$

$$R_{c,pu}=\frac{250k}{3200}=78.125p.u.;X_{m,pu}=\frac{30k}{3200}=9.375p.u.$$

可依上一小題之方式畫出標么等效電路。

(3) $V_2'=aV_2=(\frac{8000}{480})480=8kV$，$I_2'=(\frac{S_{bs}}{V_2'})\angle-\cos^{-1}0.8=2.5\angle-36.87°$

$\Rightarrow V_1=V_2'+I_2'[(32+j45)+(13.9+j16.7)]=8184.6\angle0.38°$ 即為其輸入電壓，

又電壓調整率為 $VR(\%)=\frac{V_1-V_2'}{V_2'}\times100\%=\frac{8148.6-8000}{8000}\times100\%=2.3\%$

(4) 該變壓器之「效率」，需先求「鐵損」$P_i=\frac{V_1^2}{R_c}=\frac{8148.6^2}{250k}=268(W)$ 及「銅損」$P_c=(I_2')^2(R_p+R_s')=2.5^2\times45.9=287(W)$，

故效率為 $\eta(\%)=\frac{P_{out}}{P_{out}+P_{loss}}=\frac{20k\times0.8}{20k\times0.8+268+287}=96.6\%$

7. **一台 100 kVA、13800/208V Δ－Y 變壓器，其每相阻抗標么值 Req = 0.01pu 及 Xeq = 0.06pu(忽略激磁分枝效應) (請計算至小數點後 3 位，以下四捨五入)。**

   **(1)參考至變壓器高壓側 Δ 的每相阻抗實際值為多少？**

   **(2)請利用高壓側每相阻抗實際值計算，滿載(低壓側輸出為額定電壓及額定電流)功率因數 0.8 落後時之電壓調整率(VR)為多少%？**

   **(3)請用標么系統計算，滿載(低壓側輸出為額定電壓及額定電流)功率因數 0.8 超前時之電壓調整率(VR)為多少%？**

(4)**請於本題(2)之條件下，若每相加入激磁分枝阻抗** Rc = 50 pu **及** Xm = 10 pu，**並連接於高壓側電源輸入端計算，請問變壓器效率(η)為多少%？**

（102 經濟部）

**詳解**

(1) 求參考至變壓器高壓側每相阻抗實際值前，需先訂出基準值：

$S_b = 100kVA, V_{bH} = 13800V$，再求出電流基準值

$$I_{bH} = \frac{S_b}{V_{bH}} = \frac{100000}{13800} = 70246(A)$$

及阻抗基準值 $Z_{bH} = \frac{V_{bH}{}^2}{S_b} = \frac{13800^2}{100000} = 1904.4(\Omega)$

故參考至變壓器高壓側每相阻抗實際值

$$\Rightarrow Z = Z_{bH} \times Z_{eq,pu} = 1904.4(0.01 + j0.06) = 19.044 + j114.264(\Omega)$$

(2) 畫出等效電路圖如下，

其中 $V_2' = 13800\angle 0° V, I_2' = \frac{100000}{13800}\angle -\cos^{-1}0.8 = 7.246\angle -36.87° A$

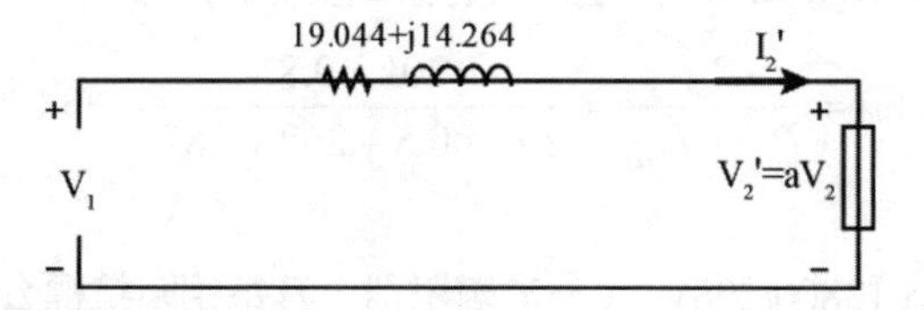


$$\Rightarrow V_1 = V_2' + I_2' Z_{eq} = 13800\angle 0° + 7.246\angle -36.87° \times (19.044 + j114.264)$$

$$= 14407.15 + j579.6 = 14418.8\angle 2.3° V$$

$$\therefore VR(\%) = \frac{V_1 - V_2'}{V_2'} \times 100\% = \frac{14418.8 - 13800}{13800} \times 100\% = 4.48\%$$

(3) 同(2)之等效電路圖，其中 $V_2' = 1\angle 0° pu., I_2' = 1\angle \cos^{-1}0.8 = 1\angle 36.87° pu.$

$$\Rightarrow V_1 = V_2' + I_2' Z_{eq} = 1\angle 0° + 1\angle 36.87° \times (0.01 + j0.06)$$

$$= 0.972 + j0.054 = 0.9735\angle 3.18° pu.$$

$$\therefore VR(\%) = \frac{V_1 - V_2'}{V_2'} \times 100\% = \frac{0.9735 - 1}{1} \times 100\% = -2.65\%$$

(4) 因激磁分支阻抗中 $R_{c,pu} = 50pu. \Rightarrow R_c = 1904.4 \times 50 = 95220\Omega$，故考慮

「鐵損」：$P_i = \frac{V_1^2}{R_c} = \frac{13800^2}{95220} = 2000W$，

又線路之「銅損」：$P_{Cu} = I_2'^2 R = 7.246^2 \times 19.044 = 999.9W$

所以此變壓器之效率為

$$\eta(\%) = \frac{P_{out}}{P_{out} + P_{loss}} \times 100\% = \frac{P_{out}}{P_{out} + P_{Cu} + P_i} \times 100\%$$

$$= \frac{100000 \times 0.8}{100000 \times 0.8 + 2000 + 999.9} \times 100\% = \frac{80000}{83000} \times 100\% = 96.38\%$$

8. **三台單相變壓器順序串接後其等效電路（各台變壓器的阻抗標么值均以該變壓器自身之額定量為基準）及相關電路參數如下圖所示，若此三台變壓器的鐵損與所需的激磁電流均甚小而可以忽略的話，則試求出本電路中(1)由電源 VS 所提供的總複數功率 $S_S$；(2)負載 $Z_L$ 所消耗的總虛功率 $Q_L$；以及(3)本電路的整體效率 η 各為多少（請標示正確之單位）？**（95 高考三級）

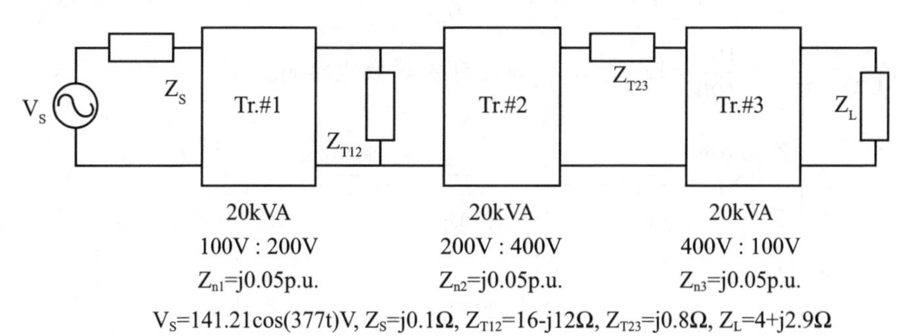


$V_S$=141.21cos(377t)V, $Z_S$=j0.1Ω, $Z_{T12}$=16-j12Ω, $Z_{T23}$=j0.8Ω, $Z_L$=4+j2.9Ω

詳解

本題為綜合題型，必須熟悉標么系統之轉換、等效電路圖以及效率之定義。此電力系統可概分為「電源區(s)」、「Tr1-Tr2 間之 12 區」、「Tr2-Tr3 間之 23 區」及「負載區(L)」三區，本題可製表如下：

| | 發電機區<br>(第 s 區) | Tr1-Tr2 間<br>(第 12 區) | Tr2-Tr3 間<br>(第 23 區) | 負載區<br>(第 L 區) |
|---|---|---|---|---|
| 電壓<br>基準值 | $V_{b,s}=100V$ | $V_{b,12}=200V$ | $V_{b,23}=400V$ | $V_{b,L}=100V$ |
| 容量<br>基準值 | $S_{b,s}=20kVA$ | $S_{b,12}=20kVA$ | $S_{b,23}=20kVA$ | $S_{b,L}=20kVA$ |
| 電流<br>基準值 | $I_{b,s}=\frac{20k}{100}$<br>$=200A$ | $I_{b,12}=\frac{20k}{200}$<br>$=100A$ | $I_{b,23}=\frac{20k}{400}$<br>$=50A$ | $I_{b,L}=\frac{20k}{100}$<br>$=200A$ |
| 阻抗<br>基準值 | $Z_{b,s}=\frac{100^2}{20k}$<br>$=0.5\Omega$ | $Z_{b,12}=\frac{200^2}{20k}$<br>$=2\Omega$ | $Z_{b,23}=\frac{400^2}{20k}$<br>$=8\Omega$ | $Z_{b,L}=\frac{100^2}{20k}$<br>$=0.5\Omega$ |

在畫出標么等效電路前，先直接求各區之阻抗標么值如下：

$Z_{s,pu}=\frac{j0.1}{0.5}=j0.2p.u.$，$Z_{12,pu}=\frac{16-j12}{2}=8-j6p.u.$，

$Z_{23,pu}=Z_{T23,pu}=j0.1p.u.$，$Z_{L,pu}=\frac{4+j2.9}{0.5}=8+j5.8p.u.$，以及發電端

$V_{s,pu}=\frac{V_{s,rms}}{V_{b,s}}=\frac{100}{100}=1\angle 0°p.u.$，如此可畫等效電路圖如下：

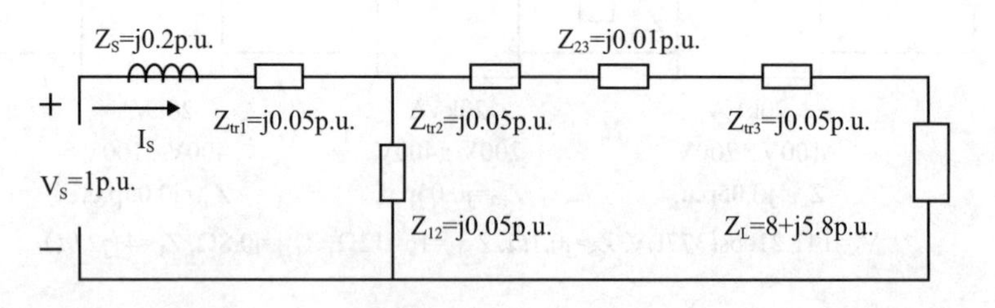


其中 $Z_{Total,pu}=j0.25+(8+j6)\parallel(8-j6)=6.25+j0.25p.u.=6.255\angle 2.29°p.u.$

所以 $I_{s,pu}=\frac{1\angle 0°}{6.255\angle 2.29°}=0.16\angle -2.29°p.u.$

$$I_{L,pu} = 0.16\angle -2.29° \times \frac{8 - j6}{(8 + j6) + (8 - j6)} = 0.1\angle -39.16° p.u.$$

$$\Rightarrow I_L = I_{L,pu} I_{b,L} = 0.1\angle -39.16° \times 200 = 20\angle -39.16° A$$

(1) $S_{s,pu} = V_{s,pu} I_{s,pu}^{\ *} = 1\angle 0° \times 0.16\angle 2.29° = 0.16\angle 2.29° p.u.$

$\Rightarrow S_s = S_{s,pu} S_{b,s} = 0.16\angle 2.29° \times 20k = 3200\angle 2.29° = 3200 - j128(VA)$

(2) $Q_L = |I_L|^2 X_L = 20^2 \times 2.9 = 1160(Var)$

(3) 供應功率為 $P_s = 3200W$，輸出功率為 $P_L = |I_L|^2 R_L = 20^2 \times 4 = 1600W$，則

整體效率 $\eta(\%) = \frac{P_L}{P_s} \times 100\% = \frac{1600}{3200} \times 100\% = 50\%$

9. **如圖所示之單相電力系統，電源經由 $40.0 + j150\Omega$ 之輸送線，供應至 100 kVA 14/2.4kV 之變壓器，此變壓器參考到低壓側之串聯阻抗為 $0.12 + j0.5\Omega$，變壓器之負載為 90kW，功因 0.8 落後及額定電壓為 2300V，則：**

   **(1)求電源電壓為多少？**

   **(2)求變壓器之電壓調整率？**

   **(3)求整個電力系統的效率為多少？**（99 關務三等類似題）

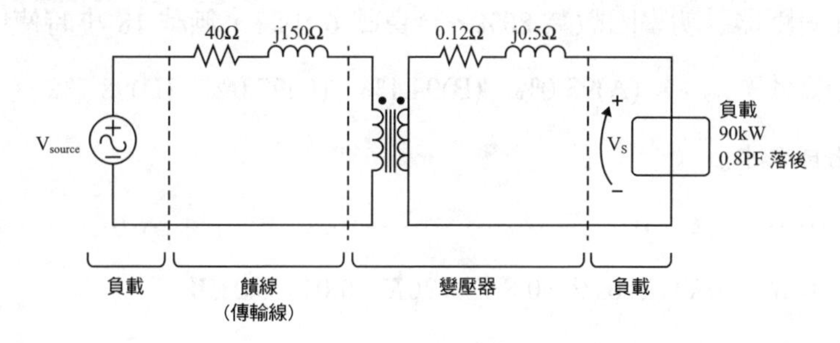


**詳解** ……………………………………………………………………

先將「傳輸線」與「變壓器」全部轉到二次側，再依照所求做二次轉換。

轉到二次側之傳輸線阻抗為

$Z' = Z(\frac{2.4}{14})^2 = (40 + j150) \times 0.0294 = 1.18 + j4.41\Omega$，且

$$I_2 = \frac{P}{|V_2|\cos\theta}\angle-\theta = \frac{90K}{2300\times0.8}\angle-\cos^{-1}0.8 = 49\angle-36.87°$$

可畫出其等效電路如下：

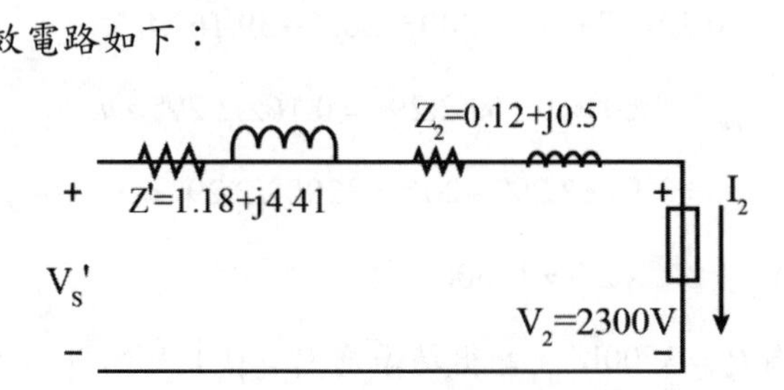


$$\Rightarrow V_s' = V_2 + I_2 Z_{Total} = 2300 + (49\angle-36.87°)\times(1.3+j4.91) = 2500\angle-3.5°V$$

(1) 電源電壓 $V_s = V_s'(\frac{14}{2.4}) = 2500\times5.833\angle-3.5°V = 14.6\angle-3.5°kV$

(2) 電壓調整率 $VR(\%) = \frac{V_s'-V_2}{V_2}\times100\% = \frac{2500-2300}{2300}\times100\% = 8.7\%$

(3) 銅損：$P_c = I_2^{\ 2}(1.18+0.12) = 49^2\times1.3 = 3121.3W$

故效率為 $\eta(\%) = \frac{P_{out}}{P_{out}+P_{loss}} = \frac{90k}{90k+3121.3} = 97\%$

( ) 10. 容量 20kVA 之變壓器，全負載時之鐵損為 1.0%，銅損為 1.0%，今將此變壓器以功率因數為 80%，全負載 6 小時，無載 18 小時使用，則全日效率為： (A)93.0% (B)94.1% (C)97.0% (D)98.7%。(105 台北自來水)

**詳解** ……………………………………………………………………………

10. **(B)**。已知 $S = 20KVA, \cos\theta = 0.8, P_i = 20K\times0.01 = 0.2KW$

$P_c = 20K\times0.8\times0.01 = 160W$

則全日效率為：$\eta_{whole}(\%) = \frac{20K\times0.8\times6}{20K\times0.8\times6+0.2K\times24+0.16K\times6}\times100\%$

$= \frac{96K}{96K+5.76K}\times100\% = 94.3\%$，故選擇(B)。

# 3-6 變壓器的三相連接

## 焦點 6　Y 接與 Δ 接的特性　考試比重 ★★★★☆

本節為基本題型重點。

本焦點可以配合第一章之內容一起研讀

1. 本焦點先討論三相變壓器本身接線方式的特性，其中 Y 接變壓器外連一 Y 接阻抗 $Z_y$ 的連接圖如下圖 3-17.所示，其中 $V_{an},V_{bn},V_{cn}$ 稱為「相電壓」，而 $V_{ab},V_{bc},V_{ca}$ 稱為「線電壓」，從各相正極流出之電流 $I_p$ 稱為「相電流」，由圖中可知 Y 接之「相電流 $I_p$ 」等於「線電流 $I_L$ 」。

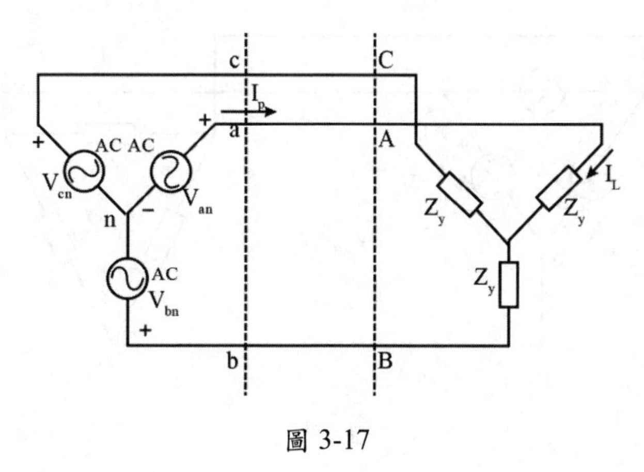


圖 3-17

<Y 接特性重點>

(1) 線電流=相電流，即 $I_L = I_p$ ........................................................................(式 3-51)

(2) **線電壓= $\sqrt{3}$ 相電壓，且線電壓相位領先相電壓** 30°，因為相電壓若為正相序，

$$\Rightarrow \begin{cases} V_{an} = V_m \sin \omega t = V_p \angle 0^\circ \\ V_{bn} = V_m \sin(\omega t - 120^\circ) = V_p \angle -120^\circ \\ V_{cn} = V_m \sin(\omega t + 120^\circ) = V_p \angle 120^\circ \end{cases}$$

，則線電壓

$$V_{ab}=V_{an}-V_{bn}=V_p\angle 0°-V_p\angle -120°=V_p-(-\frac{1}{2}V_p-\frac{\sqrt{3}}{2}V_p)=\frac{3}{2}V_p+\frac{\sqrt{3}}{2}V_p$$

$$=\sqrt{3}V_p\angle 30° \text{ ..................(式 3-52)}$$

同理$V_{bc},V_{ca}$亦可得到相同之結論。

(3) 三相輸出功率$P_{3\phi}$等於$\sqrt{3}V_LI_L\cos\theta$，(此時$\theta$為「相電壓角度$\theta_v$」－「相電流角度$\theta_p$」)；因為

$$P_{3\phi}=3P_{1\phi}=3V_pI_p\cos\theta=\sqrt{3}(\sqrt{3}V_p)I_p\cos\theta=\sqrt{3}V_LI_L\cos\theta \text{ ..................(式 3-53)}$$

(4) 中性點 N 可接地，如此可使中性點電壓更穩定。

(5) 因 Y 接電壓較高，可使線路電流減小，故可減少損失及壓降。

2. 再討論三相變壓器本身之Δ接線的特性，其中Δ接變壓器外連一Δ接阻抗$Z_D$如下圖 3-18 所示，其中$V_{ab},V_{bc},V_{ca}$稱為「相電壓$V_p$」，而$V_{AB},V_{BC},V_{CA}$稱為「線電壓$V_L$」。

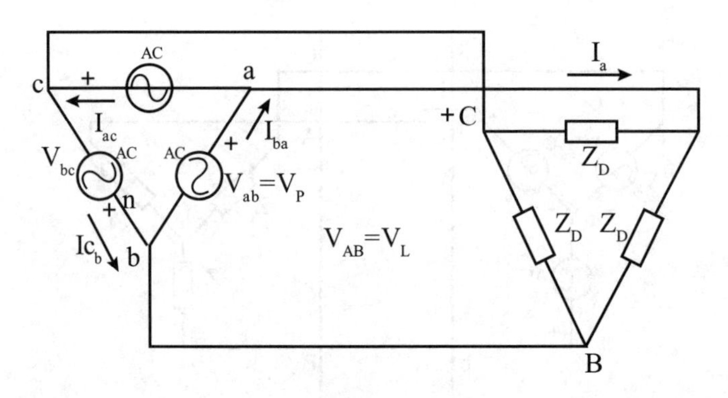


圖 3-18

<Δ接特性重點>

(1) **線電壓=相電壓**，即$V_L=V_p$ ..................(式 3-54)

(2) **線電流=$\sqrt{3}$相電流，且線電流相位落後相電流**30°，推論如下：

相電流若為正相序$\Rightarrow\begin{cases}I_{ba}=I_m\sin\omega t=I_p\angle 0°\\ I_{cb}=I_m\sin(\omega t-120°)=I_p\angle -120°\\ I_{ac}=I_m\sin(\omega t+120°)=I_p\angle 120°\end{cases}$，則線電流

$$I_a = I_{ba} - I_{ac} = I_p\angle 0° - I_p\angle 120° = I_p - (-\frac{1}{2}I_p + \frac{\sqrt{3}}{2}I_p) = \frac{3}{2}I_p - \frac{\sqrt{3}}{2}I_p$$

$$= \sqrt{3}I_p\angle -30° \text{ ............ (式 3-55)}$$

同理其他線電流 $I_b, I_c$ 亦可得到相同之結論。

(3) 三相輸出功率 $P_{3\phi}$ 等於 $\sqrt{3}V_L I_L \cos\theta$，因為

$$P_{3\phi} = 3P_{3\phi} = 3V_p I_p \cos\theta = \sqrt{3}(\sqrt{3}V_p)I_p \cos\theta = \sqrt{3}V_L I_L \cos\theta$$

(4) 無中性點可接地，但可消除線路中三次諧波成分。

(5) 運轉中若有一相故障，可改用 V 型接線繼續供電。

## 焦點 7　Y-Y、Δ-Δ、Y-Δ、Δ-Y 接的連接特性

考試比重 ★★★★☆

綜合題型，本節為考試常考重點。

1. 三具相同的單向雙繞組變壓器，可以連接成一台「三相變壓器」，本焦點討論三相變壓器一次側、二次側各有 Y 接及 Δ 接的四種情況，茲整理各情況之主要討論觀念如下表 3-1 所示：

表 3-1

| 引申討論重點 | | 一次側接法 | |
|---|---|---|---|
| | | Y | Δ |
| 二次側接法 | Y | Y-Y：作為「Y-Y-Δ 三繞組變壓器」之引申。 | Δ-Y：「升壓」變壓器，後續考題「U-V 連接」之引申。 |
| | Δ | Y-Δ：作為「降壓變壓器」之引申。 | Δ-Δ：後續考題「V-V 連接」之引申。 |

2. Y-Y 連接特性討論：

(1) 首先見以下圖 3-19 的接線圖示，左邊為變壓器一次側(相電流流入標示點)，右邊為二次側(相電流流出標示點)，其中 a',b',c'端接負載，$N_1, N_2, N_3$ 分別為其匝數，$V_p$ 為相電壓，$I_p$ 為相電流，$V_L$ 為線電壓，$I_L$ 為線電流。

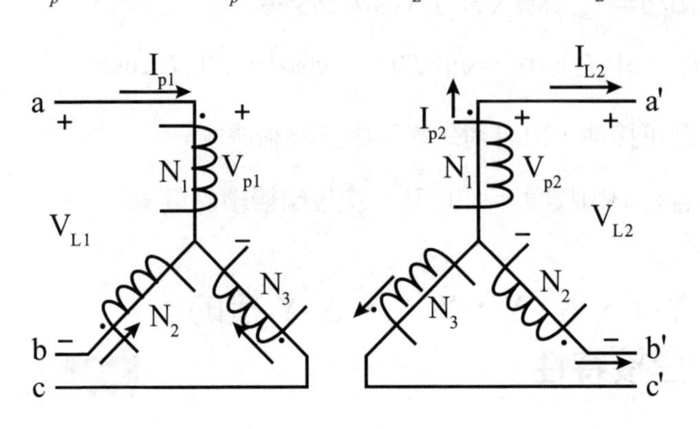


圖 3-19

(2) Y-Y 的連接特性：

A. 三相 Y-Y 連接，中性點必須接地，但會干擾通訊線路，其解決之方法為採用 Y-Y-Δ 連接的三繞組變壓器，會在後續章節中討論。

B. 依據單相 Y 接之結論可知，其線電壓大小為相電壓大小的 $\sqrt{3}$ 倍，且相位領先 30°，即 $V_L = \sqrt{3}V_p\angle 30°$，線電流等於相電流，即 $I_L = I_p$；

故 $\dfrac{V_{L1}}{V_{L2}} = \dfrac{\sqrt{3}V_{p1}}{\sqrt{3}V_{p2}} = \dfrac{N_1}{N_2} = a = \dfrac{I_{L2}}{I_{L1}}$ ........................................................(式 3-56)

3. Δ-Δ 連接特性討論：

(1) 見以下圖 3-20 的接線圖示，左邊為變壓器一次側右邊為二次側均為 Δ 接，其中除接法與上一小點不同外，其他名詞均同。

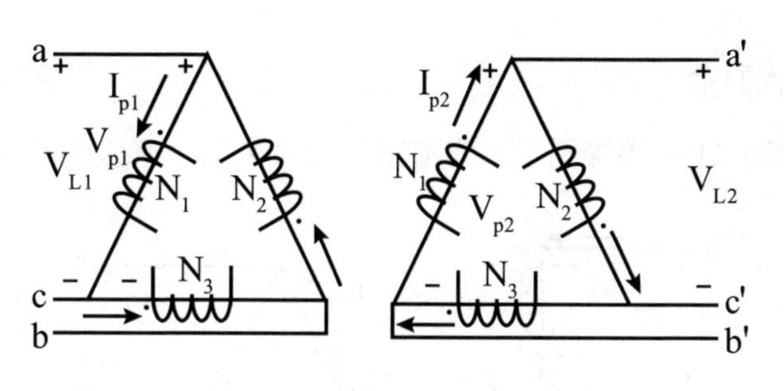


圖 3-20

(2) Δ-Δ 的連接特性：

A. 三相 Δ-Δ 連接，如上圖在變壓器二次側若極性均接對，則從 Δ 右下角打開並從中看進去之「開路電壓」為零，但若是二次側有一個極性接反，則從 Δ 右下角開並從中看進去之「開路電壓」為二倍相電壓。

B. 依據單相 Δ 接之結論可知，其線電壓=相電壓，即 $V_L = V_p$，線電流大小等於相電流大小的 $\sqrt{3}$ 倍，且相位「落後」30°，即

$I_L = \sqrt{3}I_p\angle -30°$ ..................................................................(式 3-57)

故 $\dfrac{V_{L1}}{V_{L2}} = \dfrac{V_{p1}}{V_{p2}} = \dfrac{N_1}{N_2} = a = \dfrac{\sqrt{3}I_{p2}}{\sqrt{3}I_{p1}}$ ..................................................(式 3-58)

**老師的話**

Y-Y 接或 Δ-Δ 接，其高低壓側對應量間並無相位移，即 $V_{AN} = V_{an}$，其中 $V_{AN}$ 為高壓側 A 相電壓，$V_{an}$ 為低壓側 a 相電壓;此與以下討論之 Y-Δ 接或 Δ-Y 接，依據美國標準，**其高壓側正序電壓超前其低壓側對應電壓** 30°，即 $V_{AN} = V_{an}\angle 30°$；而其高壓側負序電壓落後其低壓側對應電壓 30°，即 $V_{AN} = V_{an}\angle -30°$，詳見【焦點 10】「三相雙繞組變壓器之標么序模型」之各項說明。

4. Y-Δ 連接特性討論：

(1) 見以下圖 3-21.的接線圖示為變壓器一次側 Y 接，二次側為 Δ 接。

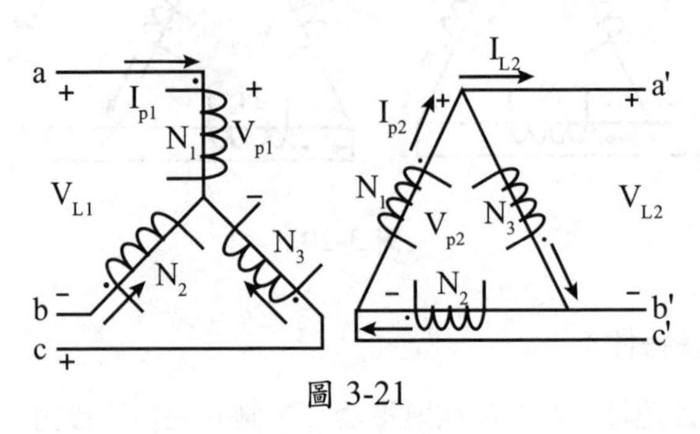


圖 3-21

(2) Y-Δ 的連接特性：

A. 三相 Y-Δ 連接如上圖，此時變壓器具「**降壓**」作用，常用在二次變電所。

B. 三相四線中，若有一具變壓器發生故障，則可採用 U-V 連接繼續供電。

C. 一次側 Y 接中性點可接地，以穩定線電壓及消除異常電壓；二次側 Δ 連接，則可提供三次諧波通過。

D. $V_{L1}=\sqrt{3}V_{p1}\angle 30°, V_{L2}=V_{p2}$，$I_{L1}=I_{p1}, I_{L2}=\sqrt{3}I_{p2}\angle -30°$，故有降壓特性如下：$\dfrac{V_{L1}}{V_{L2}}=\dfrac{\sqrt{3}V_{p1}}{V_{p2}}=\dfrac{\sqrt{3}N_1}{N_2}=\sqrt{3}a=\dfrac{I_{L2}}{I_{L1}}=\dfrac{\sqrt{3}I_{p2}}{I_{p1}}$ ...............................(式 3-59)

5. Δ-Y 連接特性討論：

(1) 見圖 3-22 的接線圖示為變壓器一次側 Δ 接，二次側為 Y 接。

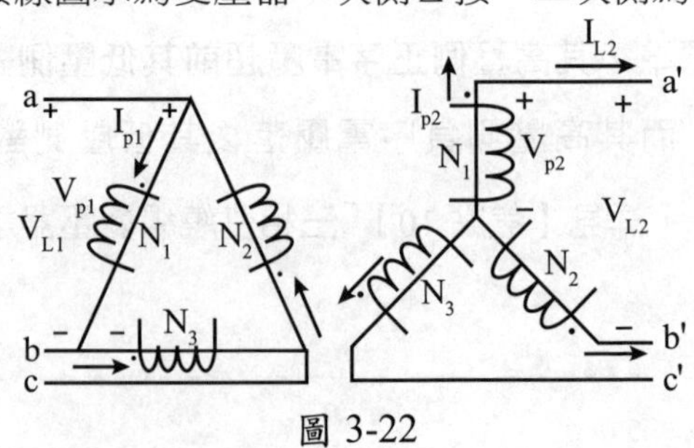


圖 3-22

(2) Δ-Y 的連接特性：

A. 三相Δ-Y 連接如上圖，此時變壓器具「升壓」作用，常用在電廠之「主變壓器」。

B. 一次側Δ連接，可提供三次諧波通過；二次側 Y 接中性點可接地，以穩定線電壓及消除異常電壓。

C. $V_{L1}=V_{p1},V_{L2}=\sqrt{3}V_{p2}\angle 30°$，$I_{L1}=\sqrt{3}I_{p1}\angle -30°,I_{L2}=I_{p2}$，故有升壓特性如下：$\frac{V_{L1}}{V_{L2}}=\frac{V_{p1}}{\sqrt{3}V_{p2}}=\frac{N_1}{\sqrt{3}N_2}=\frac{a}{\sqrt{3}}=\frac{I_{L2}}{I_{L1}}=\frac{I_{p2}}{\sqrt{3}I_{p1}}$ ................................(式 3-60)

牛刀小試 ........................................................................................

1. **有三具相同的單相 50KVA,2300/230V,60Hz 理想變壓器連接成一台 4000/230V 之理想三相變壓器，已知低壓側之線電壓為 230V，且其所接之平衡三相負載為 120KVA，功因為 0.85 落後，試求高壓側之線電流大小？**（97 地特四等）【Y-Δ 接題型】

詳解 ........................................................................................

原本每台 2300/230V，連接成 4000/230V 之變壓器，可知其二次側之電壓不變，應為Δ接，而一次側之電壓 $\frac{V_{L2}}{V_{L1}}=\frac{4000}{2300}=1.732\simeq\sqrt{3}$ 應為 Y 接，故本題之接法應為 Y-Δ 連接。

因為三相輸出功率 $P_{3\phi}$ 等於 $\sqrt{3}V_L I_L\cos\theta \Rightarrow P_{3\phi}=\sqrt{3}V_L I_L\cos\theta=S_{Load}\cos\theta$，

所以二次側線電流

$$I_{L2}=\frac{S_{Load}}{\sqrt{3}V_{L2}}\angle -\cos^{-1}p.f.=\frac{120k}{\sqrt{3}\times 230}\angle -\cos^{-1}0.85=301.2\angle -31.8°$$

二次側相電流 $I_{p2}=\frac{I_{L2}}{\sqrt{3}}=173.9\angle -1.8°$，

一次側相電流 $I_{p1}=\dfrac{I_{p2}}{(\dfrac{4000}{230})}=10\angle-1.8^{\circ}$，故高壓側(一次側)線電流為

$I_{L1}=I_{p1}=10\angle-1.8^{\circ}A$

2. **將額定電壓為 6.6KV/220V，的單相二繞組變壓器三具作 Y-Δ 接線，一次側為 11.43KV 的平衡三相電源，二次側裝接 240KW，功因為 0.8 落後的平衡三相負載，試求：**

**(1)每具變壓器的容量最小 KVA 值？**

**(2)一次側與二次側的線電流？**（94 地特四等）【Y-Δ 接題型】

詳解

(1) 三相輸出功率 $P_{3\phi}=S_{Load}\cos\theta\Rightarrow 240K=S_{Load}\times0.8\Rightarrow S_{Load}=300KVA$，

所以每具變壓器最小值為 $S_{1\phi}=\dfrac{S_{Load}}{3}=100KVA$

(2) 二次側線電流 $I_{L2}=\dfrac{P}{\sqrt{3}V_{L2}\cos\theta}=\dfrac{240k}{\sqrt{3}\times220\times0.8}=787.3\angle-36.87^{\circ}$，

二次側相電流 $I_{p2}=\dfrac{I_{L2}}{\sqrt{3}}=454.5\angle-6.87^{\circ}$，

故一次側線電流為 $I_{L1}=I_{p1}=\dfrac{I_{p2}}{a}=\dfrac{I_{p2}}{(\dfrac{6.6k}{220})}=15.2\angle-6.87^{\circ}A$

(　) 3. 三個相同的 10 MVA、8 kV/4 kV 單相變壓器，高壓側聯接成 Y 而低壓側聯接成 Δ，每一變壓器參考至高壓側之等效串聯阻抗為 $0.2+j0.8\Omega$，變壓器於 4 kV 端供應之平衡三相負載為 24 MVA、功率因數 0.8 落後，請問變壓器高壓側之線對線電壓為何？ (A)11.31 kV (B)12.83 kV (C)13.86 kV (D)14.99 kV。（105 台北自來水）

**詳解**

3. **(D)**。由 $P_{3\phi}=\sqrt{3}V_{L2}I_{L2}\cos\theta=S_{Load}\cos\theta$

$$\Rightarrow I_{L2}=\frac{24M}{\sqrt{3}\times 4k}\angle-36.87^\circ=2\sqrt{3}k\angle-36.87^\circ$$

又 $I_{p2}=\frac{I_{L2}}{\sqrt{3}}\angle-6.87^\circ=2k\angle-6.87^\circ=I_{p1}$

$\Rightarrow$ 轉至一次側之等效電路圖如下：

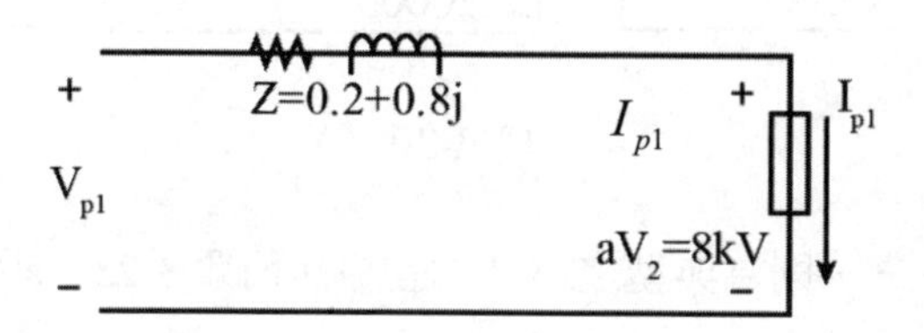


$$V_{p1}=8k+2k\angle-6.76^\circ\times(0.2+j0.8)=8k+1.65k\angle69.13^\circ=8.725k\angle21^\circ$$

故 $V_{L1}=\sqrt{3}V_{p1}=15kV$

## 焦點 8　V-V 接、U-V 接的連接特性

綜合題型，本節為考試常考重點。

1. V-V 接與 U-V 接主要分別用於，當三相變壓器之Δ-Δ 接及 Y-Δ 接之一相發生故障時之暫用接法，因此兩種接法的「利用率」以及「輸出容量」即成為考試之重點。
2. V-V 連接特性討論：
   (1) 首先見前圖 3-20 的Δ-Δ 接線圖並再揭示如下，其中二次側(相電流流出標示點)之 a',b',c'端接「純電阻性負載」，$N_1,N_2,N_3$ 分別為其匝數，則 a'端之 $I_{L2}=\sqrt{3}I_p\angle0^\circ$，$I_{p2}=I_p\angle30^\circ, V_{p2}=V_p\angle30^\circ$ (因為外接純電阻性負載)，b'端之

$I_{L2}=\sqrt{3}I_p\angle-120°$，$I_{p2}=I_p\angle-90°,V_{p2}=V_p\angle-90°$，c'端之 $I_{L2}=\sqrt{3}I_p\angle120°$，$I_{p2}=I_p\angle150°,V_{p2}=V_p\angle150°$。

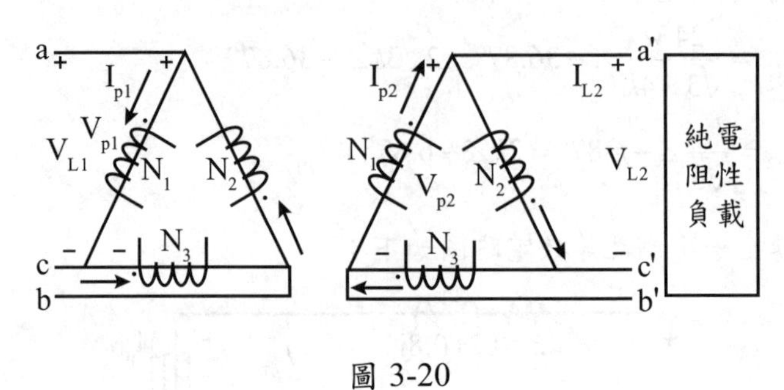


圖 3-20

今若 $N_2,broken$，則為典型之 V-V 連接如下圖 3-23，a'端之 $I_{L2}=I_p\angle0°$，$I_{p2}=I_p\angle0°,V_{p2}=V_p\angle30°$，b'端 $I_{p2}=I_p\angle-60°,V_{p2}=V_p\angle-90°$，故由以上分析，可得以下之特性說明。

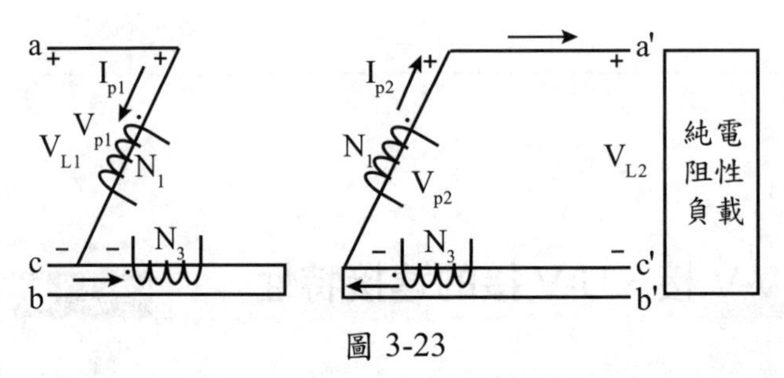


圖 3-23

(2) V-V 的連接特性：

A. 三相 V-V 連接之變壓器，因為只有兩具使用，故由上面之分析，其中一台(a'端)提供功率 $P_1=V_pI_p\cos(30°-0°)=\dfrac{\sqrt{3}}{2}V_pI_p$，另一台(b'端)提供功率 $P_2=V_pI_p\cos[-90°-(-60°)]=\dfrac{\sqrt{3}}{2}V_pI_p$，而因接「純電阻性負載」，故此時之總容量 $S_{V-V}=P_1+P_2=\sqrt{3}V_pI_p$，此與三具變壓器之 $\Delta$-$\Delta$ 連接的總容量 $S_{\Delta-\Delta}=3V_pI_p$ 比較，可知輸出容量為三具時之 57.7%。

B. V-V 連接每具變壓器之輸出為 $\frac{S_{V-V}}{2}=\frac{\sqrt{3}}{2}V_pI_p$，此與 $\Delta$ - $\Delta$ 連接之每具變壓器輸出 $\frac{S_{\Delta-\Delta}}{3}=V_pI_p$ 比較，可知 V-V 接每具變壓器之輸出(即變壓器之「利用率」)為 $\Delta$ - $\Delta$ 連接之每具變壓器輸出的 $\frac{\sqrt{3}}{2}=86.6\%$ 。

牛刀小試……

( ) ◎ 供電 V-V 接線，係為 $\Delta$ - $\Delta$ 接線之變壓器有一相故障時之臨時應變措施，或建廠初期使用之接線，其輸出容量為原 $\Delta$ - $\Delta$ 供電時之百分比為何？ (A)86.6% (B)70.7% (C)57.7% (D)50%。(105 台北自來水)

詳解……

◎**(C)**。同上重點說明，答案選(C)。

3. U-V 連接特性討論：

(1) 前圖 3-21.的 Y-$\Delta$ 接線圖如下，其中負載端亦接「電阻性負載」，若 $N_3$，*broken*，則如下頁圖 3-24 所揭示，其中一次側為「開星形中性點接地」連接，二次側為「開三角形」連接，即為 U-V 接，並可得 $I_{L2}=I_p, V_{L2}=V_p$，$I_{L1}=I_p, V_{L1}=\sqrt{3}V_p$ 。

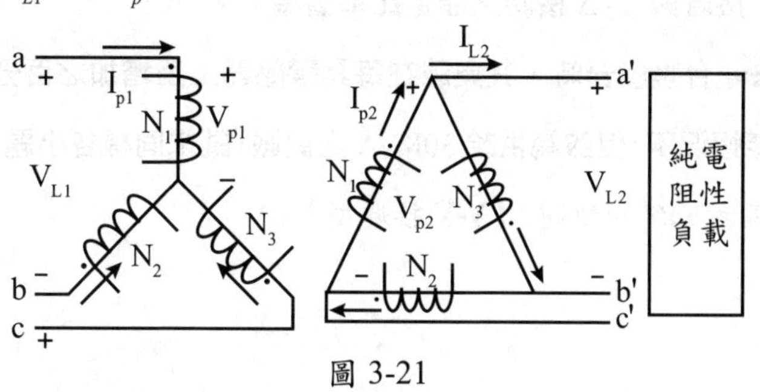


圖 3-21

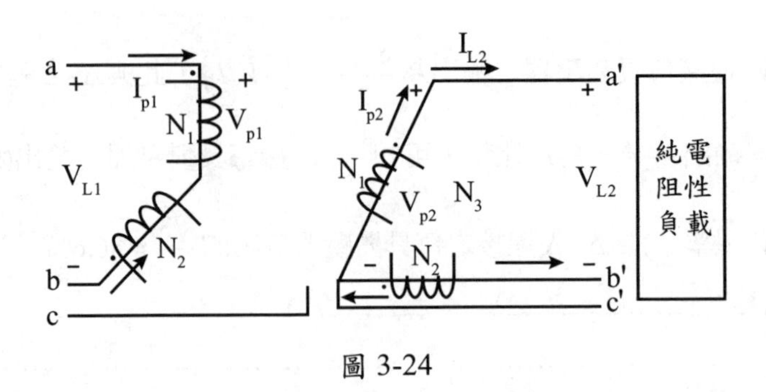


圖 3-24

(2) U-V 的連接特性：U-V 連接每具變壓器之輸出(即變壓器之「利用率」)為 Y-Δ 連接之每具變壓器輸出的 $\frac{\sqrt{3}}{2}=86.6\%$ 。

牛刀小試……

1. **有一單相變壓器三具，其額定為 11.4KV/110V,20KVA，將其作 Δ-Δ 接線，供給 40KVA 負載，功因為 0.7 落後，如有一具變壓器毀損，而改為 V-V 接線，試求：**

   (1)A.**每一變壓器負擔？KVA 的負載**

   B.**每一變壓器負擔？%的額定負載**

   C.V-V **接時之額定總 KVA 為多少？**

   D.V-V **接時與 Δ-Δ 接時之額定比率值為？**

   E.**移去一台變壓器時，其負載在每具變壓器上所增加之百分率為何？**

   (2)**若同樣情況下，但改為供給 30KVA 之負載，試求同樣各小題之解為何？**

   （96 高考三級類似題）【V-V 接題型】

**詳解**

V-V 接由以上之結論，可分別解題之。

(1) A. V-V 接每一變壓器之輸出為 $\Delta$-$\Delta$ 接單一變壓器輸出的 $\frac{\sqrt{3}}{2}=86.6\%$，

故 $\frac{\sqrt{3}}{2}V_pI_p=0.866\times 20KVA=17.32KVA$。

B. 每一變壓器負擔額定負載：$\frac{S_{V-V}(\text{每具})}{\text{每具額定}}=\frac{17.32KVA}{20KVA}=86.6\%$

C. V-V 接時之額定總 KVA：$S_{V-V}=\sqrt{3}V_pI_p=\sqrt{3}\times 20KVA=34.64KVA$

D. V-V 接與 $\Delta$-$\Delta$ 接之額定比率值$=\frac{S_{V-V}}{S_{\Delta-\Delta}}=\frac{\sqrt{3}V_pI_p}{3V_pI_p}=0.577$

E. 負載為 40KVA，當 $\Delta$-$\Delta$ 接時，每具變壓器負擔 $\frac{40KVA}{3}=13.3KVA$；

當 V-V 接時，每具變壓器只能負擔

$17.32KVA(\because \frac{40KVA}{2}=20KVA>17.32KVA)$；

故增加率為 $\frac{17.32-13.33}{13.33}=30\%$。

(2) A. 由上 $\frac{\sqrt{3}}{2}V_pI_p=0.866\times 20KVA=17.32KVA$，

但因 $17.32KVA\times 2=34.64KVA>30KVA$，故此時無超載，

只需每台負擔 $\frac{30KVA}{2}=15KVA$ 即可。

B. 每一變壓器負擔額定負載：$\frac{S_{V-V}(\text{每具})}{\text{每具額定}}=\frac{15KVA}{20KVA}=75\%$

C. V-V 接時之額定總 KVA：$S_{V-V}=\sqrt{3}V_pI_p=\sqrt{3}\times 20KVA=34.64KVA$

D. V-V 接與 $\Delta$-$\Delta$ 接之額定比率值$=\frac{S_{V-V}}{S_{\Delta-\Delta}}=\frac{\sqrt{3}V_pI_p}{3V_pI_p}=0.577$

E. 負載為 30KVA，當Δ-Δ接時，每具變壓器負擔 $\frac{30KVA}{3}=10KVA$；

當 V-V 接時，每具變壓器負擔$15KVA$；故增加率為 $\frac{15-10}{10}=50\%$。

( ) 2. 因一台變壓器發生故障，採取之臨時應變供電為 U-V 連接，則原來採何種連接方式？ (A)Y-Δ 連接 (B)Δ-Δ 連接 (C) Δ-Y 連接 (D)Y-Y 連接。(105 台北自來水)

詳解

2. **(A)**。同上重點說明，答案選(A)

## 焦點 9 平衡三相的系統分析 ⇒利用每相等效電路求解

考試比重 ★★★★☆

綜合題型，本節為考試常考重點。

1. 平衡三相之條件如下：
   (1) 電源電壓大小相等。
   (2) 電壓每相相角相差120°。
   (3) 三相的負載相等。
2. 三相電力系統是平衡，可利用每相等效電路來決定三相電路中之電壓、電流及功率，如下圖 3-25.之 Y-Y 接所示，電源側三相電源分別為 $V_{an}=V_p\angle 0°$、$V_{bn}=V_p\angle -120°$、$V_{cn}=V_p\angle 120°$，負載為 $Z_y$，連接 n.N 形成之中性線電流為 $I_n=0$，則線電流 $I_A+I_B+I_C=I_n=0$，可獨立 A 相出來簡化為「每相等效電路」求解如圖 3-26，並請練習下面範例。

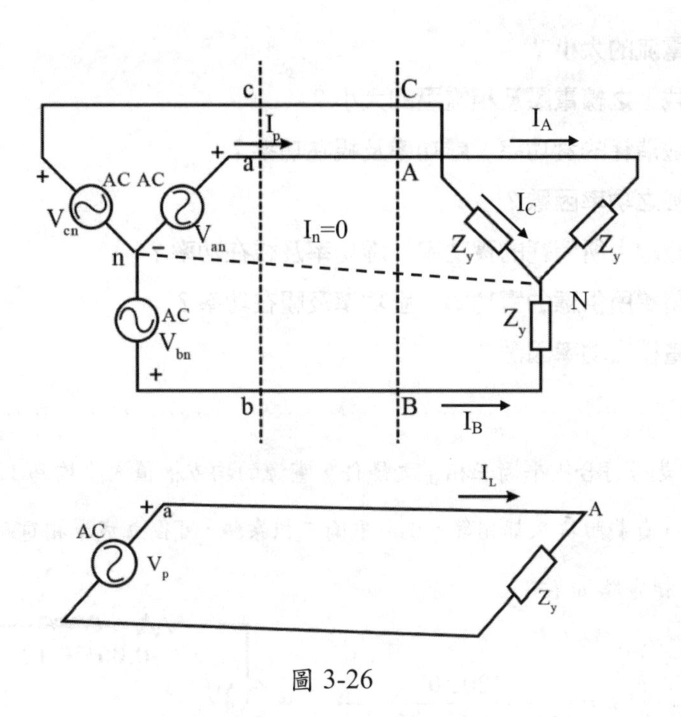


圖 3-26

**老師的話**

若負載為 Δ 接，則依據阻抗 Y 轉 Δ 之轉換公式，將 Δ 接負載改為 Y 接負載 $\Rightarrow Z_y' = \dfrac{Z_\Delta \times Z_\Delta}{Z_\Delta + Z_\Delta + Z_\Delta} = \dfrac{Z_\Delta}{3}$ ..............................................................(式 3-61)

牛刀小試……………………………………………………………………

1. **下圖是一 208V 的三相電力系統，此系統包含一個理想的三相 Y 接發電機，發電機經由輸電線供應之一 Y 接負載，輸電線的阻抗為 $0.06 + j0.12\Omega$，每相的負載為 $12 + j9\Omega$，試求：**

**(1)線電流的大小？**

**(2)負載上之線電壓及相電壓的大小？**

**(3)負載消耗的實功率、虛功率及視在功率？**

**(4)負載之功率因數？**

**(5)傳輸線上所消耗的實功率、虛功率及視在功率？**

**(6)發電機所供應的實功率、虛功率及視在功率？**

**(7)發電機之功率因數？**

**詳解**

首先看是否符合「平衡三相」之條件，電源的均方根值大小均為120V，且為正相序，負載阻抗又都相等，故為平衡三相系統，可獨立成單相電路解題之。

獨立a相電路如右：

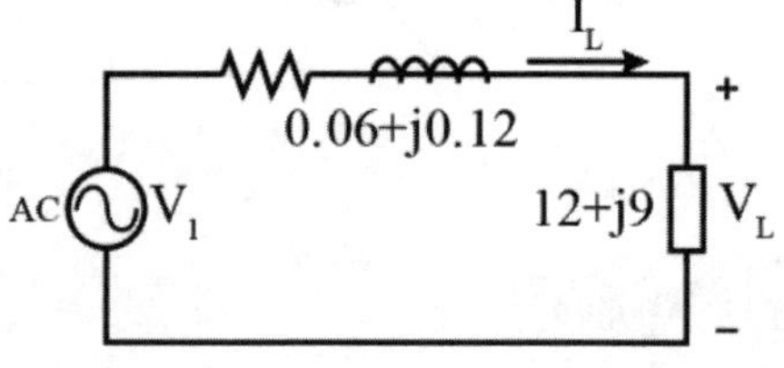


(1) 線電流

$$I_L = \frac{V_1}{Z_{Total}} = \frac{120\angle 0°}{0.06 + j0.12 + 12 + j9}$$

$$= 7.94\angle -37.1° A$$

(2) 負載上之相電壓 $V_L = I_L Z_L = 7.94\angle -37.1° \times (12 + j9) = 119.1\angle -0.23° V$

線電壓 $V_{LL} = \sqrt{3} V_L = 206.3\angle(-0.23° + 30°) = 206.3\angle +29.77° V$

(3) 負載消耗之實功率：

$$P_L = 3V_L I_L \cos\theta = 3 \times 119.1 \times 7.94 \cos[-0.23° - (-37.1°)] = 2269(W)$$

負載消耗之虛功率：

$$Q_L = 3V_L I_L \sin\theta = 3 \times 119.1 \times 7.94 \sin(-0.23° + 37.1°) = 1703(Var)$$

則視在功率為 $S_L = P_L + jQ_L = 2269 + j1703(VA) => |S_L| = 2837VA$

(4) 負載之功率因數：$p.f. = \cos\theta = \frac{2269}{2837} = 0.8 lagging$ ($\because Z_L = 12 + j9$ 為電感性負載)

(5) 傳輸線上所消耗的實功率 $P_{wL}=3I_L^2R=3\times7.94^2\times0.06=11.3(W)$、虛功率 $Q_{wL}=3I_L^2X=22.7(Var)$ 及視在功率 $S_{wL}=\sqrt{P_{wL}^2+Q_{wL}^2}=25.3(VA)$

(6) 發電機所供應的實功率 $P_G=P_L+P_{wL}=2269+11.3=2280.3(W)$、虛功率 $Q_G=Q_L+Q_{wL}=1703+22.7=1725.7(Var)$ 及視在功率

$S_G=\sqrt{P_G^2+Q_G^2}=2859(VA)$

(7) 發電機之功率因數：$p.f.=\dfrac{2280}{2859}=0.79lagging$

2. **有一工業配電系統，此系統提供 480V 的定電壓，配電線上之阻抗忽略，負載 1 為 Δ 接，其相阻抗為 $20\angle30°\Omega$，負載 2 為 Y 接，其阻抗為 $10\angle-36.87°\Omega$，求**

   **(1)整個電力系統的功因為何？**

   **(2)此配電系統的總線電流？**

**詳解**

一般題目所給的「定電壓」，指的都是「線電壓」，此簡單的配電系統單線圖可繪如右：

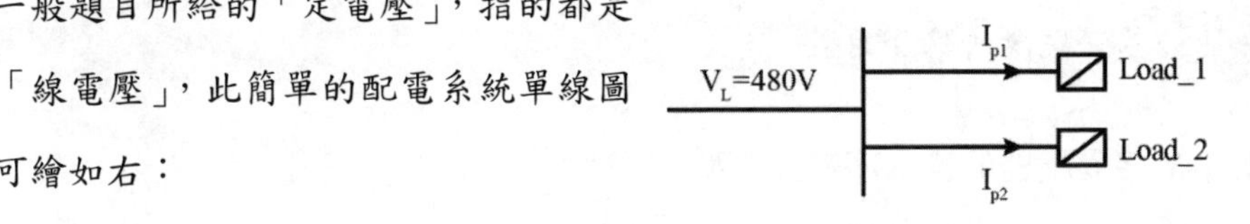


再分別求各負載之功率

Load_1 為 Δ 接，則 $V_p=V_{L1}=480V$，$I_p=\dfrac{V_p}{Z_1}=\dfrac{480}{20\angle30°}=24\angle-30°(A)$

$\therefore P_1=3V_pI_p\cos\theta=3\times480\times24\cos[0°-(-30°)]=29.93(KW)$

$\therefore Q_1=3V_pI_p\sin\theta=3\times480\times24\sin[0°-(-30°)]=17.3(KVar)$

Load_2 為 Y 接，則 $V_{L2}=\sqrt{3}V_p=480V\Rightarrow V_p=277V$，

$I_p=\dfrac{V_p}{Z_1}=\dfrac{277}{10\angle-36.8°}=27.7\angle36.8°(A)$

$\therefore P_2 = 3V_pI_p\cos\theta = 3\times 277\times 27.7\cos[0° - (-36.8°)] = 18.43K(W)$

$\therefore Q_2 = 3V_pI_p\sin\theta = 3\times 277\times 27.7\sin[0° - (-36.8°)] = -13.79K(Var)$

(1) $P = P_1 + P_2 = 29.93 + 18.43 = 48.36(KW)$，

$Q = Q_1 + Q_2 = 17.28 - 13.76 = 3.52(KVar)$

$\theta = \tan^{-1}\dfrac{Q}{P} = \tan^{-1}\dfrac{3.52}{48.36} = 4.163° \Rightarrow p.f. = \cos 4.163° = 0.997 lagging$

(2)由 $P = \sqrt{3}I_LV_L\cos\theta \Rightarrow 48.36K = \sqrt{3}I_L \times 480\times 0.997 \Rightarrow I_L = 58.34A$

# 3-7 三相變壓器的標么序模型

## 焦點10 三相雙繞組變壓器之標么序模型

考試比重 ★★★☆☆

基礎觀念之綜合題型。

1. Y-Y 接變壓器的標么序網路模型：

首先可畫「單線圖」如圖 3-27 所示，高壓側 Y 接，有一接地阻抗 $Z_N$，低壓側亦為 Y 接，有一接地阻抗 $Z_n$；其標么零序、正序及負序網路，今分別標示如圖 3-28 所示，左側為完整的標么序網路模型，右側則為忽略「繞組電阻」及「激磁分路」的標么序網路模型，其中 $V_{H0}, V_{H1}, V_{H2}$ 分別為高壓側各序之電壓分量，$V_{X0}, V_{X1}, V_{X2}$ 分別為低壓側各序之電壓分量。

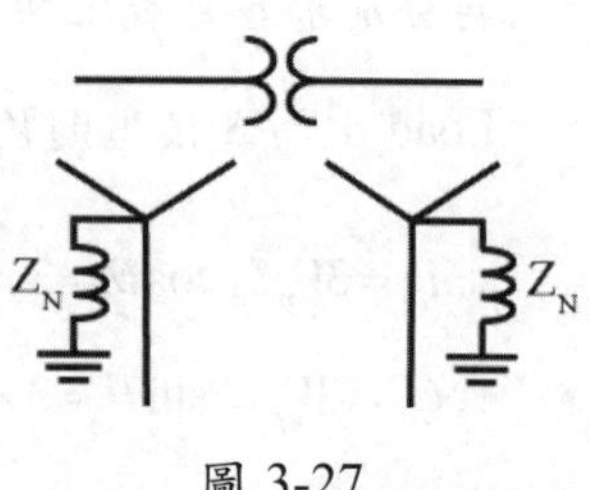


圖 3-27

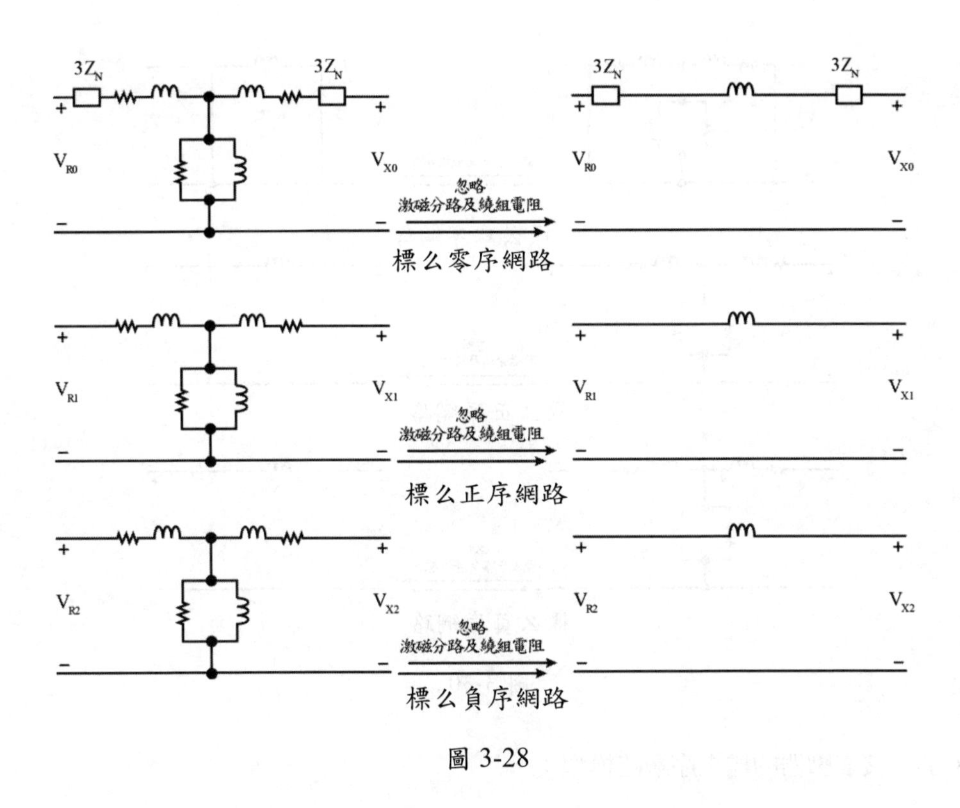


圖 3-28

2. Δ - Δ 接變壓器的標么序網路模型：

如同 Y-Y 接之討論，首先標示「單線圖」如下圖 3-29，其中無論高、低壓側均無接地阻抗；其標么零序、正序及負序網路，分別標示如圖 3-30 所示，左側為完整的標么序網路模型，右側則為忽略「繞組電阻」及「激磁分路」的標么序網路模型。

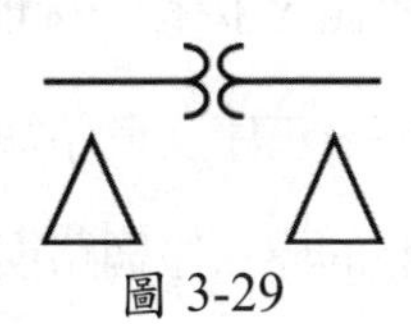

圖 3-29

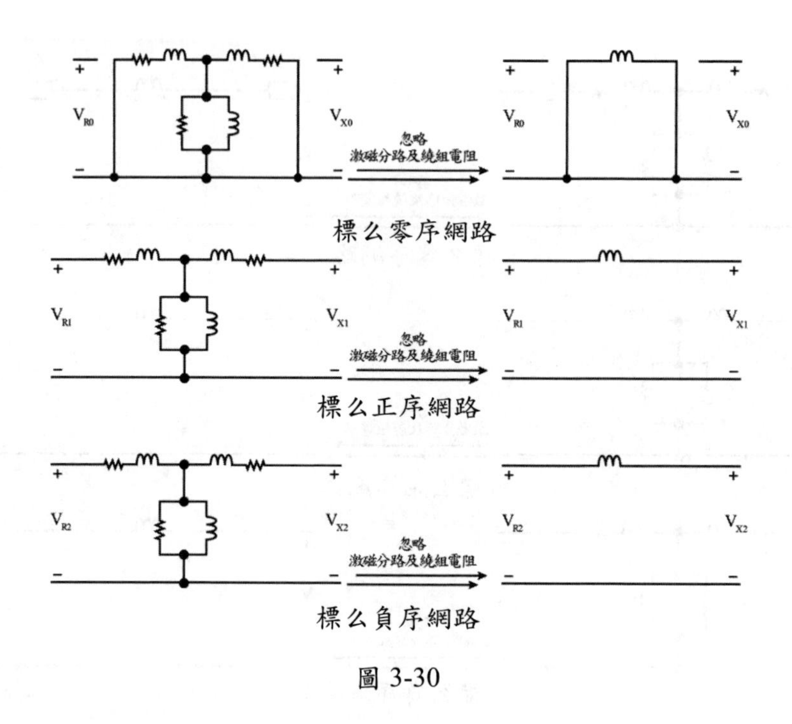


圖 3-30

3. Y-Δ 接變壓器的標么序網路模型：

同上所討論，Y-Δ 接變壓器之「單線圖」如圖 3-31，其中高壓側 Y 接有一接地阻抗 $Z_N$，低壓側無接地阻抗；其標么零序、正序及負序網路，分別標示如圖 3-32 所示，左側為完整的標么序網路模型，右側則為忽略「繞組電阻」及「激磁分路」的標么序網路模型。

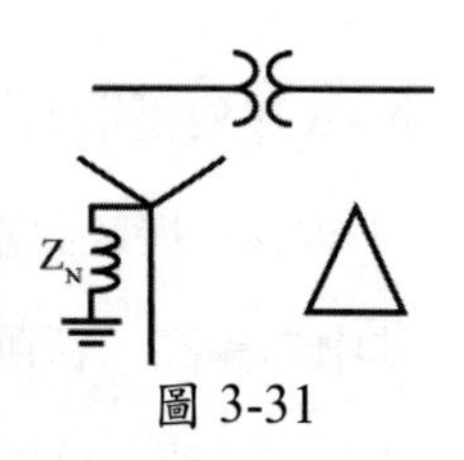


圖 3-31

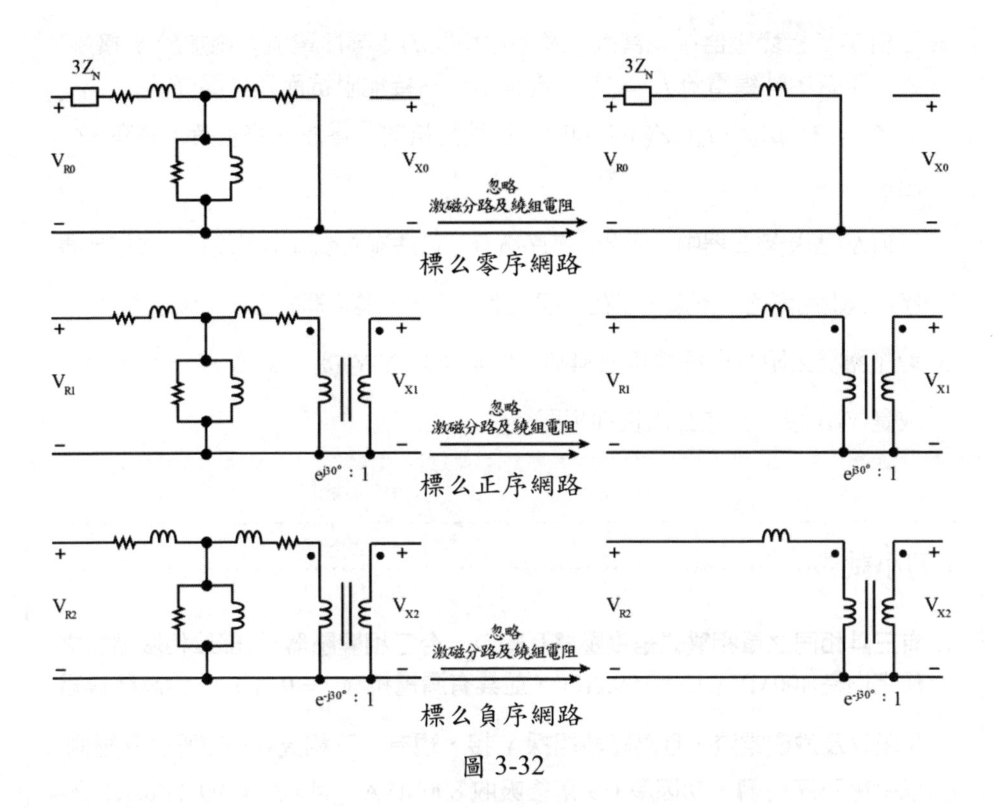


圖 3-32

**老師的話**

1. 三相 Y-Y 接以及 Δ-Δ 接變壓器之標么正序、標么負序網路均無「相位移」，但三相 Y-Δ 接(或 Δ-Y 接)變壓器之標么正序、標么負序網路有「**相位移**」，依據美國標準，**高壓側之正序**電壓、電流「**超前**」低壓側對應量 30°，**高壓側之負序**電壓、電流「**落後**」低壓側對應量 30°。

註

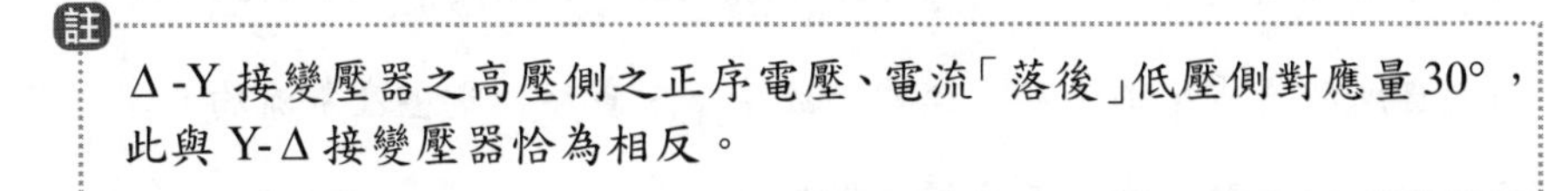
Δ-Y 接變壓器之高壓側之正序電壓、電流「落後」低壓側對應量 30°，此與 Y-Δ 接變壓器恰為相反。

2. 三相 Y-Y 接變壓器無論是平衡正序或平衡負序，其三相電流之相量和均為零，即無電流流經中性點接地阻抗，因此正、負序標么網路看不見中性點接地阻抗。

3. 三相 Y-Y 接變壓器中，當大小及相位均同的「零序電流」施加於 Y 接繞組，將有中性線電流 $I_N = 3I_0$，流經中性點接地阻抗而產生壓降 $I_N Z_N = (3I_0)Z_N = I_0(3Z_N)$；因此，接地阻抗於「零序網路」時，將有 $3Z_N$ 出現。
4. 三相Δ-Δ 接變壓器中，因為「零序電流」無法流入或流出Δ 繞組，故造成零序標么網路開路，不過可以在Δ 繞組造成環流，並可抑制三次諧波之產生。
5. 變壓器標么阻抗與繞組接法無關，即無論是 Y-Y 接、Δ-Δ 接、Δ-Y 接，或是 Y-Δ 接，其標么阻抗都相同。

牛刀小試

1. **有三具相同之單相雙繞組變壓器互聯為一台三相變壓器，每部單相變壓器之額定均為 400MVA.13.8/199.2KV，並具有漏電抗 $X_{eq} = 0.1 p.u.$。設忽略繞組電阻以及激磁電流，且高壓繞組採 Y 接，現有一三相負載於變壓器高壓側以平衡正序運轉，功因為 0.9 落後吸收 800MVA，且 $V_{AN} = 199.2\angle 0° KV$。求當低壓繞組分別採(1)Y 接，(2)Δ 接時，低壓側之相電壓為？**

詳解

本題以「標么系統」處理之，此時必須注意基準值的選取，額定容量是否是三台以及本題額定電壓之給予為線對線電壓 $V_{LL}$，而非相電壓($V_{LN}$)。

以變壓器額定為基準，則 $S_{b,3\phi} = 3\times 400 = 1200 MVA, V_{b,HLL} = 199.2\sqrt{3} KV$

因題目所給為「平衡正序」運轉，故「零、負序」電壓及電流均為零，不予考慮所以本題只考慮正序標么模型。

(1) 三相變壓器為 Y-Y 接，此時無需考慮相位移，可畫出其正序標么電路如圖：

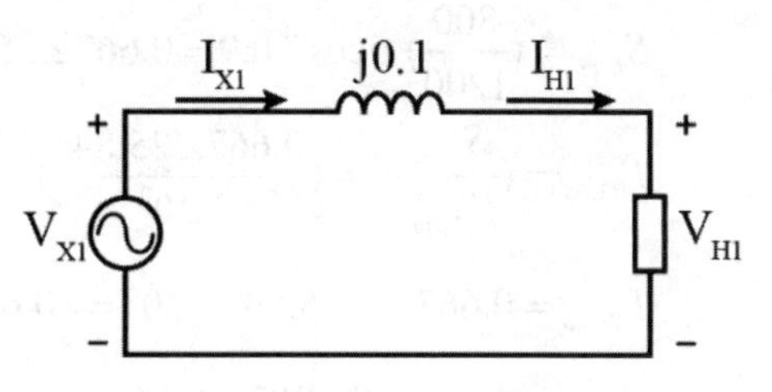


則由圖知

$I_{X1} = I_{H1}, Let\ I_{X1} = I_{H1} = I_1$，以及 $V_{H1} = V_{AN} = 199.2\angle 0° KV \Rightarrow$

$$V_{H1,pu} = \frac{V_{H1}}{V_{b,HLL}/\sqrt{3}} = \frac{199.2\angle 0°}{\frac{199.2\sqrt{3}}{\sqrt{3}}} = 1\angle 0° pu$$

$$S_{L,pu} = (\frac{800}{1200})\angle \cos^{-1} 0.9 = 0.667\angle 25.84° pu.$$

$$I_{1,pu} = (\frac{S_{L,pu}}{V_{H1,pu}})^* = (\frac{0.667\angle 25.84°}{1\angle 0^0})^* = 0.667\angle -25.84° pu.$$

$$V_{X1,pu} = V_{H1,pu} + I_{1,pu}(j0.1) = 1\angle 0° + 0.667\angle -25.84°(j0.1) = 1.029 + j0.06$$

$$= 1.031\angle 3.34°, and, V_{X0} = V_{X2} = 0$$

$$V_{an,pu} = (V_{X1} + V_{X0} + V_{X2})_{pu} = 1.031\angle 3.34°$$

$$V_{an,pu} = (V_{X1} + V_{X0} + V_{X2})_{pu} = 1.031\angle 3.34°$$

$$\Rightarrow V_{an} = V_{an,pu} \times V_{b,XLN} = 1.031\angle 3.34°(13.8KV) = 14.228\angle 3.34° KV$$

(2) 三相變壓器為 Δ-Y 接，此時需考慮「相位移」，並畫出其正序標么電路如圖：

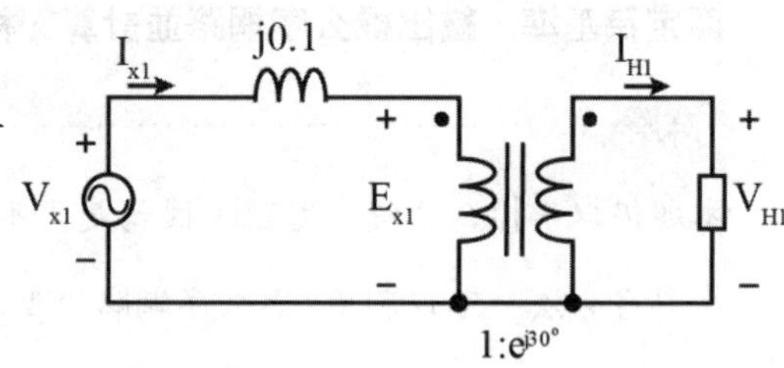


$$V_{H1} = V_{AN} = 199.2\angle 0° KV \Rightarrow V_{H1,pu} = \frac{V_{H1}}{V_{b,HLL}/\sqrt{3}} = \frac{199.2\angle 0°}{\frac{199.2\sqrt{3}}{\sqrt{3}}} = 1\angle 0° pu$$

$$S_{L,pu}=(\frac{800}{1200})\angle\cos^{-1}0.9=0.667\angle 25.84^\circ pu.$$

$$I_{H1,pu}=(\frac{S_{L,pu}}{V_{H1,pu}})^*=(\frac{0.667\angle 25.84^\circ}{1\angle 0^0})^*=0.667\angle -25.84^\circ$$

$$I_{X1.pu}=0.667\angle -25.84^\circ-30^\circ==0.667\angle -55.84^\circ$$

$$E_{X1,pu}=V_{H1,pu}\angle\theta-30^\circ=1\angle -30^\circ\Rightarrow$$

$$V_{X1,pu}=E_{X1,pu}+I_{X1,pu}(j0.1)=1\angle -30^\circ+0.667\angle -55.84^\circ(j0.1)$$

$$=1.418-j0.125=1.423\angle -5.04^\circ$$

$$V_{an,pu}=(V_{X1}+V_{X0}+V_{X2})_{pu}=1.423\angle -5.04^\circ\ ;\ V_{b,XLN}=\frac{13.8KV}{\sqrt{3}}=7.967KV$$

$$\Rightarrow V_{an}=V_{an,pu}\times V_{b,XLN}=1.423\angle -5.04^\circ(7.967KV)=11.34\angle -5.04^\circ KV$$

2. **有一不平衡 Y 接電壓源** $\begin{pmatrix}V_{ag}\\V_{bg}\\V_{cg}\end{pmatrix}=\begin{pmatrix}277\angle 0^\circ\\260\angle -120^\circ\\295\angle 115^\circ\end{pmatrix}$ **，其透過一** 75KVA，480V-Δ/208V-Y **之變壓器及每相阻抗** $Z_L=1\angle 85^\circ\Omega$ **之傳輸線供電至一平衡** Δ **接負載(**$Z_\Delta=30\angle 40^\circ\Omega$**)，**Y **接電壓源以及變壓器** Y **繞組中性點均直接接地，已知變壓器漏電抗為** $X_{eq}=0.1pu.$ **，繞組電阻及激磁電流均忽略，試以變壓器額定為基準，繪出標么序網路並計算** a **相電源電流** $I_a=$ **多少** $A$ **？**

詳解 ……………………………………………………………………………

本題仍以「標么系統」處理，因為是「不平衡三相電壓源」，依據 Chap2 之「對成分法」，可以利用「標么序網路模型求解」，本題可畫簡單單線圖如下：

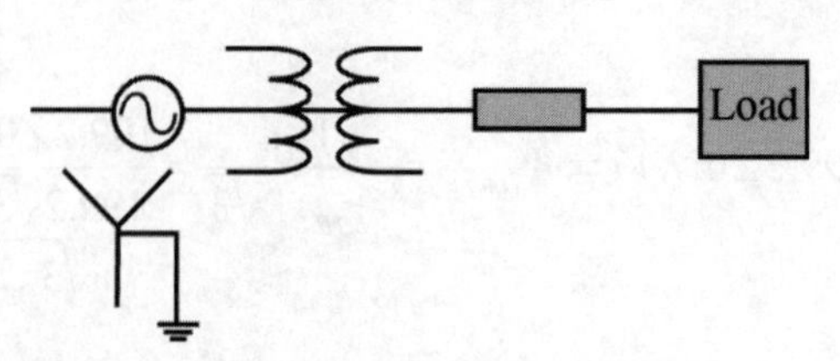

並依以下各 STEP 依序求解。

STEP 1. 定基準：

以變壓器額定為基準

$$\Rightarrow S_{b,3\phi} = 75kVA, V_{b,HLL} = 480V, V_{b,XLL} = 208V, V_{b,HLN} = \frac{480}{\sqrt{3}}V$$

再推出 $Z_{bX} = \dfrac{208^2}{75000} = 0.577\Omega, I_{bH} = \dfrac{75000}{\sqrt{3} \times 480} = 90.21A$

STEP 2. 求出各元件之之標么序成分：

(1) 相電壓源序成分標么值：

$$\text{由 } V_s = A^{-1}V_p \Rightarrow \begin{pmatrix} V_0 \\ V_1 \\ V_2 \end{pmatrix}_{pu} = \frac{1}{3V_{b,HLN}} \begin{pmatrix} 1 & 1 & 1 \\ 1 & a & a^2 \\ 1 & a^2 & a \end{pmatrix} \begin{pmatrix} V_{ag} \\ V_{bg} \\ V_{cg} \end{pmatrix}$$

$$= \begin{pmatrix} 0.05742\angle 62.11^\circ \\ 1\angle -1.772^\circ \\ 0.03327\angle 216.59^\circ \end{pmatrix} pu.$$

(2) 變壓器電抗序成分標么值：

$$X_{TR0} = 0.1pu., X_{TR1} = 0.1pu., X_{TR2} = 0.1pu.$$

(3) 傳輸線阻抗序成分標么值：

$$Z_{L0} = Z_{L1} = Z_{L2} = \frac{1\angle 85^\circ}{0.0577} = 1.733\angle 85^\circ pu.$$

(4) 負載阻抗序成分標么值：

$$Z_{Load0} = Z_Y + 3Z_n = \frac{\frac{Z_\Delta}{3}}{0.0577} + \infty = 17.33\angle 40^\circ + \infty pu.$$

$$Z_{Load1} = Z_{Load2} = Z_Y = \frac{\frac{Z_\Delta}{3}}{0.0577} = 17.33\angle 40^\circ pu.$$

**STEP** 3. 畫出各標么序網路圖如下所示，注意 Y-Δ 接，有「相位移」存在。

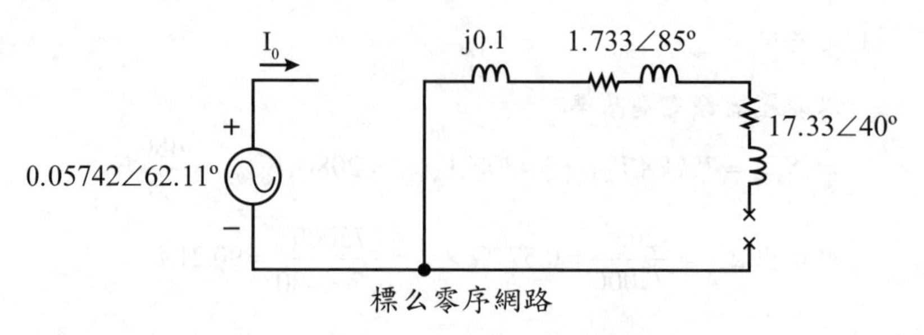


標么零序網路

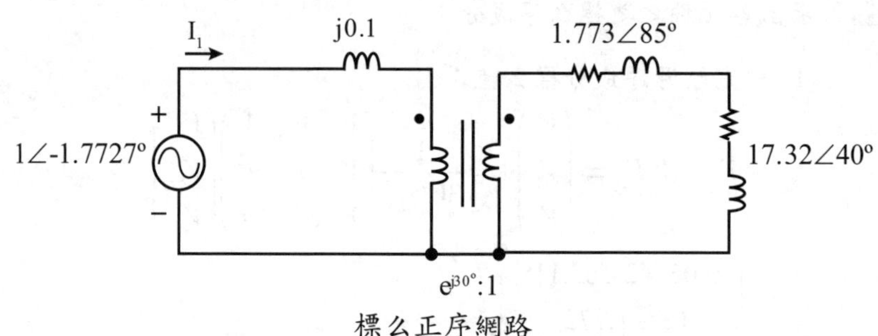


標么正序網路

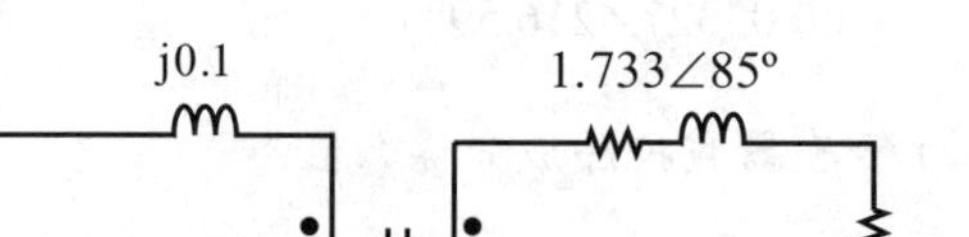
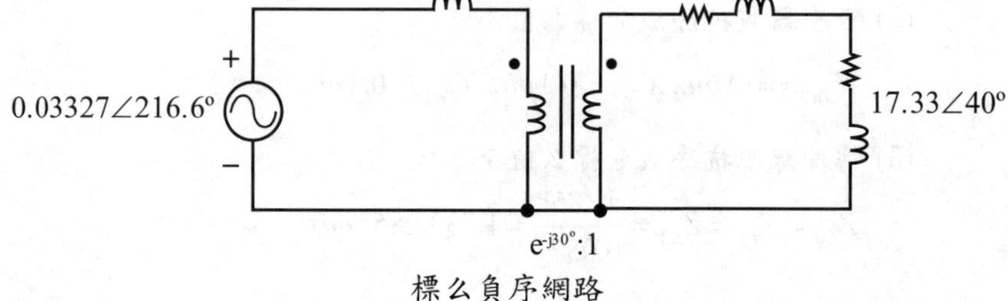


標么負序網路

**STEP** 4. 求出各序電流：

$$I_0 = 0, I_1 = \frac{1\angle -1.772^\circ}{j0.1 + 1.733\angle 85^\circ + 17.33\angle 40^\circ} = 0.05356\angle -45.77^\circ pu.$$

$$I_2 = \frac{0.03327\angle 216.59^\circ}{j0.1 + 1.733\angle 85^\circ + 17.33\angle 40^\circ} = 0.001782\angle 172.59^\circ pu.$$

**STEP** 5. 可得相電源電流標么值 $I_{a,pu} = I_0 + I_1 + I_2 = 0.05216\angle -46.19^\circ pu.$，

再轉為實際值：$I_a = 0.05216\angle -46.19^\circ \times 90.21 = 4.705\angle -46.19^\circ A$

3. **某電力系統有一個公稱電壓為 11.4 kV 之匯流排，該匯流排經由一具三相、100 MVA、11.4/161 kV、10%電抗的升壓變壓器連接至兩條並聯的輸電線（A 及 B），線路 A 及線路 B 之阻抗分別為 0.01＋j0.04 標么以及 0.03＋j0.01 標么。若該兩輸電線共同連接至一個額定 80 MW、功率因數 0.8 落後、電壓保持 161 kV 之大型負載，試以 100 MVA、161 kV 為基準值，求解這兩條輸電線分別傳送至負載的實功及虛功。**（100 關務三等）

詳解

本題以「標么系統」處理之，並將所給各資訊畫成單線簡圖如下，因題目沒給連接方式，所以忽略「相位移」。

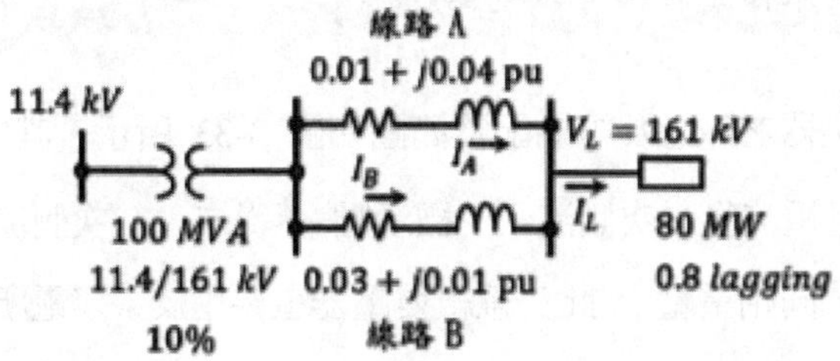

線路 A
0.01 + j0.04 pu
11.4 kV
$V_L = 161\ kV$
$I_A$
$I_B$
$I_L$
100 MVA
11.4/161 kV
10%
0.03 + j0.01 pu
線路 B
80 MW
0.8 lagging

本題仍以「標么系統」解之，首先

基準值為 $S_{b,3\phi} = 100MVA, V_{b,LL} = 11.4/161KV$ $V_{L,pu} = (\dfrac{161\angle 0^\circ}{161}) = 1\angle 0^\circ$，

$$S_L = 80 + j60MVA = 100\angle 36.87^\circ MVA \Rightarrow S_{L,pu} = \frac{100\angle 36.87^\circ}{100} = 1\angle 36.87^\circ pu.$$

$$I_{L,pu} = (\frac{S_{L,pu}}{V_{L,pu}})^* = (\frac{1\angle 36.87^\circ}{1\angle 0^\circ})^* = 1\angle -36.87^\circ = 0.8 - j0.6pu.$$

$$I_{A,pu} = I_{L,pu}(\frac{0.03 + j0.01}{0.01 + j0.04 + 0.03 + j0.01}) = 0.17 - j0.46pu.$$

$$I_{B,pu} = I_{L,pu} - I_{A,pu} = 0.63 - j0.14pu.$$

$$S_{A,pu} = V_{L,pu} I_{A,pu}{}^* = 0.17 + j0.46 = P_A + jQ_A pu.$$

$\therefore P_A = 0.17 \times 100 = 17MW, Q_A = 0.46 \times 100 = 46MVar$

$S_{B,pu} = V_{L,pu} I_{B,pu}^{\ *} = 0.63 + j0.14 = P_B + jQ_B pu.$

$\therefore P_B = 0.63 \times 100 = 63MW, Q_B = 0.14 \times 100 = 14MVar$

# 3-8 三繞組變壓器

## 焦點 11 單相三繞組變壓器

考試比重 ★★☆☆☆

綜合題型，本節是技師考試重點。

1. 單相三繞組變壓器之鐵心及線圈配置簡圖如圖 3-33 所示，其中「標示點」表示極性為「正」且電流從一次側流入「標示點」，從二、三次側流出「標示點」，故 $E_1, E_2, E_3$ 稱為「同相電壓」，此三繞組變壓器主要用於「變電所」，其功用有下：

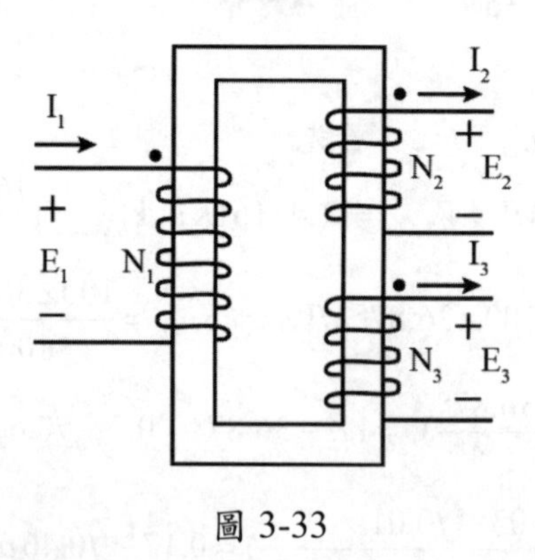


圖 3-33

(1) 供應變電所內用電需求。

(2) 一般並聯「電容器」(或「電抗器」)做功因改善之用。

(3) 二、三次側輸出可設計為不同電壓等級。

2. 本章【焦點 1】之式 3-5.「平衡安匝」特性，可以推廣應用至單相三繞組變壓器如下："$N_1I_1 = N_2I_2 + N_3I_3$"and"$\frac{E_1}{N_1} = \frac{E_2}{N_2} = \frac{E_3}{N_3}$" ......................................(式 3-62)

由上式第一部份同除 $N_1$，可得 $I_1 = \frac{N_2}{N_1}I_2 + \frac{N_3}{N_1}I_3$，再同除 $I_{b1}$，可得標么值

$$I_{1,pu} = \frac{I_1}{I_{b1}} = \frac{I_2}{(\frac{N_1}{N_2})I_{b1}} + \frac{I_3}{(\frac{N_1}{N_3})I_{b1}} \Rightarrow I_{1,pu} = I_{2,pu} + I_{3,pu} \quad \text{......(式 3-63)}$$

其物理意義為「一次側電流標么值=二次側電流標么值+三次側電流標么值」

註

$I_{b2}=(\frac{N_1}{N_2})I_{b1}$ 的證明：令三繞組變壓器之容量基準為 $S_b$，

則 $S_b = V_{b1}I_{b1} = V_{b2}I_{b2} = V_{b3}I_{b3} \Rightarrow I_{b2} = (\frac{V_{b1}}{V_{b2}})I_{b1} = (\frac{N_1}{N_2})I_{b1}$

再由式 3-62.第二部份同乘 $N_1$ 再同除 $E_{b1}$，可得標么值

$$E_{1,pu} = \frac{E_2}{(\frac{N_2}{N_1})E_{b1}} = \frac{E_3}{(\frac{N_3}{N_1})E_{b1}} \Rightarrow E_{1,pu} = E_{2,pu} = E_{3,pu} \quad \text{......(式 3-64)}$$

其物理意義為「三繞組變壓器中，各次側電壓標么值均相等」，如此可畫出「理想三繞組變壓器」之等效電路圖如圖 3-34 所示：若考慮其「串聯阻抗」及「激磁支路」，我們可以得到「實際三繞組變壓器」之等效電路圖如下圖 3-35。

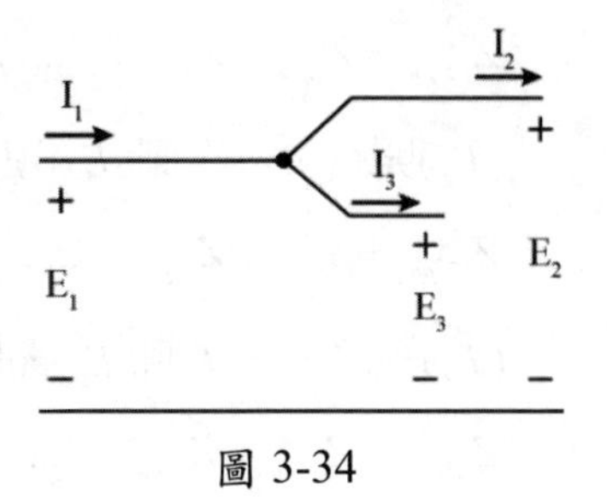

圖 3-34

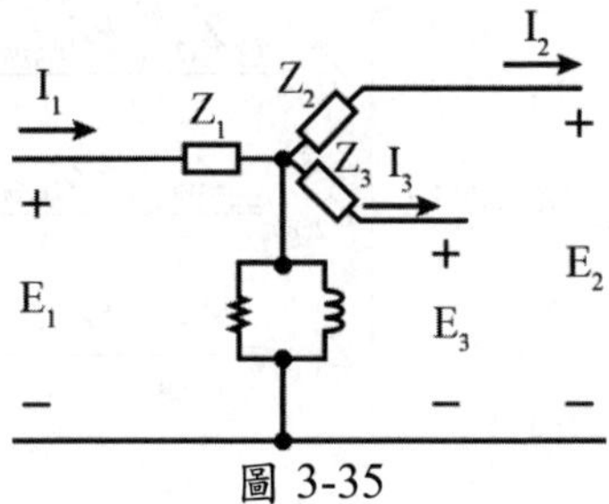

圖 3-35

老師的話

1. 實際三繞組變壓器有「串聯阻抗」(如上圖 3-35 之 $Z_1,Z_2,Z_3$)，但此串聯阻抗與「漏阻抗」並不一樣，因為「漏阻抗」其值必為+，而「串聯阻抗」其值可為+或-(由以下範例可以得知)。
2. 一般廠商所給三繞組變壓器銘牌中計有三個「額定容量」，但其額定容量基準值只有一個，並令各繞組之額壓為基準電壓。
3. 做「三繞組變壓器」之開路試驗(Open Circuit Test)，可得到「並聯支路參數」做短路試驗(Short Circuit Test)，可得「串聯漏阻抗參數」。

3. 單相三繞組變壓器的短路試驗：(此時忽略「並聯導納」)

(1) 目的在求：串聯漏阻抗

(2) 做法：如圖 3-35.所示，分別做三次短路試驗，即第一次在一次側($E_1$)加壓，二次側($E_2$)短路、三次側($E_3$)開路，得到第一組等效標么漏電抗值 $Z_{12,pu}=Z_{1,pu}+Z_{2,pu}$…………………(式3-65)；第二次在一次側($E_1$)加壓，二次側($E_2$)開路、三次側($E_3$)短路，得到第二組等效標么漏電抗值 $Z_{13,pu}=Z_{1,pu}+Z_{3,pu}$…………………(式3-66)；第三次在二次側($E_2$)加壓，三次側($E_3$)短路、一次側($E_1$)開路，得到第三組等效標么漏電抗值 $Z_{23,pu}=Z_{2,pu}+Z_{3,pu}$…………………(式3-67)；如此聯立(式 3-65.)、(式 3-66.)、(式 3-67.)可得標么串聯阻抗如下：

$$\begin{cases} Z_{1,pu}=\dfrac{Z_{12,pu}+Z_{13,pu}-Z_{23,pu}}{2} \\ Z_{2,pu}=\dfrac{Z_{12,pu}+Z_{23,pu}-Z_{13,pu}}{2} \\ Z_{3,pu}=\dfrac{Z_{13,pu}+Z_{23,pu}-Z_{12,pu}}{2} \end{cases} \quad \text{…………(式 3-68)}$$

牛刀小試

◎ 有一 60Hz、單相、三繞組變壓器，如圖所示，額定電壓依序為 600/1200/10000 V，額定功率分別為 400/100/300 kVA。若 600 V 電源係由此變壓器的 600 V 側饋入，並在 1200 V 側掛上 15 Ω 的電阻負載，在 10000 V 側掛接 260 Ω 的電力電容器。假設電源阻抗為零，試利用理想變壓器模型及以 1200 V 側電壓為參考（即其相位角設定為 0°），計算各繞組之電流及負載量（kVA）；另試問此變壓器是否有過載情況，若是，請說明其情形。

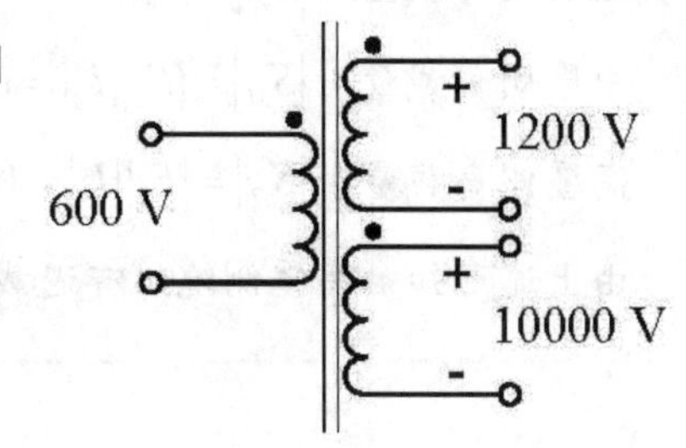


（101 電機技師）

詳解

本題由圖之各側標示點，可知 $E_1, E_2, E_3$ 為同相位，

故 $E_1 = 600\angle 0°V, E_2 = 1200\angle 0°V, E_3 = 10K\angle 0°V$ ，

並由其他資訊畫圖如下：

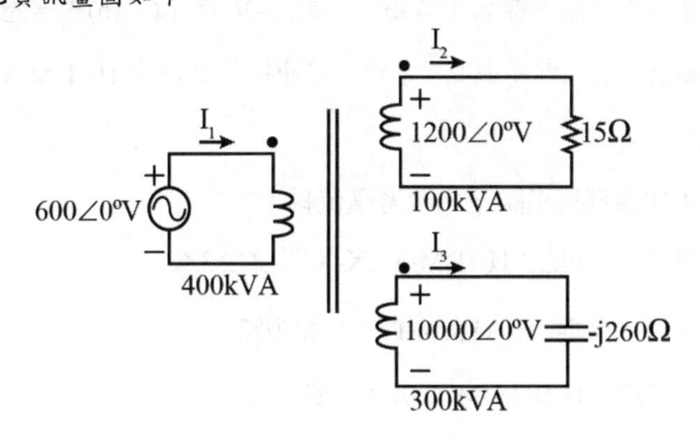


是否「過載」，則考慮「視在功率」(即複數功率之大小值)即可。

如上圖 $\begin{cases} I_2 = \dfrac{1200\angle 0°}{15} = 80\angle 0°(A) \\ I_3 = \dfrac{10000\angle 0°}{-j260} = 38.5\angle 90°(A) \end{cases}$，再利用「平衡安匝」關係

$N_1 I_1 = N_2 I_2 + N_3 I_3 \Rightarrow I_1 = \dfrac{N_2}{N_1} I_2 + \dfrac{N_3}{N_1} I_3 = 661.3\angle 76°(A)$

低壓側負載量：$|S_X| = |E_1||I_1| = 600V \times 661.3A = 396.8KVA$

中壓側負載量：$|S_M| = |E_2||I_2| = 1200V \times 80A = 96KVA$

高壓側負載量：$|S_H| = |E_3||I_3| = 10KV \times 38.5A = 385KVA$

由上述可知，高壓側繞組有過載情況，因為 $|S_H| > 300KVA$

4. 三相三繞組變壓器的標么等效電路：

(1) 三台相同的單相三繞組變壓器可連接成一台三繞組三相變壓器，在單相三繞組變壓器之繞組記號分別以 1,2,3 來表示，而在三相三繞組變壓器則分別以 H,M,X 分別代表高、中、低壓繞組；習慣上，高、中、低壓端選擇以「共用容量 $S_{b.3\phi}$」為基準，並以變壓器額定線電壓為電壓基準。

(2) 三相三繞組變壓器的標么等效電路如圖 3-36 所示(圖(b)未考慮「相位移」)，其中圖(a)為「標么零序網路」電路，其連接方式決定 H-H',M-M',X-X'缺口，其規則如下：

A. Δ 接：H'端直接短路至「參考匯流排」

B. Y 接並經 $Z_N$ 接地：H-H',M-M',X-X'間連接 $3Z_N$

C. Y 接並直接接地：H-H',M-M',X-X'間短路

D. Y 接未接地：H-H',M-M',X-X'間開路

其中圖(b)為「標么正、負序網路」電路，對「非旋轉設備」而言，正、負序相對應之標么阻抗( $Z_M, Z_X$ )均相同。

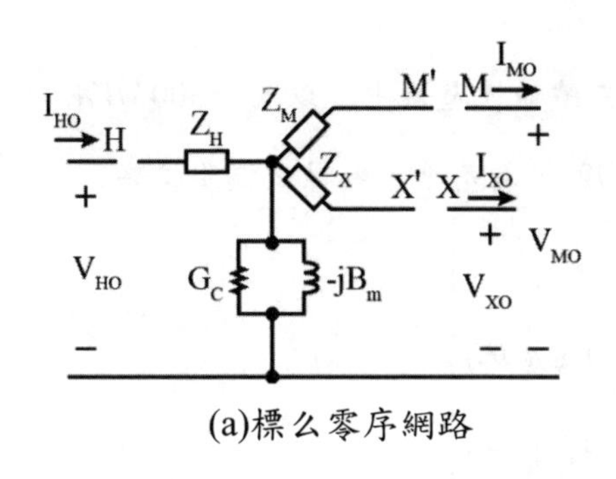

(a)標么零序網路

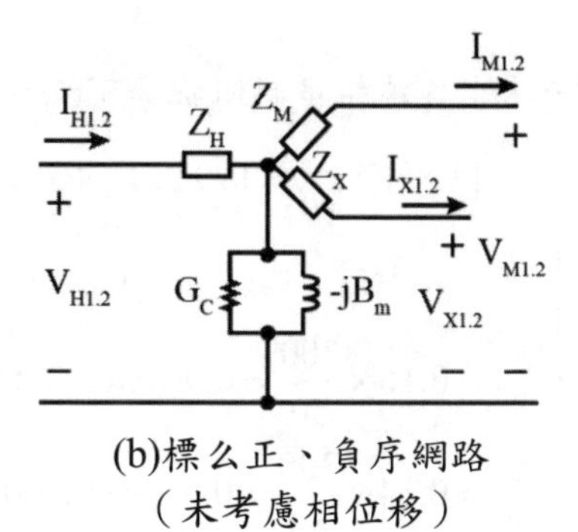

(b)標么正、負序網路
（未考慮相位移）

圖 3-36

牛刀小試

◎ **有一單相三繞組變壓器，其額定值如下：** $\begin{Bmatrix} \text{繞組1: } 300MVA, 13.8KV \\ \text{繞組2: } 300MVA, 199.2KV \\ \text{繞組3: } 50MVA, 19.92KV \end{Bmatrix}$ **，由**

**短路試驗測得之標么漏電抗為** $\begin{Bmatrix} X_{12} = 0.1pu(\text{以}300MVA, 13.8KV\text{為基準}) \\ X_{13} = 0.16pu(\text{以}50MVA, 13.8KV\text{為基準}) \\ X_{23} = 0.14pu(\text{以}50MVA, 199.2KV\text{為基準}) \end{Bmatrix}$ **，**

**今忽略繞組電阻及激磁電流並以繞組 1 額定為基準。若三台以上規格之變壓器連接成一台三相變壓器，用以饋接 900MVA,13.8KV 發電機至 345KV 輸電線及 34.5KV 配電線，變壓器繞組連接方式如下：**

$$\begin{Bmatrix} \text{低壓側(X): }\Delta\text{接}, 13.8KV\text{至發電機} \\ \text{中壓側(M): Y接經}Z_N = j0.1\Omega\text{接地}, 34.5kV\text{、至}34.5kV\text{配電線} \\ \text{高壓側(H): Y接直接接地}, 345kV\text{，至}345kV\text{輸電線} \end{Bmatrix}$$

**Y 繞組高、中壓端之正序電壓及電流均超前 Δ 繞組低壓端對應量 30°，當以低壓端 900MVA,13.8KV 為基準，試畫出其標么序網路。**【考慮相位移之三相三繞組變壓器之標么序網路題型】

**詳解**

本題統一以「標么系統」解之，先求出各繞組串聯阻抗，並須注意基準值不同之轉換。

先求出各繞組串聯阻抗如下：單台三繞組變壓器中，以 $S_b = 300MVA$, $V_{b1} = 13.8kV$, $V_{b2} = 199.2kV$, $V_{b3} = 19.92kV$ 為基準，各標么漏阻抗為

$$\begin{cases} X_{12} = 0.1pu \\ X_{13} = 0.16 \times \dfrac{300}{50} = 0.96pu(\text{以}300MVA\text{為基準}) \\ X_{23} = 0.14 \times \dfrac{300}{50} = 0.84pu(\text{以}300MVA\text{為基準}) \end{cases}$$

則由式 3-68.得 $\begin{cases} X_1 = \dfrac{X_{12} + X_{13} - X_{23}}{2} = 0.11pu \\ X_2 = \dfrac{X_{12} + X_{23} - X_{13}}{2} = -0.01pu \\ X_3 = \dfrac{X_{13} + X_{23} - X_{12}}{2} = 0.85pu \end{cases}$

又在三相三繞組變壓器中，先選定「容量」及「電壓」基準值：

$\begin{cases} S_{b,3\phi} = 900MVA \\ V_{bX,LL} = 13.8KV, V_{bM,LL} = 34.5KV, V_{bH,LL} = 345KV \end{cases}$，則中壓端阻抗基準

$Z_{bM} = \dfrac{34.5^2}{900} = 1.3225\Omega$，中性線標么阻抗為 $Z_{N,pu} = \dfrac{j0.1}{1.3225} = j0.07561pu.$，

因此 $3Z_{N,pu} = j0.2268pu.$，可畫出其標么序網路如下：

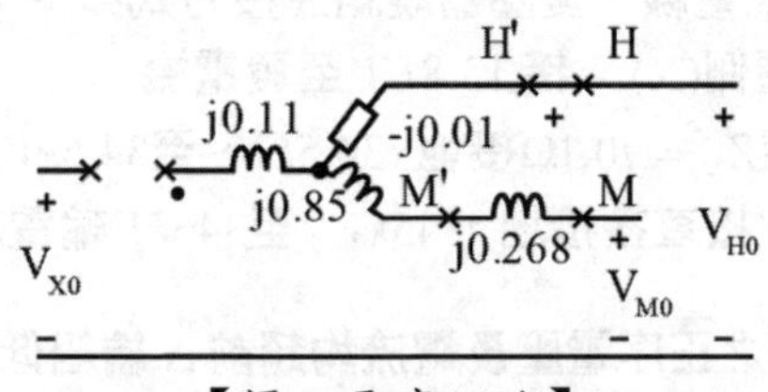


【標么零序網路】

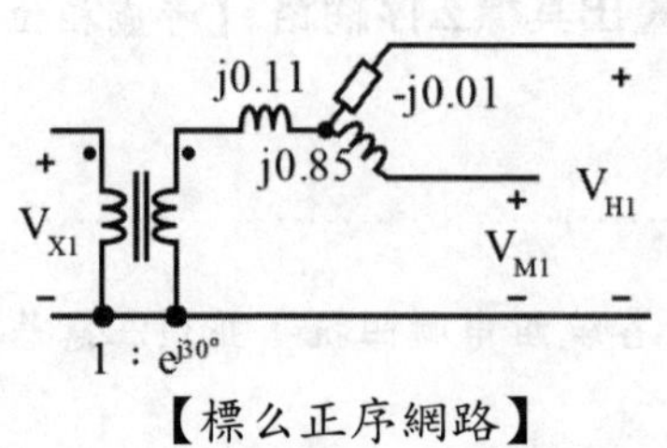


【標么正序網路】

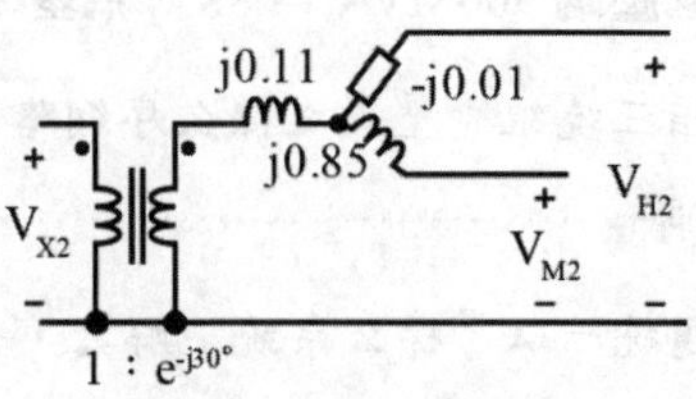

【標么負序網路】

# 3-9 自耦變壓器

## 焦點 12　另一變型之變壓器　考試比重 ★★★★☆

綜合題型，本節為高考及技師考試重點。

1. 如下圖 3-37 所示，有一「單相雙繞組變壓器」(如(a)圖)若二繞組間以(b)圖所示之「加極性」方式串聯連接，則成為「升壓自耦變壓器」(Step up autotransformer)，其中，額壓 $E_1$ 稱為「共用繞組(common winding)」電壓，額壓 $E_2$ 稱為「串聯繞組(series winding)」電壓，很明顯地，自耦變壓器二繞組間除「磁耦合」外，亦包含了「電耦合」，此時為加繼性連接，故能升壓；若將(b)圖之一、二次側對調，則成為降壓(Step down)自耦變壓器。

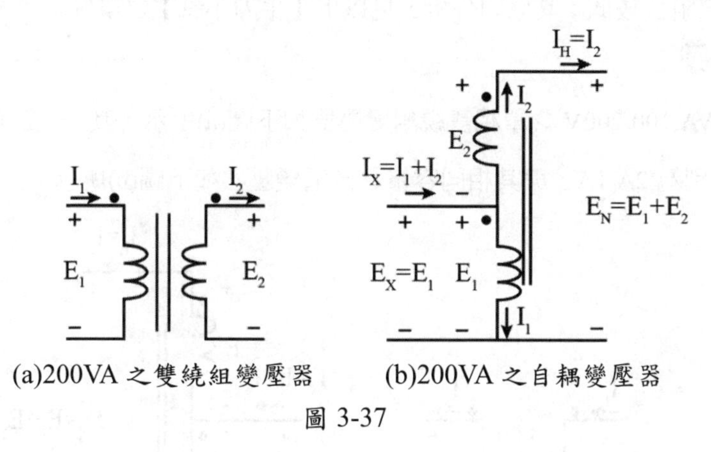


圖 3-37

2. 由上圖，自耦變壓器之容量為

$$S_{auto}=E_H I_H=(E_1+E_2)I_2=(1+\frac{E_1}{E_2})E_2I_2=(1+\frac{N_1}{N_2})S_{2W} \quad \text{(式 3-69)}$$

其物理意義為：「自耦變壓器容量=$(1+\frac{\text{共用匝數}N_1}{\text{非共用匝數}N_2})$雙繞組變壓器容量」

可知自耦變壓器容量必大於雙繞組變壓器容量；上述比例定義為「額定功率增益(Power rating advantage)」，

即 $Power\ Rating\ Advantage = \frac{S_{auto}}{S_{2W}} = 1 + \frac{共用匝數N_1}{非共用匝數N_2}$

3. 自耦變壓器容量較雙繞組變壓器容量為高之原因，可由下式 3-70.看出，

$S_{auto} = E_X I_X = E_1(I_1 + I_2) = E_1 I_1 + E_1 I_2 = S_{2W} + E_1 I_2$ ....................................(式 3-70)

上式中，$E_1 I_1 = S_{2W}$ 為「磁耦合容量」，$E_1 I_2$ 為「電耦合(傳導)容量」，故其容量較雙繞組變壓器為高。

4. 自耦變壓器相較於同容量之雙繞組變壓器，具有以下優點：

(1) 體積較小。

(2) 效率較高。

(3) 內部阻抗較低；其原因分析，見以下【牛刀小試】之舉例

有 200VA,100/200V 之單相雙繞組變壓器如下圖(a)所示，其一、二側額定電流為分別為 2A,1A，與其相同容量之自耦變壓器如下圖(b)所示：

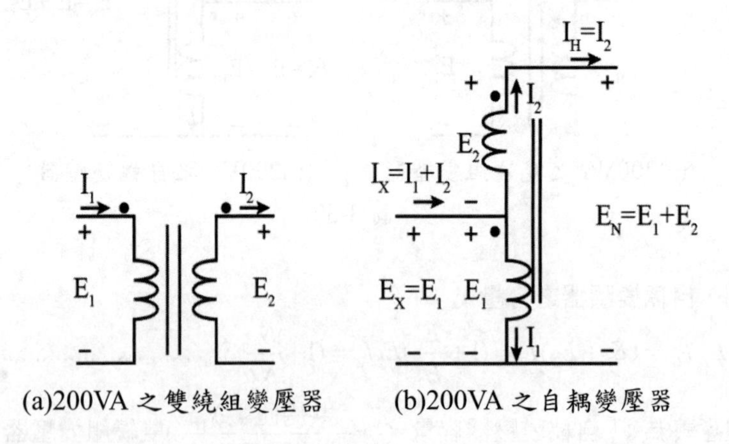


(a)200VA 之雙繞組變壓器　(b)200VA 之自耦變壓器

比較兩變壓器在相同容量下，可以製表如下：

| | 額壓 | 額流 |
|---|---|---|
| 雙繞組變壓器 | 100/200V | 2A/1A |
| 自耦變壓器 | 100/100V | 1A/1A |

如此可得，自耦變壓器無論是繞組額壓或額流均為雙繞組變壓器為小，故知：

1. 額壓較小 ⇒ {絕緣需求較低、鐵損較少} ⇒ {體積較小、效率較高}
2. 額流較少 ⇒ 銅損較小 ⇒ {效率較高、內部阻抗較低}

5. 自耦變壓器實際值模型：

此模型如圖 3-38 所示，其中係「非共用匝數」為「共用匝數」，原雙繞組等效阻抗係串接於非共匝繞組，在「雙繞組變壓器」以加極性方式連接為「自耦變壓器」後，等效阻抗實際值雖不變(因為二者之鐵心及繞組均相同，僅外部繞組接法不同)，但標么值係變小，證明如下。

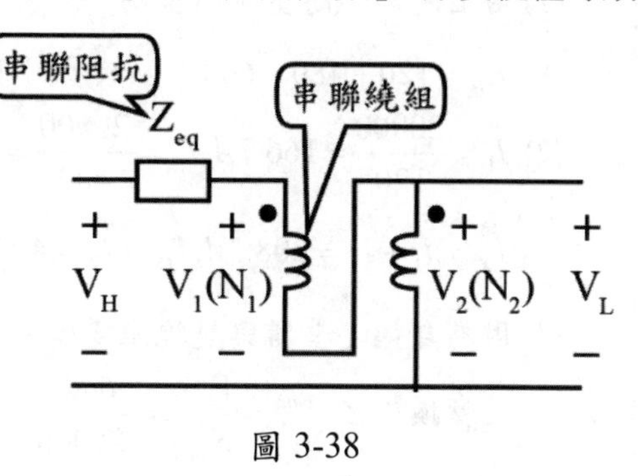


圖 3-38

證明：

$$Z_{pu}^{auto}=\frac{Z_{eq}}{\frac{V_H^2}{S_{auto}}}=Z_{eq}\frac{S_{auto}}{V_H^{\ 2}},Z_{pu}^{2W}=\frac{Z_{eq}}{\frac{V_1^2}{S_{2W}}}=Z_{eq}\frac{S_{2W}}{V_1^{\ 2}},$$

$$\Rightarrow\frac{Z_{pu}^{auto}}{Z_{pu}^{2W}}=\frac{S_{auto}}{S_{2W}}(\frac{V_1}{V_H})^2=(1+\frac{N_2}{N_1})(\frac{N_1}{N_1+N_2})^2=(1+\frac{N_2}{N_1})(1+\frac{N_2}{N_1})^{-2}=\frac{1}{1+\frac{N_2}{N_1}}$$

## 牛刀小試

1. **將一容量為 20KVA,480/120V,之單相雙繞組變壓器，其繞組連接成一台升壓自耦變壓器，其中繞組 1 為 120V 繞組，試計算：**
   **(1)高壓端及低壓端壓？ (2)KVA 額定？ (3)標么漏阻抗？**

**詳解**

如題意所畫之升壓自耦變壓器如右圖：

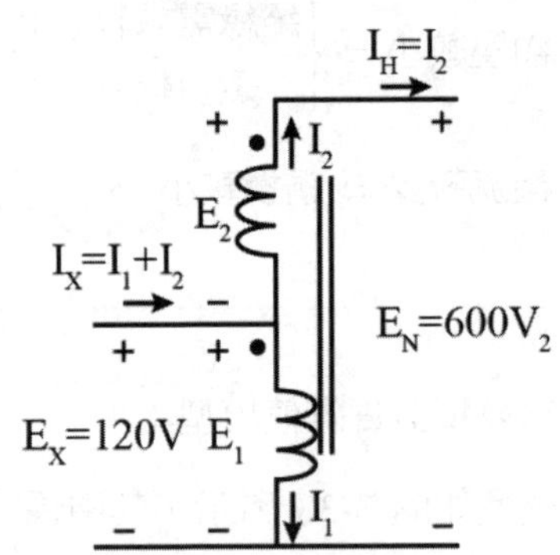


(1) 由上圖知，高壓側額壓為

$E_H = 120 + 480 = 600V$ ，低壓側額壓為 $E_X = 120V$

(2) $I_1 = \dfrac{20000}{120} = 166.7A, I_2 = \dfrac{20000}{480} = 41.7A$

$I_X = I_1 + I_2 = 208.3A, I_H = I_2 = 41.7A \Rightarrow S_X = E_X I_X = 25KVA = S_H$

(3) 因為自耦變壓器與雙繞組變壓器之高壓側基準阻抗不同，故必須做以下之轉換：$Z_{bH}{}^{auto} = \dfrac{V_{bH}{}^2}{S_{auto}} = \dfrac{600^2}{25000} = 14.4\Omega$ ，

$$Z_{bH}{}^{2W} = \frac{V_{bH}{}^2}{S_{2W}} = \frac{480^2}{20000} = 11.52\Omega$$

$$Z_{bH}{}^{auto} Z_{pu}{}^{auto} = Z_{bH}{}^{2W} Z_{pu}{}^{2W}$$

$$\Rightarrow Z_{bH}{}^{auto} = \frac{Z_{bH}{}^{2W} Z_{pu}{}^{2W}}{Z_{pu}{}^{auto}} = \frac{11.52 \times 0.0729\angle 78.13^\circ}{14.4} = 0.05832\angle 78.13^\circ\, pu.$$

此呼應上述結論之自耦變壓器之標么漏阻抗較雙繞組變壓器為小，其比值恰為自耦變壓器「額定功率增益」之倒數。

2. **一容量為 50KVA,6600/220V 之單相雙繞組變壓器，做開路試驗時測得 160W，做短路試驗時測得 110W，求：**
   (1)**工作於額定電壓與功率因數為 1.0 之額定負載，其效率為？**
   (2)**將此變壓器接成 6600/6820V 之自耦變壓器，其額定功率為？**
   (3)**承(2)，求其效率為？**（97 台電）

詳解

開路試驗測得 160W 即為在額壓下之「鐵損」，短路試驗測得 110W 即為在額壓下之「銅損」，且效率 $\eta(\%)=\dfrac{P_{out}}{P_{out}+P_{loss}}\times 100\%$

(1) $\eta(\%)=\dfrac{P_{out}}{P_{out}+P_{loss}}\times 100\%=\dfrac{50000}{50000+160+110}\times 100\%=99.46\%$

(2) $S_{auto}=S_{2W}(1+\dfrac{共匝}{非共匝})=50(1+\dfrac{6600}{220})=1550KVA$

(3) $\eta(\%)=\dfrac{P_{out}}{P_{out}+P_{loss}}\times 100\%=\dfrac{1550000}{1550000+160+110}\times 100\%=99.98\%$

# 3-10 非標稱匝數比變壓器

## 焦點 13　另一變形之變壓器

考試比重 ★★★☆☆

綜合題型，本節為技師考試重點。

1. 當選定變壓器之「基準電壓比」=「額定電壓比」時，採用標么模型可將理想變壓器之繞組去除(即將電路直接短路)，以簡化電路；不過，在某些情形之下，可能無法如此選定基準電壓，如圖 3-39.為平行連接的兩台變壓器，其中若選擇 $V_{bH}=345kV$，對 $T_1$ 而言，需令 $V_{bX}=13.8kV$；但對 $T_2$ 而言，需令 $V_{bX}=13.2kV$ 方能符合「基準電壓比」=「額定電壓比」之要求，可見無論如何選擇，必有一台變壓器之「基準電壓比」≠「額定電壓比」，此變壓器稱為具有「非標稱(off-nominal)」匝數比。

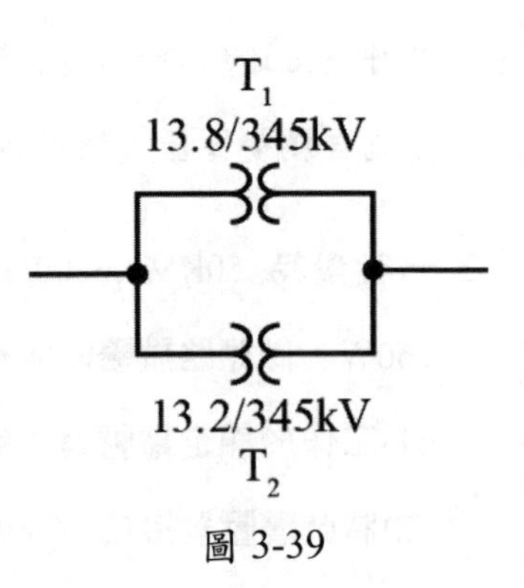

圖 3-39

2. 非標稱匝數比變壓器之標么模型：如下圖 3-40 所示之非標稱匝數比變壓器，其具有額定電壓 $V_{r1},V_{r2}$，且滿足 $a_t=\dfrac{V_{r1}}{V_{r2}}\Rightarrow V_{r1}=a_tV_{r2}$，其中 $a_t$ 稱為匝數比(可以是實數或複數)；茲選定基準電壓為 $V_{b1},V_{b2}$，且滿足 $V_{b1}=bV_{b2}$，其中令

$a_t=bc\Rightarrow c=\dfrac{a_t}{b}$ ..........................(式 3-71)，由式 3-71.中定義 $c=\dfrac{a_t}{b}$ 稱 c 為「匝數比標么值」，因此，上式可以視為以兩台變壓器串聯表示如圖 3-40 之(b)；

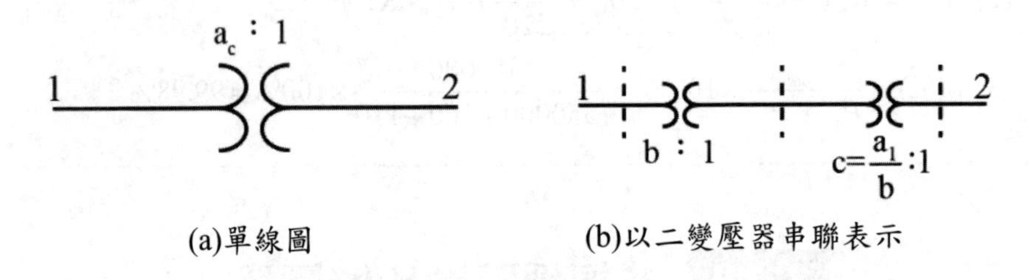

(a)單線圖　　(b)以二變壓器串聯表示

圖 3-40

其中第一台變壓器因「額壓比」=「基壓比」，故其標么模型僅以阻抗標么 $Z_{eq}$ 表示，此外假設第二台變壓器為理想，全部有效及無效功率損失均集中在第一台變壓器，且忽略第一台之並聯激磁分路，故其可以另一 $c:1$ 之理想變壓器表示之，故非標稱變壓器之標么模型可畫出如圖 3-41 所示。

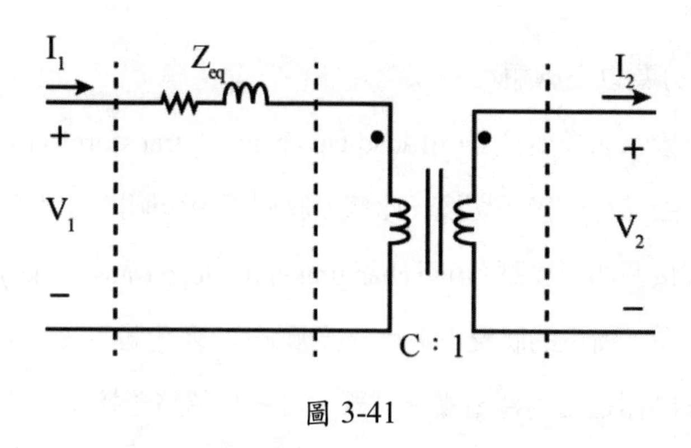


圖 3-41

3. 非標稱變壓器標么等效電路以 $\pi$ 模型表示法：

**<前提條件> $c$ 必須是「正實數」**

<說明>如圖 3-41 右側之理想變壓器若想移除之，可利用「雙埠網路」之 Y 參數解之，上圖左側可列式如下：$I_1 = \dfrac{V_1 - cV_2}{Z_{eq}} \Rightarrow let Y_{eq} = \dfrac{1}{Z_{eq}}, then I_1 = Y_{eq}V_1 - cY_{eq}V_2$

由雙埠網路 $\Rightarrow -I_2 = -c \times I_1 = -c \times Y_{eq}V_1 + |c|^2 Y_{eq}V_2$，可列出 Y bus 矩陣

$$\Rightarrow \begin{pmatrix} I_1 \\ -I_2 \end{pmatrix} = \begin{pmatrix} Y_{eq} & -cY_{eq} \\ -c \times Y_{eq} & |c|^2 Y_{eq} \end{pmatrix} \begin{pmatrix} V_1 \\ V_2 \end{pmatrix} \overset{c \in R}{\Rightarrow} \begin{pmatrix} I_1 \\ -I_2 \end{pmatrix} = \begin{pmatrix} Y_{eq} & -cY_{eq} \\ -cY_{eq} & c^2 Y_{eq} \end{pmatrix} \begin{pmatrix} V_1 \\ V_2 \end{pmatrix},$$

並可畫出非標稱變壓器標么等效 $\pi$ 模型如圖 3-42。

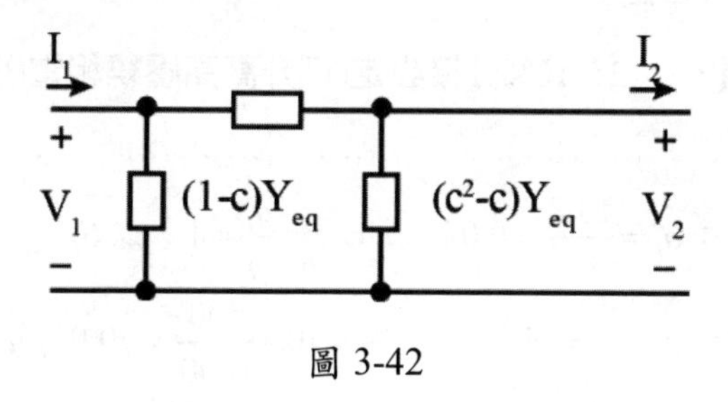


圖 3-42

4. 分接頭切換變壓器(Tap Changing Transformer)：

(1) 功能：電力系統中為維持「負載電壓」恆定，或藉著電壓大小控制「虛功潮流」，常常採用分接頭切換變壓器，透過改變匝數比來改變電壓大小。

(2) 分類：可分為以下兩類

A. 無載分接頭切換變壓器(off-load tap changing transformer)：係在離線狀態下，方能進行分接頭切換，此適用於無須頻繁切換的場所。

B. 有載分接頭切換變壓器(tap changing under load transformer)：簡稱 TCUL,係可以在不斷電的狀況下進行分接頭切換，因此適用於頻繁切換之場所；這類變壓器通常內建電壓感測器，可隨時調整分接頭位置以維持系統電壓之穩定。

(3) 分接頭切換變壓器模型，同前述之「非標稱匝數比變壓器之$\pi$模型」，詳見以下範例。

牛刀小試

1. **某三相發電機之升壓變壓器額定為** 1000MVA,13.8KV/345KV, Δ-Y，$Z_{eq}=j0.1pu.$，**其高壓繞組具有**±10%**之分接頭調整；系統基準為** $S_{b,3\phi}=500MVA,V_{bX,LL}=13.8KV,V_{bH,LL}=345KV$，**請決定下列分接頭設定十隻標么正序等效電路：**

(1)**額定分接頭。** (2)+10%**分接設定(可升高高壓繞組電壓** 10%)。

詳解

(1) 額定分接頭：$a_t=\frac{13.8}{345}=0.04=b\Rightarrow c=\frac{a_t}{b}=1$，以 $S_{b,3\phi}=500MVA$ 做標么阻抗值轉換：$Z_{eq,new}=Z_{eq,old}\times\frac{S_{new}}{S_{old}}=j0.1\frac{500}{1000}=j0.05pu.$，在未考慮「繞組電阻」、「激磁電流」及「相位移」下之標么正序電路如右：

$I_{X1}$ j0.05 $I_{H1}$

$+V_{X1}-$ $+V_{H1}-$

(2) +10%(可升高高壓繞組電壓 10%)分接設定：

此時以「匝數比標么值 c」解之

$a_t = \dfrac{13.8}{345 \times 1.1} = 0.0364, b = 0.04 \Rightarrow c = \dfrac{a_t}{b} = 0.91$，$Y_{eq} = \dfrac{1}{Z_{eq}} = -j20pu.$，

$cY_{eq} = -j18.18pu.$，$(1-c)Y_{eq} = -j1.8pu.$，$(c^2-c)Y_{eq} = j1.638pu.$

由分接頭切換變壓器之 $\pi$ 模型，可畫出標么正序電路如下，其中 $cY_{eq} = -j18.18pu.$，$(1-c)Y_{eq} = -j1.8pu.$ 為阻抗，$(c^2-c)Y_{eq} = j1.638pu.$ 為容抗：

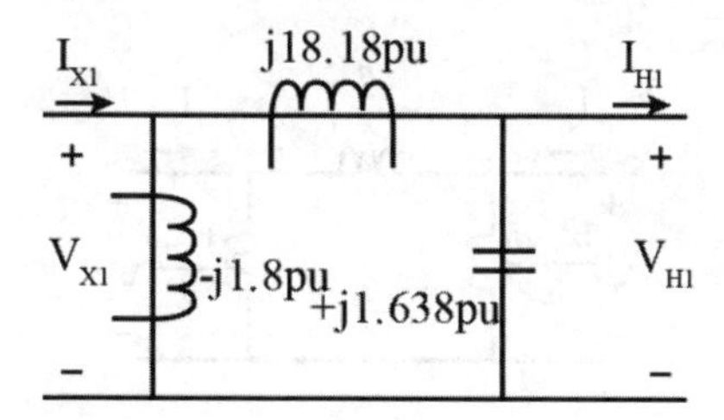


2. **假設下圖中理想變壓器的匝數比為 1∶n，線路阻抗為 Z，試導出此變壓器在匯流排 s 與 r 之間的 $\pi$ 模型，設此模型的導納矩陣為 Y，其元素 $y_{ss}$、$y_{sr}$、$y_{rs}$、$y_{rr}$ 各為何？**

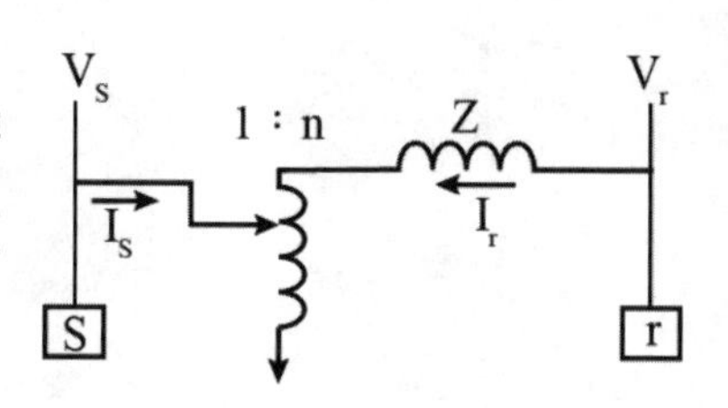


（101 普考）

詳解

如下圖所示，設此變壓器二次側電壓為 V，則 $\dfrac{V_s}{V} = \dfrac{1}{n} \Rightarrow V = nV_s$

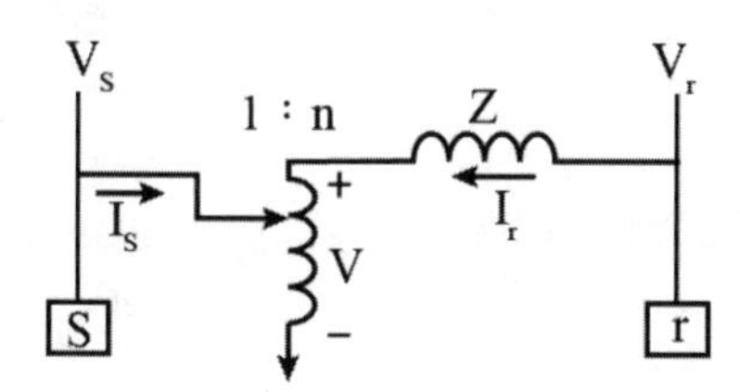

則由右側電路 $I_r = \dfrac{V_r - nV_s}{Z} = -\dfrac{n}{Z}V_s + \dfrac{1}{Z}V_r$，

又理想變壓器 $\dfrac{1}{n} = \dfrac{-I_r}{I_s} \Rightarrow I_s = -nI_r = \dfrac{n^2}{Z}V_s - \dfrac{n}{Z}V_r$；

故 $\begin{pmatrix} I_s \\ I_r \end{pmatrix} = Y_{2\times 2}\begin{pmatrix} V_s \\ V_r \end{pmatrix} = \begin{pmatrix} \dfrac{n^2}{Z} & -\dfrac{n}{Z} \\ -\dfrac{n}{Z} & \dfrac{1}{Z} \end{pmatrix}\begin{pmatrix} V_s \\ V_r \end{pmatrix} \Rightarrow \begin{Bmatrix} y_{ss} = \dfrac{n^2}{Z} \\ y_{sr} = y_{rs} = -\dfrac{n}{Z} \\ y_{rr} = \dfrac{1}{Z} \end{Bmatrix}$，

並可畫出 $\pi$ 模型如下：(同上之「雙埠網路」觀念畫出)

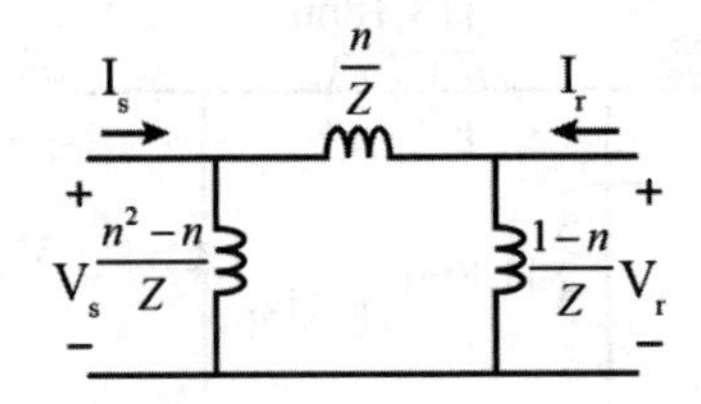

# 第 4 章　輸電線參數

## 4-1 導線種類

### 焦點 1　導線種類與多股絞線之介紹　考試比重 ★☆☆☆☆

台電養成班選擇題。

導線分為「單線」以及「絞線」2 種，單線又稱為實心線，因為直徑 10mm 以上之單線製作較為困難且無彎曲性，施工時容易折斷，故一般單線直徑多在 5mm 以下，做需較大線徑之輸電線以傳送大電力時，多採用多股絞線。

絞線由多根直徑相同的單線絞合而成，絞合時以一根單線為中心線，在中心線周圍按螺旋方向逐層邊絞導體，並有層數之分別，一般中心線不算層，如下圖 4-1 所示，每一層均較前一層多 6 根單線，如編絞 1 層的絞線共有 1+6=7 根，稱為「七股絞線」，如編絞 2 層的絞線共有 1+6+12=19 根，稱為「十九股絞線」，依此類推。

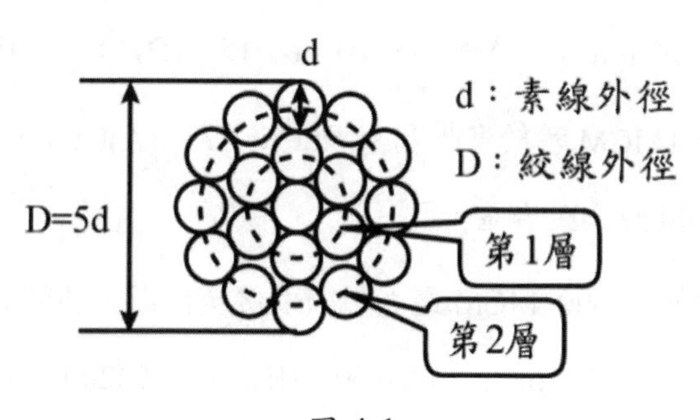


圖 4-1

同上圖 4-1，令絞線層數為 n 層，絞線外徑為 D，則 n 股絞線外徑為

$D=(2n+1)d$ ........................................................................................(式 4-1)

其中 d 為素線外徑。

**牛刀小試**

( ) 1. 有一 37 股直徑 3mm 素線組成之鋁絞線，試求鋁絞線之外徑為多少 mm？ (A)9 (B)15 (C)21 (D)27。(101 台電)

( ) 2. 某一架空輸電線路為 3 層之銅心鋁絞線，請問該 3 層電線由內而外分別由幾條單線所組成？ (A)7，12，18 (B)7，19，37 (C)5，10，15 (D)5，15，30。(102 台電)

( ) 3. 依據 CNS 線規 7/2.0mm 之硬抽銅絞線截面積為多少平方公厘？ (A)22 (B) 30 (C)38 (D)50。(102 台電)

( ) 4. 線路用 61/3.2mm 之硬抽銅絞線，請問此絞線共有幾層？ (A)3 (B)4 (C)5 (D)6。(103 台電)

( ) 5. 某一絞線其單心線之線徑為 3 mm，中心線外盤繞 2 層，試求絞線之外徑為多少 mm？ (A)5 (B)10 (C)15 (D)20。(105 台電)

( ) 6. 導線線徑 1MCM 等於多少圓密爾(CM)？ (A)0.001 (B)1 (C)1000 (D)1000000。(101 台電)

( ) 7. 捷運公司使用 600 MCM 電力電纜引接至台電，請問 600 MCM 之截面積相當於多少 $mm^2$？ (A)300 (B)250 (C)200 (D)150。(103 台電)

詳解

1. **(C)**。37 股絞線共有 37=1+6+12+18 等三層，由式 4-1.可知

$D=(2n+1)d=7\times 3=21(mm)$ ，故選(C)。

2. **(A)**

3. **(B)**。由式 4-1.此絞線直徑為 $D=(2n+1)d=3\times 2mm=6mm$ ，故其截面積為

$A=\frac{\pi}{4}D^2=28.26mm^2$ ，本題選(B)。

4. **(B)**。本題 61/3.2mm 規格，前一個數字為此「n 層絞線」之單線總數，故

61=7+12+18+24 共四層，答案選(B)。

5. **(C)**。 D=(2n+1)d $=(2\times 2+1)\times 3=15mm$ 。

6. **(C)**。1MCM=1000CM(Circular mil)

7. **(A)**。 $600MCM=6\times 10^5 CM=6\times 10^5\times\frac{\pi}{4}(25.4\times 10^{-3}mm)^2\approx 304mm^2$ 。

# 4-2 導線電阻

## 焦點 2　直流電阻與交流電阻之介紹　考試比重 ★★☆☆☆

台電養成班選擇題。

1. 導線於特定溫度 T 時之直流電阻為 $R_{DC,T}=\rho_T\frac{l}{A}$ ........................................(式 4-2)

其中 $\rho_T$ 為溫度 T 時導體的電阻係數(SI 單位為 $\Omega\cdot m$，英制單位為 $\Omega\cdot cmil/ft$)，$l$ 為導體長度(SI 單位為 $m$ ，英制單位為 $ft$)， $A$ 為導體截面積(SI 單位為 $m^2$ ，英制單位為 $cmil$)。

2. *mil* (中文譯作：密爾)為長度單位，其中

$1mil = 10^{-3} inch = 25.4 \times 10^{-3} mm = 25.4 \times 10^{-6} m = 25.4 \mu m$，而 *cmil* (circular mil，中文譯作：圓密爾)為面積單位，其中

$1cmil = \frac{\pi}{4} mil^2 = \frac{\pi}{4}(25.4 \times 10^{-3} mm)^2$ ............(式 4-3)

3. 直徑 $D$ *mil* 的輸電線，其圓面積為 $D^2 cmil$ ............(式 4-4)

故直徑為 $d$ *inch* 之圓面積為 $(1000d)^2 cmil = 10^6 d^2$ *cmil* 。

4. 由式 4-2.可知影響導體電阻之因素有下：

(1) 材料(與電阻係數 $\rho_T$ 有關)。

(2) 溫度。

(3) 頻率。

(4) 絞繞程度(絞線一般增加約 1~2%電阻)。

(5) 若導線為「磁性導體」，則其可能導電也可能導磁，電阻大小亦與「電流大小」有關。

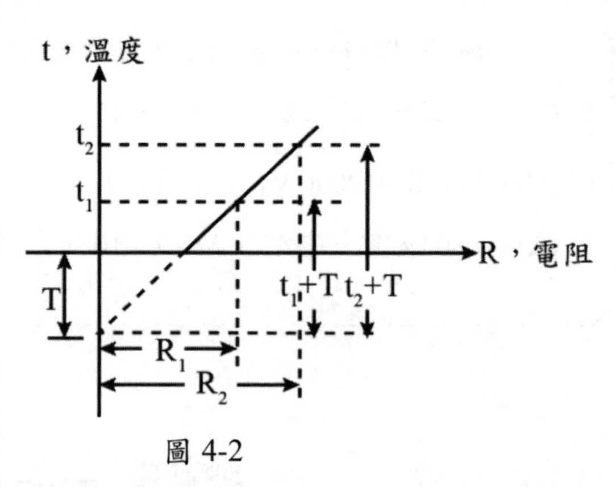

圖 4-2

5. 溫度對導體電阻之影響：如圖 4-2 可以推得在不同的溫度 $t_1, t_2$ 下，導體電阻之關係式為 $\frac{R_2}{R_1} = \frac{t_2 + T}{t_1 + T}$ ............(式 4-5)

其中 $T$ 稱為各材料之「溫度常數」，例如「軟銅」之 $T = 234.5°C$

**註** 若給的是「電阻溫度係數 $\alpha$ 」(固定導體材料、長度與截面積)，則求從溫度 $t_1$ 升至 $t_2$ 之電阻為 $R_2 = R_1(1 + \alpha(t_2 - t_1))$ ............(式 4-6)。

6. 交流電阻：直流下，電流均勻分布於整個導體，但對於交流電而言，實心圓柱導體電流有向表面集中之趨勢，且頻率越大，此現象越明顯，此稱之為「**集膚效應**」(skin effect)；由於集膚效應之故，交流電通過的截面積較小，因此一般來說，交流電阻略大於直流電阻。

7. 交流電阻又稱為「有效電阻」，其計算式如下式 4-7.所示，

$$R_{AC} = \frac{P_{loss}}{|I|^2}\Omega \qquad \text{(式 4-7)}$$

其中 $P_{loss}$ 為導體有效功率損失(單位為 $W$)，$|I|$ 為導體有效電流大小(單位為 $A$)。

牛刀小試

1. **已知一輸電線在** $20°C$ **時之直流電阻為每 1000 呎** $0.01558\Omega$ **，在** $50°C$ **之交流電阻為** $0.0956\Omega/mile$ **，設此導體之溫度常數** $T = 228°C$ **，求：**

   **(1)此輸電線在** $50°C$ **時之直流電阻？**

   **(2)在** $50°C$ **時，交流電阻對直流電阻之比值？**

詳解

(1) 由式 4-5.⇒

$$\frac{R_2}{R_1} = \frac{50+T}{20+T} = \frac{50+228}{20+228} \Rightarrow R_2 = 0.01558 \times \frac{50+228}{20+228} = 0.01746(\Omega/1000\,ft)$$

(2) $50°C$ 時，直流電阻 $R_{2,DC}=0.01746\frac{\Omega}{1000\,ft} \times \frac{5280\,ft}{1mile} = 0.09218\frac{\Omega}{mile}$

$$\Rightarrow \frac{R_{2,AC}}{R_{2,DC}} = \frac{0.0956}{0.092189} = 1.037 \Rightarrow \text{集膚效應使交流電阻值} \uparrow 3.7\%$$

2. **長 63km 之三相輸電線，欲在 220KV 下傳送 190.5MVA 的電力，且輸電損耗不可超過 4.763MW；已知導線之電阻係數為** $2.84 \times 10^8 \Omega m$ **，試求導線之截面積應為多少圓密爾(**$cmil$**)？**（高考計算題）

**詳解**

求線路損耗必須求得「電流」，三相輸電損耗為 $P_{loss}=3|I|^2R$

$|S|=\sqrt{3}|V_{LL}||I_L| \Rightarrow 190.5M=\sqrt{3}\times 220K\times|I_L| \Rightarrow |I_L|=0.5KA$

又 $P_{loss}=3|I|^2R \Rightarrow 3\times(0.5K)^2R\le 4.763M \Rightarrow R\le 6.35\Omega$

$\Rightarrow R=\rho\dfrac{l}{A}=6.35\Omega \Rightarrow A=2.82\times 10^{-4}m^2$，

由 $1cmil=\dfrac{\pi}{4}mil^2=\dfrac{\pi}{4}(2.54\times 10^{-2}\times 10^{-3}m)^2=5.0671\times 10^{-10}m^2$，

故 $A=\dfrac{2.82\times 10^{-4}}{5.0671\times 10^{-10}}cmil=5.57\times 10^5cmil$。

(　) 3. 有一鋁線之電阻溫度係數為 0.004，在 20°C 時電阻為 50 Ω，試問該鋁線之溫度升至 60°C 時，其電阻為多少 Ω？　(A)45　(B)58　(C)65　(D)72。(105 台電)

(　) 4. 某一電線經外力拉扯後，長度延長為 n 倍，該電線之電阻為原來的幾倍？　(A)$1/n^2$　(B)n　(c)$n^2$　(D)無法得知。(104 台電)

(　) 5. 某一導線若將其均勻的拉長為原長度的 2 倍，則該導線的電阻會變為原導線的幾倍？　(A)2　(B)4　(C)8　(D)16。(102 台電)

(　) 6. 一實心圓柱狀鋁導線，長 30 km，面積為 160000 圓密爾。鋁導線在 20°C 時的電阻係數為 2.8×10-8Ω-m，請問在 40°C 時的導線電阻為何？(A)2.8Ω　(B)5.6Ω　(C)11.2Ω　(D)22.4Ω。(105 台北自來水)

(　) 7. 有關交流輸電線路的集膚效應之敘述，下列何者正確？　(A)溫度愈高導體中心電流密度愈小　(B)頻率愈高導體中心電流密度愈小　(C)溼度愈高導體中心電流密度愈小　(D)氣壓愈高導體中心電流密度愈小。(105 台北自來水)

(　) 8. 鋁導線之電阻係數較銅導線為：　(A)大　(B)小　(C)一樣　(D)依導線直徑而定。(103 台電)

詳解

3. **(B)**。由(式 4-6)可知，從溫度 $t_1$ 升至 $t_2$ 之電阻為 $R_2 = R_1(1+\alpha(t_2-t_1))$，其中 $\alpha = 0.004$ 為鋁線之「電阻溫度常數」，則

$R_2 = 50(1+0.004\times(60-20)) = 58\Omega$，答案選(B)。

4. **(C)**。因導體體積不變，故底面積 $A\times$ 長度 $l$ 為常數，由

$A_1 l_1 = A_2 l_2 \Rightarrow l_2 = nl_1 \Rightarrow A_2 = \frac{1}{n}A_1$，且 $R \propto \frac{l}{A} \Rightarrow R_2 = n^2 R_1$，

本題答案選(C)。

5. **(B)**

6. **(C)**。本題實心圓柱鋁導線應給其「溫度常數 T」或是「電阻溫度係數 $\alpha$ 」始能求得，假設已給「電阻溫度係數 $\alpha = 0.004$ 」

由公式 4-2. $\Rightarrow R_{DC,T} = \rho_T \frac{l}{A} \Rightarrow l = 30km = 30000m$

$A = 160000cmil = 160000\times\frac{\pi}{4}(25.4\times10^{-6}m)^2 = 8.1\times10^{-5}m^2$，

代入 $R_{DC,T} = \rho_T \frac{l}{A}$

$R_{DC,20C} = 2.8\times10^{-8}\frac{30000}{8.1\times10^{-5}} = 10.4\Omega$，故

$R_{DC,40C} = 10.4(1+0.004\Delta t) = 11.23\Omega$

本題答案選(C)。

7. **(B)**

8. **(A)**。金屬材料中，以 Ag 的電阻係數最低，Cu 的電阻係數次低。

# 4-3 輸電線導體的電感

## 焦點 3 實心圓柱導體至複合導體電感公式的計算

考試比重 ★★☆☆☆

選擇題、非選擇題題型均有。

1. 對一實心圓柱導體其半徑為 r，其單位長度電感之構成及計算如下：

(1) 內部電感：不管與圓心之距離，只要在導體內部均為 $L_{in}=\frac{1}{2}\times 10^{-7}H/m$。

(2) 導體外部距圓心 D 處之單位長度外部電感：$L_{12}=2\times 10^{-7}\ell n\frac{D}{r}H/m$

(3) 距離導體 $D$ 處，由內部及外部磁交鏈所引起之單位長度總電感：

$$L_D=L_{in}+L_{ext}=\frac{1}{2}\times 10^{-7}+2\times 10^{-7}\ln\frac{D}{r}=2\times\ln e^{\frac{1}{4}}\times 10^{-7}+2\times 10^{-7}\ln\frac{D}{r}$$

$$=2\times 10^{-7}\ln\frac{D}{e^{-\frac{1}{4}}r}=2\times 10^{-7}\ln\frac{D}{r'} \quad \text{.......................(式 4-8)}$$

其中 $r'=0.7788r$，稱為實心圓柱導體的「幾何平均半徑」(GMR)。

2. 對單相双線式導體之總電感(又稱之為「迴路電感」)而言，如圖 4-3 所示，可以先求得導體 x 的單位長度電感

$L_x=2\times 10^{-7}\ln\frac{D}{r_x'}(r_x'=0.7788r_x)$，

及導體 y 的單位長度電感 $L_y=2\times 10^{-7}\ln\frac{D}{r_y'}$ $(r_y'=0.7788r_y)$，則該單相電路總電感為

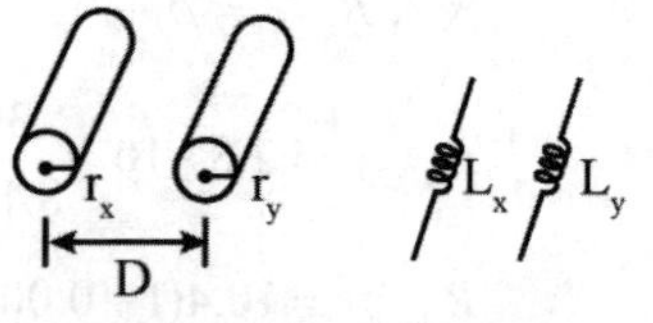

(a)幾何配置 (b)電感

圖 4-3

$$L=L_x+L_y=2\times 10^{-7}\ln\frac{D}{r_x'}+2\times 10^{-7}\ln\frac{D}{r_y'}=4\times 10^{-7}\ln\frac{D}{\sqrt{r_x'r_y'}} \quad \text{.......(式 4-9)}$$

3. 對三相三線式導體(等間隔的三條單線導體)之總電感，如圖 4-4 所示，推得在「非旋轉設備」(如「輸電線」、「變壓器」或「其他非旋轉阻抗負載」...)中，其「每相電感」與其「正、負序電感」均相同，即電感 $L_a = L_1 = L_2 = 2\times10^{-7}\ln\dfrac{D}{r'}(r' = 0.7788r)$

……………………………………………(式 4-10)

但導體的「零序電感 $L_0$ 」則須考慮「中性線迴路」與「大地迴路」之影響。

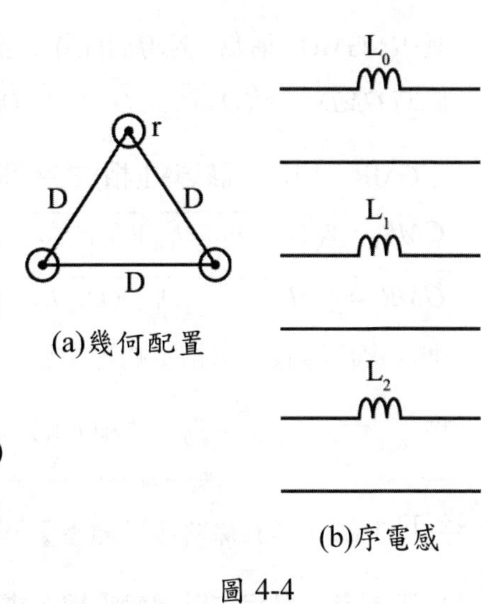

(a)幾何配置

(b)序電感

圖 4-4

4. **複合導體**之單位長度電感：假設此複合導體由「導體 x」與「導體 y」所組成，每一導體由二根以上平行排列之實心圓柱次導體所組成，如同前所述之「多股絞線」即為一例，如圖 4-5 所示，其單位長度電感通式 $\Rightarrow L_{x(y)} = 2\times10^{-7}\ln\dfrac{GMD}{GMR_{x(y)}}(\dfrac{H}{m})$ ……………………………………(式 4-11)

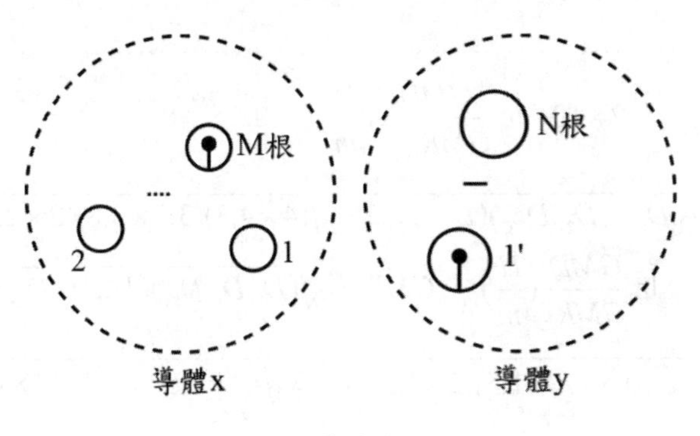


圖 4-5

其中「GMD」稱為「各導體(相)間之幾何平均距離」(Geometric Mean Distance)，此時 $GMD = \sqrt[MN]{(D_{11'}D_{12'}...D_{1N})(D_{21'}D_{22'}...D_{2N})......}$ ......................................(式 4-12)

「GMR」稱為「**該導體(相)之幾何平均半徑**」(Geometric Mean Radius)，此時 $GMR_x = \sqrt[M^2]{(D_{11}D_{12}...D_{1M})(D_{21}D_{22}...D_{2M})......}$、

$GMR_y = \sqrt[N^2]{(D_{1'1'}D_{1'2'}...D_{1'N})(D_{2'1'}D_{2'2'}...D_{2'N})......}$ ..........................................(式 4-13)

則此複合導體「單相電路總電感」為 $L = L_x + L_y$，以下範例一為「單相線路電感」之求法，另一為「三相並聯線路電感」之求法。

## 牛刀小試【單相線路電感題型】

1. **下圖為一單相二導體輸電線，求** $L_x = ?\ L_y = ?\ L = ?$

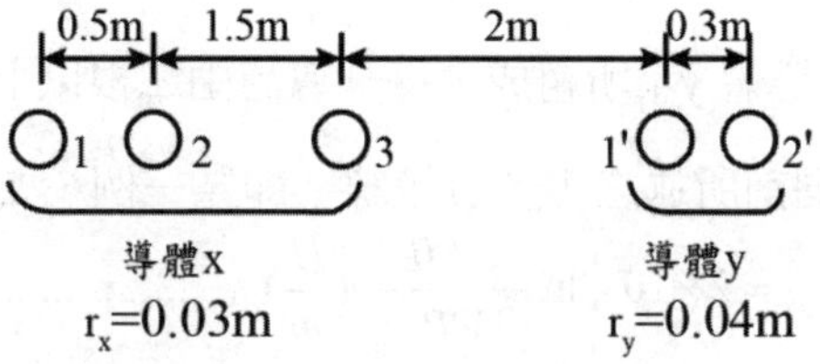

0.5m 1.5m 2m 0.3m

○1 ○2 ○3 1'○ ○2'

導體x $r_x = 0.03m$ 導體y $r_y = 0.04m$

**詳解**

由式 4-11. $L_{x(y)} = 2\times10^{-7}\ln\frac{GMD}{GMR_{x(y)}}(\frac{H}{m})$，且

$GMD = \sqrt[6]{(D_{11'}D_{12'})(D_{21'}D_{22'})(D_{31'}D_{32'})} = \sqrt[6]{(4\times4.3)(3.5\times3.8)(2\times2.3)} = 3.189(m)$

則 $L_x = 2\times10^{-7}\ln\frac{GMD}{GMR_x}(\frac{H}{m})$，$GMR_x = \sqrt[9]{(D_{11}D_{12}D_{13})(D_{21}D_{22}D_{23})(D_{31}D_{32}D_{33})}$

$= \sqrt[9]{(r_x'\times0.5\times2)(0.5\times r_x'\times1.5)(2\times1.5\times r_x')} = \sqrt[9]{r_x'^3\times1.5^2} = \sqrt[9]{(0.7788\times0.03)^3\times1.5^2}$

$= 0.3128(m)$

$\Rightarrow L_x = 2\times10^{-7}\ln\frac{3.189}{0.3128} = 4.644\times10^{-7}(\frac{H}{m})$

同理 $L_y = 2\times10^{-7}\ln\dfrac{GMD}{GMR_y}(\dfrac{H}{m})$，

$GMR_y = \sqrt[4]{(D_{1'1'}D_{1'2'})(D_{2'1'}D_{2'2'})} = \sqrt[4]{(r_y'\times0.3)(0.3\times r_y')} = \sqrt[2]{(0.7788\times0.04\times0.3)}$

$=0.09667(m)$

$\Rightarrow L_y = 2\times10^{-7}\ln\dfrac{3.189}{0.09667} = 6.992\times10^{-7}(\dfrac{H}{m})$

單相電路總電感：$L = L_x + L_y = 1.164\times10^{-6}\dfrac{H}{m}$

2. **如圖有一三相 161KV 並聯輸電線路，成束導體每根導線之 $r'=0.05'$，成束導體之 $d=15"$，求每相單位長度之電感？**

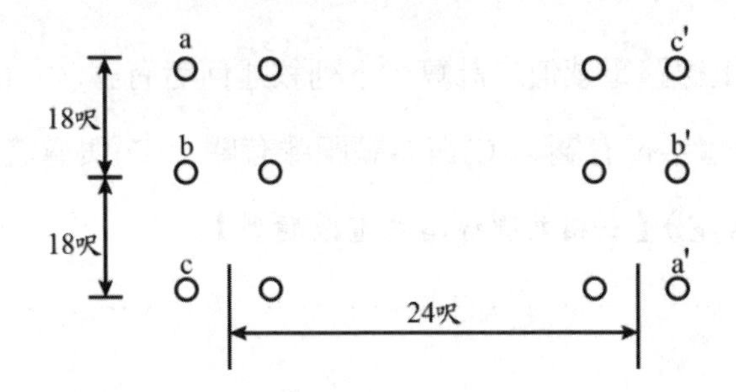


詳解

本題有 a,b.c 三相，但 a 相又分為 a,a'，b 相又分為 b,b'，c 相又分為 c,c'，故 GMD,GMR 均有所調整；另外本題相間距離

(如 $D_{ab}=18', D_{ac}=36', D_{ab'}=\sqrt{18^2+24^2}', D_{ac'}=24'....$)均較成束導體之

$d=15"=1.25'$ 相比大的太多，故 GMD 之導體間距可以束中心到束中心的距離來近似、GMR 可以不必考慮到單根導體的內徑，今簡化如下詳解。

$L = 2\times10^{-7}\ln\dfrac{GMD}{GMR_L}(\dfrac{H}{m})$，

其中 $GMD = \sqrt[3]{D_{ab}D_{bc}D_{ca}}$, $GMR_L = \sqrt[3]{GMR_L^a GMR_L^b GMR_L^c}$,

$D_{ab} = D_{bc} = \sqrt[4]{D_{ab}D_{ab'}D_{a'b}D_{a'b'}} = \sqrt[2]{18\times30} = 23.2'; D_{ca} = \sqrt[4]{D_{ca}D_{ca'}D_{c'a}D_{c'a'}}$

$= \sqrt[2]{36\times24} = 29.4' \Rightarrow GMD = \sqrt[3]{D_{ab}D_{bc}D_{ca}} = \sqrt[3]{23.2^2\times29.4} = 25.1'$

$GMR_L^a = \sqrt[4]{D_{aa}D_{aa'}D_{a'a}D_{a'a'}}, D_{aa} = D_{a'a'} = d = 1.25', D_{aa'} = D_{a'a}$

$= \sqrt{24^2 + 36^2} = 43.3' \Rightarrow GMR_L^a = \sqrt{1.25 \times 43.3} = 7.36'$

$GMR_L^b = \sqrt[4]{D_{bb}D_{bb'}D_{b'b}D_{b'b'}}, D_{bb} = D_{b'b'} = d = 1.25', D_{bb'} = D_{b'b} = 24$

$\Rightarrow GMR_L^b = \sqrt{1.25 \times 24} = 5.48'$

$GMR_L^c = \sqrt[4]{D_{cc}D_{cc'}D_{c'c}D_{c'c'}}, D_{cc} = D_{c'c'} = d = 1.25', D_{cc'} = D_{c'c} = 43.3'$

$\Rightarrow GMR_L^c = \sqrt{1.25 \times 43.3} = 7.36'$

$\Rightarrow GMR_L = \sqrt[3]{GMR_L^a GMR_L^b GMR_L^c} = \sqrt[3]{7.36^2 \times 5.48} = 6.67'$

故 $L = 2 \times 10^{-7} \ln \dfrac{GMD}{GMR_L} = 2 \times 10^{-7} \ln \dfrac{25.1}{6.67} = 2.65 \times 10^{-7} (\dfrac{H}{m})$

( ) 3. 有關輸電線路電感值之計算，下列敘述何者有誤？ (A)與時間有關 (B)與導體半徑有關 (C)與導體距離有關 (D)與導體截面積有關。

（103 台電）【三相並聯線路之電感題型】

詳解 ……

3. **(A)**

## 焦點 4 成束導體的電感與換位技術

考試比重 ★★☆☆☆

選擇題、非選擇題題型均有。

1. 電暈(corona)：

【發生情況】在「超高壓」輸電線路。

【意義】當導體表面電位梯度超過周圍空氣之介電常數時(即 $\varepsilon_0$)，導體周圍空氣將發生離子化現象，此一局部游離放電現象，稱為「電暈」(corona)；電暈現象會導致輸電損失，造成收音機及電視收訊干擾，尤其在陰雨天時，corona 現象更為明顯，不但輸電線附近可以聽見嘶嘶聲，也可以聞到臭氧的味道；「電暈」的優缺點如下：

(1) 優點：可使線路因雷擊突波(surge)或開關突波(switch surge)造成的異常高壓迅速衰減。

(2) 缺點：

A. 增加**電力損失**，使輸電效率降低。

B. 臭氧伴隨電暈產生，其氧化力強，容易**腐蝕導體絕緣**。

C. 因交流電之電暈現象只會發生在電壓最大值的瞬間，此時將**產生「諧波電流」**。

D. 造成收音機、電視之**收訊干擾**。

2. 美國國家標準 ANSI 定義，當輸電電壓**超過 230KV** 者稱之為「超高壓」(EHV)，對 EHV 線路而言，若每相僅一個導體，會產生較大的電暈損失，為改善此一現象，通常每相是包含二個以上互相緊靠(即「導體間距」<<「相間距離」)的導體，此稱之為「成束化」(bundling)；**成束導體**因為 GMR 較大，可降低導體表面電場強度，減少 corona 的發生，更可**有效降低其「線路電抗」**。

3. 如圖 4-6 所示為二根成一束之「成束導體」，令各相(即為 a,b,c 三相)間隔為 D，各絞線導體之 GMR 為 $D_s$，間距為 $d$，

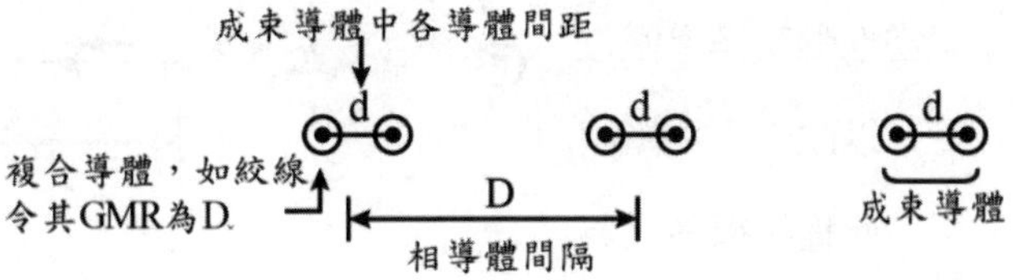

成束導體中各導體間距
d
d
d
複合導體，如絞線
令其GMR為D.
D
相導體間隔
成束導體

圖 4-6

且假設 $D >> D_s >> d$，則計算 GMD 時可採用束中心到束中心距離近似，即足以獲得高的精確度，所以 $GMD = \sqrt[3]{D \times D \times 2D} = \sqrt[3]{2}D$，

$GMR_L = \sqrt[3]{GMR_L^a \times GMR_L^b \times GMR_L^c} = \sqrt[3]{(\sqrt{D_s d})^3} = \sqrt{D_s d}$；故圖 4-6 所示之「每相」電感、「正序電感」及「負序電感」為

$$L = L_1 = L_2 = 2\times10^{-7}\ln\frac{\sqrt[3]{2}D}{\sqrt{D_s d}}(\frac{H}{m}) \qquad \text{(式 4-14)}$$

茲歸納各種成束導體之 $GMR_L$ 如下表 4-1.所示。

表 4-1

| 成束導體 | 圖示 | GMRL |
|---|---|---|
| 二導體束 | 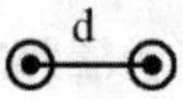 d | $GMR_L = \sqrt[4]{D_s{}^2 d^2} = \sqrt{D_s d}$ |
| 三導體束 | 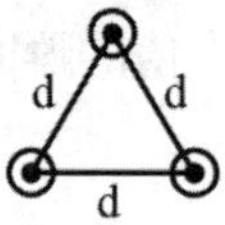 d d d | $GMR_L = \sqrt[9]{D_s{}^3 (d^2)^3} = \sqrt[3]{D_s d^2}$ |
| 四導體束 | 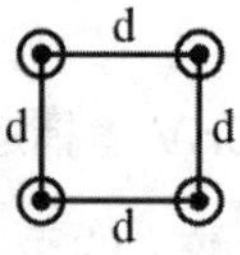 d d d d | $GMR_L = \sqrt[16]{D_s{}^4 (\sqrt{2}d^3)^4} = \sqrt[4]{D_s \sqrt{2}d}$ |

4. 若**各相間距不等**，則每相電感並不相同，不過，此時可於沿線適當地點交換導體位置，以改善不平衡狀況，此種技術稱之為**「換位」**(transposition)，如圖 4-7 所示，而經換位後，三相電感可視為相同，即整條線路在二個地點實施換位後，使得各相佔有每一位置的長度為**線路全長的 1/3**，

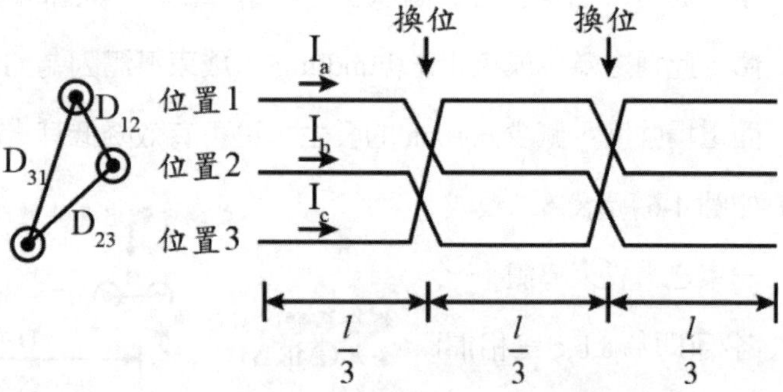

圖 4-7

此時 $L_a = L_b = L_c = L_1 = L_2 = 2\times10^{-7}\ln\dfrac{GMD}{GMR_L}(H/m)$，其中 $GMD = \sqrt[3]{D_{12}D_{23}D_{31}}$，

對實心圓柱導體而言 $GMR_L = r' = 0.7788r$。

牛刀小試【三相成束導體之正序電感題型】

**1. 如圖所示之三相成束導體線路，已知每相導體採用 2 根 795,000 cmil ACSR 導體，其 GMR 由查表得知為 0.0375 ft，設線路長 200 公里，試求**

**(1)此線路之正序電感 $L_1$ 及感抗 $X_1$？**

**(2)若每相導體改採單根 1,590,000(=795,000×2) cmil ACSR 導體，其 GMR 由查表得知為 0.052 ft，重作(1)？**

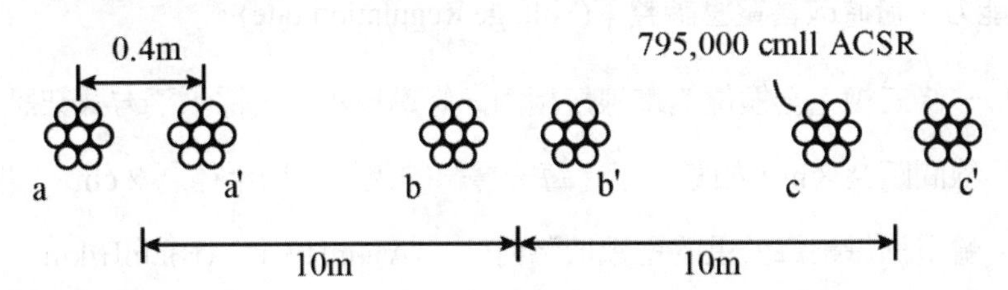


詳解

(1) 每相導體採用 2 根 795000cmil ACSR 導體：單根 795000 cmil ACSR 導體之 GMR 由查表得知為

$D_s = 0.0375ft \times \dfrac{12inch}{1ft} \times \dfrac{2.54cm}{1inch} \times \dfrac{1m}{100cm} = 0.0114m$，

成束導體之 $GMR = \sqrt{D_s d} = \sqrt{0.0114\times0.4} = 0.0676m$

三相導體之 $GMD = \sqrt[3]{10\times10\times20} = 12.6m$，

線路之正序電感為 $L_1 = 2\times10^{-7}\ln\dfrac{12.6}{0.0676}\times200\times1000 = 0.209H$，

線路之正序電感抗為 $X_1 = 2\pi fL_1 = 78.8\Omega$

(2) 每相導體採單根 $1590000(=795000\times 2)$ cmil ACSR 導體：

單根 1590000 cmil ACSR 導體之 GMR 由查表得知為

$$GMR = D_s = 0.052ft \times \frac{12inch}{1ft} \times \frac{2.54cm}{1inch} \times \frac{1m}{100cm} = 0.0159m\text{，}$$

線路之正序電感為 $L_1 = 2\times 10^7 \ln\frac{12.6}{0.0159} \times 200 \times 1000 = 0.267H$，

線路之正序電感抗為 $X_1 = 2\pi fL_1 = 101\Omega$

<<結論>>在每相導體「用銅量」相同的情況下，成束導體因為 GMR 大於單根導體，故可降低線路電感(L)，進而降低線路之電感抗($X_L$)，所以輸電線採用「成束導體」除了有**較低的線路壓降**外，能**增加線路之負載能力**，同時**改善電壓調整率**(Voltage Regulation rate)。

( ) 2. 一條三相完全換位輸電線每相由一條導線組成，採水平方式架設，導線間距為 8 m，如圖所示。每一導線的幾何平均半徑為 2 cm。請問此輸電線每相每公里的電感值為何？ (A)4mH/km (B)2mH/km (C)1mH/km (D)0.5mH/km。（105 台北自來水）

a b c

$D_{12} = 8$ m　$D_{23} = 8$ m

$D_{13} = 16$ m

**詳解**

2. **(C)**。 $L = 2\times 10^{-7}\ln\frac{GMD}{GMR_L}(\frac{H}{m})$，

上式中 $GMD = \sqrt[3]{D_{ab}D_{bc}D_{ca}} = \sqrt[3]{8\times 8\times 16} = 10.08(\text{m})$

$GMR_L = \sqrt[3]{GMR_L^a GMR_L^b GMR_L^c} = \sqrt[3]{0.02\times 0.02\times 0.02} = 0.02(m)$

故

$$L = 2\times 10^{-7}\ln\frac{GMD}{GMR_L} = 2\times 10^{-7}\ln\frac{10.8}{0.02}\frac{H}{m} \times \frac{1000m}{1km} \times \frac{1000mH}{1H} = 1.24\frac{mH}{km}$$

選最接近的答案(C)。

# 4-4 輸電線之線路電容

## 焦點 5　單相双線式導體及三相至複合導體電容公式的計算

考試比重 ★★☆☆☆

選擇題、非選擇題題型均有。

1. 對一單相双線式導體如圖 4-8.所示，令導體間距為 D，則由(b)圖，其線與中性點 n 間之電容(相電容)為：$C_{xn}=\dfrac{2\pi\varepsilon_0}{\ln\dfrac{GMD}{GMR_c}}(F/m)$ ....................................(式 4-15)

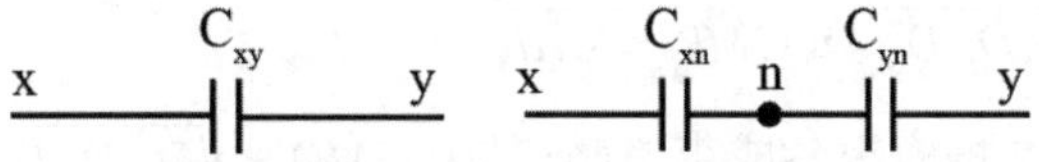

(a)線間電容　(b)相電容

圖 4-8

其中「GMD」稱為「**x,y 導體之幾何平均距離**」(Geometric Mean Distance)，此時為 D；「$GMR_c$」稱為「**該導體之幾何平均半徑**」(Geometric Mean Radius)，此時為 $r_x$ 或 $r_y$，$\varepsilon_0$ 為空氣的介電係數 $=8.854\times10^{-12}F/m$，故為

$C_{xn}=\dfrac{2\pi\varepsilon_0}{\ln\dfrac{D}{r_x}},C_{yn}=\dfrac{2\pi\varepsilon_0}{\ln\dfrac{D}{r_y}}$，若 $r_x=r_y$，則双線式導體線間電容為：

$$C_{xy}=\frac{1}{\dfrac{1}{C_x}+\dfrac{1}{C_x}}=\frac{\pi\varepsilon_0}{\ln\dfrac{D}{\sqrt{r_xr_y}}}$$ ....................................................................(式 4-16)

2. 等間隔三相三線式線路，如圖 4-9 所示，其「每相電容」、「正序電容」及「負序電容」之單位長度電容為：

$C_{an}=C_1=C_2=\dfrac{2\pi\varepsilon_0}{\ln\dfrac{D}{r}}(F/m)$ ..............................(式 4-16)

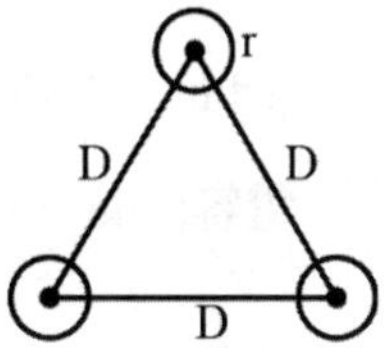

圖 4-9

3. 成束導體及間隔不等之電容：

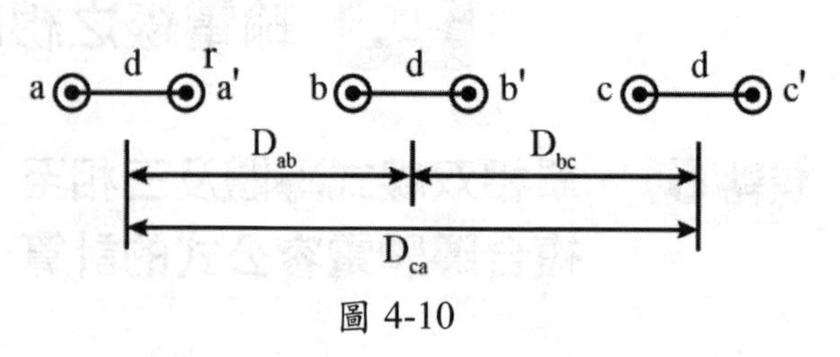


圖 4-10

如下圖 4-10 所示為具兩導線成束絞線之「三相三線式」線路，因相導體之間隔不相等，故須經過「換位」且假設每相導體間隔遠大於每相成束導體間距，故分別以 $D_{ab}, D_{bc}, D_{ca}$ 代表 ab 相間、bc 相間、ca 相間距離，即可得精確之近似；此種間隔不相等之成束導體單位長度電容公式為：$C_{an} = C_1 = C_2 = \dfrac{2\pi\varepsilon_0}{\ln \dfrac{GMD}{GMR_c}}(F/m)$ ................................................(式 4-17)

其中 $GMD = \sqrt[3]{D_{ab}D_{bc}D_{ca}}$ ，$GMR_c = \sqrt{rd}$

【推廣】由式 4-17.推廣導各成束導體，其中 $GMD = \sqrt[3]{D_{ab}D_{bc}D_{ca}}$ 均相同，但 $GMR_c$ 因多股絞線之不同而有差異，對三導體絞線而言為 $GMR_c = \sqrt[3]{rd^2}$ ，對四導體絞線而言為 $GMR_c = 1.091\sqrt[4]{rd^3}$ 。($GMR$ 推導同前所述之成束導體「電感」，且須注意「電容」公式之 $r$ 與「電感」公式之 $r$ 有所不同，因為電感之 $r = 0.7788r_x$)

牛刀小試【三相不等間距輸電線之電感與電容求法題型】........................

◎ **如圖所示之 500 kV 三相輸電線路，係由每相一條** ACSR 1,272,000 cmil，45/7 Bittern **導線所組成，輸電線採水平結構架設。導線直徑為** 1.345 **英吋，且導線之幾何平均半徑**(geometric mean radius, GMR)**為** 0.5328 **英吋。試求此輸電線每相每公里的電感**(mH/km)**及電容**(F/km)。

a　b　c
$D_{12}=35'$　$D_{23}=35'$
$D_{13}=70'$

**詳解**

ACSR 為「鋼心鋁線」，計算電容時用題目已給導線半徑 $r=\frac{1.345''}{2}=0.017m$，

計算電感時用題目所給之導體幾何半徑 $GMR_L=0.5328''=0.0135m$

(1) 三相輸電線之幾何平均距離為：

$GMD=\sqrt[3]{D_{ab}D_{bc}D_{ca}}=\sqrt[3]{35\times35\times70}=44.1'=13.44m$，

且 $GMR_L=0.5328''=0.0135m$

故該輸電線之電感為：

$$L=2\times10^{-7}\ln\frac{GMD}{GMR_L}(H/m)=2\times10^{-7}\ln\frac{13.44}{0.0135}$$

$$\Rightarrow 13.8\times10^{-7}\frac{H}{m}\times\frac{1000m}{1km}\times\frac{1000mH}{1H}=1.38\frac{mH}{km}$$

(2) 三相輸電線之幾何平均距離同上，但 $GMR_c=0.017m$

故該輸電線之電容為：

$$C=\frac{2\pi\varepsilon_0}{\ln\frac{GMD}{r}}(F/m)=\frac{2\pi\times8.854\times10^{-12}}{\ln\frac{44.1}{0.017}}\Rightarrow 8.34\times10^{-9}\frac{F}{km}$$

# 4-5 輸電線充電電流

## 焦點 6　輸電線充電電流及其無效功率之求法

考試比重 ★★★☆☆

非選擇題題型及台電養成班單一選擇題題型。

1. 輸電線充電電流之意義：供應至輸電線電容之電流，稱為「充電電流」(charging current)。

2. 如下圖 4-11(a)所示為「單相」電路之充電電流，圖 4-11(b)所示為完全換位後之三相電路之充電電流，可得「充電電流」公式如下：

(1) 單向充電電流：$I_{chg}=j\omega C_{xy}V_{xy}$ ........................................................(式 4-18)

(2) 三相中之「每相」充電電流公式：$I_{chg}=j\omega C_1 V_{an}$ ..............................(式 4-19)

其中之差別在「單相電壓$V_{xy}$」為**線電壓**，「三相電壓$V_{an}$」為 a 相電壓。

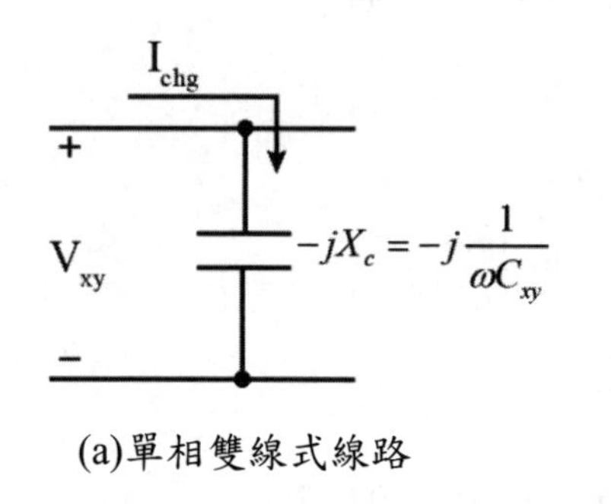

(a)單相雙線式線路

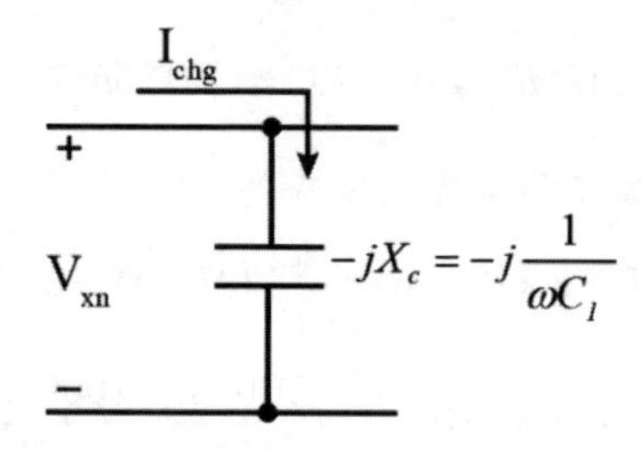

(b)三相線路之線至中性線

圖 4-11

3. 上圖中，單相線路供應之「無效功率」為：$Q_{c,1\phi}=\frac{|V_{xy}|^2}{X_c}=\omega C_{xy}|V_{xy}|^2$ (式 4-20)

4. 三相線路供應之「無效功率」為：

$Q_{c,3\phi}=3\omega C_1|V_{LN}|^2=\omega C_1|V_{LL}|^2$ ........................................................(式 4-21)

其中$V_{LN}$為單相電壓，$V_{LL}$為線電壓。

牛刀小試【單相双線輸電線之線間電容及供應之無效功率題型】.............

◎ **如圖所示之單相線路運轉於** 60Hz，**線路總長** 20 **英哩，線路電壓** 20kV，**試求線間電容、線間導納及電容供應之無效功率？**

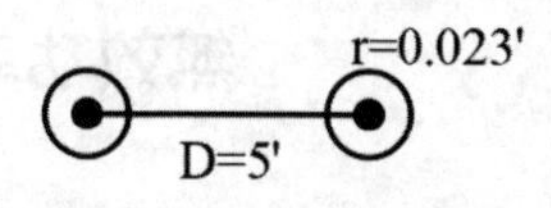

**詳解**

1 英哩(mi)=1.6km，單相双線輸電線之電容 $C_{xy}=\dfrac{\pi\varepsilon_0}{\ln\dfrac{D}{r}}(F/m)$

(1) 線間電容：

由公式 4-18.：$C_{xy}=\dfrac{\pi\varepsilon_0}{\ln\dfrac{D}{r}}=\dfrac{\pi\times 8.854\times 10^{-12}}{\ln\dfrac{5}{0.023}}\times 20\times 1600=1.65\times 10^{-7}(F)$

(2) 線間導納：$Y_{xy}=j\omega C_{xy}=j\times 2\pi(60)\times 1.65\times 10^{-7}=6.23\times 10^{-5}(Siemens)$

(3) 電容供應之無效功率：

由公式 4-20.：$Q_{c,xy}=\left|Y_{xy}\right|\left|V_{xy}\right|^2=6.23\times 10^{-5}\times 20000^2=24.9\times 10^3(Var)$

## 牛刀小試【三相不等間距輸電線之充電電流與無效功率題型】

1. **如圖所示之三相線路運轉於** 60Hz，**線路總長** 200 **公里，試求正序電容及並聯導納？若線路電壓為** 345kV，**試求每相之** kA **充電電流及由線路電容供應之總** Mvar **虛功？**

r=0.141m
0.4m
a　a'　b　b'　c　c'
10m　10m

**詳解**

三相輸電線之正序電容 $C_1=C_{an}=\dfrac{2\pi\varepsilon_0}{\ln\dfrac{GMD}{GMR_c}}(F/m)$

(1) 三相正序電容：由公式 $C_1=\dfrac{2\pi\times 8.854\times 10^{12}}{\ln\dfrac{GMD}{GMR_c}}(F/m)$,

$GMD=\sqrt[3]{D_{ab}D_{bc}D_{ca}}, GMR_{c,3\phi}=\sqrt[3]{GMR_aGMR_bGMR_c}$

$GMD=\sqrt[3]{D_{ab}D_{bc}D_{ca}}=\sqrt[3]{10\times10\times20}=12.6(m)$

$GMR_a=\sqrt{0.4\times0.0141}=0.075(m)=GMR_b=GMR_c$

故 $C_1=\dfrac{2\pi\times8.854\times10^{-12}}{\ln\dfrac{12.6}{0.075}}\times200\times10^3=2.17\times10^{-6}(F)$

(2) 正序並聯導納：$Y_1=j\omega C_1=j\times2\pi(60)\times2.17\times10^{-6}=j8.19\times10^{-4}(Siemens)$

(3) 每相充電電流：

由公式 4-19.每相之充電電流：

$I_{chg}=j\omega C_1V_{an}=j(8.19\times10^{-4})(\dfrac{345000}{\sqrt{3}})=j163(A)$

(4) 三相線路供應之無效功率：

由公式 4-21.：$Q_{c,3\phi}=(8.19\times10^{-4}S)\times(345kV)^2=97.5MVar$

( ) 2. 某一長 1 公里之 3 相地下電纜線路，線電壓 $10\sqrt{3}$ kV，若頻率為 60Hz，π=3.14，每線電容為 0.3 微法拉/公里，則其無載時每線充電電流值與下列何者最接近？ (A)0.57 安培 (B)0.65 安培 (C)1.13 安培 (D)1.96 安培。(101 台電)

( ) 3. 承上題，則其三相充電容量約為多少千乏(kVAR)？ (A)19.5 (B)33.9 (C)58.8 (D)117.6。(101 台電)

**詳解**

2. **(C)**。無載時每線充電電流＝每相充電電流

$\Rightarrow\left|I_{chg}\right|=\omega CV_{an}=377\times0.3\times10^{-6}\times\dfrac{10\sqrt{3}k}{\sqrt{3}}=1.13(A)$，故答案選(C)。

3. **(B)**。$Q_{c,3\phi}=\omega C\left|V_{LL}\right|^2=377\times0.3\times10^{-6}\times(10\sqrt{3}k)^2=33930(Var)\Rightarrow33.9kVar$，

故答案選(B)。

# 4-6 考慮大地效應之三相輸電線電容

## 焦點 7 大地效應與輸電線電容之影響與關係

考試比重 ★★☆☆☆

台電養成班單一選擇題題型。

1. 如下圖 4-12 所示為一考慮「大地效應」之三相架空輸電線路，假設大地為一無限延伸的等電位面，為模擬所謂的大地效應，遂引用「影像導體」(Image conductor)法，即針對每根導體假想於地面等距處放置假想導體，如圖 4-12 之 1'、2'、3' 所示。

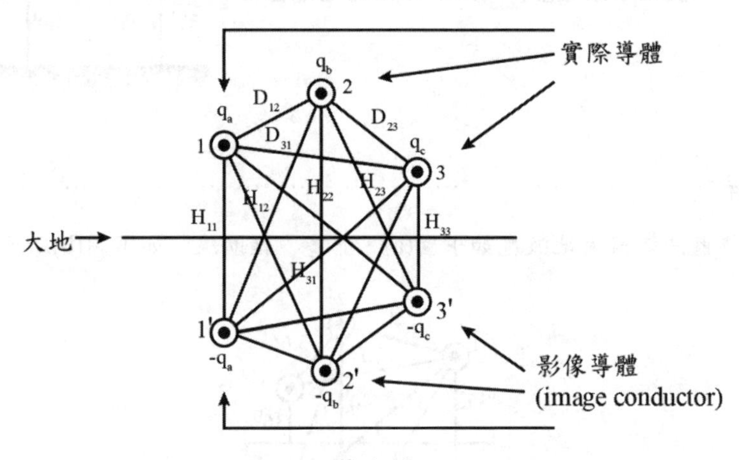


圖 4-12

2. a,b,c 三相經過「換位」後，則每相電容為 $C_{an}=C_{bn}=C_{cn}=\dfrac{2\pi\varepsilon_0}{\ln\dfrac{GMD}{GMR_c}}(F/m)$，

其中 $GMD=\sqrt[3]{D_{12}D_{23}D_{31}}$，$GMR_c=r$；如上所述，以影像導體取代大地等位面，則每相電容公式修正為：

$$C_{an}=C_{bn}=C_{cn}=\frac{2\pi\varepsilon_0}{\ln\frac{GMD}{GMR_c}-\ln\sqrt[3]{\frac{H_{12}H_{23}H_{31}}{H_{11}H_{22}H_{33}}}}(F/m)\text{ ......(式 4-22)}$$

3. 式 4-22.中，若忽略電容的「大地效應」，則 $\ln\sqrt[3]{\frac{H_{12}H_{23}H_{31}}{H_{11}H_{22}H_{33}}}=0$，即

$$\frac{H_{12}H_{23}H_{31}}{H_{11}H_{22}H_{33}}=1\Rightarrow H_{12}H_{23}H_{31}=H_{11}H_{22}H_{33}\text{ ......(式 4-23)}$$

符合此種狀況為「架高輸電線對地距離為∞」。

牛刀小試【考慮大地效應之相線路電容題型】

◎ **如圖所示之三相線路經完全換位，導體之半徑為 0.262'，考慮大地效應下，試求每相對地電容？**

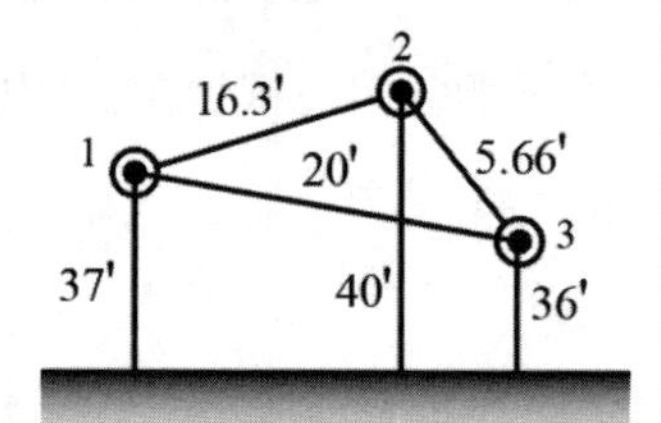


詳解

影像導體法模擬大地效應如下圖(a)，並畫「輔助線」如下圖(b)所示：

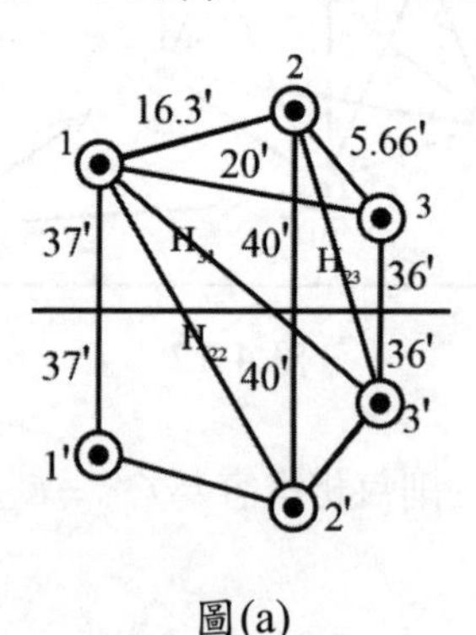


圖(a)

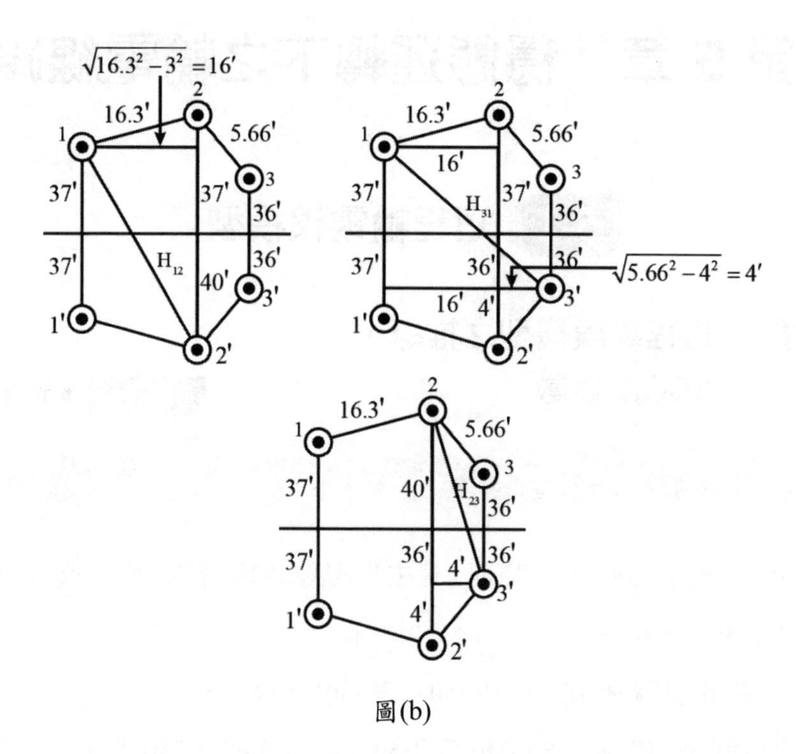


圖(b)

分別求出 $H_{12}=\sqrt{(37+40)^2+16^2}=78.4'$，$H_{23}=\sqrt{(40+36)^2+4^2}=76.1'$，

$H_{31}=\sqrt{(37+36)^2+(16+4)^2}=75.7'$

再分別求出垂直距離：$H_{11}=37\times 2=74'$，$H_{22}=40\times 2=80'$，

$H_{33}=36\times 2=72'$

$\Rightarrow GMD=\sqrt[3]{16.3\times 5.66\times 20}=12.3'$

由公式 4-22. $\Rightarrow C_n=\dfrac{2\pi\varepsilon_0}{\ln\dfrac{GMD}{r}-\ln\sqrt[3]{\dfrac{H_{12}H_{23}H_{31}}{H_{11}H_{22}H_{33}}}}=9.07\times 10^{-12}(F/m)$

# 第 5 章 穩態運轉下之輸電線路

## 5-1 短程輸電線模型

### 焦點 1 短程輸線模型之推導，ABCD 參數

考試比重 ★★★☆☆

考題形式 見於各類考試以及台電選擇題。

1. 短、中、長程輸電線之分類原則，最主要是因為輸電線路之電容效應，依據輸電線路長短可分為：

   (1) 架空輸電線路距離在 80 公里(50 英哩 mi)以內者為短程。

   (2) 架空輸電線路距離在 80~240 公里(50~150 英哩 mi)者為中程。

   (3) 架空輸電線路距離在 240 公里(150 英哩 mi)以上者為長程。

牛刀小試

( ) ◎有關台灣之架空輸電線短程、中程及長程之劃分，下列敘述何者正確？ (A)100km 以下屬短程 (B)150km 屬中程 (C)200km 以上屬長程 (D)250 屬中程。(104 台電)

詳解

◎**(B)**

2. 如下圖 5-1 為短程輸電線模型之示意圖，其中線路之串聯阻抗 $Z = zl = (r + j\omega L)l$ 係以「集總」方式表示(VS.長程輸電線路為分佈方式)，$z$ 稱為單位長度阻抗(單位：$\Omega / km$)，而線路之並聯導納則予以忽略之，由圖示可以寫出 $\begin{Bmatrix} V_S = V_R + I_S Z \\ I_S = I_R \end{Bmatrix}$ ............(式 5-1)

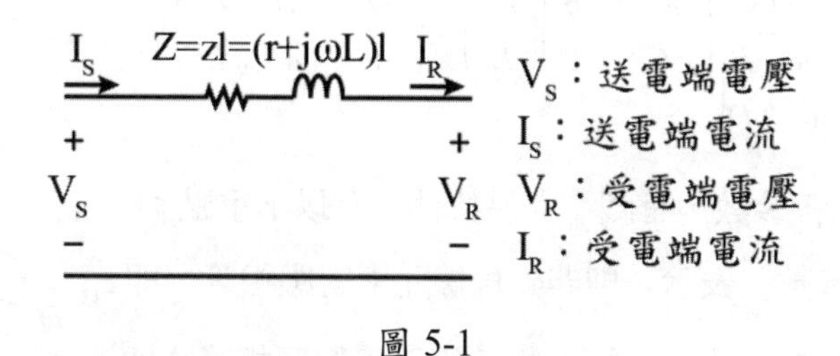


圖 5-1

則可由「雙埠網路」之「T 參數」[傳輸(Transfer)參數]分別以送電端(sending end)及受電端(receiving end)的電壓、電流以矩陣方式表達如下

$\begin{pmatrix} V_S \\ I_S \end{pmatrix} = \begin{pmatrix} 1 & Z \\ 0 & 1 \end{pmatrix} \begin{pmatrix} V_R \\ I_R \end{pmatrix}$ ............(式 5-2)

則定義「短程輸電線模型」之 ABCD 參數為 $\begin{pmatrix} A & B \\ C & D \end{pmatrix} = \begin{pmatrix} 1 & Z \\ 0 & 1 \end{pmatrix}$ ............(式 5-3)

3. 式 5-3.之矩陣，可以歸納出以下各重點：

(1) 主對角線元素 A=D ⇒ 表示此模型為「對稱矩陣」，所謂「對稱性」即是指該雙埠網路無論從哪一端(送電端或受電端)看進去之阻抗都是相同的。

(2) 該矩陣之值(行列式)為 $1 \Rightarrow AD - BC = 1$，表示此模型為「互易矩陣」(Reciprocal Matrix)；在雙埠網路中，元件由 R,L,C 所組成的迴路，滿足互易特性，亦即構成「互易特性」之網路模型必為：

A. 線性（Linear）。

B. 被動（passive）。

C. 雙向（bilateral）。

4. 式 5-2.所示為「送電端」的 ABCD 參數，若由「受電端」來看，則為 ABCD 參數的反矩陣，依據 $2\times2$ 求「反矩陣」之簡易法，可以由口訣「**清道夫定理**」來完成，即 $\begin{pmatrix} A & B \\ C & D \end{pmatrix}^{-1} = \dfrac{1}{\begin{vmatrix} A & B \\ C & D \end{vmatrix}} \begin{pmatrix} D & -B \\ -C & A \end{pmatrix}$ ……(式 5-4)

故可知 $\begin{pmatrix} V_R \\ I_R \end{pmatrix} = \dfrac{1}{\begin{vmatrix} A & B \\ C & D \end{vmatrix}} \begin{pmatrix} D & -B \\ -C & A \end{pmatrix} \begin{pmatrix} V_S \\ I_S \end{pmatrix} = \begin{pmatrix} D & -B \\ -C & A \end{pmatrix} \begin{pmatrix} V_S \\ I_S \end{pmatrix}$ ……(式 5-5)

雙埠網路中之各參數，有關「互易特性」有以下重點：

(1) 若以「Z 參數」表示，則非對角線元素對應相等，即 $z_{12} = z_{21}$。

(2) 若以「Y 參數」表示，則非對角線元素對應相等，即 $y_{12} = y_{21}$。

(3) 若以「H 參數」表示，則非對角線元素對應大小相等，但差一個負號，即 $h_{12} = -h_{21}$。

(4) 若以「T 參數」表示，則 $AD - BC = 1$。

## 複習「雙埠網路」各參數定義

雙埠網路主要在探討各端電壓與電流$(V_1, I_1, V_2, I_2)$之矩陣關係式，欲得出各種不同之「電壓、電流」組合而可分為以下各參數：

1. Z 參數：Z 為阻抗，因為 V=IZ，即輸入電流經由 Z 參數轉換看各「端電壓」之變化，故 Z 參數定義為 $\begin{pmatrix} V_1 \\ V_2 \end{pmatrix} = (Z) \begin{pmatrix} I_1 \\ I_2 \end{pmatrix}, where(Z) = \begin{pmatrix} z_{11} & z_{12} \\ z_{21} & z_{22} \end{pmatrix}$，通常 Z 參數之標準電路為「T 模型」。

2. Y 參數：Y 為導納，因為 I=VY，即輸入電壓經由 Y 參數轉換看各「端電流」之變化，故 Y 參數定義為$\begin{pmatrix} I_1 \\ I_2 \end{pmatrix} = (Y)\begin{pmatrix} V_1 \\ V_2 \end{pmatrix}, where(Y) = \begin{pmatrix} y_{11} & y_{12} \\ y_{21} & y_{22} \end{pmatrix}$，通常 Y 參數之標準電路為「$\pi$ 模型」。

3. H 參數：H 為混和(Hybrid)，即輸入$V_1, I_2$看$V_2, I_1$之變化，故 H 參數定義為$\begin{pmatrix} V_1 \\ I_2 \end{pmatrix} = (H)\begin{pmatrix} V_2 \\ I_1 \end{pmatrix}, where(H) = \begin{pmatrix} h_{11} & h_{12} \\ h_{21} & h_{22} \end{pmatrix}$

4. T 參數(ABCD 參數)：同以上焦點說明，但須注意「T 參數」二次側端電流之方向與以上各參數之方向不同。

## 牛刀小試

(　) 1. 將輸電線路分為短程、中程及長程輸電線路，主要係考量受到下列何種影響？　(A)壓降　(B)電阻　(C)電感　(D)電容。(103 台電)

(　) 2. 以短程輸電線而言，供電頻率下降時，線路阻抗會如何變化？　(A)上升　(B)下降　(C)不變　(D)無關。(104 台電)

(　) 3. 在短程輸電線的模型中，其 ABCD 傳輸參數何者為零？　(A)A　(B)B　(C)C　(D)D。(105 台北自來水)

(　) 4. 如圖為短程輸電線之相量圖，由圖中可知此為何種負載？　(A)功因超前負載　(B)單位功因負載　(C)功因落後負載　(D)純電容性負載。(103 台電)

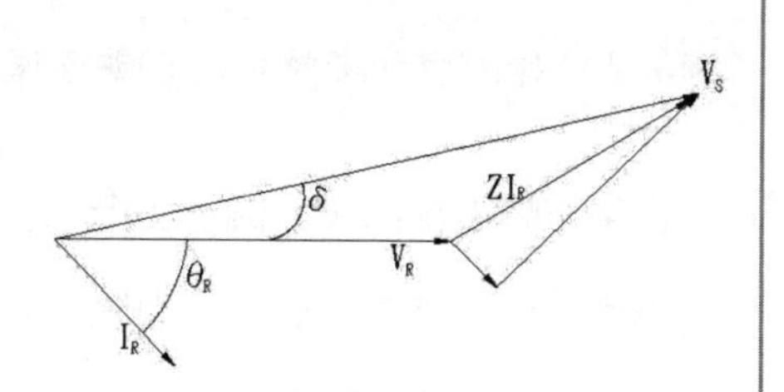

( ) 5. 承第 4 題，圖中 Z 為何？ (A)線路阻抗 (B)負載阻抗 (C)負載阻抗與線路阻抗之和 (D)負載阻抗與線路阻抗之差。(103 台電)

**詳解**

1. **(D)**。本題答案選(D)電容。
2. **(B)**。因為短程輸電線路之串聯阻抗為 $Z = zl = (r + j\omega L)l$，若頻率 $\omega$ 下降，則阻抗也會下降，本題答案選(B)。
3. **(C)**
4. **(C)**。由「相量圖」可知 $V_S = V_R + I_S Z$，同之前重點說明。因 $I_R$ 角度落後 $V_R$，故為功因落後負載，答案選(C)。
5. **(A)**

# 5-2 中程輸電線模型

## 焦點 2 中程輸電線模型之推導，Nominal π 模型與 T 模型

考試比重 ★★★☆☆

見於輸配電類考試以及台電選擇題。

1. 中程架空輸電線路，如圖 5-2 所示，其模型仍做「總集」處理，但除串聯阻抗外，還必須考慮「並聯電納」，將線路總電納均分後至於線路兩端，稱

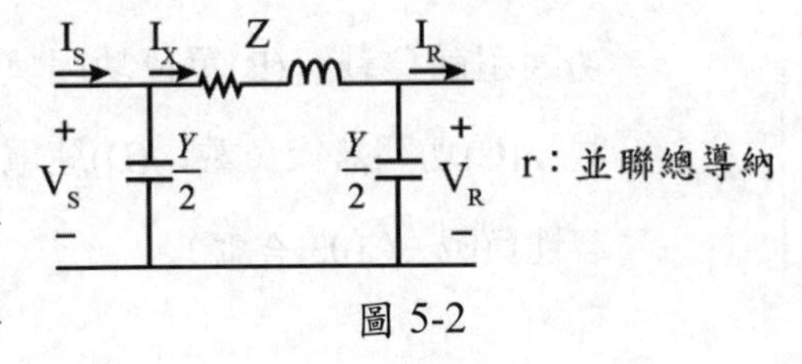


圖 5-2

為「**標稱(nominal) $\pi$ 模型**」；一般而言，並聯電導因為太小而忽略不計，由圖示可以寫出

$$\begin{cases} I_x = I_R + (\frac{Y}{2})V_R \\ V_S = V_R + ZI_x \\ I_S = I_x + (\frac{Y}{2})V_S \end{cases} \quad \text{(式 5-6)}$$

則由上式削掉 $I_x$，可得

$$\begin{pmatrix} V_S \\ I_S \end{pmatrix} = \begin{pmatrix} 1+\frac{YZ}{2} & Z \\ Y(1+\frac{YZ}{4}) & 1+\frac{YZ}{2} \end{pmatrix} \begin{pmatrix} V_R \\ I_R \end{pmatrix} \quad \text{(式 5-7)}$$

同前節所述之「雙埠網路」之「T 參數」[傳輸(Transfer)參數]可知：

$$\begin{pmatrix} A & B \\ C & D \end{pmatrix} = \begin{pmatrix} 1+\frac{YZ}{2} & Z \\ Y(1+\frac{YZ}{4}) & 1+\frac{YZ}{2} \end{pmatrix} \quad \text{(式 5-8)}$$

由(1) $A = D$，可知滿足「對稱性」及

由(2) $AD - BC = 1$，可知滿足「互易網路」特性。

2. 中程輸電線模型也可以以「**標稱 T 型網路**」表示如圖 5-3 所示，根據圖示可以推得並寫出



圖 5-3

$$\begin{cases} V_S = V_X + (\frac{Z}{2})I_S \\ V_X = V_R + (\frac{Z}{2})I_R \\ I_S = YV_X + I_R \end{cases} \quad \text{(式 5-9)}$$

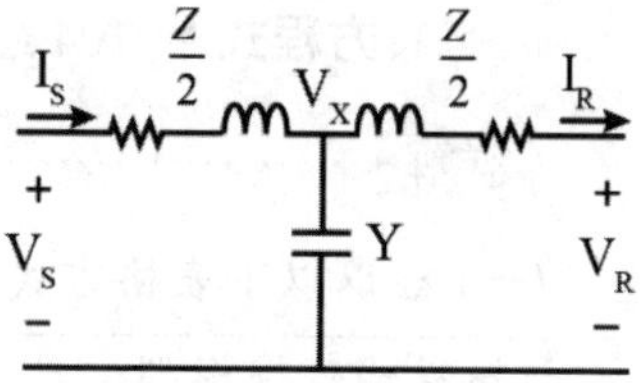

則由上式削掉 $V_X$，可得

$$\begin{pmatrix} V_S \\ I_S \end{pmatrix} = \begin{pmatrix} 1+\frac{YZ}{2} & Z(1+\frac{YZ}{4}) \\ Y & 1+\frac{YZ}{2} \end{pmatrix} \begin{pmatrix} V_R \\ I_R \end{pmatrix} \quad \text{(式 5-10)}$$

及「標稱 T 模型」之 ABCD 參數為：$\begin{pmatrix} A & B \\ C & D \end{pmatrix} = \begin{pmatrix} 1+\dfrac{YZ}{2} & Z(1+\dfrac{YZ}{4}) \\ Y & 1+\dfrac{YZ}{2} \end{pmatrix}$ ..(式 5-11)

同樣滿足「對稱性」及「互易網路」特性。

牛刀小試

◎ **輸電線路可區分為短程、中程及長程等 3 種，倘若送電端電壓為 $V_S$、受電端電壓為 $V_R$、送電端電流為 $I_S$、受電端電流為 $I_R$、線路阻抗為 Z 及導納為 Y，請依下列問題作答：**

**(一) 試求短程輸電線路之等效電路圖、$V_S$、$I_S$ 方程式及 $V_S$、$I_S$ 矩陣形式。**

**(二) 試求中程輸電線路之 T 型等效電路圖、$V_S$、$I_S$ 矩陣形式推導及 $V_S$、$I_S$ 方程式。**

**(三) 試求中程輸電線路之 π 型等效電路圖、$V_S$、IS 矩陣形式推導及 $V_S$、$I_S$ 方程式。**（104 經濟部）

詳解

(一) 茲以以下表格方式一一作答：

| | 短程輸電線模型 | 中程輸電線 T 模型 | 中程輸電線 π 模型 |
|---|---|---|---|
| 等效電路圖 | $I_S$ $Z=zl=(r+j\omega L)l$ $I_R$ + $V_S$ − + $V_R$ − <br> $V_S$：送電端電壓<br>$I_S$：送電端電流<br>$V_R$：受電端電壓<br>$I_R$：受電端電流 | $I_S$ $\frac{Z}{2}$ $V_X$ $\frac{Z}{2}$ $I_R$ + $V_S$ − Y + $V_R$ − | $I_S$ $I_X$ Z $I_R$ + $V_S$ − $\frac{Y}{2}$ $\frac{Y}{2}$ + $V_R$ − <br> r：並聯總導納 |

| | 短程輸電線模型 | 中程輸電線T模型 | 中程輸電線π模型 |
|---|---|---|---|
| $V_S$, $I_S$ 方程式 | $\begin{cases} V_S = V_R + I_S Z \\ I_S = I_R \end{cases}$ | $\begin{cases} V_S = V_X + (\frac{Z}{2})I_S \\ V_X = V_R + (\frac{Z}{2})I_R \\ I_S = YV_X + I_R \end{cases}$ | $\begin{cases} I_x = I_R + (\frac{Y}{2})V_R \\ V_S = V_R + ZI_x \\ I_S = I_x + (\frac{Y}{2})V_S \end{cases}$ |
| $V_S$, $I_S$ 矩陣形式 | $\begin{pmatrix} V_S \\ I_S \end{pmatrix} = \begin{pmatrix} 1 & Z \\ 0 & 1 \end{pmatrix}\begin{pmatrix} V_R \\ I_R \end{pmatrix}$ | $\begin{pmatrix} V_S \\ I_S \end{pmatrix} = \begin{pmatrix} 1+\frac{YZ}{2} & Z(1+\frac{YZ}{4}) \\ Y & 1+\frac{YZ}{2} \end{pmatrix}\begin{pmatrix} V_R \\ I_R \end{pmatrix}$ | $\begin{pmatrix} V_S \\ I_S \end{pmatrix} = \begin{pmatrix} 1+\frac{YZ}{2} & Z \\ Y(1+\frac{YZ}{4}) & 1+\frac{YZ}{2} \end{pmatrix}\begin{pmatrix} V_R \\ I_R \end{pmatrix}$ |
| 方程式推導 | | 見下(二) | 見下(三) |

(二) 中程輸電線之T模型：可令該ABCD參數如下：$\begin{pmatrix} V_S \\ I_S \end{pmatrix} = \begin{pmatrix} A & B \\ C & D \end{pmatrix}\begin{pmatrix} V_R \\ I_R \end{pmatrix}$，

由方程式 $\begin{cases} V_S = V_X + (\frac{Z}{2})I_S \text{........(1)} \\ V_X = V_R + (\frac{Z}{2})I_R \text{........(2)} \\ I_S = YV_X + I_R \text{...........(3)} \end{cases}$，則將(2)代入(1)得

$$V_S = V_R + (\frac{Z}{2})I_R + (\frac{Z}{2})I_S \text{........(4)}$$

再將(2)代入(3)得 $I_S = Y[V_R + (\frac{Z}{2})I_R] + I_R = YV_R + (1+\frac{YZ}{2})I_R$........(5)

(5)代入(4) ⇒

$$V_S = V_R + (\frac{Z}{2})I_R + (\frac{Z}{2})[YV_R + (1+\frac{YZ}{2})I_R] = (1+\frac{YZ}{2})V_R + Z(1+\frac{YZ}{4})I_R \text{.......(6)}$$

由(6)可知 $A=1+\frac{YZ}{2}, B=Z(1+\frac{YZ}{4})$，

由(5)可知 $C=Y, D=1+\frac{YZ}{2}$，故得證。

(三) 中程輸電線之T模型：令該ABCD參數如下：$\begin{pmatrix} V_S \\ I_S \end{pmatrix}=\begin{pmatrix} A & B \\ C & D \end{pmatrix}\begin{pmatrix} V_R \\ I_R \end{pmatrix}$，

由方程式 $\begin{Bmatrix} I_x=I_R+(\frac{Y}{2})V_R.....(1) \\ V_S=V_R+ZI_x........(2) \\ I_S=I_x+(\frac{Y}{2})V_S.....(3) \end{Bmatrix}$，

將(1)代入(2)得 $V_S=V_R+Z[I_R+(\frac{Y}{2})V_R]=(1+\frac{Y}{2})V_R+ZI_R......(4)$，將(1)(4)

代入(3)得 $I_S=I_R+(\frac{Y}{2})V_R+\frac{Y}{2}V_S=I_R+(\frac{Y}{2})V_R+\frac{Y}{2}[(1+\frac{Y}{2})V_R+ZI_R]$

$=Y(1+\frac{YZ}{4})V_R+(1+\frac{YZ}{2})I_R.....(5)$

故知由(4)得 $A=(1+\frac{Y}{2}), B=Z$，

由(5)得 $C=Y(1+\frac{YZ}{4}), D=1+\frac{YZ}{2}$，故得證。

# 5-3 輸電線的電壓調整率

## 焦點 3 輸電線模型之 Voltage Regulation

考試比重 ★★★☆☆

考題形式 見於輸配電類考試以及台電選擇題。

1. 在送電端電壓大小維持一定的情況下，電壓調整率係用以「量化百分比」方式描述受電端電壓大小隨負載變化之情況，其公式如下式5-12.所示，其中$|V_{R,NL}|$為

「無載」下受電端電壓大小，$\left|V_{R,FL}\right|$為「滿載」(指「定功因」)下受電端電壓大小。$VR(\%)=\dfrac{\left|V_{R,NL}\right|-\left|V_{R,FL}\right|}{\left|V_{R,FL}\right|}\times 100\%$ ........................................................(式 5-12)

2. 功率因數與 VR 的關係：

   (1) 功因落後(電流角落後電壓角)或「功因=1」之負載，其電壓調整率「(VR)必為正，此代表滿載時受電端大小較無載時為小。

   (2) 功因領先(電流角領先電壓角)之負載，一般為電容性負載，則會因領先角度之多少，而造成電壓調整率」(VR)可為正、0 或負。

3. 由前一節之「ABCD 參數」矩陣式可知$\left|V_{R,NL}\right|=\dfrac{\left|V_S\right|}{\left|A\right|}$ ................................(式 5-13)

   而欲求受電端滿載電壓，則$\left|V_{R,NL}\right|_{總電壓}=$額定電壓$\times$滿載比例。

牛刀小試【中程輸電線模型與電壓調整率題型】.................................

1. **已知有三相 60Hz 經完全「換位」之 345KV,200 公里之輸電線，採成束導體，其正序線路常數為$\begin{Bmatrix} z=0.032+j0.35\Omega/km \\ y=j4.2\times 10^{-6}S/km \end{Bmatrix}$，令「受電端」滿載負載為 700MW(95%額定電壓下，功因 0.99 領先)，試求：**

   **(1)送電端電壓$V_S$、電流$I_S$及實功$P_S$？**

   **(2)電壓調整率 VR=多少%？**

   **(3)滿載時之「輸電效率」$\eta$=多少%？**

詳解 .........................................................................................

採用中程輸電線之$\pi$模型，其 ABCD 參數為$\begin{Bmatrix} A=D=1+\dfrac{YZ}{2} \\ B=Z \\ C=Y(1+\dfrac{YZ}{4}) \end{Bmatrix}$，

先求 200km 輸電線之串聯阻抗及並聯導納

$$\begin{cases} Z = zl = 200(0.032 + j0.35) = 70.29\angle 84.78°(\Omega) \\ Y = yl = j4.2\times10^{-6}\times200 = j8.4\times10^{-4}(S) \end{cases}$$

則 $$\begin{cases} A = D = 1+\dfrac{YZ}{2} = 0.9706\angle 0.159°\,pu \\ B = Z = 70.29\angle 84.78°\Omega \\ C = Y(1+\dfrac{YZ}{4}) = 8.277\times10^{-4}\angle 90.08°S \end{cases}$$

(1) 以「受電端電壓」為參考相量，則

$$V_{R,FL} = \frac{0.95V_{Rated,LL}}{\sqrt{3}}\angle 0° = \frac{0.95\times345}{\sqrt{3}}\angle 0° kV_{LN} = 189.2\angle 0° kV_{LN}$$

$$\Rightarrow |V_{R,FL}| = 327.8kV_{LL}$$

$$I_{R,FL} = \frac{700}{0.99\sqrt{3}\times327.8}\angle\cos^{-1}0.99 = 1.246\angle 8.11° kA$$

故送電端電壓：$V_S = AV_{R,FL} + BI_{R,FL} = 199.6\angle 26.14° \Rightarrow |V_S| = 345.8kV_{LL}$，

送電端電流：$I_S = CV_{R,FL} + DI_{R,FL} = 1.241\angle 15.5° kA$，

送電端實功：

$$P_S = 3|V_S||I_S|\cos(\theta_i - \theta_v) = 3\times199.6\times1.241\cos(15.5° - 26.14°) = 730.3MW$$

(2)「無載」時之受電端電壓大小：$|V_{R,NL}| = \dfrac{|V_S|}{|A|} = \dfrac{199.6kV_{LN}}{0.9706} = 205.6kV_{LN}$

故 $VR(\%) = \dfrac{|V_{R,NL}| - |V_{R,FL}|}{|V_{R,FL}|}\times100\% = \dfrac{205.6-189.2}{189.2}\times100\% = 8.67\%$

(3) 滿載時之輸電線效率 $\eta(\%) = \dfrac{P_{receiving}}{P_{sending}}\times100\% = \dfrac{700}{730.3}\times100\% = 95.9\%$

2. **某 200KV,60Hz 之三相輸電線，長為 40km，每相之電阻為 $0.15\Omega/km$，電感為 $1.3263mH/km$，並聯電容可忽略；若供應 220KV 之三相負載，381MVA，功因為 0.8 落後，求輸電線之電壓調整率為何？**（92 地特三等）

**詳解**

40km<80km，故此為「短程輸電線」，先求其串聯阻抗為

$Z = zl = (0.15 + j2\pi \times 60 \times 1.3263 \times 10^{-3}) \times 40 = 6 + j20\Omega$

訂受電端電壓為相量基準，則 $V_R = \dfrac{220}{\sqrt{3}}\angle 0° kV_{LN}$，

受電端電流 $I_R = \dfrac{381}{\sqrt{3} \times 220}\angle -\cos^{-1}0.8 = 1\angle -36.9°\text{kA}$

則送電端電壓 $V_S = V_R + ZI_R = \dfrac{220}{\sqrt{3}} + (6 + j20) \times 1\angle\text{-}36.9° = 144.4\angle 4.9°\text{kV}_{LN}$

$V_S = 144.4\angle 4.9°\text{kV}_{LN} \Rightarrow |V_S| = 250\text{kV}_{LL}$

輸電線之電壓調整率 ⇒

$$VR(\%) = \frac{|V_{R,NL}| - |V_{R,FL}|}{|V_{R,FL}|} \times 100\% = \frac{250 - 220}{220} \times 100\% = 13.6\%$$

# 5-4 長程輸電線模型

## 焦點 4 長程輸電線之 ABCD 參數計算及其他重要名詞

考試比重 ★★☆☆☆

選擇題、非選擇題題型均有。

1. 240*km* 以上之架空輸電線屬於「長程輸電線」，此時串聯阻抗與並聯導納不可再以「集總」方式處理，而應改採分布模型；線路中之任一點 $x$ 之電壓、電流( $x$ 係從「受電端」起算，即令受電端處 $x = 0$ 。送電端處 $x = 1$，1 為線路長)，可得長程輸電線路之「等效 $\pi$ 模型」ABCD 參數如下式：

$$\begin{pmatrix} V(x) \\ I(x) \end{pmatrix} = \begin{pmatrix} A(x) & B(x) \\ C(x) & D(x) \end{pmatrix} \begin{pmatrix} V_R \\ I_R \end{pmatrix} \text{......(式 5-14)}$$

其中 $A(x) = D(x) = \cosh(\gamma x)$ (單位：pu)......(式 5-15)

$B(x) = Z_C \sinh(\gamma x)$ (單位：$\Omega$)......(式 5-16)

$C(x) = \dfrac{1}{Z_C} \sinh(\gamma x)$ (單位：S)......(式 5-17)

以及 $\gamma = \sqrt{yz}$ (單位 $m^{-1}$)......(式 5-18)

$\gamma$ 稱為「**傳播常數**」(propagation const.)，$Z_C = \sqrt{\dfrac{z}{y}}$(單位$\Omega$)......(式 5-19)

$Z_C$ 稱為「**特性阻抗**」(characteristic const.)。

2. 以上之推導在此暫忽略，但以上各式中須注意：
   (1) $\cosh(\gamma\ell)=\dfrac{e^{\gamma l}+e^{-\gamma l}}{2}$;$\sinh(\gamma\ell)=\dfrac{e^{\gamma l}-e^{-\gamma l}}{2}$；此在做 ABCD 參數計算時必須先算出 $e^{\gamma l}, e^{-\gamma l}$，且計算 $e^{\gamma l}, e^{-\gamma l}$ 及 $\gamma l$ 係以「直角坐標」運算之。
   (2) 傳播常數 $\gamma = \alpha + j\beta$，其中 $\alpha$ 稱為「**衰減常數**」(attenuation const.)，$\beta$ 稱為「**相位常數**」(phase const.)，而 $\beta l$ 得出之單位為「弳度」(radian)。
   (3) 再做 ABCD 矩陣內參數運算時，如 $Z_C$, cosh, sinh 時，係以「極座標」方式計算為佳。

牛刀小試......

◎ **某三相** 60Hz,765KV,300km **經完全「換位」之輸電線，已知其正序阻抗及導納為** $\begin{cases} z = 0.0165 + j0.3306 = 0.331\angle 87.14° / km \\ y = j4.674 \times 10^{-6} S / km \end{cases}$**，求在正序運轉下，此輸電線路之** ABCD **參數？**

**詳解**

此「長程輸電線」ABCD 參數之計算，依以下步驟一一完成：

(1) 先求特性阻抗及傳播常數：

$$Z_C = \sqrt{\frac{z}{y}} = \sqrt{\frac{0.331\angle 87.14^\circ}{4.674\times 10^{-6}\angle 90^\circ}} = 266.1\angle -1.43^\circ(\Omega)$$

$$\gamma l = \sqrt{yz}l = \sqrt{(4.674\times 10^{-6}\angle 90^\circ)(0.331\angle 87.14^\circ)}\times 300 = 0.3731\angle 88.57^\circ$$

$$= 0.00931 + j0.373(pu)$$

(2) 再求 $e^{\gamma l}, e^{-\gamma l}$：

$$\begin{Bmatrix} e^{\gamma l} = e^{0.00931}\angle 0.373(rad) = e^{0.00931}\angle 10.68^\circ = 0.94 + j0.3678 \\ e^{-\gamma l} = e^{-0.00931}\angle -0.373(rad) = e^{-0.00931}\angle -10.68^\circ = 0.9226 - j0.361 \end{Bmatrix}$$

(3) 再求 $\cosh(\gamma l), \sinh(\gamma l)$：

$$\begin{Bmatrix} \cosh(\gamma l) = \frac{1}{2}[(0.94 + j0.3678) + (0.9226 - j0.361)] = 0.9313\angle 0.209^\circ \\ \sinh(\gamma l) = \frac{1}{2}[(0.94 + j0.3678) - (0.9226 - j0.361)] = 0.3645\angle 88.63^\circ \end{Bmatrix}$$

(4) 則代入 $A(x), B(x), C(x), D(x)$ 各參數，依序求出：

$$A(x) = D(x) = \cosh(\gamma x) = 0.9313\angle 0.209^\circ pu.$$

$$B(x) = Z_C \sinh(\gamma x) = (266.1\angle -1.43^\circ)(0.3645\angle 88.63^\circ) = 97\angle 87.2^\circ\Omega,$$

$$C(x) = \frac{1}{Z_C}\sinh(\gamma x) = \frac{0.3645\angle 88.63^\circ}{266.1\angle -1.43^\circ} = 1.37\times 10^{-3}\angle 90.06^\circ S$$

## 焦點 5 傳倫第效應

考試比重 ★★☆☆☆

選擇題、非選擇題題型均有。

1. 中長程輸電線路，出現「受電端電壓$|V_R|$」大於「送電端電壓$|V_S|$」之情況，稱為傳倫第效應；而地下電纜因「電容效應」較架空線路為大，故其傳倫第效應較明顯。
2. 效應發生情狀：
   (1) 中長程輸電線。
   (2) 於「輕載」或「無載」時。
3. 效應發生原因：如圖 5-3 之輸電線本身的電容 $j\omega C$ 之「充電電流 $I_{chg}$」所引起，輸電線越長，則線路之電容越大，充電電流跟著變大，傳倫第效應造成的電壓上升情形越明顯。

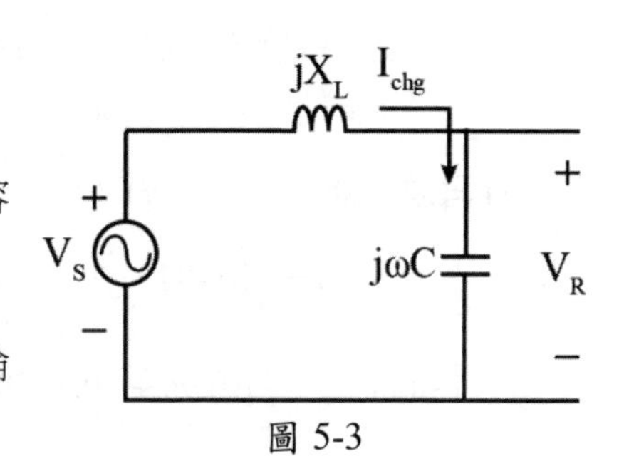


圖 5-3

4. 傳倫第效應之解決對策，通常可以使用「併聯電抗器」之方式。

### 牛刀小試

( ) 1. 架空地線的功能，下列敘述何者不正確？ (A)可提供少量電力輸送 (B)可增加線路對地電容 (C)可分散雷擊電流 (D)可增加輸電線機械強度。(101 台電)

( ) 2. 電力系統在輕載或無載時為防止電壓升高，通常使用下列何者？ (A)並聯電抗器 (B)串聯電抗器 (C)並聯電容器 (D)串聯電容器。(103 台電)

(　) 3. 在中、長程輸電線中，當受電端開路或輕載時，由於收到線路電容充電之影響，造成受電端電壓高於送電端電壓，此現象稱作？ (A)鄰近效應 (B)集膚效應 (C)電暈 (D)傅倫第效應。(101 台電)

(　) 4. 有關「傅倫第效應」(Ferranti Effect)的敘述，下列何者為正確？
(A)輸電線長度越長，傅倫第效應所造成電壓上升的效應愈明顯
(B)輸電線長度越長，傅倫第效應所造成的線路末端電壓降愈明顯
(C)傅倫第效應與輸電線長度無關 (D)架空線與相同長度的地下電纜比較，架空線的傅倫第效應比較明顯 (E)地下電纜與相同長度的架空線比較，地下電纜的傅倫第效應比較明顯。(95 經濟部)(複選題)

**詳解**

1. **(A)**。架空地線之功能有下：
   (1) 增加線路對地電容。
   (2) 可分散雷擊電流，即可阻截雷擊，使雷擊電壓降低。
   (3) 降低電壓降。
   (4) 可增加輸電線之機械強度。
   (5) 降低通訊干擾，故本題選(A)。

2. **(A)**　3. **(D)**

4. **(AE)**。說明如下：
   (1) 輸電線長度越長，傅倫第效應所造成之線路末端電壓上升更明顯。
   (2) 架空線與相同長度的「地下電纜」相比，地下電纜所造成的傅倫第效應較明顯。
   (3) 故知「傅倫第效應」與線路長度以及是否架空或地下埋設有關。
   故本題答案為(A)、(E)。

# 5-5 無損耗輸電線路

## 焦點 6 忽略「電阻」與「電導」的無損耗線路計算與名詞定義

考試比重 ★★★☆☆

選擇題、非選擇題題型均有。

1. 輸配電線路負責電力的傳輸，一般均設計成「低損耗」，茲為簡化分析，通常忽略線路之「電阻」及「電導」，即成為無損耗線路，此時 $\begin{cases} z = r + j\omega L = j\omega L \\ y = g + j\omega C = j\omega C \end{cases}$

2. 無損耗線路中，必須特別注意幾個重要之參數如下：

   (1) 突波阻抗(Surge impedance)：即長程輸電線路中之「特性阻抗」。

   $Z_C = \sqrt{\dfrac{z}{y}} = \sqrt{\dfrac{L}{C}}\Omega$ ……………………………………………………(式5-20)，

   由上式可知，此特性阻抗為**純實數**，特稱為「突波阻抗」，其值約為250～500Ω。

   (2) 傳播常數(Propagation const.)：

   $\gamma = \sqrt{yz} = \sqrt{j\omega C \times j\omega L} = j\omega\sqrt{LC}(m^{-1})$ ……………………………(式5-21)

   **!注意**

   此時傳播常數為「**純虛數**」，故「無損耗線路」並不會衰減
   $\Rightarrow \gamma = \alpha + j\beta \Rightarrow$ 衰減常數 $\alpha$=0，相位常數 $\beta$=$\omega\sqrt{LC}$。

   (3) ABCD 常數(Propagation const.)：經由長程輸電線路相關參數之推導，得

   $$\begin{cases} A(x) = D(x) = \cosh(\gamma x) = \cos(\beta x) \\ B(x) = Z_C \sinh(\gamma x) = jZ_C \sin(\beta x) \\ C(x) = \dfrac{\sinh(\gamma x)}{Z_C} = j\dfrac{\sin(\beta x)}{Z_C} \end{cases}$$ ……………………………………………(式5-22)

**!注意**

由無損耗線路之 ABCD 參數可知，為 $A(x), D(x)$ 純實數，$B(x), C(x)$ 為純虛數，此特性可大幅簡化電壓、電流求解時之複雜度，故「無損耗線路」相關計算適合考試出題。

(4) 波長與波速：電壓或電流相位變化 360° 所需之距離即稱為「波長 $\lambda$」，對無損耗之線路而言，$\beta x = 2\pi$，即 $x = \dfrac{2\pi}{\beta}$ 時，$V(x)$ 之相位變化量為 $2\pi$，故波長為 $\lambda = \dfrac{2\pi}{\beta} = \dfrac{2\pi}{\omega\sqrt{LC}} = \dfrac{2\pi}{2\pi f\sqrt{LC}} = \dfrac{1}{f\sqrt{LC}}$ ........................................(式 5-23)

由上式可以推得 $v = f\lambda = \dfrac{1}{\sqrt{LC}}(m/\sec)$ ................................................(式 5-24)

上式中「無損耗輸電線路」可以計算其數值即為「光速」，推導如下：

因 $L = 2\times10^{-7}\ln\dfrac{GMD}{GMR_L}, C = \dfrac{2\pi(8.854\times10^{-12})}{\ln\dfrac{GMD}{GMR_c}}$

而輸電線路之 $GMR_L \simeq GMR_c$，故

$$v = f\lambda = \frac{1}{\sqrt{LC}} = \frac{1}{\sqrt{2\times10^{-7}\times2\pi\times(8.854\times10^{-12})}} = \frac{1}{\sqrt{\mu_0\varepsilon_0}} = 3\times10^8(m/\sec)$$

其中 $\mu_0 = 4\pi\times10^{-7}H/m$ 稱為「導磁係數」，$\varepsilon_0 = 8.854\times10^{-12}F/m$ 稱為「介電常數」。

3. 突波阻抗負載(SIL-Surge Impedancd Loading)：

(1) SIL 之意義：在無損耗輸電線路中，如圖 5-4 所示為一「**單相**」線路供電至一大小恰為「突波阻抗」之純電阻負載，在傳輸過程中，沿線電壓恰為額定線電壓，且沿線每一點之功率潮流均相同，只有實功而無虛功，故

$SIL = \dfrac{\left|V_{R,LL}\right|^2}{Z_C}$ (單位為 MW)..................................................................(式 5-25)

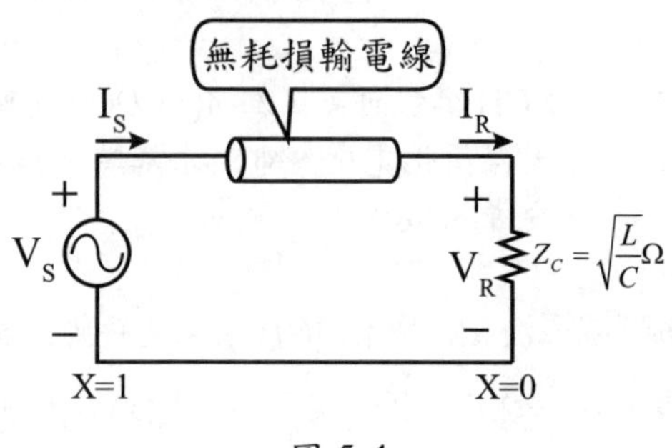


圖 5-4

(2)推導：由 ABCD 參數關係 $\begin{pmatrix} V(x) \\ I(x) \end{pmatrix} = \begin{pmatrix} \cos(\beta x) & jZ_C \sin(\beta x) \\ j\dfrac{\sin(\beta x)}{Z_C} & \cos(\beta x) \end{pmatrix} \begin{pmatrix} V_R \\ I_R \end{pmatrix}$，得輸電線

沿線任一點之電壓為

$$V(x) = V_R \cos(\beta x) + jI_R Z_C \sin(\beta x) = V_R[\cos(\beta x) + j\sin(\beta x)] = V_R \angle \beta x \text{ (式 5-26)}$$

同理沿線任一點之電流為

$$I(x) = V_R(j\frac{\sin(\beta x)}{Z_C}) + \cos(\beta x) I_R = I_R[\cos(\beta x) + j\sin(\beta x)] = I_R \angle \beta x \text{ ..(式 5-27)}$$

故由式 5-26，5-27.可知，無損耗線路沿線任一點之電壓、電流大小均相同，即不衰減；而沿線任一點之「複數功率」潮流為

$$S(x) = P(x) + jQ(x) = 3V(x)I^*(x) = 3V_R \angle \beta x \times I_R \angle -\beta x = 3V_R I_R$$

$$= 3\frac{|V_R|^2}{Z_C} = \frac{|V_{R,LL}|^2}{Z_C}$$

其中 $|V_{R,LL}|$ 為「受電端線對線電壓大小」；由式 5-27.可知無損耗線路沿線任一點的複數功率潮流都相同，且僅有實功而無虛功，換言之，在無損耗傳輸過程中，無實功之減損，而虛功為 0，表示沿線電感所需吸收之虛功，完全由線路電容所提供。

4. 電壓側視圖(Voltage Profile)：如圖 5-5 為一 1/4 波長無損耗線路之電壓側視圖，橫軸為線路距離並定義受電端為 $x=0$，送電端為 $x=l$，縱軸為該傳輸線路之線電壓大小，四條曲線由上而下分為「無載」、「SIL」、「重載」、及「短路」等四種情況，分述如下：

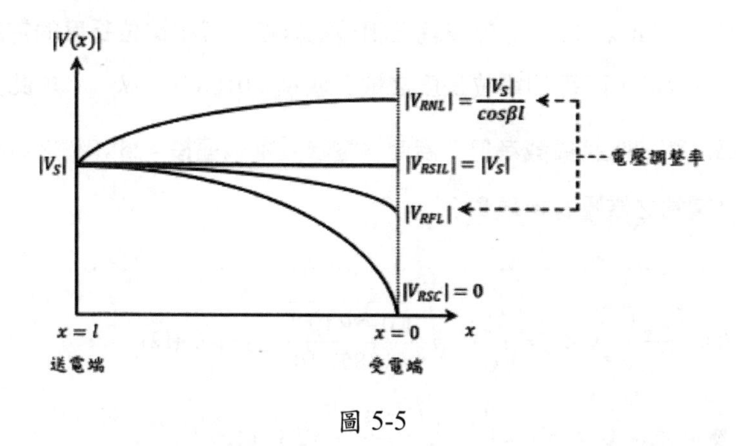


圖 5-5

(1) 無載(No Load)：由 ABCD 參數，得

$V_S = \cos(\beta x)V_{R,NL} + jZ_C\sin(\beta x)I_{R,NL};\because I_{R,NL} = 0,\therefore V_S = \cos(\beta x)V_{R,NL}$，可以推出 $\left|V_{R,NL}\right| = \dfrac{\left|V_S\right|}{\cos(\beta x)} > \left|V_S\right|$，即此時受電端電壓 > 送電端電壓，類似前述之「傅倫第效應」。

(2) 突波阻抗負載(SIL)：為理想的無損耗線路，此時 $\left|V(x)\right| = \left|V_{R,SIL}\right|$。

(3) 重載(Heavy Load)：係為(2)與(4)的中間狀況，此時受電端電壓 < 送電端電壓。

(4) 短路(Short Circuit)：由 ABCD 參數，得

$V(x) = \cos(\beta x)V_{R,SC} + jZ_C\sin(\beta x)I_{R,SC};\because V_{R,SC} = 0,\therefore V(x) = jZ_C\sin(\beta x)I_{R,SC}$，可以推出 $\left|V(x)\right| = Z_C\sin(\beta x)\left|I_{R,SC}\right|$，即此時受電端電壓 < 送電端電壓(由 $x = 0$，向 $x = l$，sine 函數圖形增加)。

牛刀小試

1. **長度為 300km 之 345KV 無損耗三相輸電線路，每相單位長度的電感值為 $1.045mH/km$，而每相單位長度之電容值為 $0.01085\mu F/km$；求此三相輸電線路之突波阻抗負載為何？若此輸電線受電端連接 425MW 之負載，則此時受電端之電壓有何現象？**

詳解

(1) $SIL=\dfrac{\left|V_{R,LL}\right|^2}{Z_C}$，$Z_C=\sqrt{\dfrac{L}{C}}=\sqrt{\dfrac{1.045\times10^{-3}}{0.01085\times10^{-6}}}=310.3(\Omega)$，

故突波阻抗負載 $SIL=\dfrac{\left|V_{R,LL}\right|^2}{Z_C}=\dfrac{345^2}{310.3}=383.6(MW)$

(2) 由於受電端連接 425MW 之負載 > SIL，因此受電端電壓大小將小於送電端電壓大小，即 $\left|V_R\right|<\left|V_S\right|$，在「Voltage Profile」觀念中，即為負載為「重載」。

2. **長度為 463km 之 420KV,60Hz 之無損耗三相輸電線路，此輸電線在送電端以 420KV 加壓；若移除受電端之負載後，受電端電壓成為 700KV，而送電端每相電流為，求：**

**(1)該輸電線之「相位常數」與「突波阻抗」為何？**

**(2)若裝設理想電抗器於受電端，以期移除受電端負載後，送電端與受電端電壓大小皆維持在 420KV，試決定所需的每相電抗值與三相 MVAR 值？**

詳解

(1) 由輸電線之 ABCD 參數關係 $\begin{pmatrix}V(x)\\I(x)\end{pmatrix}=\begin{pmatrix}\cos(\beta x) & jZ_C\sin(\beta x)\\ j\dfrac{\sin(\beta x)}{Z_C} & \cos(\beta x)\end{pmatrix}\begin{pmatrix}V_R\\I_R\end{pmatrix}$，

得到 $V_S=\cos(\beta l)V_R+jZ_C\sin(\beta l)I_R$，又因為在「無載」時 $I_{R,NL}=0$，

故「相位常數 $\beta$ 」$V_S=\cos(\beta l)V_R \Rightarrow \cos(\beta\times 463)=\dfrac{|V_S|}{|V_R|}=\dfrac{420}{700}=0.6$

$\Rightarrow 463\beta=0.9273 \Rightarrow \beta=2\times10^{-3}rad/km$ 又 $I_S=j\dfrac{\sin(\beta l)}{Z_C}V_R+\cos(\beta l)I_R$，

同理在「無載」時 $I_{R,NL}=0$，代入上式 $I_S=j\dfrac{\sin(\beta l)}{Z_C}V_R$，

可求出「突波阻抗 $Z_C$ 」：$\Rightarrow 646.6\angle 90^0=j\dfrac{\sin(\beta l)}{Z_C}(\dfrac{700}{\sqrt{3}})$

$$\Rightarrow Z_C=\frac{j\times0.6\times700}{j646.6\sqrt{3}}=0.5(k\Omega)\Rightarrow Z_C=500\Omega$$

(2) 設受電端每相裝設理想電抗器 $jX_L$ 時，

$$V_S=\cos(\beta l)V_R+jZ_C\sin(\beta l)I_R$$
$$=\cos(\beta l)V_R+jZ_C\sin(\beta l)(\frac{V_R}{jX_L})=[\cos(\beta l)+\frac{Z_C\sin(\beta l)}{X_L}]V_R$$

上式中，因為 $[\cos(\beta l)+\dfrac{Z_C\sin(\beta l)}{X_L}]$ 為實數，

故 $V_S$ 與 $V_R$ 為「同相位」$\Rightarrow \cos(\beta l)+\dfrac{Z_C\sin(\beta l)}{X_L}=\dfrac{|V_S|}{|V_R|}=1$

故 $0.6+\dfrac{500\times0.8}{X_L}=1\Rightarrow X_L=1000\Omega$ (每相)

電抗器所吸收之三相 MVAR 值為 $Q_L=\dfrac{|V_{LL}|^2}{X_L}=\dfrac{420^2}{1000}=176.4MVar$

3. **有一 250 km、500 kV、60 Hz 三相未經補償的輸電線路，已知正序串聯電抗 x = j0.35 Ω/ km 及正序並聯導納 y = j4.4×10$^{-6}$ S/km。若線路損失忽略不計，試求：**

 **(1)線路的突波阻抗 $Z_c$、ABCD 參數及波長 λ（以 km 表示）。**

 **(2)當此線路的送電端以額定電壓送電，受電端加上此線路的突波阻抗為負載，則受電端電壓大小為多少伏特？**（103 高考三級）

詳解

(1) 由題目所給之串聯電抗 $z = j0.35$ 及並聯電納 $y = j4.4\times10^{-6}$，可知此輸電線忽略電阻及電導，即以「無損耗線路」視之，

故「突波阻抗」$Z_C = \sqrt{\frac{z}{y}} = \sqrt{\frac{L}{C}} = \sqrt{\frac{0.35/\omega}{4.4\times10^{-6}/\omega}} = 280(\Omega)$，以及「傳播常數」及「相位常數」分別為：

$$\gamma = \sqrt{yz} = j\sqrt{0.35\times4.4\times10^{-6}} = j1.24\times10^{-3} \Rightarrow \beta = 1.24\times10^{-3}\,rad/km$$

故 ABCD 參數分別為：$\begin{pmatrix} A & B \\ C & D \end{pmatrix} = \begin{pmatrix} \cos(\beta l) & jZ_C\sin(\beta l) \\ j\dfrac{\sin(\beta l)}{Z_C} & \cos(\beta l) \end{pmatrix}$

$$= \begin{pmatrix} \cos(1.24\times10^{-3}\times250) & j280\sin(1.24\times10^{-3}\times250) \\ j\dfrac{\sin(1.24\times10^{-3}\times250)}{280} & \cos(1.24\times10^{-3}\times250) \end{pmatrix}$$

$$= \begin{pmatrix} 0.9523 & j85.4 \\ j1.1\times10^{-3} & 0.9523 \end{pmatrix}$$

以及「波長」：$\lambda = \dfrac{2\pi}{1.24\times10^{-3}} = 5.067\times10^{3}\,km$

(2) 無損耗輸電線沿線任一點之電壓為 $|V(x)| = |V_S| = |V_R| = 500kV$

4. **假設一無損耗(lossless)之單相輸電線路中，輸送端之電壓相位(Phasor)為 $V_S$，頻率為 60Hz，傳輸線路特徵阻抗(Characteristic Impedance)為 $Z_C$，相位常數(Phase Constant)為 $\beta$；求**

   **(1)該電壓相位之波長(Wavelength) $\lambda$？**

   **(2)假設傳輸距離為 1/4 波長，求解當負載端阻抗為(i)無載時，(ii)突波阻抗(Surge Impedance)時，接收端之電壓相位 $V_R$ 各為何值？上述兩情況下，何者接收端電壓相位值較大？**（100 普考）【輸配電題型】

詳解

(1) 波長計算俗下，其中為傳輸線波速，約等於光速；

$$\lambda=\frac{2\pi}{\beta}=\frac{2\pi}{\omega\sqrt{LC}}=\frac{2\pi}{2\pi f\sqrt{LC}}=\frac{1}{f\sqrt{LC}}=\frac{v}{f}=\frac{3\times10^{8}}{60}=5\times10^{6}(m)$$

$$\Rightarrow\lambda=5000km$$

(2) 利用無損耗輸電線之 ABCD 參數，即

$V_S=AV_R+BI_R=\cos(\beta l)V_R+jZ_C\sin(\beta l)I_R$ 又在 1/4 波長處

$\Rightarrow l=\frac{\lambda}{4}\Rightarrow\beta l=(\frac{2\pi}{\lambda})(\frac{\lambda}{4})=\frac{\pi}{2}$，故 $V_S=\cos(\frac{\pi}{2})V_R+jZ_C\sin(\frac{\pi}{2})I_R$

(i) 無載時，$I_{R,NL}=0\Rightarrow V_S=\cos(\frac{\pi}{2})V_{R,NL}\Rightarrow\left|V_{R,NL}\right|=\dfrac{V_S}{\cos(\frac{\pi}{2})}\to\infty$

(ii) 突波阻抗時，$V_R=V_{R,SIL},I_R=I_{R,SIL}=\dfrac{V_{R,SIL}}{Z_C}$

$$\Rightarrow V_S=\cos(\frac{\pi}{2})V_{R,SIL}+jZ_C\sin(\frac{\pi}{2})\frac{V_{R,SIL}}{Z_C}=jV_{R,SIL}\Rightarrow\left|V_{R,SIL}\right|=\left|V_S\right|$$

由此可知，「無載時接收端之端電壓」大於「突波阻抗時接收端之端電壓」。

(　) 5. 已知某一 161kV 輸電線長度為 65 公里，其單位長度之串聯電感及並聯電容分別為 $1.25\times10^{-6}$(H/m)、$7.8125\times10^{-12}$(F/m)，如不考慮其串聯電阻及並聯電導時，請問此輸電線的突波阻抗為多少歐姆？ (A)125 歐姆 (B)250 歐姆 (C)300 歐姆 (D)400 歐姆 (E)500 歐姆。(95 經濟部)

(　) 6. 承上題，請問此 161kV 輸電線之突波阻抗負載為多少 MW？
(A)51.8MW (B)64.8MW (C)86.4MW (D)103.7MW (E)207.4MW。
(95 經濟部)

**詳解**

5. (**D**)。此為無損耗線路之基本題，解題如下：輸電線突波阻抗：

$$Z_C=\sqrt{\frac{z}{y}}=\sqrt{\frac{L}{C}}=\sqrt{\frac{1.25\times10^{-6}}{7.8125\times10^{-12}}}=400(\Omega)$$，故答案選(D)。

6. (**B**)。SIL：$SIL=\frac{|V_{R,LL}|^2}{Z_C}=\frac{161^2}{400}=64.8(MW)$，故答案選(B)。

# 5-6 傳輸線路傳輸之複數功率

## 焦點 7 傳輸線路傳輸之複數功率

考試比重 ★★★☆☆

非選擇題題型及台電養成班選擇題題型。

1. 輸電線路傳輸之複數功率，即以 $S=VI^*$ 為基本公式，然後分「接收端」與「發送端」分別討論之，如此也可以計算輸電線路傳輸之效率

 (1) 以接收端電壓為基準，即 $V_R=|V_R|\angle0°$，另設功率角為 $\delta$，則送電端電壓之相量為 $V_S=|V_S|\angle\delta$，並設 A、B 參數分別為 $A=|A|\angle\theta_A$，$B=|B|\angle\theta_B$。由 ABCD 參數式子，可導出「單相」時接收端電流 $I_R$：$V_S=AV_R+BI_R$

$$\Rightarrow I_R=\frac{V_S-AV_R}{B}=\frac{|V_S|\angle\delta-|A||V_R|\angle\theta_A}{|B|\angle\theta_B}=\frac{|V_S|}{|B|}\angle(\delta-\theta_B)-\frac{|A||V_R|}{|B|}\angle(\theta_A-\theta_B)$$。

 則「單相」接收端之複數功率為：

$$S_{R,1\phi}=V_RI_R^*=\frac{|V_R||V_S|}{|B|}\angle(\theta_B-\delta)-\frac{|A||V_R|^2}{|B|}\angle(\theta_B-\theta_A)$$；

同理，三相接收端之複數功率為：

$$S_{R,3\phi}=3\frac{|V_R||V_S|}{|B|}\angle(\theta_B-\delta)-\frac{3|A||V_R|^2}{|B|}\angle(\theta_B-\theta_A)=P_{R,3\phi}+jQ_{R,3\phi}\text{ ...........(式 5-28)}$$

上式可以改寫為線對線電壓如下式 5-29.：

$$S_{R,3\phi}=\frac{|V_{R,LL}||V_{S,LL}|}{|B|}\angle(\theta_B-\delta)-\frac{|A||V_{R,LL}|^2}{|B|}\angle(\theta_B-\theta_A)=P_{R,3\phi}+jQ_{R,3\phi}\text{ .....(式 5-29)}$$

則受電端所接收之實功為

$$P_{R,3\phi}=\frac{|V_{R,LL}||V_{S,LL}|}{|B|}\cos(\theta_B-\delta)-\frac{|A||V_{R,LL}|^2}{|B|}\cos(\theta_B-\theta_A)\text{ ........................(式 5-30)}$$

所接收之虛功為

$$Q_{R,3\phi}=\frac{|V_{R,LL}||V_{S,LL}|}{|B|}\sin(\theta_B-\delta)-\frac{|A||V_{R,LL}|^2}{|B|}\sin(\theta_B-\theta_A)\text{ ........................(式 5-31)}$$

(2) 同理單相送電端發送之複數功率為 $S_{S,1\phi}=V_SI_S^*$，由 ABCD 參數

$$\begin{pmatrix}V_S\\I_S\end{pmatrix}=\begin{pmatrix}A&B\\C&D\end{pmatrix}\begin{pmatrix}V_R\\I_R\end{pmatrix}\Rightarrow\begin{pmatrix}V_R\\I_R\end{pmatrix}=\begin{pmatrix}D&-B\\-C&A\end{pmatrix}\begin{pmatrix}V_S\\I_S\end{pmatrix}$$，則

$$V_R=DV_S-BI_S\Rightarrow I_S=\frac{DV_S-V_R}{B}=\frac{AV_S-V_R}{B}=\frac{|A||V_S|\angle(\theta_A+\delta-\theta_B)}{|B|}-\frac{|V_R|\angle(-\theta_B)}{|B|}$$

故 $S_{S.1\phi}=V_SI_S^*=|V_S|\angle\delta[\frac{|A||V_S|\angle(-\theta_A-\delta+\theta_B)}{|B|}-\frac{|V_R|\angle\theta_B}{|B|}]$

$$=\frac{|A||V_S||V_R|\angle(-\theta_A+\theta_B)}{|B|}-\frac{|V_R|^2\angle\delta+\theta_B}{|B|}$$

三相接收端之複數功率為： $S_{S.3\phi}=\frac{3|A||V_S||V_R|\angle(-\theta_A+\theta_B)}{|B|}-\frac{3|V_R|^2\angle\delta+\theta_B}{|B|}$

$$=\frac{|A||V_{S,LL}||V_{R,LL}|\angle(-\theta_A+\theta_B)}{|B|}-\frac{|V_{R,LL}|^2\angle(\delta+\theta_B)}{|B|}\text{ ....................................(式 5-32)}$$

2. 若為「無損耗輸電線」，則 $A=\cos(\beta l)=D=\cos(\beta l)\angle 0^\circ$，

$B=jZ_C\sin(\beta l)=Z_C\sin(\beta l)\angle 90^\circ$，

並令 $Z_C\sin(\beta l)=X'$，由式 5-30.之受電端接收之實功為

$$P_{R,3\phi}=\frac{|V_{R,LL}||V_{S,LL}|}{X'}\cos(90^\circ-\delta)-\frac{|V_{R,LL}|^2}{X'}\cos(90^\circ-0^\circ)=\frac{|V_{R,LL}||V_{S,LL}|}{X'}\sin\delta \quad ..(式 5-33)$$

又因為是「無損耗線路」，故受電端接收之實功也等於送電端發送之實功，其值同上；式 5-33.可以改寫如下式，實務操作上以式 5-34 運用為多，

$$P_{R,3\phi}=\frac{|V_{R,LL}||V_{S,LL}|}{X'}\sin\delta=\frac{|V_{R,LL}|}{V_{LL}^{rated}}\frac{|V_{S,LL}|}{V_{LL}^{rated}}\frac{(V_{LL}^{rated})^2}{Z_C}\frac{\sin\delta}{\sin(\beta l)}=[|V_{S,pu}||V_{R,pu}|\frac{\sin\delta}{\sin(\frac{2\pi}{\lambda}l)}]SIL$$

..............................................................................................(式 5-34)

牛刀小試 ..........................................................................

1. **一三相** 60Hz,765KV,300km **長之輸電線，設損失可忽略，突波阻抗為** 266.1Ω**，波長為** 5000km，$|V_S|=|V_R|=765kV$ **，求其穩態穩定度之極限理論值為何？**

詳解 ..........................................................................

穩態穩定度之極限理論值即為輸電線傳輸之最大實功值。

先求「突波阻抗負載」為 $SIL=\frac{(V_{LL}^{rated})^2}{Z_C}=\frac{765^2}{266.1}=2199MW$

則由式 5-34：$P_{R,3\phi}=[|V_{S,pu}||V_{R,pu}|\frac{\sin\delta}{\sin(\frac{2\pi}{\lambda}l)}]SIL$，當功率角 $\delta=90^\circ$ 時，三相傳輸之實功為最大，故

$$P_{R,3\phi}=[|V_{S,pu}||V_{R,pu}|\frac{1}{\sin(\frac{2\pi}{\lambda}l)}]SIL=1\times1\times\frac{1}{\sin(\frac{2\pi}{5000}\times300)}\times2199=5974MW$$

2. 欲傳送 700MW 之三相功率到 300km 外之變電所，已知

$V_S = 1.0\,pu, V_R = 0.9\,pu$ ，$\lambda = 5000km$ ，$Z_C = 320\Omega, \delta = 36.87°$ ，試求：

(1)決定輸電電壓等級？

(2)在(1)之電壓等級下，求其理論最大功率傳輸值？

詳解

先求「突波阻抗負載 SIL」

$$\Rightarrow \frac{1\times 0.9}{\sin(\frac{2\pi}{5000}\times 300)}\sin 36.87° SIL = 700 \Rightarrow SIL = 477.2MW$$ ，則

(1) 輸電電壓等級：$SIL = 477.2 = \frac{(V_{LL}^r)^2}{320} \Rightarrow V_{LL}^r = 391kV$

(2) 理論最大功率傳輸值

$$\Rightarrow P_{3\phi,\max} = \frac{|V_{S,LL}||V_{R,LL}|}{X'} = \frac{391\times 0.9\times 391}{[\sin(\frac{2\pi}{5000}\times 300)]\times 320} = 1168MW$$

3. 考慮一傳輸線長度為 l，特徵阻抗為 $Z_c$，傳播常數為 γ，兩端之電壓與電流相量分別表示為 $V_1$ 與 $I_1$ 及 $V_2$ 與 $I_2$。該傳輸線之終端特性可以下述雙埠網路描述：

$V_1 = V_2\cosh(\gamma l) + Z_C I_2 \sinh(\gamma l)$　　$I_1 = I_2\cosh(\gamma l) + V_2\sinh(\gamma l)/Z_C$

若將該傳輸線進行斷路實驗與短路實驗，可得到下列數據：

斷路實驗 $(I_2 = 0): Z_{OO} = V_1 / I_1 = 800\angle -90°\Omega$

短路實驗 $(V_2 = 0): Z_{SC} = V_1 / I_1 = 200\angle 80°\Omega$

(1)試求得特徵阻抗 $Z_c$。

(2)若該傳輸線二次側連接一負載，負載阻抗值恰為傳輸線之終端阻抗 $Z_c$。試求得該傳輸線實功傳輸之效率。

(3)請說明該傳輸線是否有損失？（103 地特三等）

**詳解** ……………………………………………………………………………………

(1) 由題示 $\begin{cases} V_1 = V_2\cosh(\gamma l) + I_2 Z_C \sinh(\gamma l) \\ I_1 = V_2 \dfrac{\sinh(\gamma l)}{Z_C} + I_2\cosh(\gamma l) \end{cases}$ 及斷路試驗(即「開路試驗」Open test) $\Rightarrow \begin{cases} V_1 = V_2\cosh(\gamma l) \\ I_1 = V_2 \dfrac{\sinh(\gamma l)}{Z_C} \end{cases} \Rightarrow \dfrac{V_1}{I_1} = Z_C(\dfrac{\cosh(\gamma l)}{\sinh(\gamma l)}) = 800\angle -90°$.........(1)

短路試驗(Short-circui test)

$\Rightarrow \begin{cases} V_1 = I_2 Z_C \sinh(\gamma l) \\ I_1 = I_2\cosh(\gamma l) \end{cases} \Rightarrow \dfrac{V_1}{I_1} = Z_C(\dfrac{\sinh(\gamma l)}{\cosh(\gamma l)}) = 200\angle 80°$.........(2)

由(1)、(2)相乘得

$Z_C{}^2 = 160000\angle -10° \Rightarrow Z_C = 400\angle -5°\Omega = 398.48 - j34.86\Omega$

(2) 由題示 $\begin{cases} V_1 = V_2\cosh(\gamma l) + I_2 Z_C \sinh(\gamma l) \\ I_1 = V_2 \dfrac{\sinh(\gamma l)}{Z_C} + I_2\cosh(\gamma l) \end{cases}$，知道 A、B 參數分別為

$\begin{cases} A = \cosh(\gamma l), Let \Rightarrow A = \angle\theta_A \\ B = Z_C \sinh(\gamma l), Let B = |Z_C|\angle\theta_B \end{cases}$ 及假設 $\begin{cases} V_2 = |V_2|\angle 0° \\ V_1 = |V_1|\angle\delta \end{cases}$

則由 ABCD 參數關係知接收端之電流

$I_2 = \dfrac{V_1 - V_2 A}{B} = \dfrac{|V_1|}{|B|}\angle(\delta - \theta_B) - \dfrac{|V_2|}{|B|}\angle(\theta_A - \theta_B)$

$\Rightarrow I_2{}^* = \dfrac{|V_1|}{|Z_C|}\angle(\theta_B - \delta) - \dfrac{|V_2|}{|Z_C|}\angle(\theta_B - \theta_A)$ 且

$I_2 = \dfrac{V_1 - V_2 A}{B} = \dfrac{|V_1|}{|B|}\angle(\delta - \theta_B) - \dfrac{|V_2|}{|B|}\angle(\theta_A - \theta_B) = I_{Load} = \dfrac{V_2}{Z_C} = \dfrac{|V_2|}{|Z_C|}\angle -5°$；

一般穩態系統而言，$|V_1| \approx |V_2|, \theta_B \approx 75° \sim 85°$，$\theta_A \Rightarrow 0°$，

故上式 $\dfrac{|V_1|}{|Z_C|}[\angle(\delta - \theta_B) - (\theta_A - \theta_B)] = \dfrac{|V_2|}{|Z_C|}\angle -5° \Rightarrow \delta \simeq \theta_A - 5°$

接收端之複數功率及實功為

$$S_2 = V_2 I_2^* = \frac{|V_1||V_2|}{|Z_C|}\angle(\theta_B - \delta) - \frac{|V_2|^2}{|Z_C|}\angle(\theta_B - \theta_A)$$

$$\Rightarrow P_2 = \frac{|V_1||V_2|}{|Z_C|}\cos(\theta_B - \delta) - \frac{|V_2|^2}{|Z_C|}\cos(\theta_B - \theta_A) \approx \frac{|V_2|^2}{|Z_C|}(\sin\delta - \cos\theta_B)$$

發送端之複數功率及實功為 $S_1 = V_1 I_1^* = \frac{|V_1|^2}{|Z_C|}\angle\theta_B - \frac{|V_1||V_2|}{|Z_C|}\angle(\delta + \theta_B)$

$$\Rightarrow P_1 = \frac{|V_1|^2}{|Z_C|}\cos\theta_B - \frac{|V_1||V_2|}{|Z_C|}\cos(\delta + \theta_B) \approx \frac{|V_2|^2}{|Z_C|}(\sin\delta + \cos\theta_B)$$

故實功傳輸之效率為 $\eta = \frac{P_2}{P_1} \times 100\% = \frac{\sin\delta - \cos\theta_B}{\sin\delta + \cos\theta_B} \times 100\%$

(3) 由(2)知此傳輸線是有損失的。

# 5-7 電抗補償技術

## 焦點 8 電抗補償技術之觀念

考試比重 ★★☆☆☆

台電選擇題題型。

1. 中長程輸電線常利用「電容器」或「電抗器」進行串聯或並聯補償，以增加負載能力，同時維持線路電壓在額定值附近，以減小「電壓調整率」，此稱為「電抗補償技術」。
2. 輕載時以「併聯電抗器」補償：超高壓線路於沿線適當地點之相至中性線間安裝併聯電抗器係於「輕載」時進行，如此可吸收線路之無效功率(Q)，降低過電壓，同時併聯電抗器對「線路切換」或「閃電突波」所引起之暫態過電壓有抑制之效果。

3. 重載時以「併聯電容器組」補償：一般而言，電力系統重載時為功因落後，此時應並聯電容器組，以提供無效功率(Q)，進而提升線路電壓。
4. 長程輸電線亦有以「串聯電容器」來做線路補償，如此係以降低線路電抗，進而減少線路壓降，並可以提高穩態穩定度極限；但其缺點為：
   (1) 需另加裝「自動保護設備」，以便在故障發生時 Bypass 故障大電流，並於故障清除後，再重新投入，如此將增加投資成本。
   (2) 可能引發「低頻震盪」，稱之為「次同步共振」(Subsynchronous resonance)，將危及渦輪發電機轉軸之安全。
5. 靜態乏系統(Statistic Var System)：由「閘流體」切換併聯電抗組與串聯電容組，以應應負載之不同之時機，此屬於主動式 Q 補償器，靜態乏系統可以迅速作動，並且可降低線路電壓變動，改善電壓調整率，同時增加負載能力。
6. **併聯電抗補償之推導計算**：如圖 5-6 所示為一無損耗線路的電路示意圖，假設並聯阻抗為 $jX_{L,sh}$，則受電端電流為 $I_R = \frac{V_R}{jX_{L,sh}}$，因此由 ABCD 參數送電端電壓為

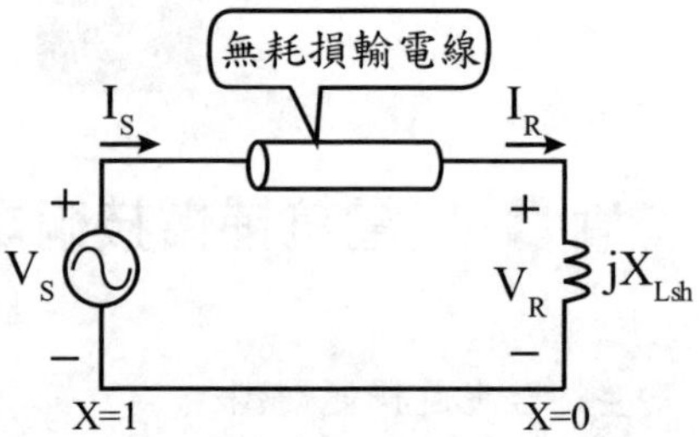

$$V_S = \cos(\beta l)V_R + jZ_C \sin(\beta l)\frac{V_R}{jX_{L,sh}}$$

$$= [\cos(\beta l) + \frac{Z_C}{X_{L,sh}}\sin(\beta l)]V_R \text{ ............ (式 5-35)}$$

圖 5-6

上式中因為 $\cos(\beta l), \sin(\beta l), Z_C, X_{L,sh}$ 均為正實數，故可知 $V_S, V_R$ 為「同相位」，這也說明了因為受電端為純電感性負載，吸收實功為零，故 $V_S$ 與 $V_R$ 之相角差為 0；並可由式 5-35.導出 $X_{L,sh} = Z_C \frac{\sin(\beta l)}{\frac{V_S}{V_R} - \cos(\beta l)}$，而在無損耗線路中，$V_S = V_R$，故並聯補償電抗為 $X_{L,sh} = Z_C \frac{\sin(\beta l)}{1 - \cos(\beta l)}$ ............ (式 5-36)

牛刀小試

◎ **已知一三相** 60Hz,500KV,300km **之無損耗輸電線，其常數如下：**

$L=0.97mH/km$ (single phase **單拍**)，$C=0.0115\mu F/km$ (single phase **單拍**)，

(1)**若送電端電壓為** 500KV，**試求在開路下受電端之電壓大小？**

(2)**為確保受電端電壓大小於無載時為額壓** 500KV,**試求三相併聯電抗值及其所吸收之三相虛功？**

詳解

此無損耗線路之「突波阻抗」：$Z_C=\sqrt{\dfrac{L}{C}}=\sqrt{\dfrac{0.97\times10^{-3}}{0.0115\times10^{-6}}}=290.4(\Omega)$，

$\beta l=\omega\sqrt{LC}\times l=377\sqrt{0.97\times10^{-3}\times0.0115\times10^{-6}}\times300\times\dfrac{180}{\pi}=21.64^\circ$，

(1) 開路下 $I_R=0, V_R=V_{R.NL}$，此時

$$V_S=\cos(\beta l)\times V_{R.NL}\Rightarrow V_{R.NL}=\frac{V_S}{\cos(\beta l)}=\frac{500/\sqrt{3}}{\cos 21.64^\circ}$$

$$=310.56kV_{LN}=537.9kV_{LL}$$

(2) 欲使受電端電壓大小於「無載」時為額壓 $500kV$，即令 $|V_S|=|V_R|$，則

$X_{Lsh}=\dfrac{\sin(\beta l)}{1-\cos(\beta l)}Z_C=\dfrac{\sin 21.64^\circ}{1-\cos 21.64^\circ}\times290.4=1519.6(\Omega)$，此時三相併聯電抗器所吸收之三相虛功為 $Q_{L(3\phi)}=\dfrac{(V_{LL}^{rated})^2}{X_{Lsh}}=\dfrac{500^2}{1519.6}=164.5MVar$

# 第 6 章 電力潮流分析

## 6-1 線性與非線性代數方程求解的數學方法

### 焦點 1 線性方程式之直接求法：高斯消去法+逆代法 非線性方程式之疊代法：高斯-賽德法

考試比重 ★★★☆☆

見於各類考試尤其高考專技與地方特考。

1. 電力潮流分析，最主要分析各匯流排(bus)之實功流與虛功流，做分析之前提是「**該電力系統係在平衡三相穩態下**」，其目的在「**求解各 bus 的電壓大小及相角**」，所用到的數學基礎即介紹在本焦點。

   線性方程式的直接求解：高斯消去法+逆代法

   (1) 何謂多變數線性方程式：多變數即自變數為 3 個以上，線性即為該多變之最高次數為 1 次。

   (2) 如 $\begin{cases} A_{11}x_1 + A_{12}x_2 + ......+ A_{1N}x_N = y_1 \\ A_{21}x_1 + A_{22}x_2 + ......+ A_{2N}x_N = y_2 \\ ...... \\ A_{N1}x_1 + A_{N2}x_2 + ......+ A_{NN}x_N = y_N \end{cases}$ 為一組自變數為 $x_1, x_2, x_3, .........x_N$，應變數(已被指定的數)為 $y_1, y_2, y_3, .........y_N$ 之線性方程組，上式也可以用「矩陣」方式表達如後：$\begin{pmatrix} A_{11} & A_{12} & ... & A_{1N} \\ A_{21} & A_{22} & ... & A_{2N} \\ .. & .. & .. & .. \\ A_{N1} & A_{N2} & ... & A_{NN} \end{pmatrix}\begin{pmatrix} x_1 \\ x_2 \\ ... \\ x_N \end{pmatrix} = \begin{pmatrix} y_1 \\ y_2 \\ ... \\ y_N \end{pmatrix}$，其中 $\overline{A}$ 為 $N \times N$ 階

方陣，$\overline{x},\overline{y}$ 為 $N\times 1$ 向量，而 $\overline{A},\overline{x},\overline{y}$ 中各元素可為「實數」或「複數」，若已知 $\overline{A},\overline{y}$，且 $\det(A)\neq 0$，則存在唯一解，使得 $\overline{x}=\overline{A}^{-1}\overline{y}$；但反矩陣 $\overline{A}^{-1}$ 運算繁複，故介紹線性方程組的直接求法：「高斯消去+逆代法」如下【牛刀小試】所演示，其中所謂「高斯消去」即是利用矩陣的列運算，將 $\overline{A}$ 之簡化為「上三角矩陣」，所謂「逆代」即是從最下端之列開始代起。

牛刀小試……………………………………………………………

◎ **已知一組線性方程組如下：** $\begin{pmatrix}1 & 1 & -1\\ 2 & -3 & 4\\ -3 & 8 & 5\end{pmatrix}\begin{pmatrix}x_1\\ x_2\\ x_3\end{pmatrix}=\begin{pmatrix}5\\ -2\\ 3\end{pmatrix}$ **，試求** $\begin{pmatrix}x_1\\ x_2\\ x_3\end{pmatrix}$ **？**

詳解……………………………………………………………

利用「高斯消去+逆代法」直接求解

以下列各 STEP 解之

STEP 1. 首先將提示改寫為以下矩陣 $\left(\begin{array}{ccc|c}1 & 1 & -1 & 5\\ 2 & -3 & 4 & -2\\ -3 & 8 & 5 & 3\end{array}\right)$，其中最右邊即為指定的 y，然後直接做上述矩陣之列運算，符號 $aR_m+R_n$ 表示第 m 列各元素乘以 a 後加到第 n 列各元素，其目的在使第 n 列元素為零

STEP 2. 首先 $(-2)R_1+R_2$ 以及 $(+3)R_1+R_3$ 後得到 $\left(\begin{array}{ccc|c}1 & 1 & -1 & 5\\ 0 & -5 & 6 & -12\\ 0 & 11 & 2 & 18\end{array}\right)$

再執行 $(+\frac{11}{5})R_2+R_3$，得到「上三角矩陣」 $\left(\begin{array}{ccc|c}1 & 1 & -1 & 5\\ 0 & -5 & 6 & -12\\ 0 & 0 & \frac{76}{5} & \frac{-42}{5}\end{array}\right)$ ........(1)

STEP 3.「逆代法」：由最後一列解 $x_3 \Rightarrow \frac{76}{5}x_3 = \frac{-42}{5} \Rightarrow x_3 = -\frac{21}{38}$，再代到(1)的第二列，$-5x_2 + 6(-\frac{21}{38}) = -12 \Rightarrow x_2 = \frac{31}{19}$，

再代到(1)的第一列，$x_1 + \frac{31}{19} - (-\frac{21}{38}) = 5 \Rightarrow x_1 = \frac{107}{38}$，故

$$\begin{pmatrix} x_1 \\ x_2 \\ x_3 \end{pmatrix} = \begin{pmatrix} \frac{107}{38} \\ \frac{31}{19} \\ -\frac{21}{38} \end{pmatrix}$$

2. 線性代數方程式的疊代求解：高斯-賽得法(Gauss-Seidel Method)

(1) 除了「反矩陣」、「高斯消去+逆代法」外，線性聯立方程組也可以「疊代法」求解，所謂「疊代法」(iteration method)即是所謂的「試誤法」(trial and error method)，即先以一初始值代入然後一一逼近至所要求的容許誤差範圍內；今舉一三變數線性聯立方程組實例如下：$\begin{cases} 2x_1 + 3x_2 - x_3 = 2 \text{......①} \\ x_1 + 4x_2 + 5x_3 = 3 \text{......②} \\ 3x_1 + x_2 + 3x_3 = 4 \text{......③} \end{cases}$，此時需有三個「疊代方程式」(有幾個變數就有幾個疊代方程式)，由(1)得 $x_1$ 的疊代方程式：$x_1 = \frac{-3x_2 + x_3 + 2}{2}$......④；

由②得 $x_2$ 的疊代方程式：$x_2 = \frac{-x_1 - 5x_3 + 3}{4}$......⑤；

由③得 $x_3$ 的疊代方程式：$x_3 = \frac{-3x_1 - x_2 + 4}{3}$......⑥，並令 $x_N{}^{(i)}$ 為 $x_N$ 第 i 次的值，此題令初始值 $x_1{}^{(0)} = x_2{}^{(0)} = x_3{}^{(0)} = 0$，則由④ $\Rightarrow x_1{}^{(1)} = \frac{-3x_2{}^{(0)} + x_3{}^{(0)} + 2}{2} = 1$

而式⑤中求 $x_2{}^{(1)}$，因為 $x_1{}^{(1)}$ 已求出，但 $x_3{}^{(1)}$ 尚未求出，故 $x_3{}^{(i)}$ 的部分代 $x_3{}^{(0)}$

$\Rightarrow x_2{}^{(1)} = \frac{-x_1{}^{(1)} - 5x_3{}^{(0)} + 3}{4} = \frac{-1+3}{4} = \frac{1}{2}$，再帶入式⑥中，依上述所說明，故

$x_3^{(1)}=\frac{-3x_1^{(1)}-x_2^{(1)}+4}{3}=\frac{-3-\frac{1}{2}+4}{3}=\frac{1}{6}$，如此完成第一次疊代；以相同之方式可已進行「第二次疊代」，直到所要求的誤差範圍內。

(2) 故由上點可知，若以三變數為例，有一線性聯立方程組：

$$\begin{Bmatrix} A_{11}x_1+A_{12}x_2+A_{13}x_3=y_1\text{.........①} \\ A_{21}x_1+A_{22}x_2+A_{23}x_3=y_2\text{.........②} \\ A_{31}x_1+A_{32}x_2+A_{33}x_3=y_3\text{.........③} \end{Bmatrix}$$

，再加上第 i 次的標註，

由①：$x_1^{(i+1)}=\frac{y_1-A_{12}x_2^{(i)}-A_{13}x_3^{(i)}}{A_{11}}$.........④，

由②：$x_2^{(i+1)}=\frac{y_2-A_{21}x_1^{(i+1)}-A_{23}x_3^{(i)}}{A_{22}}$.........⑤，

由③：$x_3^{(i+1)}=\frac{y_3-A_{31}x_1^{(i+1)}-A_{32}x_2^{(i+1)}}{A_{33}}$.........⑥；故由④、⑤、⑥可以歸納出

「高斯-賽德法」的疊代通式：$x_k^{(i+1)}=\frac{y_k-\sum_{n=1}^{k-1}A_{kn}x_n^{(i+1)}-\sum_{n=k}^{N}A_{kn}x_n^{(i)}}{A_{kk}}$.........(式6-1)，其中 $k=1,2,....,N$，而分子第一項為指定的 y 值，第二項為 n 在 k 之前的第(i+1)項總和，第三項為 n 在 k 之後的第(i)項總和。

(3) 由式 6-1.可知，高斯-賽德法的精神是：只要有最新的疊代結果，就代入最新的，同時也可以用矩陣表示，在此不再贅述。

### 牛刀小試

◎ **利用高斯-賽德法求解** $\begin{pmatrix}10 & 5\\ 2 & 9\end{pmatrix}\begin{pmatrix}x_1\\ x_2\end{pmatrix}=\begin{pmatrix}6\\ 3\end{pmatrix}$ **，其中初始值為** $\begin{pmatrix}x_1^{(0)}\\ x_2^{(0)}\end{pmatrix}=\begin{pmatrix}0\\ 0\end{pmatrix}$ **，疊代容忍誤差值** $\varepsilon=10^{-4}$ **。**

**詳解**

本題為二變數，故有兩個疊代方程式

首先$x_1^{(i+1)}=\frac{1}{A_{11}}[y_1-A_{12}x_2^{(i)}]=\frac{1}{10}[6-5x_2^{(i)}]$；以及

$x_2^{(i+1)}=\frac{1}{A_{22}}[y_2-A_{21}x_1^{(i+1)}]=\frac{1}{9}[3-2x_2^{(i+1)}]$

第一次疊代，先以初始值$\begin{pmatrix} x_1^{(0)} \\ x_2^{(0)} \end{pmatrix}=\begin{pmatrix} 0 \\ 0 \end{pmatrix}$代入$\Rightarrow\begin{pmatrix} x_1^{(1)} \\ x_2^{(1)} \end{pmatrix}=\begin{pmatrix} \frac{1}{10}(6-5\times 0)=0.6 \\ \frac{1}{9}(3-2\times 0.6)=0.2 \end{pmatrix}$

第二次疊代，以$\begin{pmatrix} x_1^{(1)} \\ x_2^{(1)} \end{pmatrix}=\begin{pmatrix} 0.6 \\ 0.2 \end{pmatrix}$代入$\Rightarrow\begin{pmatrix} x_1^{(2)} \\ x_2^{(2)} \end{pmatrix}=\begin{pmatrix} \frac{1}{10}(6-5\times 0.2)=0.5 \\ \frac{1}{9}(3-2\times 0.5)=0.2222 \end{pmatrix}$

⋮

直到第六次疊代$\Rightarrow\begin{pmatrix} x_1^{(6)} \\ x_2^{(6)} \end{pmatrix}=\begin{pmatrix} \frac{1}{10}(6-5\times x_2^{(5)})=0.4875 \\ \frac{1}{9}(3-2\times x_1^{(6)})=0.225 \end{pmatrix}$，始在疊代容忍誤差範圍內，故為此答。

【另解⇒精確解：此題因為式二變數，故「反矩陣」較容易求】

題目所給$\begin{pmatrix} 10 & 5 \\ 2 & 9 \end{pmatrix}\begin{pmatrix} x_1 \\ x_2 \end{pmatrix}=\begin{pmatrix} 6 \\ 3 \end{pmatrix}\Rightarrow\overline{A}\begin{pmatrix} x_1 \\ x_2 \end{pmatrix}=\begin{pmatrix} 6 \\ 3 \end{pmatrix}\Rightarrow\begin{pmatrix} x_1 \\ x_2 \end{pmatrix}=\overline{A}^{-1}\begin{pmatrix} 6 \\ 3 \end{pmatrix}$

A的反矩陣依照「清道夫」口訣：

$$\overline{A}=\begin{pmatrix} 10 & 5 \\ 2 & 9 \end{pmatrix}\Rightarrow\overline{A}^{-1}=\frac{1}{\det(\overline{A})}\begin{pmatrix} 9 & -5 \\ -2 & 10 \end{pmatrix}=\frac{1}{80}\begin{pmatrix} 9 & -5 \\ -2 & 10 \end{pmatrix}=\begin{pmatrix} 9/80 & -1/16 \\ -1/40 & 1/8 \end{pmatrix}$$

$$\Rightarrow\begin{pmatrix} x_1 \\ x_2 \end{pmatrix}=\begin{pmatrix} 9/80 & -1/16 \\ -1/40 & 1/8 \end{pmatrix}\begin{pmatrix} 6 \\ 3 \end{pmatrix}=\begin{pmatrix} \frac{39}{80}=0.4875 \\ \frac{9}{40}=0.225 \end{pmatrix}$$

## 焦點 2　非線性代數方程式之疊代法：牛頓-拉福森法 (Newton-Raphson Method)

考試比重 ★★★☆☆

見於各類考試尤其高考專技與地方特考。

1. 在非線性代數方程式之疊代法中，首先介紹「牛頓-拉福森法」，此法最主要的觀念是「在 $y=f(x)$ 函數展開式中，當 $x=x_0$ 時之泰勒展開式」為

$f(x)=f(x_0)+\frac{f'(x)}{1!}(x-x_0)+\frac{f''(x)}{2!}(x-x_0)^2+\ldots \Rightarrow y=f(x)$ 近似於

$f(x_0)+\frac{f'(x)}{1!}(x-x_0)\Rightarrow x-x_0=\frac{1}{f'(x)}(y-f(x_0))$

上式中，$y$ 為指定值，$f(x_0)$ 為計算值，若賦予第(i)次項，則可表示為

$$x^{(i+1)}-x^{(i)}=\frac{1}{f'(x^{(i)})}(y-f(x^{(i)})) \quad \text{(式 6-2)}$$

以及 $Let{:}\Delta x^{(i)}=\frac{1}{f'(x^{(i)})}(y-f(x^{(i)}))=\frac{\Delta y^{(i)}}{f'(x^{(i)})}$ ……(式 6-3)

其中 $\Delta x^{(i)}$ 稱為輸入的修正量(correction)，$\Delta y^{(i)}$ 稱為輸出的「失配量」(dismatch)，而 $f'(x^{(i)})$ 在此即為「斜率」，在矩陣中 $\frac{1}{f'(x^{(i)})}$ 則為「反矩陣」，故

$$x^{(i+1)}=x^{(i)}+\Delta x^{(i)} \quad \text{(式 6-4)}$$

2. 上述若推廣至多變數矩陣中則為 $\begin{Bmatrix}\Delta\bar{X}^{(i)}=\bar{M}^{-1}[\bar{Y}-f(\bar{X}^{(i)})]\\ \bar{X}^{(i+1)}=\bar{X}^{(i)}+\Delta\bar{X}^{(i)}\end{Bmatrix}$ ……(式 6-5)

其中 $\bar{X}^{(i)},\bar{Y}$ 均為 $N\times 1$ 向量，$\bar{M}^{-1}$ 為 $N\times N$ 反矩陣(矩陣 $\bar{M}=\frac{df}{d\bar{X}}\Big|_{x=x^{(i)}}$ 又可稱為「雅可比矩陣 $\bar{J}$ 」(Jacobi Matrix)，故式 6-5.可改寫為

$$\bar{X}^{(i+1)}=\bar{X}^{(i)}+[\bar{J}^{(i)}]^{-1}[\bar{Y}-f(\bar{X}^{(i)})] \quad \text{(式 6-6)}$$

其中 $\bar{J}^{(i)} = \begin{pmatrix} \frac{\partial f_1}{\partial x_1} & \frac{\partial f_1}{\partial x_2} & \cdots & \frac{\partial f_1}{\partial x_N} \\ \frac{\partial f_2}{\partial x_1} & \frac{\partial f_2}{\partial x_2} & \cdots & \frac{\partial f_2}{\partial x_N} \\ \cdots & \cdots & \cdots & \cdots \\ \frac{\partial f_N}{\partial x_1} & \frac{\partial f_N}{\partial x_2} & \cdots & \frac{\partial f_N}{\partial x_N} \end{pmatrix}_{\bar{X}=\bar{X}^{(i)}}$ ......(式 6-7)

**老師的話**

式 6-7 之記法為，矩陣每一列偏微分分子均為 $f_1, f_2, f_3, \ldots\ldots, f_N$，(在本章解題中即為實功或虛功之電力潮流疊代方程式)；矩陣每一行偏微分分母均為 $x_1, x_2, x_3, \ldots\ldots x_N$，(在本章解題中即為「狀態變數」)。

### 牛刀小試

◎ **利用牛頓-拉福森法疊代求解** $\begin{pmatrix} x_1 + x_2 \\ x_1 x_2 \end{pmatrix} = \begin{pmatrix} 15 \\ 50 \end{pmatrix}$**，其中初始值為** $\bar{X}^{(0)} = \begin{pmatrix} x_1^{(0)} \\ x_2^{(0)} \end{pmatrix} = \begin{pmatrix} 4 \\ 9 \end{pmatrix}$**，容忍誤差值** $\varepsilon = 10^{-4}$ **。**

**詳解**

本題為二變數，有兩個函數 $\Rightarrow y_1 = f_1(x_1, x_2) = x_1 + x_2, y_2 = f_2(x_1, x_2) = x_1 x_2$

先求「雅可比矩陣」：$\bar{J} = \begin{pmatrix} \frac{\partial f_1}{\partial x_1} & \frac{\partial f_1}{\partial x_2} \\ \frac{\partial f_2}{\partial x_1} & \frac{\partial f_2}{\partial x_2} \end{pmatrix} = \begin{pmatrix} 1 & 1 \\ x_2 & x_1 \end{pmatrix} \Rightarrow \bar{J}^{-1} = \frac{1}{x_1 - x_2} \begin{pmatrix} x_1 & -1 \\ -x_2 & 1 \end{pmatrix}$

疊代方程式：$\bar{X}^{(i+1)} = \bar{X}^{(i)} + [\bar{J}^{(i)}]^{-1} [\bar{Y} - f(\bar{X}^{(i)})]$

$$\Rightarrow \begin{pmatrix} x_1^{(i+1)} \\ x_2^{(i+1)} \end{pmatrix} = \begin{pmatrix} x_1^{(i)} \\ x_2^{(i)} \end{pmatrix} + \frac{\begin{pmatrix} x_1^{(i)} & -1 \\ -x_2^{(i)} & 1 \end{pmatrix}}{x_1^{(i)} - x_2^{(i)}} \begin{pmatrix} 15 - x_1^{(i)} - x_2^{(i)} \\ 50 - x_1^{(i)} x_2^{(i)} \end{pmatrix}$$

第一次疊代：

$$\begin{pmatrix} x_1^{(1)} \\ x_2^{(1)} \end{pmatrix} = \begin{pmatrix} x_1^{(0)} \\ x_2^{(0)} \end{pmatrix} + \frac{\begin{pmatrix} x_1^{(0)} & -1 \\ -x_2^{(0)} & 1 \end{pmatrix}}{x_1^{(0)} - x_2^{(0)}} \begin{pmatrix} 15 - x_1^{(0)} - x_2^{(0)} \\ 50 - x_1^{(0)} x_2^{(0)} \end{pmatrix} = \begin{pmatrix} 4 \\ 9 \end{pmatrix} + \frac{\begin{pmatrix} 4 & -1 \\ -9 & 1 \end{pmatrix}}{-5} \begin{pmatrix} 15-13 \\ 50-36 \end{pmatrix}$$

$$= \begin{pmatrix} 5.2 \\ 9.8 \end{pmatrix}$$

⋮

第四次疊代：$\begin{pmatrix} x_1^{(4)} \\ x_2^{(4)} \end{pmatrix} = \begin{pmatrix} 5 \\ 10 \end{pmatrix}$，始在疊代容忍誤差範圍內，故為此答。

# 6-2 電力潮流模型及以牛頓-拉福森法解電力潮流問題

## 焦點 3　電力潮流中匯流排之觀念理解　考試比重 ★★★★☆

見於各類電力系統及輸配電類考試。

1. 所謂「電力潮流」又稱之為「負載潮流」，此謂在「**平衡三相穩態**」下，各匯流排(bus)「**電壓大小**」及「**相角**」之計算，一旦所有 bus 之電壓大小及相角皆已知或求得，則流經任意線路之「有效」、「無效功率」潮流以及線路損耗均可求出。
2. 求解電力潮流之目的有下：
   (1) 確保發電量足已供應負載及損失。
   (2) 各 bus 電壓維持在「額定值」附近。
   (3) 發電機輸出的有效、無效功率均在規定範圍內。
   (4) 各變壓器及輸電線均未過載。

3. 系統中任一匯流排均有四個變數，如圖 6-1 以匯流排 k 為例，其中$|V_k|$為匯流排 k 的電壓大小，$\delta_k$為匯流排 k 的電壓相角，$P_k$為**注入(或「流出」)**匯流排 k 的**淨有效功率**$\Rightarrow P_k = P_{Gk} - P_{Dk}$ ( $P_{Gk}$為連接 bus-k 的發電機提供之有效功率，$P_{Dk}$為連接 bus-k 的負載消耗之有效功率)，$Q_k$為**注入(或「流出」)**匯流排 k 的**淨無效功率**$\Rightarrow Q_k = Q_{Gk} - Q_{Dk}$，故匯流排 k 有四個變數如下：$|V_k|,\delta_k,P_k,Q_k$。

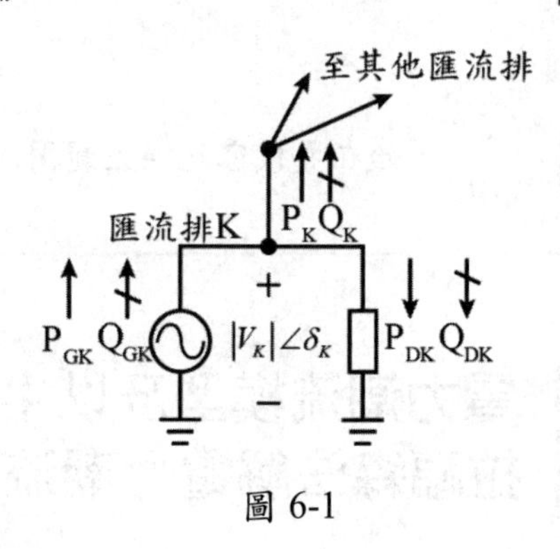


圖 6-1

4. 匯流排的分類：一般而言，電力系統中之匯流排可分為以下三大類：

(1) 參考匯流排(Reference bus,或稱之為「搖擺匯流排」(Swing bus)、「弛放匯流排」(Slack bus))：此時假設該 bus 編號為 1，一般「參考匯流排」必接一指定的發電機，其匯流排電壓大小及電壓相角被指定(若題目沒有特別說明，均假設$|V_1| = 1, \delta_1 = \angle 0°$ )，但其他兩變數$P_1,Q_1$則為未知。

(2) 電壓控制匯流排(Voltage-control bus，或稱之為 PV bus)：此時假設該 bus 編號為 2，一般「PV 匯流排」是除了(1)參考匯流排外之所有有接「發電機」的 bus，或是未接「發電機」但卻與「電容器」並聯的匯流排；PV 匯流排會給定已知的「實功流」( $P_2^{sch}$，其中上標 $_{sch}$ 係為「schedule」之意)與「電壓大小」($|V_2|$)，所以另外二變數「虛功流」及「電壓相角」則為未知。

(3) 負載匯流排(Load bus，或稱之為 PQ bus)：此時假設該 bus 編號為 3，一般 PQ 匯流排是接「負載」而不接「發電機」的 bus，PQ 匯流排會給定已知的「實功流」與「虛功流」( $P_2^{sch}, Q_2^{sch}$ )，所以另外二變數「電壓大小」及「電壓相角」則為未知。

5. 注意上述三種匯流排之已知及待定參數，但電力系統中之「狀態變數」(state variables)，則除了需具未知條件外，最重要的是只有「電壓大小」以及「電壓相角」才可作為狀態變數，此也就是「疊代法」中之自變數，而「實功流」或「虛功流」則為上述疊代法中之「疊代方程式」，電力潮流問題即針對狀態變數進行疊代求解，故在疊代收斂後，系統中所有匯流排之電壓大小及相角均為已知，於是可以進一步求出各分支電流、實／虛功消耗以及有效/無效功率潮流；綜合以上可以歸納「匯流排分類表」如下表 6-1.所示：

表 6-1

| Bus No. | Bus Type | Input | Unknown | State variable |
|---|---|---|---|---|
| 1. | 搖擺匯流排<br>(Swing Bus) | $\lvert V_1\rvert, \delta_1$ | $P_1, Q_1$ | — |
| 2. | 電壓控制匯流排<br>(PV Bus) | $P_2^{Sch} = P_{G2} - P_{D2}, \lvert V_2\rvert$ | $\delta_2, Q_2$ | $\delta_2$ |
| 3. | 負載匯流排<br>(PQ Bus) | $P_3^{Sch} = P_{G3} - P_{D3},$<br>$Q_3^{Sch} = Q_{G3} - Q_{D3}$ | $\lvert V_3\rvert, \delta_3$ | $\lvert V_3\rvert, \delta_3$ |

老師的話

1. 上表中式 $P_k^{Sch} = P_{Gk} - P_{Dk}, Q_k^{Sch} = Q_{Gk} - Q_{Dk}$ 中，均表示是「注入」匯流排 K 之「實功流」或「虛功流」(或稱自匯流排 K 流出之「實功流」或「虛功流」)，其值都會等於該 Bus 所接之「發電機產生 $P_{Gk}, Q_{Gk}$ 」減去「負載需

求 $P_{Dk},Q_{Dk}$ 」；故在「負載匯流排」(PQ Bus)中，因為 $P_{Gk}=Q_{Gk}=0$ ，所以 $P_3^{Sch}=-P_{D3},Q_3^{Sch}=-Q_{D3}$ 。

2. 一般解題步驟，都會列出此表如以下範例所示。
3. 因為「功率角 $\delta$ 」與實功流、「電壓大小 $|V|$ 」與虛功流息息相關，故在 PV bus 中，求狀態變數 $\delta_2$ 所列出之疊代方程式為 $P_2(x)=P_2^{Sch}$ 、在 PQ bus 中，求狀態變數 $\delta_3,|V_3|$ 所分別列出之疊代方程式為 $P_3(x)=P_3^{Sch},Q_3(x)=Q_3^{Sch}$ 。

牛刀小試……………………………………………………………………

◎ **電力潮流**(power flow)**分析中，請簡要說明下列三種匯流排，並依匯流排的電壓值**(voltagemagnitude)$V_i$、**電壓的相位角度**(phase angle)$\delta_i$ 、**實功率**(real power)$P_i$ **及虛功率**(reactive power)$Q_i$ **等四項變數，分別標示何者為已知、何者為未知？**

(1)**參考匯流排**(reference bus or slack bus)。

(2)**負載匯流排**(load bus)。

(3)**發電機匯流排**(generator bus)。(102 台灣港務)

詳解 ……………………………………………………………………

同上所述重點，其中(3)發電機匯流排即為「電壓控制匯流排「(PV bus)。

6. 電力潮流方程式：設流入匯流排 k 之總電流為 $I_k$ ，因為

$$I_k=\sum_{n=1}^{N}Y_{kn}V_n \text{ ......................................(式 6-8)}$$

(其中$V_n$為各分支電壓，$Y_{kn}$為各分支對 bus k 的分支導納，故流入匯流排 k 之複數功率為$S_k = V_k I_k^* = V_k(\sum_{n=1}^{N} Y_{kn}V_n)^* = P_k + jQ_k$，並令$V_k = |V_k|\angle\delta_k$、$V_n = |V_n|\angle\delta_n$、$Y_{kn} = |Y_{kn}|\angle\theta_{kn}$；代入$S_k = P_k + jQ_k = |V_k|\sum_{n=1}^{N}|Y_{kn}||V_n|\angle\delta_k - \delta_n - \theta_{kn}$

得電力潮流方程式入下二式：

$$P_k(x) = |V_k|\sum_{n=1}^{N}|Y_{kn}||V_n|\cos(\delta_k - \delta_n - \theta_{kn}) \quad \text{(式 6-9)}$$

$$Q_k(x) = |V_k|\sum_{n=1}^{N}|Y_{kn}||V_n|\sin(\delta_k - \delta_n - \theta_{kn}) \quad \text{(式 6-10)}$$

7. 利用「牛頓-拉福森法」疊代求解電力潮流之步驟如下：

(1) 依題意列匯流排分類表：同上

(2) 求出$Y_{bus} Matrix \Rightarrow Y_{kn}$：一般題目若給 bus 阻抗，則取其倒數變為導納，狀態變數有 n 個，$Y_{bus}$即為 nxn 階方陣，方陣中之「對角線元素」($Y_{11}, Y_{22}, ....Y_{nn}$)為「自導納」：為連接第 n 條 bus 的導納，方陣中之「非對角線元素」為「互導納」($...Y_{mn}$)：為同時連接第 m,n 條 bus 的導納，注意此時方陣之「互導納」需加一「負號」。

(3) 疊代方程式：列出電力潮流實/虛功方程式。

(4) 計算 Jacobian Matrix。

(5) 疊代初始值之決定。

(6) 代入求第一次疊代解。

(7) 依疊代容忍誤差要求，依序做第 n 次疊代。

牛刀小試

1. 有一電力系統如圖，bus 1 為「搖擺匯流排」，bus 2 為「負載母線」，以100MVA 為基準，負載 P=1.0 pu, Q=0.5 pu，假設 $y_{11}=y_{22}=5\angle-53.13°$ ，$y_{12}=y_{21}=5\angle126.87°$ ，請利用「Newton-Laphson method」，求解 bus 2 的電壓大小及相角？

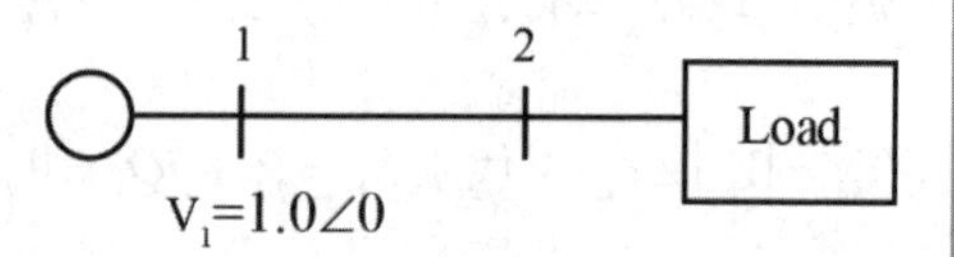


詳解

用「牛頓-拉福森法「疊代求解電力潮流之步驟如下：

(1) 依題意列匯流排分類表如下：

| Bus No. | Bus Type | Input | Unknown | State variable |
|---|---|---|---|---|
| 1. | 搖擺匯流排 (Swing Bus) | $\lvert V_1\rvert=1,\delta_1=0°$ | $P_1,Q_1$ | — |
| 2. | 負載匯流排 (PQ Bus) | $P_2^{Sch}=-P_{D2}=-1$, $Q_2^{Sch}=-Q_{D2}=-0.5$ | $\lvert V_2\rvert,\delta_2$ | $\lvert V_2\rvert,\delta_2$ |

(2) 求出 $Y_{bus}Matrix \Rightarrow Y_{kn}$：題目已給

$$Y_{bus}=\begin{pmatrix} y_{11} & y_{12} \\ y_{21} & y_{22} \end{pmatrix}=\begin{pmatrix} 5\angle-53.13° & 5\angle126.87° \\ 5\angle126.87° & 5\angle-53.13° \end{pmatrix}$$

(3) 疊代方程式：此時 k=2,欲求 $\delta_2 \Rightarrow$ 列出電力潮流實功方程式如下

$$P_2(x)=P_2^{Sch}=\lvert V_2\rvert\lvert Y_{21}\rvert\lvert V_1\rvert\cos(\delta_2-\delta_1-\theta_{21})+\lvert V_2\rvert\lvert Y_{22}\rvert\lvert V_2\rvert\cos(\delta_2-\delta_2-\theta_{22})$$

$$\Rightarrow 5\lvert V_2\rvert\cos(\delta_2-126.87°)+5\lvert V_2\rvert\lvert V_2\rvert\cos(53.13°)=P_2^{Sch}=-1$$

$$\Rightarrow 5\lvert V_2\rvert\cos(\delta_2-126.87°)+3\lvert V_2\rvert^2=-1$$

欲求 $\lvert V_2\rvert \Rightarrow$ 電力潮流虛功方程式如下

$$Q_2(x)=|V_2||Y_{21}||V_1|\sin(\delta_2-\delta_1-\theta_{21})+|V_2||Y_{22}||V_2|\sin(\delta_2-\delta_2-\theta_{22})$$

$$\Rightarrow 5|V_2|\sin(\delta_2-126.87°)+5|V_2||V_2|\sin(53.13°)=Q_2^{Sch}=-0.5$$

$$\Rightarrow 5|V_2|\sin(\delta_2-126.87°)+4|V_2|^2=-0.5$$

(4) 計算 Jacobian Matrix：

$$J=\begin{pmatrix}\dfrac{\partial P_2}{\partial \delta_2} & \dfrac{\partial P_2}{\partial |V_2|}\\ \dfrac{\partial Q_2}{\partial \delta_2} & \dfrac{\partial Q_2}{\partial |V_2|}\end{pmatrix}=\begin{pmatrix}-5|V_2|\sin(\delta_2-126.87°) & 5\cos(\delta_2-126.87°)+6|V_2|\\ 5|V_2|\cos(\delta_2-126.87°) & 5\sin(\delta_2-126.87°)+8|V_2|\end{pmatrix}$$

(5) 疊代初始值之決定：令初始值$\Rightarrow V_2^{(0)}=1\angle 0°$；Jacobian Matrix：

$$J^{(0)}=\begin{pmatrix}-5\sin(-126.87°) & 5\cos(-126.87°)+6\\ 5\cos(-126.87°) & 5\sin(-126.87°)+8\end{pmatrix}=\begin{pmatrix}4 & 3\\ -3 & 4\end{pmatrix}$$

電功率計算值：$\begin{Bmatrix}P_2^{(0)}=5\cos(-126.87°)+3=0\\ Q_2^{(0)}=-5\sin(-126.87°)+4=0\end{Bmatrix}$

電力失配：$\begin{Bmatrix}\Delta P_2^{(0)}=P_2^{Sch}-P_2^{(0)}=-1-0=-1\\ \Delta Q_2^{(0)}=Q_2^{Sch}-Q_2^{(0)}=-0.5-0=-0.5\end{Bmatrix}$

利用誤差方程式求「疊代修正量」：

$$J^{(0)}\begin{pmatrix}\Delta\delta_2^{(0)}\\ \Delta|V_2|^{(0)}\end{pmatrix}=\begin{pmatrix}\Delta P_2^{(0)}\\ \Delta Q_2^{(0)}\end{pmatrix}\Rightarrow\begin{pmatrix}4 & 3\\ -3 & 4\end{pmatrix}\begin{pmatrix}\Delta\delta_2^{(0)}\\ \Delta|V_2|^{(0)}\end{pmatrix}=\begin{pmatrix}-1\\ -0.5\end{pmatrix}$$

$$\Rightarrow\begin{pmatrix}\Delta\delta_2^{(0)}\\ \Delta|V_2|^{(0)}\end{pmatrix}=\begin{pmatrix}-0.1(rad)\\ -0.2(pu)\end{pmatrix}$$

(6) 代入求第一次疊代解：

$$\begin{pmatrix}\delta_2^{(1)}\\ |V_2|^{(1)}\end{pmatrix}=\begin{pmatrix}\delta_2^{(0)}\\ |V_2|^{(0)}\end{pmatrix}+\begin{pmatrix}\Delta\delta_2^{(0)}\\ \Delta|V_2|^{(0)}\end{pmatrix}=\begin{pmatrix}0\\ 1\end{pmatrix}+\begin{pmatrix}-0.1\\ -0.2\end{pmatrix}=\begin{pmatrix}-0.1(rad)\\ 0.8(pu)\end{pmatrix}$$

(7) 依疊代容忍誤差要求，依序做第 n 次疊代… $\begin{pmatrix} \delta_2 \\ |V_2| \end{pmatrix} = \begin{pmatrix} -0.1419(rad) \\ 0.707(pu) \end{pmatrix}$

註

本題可以由 $\Rightarrow 5|V_2|\cos(\delta_2 - 126.87°) + 3|V_2|^2 = -1$、$\Rightarrow 5|V_2|\sin(\delta_2 - 126.87°) + 4|V_2|^2 = -0.5$，直接利用 $\cos^2(\delta_2 - 126.87°) + \sin^2(\delta_2 - 126.87°) = 1$ 求解。

**2.圖所示為三匯流排之電力系統，假設參考匯流排之電壓為 $V_1\angle\delta_1 = 1\angle 0° pu.$，第二匯流排之負載為 $2 + j0.5 pu.$，第三匯流排之電壓大小為 $|V_3| = 1.0 pu.$，求下列各小題：**

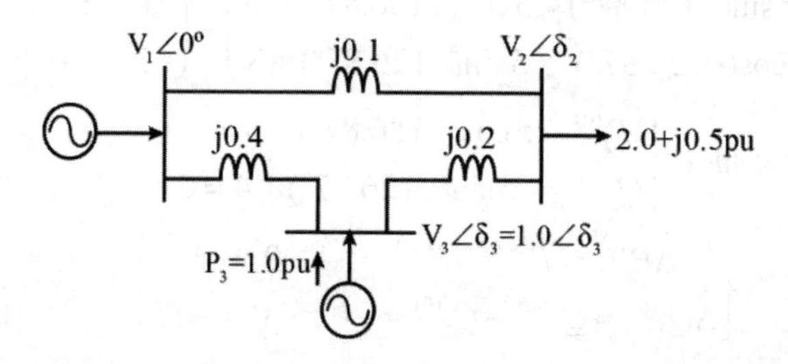


**(1)假設各輸電線以圖中之串聯阻抗近似之，求該系統知匯流排導納矩陣 ($Y_{bus}$)？**

**(2)試寫出該系統之獨立(independent)電力潮流方程式？**

**(3)試問針對每一匯流排 $V_k, \delta_k, P_k, Q_k, k = 1,2,3$，何者為輸入？何者為未知變數？**

詳解

由題目所給，bus 1 為「參考匯流排(Swing bus)」，而由圖中可知，bus 2 接「負載」，故為「PQ bus」，bus 3 接「發電機」為「PV bus」；依據上述步驟可以一一解答各小題如下：

本題先回答(3)：依題意列匯流排分類表如下

| Bus No. | Bus Type | Input | Unknown | State variable |
|---|---|---|---|---|
| 1. | 搖擺匯流排 (Swing Bus) | $\|V_1\|=1, \delta_1=0°$ | $P_1, Q_1$ | — |
| 2. | 負載匯流排 (PQ Bus) | $P_2^{Sch}=-P_{D2}=-2,$ $Q_2^{Sch}=-Q_{D2}=-0.5$ | $\|V_2\|, \delta_2$ | $\|V_2\|, \delta_2$ |
| 3. | 電壓控制匯流排 (PV Bus) | $P_3^{Sch}=P_{G3}=1,$ $\|V_3\|=1$ | $Q_3, \delta_3$ | $\delta_3$ |

由上表可知，輸入為$V_1,\delta_1,V_3,P_2,Q_2,P_3$，未知變數為$V_2,\delta_2,\delta_3,P_1,Q_1,Q_3$，狀態變數為$V_2,\delta_2,\delta_3$

(1) 所有輸電線導納$\Rightarrow$連接 bus 1&2：$\dfrac{1}{j0.1}=-j10$，連接 bus 2&3：

$\dfrac{1}{j0.2}=-j5$，連接 bus 1&3：$\dfrac{1}{j0.4}=-j2.5$

則該電系統之「匯流排導納矩陣」為

$$Y_{bus}=\begin{pmatrix} Y_{11} & Y_{12} & Y_{13} \\ Y_{21} & Y_{22} & Y_{23} \\ Y_{31} & Y_{32} & Y_{33} \end{pmatrix}=j\begin{pmatrix} -10-2.5 & 10 & 2.5 \\ 10 & -10-5 & 5 \\ 2.5 & 5 & -5-2.5 \end{pmatrix}$$

$$=j\begin{pmatrix} -12.5 & 10 & 2.5 \\ 10 & -15 & 5 \\ 2.5 & 5 & -7.5 \end{pmatrix}$$

(2) 疊代方程式：此時 k=3,

欲求$\delta_2 \Rightarrow$列出電力潮流實功方程式如下

$$P_2(x)=P_2^{Sch}=|V_2||Y_{21}||V_1|\cos(\delta_2-\delta_1-\theta_{21})$$

$$+|V_2||Y_{22}||V_2|\cos(\delta_2-\delta_2-\theta_{22})+|V_2||Y_{23}||V_3|\cos(\delta_2-\delta_3-\theta_{23})$$

$$\Rightarrow P_2(x)=-2=10|V_2|\cos(\delta_2-90°)+15|V_2|^2\cos(90°)$$

$$+5|V_2|\cos(\delta_2-\delta_3-90°)$$

$$\Rightarrow 10|V_2|\sin\delta_2 + 5|V_2|\sin(\delta_2 - \delta_3) = -2$$

欲求$|V_2|$ ⇒ 列出 BUS 2 電力潮流虛功方程式如下

$$Q_2(x) = Q_2^{Sch} = |V_2||Y_{21}||V_1|\sin(\delta_2 - \delta_1 - \theta_{21})$$
$$+|V_2||Y_{22}||V_2|\sin(-\theta_{22}) + |V_2||Y_{23}||V_3|\sin(\delta_2 - \delta_3 - \theta_{23})$$

$$\Rightarrow Q_2(x) = -0.5 = 10|V_2|\sin(\delta_2 - 90°) + 15|V_2|^2\sin(90°)$$
$$+5|V_2|\sin(\delta_2 - \delta_3 - 90°)$$

$$\Rightarrow 10|V_2|\sin(\delta_2 - 90°) + 15|V_2|^2 + 5|V_2|\sin(\delta_2 - \delta_3 - 90°) = -0.5$$

欲求$\delta_3$ ⇒ 列出 BUS 3 電力潮流實功方程式如下

$$P_3(x) = P_3^{Sch} = |V_3||Y_{31}||V_1|\cos(\delta_3 - \delta_1 - \theta_{31})$$
$$+|V_3||Y_{32}||V_2|\cos(\delta_3 - \delta_2 - \theta_{32}) + |V_3|^2|Y_{33}|\cos(-\theta_{33})$$

$$\Rightarrow P_3(x) = 1 = 2.5\cos(\delta_3 - 90°) + 5|V_2|\cos(\delta_3 - \delta_2 - 90°) + 7.5\cos(90°)$$

$$\Rightarrow 2.5\sin\delta_3 + 5|V_2|\sin(\delta_3 - \delta_2°) = 1$$

3. **利用牛頓-勞福森負載潮流法（Newton-Raphson Power Flow Method）對圖之系統進行一次疊代，以求得匯流排②及③的電壓大小與相角。假設匯流排①為搖擺匯流排（Swing bus），且負載匯流排之初始電壓為$1.0\angle 0°$，圖上之各數值的單位為標么（p.u.）。**（105 高考三級）

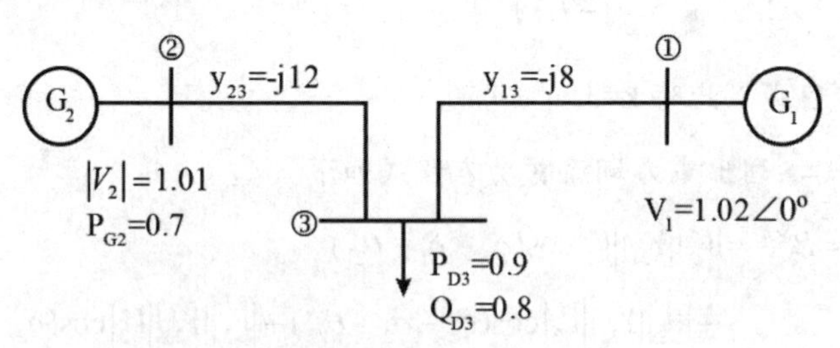


**詳解**

用「牛頓-拉福森法」疊代求解電力潮流之步驟如下：

(1) 依題意列匯流排分類表如下：

| Bus No. | Bus Type | Input | Unknown | State variable |
|---|---|---|---|---|
| 1. | 搖擺匯流排 (Swing Bus) | $\lvert V_1\rvert = 1.02, \delta_1 = 0°$ | $P_1, Q_1$ | — |
| 2. | 電壓控制匯流排 (PV Bus) | $P_2^{Sch} = 0.7$, $\lvert V_2\rvert = 1.01$ | $\delta_2, Q_2^{Sch}$ | $\delta_2$ |
| 3. | 負載匯流排 (PQ Bus) | $P_3^{Sch} = -0.9$, $Q_3^{Sch} = -0.8$ | $\lvert V_3\rvert, \delta_3$ | $\delta_3, \lvert V_3\rvert$ |

(2) 求出 $Y_{bus} Matrix \Rightarrow Y_{kn}$：連接 bus①&③ $-y_{13} = -\text{j}8$ 、連接 bus③&② $-y_{23} = \text{j}12$；$\Rightarrow y_{11} = +\text{j}8$、$y_{22} = +\text{j}12$、$y_{33} = +\text{j}(8+12) = +\text{j}20$、$y_{12} = 0$，

$$\text{故 } Y_{bus} = \begin{pmatrix} y_{11} & y_{12} & y_{13} \\ y_{21} & y_{22} & y_{23} \\ y_{31} & y_{23} & y_{33} \end{pmatrix} = j\begin{pmatrix} 8 & 0 & -8 \\ 0 & 12 & -12 \\ -8 & -12 & 20 \end{pmatrix}$$

(3) 疊代方程式：欲求 $\delta_2 \Rightarrow$ 列出電力潮流實功 $P_2(x)$ 函式如下：

$$P_2(x) = |V_2||Y_{21}||V_1|\cos(\delta_2 - \delta_1 - \theta_{21}) + |V_2||Y_{22}||V_2|\cos(\delta_2 - \delta_2 - \theta_{22})$$
$$+|V_2||Y_{23}||V_3|\cos(\delta_2 - \delta_3 - \theta_{23})$$

$$\Rightarrow P_2(x) = |V_2| \times 0 \times 1.02\cos(\delta_2 - \delta_1 - \theta_{21}) + 12|V_2|^2\cos(-90°)$$
$$+12|V_2||V_3|\cos(\delta_2 - \delta_3 + 90°) = -12|V_2||V_3|\sin(\delta_2 - \delta_3)$$

欲求 $\delta_3 \Rightarrow$ 列出電力潮流實功 $P_3(x)$ 函式如下：

$$P_3(x) = |V_3||Y_{31}||V_1|\cos(\delta_3 - \delta_1 - \theta_{21}) + |V_3||Y_{23}||V_2|\cos(\delta_3 - \delta_2 - \theta_{32})$$
$$+|V_3|^2|Y_{33}|\cos(-\theta_{33})$$
$$= -8.16|V_3|\sin\delta_3 - 12|V_2||V_3|\sin(\delta_3 - \delta_2)$$

欲求 $|V_3| \Rightarrow$ 列出電力潮流虛功 $Q_3(x)$ 函式如下：

$$Q_3(x) = |V_3||Y_{31}||V_1|\sin(\delta_3 - \delta_1 - \theta_{21}) + |V_3||Y_{23}||V_2|\sin(\delta_3 - \delta_2 - \theta_{32})$$
$$+|V_3|^2|Y_{33}|\sin(-\theta_{33})$$
$$= 8.16|V_3|\cos(\delta_3 - \delta_1) + 12|V_2||V_3|\cos(\delta_3 - \delta_2) - 20|V_3|^2$$

(4) 計算 Jacobian Matrix：$J=\begin{pmatrix} \frac{\partial P_2}{\partial \delta_2} & \frac{\partial P_2}{\partial \delta_3} & \frac{\partial P_2}{\partial |V_3|} \\ \frac{\partial P_3}{\partial \delta_2} & \frac{\partial P_3}{\partial \delta_3} & \frac{\partial P_3}{\partial |V_3|} \\ \frac{\partial Q_3}{\partial \delta_2} & \frac{\partial Q_3}{\partial \delta_3} & \frac{\partial Q_3}{\partial |V_3|} \end{pmatrix}$

$$=\begin{pmatrix} -12|V_2||V_3|\cos(\delta_2-\delta_3) & 12|V_2||V_3|\cos(\delta_2-\delta_3) & -12|V_2|\sin(\delta_2-\delta_3) \\ 12|V_2||V_3|\cos(\delta_3-\delta_2) & -8.16-|V_3|\cos\delta_3-12|V_2||V_3|\cos(\delta_3-\delta_2) & -8.16\sin\delta_3-12|V_2|\sin(\delta_3-\delta_2) \\ 12|V_2||V_3|\sin(\delta_3-\delta_2) & -8.16|V_3|\sin(\delta_3-\delta_1)-12|V_2||V_3|\sin(\delta_3-\delta_2) & 8.16\cos(\delta_3-\delta_1)+12|V_2|\cos(\delta_3-\delta_2)-40|V_3| \end{pmatrix}$$

(5) 疊代初始值之決定：

初始值$\Rightarrow \delta_2^{(0)}=0^0;\delta_3^{(0)}=0^0;|V_3|^{(0)}=1, Given|V_2|^{(0)}=1.01$；

Jacobian Matrix：$\Rightarrow J^{(0)}=\begin{pmatrix} -12.12 & 12.12 & 0 \\ 12.12 & -8.16-12.12 & 0 \\ 0 & 0 & 8.16+12-40 \end{pmatrix}$

電功率計算值：$\begin{Bmatrix} P_2^{(0)}=0 \\ P_3^{(0)}=0 \\ Q_3^{(0)}=8.16+12.12-20=0.28 \end{Bmatrix}$

電力失配：$\begin{Bmatrix} \Delta P_2^{(0)}=P_2^{Sch}-P_2^{(0)}=0.7 \\ \Delta P_3^{(0)}=P_3^{Sch}-P_3^{(0)}=-0.9 \\ \Delta Q_3^{(0)}=Q_3^{Sch}-Q_3^{(0)}=-0.8-0.28=-1.08 \end{Bmatrix}$

利用誤差方程式求「疊代修正量」：

$$\Rightarrow J^{(0)}\begin{pmatrix} \Delta\delta_2^{(0)} \\ \Delta\delta_3^{(0)} \\ \Delta|V_3|^{(0)} \end{pmatrix}=\begin{pmatrix} \Delta P_2^{(0)} \\ \Delta P_3^{(0)} \\ \Delta Q_3^{(0)} \end{pmatrix}\Rightarrow\begin{pmatrix} \Delta\delta_2^{(0)} \\ \Delta\delta_3^{(0)} \\ \Delta|V_3|^{(0)} \end{pmatrix}$$

$$=\begin{pmatrix} -12.12 & 12.12 & 0 \\ 12.12 & -8.16-12.12 & 0 \\ 0 & 0 & 8.16+12-40 \end{pmatrix}^{-1}\begin{pmatrix} \Delta P_2^{(0)} \\ \Delta P_3^{(0)} \\ \Delta Q_3^{(0)} \end{pmatrix}$$

$$\Rightarrow\begin{pmatrix} \Delta\delta_2^{(0)} \\ \Delta\delta_3^{(0)} \\ \Delta|V_3|^{(0)} \end{pmatrix}=\begin{pmatrix} -12.12 & 12.12 & 0 \\ 12.12 & -20.28 & 0 \\ 0 & 0 & -19.84 \end{pmatrix}^{-1}\begin{pmatrix} 0.7 \\ -0.9 \\ -1.08 \end{pmatrix}$$

$$\Rightarrow \begin{pmatrix} \Delta\delta_2^{(0)} \\ \Delta\delta_3^{(0)} \\ \Delta|V_3|^{(0)} \end{pmatrix} = \frac{1}{(-4876.5+2914.4)} \begin{pmatrix} 402.4 & 240.5 & 0 \\ 240.5 & 240.5 & 0 \\ 0 & 0 & 245.8 \end{pmatrix} \begin{pmatrix} 0.7 \\ -0.9 \\ -1.08 \end{pmatrix}$$

$$\Rightarrow \begin{pmatrix} \Delta\delta_2^{(0)} \\ \Delta\delta_3^{(0)} \\ \Delta|V_3|^{(0)} \end{pmatrix} = \begin{pmatrix} -0.205 & -0.123 & 0 \\ -0.123 & -0.123 & 0 \\ 0 & 0 & -0.125 \end{pmatrix} \begin{pmatrix} 0.7 \\ -0.9 \\ -1.08 \end{pmatrix} = \begin{pmatrix} -0.0318 \\ 0.0237 \\ 0.135 \end{pmatrix}$$

(6) 代入求第一次疊代解：

$$\begin{pmatrix} \delta_2^{(1)} \\ \delta_3^{(1)} \\ |V_3|^{(1)} \end{pmatrix} = \begin{pmatrix} \delta_2^{(0)} \\ \delta_3^{(0)} \\ |V_3|^{(0)} \end{pmatrix} + \begin{pmatrix} \Delta\delta_2^{(0)} \\ \Delta\delta_3^{(0)} \\ \Delta|V_3|^{(0)} \end{pmatrix} = \begin{pmatrix} 0 \\ 0 \\ 1 \end{pmatrix} + \begin{pmatrix} \delta_2^{(1)} \\ \delta_3^{(1)} \\ |V_3|^{(1)} \end{pmatrix}$$

$$= \begin{pmatrix} 0 \\ 0 \\ 1 \end{pmatrix} + \begin{pmatrix} -0.0318 \\ 0.0237 \\ 0.135 \end{pmatrix} = \begin{pmatrix} -0.0318(rad) \\ 0.0237(rad) \\ 1.135 \end{pmatrix}$$

4. **一電力系統標么值等效電路為一發電機經由一輸電線路供應一負載，發電機為一理想電壓源$\overline{V}_S = V_S\angle 0° = 1.05\angle 0°$，輸電線路阻抗為$\overline{Z} = 0.02 + j0.16$，負載為定功率負載$P_L + jQ_L = 0.8 + j0.6$，今以牛頓-萊福森(Newton-Raphson)疊代方法解電力潮流(power flow)，則**

   (1)**發電機匯流排型態為**________Bus。

   (2)**負載匯流排型態為**________Bus。

   (3)**若以$\theta_L$為第一未知數，$V_L$為第二未知數，並假設以負載匯流排電壓$\overline{V}_L = V_L\angle\theta_L = 1.0\angle 0°$為初始值，此種電力潮流之疊代方法稱為**

   ________start。

   (4)**負載匯流排實功率負載之初始值$P_L^{(0)}$？**

   (5)**負載匯流排虛功率負載之初始值$Q_L^{(0)}$？**

   (6)**賈可比矩陣**(Jacobian matrix)**初始值：$J^{(0)}$？**

(7)第一次疊代後之 $\theta_L^{(1)}$ ？

(8)第一次疊代後之 $V_L^{(1)}$ ？

(9)第一次疊代後之發電機匯流排輸出實功率 $P_S^{(1)}$ ？

(10)第一次疊代後之發電機匯流排輸出虛功率 $Q_S^{(1)}$ ？（96 台電）

**詳解**

依題意繪製單線圖如下：

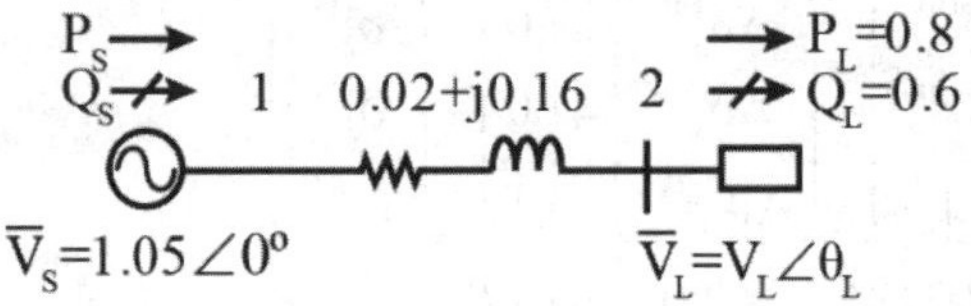

$P_S$ → 　$Q_S$ → 　1 　0.02+j0.16 　2 　→ $P_L$=0.8 　→ $Q_L$=0.6

$\overline{V}_S=1.05\angle 0^\circ$ 　　$\overline{V}_L=V_L\angle\theta_L$

可知 bus 1 為「Swing bus」，bus 2

為「PQ bus」，線路串聯導納為

$$\frac{1}{0.02+j0.16}=\frac{0.02-j0.16}{0.026}=0.77-j6.15=6.2\angle-82.9^\circ \text{，}$$

$$Y_{bus}=\begin{pmatrix} Y_{11} & Y_{12} \\ Y_{21} & Y_{22} \end{pmatrix}=\begin{pmatrix} 6.2\angle-82.9^\circ & -6.2\angle-82.9^\circ \\ -6.2\angle-82.9^\circ & 6.2\angle-82.9^\circ \end{pmatrix}$$

$$=\begin{pmatrix} 6.2\angle-82.9^\circ & 6.2\angle97.1^\circ \\ 6.2\angle97.1^\circ & 6.2\angle-82.9^\circ \end{pmatrix}$$

用「牛頓-拉福森法」疊代求解電力潮流之步驟如下：

(1)(2)依題意列匯流排分類表如下：

| Bus No. | Bus Type | Input | Unknown | State variable |
|---|---|---|---|---|
| 1. | 搖擺匯流排 (Swing Bus) | $\|V_1\|=1.05,\delta_1=0^\circ$ | $P_1,Q_1$ | — |
| 2. | 負載匯流排 (PQ Bus) | $P_2^{Sch}=-P_L=-0.8,$ $Q_3^{Sch}=-Q_L=-0.6$ | $\|V_2\|,\delta_2$ | $\|V_2\|,\delta_2$ |

(3) 在疊代求解前，通常將所有負載匯流排知電壓初始值設為$1\angle 0°$，以免疊代最終收斂至錯誤結果，如此的初始化方式稱為「Fleet Start」(齊頭式起始)。

(4)(5) Bus 2 之實、虛功負載初始值，列出電力潮流實功方程式如下：

$$P_2(x) = P_2^{Sch} = |V_2||Y_{21}||V_1|\cos(\delta_2 - \delta_1 - \theta_{21}) + |V_2||Y_{22}||V_2|\cos(\delta_2 - \delta_2 - \theta_{22})$$

$$\Rightarrow P_2(x) = 6.2 \times 1.05|V_2|\cos(\delta_2 - 97.1°) + 6.2|V_2|^2\cos(82.9°) = -0.8$$

因為$|V_1| = 1.05, \delta_1 = 0°$，以及$|V_2|^{(0)} = 1.05, \delta_2^{(0)} = 0°$，則實功負載初始值為

$$P_L^{(0)} = -P_2^{(0)} = -6.51\cos(-97.1°) + 6.2\cos(82.9°) = -0.805 + 0.766$$

$$= -0.0386\,pu.$$

以及電力潮流虛功方程式如下：

$$Q_2(x) = |V_2||Y_{21}||V_1|\sin(\delta_2 - \delta_1 - \theta_{21}) + |V_2||Y_{22}||V_2|\sin(\delta_2 - \delta_2 - \theta_{22})$$

$$\Rightarrow Q_2(x) = 6.2 \times 1.05|V_2|\sin(\delta_2 - \delta_1 - 97.1°) + 6.2|V_2|^2\sin(82.9°) = -0.6$$

則虛功負載初始值為：

$$Q_L^{(0)} = -Q_2^{(0)} = -6.51\sin(-97.1°) + 6.2\sin(82.9°) = -0.31\,pu.$$

(6) 計算 Jacobian Matrix：$\dfrac{\partial P_2(x)}{\partial \delta_2} = -6.51|V_2|\sin(\delta_2 - 97.1°)$；

$$\frac{\partial P_2(x)}{\partial |V_2|} = 6.21|V_1|\cos(\delta_2 - 97.1°) + 12.4|V_2|\cos(82.9°)$$

$$\frac{\partial Q_2(x)}{\partial \delta_2} = 6.5|V_2|\cos(\delta_2 - 97.1°)\text{；}$$

$$\frac{\partial Q_2(x)}{\partial |V_2|} = 6.2|V_1|\sin(\delta_2 - 97.1°) + 12.4|V_2|\sin(82.9°)$$

$$J=\begin{pmatrix}\dfrac{\partial P_2}{\partial \delta_2} & \dfrac{\partial P_2}{\partial |V_2|}\\ \dfrac{\partial Q_2}{\partial \delta_2} & \dfrac{\partial Q_2}{\partial |V_2|}\end{pmatrix}$$

$$=\begin{pmatrix}-6.51|V_2|\sin(\delta_2-97.1°) & 6.51\cos(\delta_2-97.1°)+12.4|V_2|\cos(82.9°)\\ 6.51|V_2|\cos(\delta_2-97.1°) & 6.51\sin(\delta_2-97.1°)+12.4|V_2|\sin(82.9°)\end{pmatrix}$$

$$J^{(0)}=\begin{pmatrix}-6.51\sin(-97.1°) & 6.51\cos(-97.1°)+12.4\cos(82.9°)\\ 6.51\cos(-97.1°) & 6.51\sin(-97.1°)+12.4\sin(82.9°)\end{pmatrix}$$

$$=\begin{pmatrix}6.46 & 0.727\\ -0.805 & 5.84\end{pmatrix}$$

(7)(8)進行第一次疊代：首先計算初始的「電力失配」：

$$\begin{cases}\Delta P_2^{(0)}=P_2^{Sch}-P_2^{(0)}=-0.8-(-0.0386)=-0.7614\\ \Delta Q_2^{(0)}=Q_2^{Sch}-Q_2^{(0)}=-0.6-(-0.31)=-0.29\end{cases}$$

，則可得 bus 2 之「初始相角差」以及「初始電壓差」：

$$J^{(0)}\begin{pmatrix}\Delta\delta_2^{(0)}\\ \Delta|V_2^{(0)}|\end{pmatrix}=\begin{pmatrix}\Delta P_2^{(0)}\\ \Delta Q_2^{(0)}\end{pmatrix}\Rightarrow\begin{pmatrix}\Delta\delta_2^{(0)}\\ \Delta|V_2^{(0)}|\end{pmatrix}=\begin{pmatrix}6.46 & 0.727\\ -0.805 & 5.84\end{pmatrix}^{-1}\begin{pmatrix}-0.7614\\ -0.29\end{pmatrix}$$

$$\Rightarrow\begin{pmatrix}\Delta\delta_2^{(0)}\\ \Delta|V_2^{(0)}|\end{pmatrix}=\begin{pmatrix}-0.1106(rad)\\ -0.0649\end{pmatrix}$$

故第一次疊代之 bus 2 之「相角差」以及「電壓差」：

$$\begin{pmatrix}\theta_L^{(1)}\\ |V_L^{(1)}|\end{pmatrix}=\begin{pmatrix}\delta_2^{(1)}\\ |V_2^{(1)}|\end{pmatrix}=\begin{pmatrix}\delta_2^{(0)}\\ |V_2^{(0)}|\end{pmatrix}+\begin{pmatrix}\Delta\delta_2^{(0)}\\ \Delta|V_2^{(0)}|\end{pmatrix}=\begin{pmatrix}0\\ 1\end{pmatrix}+\begin{pmatrix}-0.1106(rad)\\ -0.0649\end{pmatrix}=\begin{pmatrix}-6.34°\\ 0.9351\end{pmatrix}$$

(9)(10)第一次疊代後發電機匯流排輸出之實功計算值：

$$P_s(x)=P_1^{(1)}=6.2|V_1^{(0)}|^2\cos(82.9°)+6.51|V_2^{(1)}|\cos(-\delta_2-97.1°)$$

$$=0.845+6.51\times0.9351\times\cos(-6.34°+97.1°)=0.764\,pu.$$

第一次疊代後發電機匯流排輸出之虛功計算值：

$$Q_s(x)=Q_1^{(1)}(x)=6.2\left|V_1^{(0)}\right|^2\sin(82.9°)+6.51\left|V_2^{(1)}\right|\sin(-\delta_2-97.1°)$$

$$=0.783-6.51\times0.9351\sin(-6.34°+97.1°)=0.696pu.$$

(　) 5. 某電力系統之單線圖如圖所示，請問此系統之導納矩陣 $Y_{bus}$ 為何？

(A) $\begin{bmatrix}-j0.8 & -j0.8\\ j0.8 & j0.8\end{bmatrix}$

(B) $\begin{bmatrix}-j0.8 & j0.8\\ j0.8 & -j0.8\end{bmatrix}$ (C) $\begin{bmatrix}j1.25 & -j1.25\\ -j1.25 & j1.25\end{bmatrix}$ (D) $\begin{bmatrix}-j1.25 & j1.25\\ j1.25 & -j1.25\end{bmatrix}$。

（103 台北自來水）

(　) 6. 某電力系統之單線圖如圖所示，若匯流排 1 為搖擺匯流排(swing bus or slack bus)則匯流排 3 為何種類型的匯流排？(A)搖擺匯流排　(B)負載匯流排　(C)電壓控制匯流排　(D)功率控制匯流排。（103 台北自來水）

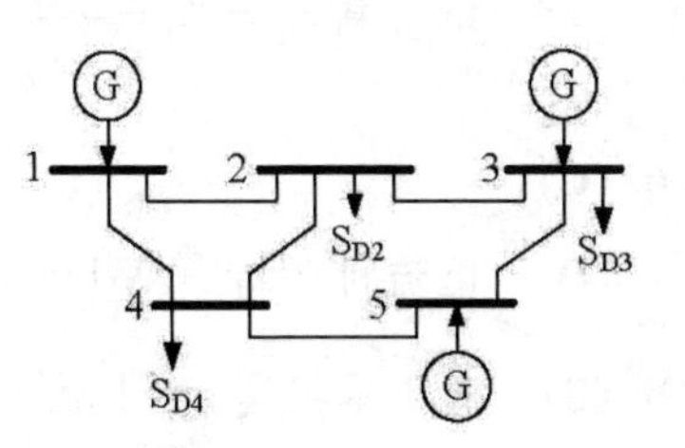


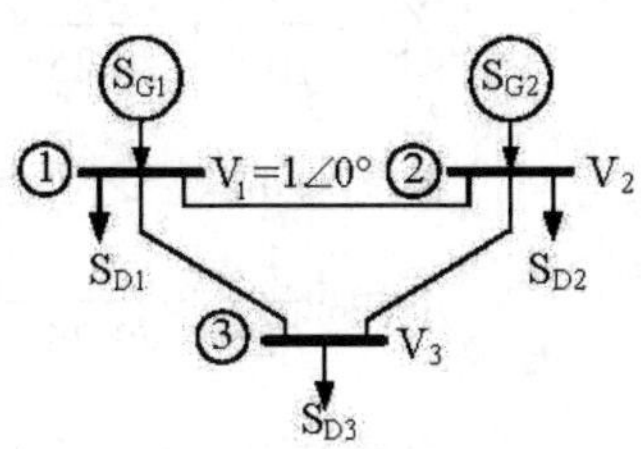


(　) 7. 某電力系統如圖所示，在電力潮流分析時，匯流排 2 待求的未知量為：　(A)實功率與虛功率　(B)實功率與電壓大小　(C)電壓大小與電壓相角　(D)虛功率與電壓相角。（105 台北自來水）

( ) 8. 有一電力系統如圖所示，標示其上者為以 100 MVA 為基準之電抗標么值。若其母線導納矩陣為

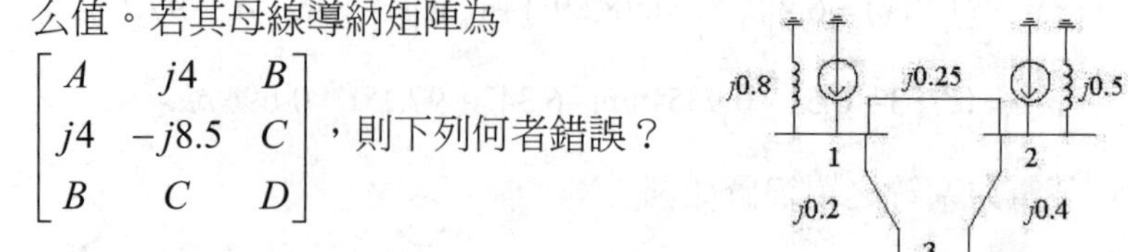

$$\begin{bmatrix} A & j4 & B \\ j4 & -j8.5 & C \\ B & C & D \end{bmatrix}$$

，則下列何者錯誤？

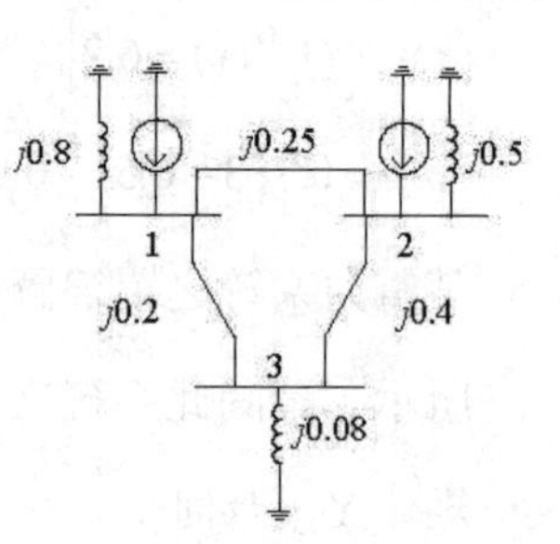


(A)A = – j10.25 (B)B = – j5 (C)C = j2.5 (D)D = – 20。（105 台北自來水）

**詳解**

5. (**D**)。圖中單獨接 bus 1 之「自導納」為 $Y_{11} = \dfrac{1}{Z_L} = \dfrac{1}{j0.8} = -j1.25$，單獨接 bus 2 之「自導納」為 $Y_{22} = \dfrac{1}{Z_L} = \dfrac{1}{j0.8} = -j1.25$，同時接 bus 1,2 之「互導納」為 $Y_{12} = Y_{21} = -\dfrac{1}{Z_L} = -\dfrac{1}{j0.8} = j1.25$，故本題答案選(D)。

6. (**C**)

7. (**D**)。匯流排 2 為「PV bus」，故其未知量為 $Q_2, \delta_2$，本題答案選(D)。

8. (**B**)。圖中單獨接 bus 1 之「自導納」為

$$Y_{11} = \frac{1}{j0.8} + \frac{1}{j0.25} + \frac{1}{j0.2} = -j(1.25 + 4 + 5) = -j10.25\text{，}$$

單獨接 bus 2 之「自導納」為

$$Y_{22} = \frac{1}{j0.5} + \frac{1}{j0.25} + \frac{1}{j0.4} = -j(2 + 4 + 2.5) = -j8.5\text{，}$$

單獨接 bus 3 之「自導納」為

$$Y_{33} = \frac{1}{j0.08} + \frac{1}{j0.2} + \frac{1}{j0.4} = -j(12.5 + 5 + 2.5) = -j20\text{，}$$

同時接 bus 1,3 之「互導納」為 $Y_{13} = Y_{31} = -\dfrac{1}{j0.2} = j5$，同時接 bus 2,3 之「互導納」為 $Y_{23} = Y_{32} = -\dfrac{1}{j0.4} = j2.5$，故本題答案選(B)。

# 6-3 以高斯-賽德法解電力潮流問題

## 焦點 4 高斯-賽德法(Gauss Seidal)之介紹

考試比重 ★★★☆☆

見於輸配電類考試以及台電選擇題。

1. 高斯-賽德法係針對「**匯流排電壓相量**」進行疊代，任一匯流排之電壓，只要大小或相角有一未知，即須進行疊代；換言之，N 匯流排系統扣除「Swing bus」後，共有(N-1)個匯流排電壓相量需疊代求解，求出的解即直接為第 k 個 bus 之「電壓相量」。
2. 由高斯賽德法解「負載匯流排(PQ bus)」的重點：此時有給定 $P_k^{Sch}, Q_k^{Sch}$，則由「節點方程式」推演，第 k 個匯流排之總電流如式 6-11.所示，今將該式改寫如下：$I_k = \sum_{n=1}^{N} Y_{kn}V_n = \sum_{n=1}^{k-1} Y_{kn}V_n + Y_{kk}V_k + \sum_{n=k+1}^{N} Y_{kn}V_n \Rightarrow Y_{kk}V_k = I_k - \sum_{n=1}^{k-1} Y_{kn}V_n - \sum_{n=k+1}^{N} Y_{kn}V_n$

   $$\Rightarrow V_k = \frac{1}{Y_{kk}}(I_k - \sum_{n=1}^{k-1} Y_{kn}V_n - \sum_{n=k+1}^{N} Y_{kn}V_n) \quad \text{......(式 6-11)}$$

   第 K 個匯流排所接收之複數功率為

   $S_k = V_k I_k^* = P_k^{Sch} + jQ_k^{Sch} \Rightarrow I_k = (\frac{S_k}{V_k})^* = \frac{P_k^{Sch} - jQ_k^{Sch}}{V_k^*}$，代入式 6-11.得

   $$V_k = \frac{1}{Y_{kk}}(\frac{P_k^{Sch} - jQ_k^{Sch}}{V_k^*} - \sum_{n=1}^{k-1} Y_{kn}V_n - \sum_{n=k+1}^{N} Y_{kn}V_n) \quad \text{......(式 6-12)}$$

   若代入第 i 次之觀念，則為

   $$V_k^{(i+1)} = \frac{1}{Y_{kk}}(\frac{P_k^{Sch} - jQ_k^{Sch}}{V_k^{(i)*}} - \sum_{n=1}^{k-1} Y_{kn}V_n^{(i+1)} - \sum_{n=k+1}^{N} Y_{kn}V_n^{(i)}) \quad \text{......(式 6-13)}$$

3. 由高斯賽德法解「電壓控制匯流排(PV bus)」的重點：此時並無給定 $Q_k^{Sch}$，則需由虛功電力潮流方程式疊代求得

(1) 前節所述之式 6-10.若加入第 i 次觀念，則可以改寫如下式 6-14.

$$Q_k^{(i+1)} = \left|V_k^{(i)}\right| \{ \sum_{n=1}^{k-1} |Y_{kn}| \left|V_n^{(i+1)}\right| \sin(\delta_k^{(i)} - \delta_n^{(i+1)} - \theta_{kn}) + \sum_{n=k}^{N} |Y_{kn}| \left|V_n^{(i)}\right| \sin(\delta_k^{(i)} - \delta_n^{(i)} - \theta_{kn}) \}$$

..............................................................................................................(式 6-14.)

或以下式 6-15.求之：$Q_k^{(i+1)} = -I_m \left\{ V_k^{(i)*} [\sum_{n=1}^{k-1} Y_{kn} V_n^{(i+1)} + \sum_{n=k}^{N} Y_{kn} V_n^{(i)}] \right\}$ ....(式 6-15.)

老師的話

式 6-15.之推導如下：

$$\because S_k = P_k + jQ_k \Rightarrow S_k^* = P_k - jQ_k = V_k^* I_k = V_k^* (\sum_{n=1}^{N} Y_{kn} V_n)$$

$$\therefore Q_k^{(i+1)} = -I_m \left\{ V_k^{(i)*} [\sum_{n=1}^{k-1} Y_{kn} V_n^{(i+1)} + \sum_{n=k}^{N} Y_{kn} V_n^{(i)}] \right\}$$

(2) PV Bus 已給定 $|V_k|$ 之值，但以「高斯-賽德法」所求得之疊代解如 $V_k^{(i+1)} = \mathrm{Re}\,al^{(i+1)} + j\,\mathrm{Im}^{(i+1)}$，其大小可能不為 $|V_k|$，故需做電壓之修正，其中以普遍採用之「Saddat 教科書」中所說明的，即保留疊代解之虛部，而以實部作以下之修正 $\Rightarrow \mathrm{Re}\,al_{correction}^{(i+1)} = \sqrt{|V_k|^2 - \mathrm{Im}^{(i+1)2}}$ ............................(式 6-16.)

4. 高斯賽德法解「參考匯流排(Swing bus)」的重點：因此時之 $|V_1|, \delta_1$ 均已指定，故無需疊代，僅需俟疊代求解完成後，利用式 6-9，式 6-10 計算 $P_1, Q_1$ 即可。

5. 「高斯-賽德法」解電力潮流問題的步驟：

(1) **依題意列匯流排分類表。**

(2) **求出** $Y_{bus} Matrix$：一般題目若給 bus 阻抗，則取其倒數變為導納，狀態變數有 n 個，$Y_{bus}$ 即為 nxn 階方陣，方陣中之「對角線元素」($Y_{11}, Y_{22}, ....Y_{nn}$)為「自導納」：為連接第 n 條 bus 的導納，方陣中之「非對角線元素」為「互導納」($...Y_{mn}$)：為同時連接第 m,n 條 bus 的導納，注意此時方陣之「互導納」需加一「負號」。

(3) 疊代初始值之決定。

(4) 「高斯-賽德法」之疊代方程式：注意「PQ bus」與「PV bus」方程式之不同。

(5) 代入求第一次疊代解，再依疊代容忍誤差要求，依序做第 n 次疊代。

(6) 是否需做電壓修正。

牛刀小試 ……………………………………………………………………

**1. 如圖所示之電力系統中，匯流排 1 為「參考匯流排「且其電壓標么值為 $1.05\angle 0°\,pu.$，匯流排 2 之負載實功率與虛功率分別為 $0.1673\,pu.$, $0.0936\,pu.$；假設 BUS 2 之電壓初始值為 $1.0\angle 0°\,pu.$，試以「高斯-賽德法「進行兩次疊代計算 BUS 2 之電壓及相角？(計算時取小數點後四位)**

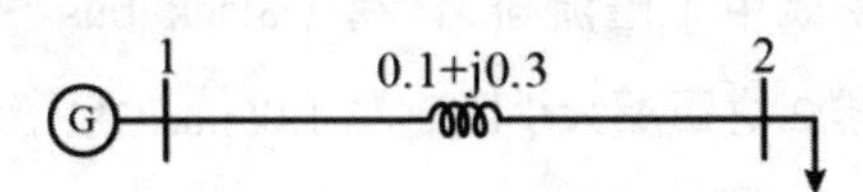


詳解 ……………………………………………………………………

(1) 依題意列匯流排分類表：本題匯流排分類如下表：

| Bus No. | Bus Type | Input | Unknown | State variable |
|---|---|---|---|---|
| 1. | 搖擺匯流排 (Swing Bus) | $\lvert V_1\rvert = 1.05, \delta_1 = 0°$ | $P_1, Q_1$ | — |
| 2. | 負載匯流排 (PQ Bus) | $P_2^{Sch} = -0.1673$, $Q_2^{Sch} = -0.0936$ | $\lvert V_2\rvert, \delta_2$ | $\lvert V_2\rvert, \delta_2$ |

(2) 求出 $Y_{bus} Matrix$：線路導納為：$\dfrac{1}{0.1+j0.3} = 1-j3$，

先求匯流排導納矩陣為：$Y_{bus} = \begin{pmatrix} 1-j3 & -1+j3 \\ -1+j3 & 1-j3 \end{pmatrix}$

(3) 疊代初始值之決定：$V_2^{(0)} = 1\angle 0°$

(4)「高斯-賽德法」之疊代方程式：此題所求為「PQ bus」，故疊代方程式為$V_k^{(i+1)} = \frac{1}{Y_{kk}}(\frac{P_k^{Sch} - jQ_k^{Sch}}{V_k^{(i)*}} - \sum_{n=1}^{k-1} Y_{kn}V_n^{(i+1)} - \sum_{n=k+1}^{N} Y_{kn}V_n^{(i)})$

$$\Rightarrow V_2^{(i+1)} = \frac{1}{Y_{22}}(\frac{P_2^{Sch} - jQ_2^{Sch}}{V_2^{(i)*}} - Y_{21}V_1)$$

(5) 代入求第 1 次疊代解：$\Rightarrow V_2^{(1)} = \frac{1}{Y_{22}}(\frac{P_2^{Sch} - jQ_2^{Sch}}{V_2^{(0)*}} - Y_{21}V_1)$

$$= \frac{1}{1-j3}(\frac{-0.1673 + j0.0936}{1} - (-1 + j3) \times 1.05) = 1.006\angle -2.326° \, pu.$$

(6) 代入求第 2 次疊代解：

$$\Rightarrow V_2^{(2)} = \frac{1}{1-j3}(\frac{-0.1673 + j0.0936}{1.006\angle 2.326^0} - (-1 + j3) \times 1.05)$$

$$= 1.0046\angle -2.2106° \, pu.$$

2. **如圖所示之電力系統中，匯流排 1 為「Slack bus「且其電壓標么值為 $1.0\angle 0° \, pu.$，匯流排 2 之電壓大小固定為 1.05pu.，且所接之發電機 S2 供應至匯流排實功 400MW，匯流排 3 接負載，輸出實功 500MW 及虛功 400MVAR；假設線路容量基準為 100MW，其餘線路阻抗等都忽略之，試求：**

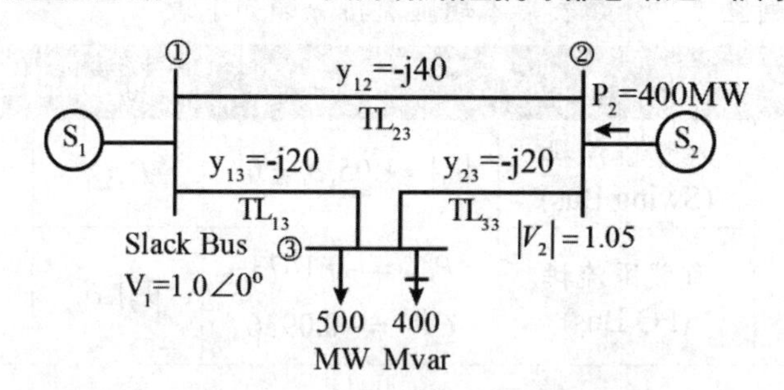


(1) $Y_{bus}$ *Matrix*？ **(2)此電力系統之獨立變數為何？**

**(3)以「高斯-賽德法「第一次疊代計算 BUS 2 & BUS 3 之電壓及相角？**

**(初始值如下：**$V_2^{(0)} = 1.05 + j0, V_3^{(0)} = 1.05 + j0, keep|V_2| = 1.05 pu.$)

詳解

(1) 求出 $Y_{bus}Matrix$：本題途中所給線路導納可求出匯流排導納矩陣為：

$$Y_{bus}=j\begin{pmatrix}-60 & 40 & 20\\ 40 & -60 & 20\\ 20 & 20 & -40\end{pmatrix}$$

(2) 依題意列匯流排分類表：本題匯流排分類如下表：

| Bus No. | Bus Type | Input | Unknown | State variable |
|---|---|---|---|---|
| 1. | 參考匯流排 (Slack Bus) | $\lvert V_1\rvert=1.0,\delta_1=0°$ | $P_1,Q_1$ | — |
| 2. | PV bus | $P_2^{Sch}=\dfrac{400}{100}-0=4pu.$ <br> $\lvert V_2\rvert=1.05$ | $Q_2,\delta_2$ | $\delta_2$ |
| 3. | 負載匯流排 (PQ Bus) | $P_3^{Sch}=0-\dfrac{500}{100}=-5pu.$ <br> $Q_3^{Sch}=0-\dfrac{400}{100}=-4pu.$ | $\lvert V_3\rvert,\delta_3$ | $\lvert V_3\rvert,\delta_3$ |

則由上表可知，獨立變數(即為「狀態變數」)為 $\delta_2$、$|V_3|,\delta_3$

(3) 疊代初始值之決定：$V_2^{(0)}=1.05+j0,V_3^{(0)}=1.05+j0,keep|V_2|=1.05pu.$

高斯-賽德法之疊代方程式可分為以下兩部分：

(i) bus3：為「PQ bus」，故疊代方程式為

$$V_3^{(i+1)}=\frac{1}{Y_{33}}(\frac{P_3^{Sch}-jQ_3^{Sch}}{V_3^{(i)*}}-Y_{31}V_1-Y_{32}V_2^{(i)})$$

$$\Rightarrow V_3^{(1)}=\frac{1}{-j40}(\frac{-5+j4}{1}-(j20)\times1-(j20)\times1.05)=0.925-j0.125$$

$$=0.9334\angle-7.696°pu.$$

(ii) bus2：為「PV bus」，故疊代方程式為

$V_2^{(i+1)}=\dfrac{1}{Y_{22}}(\dfrac{P_2^{Sch}-jQ_2^{(i+1)}}{V_2^{(i)*}}-Y_{21}V_1-Y_{23}V_3^{(i)})$，其中 $Q_2^{(i+1)}$ 之求法如下：

由式 6-15. $\Rightarrow Q_k^{(i+1)} = -I_m\left\{V_k^{(i)*}[\sum_{n=1}^{k-1} Y_{kn}V_n^{(i+1)} + \sum_{n=k}^{N} Y_{kn}V_n^{(i)}]\right\}$

$$\Rightarrow Q_2^{(1)} = -I_m\left\{V_2^{(0)*}[Y_{21}V_1 + Y_{22}V_2^{(0)} + Y_{23}V_3^{(0)}]\right\}$$

$$= -I_m\{1.05[j40 + (-j60)\times 1.05 + j20]\} = 3.15pu.$$

故 $V_2^{(1)} = \dfrac{1}{-j60}(\dfrac{4 - j3.15}{1.05 - j0} - (j40)\times 1 - (j20)\times 1) = 1.05 + j0.0635pu.$

上式因為 $\left|V_2^{(1)}\right| \neq 1.05$，故須做「電壓修正」，代入式 6-16.中：

$$\text{Re}\,al_{correction}^{(i+1)} = \sqrt{|V_k|^2 - \text{Im}^{(i+1)2}} = \sqrt{1.05^2 - 0.0635^2} = 1.0481$$

所以 $V_2^{(1)}{}_{correct} = 1.0481 + j0.0635 = 1.05\angle 3.467°\,pu.$

# 6-4 快速去耦電力潮流

## 焦點 5 Fast Decoupled Power Flow 定義 考試比重 ★★☆☆☆

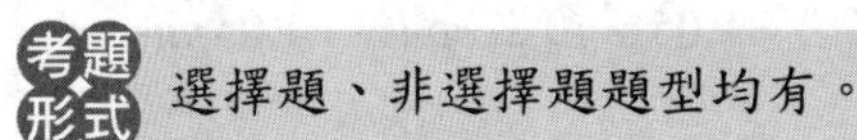

考題形式 選擇題、非選擇題題型均有。

1. 快速去耦電力潮流係「牛頓-拉福森疊代法」之改良版，對於「牛頓-拉福森法」在做每次疊代時都必須重新計算「雅可比矩陣」(Jacobian Matrix)，且雅可比矩陣多為「非對角線矩陣」如此計算十分繁複難解，快速去耦的方法即是將「雅可比矩陣」轉換為「對角線矩陣」(即非對角線元素均為 0)，此即為「去耦」(decoupled)，如此可以更加快速收斂求解，故稱之為「快速去耦解電力潮流法」。

2. 由先前所述 $\begin{pmatrix}\Delta P\\ \Delta Q\end{pmatrix} = \begin{pmatrix}\dfrac{\partial P}{\partial \delta} & \dfrac{\partial P}{\partial |V|}\\ \dfrac{\partial Q}{\partial \delta} & \dfrac{\partial Q}{\partial |V|}\end{pmatrix}\begin{pmatrix}\Delta \delta\\ \Delta |V|\end{pmatrix}$，則可分別乘出得

$\begin{cases} \Delta P = \dfrac{\partial P}{\partial \delta}\Delta\delta + \dfrac{\partial P}{\partial |V|}\Delta|V| \\ \Delta Q = \dfrac{\partial Q}{\partial \delta}\Delta\delta + \dfrac{\partial Q}{\partial |V|}\Delta|V| \end{cases}$；在一般的電力系統中，為降低線路傳輸損耗，故傳輸線之 R 值甚小，其比值「X/R」一般多超過 10 倍以上，所以傳輸的實功流 $\Delta P$ 主要受 $\Delta\delta$ 的影響，而與 $\Delta|V|$ 幾乎無關，同樣的傳輸的虛功流 $\Delta Q$ 主要受 $\Delta|V|$ 的影響，而與 $\Delta\delta$ 幾乎無關，所以上式可以簡化為 $\begin{cases} \Delta P = \dfrac{\partial P}{\partial \delta}\Delta\delta \\ \Delta Q = \dfrac{\partial Q}{\partial |V|}\Delta|V| \end{cases}$........(式 6-17.)

以矩陣方式表達即為 $\begin{pmatrix} \Delta P \\ \Delta Q \end{pmatrix} = \begin{pmatrix} \dfrac{\partial P}{\partial \delta} & 0 \\ 0 & \dfrac{\partial Q}{\partial |V|} \end{pmatrix} \begin{pmatrix} \Delta\delta \\ \Delta|V| \end{pmatrix}$，Jocobian matrix 中之非對角線元素簡化為 0，此即為「去耦」(decoupled)，而式 6-17.即稱之「去耦方程式」。

3. 為了達到快速去耦之目的，另外引入兩個重要的假設，一為各匯流排電壓都接近於 1pu.，即「$|V_i| \approx 1$」，以及各匯流排之相角都相差無幾，即「$\delta_i - \delta_j \approx 0°$」，原本 Jocobian matrix 對角線元素為偏微分形式矩陣，而經過此諸多物理假設之後，$\Delta P, \Delta Q$ 可以更加簡化為「常數矩陣」形式如下式 6-18.所示，

$$\begin{cases} \dfrac{\Delta P}{|V|} = -B'\Delta\delta .................(a) \\ \dfrac{\Delta Q}{|V|} = -B''\Delta|V| ................(\text{b}) \end{cases} ..............................................................(式 6\text{-}18.)$$

其中 $B'$ 為所求狀態變數為 $\delta_i, \delta_j ...$ 之從 $Y_{bus}$ 中第 i,j 列與第 i,j 行交集取元素的虛部所組成之矩陣，其中 $B''$ 為所求狀態變數為 $|V_k| ...$ 之從 $Y_{bus}$ 中第 k 列與第 k 行交集取元素的虛部所組成之矩陣，詳細作法詳如以下範例所述明。

4. 「快速去耦解電力潮流」中，若進一步假設匯流排電壓大小均為 1 pu.，則稱為「直流電力潮流」(DC power flow) 此時因為 $\Delta|V_i|=0$ ，故無需求解式 6-18.(b)，問題可以進一步簡化，詳見以下「高考三級」之例題。

5. 「快速去耦法」解電力潮流問題的步驟：

(1) 依題意列匯流排分類表。

(2) 求出 $Y_{bus}Matrix$ ：同前所說明。

(3) 依「牛頓-拉福森疊代法」列出實、虛功電力潮流方程式。

(4) 由 $\left\{\begin{aligned}\frac{\Delta P}{|V|}&=-B'\Delta\delta\\ \frac{\Delta Q}{|V|}&=-B''\Delta|V|\end{aligned}\right\}$ 所列，先求「常數矩陣」B'以及 B」，再代入起始值計算(3)之實功、虛功初始值。

(5) 代入求第一次疊代解，再依疊代容忍誤差要求，依序做第 n 次疊代。

牛刀小試 ……………………………………………………………………

1. **圖所示為三匯流排電力系統，其中線路導納以標么值表示，並以 100MVA 為基準，試利用「快速去耦電力潮流法」進行第一次疊代求解。**

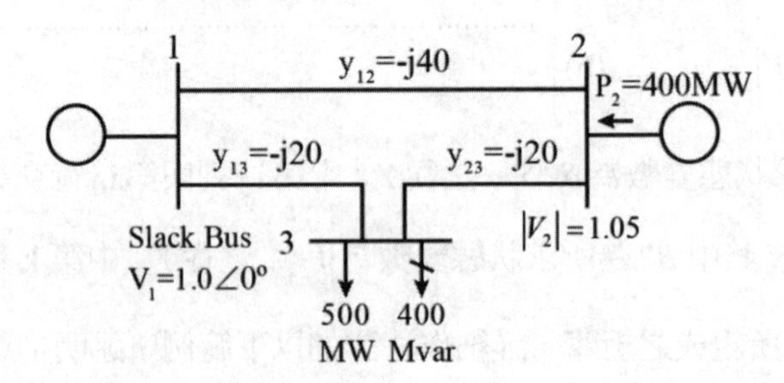


詳解 ……………………………………………………………………

(1) 依題意列匯流排分類表如下：

| Bus No. | Bus Type | Input | Unknown | State variable |
|---|---|---|---|---|
| 1. | 參考匯流排 (Slack Bus) | $\lvert V_1\rvert=1.0, \delta_1=0°$ | $P_1, Q_1$ | — |
| 2. | PV bus | $P_2^{Sch}=\dfrac{400}{100}-0=4pu.$ $\lvert V_2\rvert=1.05$ | $Q_2, \delta_2$ | $\delta_2$ |
| 3. | 負載匯流排 (PQ Bus) | $P_3^{Sch}=0-\dfrac{500}{100}=-5pu.$ $Q_3^{Sch}=0-\dfrac{400}{100}=-4pu.$ | $\lvert V_3\rvert, \delta_3$ | $\lvert V_3\rvert, \delta_3$ |

(2) 求出 $Y_{bus}Matrix$ ： $Y_{bus}=\begin{pmatrix} y_{11} & y_{12} & y_{13} \\ y_{21} & y_{22} & y_{23} \\ y_{31} & y_{32} & y_{33} \end{pmatrix}=j\begin{pmatrix} -60 & 40 & 20 \\ 40 & -60 & 20 \\ 20 & 20 & -40 \end{pmatrix}$

(3) 依「牛頓-拉福森疊代法」列出實、虛功電力潮流方程式：

本題狀變數為 $\delta_2, \delta_3, |V_3|$ ，故實功疊代方程式：

$$\begin{Bmatrix} P_2(x)=|V_2||Y_{21}||V_1|\cos(\delta_2-\delta_1-\theta_{21})+|V_2|^2|Y_{22}|\cos(-\theta_{22})+|V_2||Y_{23}||V_3|\cos(\delta_2-\delta_3-\theta_{23})=P_2^{Sch} \\ P_3(x)=|V_3||Y_{31}||V_1|\cos(\delta_3-\delta_1-\theta_{31})+|V_3||Y_{32}||V_2|\cos(\delta_3-\delta_2-\theta_{32})+|V_3|^2|Y_{33}|\cos(-\theta_{33})=P_3^{Sch} \end{Bmatrix}$$

$$\Rightarrow\begin{Bmatrix} P_2(x)=42\cos(\delta_2-90°)+66.15\cos(90°)+21|V_3|\cos(\delta_2-\delta_3-90°)=4 \\ P_3(x)=20|V_3|\cos(\delta_3-90°)+21|V_3|\cos(\delta_3-\delta_2-90°)+40|V_3|^2\cos(90°)=-5 \end{Bmatrix}$$

$$\Rightarrow\begin{Bmatrix} P_2=42\sin\delta_2+21|V_3|\sin(\delta_3-\delta_2)=4 \\ P_3=20|V_3|\sin\delta_3+21|V_3|\sin(\delta_2-\delta_3)=-5 \end{Bmatrix}$$

虛功疊代方程式：

$$Q_3(x)=|V_3||Y_{31}||V_1|\sin(\delta_3-\delta_1-\theta_{31})+|V_3||Y_{32}||V_2|\sin(\delta_3-\delta_2-\theta_{32})$$
$$+|V_3|^2|Y_{33}|\sin(-\theta_{33})=Q_3^{Sch}$$

$$\Rightarrow Q_3=20|V_3|\sin(\delta_3-90°)+21|V_3|\sin(\delta_3-\delta_2-90°)+40|V_3|^2\sin(90°)=-4$$

$$\Rightarrow Q_3=-20|V_3|\cos\delta_3-21|V_3|\cos(\delta_2-\delta_3)+40|V_3|^2=-4$$

(4) 由 $\begin{Bmatrix} \dfrac{\Delta P}{|V|}=-B'\Delta\delta \\ \dfrac{\Delta Q}{|V|}=-B''\Delta|V| \end{Bmatrix}$ 所列，先求「常數矩陣」 $B'\Rightarrow B'=\begin{pmatrix} -60 & 20 \\ 20 & -40 \end{pmatrix}$

以及 $B" \Rightarrow B" = -40$，起始值 $\delta_2^{(0)} = \delta_3^{(0)} = 0^0, |V_3|^{(0)} = 1$，

以及計算實功初始值

$$\Rightarrow \begin{Bmatrix} P_2^{(0)} = 42\sin\delta_2^{(0)} + 21|V_3|^{(0)}\sin(\delta_3^{(0)} - \delta_2^{(0)}) = 0 \\ P_3^{(0)} = 20|V_3|^{(0)}\sin\delta_3^{(0)} + 21|V_3|^{(0)}\sin(\delta_2^{(0)} - \delta_3^{(0)}) = 0 \end{Bmatrix}$$

$$\Rightarrow \begin{Bmatrix} \Delta P_2^{(0)} = P_2^{Sch} - P_2^{(0)} = 4 - 0 = 4 \\ \Delta P_3^{(0)} = P_3^{Sch} - P_3^{(0)} = -5 - 0 = -5 \end{Bmatrix},$$

計算虛功初始值

$$\Rightarrow Q_3^{(0)} = -20|V_3|^{(0)}\cos\delta_3^{(0)} - 21|V_3|^{(0)}\cos(\delta_2^{(0)} - \delta_3^{(0)}) + 40[|V_3|^2]^{(0)}$$

$$= -20 - 21 + 40 = -1$$

又 $\dfrac{\Delta P}{|V|} = -B'\Delta\delta \Rightarrow \begin{pmatrix} \dfrac{\Delta P_2^{(0)}}{|V_2|^{(0)}} \\ \dfrac{\Delta P_3^{(0)}}{|V_3|^{(0)}} \end{pmatrix} = -\begin{pmatrix} -60 & 20 \\ 20 & -40 \end{pmatrix}\begin{pmatrix} \Delta\delta_2^{(0)} \\ \Delta\delta_3^{(0)} \end{pmatrix}$

$$\Rightarrow \begin{pmatrix} \dfrac{4}{1.05} \\ \dfrac{-5}{1} \end{pmatrix} = -\begin{pmatrix} -60 & 20 \\ 20 & -40 \end{pmatrix}\begin{pmatrix} \Delta\delta_2^{(0)} \\ \Delta\delta_3^{(0)} \end{pmatrix}$$

$$\Rightarrow \begin{pmatrix} \Delta\delta_2^{(0)} \\ \Delta\delta_3^{(0)} \end{pmatrix} = -\frac{\begin{pmatrix} -40 & -20 \\ -20 & -60 \end{pmatrix}}{2000}\begin{pmatrix} 3.81 \\ -5 \end{pmatrix} = \begin{pmatrix} 0.02 & 0.01 \\ 0.01 & 0.03 \end{pmatrix}\begin{pmatrix} 3.81 \\ -5 \end{pmatrix} = \begin{pmatrix} 0.0262 \\ -0.1119 \end{pmatrix}$$

又 $\dfrac{\Delta Q}{|V|} = -B"\Delta|V| \Rightarrow \dfrac{\Delta Q_3^{(0)}}{|V_3|^{(0)}} = -(-40)\Delta|V_3|^{(0)} \Rightarrow \Delta|V_3|^{(0)} = \dfrac{-3}{40} = -0.075$

(5) 代入求第一次疊代解：

$$\begin{pmatrix} \delta_2^{(1)} \\ \delta_3^{(1)} \end{pmatrix} = \begin{pmatrix} \delta_2^{(0)} \\ \delta_3^{(0)} \end{pmatrix} + \begin{pmatrix} \Delta\delta_2^{(0)} \\ \Delta\delta_3^{(0)} \end{pmatrix} = \begin{pmatrix} 0 \\ 0 \end{pmatrix} + \begin{pmatrix} 0.0262 \\ -0.1119 \end{pmatrix} = \begin{pmatrix} 0.0262 \\ -0.1119 \end{pmatrix}(rad)$$

$$|V_3|^{(1)} = |V_3|^{(0)} + \Delta|V_3|^{(0)} = 1 + (-0.075) = 0.925\,pu.$$

2. **圖為一具有 3 個匯流排的簡化系統。請利用直流電力潮流（DC power flow），求得相位角 $\delta_2$ , $\delta_3$（以 radians 表示）及實功率潮流量 $P_{12}$, $P_{23}$, $P_{13}$, $P_1$（以 MW 表示）。假設所有匯流排上的電壓大小為 1.0 p.u.，且相位角 $\delta_1 = 0$。系統是以 100 MVA 為基準值。**（103 高考三級）

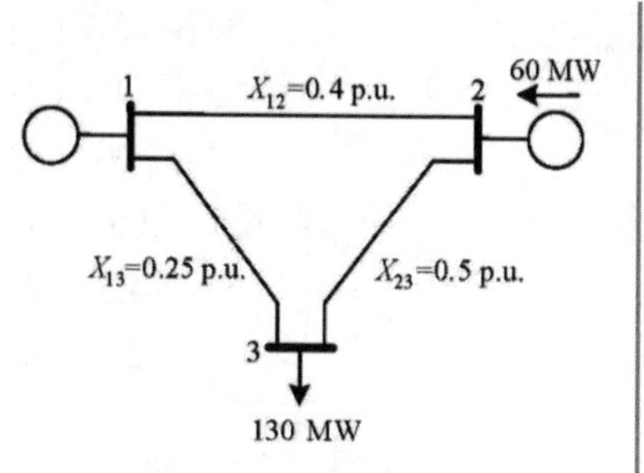


詳解

本題為 DC power flow，故 $|V_1| = |V_3| = |V_2| = 1.0pu.$，另假設

$\delta_2^{(0)} = \delta_3^{(0)} = 0(rad)$

(1) 依題意列匯流排分類表如下：

| Bus No. | Bus Type | Input | Unknown | State variable |
|---|---|---|---|---|
| 1. | 參考匯流排 (Slack Bus) | $\lvert V_1\rvert = 1.0, \delta_1 = 0°$ | $P_1, Q_1$ | – |
| 2. | PV bus | $P_2^{Sch} = \dfrac{60}{100} - 0 = 0.6pu.$ $\lvert V_2\rvert = 1$ | $Q_2, \delta_2$ | $\delta_2$ |
| 3. | 負載匯流排 (PQ Bus) | $P_3^{Sch} = 0 - \dfrac{130}{100} = -1.3pu.$ $Q_3^{Sch} = 0pu.; \lvert V_3\rvert = 1$ | $\delta_3$ | $\delta_3$ |

(2) 求出 $Y_{bus}$ *Matrix*：題目所給為「電抗值」，故先轉化為導納值：

$y_{12} = -\dfrac{1}{jX_{12}} = -\dfrac{1}{j0.4} = j2.5$，$y_{13} = -\dfrac{1}{jX_{13}} = -\dfrac{1}{j0.25} = j4$，

$y_{23} = -\dfrac{1}{jX_{23}} = -\dfrac{1}{j0.5} = j2$

$$\Rightarrow Y_{bus}=\begin{pmatrix} y_{11} & y_{12} & y_{13} \\ y_{21} & y_{22} & y_{23} \\ y_{31} & y_{32} & y_{33} \end{pmatrix}=\begin{pmatrix} -(y_{11}+y_{13}) & y_{12} & y_{13} \\ y_{21} & -(y_{12}+y_{23}) & y_{23} \\ y_{31} & y_{32} & -(y_{13}+y_{23}) \end{pmatrix}$$

$$=j\begin{pmatrix} -6.5 & 2.5 & 4 \\ 2.5 & -4.5 & 2 \\ 4 & 2 & -6 \end{pmatrix}$$

(3) 依「牛頓-拉福森疊代法」列出實功電力潮流方程式：

本題狀變數為$\delta_2,\delta_3$，故實功疊代方程式：

$$\begin{cases} P_2(x)=|V_2||Y_{21}||V_1|\cos(\delta_2-\delta_1-\theta_{21})+|V_2|^2|Y_{22}|\cos(-\theta_{22})+|V_2||Y_{23}||V_3|\cos(\delta_2-\delta_3-\theta_{23})=P_2^{Sch} \\ P_3(x)=|V_3||Y_{31}||V_1|\cos(\delta_3-\delta_1-\theta_{31})+|V_3||Y_{32}||V_2|\cos(\delta_3-\delta_2-\theta_{32})+|V_3|^2|Y_{33}|\cos(-\theta_{33})=P_3^{Sch} \end{cases}$$

$$\Rightarrow\begin{cases} P_2(x)=2.5\cos(\delta_2-90°)+4.5\cos 90°+2\cos(\delta_2-\delta_3-90°)=0.6 \\ P_3(x)=4\cos(\delta_3-90°)+2\cos(\delta_3-\delta_2-90°)+6\cos 90°=-1.3 \end{cases}$$

$$\Rightarrow\begin{cases} P_2(x)=2.5\sin\delta_2+2\sin(\delta_3-\delta_2)=0.6 \\ P_3(x)=4\sin\delta_3+2\sin(\delta_2-\delta_3)=-1.3 \end{cases}$$

註

$$\begin{cases} P_2(x)=P_{12}+P_{22}+P_{23}=P_{12}+P_{13} \\ P_3(x)=P_{13}+P_{23}+P_{33}=P_{13}+P_{23} \end{cases}$$

(4) 由$\dfrac{\Delta P}{|V|}=-B'\Delta\delta$所列，先求「常數矩陣」B' $B'\Rightarrow B'=\begin{pmatrix} -4.5 & 2 \\ 2 & -6 \end{pmatrix}$，

起始值$\delta_2^{(0)}=\delta_3^{(0)}=0°$，計算實功初始值$\Rightarrow\begin{cases} P_2^{(0)}=0 \\ P_3^{(0)}=0 \end{cases}$，

以及計算「實功誤差」：$\Rightarrow\begin{cases} \Delta P_2^{(0)}=P_2^{Sch}-P_2^{(0)}=0.6-0=0.6 \\ \Delta P_3^{(0)}=P_3^{Sch}-P_3^{(0)}=-1.3-0=-1.3 \end{cases}$

又$\dfrac{\Delta P}{|V|}=-B'\Delta\delta\Rightarrow\begin{pmatrix} \dfrac{\Delta P_2^{(0)}}{|V_2|} \\ \dfrac{\Delta P_3^{(0)}}{|V_3|} \end{pmatrix}=-\begin{pmatrix} -4.5 & 2 \\ 2 & -6 \end{pmatrix}\begin{pmatrix} \Delta\delta_2^{(0)} \\ \Delta\delta_3^{(0)} \end{pmatrix}$

$$\Rightarrow\begin{pmatrix} 0.6 \\ -1.3 \end{pmatrix}=-\begin{pmatrix} -4.5 & 2 \\ 2 & -6 \end{pmatrix}\begin{pmatrix} \Delta\delta_2^{(0)} \\ \Delta\delta_3^{(0)} \end{pmatrix}\Rightarrow\begin{pmatrix} \Delta\delta_2^{(0)} \\ \Delta\delta_3^{(0)} \end{pmatrix}=-\frac{\begin{pmatrix} -6 & -2 \\ -2 & -4.5 \end{pmatrix}}{23}\begin{pmatrix} 0.6 \\ -1.3 \end{pmatrix}$$

$$\Rightarrow\begin{pmatrix}\Delta\delta_2^{(0)}\\ \Delta\delta_3^{(0)}\end{pmatrix}=-\frac{\begin{pmatrix}-6 & -2\\ -2 & -4.5\end{pmatrix}}{23}\begin{pmatrix}0.6\\ -1.3\end{pmatrix}=\begin{pmatrix}\frac{1}{23}\\ \frac{-4.65}{23}\end{pmatrix}=\begin{pmatrix}0.0435\\ -0.2022\end{pmatrix}(rad)$$

(5) 代入求第一次疊代解：

$$\begin{pmatrix}\delta_2^{(1)}\\ \delta_3^{(1)}\end{pmatrix}=\begin{pmatrix}\delta_2^{(0)}\\ \delta_3^{(0)}\end{pmatrix}+\begin{pmatrix}\Delta\delta_2^{(0)}\\ \Delta\delta_3^{(0)}\end{pmatrix}=\begin{pmatrix}0\\ 0\end{pmatrix}+\begin{pmatrix}0.0435\\ -0.2022\end{pmatrix}=\begin{pmatrix}0.0435\\ -0.2022\end{pmatrix}(rad)$$

欲求 $P_1^{(1)}$，先求匯流排 1 的一次疊代電流：

$$I_1^{(1)}=\sum_{n=1}^{3}Y_{kn}V_n=Y_{11}V_1^{(1)}+Y_{12}V_2^{(1)}+Y_{13}V_3^{(1)}$$

$$=-j6.5\times1\angle0+(j2.5)\times1\angle0.0435+(j4)\times1\angle-0.2022$$

$$=-j6.5+(-0.1087+j2.4976)+(0.8033+j3.9185)$$

$$=0.6946-j0.0839=0.7\angle-0.1202$$，則

$$S_1^{(1)}=V_1^{(1)}I_1^{(1)*}=P_1^{(1)}+jQ_1^{(1)}=0.6946+j0.0839$$

$$\Rightarrow P_1^{(1)}=0.6946pu.\Rightarrow P_1^{(1)}=69.46MW$$

欲求 $P_{13}^{(1)}$，則由匯流排 3 的一次疊代實功流

$$\Rightarrow P_3(x)=|V_3||Y_{31}||V_1|\cos(\delta_3-\delta_1-\theta_{31})+|V_3||Y_{32}||V_2|\cos(\delta_3-\delta_2-\theta_{32})$$
$$+|V_3|^2|Y_{33}|\cos(-\theta_{33})$$ 中

$$P_{13}^{(1)}=-|V_3||Y_{31}||V_1|\cos(\delta_3^{(1)}-\delta_1^{(1)}-\theta_{31})=-4\cos(-0.2022-\frac{\pi}{2})=0.8\text{pu.}$$

$$\Rightarrow P_{13}^{(1)}=80MW$$

欲求 $P_{12}^{(1)},P_{23}^{(1)}$，則由匯流排 2 的一次疊代實功流，由

$$P_2(x)=|V_2||Y_{21}||V_1|\cos(\delta_2-\delta_1-\theta_{21})+|V_2|^2|Y_{22}|\cos(-\theta_{22})$$
$$+|V_2||Y_{23}||V_3|\cos(\delta_2-\delta_3-\theta_{23})$$ 中，可以得到

$$P_{12}^{(1)}=-|V_2||Y_{21}||V_1|\cos(\delta_2^{(1)}-\delta_1^{(1)}-\theta_{21})=-2.5\cos(0.0435-\frac{\pi}{2})$$

$$=-0.1087pu.\Rightarrow P_{12}^{(1)}=-10.87MW$$

$$P_{23}^{(1)}=|V_2||Y_{23}||V_3|\cos(\delta_2^{(1)}-\delta_3^{(1)}-\theta_{23})=2\cos(0.0435+0.2022-\frac{\pi}{2})$$

$$=0.4865pu.\Rightarrow P_{23}^{(1)}=48.65MW$$

3. **作電力潮流分析時常用去耦合電力潮流法(decoupled power flow method)，此法是基於傳輸線電力潮流的那些物理現象來架構？**（101 高考三級）

**詳解**

快速去耦法解電力潮流係基於以下之物理假設：

(1) 在一般的電力系統中，為降低線路傳輸損耗，故傳輸線之電阻 R 值甚小，其電抗阻比值「X/R」一般多超過 10 倍以上，所以傳輸的實功流 $\Delta P$ 主要受 $\Delta\delta$ 的影響，而與 $\Delta|V|$ 幾乎無關，同樣的傳輸的虛功流 $\Delta Q$ 主要受 $\Delta|V|$ 的影響，而與 $\Delta\delta$ 幾乎無關，所以可以簡化為下式

$$\left\{\begin{array}{l}\Delta P=\dfrac{\partial P}{\partial\delta}\Delta\delta\\ \Delta Q=\dfrac{\partial Q}{\partial|V|}\Delta|V|\end{array}\right\}。$$

(2) 為了達到快速去耦(fast decoupled)之目的，另外引入兩個重要的假設，一為各匯流排電壓都接近於 1pu.，即「$|V_i|\approx 1$」，以及各匯流排之相角都相差無幾，即「$\delta_i-\delta_j\approx 0°$」，則原本 Jocobian matrix 對角線元素為偏微分形式矩陣，而經過此物理假設之後，$\Delta P,\Delta Q$ 可以更加簡化為「常數矩陣」形式如下式所示，$\left\{\begin{array}{l}\dfrac{\Delta P}{|V|}=-B'\Delta\delta\\ \dfrac{\Delta Q}{|V|}=-B''\Delta|V|\end{array}\right\}$，其中 $B'$ 為所求狀態變數為 $\delta_i,\delta_j...$ 之從 $Y_{bus}$ 中第 i,j 列與第 i,j 行交集取元素的虛部所組成之矩陣，其中 $B''$ 為所求狀態變數為 $|V_k|...$ 之從 $Y_{bus}$ 中第 k 列與第 k 行交集取元素的虛部所組成之矩陣。

# 6-5 雙匯流排系統之功率傳輸

## 焦點 6 雙匯流排系統之實功、虛功的傳輸公式需熟記

考試比重 ★★★☆☆

考題形式：此節為高、普考常考重點，各類公職考試中選擇題、非選擇題題型均有。

1. 下圖 5-3，其中(a)所示為平衡三相雙匯流排系統之單線圖，其對應之三相電路如圖(b)所示，因為系統是平衡三相，故可以單相分析，並以其中一相簡化如圖(c)所示；此外，考慮連接匯流排 1 及 2 為「短程輸電線」，故僅以串聯阻抗 $R+j\omega L$ 等效，並忽略並聯導納。

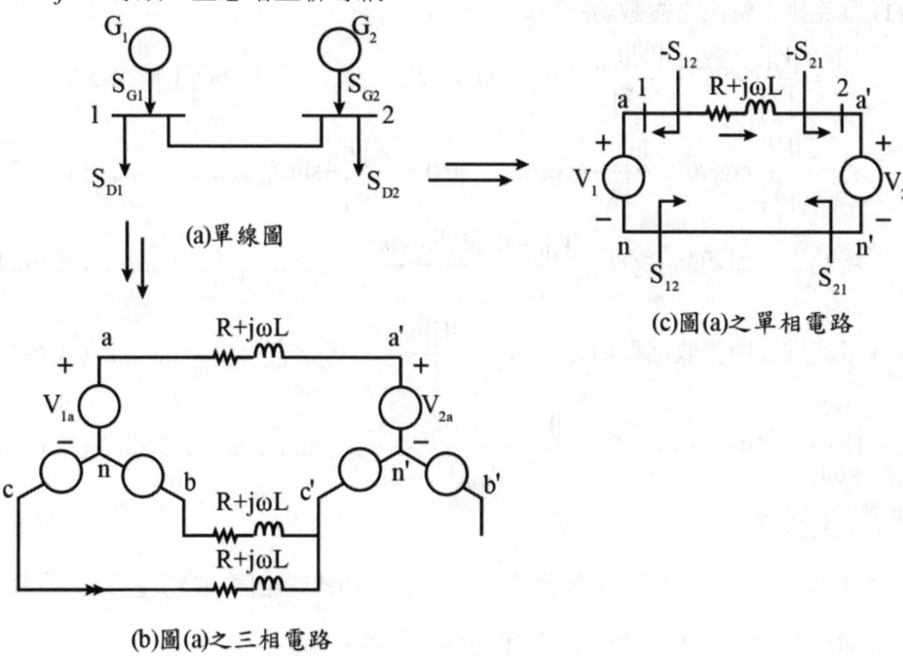


圖 5-3

2. 圖 5-3.(c)中，令 $V_1 = |V_1|\angle\delta_1, V_2 = |V_2|\angle\delta_2, Z = |Z|\angle\theta_Z, \delta_{12} = \delta_1 - \delta_2$，則線路電流為 $I = \dfrac{V_1 - V_2}{Z}$，由 BUS 1 傳送到 BUS 2 的複數功率為

$$S_{12} = V_1 I^* = V_1(\frac{V_1 - V_2}{Z})^* = \frac{|V_1|^2}{|Z|}\angle\theta_Z - \frac{|V_1||V_2|}{|Z|}\angle(\delta_{12} + \theta_Z) \text{ ......(式 6-19.)}$$

同理由 BUS 2 傳送到 BUS 1 的複數功率為

$S_{21} = V_2(-I)^* = \dfrac{|V_2|^2}{|Z|}\angle\theta_Z - \dfrac{|V_2||V_1|}{|Z|}\angle(\delta_{21} + \theta_Z) = \dfrac{|V_2|^2}{|Z|}\angle\theta_Z - \dfrac{|V_2||V_1|}{|Z|}\angle(\theta_Z - \delta_{12})$，則

由 BUS 2 接收到的複數功率為 $-S_{21} = \dfrac{|V_2||V_1|}{|Z|}\angle(\theta_Z - \delta_{12}) - \dfrac{|V_2|^2}{|Z|}\angle\theta_Z$ ......(式 6-20.)

3. 對多數線路而言，因為 $R << L$，故令 $R = 0, Z = jX = j\omega L$，則

(1) 匯流排 1 輸出之複數功率可以簡化為

$S_{12} = \dfrac{|V_1|^2}{|X|}\angle 90° - \dfrac{|V_1||V_2|}{|X|}\angle(\delta_{12} + 90°) = P_{12} + jQ_{12}$，所以 bus 1 輸出之實功為：

$$P_{12} = \frac{|V_1|^2}{|X|}\cos 90° - \frac{|V_1||V_2|}{|X|}\cos(\delta_{12} + 90°) = \frac{|V_1||V_2|}{|X|}\sin\delta_{12} \text{ ......(式 6-21.)}$$

所輸出之虛功為：$Q_{12} = \dfrac{|V_1|^2 - |V_1||V_2|\cos\delta_{12}}{|X|}$ ......(式 6-22.)

(2) 匯流排 2 所接收之實功為：$-P_{21} = \dfrac{|V_1||V_2|}{|X|}\sin\delta_{12} = P_{12}$ ......(式 6-23.)

所接收之虛功為：$-Q_{21} = \dfrac{|V_1||V_2|\cos\delta_{12} - |V_2|^2}{|X|}$ ......(式 6-24.)

**老師的話**

由式 6-21.與式 6-23.可知，雙匯流排系統之實功傳輸相同，其物理意義為「因為線路阻抗只有「電抗值」，故不會造成實功的損失」。

4. 正常運轉下，高壓線路之電壓$|V_1| \approx |V_2|$，而$\delta_{12}$甚小(約小於$10°$)；此時，實、虛功控制可以分開處理，實功與$\delta_{12}$密切相關，虛功則與$(|V_1|-|V_2|)$密切相關，並可以證明如下：$P_{12} = \dfrac{|V_1||V_2|}{|X|}\sin\delta_{12} \approx \dfrac{|V_1||V_2|}{|X|}\delta_{12} = (常數)\times\delta_{12}$

$$Q_{12} = \frac{|V_1|^2 - |V_1||V_2|\cos\delta_{12}}{|X|} \approx \frac{|V_1|^2 - |V_1||V_2|}{|X|} = \frac{|V_1|(|V_1|-|V_2|)}{|X|} = (常數)\times(|V_1|-|V_2|)$$

牛刀小試

1. **某三相平衡輸電線的阻抗為$j0.5pu$，送電端電壓大小為$1.0pu$，角度為$0°$，而受電端之負載僅為有效功率，其大小為$1.0pu$，試求：**

**(1)受電端電壓大小之標么值？**

**(2)受電端之電壓角度為？**

**(3)如希望維持受電端電壓大小於$1.0pu$，則受電端補償之無效功率為？**

**(4)承(3)，此時受電端之電壓角度為？**

詳解

為補償前之雙匯流排簡圖如下：

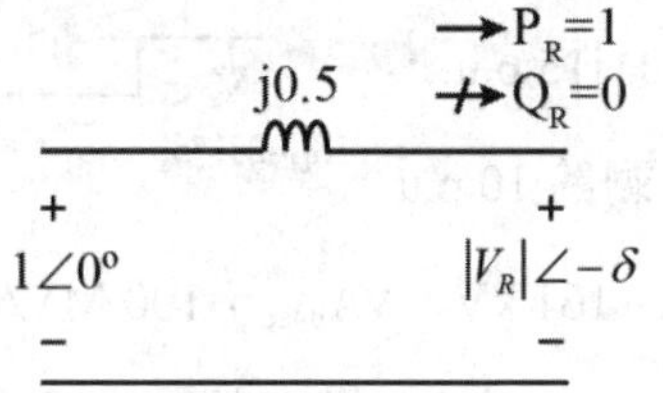

$\rightarrow P_R=1$

j0.5　$\rightarrow Q_R=0$

$+$　$+$

$1\angle 0°$　$|V_R|\angle -\delta$

$-$　$-$

則匯流排送電端傳送之實功流為：$P_S = P_R = \dfrac{|V_1||V_2|}{|X|}\sin\delta_{12} = \dfrac{1\times|V_R|}{0.5}\sin\delta$，

匯流排送電端傳送之虛功流為：$Q_S = \dfrac{|V_1|^2 - |V_1||V_2|\cos\delta_{12}}{|X|} = \dfrac{1-|V_2|\cos\delta}{0.5}$

(1)(2)由 $\begin{cases} P_S = \dfrac{1\times|V_R|}{0.5}\sin\delta = 1 \\ Q_S = \dfrac{1-|V_2|\cos\delta}{0.5} = 0 \end{cases}$ 解聯立，得受電端電壓大小及角度為

$$\begin{cases} |V_R| = 0.707 \\ \delta = 45° \end{cases}$$

(3)(4)受電端並聯電容器做補償如圖所示，並希望受電端電壓大小=1.0$pu$，受電端負載只有實功 $P_R = 1$ 而虛功 $Q_R = 0$，則由並聯電容器之上節點功率流的 KCL，故知 $P_R = 1, Q_R = -Q_C$，由式 6-23.得受電端之電壓角度為

$P_R = \dfrac{1}{0.5}\sin[0-(-\delta)] = 1 \Rightarrow \delta = 30°$，以及受電端補償之無效功率為

$$-Q_C = \frac{1\times1\times\cos30° - 1^2}{0.5} \Rightarrow Q_C = 0.268\,pu.$$

$\rightarrow P_R=1$
j0.5　$\nrightarrow Q_R=-Q_C$
$+$　$1\angle0°$　$-$　$Q_C$　$+$　$|V_R|\angle-\delta=1\angle-\delta$　$-$

2. **有一電力系統如圖之線路電抗為 0.05 p.u.，負載需量分別為 $S_{L1}$=20+j5 p.u.、$S_{L2}$=10+j15 p.u.，其中 G1 產生 10 p.u.，剩餘 10 p.u. 由輸電線路代送($V_{base}$：161 kV、$VA_{base}$：100 MVA)，請依下列問題作答：**

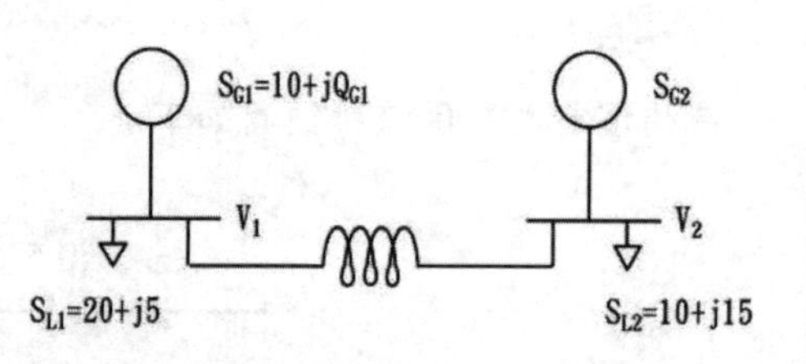


(1)**當 $|V_1| = |V_2|$ =1 p.u.時之線路無效功率總損失**(p.u.)。**(計算至小數點後第 2 位，以下四捨五入)**

(2)**在 $|V_1|$ =1.05 p.u.、$|V_2|$ =1 p.u.時，$S_{G1}$、$S_{G2}$ 各別提供之 $Q_{G1}$、$Q_{G2}$ 容量**(MVAR)**為何？**（104 經濟部）

**詳解**

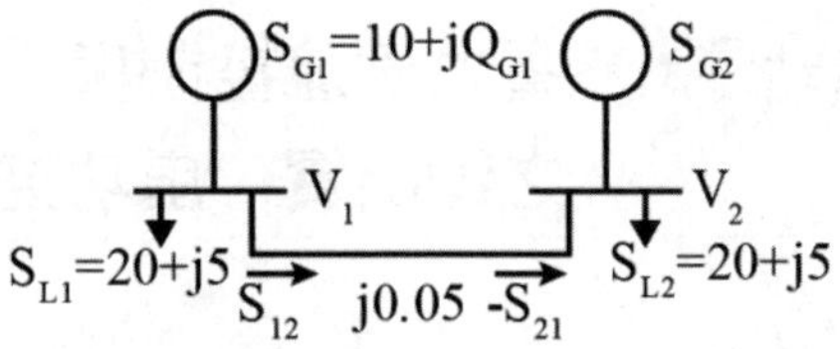

如圖，此時由 bus1 傳送到 bus2 的複數功率為 $S_{12}$，則

$S_{12}=S_{G1}-S_{L1}=-10+j(Q_{G1}-5)$

$=P_{12}+jQ_{12}$；bus2 接收到 bus1 的複數功率為 $S_{21}$，則 $-S_{21}=S_{L2}-S_{G2}=10+j15-S_{G2}=-P_{21}+j(-Q_{21})$

(1) 由 BUS1 ⇒ BUS2 之實功：

$$P_{12}=-10=\frac{|V_1||V_2|\sin\delta_{12}}{X}=\frac{1\times1\times\sin\delta_{12}}{0.05}\Rightarrow\sin\delta_{12}=-0.5\Rightarrow\delta_{12}=-30^\circ \text{，}$$

則由 BUS1 ⇒ BUS2 之虛功：

$$Q_{12}=\frac{|V_1|^2-|V_1||V_2|\cos\delta_{12}}{|X|}=\frac{1-1(\frac{\sqrt{3}}{2})}{0.05}=2.68\text{pu.}$$

而 bus2 所接收到的虛功為：

$$-Q_{21}=-\frac{|V_2|^2-|V_1||V_2|\cos\delta_{12}}{|X|}=-\frac{1-1(\frac{\sqrt{3}}{2})}{0.05}=-2.68\text{pu.}$$

故線路「無效功率 Q」之損失為：$-Q_{21}-Q_{12}=-2.68\text{-}2.68=-5.36\text{pu.}$

(2) $$P_{12}=\frac{|V_1||V_2|\sin\delta_{12}}{X}=\frac{1.05\times1\times\sin(-30^\circ)}{0.05}=-10.5$$

$$Q_{12}=\frac{|V_1|^2-|V_1||V_2|\cos\delta_{12}}{|X|}=\frac{1.05^2-1.05(\frac{\sqrt{3}}{2})}{0.05}=3.86 \text{，}$$

而 $(Q_{G1}-5)=Q_{12}\Rightarrow Q_{G1}=8.86pu.=886MVar$

$$-Q_{21}=-\frac{|V_2|^2-|V_1||V_2|\cos\delta_{12}}{|X|}=-\frac{1-1.05(\frac{\sqrt{3}}{2})}{0.05}=1.813\text{pu.}$$

而 $-Q_{21}+Q_{G2}=15\Rightarrow Q_{G2}=16.813\text{pu.}=1681.3\text{MVar}$

# 6-6 電力潮流控制與發電機的實、虛功控制

## 焦點 7 電力潮流控制與「發電機」之輸出實、虛功控制

考試比重 ★★★☆☆

各類公職考試中選擇題之基本觀念。

1. 電力潮流包含「實功潮流」與「虛功潮流」，其各別的控制方法如下：
   (1) 實功控制：可以利用調整「變壓器電壓相位」來達成；或對「發電機」而言，可以藉由調整「原動機」(一般為「氣渦輪機」、「水輪機」....)的輸出功率來達到調整發電機實功輸出的目的。
   (2) 虛功控制：可以分為以下幾點來達成
      A. 利用發電機的激磁量來控制。
      B. 利用併聯電抗器、串聯電容器或是靜態乏系統之切換。
      C. 利用調整變壓器調整電壓大小。
      D. 利用分接頭切換變壓器。
2. 一般電廠之實、虛功控制，也是依據上述之理論重點來達成，因為「實功潮流」與電壓相角、轉速頻率息息相關(口訣：$P-\delta-f$)，而「虛功潮流」與電壓大小、負載功因角息息相關(口訣：$Q-|V|-\theta$)。
3. 平衡穩態運轉下的「同步發電機」(此時專指「圓極機」(而非「凸極機」)模型，可以戴維寧等效表示如圖 5-4，其中 $E_g$ 為「激磁內電壓」，$V_t$ 為「發電機端電壓」，$X_g$ 為「正序同步電抗」，$\delta$ 為「功率角」，$P$ 為「發電機輸出實功」，$Q$ 為「發電機輸出虛功」。

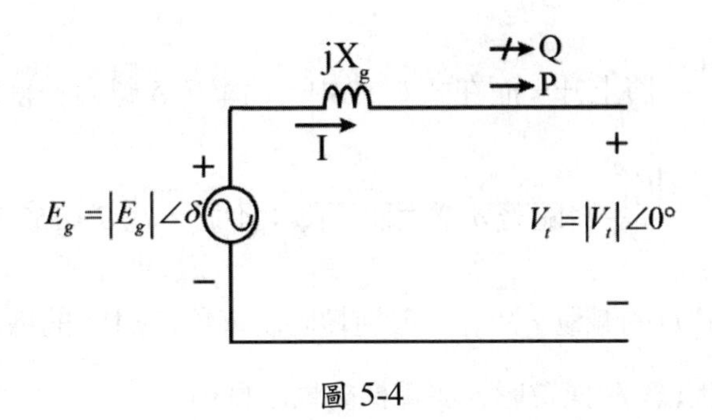


圖 5-4

圖中所示之發電機電流為 $I = \dfrac{|E_g|\angle\delta - |V_t|\angle 0°}{jX_g}$，則發電機輸出之「複數功率」為

$$S = P + jQ = V_t I^* = |V_t|(\frac{|E_g|\angle(-\delta) - |V_t|}{-jX_g}) = \frac{j|V_t||E_g|\angle(-\delta) - j|V_t|^2}{X_g}$$

$$= \frac{|V_t||E_g|\sin\delta + j(|V_t||E_g|\cos\delta - |V_t|^2)}{X_g}$$

故發電機輸出之實功為 $P = \dfrac{|V_t||E_g|\sin\delta}{X_g}$ ..........................................................(式 6-25.)

虛功為 $Q = \dfrac{|V_t||E_g|\cos\delta - |V_t|^2}{X_g}$ ..........................................................................(式 6-26.)

**老師的話**

雙匯流排系統中，接收端匯流排之實功為：$-P_{21} = \dfrac{|V_1||V_2|}{|X|}\sin\delta_{12} = P_{12}$ 即式 6-23.所示，與發電機輸出之實功 $P = \dfrac{|V_t||E_g|\sin\delta}{X_g}$，即式 6-25.其理論上是相同的，同理可以引申到虛功流亦同。

4. 發電機的輸出實功控制：在其他條件不變的情形下，增加原動機輸出功率，將促使轉子加速，功率角 $\delta$ 因而增大，由式 6-25.公式可以推知，發電機輸出之實

功 $P=\frac{|V_t||E_g|\sin\delta}{X_g}$ 將上升，而在式 6-26.中，功率角 $\delta$ 越大，發電機輸出之虛功 $Q=\frac{|V_t||E_g|\cos\delta-|V_t|^2}{X_g}$ 將隨著 $\delta$ 增大而下降；不過，在 $\delta<15°$ 時，$P$ 增加所造成的增量遠大於 $Q$ 的減量，故在一般運轉時功率角 $\delta<15°$ 的情況下，增加原動機的轉速 $\omega$(或頻率 $f$)僅會影響發電機的輸出實功。

5. 發電機的輸出虛功控制：在原動機輸入時供以及端電壓不變的前提下，激磁增加將促使內電壓大小 $|E_g|$ 上升，進而提高發電機的輸出虛功。

老師的話

發電機的實功、虛功控制是分開控制的。

牛刀小試

1. **某圓極發電機之端電壓 $V_t=1\angle 0°$，同步電抗 $X_g=0.5pu.$，$|I_a|=0.8pu.$，功因為 0.8 落後，求此發電機供給負載之 $P,Q$？若因激磁增加而上升 5%，惟機械功率輸入不變下，求此時發電機輸出之虛功？(假設 $|V_t|$ 為定值)**

詳解

先求發電機電樞電流為：$I_a=0.8\angle-\cos^{-1}0.8=0.8\angle-36.9°pu.$，則發電機的內電動勢為 $E_g=V_t+jX_gI_a=1\angle 0°+j0.5\times 0.8\angle-36.9°=1.28\angle 14.5°pu.$，

發電機供給負載之實功：$P=\frac{|V_t||E_g|\sin\delta}{X_g}=\frac{1\times 1.28\sin 14.5°}{0.5}=0.64pu.$，

發電機供給負載之虛功：

$$Q=\frac{|V_t||E_g|\cos\delta-|V_t|^2}{X_g}=\frac{1\times 1.28\times\cos 14.5°-1^2}{0.5}=0.48pu.$$

當激磁增加 5%，則新的內電動勢大小為 $|E_g'| = 1.28 \times 1.05 = 1.344\,pu.$，

因機械功率輸入不便，故

$|E_g'|\sin\delta' = |E_g|\sin\delta \Rightarrow 1.344\sin\delta' = 1.28\sin 14.5° \Rightarrow \delta' = 13.8°$，

所以此時發電機對應之輸出虛功為：

$$Q' = \frac{|V_t||E_g'|\cos\delta' - |V_t|^2}{X_g} = \frac{1 \times 1.344 \times \cos 13.8° - 1^2}{0.5} = 0.61\,pu.$$

由本範例可知，當發電機激磁增加，其輸出的虛功亦隨之增加。

2. **若某同步發電機之無載發生電壓** $E_g = 1.2\angle 30°$ pu，**發電機電抗為** 0.5 pu，**端電壓** $V = 1\angle 0°$ pu，**則發電機輸出之實功率為何？**（102 桃園機場）

詳解

由發電機輸出之實功率公式：$P = \dfrac{|V_t||E_g|\sin\delta}{X_g}$，此時 $\delta = 30° - 0° = 30°$

$$P = \frac{|V_t||E_g|\sin\delta}{X_g} = \frac{1 \times 1.2 \times \sin 30°}{0.5} = 1.2\,pu.$$

# 第 7 章 對稱故障分析

## 7-1 串聯 RL 線路的暫態與穩態解

### 焦點 1 串聯 RL 線路的暫態與穩態解 考試比重 ★★★☆☆

見於各類考試尤其高考專技與高普考。

1. 如下圖 7-1 所示為模擬一部無載同步發電機於端點發生三相短路狀況，其中開關打開即為未發生故障(故障前)之無載狀況，此時 $i(t)=0$，開關閉合代表發生「三相短路故障」，因在此三相故障狀況下，系統仍為平衡三相，所以仍可做「單相分析」；若故障阻抗( $Z_f$ )為 0，如(a)圖所示，則稱為「純故障」(solid fault)或「直接故障」(bolted fault)，若考慮故障阻抗，則以 $Z_f$ 取代短路開關，如圖(b)所示。

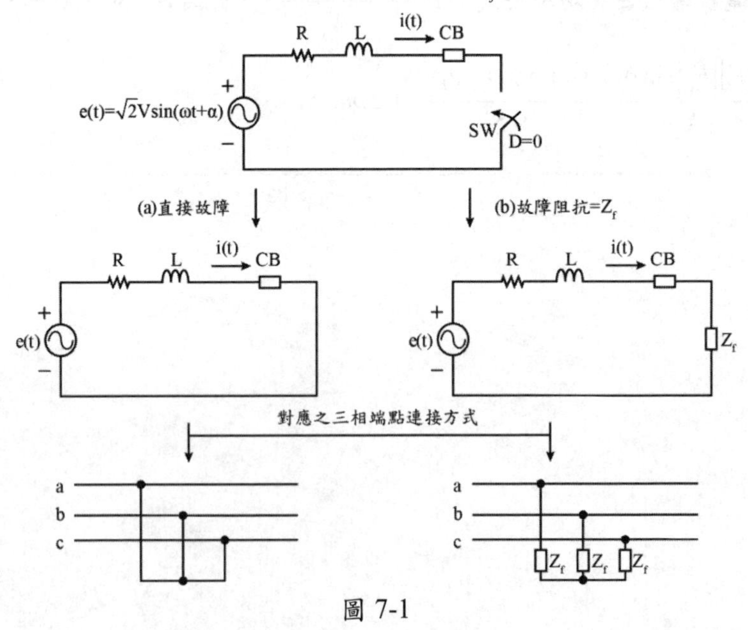


圖 7-1

2. 發生故障之串聯 R,L 電路中，此 L 為常數，則上述單相電路圖可以列出 KVL 方程式如下：$L\frac{di(t)}{dt}+Ri(t)=e(t)=\sqrt{2}V_{rms}\sin(\omega t+\alpha)$ ;$t\geq 0$ ，其解為 $i(t)=i_{ac}(t)+i_{dc}(t)$ ，其中 $i_{ac}(t)$ 稱為「對稱(或穩態/交流)故障電流」(symmetrical (steady-state/AC)fault current)；$i_{dc}(t)$ 稱為「直流(或偏移)電流」(DC (offset) current)；其總和 $i(t)$ 即稱為「非對稱故障電流」(assymmetrical fault current)。

(1) 首先先解「穩態解」，穩態即指弦波穩態，可以得到 $I_{ac}=\frac{V_{rms}\angle\alpha}{R+j\omega L}$, *let* $|Z|=|R+j\omega L|=\sqrt{R^2+\omega^2L^2};\theta=\tan^{-1}\frac{\omega L}{R}$,則 $I_{ac}=\frac{V_{rms}}{|Z|}\angle(\alpha-\theta)$ ，故穩態時域解為 $i_{ac}(t)=\sqrt{2}\frac{V_{rms}}{|Z|}\sin(\omega t+\alpha-\theta)$，其中 $\theta$ 為「功因角」(又稱為「阻抗角」)；而暫態解即為直流偏移電流 $i_{dc}(t)=Ae^{-\frac{R}{L}t}$ $(A=常數unknown)$，得非對稱故障電流解 $i(t)=i_{ac}(t)+i_{dc}(t)=\sqrt{2}\frac{V_{rms}}{|Z|}\sin(\omega t+\alpha-\theta)+Ae^{-\frac{R}{L}t}$ ，再利用電感電流連續之條件：$i(0^-)=0=i(0^+)\Rightarrow$

$i(0)=\sqrt{2}\frac{V_{rms}}{|Z|}\sin(\alpha-\theta)+A=0\Rightarrow A=-\sqrt{2}\frac{V_{rms}}{|Z|}\sin(\alpha-\theta)$ ，令 $T=\frac{L}{R}$ ，得串聯 RL 故障總電流解為

$$i(t)=i_{ac}(t)+i_{dc}(t)=\sqrt{2}\frac{V_{rms}}{|Z|}[\sin(\omega t+\alpha-\theta)-\sin(\alpha-\theta)e^{-\frac{t}{T}}] \text{....................(式 7-1)}$$

(2) 定義 $I_{ac}=\frac{V_{rms}}{|Z|}$ 為「對稱/穩態/交流故障電流」之均方根值，上式可以拆解為：

$\begin{Bmatrix} i_{ac}(t)=\sqrt{2}I_{ac}\sin(\omega t+\alpha-\theta) \\ i_{dc}(t)=-\sqrt{2}I_{ac}\sin(\alpha-\theta)e^{-\frac{t}{T}} \end{Bmatrix}$ ，其中暫態電流(即直流補償電流)發生最大值

在$t=0, \sin(\alpha-\theta)=-1$時，故在$\alpha-\theta=-\frac{\pi}{2} \Rightarrow \alpha=\theta-\frac{\pi}{2}$時以及在故障發生瞬間，直流補償電流最大$\Rightarrow i_{dc\max}(t)=\sqrt{2}I_{ac}$，而後漸漸成指數衰減，當$\alpha-\theta=0 \Rightarrow \alpha=\theta$時，$i_{dc}(t)=0$。

(3) 若忽略樞電阻($R \to 0 \Rightarrow \theta=\frac{\pi}{2}$)，若在$\alpha=\theta-\frac{\pi}{2}=0$，即當輸入電壓角為零時發生三相短路，此時直流補償電流最大，而當$\alpha=\theta=\frac{\pi}{2}$，即若當輸入電壓在峰值時發生三相短路，此時直流補償電流為 0。

3. 在忽略「電枢電阻」的情況下，【定義】：非對稱因數 K 如下

$$K=\frac{\text{非對稱故障電流之有效值}}{\text{對稱故障電流之有效值}}=\frac{\sqrt{2\mathrm{I}_{ac}^2 e^{-\frac{2t}{T}}+\mathrm{I}_{ac}^2}}{\mathrm{I}_{ac}},$$

則$K=\frac{\mathrm{I}_{ac}\sqrt{1+2e^{-\frac{2t}{T}}}}{\mathrm{I}_{ac}}=\sqrt{1+2e^{-\frac{2t}{T}}}$ ..........(式 7-2)

(1) 上式中，當$t=0$時，可得非對稱因數之最大值$\Rightarrow K_{\max}=\sqrt{1+2e^{\circ}}=\sqrt{3}$，即在故障發生之瞬間；而當$t\to\infty$時，K 為最小值$\Rightarrow K_{\min}=1$，表示在**「穩態」時之非對稱因數最小**。

(2) 電力系統中之「時間$t$」，單位多以「週波數$\tau$」來表示，且其關係式為$t=\frac{\tau}{f}$，其中$f$為頻率(單位：Hz)，式 7-1.中之 T 定義為「時間常數」：

$T=\frac{L}{R}=\frac{\omega L}{\omega R}=\frac{X}{2\pi fR}$，故式 7-1.可以表示為：

$$i(t)=\sqrt{2}I_{ac}[\sin(\omega t+\alpha-\theta)-\sin(\alpha-\theta)e^{-\frac{t}{T}}]$$

$$=\sqrt{2}I_{ac}[\sin(\omega t+\alpha-\theta)-\sin(\alpha-\theta)e^{-\frac{2\pi}{\frac{X}{R}}\tau}] \text{ ..........(式 7-3)}$$

以及式 7-2.可以表示為：$K(\tau)=\sqrt{1+2e^{-\frac{4\pi}{\frac{X}{R}}\tau}}$ ..........(式 7-4)

(3) 定義「非對稱故障電流之均方根值(即有效值)」：$I_{rms}(t)=\sqrt{I_{ac}^2+I_{dc}^2(t)}$，則

$I_{rms}(t)=\sqrt{I_{ac}^2+(\sqrt{2}I_{ac}e^{-\frac{t}{T}})^2}=I_{ac}\sqrt{1+2e^{-\frac{2t}{T}}}$，代入式 7-4.可得

$I_{rms}(t)=I_{ac}\sqrt{1+2e^{-\frac{2t}{T}}}=I_{ac}K(\tau)$，此與 K 之最初定義相呼應。

**老師的話**

1. 非對稱故障電流的有效值=非對稱因數*對稱故障電流的有效值
2. 非對稱因數隨著「週波數」增加而漸減，且 K 值從 $\sqrt{3}\rightarrow 1$
3. 抗阻比($\frac{X}{R}$)越大，同樣週波數下對應之 $K(\tau)$ 越大，代表直流補償電流之衰減速度越慢。

**牛刀小試**

1. **考慮一配電系統發生三相對稱短路故障，設故障點對接地點單相模式等效電路的戴維寧等效電壓和等效阻抗分別為 $v(t)=V_m\sin(\omega t+\alpha)$ 伏特和 $Z=R+j\omega L=Z\angle\theta$ 歐姆，且非對稱短路電流可給為 $i(t)=I_m[\sin(\omega t+\alpha-\theta)-\sin(\alpha-\theta)e^{-\frac{R}{L}t}]$ 安培，其中 $V_m$、ω 和 α 分別為戴維寧等效電壓源的峰值、角頻率和初相角，R、L、Z 和 θ 分別為戴維寧等效阻抗的電阻、電感、幅度和相角，$I_m=V_m/Z$ 為穩態短路電流峰值。令 $I_{asy}$ 和 $I_{sy}$ 分別為非對稱短路電流和對稱短路電流的有效值，若定義非對稱係數 $K=I_{asy}/I_{sy}$，試求：**

   **(1)K 的最小值及此時的 ωL/R 值。**

   **(2)K 的最大值及此時的短路電流功率因數 cosθ。**

詳解

同圖 7-1 所示，戴維寧等效電壓 $v(t)=V_m\sin(\omega t+\alpha)$，其中 $V_m$ 為等效電壓源峰值，而「非對稱短路電流」：$i(t)=I_m[\sin(\omega t+\alpha-\theta)-\sin(\alpha-\theta)e^{-\frac{R}{L}t}]$，可拆解為「交流成分」：$i_{ac}(t)=I_m\sin(\omega t+\alpha-\theta)=\sqrt{2}I_{rms}\sin(\omega t+\alpha-\theta)$ 以及「直流偏移成分」：$i_{dc}(t)=-I_m\sin(\alpha-\theta)e^{-\frac{R}{L}t}=-\sqrt{2}I_{rms}\sin(\alpha-\theta)e^{-\frac{R}{L}t}$，非對稱係數 $K=\dfrac{I_{asy}}{I_{sy}}=\dfrac{\sqrt{I_m^{\,2}\sin^2(\alpha-\theta)e^{-\frac{2R}{L}t}+(\frac{I_m}{\sqrt{2}})^2}}{\frac{I_m}{\sqrt{2}}}=\sqrt{1+2\sin^2(\alpha-\theta)e^{-\frac{2R}{L}t}}$，則

(1) 當 $\sin^2(\alpha-\theta)=0\Rightarrow\alpha-\theta=0\Rightarrow\alpha=\theta$，$K=1$ 為最小，

其中阻抗角 $\theta=\tan^{-1}\dfrac{\omega L}{R}\Rightarrow\dfrac{\omega L}{R}=\tan\theta$

(2) 當 $\sin^2(\alpha-\theta)=1,t=0\Rightarrow\alpha-\theta=\pm\dfrac{\pi}{2},t=0\Rightarrow\theta=\alpha\pm\dfrac{\pi}{2},t=0$，$K=\sqrt{3}$ 為最大，此時功率因數 $\cos\theta=\cos(\alpha\pm\dfrac{\pi}{2})$

2. **圖為一模擬發生直接短路故障的簡化電路。已知電路的 $v(\text{t})=13\sqrt{2}sin(\omega t+\alpha)\text{kV}$，並且具有最大的直流補償電流，而斷路器於故障發生（t = 0）後 3 個週波啟斷。試求：**

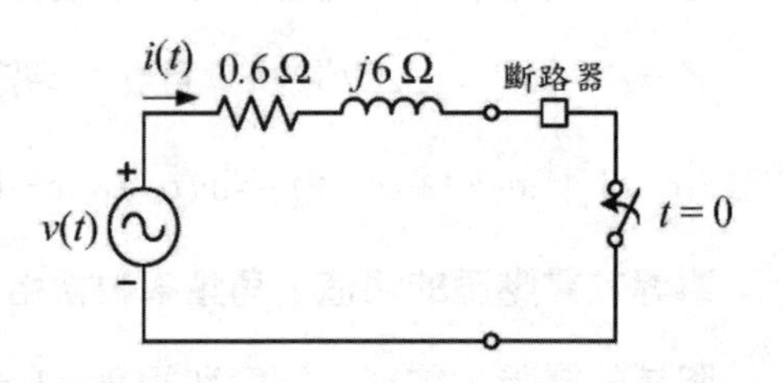


**(1)故障電流之交流成分的均方根值。**

**(2)在 0.5 週波時，流向斷路器之均方根瞬時電流。**

**(3)斷路器在啟斷時之非對稱故障電流的均方根值。**（103 高考三級）

**詳解**

由 $v(t)=V_m\sin(\omega t+\alpha)=\sqrt{2}V_{rms}\sin(\omega t+\alpha)=13\sqrt{2}\sin(\omega t+\alpha)\Rightarrow V_{rms}=13kV$

而非對稱故障電流：

$$i(t)=i_{ac}(t)+i_{dc}(t)=\sqrt{2}\frac{V_{rms}}{|Z|}[\sin(\omega t+\alpha-\theta)-\sin(\alpha-\theta)e^{-\frac{R}{L}t}]$$

$Z=0.6+j6=6.03\angle 84.29^\circ\Rightarrow|Z|=6.03\Omega$，由 $\begin{Bmatrix} i_{ac}(t)=\sqrt{2}I_{ac}\sin(\omega t+\alpha-\theta) \\ i_{dc}(t)=-\sqrt{2}I_{ac}\sin(\alpha-\theta)e^{-\frac{t}{T}} \end{Bmatrix}$

有最大的直流補償電流 $\Rightarrow\begin{Bmatrix} \alpha-\theta=-\dfrac{\pi}{2} \\ t=0 \end{Bmatrix}$

(1) 故障電流交流成分之有效值：$I_{ac}=\dfrac{V_{rms}}{|Z|}=\dfrac{13}{6.03}=2.156kA$

(2) 0.5 週波為已經發生故障電流期間 $\Rightarrow t=\dfrac{0.5}{f}=\dfrac{\pi}{\omega}$，$T=\dfrac{L}{R}=\dfrac{\frac{6}{\omega}}{0.6}=\dfrac{10}{\omega}$，

代入非對稱故障電流

$i(t)=i_{ac}(t)+i_{dc}(t)=\sqrt{2}I_{ac}[\sin(\omega t+\alpha-\theta)-\sin(\alpha-\theta)e^{-\frac{t}{T}}]$，取瞬時電流有效值為 $i_{rms}(t)=2.156[\sin(\pi-\dfrac{\pi}{2})-\sin(-\dfrac{\pi}{2})e^{-\frac{\pi}{10}}]=3.73KA$

(3) 在 3 週波啟斷 $\Rightarrow t=\dfrac{3}{f}=\dfrac{6\pi}{\omega}$，$T=\dfrac{L}{R}=\dfrac{\frac{6}{\omega}}{0.6}=\dfrac{10}{\omega}$，

代入非對稱故障電流

$\begin{Bmatrix} i_{ac}(t)=\sqrt{2}I_{ac}\sin(\omega t+\alpha-\theta) \\ i_{dc}(t)=-\sqrt{2}I_{ac}\sin(\alpha-\theta)e^{-\frac{t}{T}} \end{Bmatrix}$，其瞬時電流有效值：

$$\sqrt{2I_{ac}^2e^{-\frac{2t}{T}}+I_{ac}^2}=I_{ac}\sqrt{2e^{-\frac{2t}{T}}+1}$$

$$=I_{ac}\cdot\sqrt{2e^{-\frac{6\pi}{5}}+1}=I_{ac}\cdot\sqrt{1.046}=2.205KA$$

# 7-2 無載同步機的三相短路故障

## 焦點 2 無載同步機的三相短路故障分析

考試比重 ★★★☆☆

見於各類電力系統及輸配電類考試。

1. 上節串聯 RL 開關電路，僅粗略模擬無載同步機發生三相短路故障的情形，事實上，因短路發生後，同步機的電抗非定值，所以即使不考慮直流偏移電流，短路電流振幅仍非定值，故障發生初期，電流振幅最大，但隨著時間增加，振幅將逐漸遞減，最後達到「穩態值」，如圖 7-2 所示。

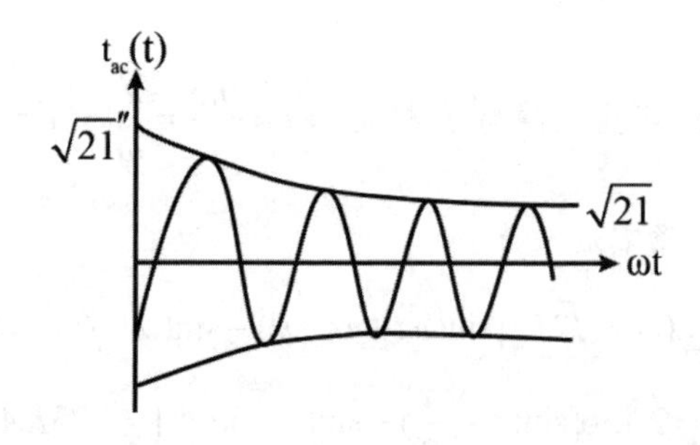


圖 7-2

同步發電機中，因為「時變電抗」($X = X(t)$)之因素，若忽略樞電阻 R，則式 7-1.的交流對稱成分 $i_{ac}(t)=\sqrt{2}\frac{V_{rms}}{|Z|}\sin(\omega t+\alpha-\theta)$，因為 $R\to 0 \Rightarrow Z = jX, \theta \to 90°$，

則上式可修正為 $i_{ac}(t)=\sqrt{2}\frac{V_{rms}}{X}\sin(\omega t+\alpha-90°)$

$$=\sqrt{2}E_g[(\frac{1}{X_d''}-\frac{1}{X_d'})e^{-\frac{t}{T_d''}}+(\frac{1}{X_d'}-\frac{1}{X_d})e^{-\frac{t}{T_d'}}]\sin(\omega t+\alpha-90°) \text{ .....................(式 7-5)}$$

茲分別說明如下：

(1) $E_g$ 為故障前「無載同步機」線至中性線的電壓有效值。

(2) $\frac{1}{X}$修正為$(\frac{1}{X_d''}-\frac{1}{X_d'})e^{-\frac{t}{T_d''}}+(\frac{1}{X_d'}-\frac{1}{X_d})e^{-\frac{t}{T_d'}}+\frac{1}{X_d}$，其中：

$T_d''$為直軸短路次暫態時間常數、$T_d'$為直軸短路暫態時間常數，且$T_d''<T_d'$；

$X_d''$為直軸次暫態電抗、$X_d'$為直軸暫態電抗、$X_d$為直軸同步電抗。

(3) 當$t<<T_d''$時，$\frac{1}{X}\to(\frac{1}{X_d''}-\frac{1}{X_d'})\times1+(\frac{1}{X_d'}-\frac{1}{X_d})\times1+\frac{1}{X_d}=\frac{1}{X_d''}$，此時定義「次暫態(故障)電流」為$I_{rms}''=\frac{V_{rms}}{X_d''}$；

(4) 當$T_d''<<t<<T_d'$時，$\frac{1}{X}\to0+(\frac{1}{X_d'}-\frac{1}{X_d})\times1+\frac{1}{X_d}=\frac{1}{X_d'}$，此時定義「暫態電流」為$I_{rms}'=\frac{V_{rms}}{X_d'}$。

(5) 當$t>>T_d'>>T_d''$時，$\frac{1}{X}\to\frac{1}{X_d}$，此時進入「穩態電流」：$I_{rms}=\frac{V_{rms}}{X_d}$

2. 式 7-5 中，各電抗之大小關係為$X_d''<X_d'<X_d$。

牛刀小試

1. **某部 500MVA,20kV,60Hz 三相同步發電機連接斷路器，其參數為：**
$X_d''=0.15pu.,\ X_d'=0.24pu.,\ X_d=1.1pu.,\ T_d''=0.035\sec,\ T_d'=23\sec,$
$T_A=0.2\sec$，**設一直接三相短路故障發生於斷路器負載側，此時發電機正以 10%超出額壓運轉，故障發生於 3 周波後，斷路器啟斷故障，求：**
(1)**次暫態故障電流大小，分別以 kA 及 pu.表示。**
(2)**最大直流補償電流？**
(3)**斷路器啟斷之均方根非對稱故障電流？(假設在最大直流補償電流下)**

詳解

10%超出額壓運轉，則$E_g=1.10pu.$，基準電流為

$$I_b = \frac{S_{b,3\phi}}{\sqrt{3}V_{bLL}} = \frac{500M}{\sqrt{3}\times 20k} = 14.43kA$$ 。

(1) 次暫態故障電流為：

$$I'' = \frac{E_g}{X_d''} = \frac{1.1}{0.15} = 7.33pu. \Rightarrow I'' = 7.33\times 14.43kA = 105.82kA$$

(2) 最大直流補償電流為

$$i_{dc,\max}(t) = \sqrt{2}I''e^{-\frac{t}{T_A}} = \sqrt{2}\times 105.82e^{-\frac{t}{0.2}} = 149.65e^{-5t}kA$$

3 周波時間 $=\frac{\tau}{f}=0.05\sec$，3 周波時之直流補償電流為

$i_{dc,\max}(t=0.05) = 149.65e^{-0.25} = 116.55kA$， 3 周波時交流故障電流之均方根值為 $I_{ac}(t=0.05) = 1.1[(\frac{1}{0.15}-\frac{1}{0.24})e^{-\frac{0.05}{0.035}} + (\frac{1}{0.24}-\frac{1}{1.1})e^{-\frac{0.05}{2}} + \frac{1}{1.1}]$

$= 6.05pu. \Rightarrow 6.05\times 14.43 = 87.27kA$

(3) 3 周波時「非對稱故障電流」之均方根值為

$$I_{rms}(t=0.05) = \sqrt{I_{ac}^{\ 2}(t=0.05) + i_{dc,\max}^{\ \ 2}(t=0.05)}$$

$$= \sqrt{87.27^2 + 149.65^2} = 173.24kA$$

2. **100MVA 13.8kV 60Hz Y 接三相同步機之同步電抗 $X_d=1.0$ 標么，暫態電抗 $X'_d=0.25$ 標么，次暫態電抗 $X''_d=0.12$ 標么，在額定電壓下無載運轉，發電機連接至 13.8kV /220kV 100MVA 阻抗為 0.2 標么之接Δ-Y 變壓器，試問變壓器 220kV 側發生三相短路時：**

**(1)變壓器兩側次暫態、暫態、穩態短路電流各為多少安培。**

**(2)故障開始時發電機側最大故障電流均方根值(含直流成分)各為多少安培。**（100 經濟部）

**詳解** ……………………………………………………………………

由題目所給資訊，可繪簡圖如下：

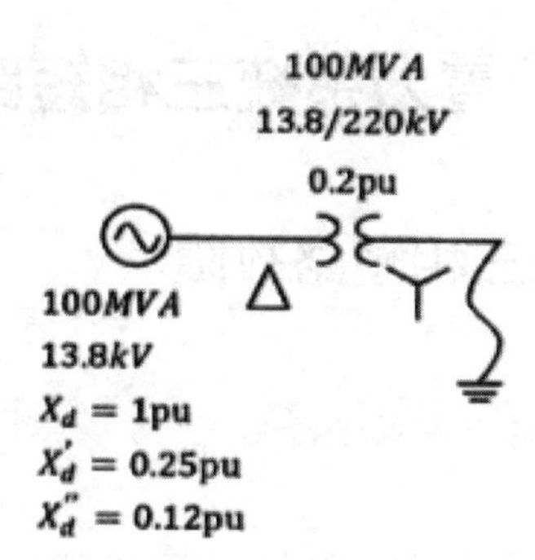


(1) 選定基準 $S_{b,3\phi} = 100MVA, V_{b,XLL} = 13.8kV, V_{b,HLL} = 220kV$，則

$$I_{bX} = \frac{100M}{\sqrt{3} \times 13.8k} = 4.18kA, I_{bH} = \frac{100M}{\sqrt{3} \times 220k} = 0.262kA$$

次暫態短路電流標么值：$I_{SC}" = \frac{1}{X_d" + X_T} = \frac{1}{0.12 + 0.2} = 3.125pu.$，

13.8KV 側實際值 $I_{SC}" = 3.125 \times 4.18 = 13.1kA$，

220KV 側實際值 $I_{SC}" = 3.125 \times 0.262 = 0.82kA$；

暫態短路電流標么值：$I_{SC}' = \frac{1}{X_d' + X_T} = \frac{1}{1 + 0.2} = 0.83pu.$，13.8KV 側實際值 $I_{SC}" = 0.83 \times 4.18 = 3.5kA$，

220KV 側實際值 $I_{SC}" = 0.83 \times 0.262 = 0.22kA$；

(2) 發電機側(13.8KV 側)考慮直流偏移量之最大故障電流為

$$\sqrt{3} I_{SC}" = \sqrt{3} \times 3.125 \times 4.18 = 22.7kA$$

# 7-3 電力系統三相短路故障

## 焦點 3　電力系統三相短路故障

考試比重 ★★★☆☆

見於輸配電類考試以及台電選擇題。

1. 電力系統三相短路故障，一般可分為以下兩種考題形式，一為「雙匯流排考題」，如本焦點所舉例子；另一為「三個匯流排以上之考題」，此時需用到 $Z_{bus}$*mmatrix* 解題，將在【焦點 5】述明之。電力系統三相短路在故障期間因仍為「三相平衡」，故可以「單相(a 相)分析」，且此時 a 相只有正序網路。

2. 首先探討「雙匯流排考題形式」，舉一範例如下圖 7-3 所示係一同步發電機 G 經由 2 台變壓器及一條輸電線供電給一部同步電動機 M 之「單線圖」，此時為簡化電力系統三相短路之次暫態故障電流計算，有以下之假設：

   (1) 變壓器 $T_1,T_2$ 以「漏電抗」表示，忽略「繞組電阻」、「並聯導納」及「 Δ-Y 相位移」。

   (2) 輸電線以「正序串聯電抗」表示，忽略「串聯電阻」及「並聯導納」，此時換算輸電線標么值如下：$S_{b,3\phi}=100MVA, V_{bLL}=13.8kV/138kV/13.8kV$

   $$\Rightarrow Z_{b,line}=\frac{(138kV)^2}{100MVA}=190.44\Omega \Rightarrow X_{line}=\frac{20}{190.44}=0.105pu.$$ 。

   (3) 同步發電機 G 以定電壓源連接次暫態電抗表示，忽略「樞電阻」、「凸極性」及「磁飽和」。

   (4) 忽略「非旋轉阻抗負載」及忽略「感應機」，亦即負載只考慮「同步電動機」M。

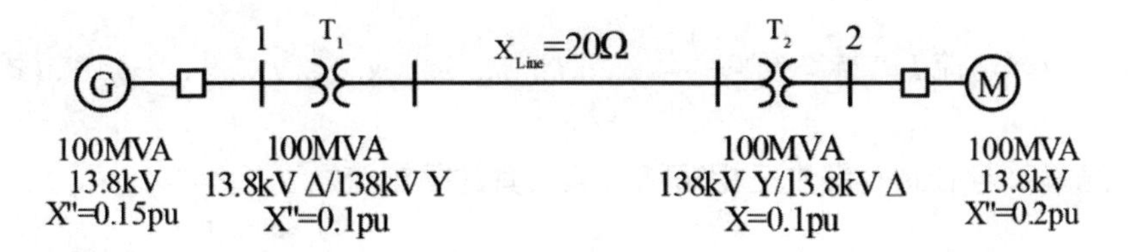


圖 7-3

3. 圖 7-3 中，若匯流排 1 發生三相短路故障，則可畫出其正序等效電路如下圖 7-4 所示，其中以「開關閉合」模擬短路故障發生，$I_f$"為「(次暫態)故障電流」，$I_g$"為「發電機所提供之故障電流」，$I_m$"為「電動機所提供之故障電流」，此時可分成數種問題及其解答要訣如下說明：

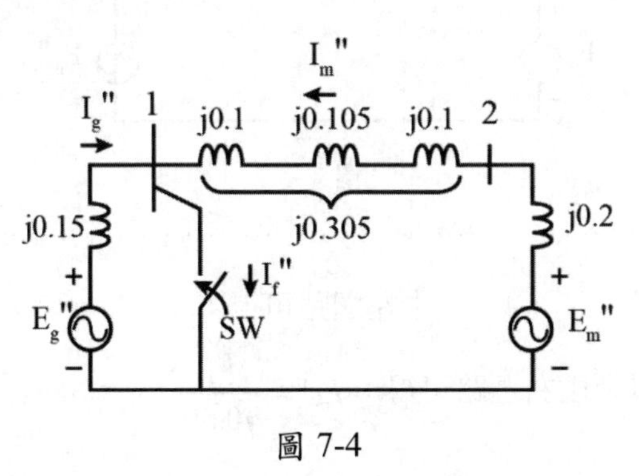


圖 7-4

(1) 求 $I_f$"：(次暫態)故障電流 ⇒ 利用「戴維寧等效電路」求之：

**詳解** ……………………………………………………………………………

圖 7-4 斷開 SW.處，則利用「戴維寧等效電路」(電壓源短路，電流源開路)，可得「$V_{th}$ 為 BUS 1 故障前之電壓 $=V_{f1}$」及「$R_{th}$：$j0.15$ 並聯 $(j0.1+j0.105+j0.1+j0.2)$」，且此時 $R_{th}$ 為故障之 Bus 1 之自阻抗「$Z_{11}$」

$$\Rightarrow R_{th}=j\frac{0.15\times 0.505}{0.15+0.505}=j0.1156=Z_{11}$$ ，所以

「故障電流 $I_f$ "為：$I_f" = \frac{V_{f1}}{Z_{11}}$ ..........................................................(式 7-6)

結論 若 Bus n 發生三相短路故障，其故障電流為 $I_f" = \frac{V_{fn}}{Z_{nn}}$

(2) 若忽略故障前負載電流 $I_L$，求 $I_g$" 及 $I_m$" ⇒ 利用「直接短路法」求之，如圖 7-5 所示：

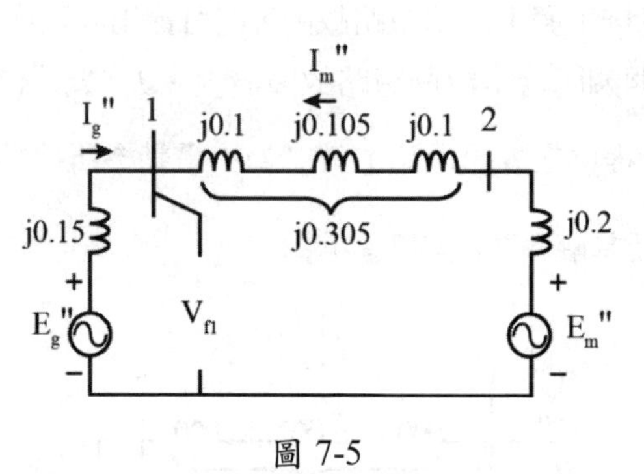


圖 7-5

詳解 ..........................................................................

圖 7-5 中，$E_g^" = E_m^" = V_{f1}$，由左迴路可得：

$I_g" = \frac{V_{f1}}{j0.15}$ 以及由右迴路可得：$I_m" = \frac{V_{f1}}{j0.505}$

(3) 若正以額定容量，功因 0.95 落後及超壓 5%運轉中，並考慮故障前負載電流 $I_L$，求 $I_g$" 及 $I_m$" ⇒ 利用「重疊原理」求之，如下圖 7-6 所示，則左圖利用「分流定理」，右圖為「故障前電路」。

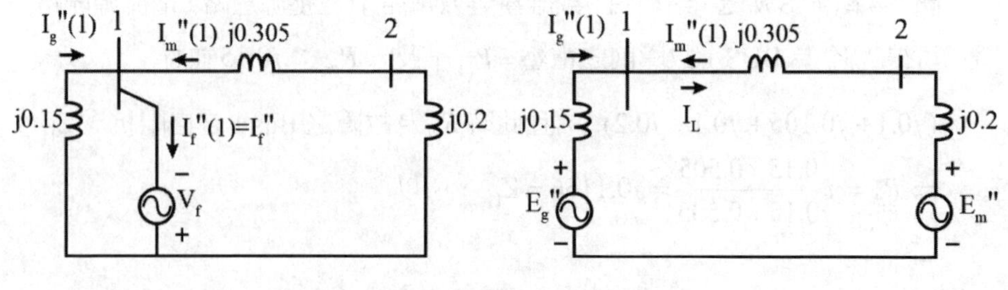


圖 7-6

**詳解**

圖 7-6 左圖中，

$$I_g''(1) = I_{f1}'' \times \frac{j0.505}{j0.15 + j0.505} = \frac{V_{f1}}{Z_{11}} \times 0.771 = \frac{1.05\angle 0^\circ}{j0.1156} \times 0.771 = -j7\,pu.$$ ，以及

$$I_m''(1) = I_{f1}'' \times \frac{j0.15}{j0.15 + j0.505} = \frac{V_{f1}}{Z_{11}} \times 0.229 = \frac{1.05\angle 0^\circ}{j0.1156} \times 0.229 = -j2.079\,pu.$$ ；

而由右圖可得：$I_g''(2) = I_L = \frac{1}{1.05}\angle -\cos^{-1} 0.95 = 0.9524\angle -18.19^\circ\,pu.$ ，

以及 $I_m''(2) = -I_L = -0.9524\angle -18.19^\circ\,pu.$ ，

故可得：$\begin{cases} I_g'' = I_g''(1) + I_g''(2) = 7.353\angle -82.9^\circ\,pu. \\ I_m'' = I_m''(1) + I_m''(2) = 1.999\angle 243.1^\circ\,pu. \end{cases}$

## 牛刀小試

1. **右圖所示為一電力系統之正相序等效單線電路圖，其中 $E_g''$ 與 $E_m''$ 分別為短路故障前之同步發電機與同步電動機次暫態電抗後方之內部電壓源，$X_{T1}$、$X_{TL}$ 及 $X_{T2}$ 分別為變壓器 T1、輸電線 TL 及變壓器 T2 之標么電抗；今假設在發電機端 $V_1$ 發生三相直接接地故障，且故障前電壓 $E_g''$ 與 $E_m''$ 均為 $1.05\angle 0^\circ$pu 及忽略故障前電流，試求：**

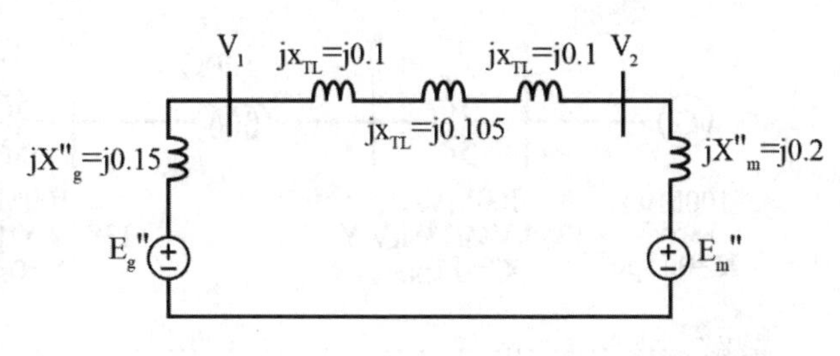


   **(1)其故障點之次暫態交流部分故障電流 $I_f''$ 。**

   **(2)故障時 $V_2$ 端之電壓。**

**詳解**

$E_g'' = E_m'' = 1.05\angle 0° pu.$

(1) 由結論：$I_f'' = \dfrac{V_{f1}}{Z_{11}} = \dfrac{1.05\angle 0°}{j0.15 \| (j0.1 + j0.105 + j0.1 + j0.2)} = -j9.079 pu.$

(2) 故障時$V_2$端之電壓：右迴路中利用「分壓定理」

$\Rightarrow V_2 = 1.05 \times \dfrac{0.1 + 0.105 + 0.1}{0.1 + 0.105 + 0.1 + 0.2} = 0.6342 pu.$

2. **下圖某三相電力系統之單線圖，匯流排 1 和 4 各接到一同步發電機與同步電動機。同步發電機、同步電動機與變壓器之參數均是以圖示之額定容量為基底所得到的標么(per unit)值。當匯流排 2 發生直接三相短路故障時，該系統正以額定電壓的方式運行。若不計負載電流，試求故障發生後發電機與電動機的次暫態電流之大小。**

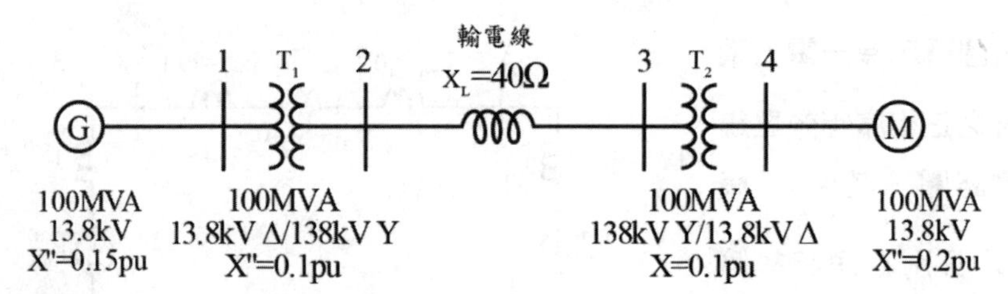


**詳解**

故障前系統運轉於「額壓」，且不計「負載電流」$I_L$，故 $E_g'' = E_m'' = 1\angle 0° pu.$，

令 $S_{b,3\phi} = 100MVA, V_{b,line} = 138kV$，則

$Z_{b,line} = \dfrac{(138kV)^2}{100MVA} = 190.44\Omega \Rightarrow X_{line} = \dfrac{40}{190.44} = 0.21pu.$，且「發電機側」及「電動機側」之基準電流為：$I_b = \dfrac{100MVA}{\sqrt{3} \times 13.8kV} = 4.18kA$

由題目之單線圖，可畫單相等效電路如下：

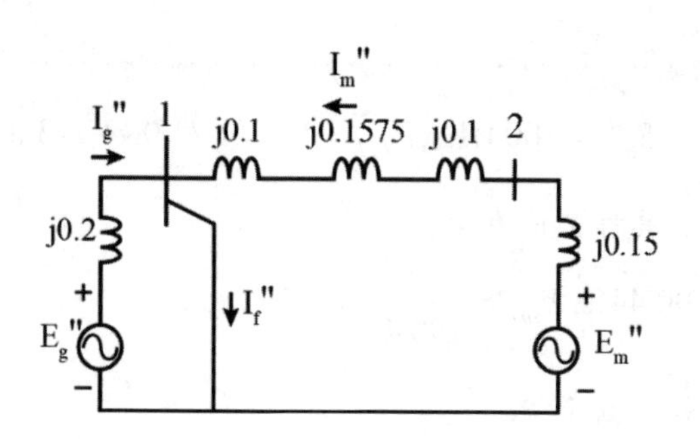


則故障發生後發電機之次暫態電流為：$I_g'' = \dfrac{1}{0.1+0.15} \times 4.18 = 16.72kA$

故障發生後電動機之次暫態電流為：$I_m'' = \dfrac{1}{0.21+0.1+0.2} \times 4.18 = 8.19kA$

3. **下圖所示之電力系統，當匯流排 1 發生三相短路故障時，發電機與電動機等效電路以定電壓源串聯次暫態電抗表示，且其以額定 MVA，0.95 功因落後，1.05 倍的額定電壓運轉。而變壓器與輸電線路之等效電路則以漏磁電抗與串聯電抗表示，相關參數如下所示。試求：**

   (1)**故障點 F 之次暫態故障電流，假設伏安基準值為 100 MVA。**

   (2)**考慮負載電流時發電機側與電動機側流入故障點 F 之次暫態故障電流。**

   （100 地特四等）

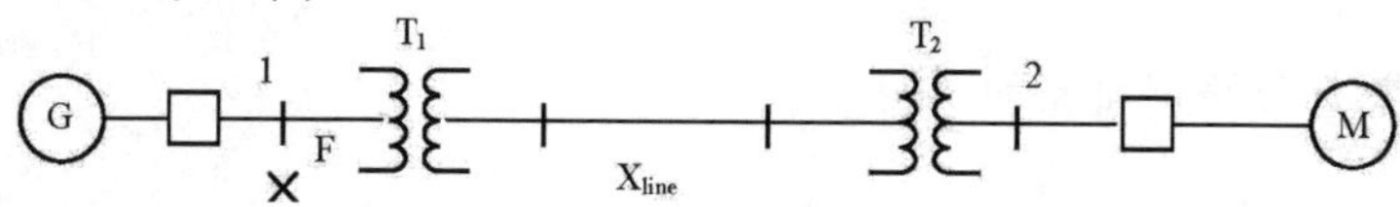


**發電機** G：100 MVA，13.8 kV，X"= 0.2 pu，

**變壓器** $T_1$：100 MVA，13.8 kV/138 kV，Δ/Y，X = 0.1pu

**線路**：$X_{line}$ = 30 Ω

**變壓器** $T_2$：100 MVA，138 kV/13.8 kV，Y/Δ，X = 0.1pu

**電動機** M：100 MVA，13.8 kV，X"= 0.15 pu。

詳解

選定基準如下：$S_{b,3\phi}=100MVA, V_{b,LL}=13.8kV/138kV/13.8kV$，

線路阻抗基準及其標么值為：

$$Z_b=\frac{138k^2}{100M}=190.44\Omega, X_{line}=\frac{30}{190.44}=0.1575pu.$$，

當故障發生前如下圖：

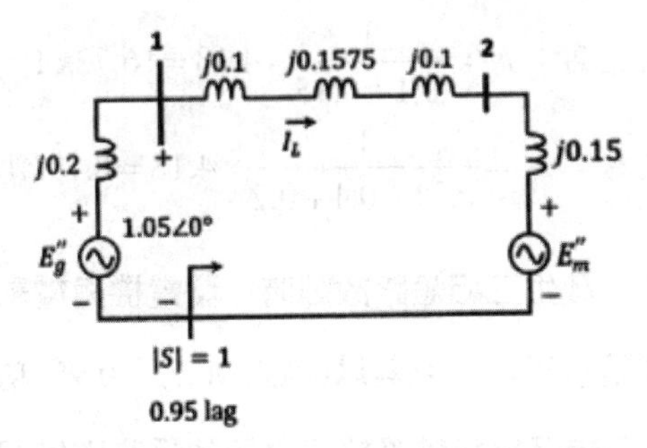


(1)(2)負載電流：$I_L=\frac{1}{1.05}\angle-\cos^{-1}0.95=0.9524\angle-18.19°pu.$，

發電機及電動機之內生電壓分別為：

$E_g''=1.05+j0.2I_L=1.1242\angle9.27°pu;$

$E_m''=1.05-j(0.1+0.1575+0.1+0.15)I_L=1.0095\angle-27.05°pu.$

故障期間電路圖重畫如下：

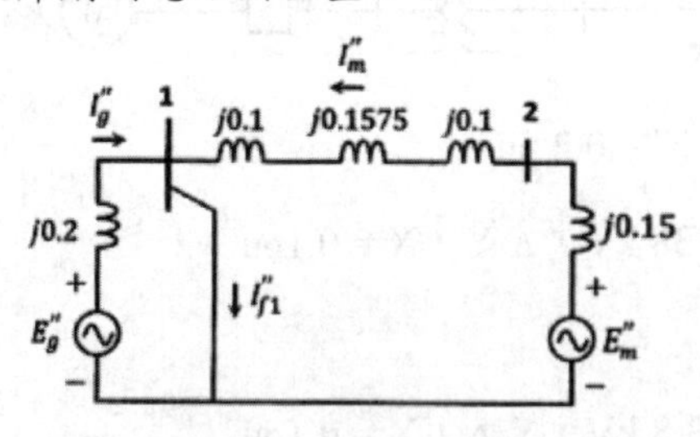


則發電機提供之故障電流為：

$$I_g''=\frac{E_g''}{j0.2}=\frac{1.1242\angle9.27°}{j0.2}=5.621\angle-80.73°pu.$$

電動機提供之故障電流為：

$$I_m'' = \frac{E_m''}{j(0.1+0.1575+0.1+0.15)} = 1.9892\angle -117.05° pu.$$

故匯流排 1 之故障電流為：$I_f'' = I_g'' + I_m'' = 7.3192\angle -90° pu.$

【另解一】從匯流排 1 看進去之戴維寧電壓為：$V_{th} = 1.05\angle 0° pu.$，

戴維寧阻抗為：$R_{th} = Z_{11} = j[0.2$ 並聯 $(0.1+0.1575+0.1+0.15)] = j0.1435 pu.$

因此匯流排 1 之故障電流為：$I_{f1}'' = \dfrac{V_{f1}}{Z_{11}} = 7.3192\angle -90° pu.$

【另解二】「三相短路容量法」詳見本章之§7-5 牛刀小試最後一題。

## 焦點 4　多匯流排之題型　考試比重★★★★☆

選擇題、非選擇題題型均有。

1. 利用匯流排導納矩陣 $Y_{bus}$ 可寫出「節點方程式」：$\overline{I} = Y_{bus}\overline{V}$，重整上式可得：

$$Y_{bus}^{-1}\overline{I} = Y_{bus}^{-1}Y_{bus}\overline{V} \Rightarrow \overline{V} = Y_{bus}^{-1}\overline{I} \Rightarrow \overline{V} = Z_{bus}\overline{I} \qquad \text{(式 7-7)}$$

即知「匯流排阻抗矩陣($Z_{bus}$)」係「匯流排導納矩陣($Y_{bus}$)**之反矩陣**」。

2. 舉一「三匯流排」之電力系統為例，式 7-7.可以以矩陣方式表示如下：

$$\overline{V} = Z_{bus}\overline{I} \Rightarrow \begin{pmatrix} V_1 \\ V_2 \\ V_3 \end{pmatrix} = \begin{pmatrix} Z_{11} & Z_{12} & Z_{13} \\ Z_{21} & Z_{22} & Z_{23} \\ Z_{31} & Z_{32} & Z_{33} \end{pmatrix}\begin{pmatrix} I_1 \\ I_2 \\ I_3 \end{pmatrix} \qquad \text{(式 7-8)}$$

若 BUS 2 發生三相短路故障，則以下列「重疊原理」可求解(1)故障電流「$I_{f2}''$」以及(2)故障期間各匯流排之電壓為何？

**詳解**

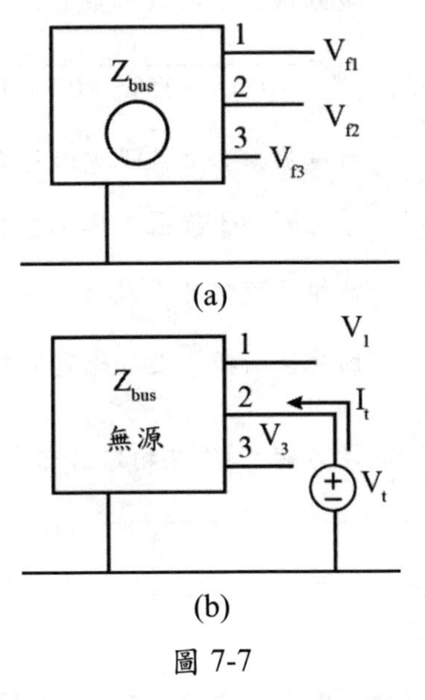

圖 7-7

如圖 7-7 所示，圖(a)為考慮「網路內之電壓源但關閉 bus 2 之定電流源」，圖(b)為考慮「無源網路但加上 bus 2 之定電流源」，其中圖(a)為「未故障前狀況」，$V_{f1},V_{f2},V_{f3}$ 分別代表 bus1,bus2,bus3 的匯流排電壓，圖(b)則為發生故障後，且 bus2 之匯流排電壓為 0。

則圖(a)，可得：$\begin{pmatrix} V_1(a) \\ V_2(a) \\ V_3(a) \end{pmatrix} = \begin{pmatrix} V_{f1} \\ V_{f2} \\ V_{f3} \end{pmatrix}$，加上圖(b)，

可代入「式 7-8.」得：

$$\begin{pmatrix} V_1(b) \\ V_2(b) \\ V_3(b) \end{pmatrix} = \begin{pmatrix} Z_{11} & Z_{12} & Z_{13} \\ Z_{21} & Z_{22} & Z_{23} \\ Z_{31} & Z_{32} & Z_{33} \end{pmatrix} \begin{pmatrix} 0 \\ I_{f2}" \\ 0 \end{pmatrix}$$

$\Rightarrow \begin{pmatrix} V_1(b) \\ V_2(b) \\ V_3(b) \end{pmatrix} = \begin{pmatrix} Z_{12}(-I_{f2}") \\ Z_{22}(-I_{f2}") \\ Z_{32}(-I_{f2}") \end{pmatrix}$，則由「**重疊原理**」可得

$$\begin{pmatrix} V_1 \\ V_2 \\ V_3 \end{pmatrix} = \begin{pmatrix} V_1(a) \\ V_2(a) \\ V_3(a) \end{pmatrix} + \begin{pmatrix} V_1(b) \\ V_2(b) \\ V_3(b) \end{pmatrix} = \begin{pmatrix} V_{f1} - Z_{12}I_{f2}" \\ V_{f2} - Z_{22}I_{f2}" \\ V_{f3} - Z_{32}I_{f2}" \end{pmatrix} \quad \text{..........(式 7-9)}$$

由「式 7-9」之第二列 $V_2 = 0$，可得「故障電流」：$I_{f2}" = \dfrac{V_{f2}}{Z_{22}}$ ..............(式 7-10)

以及 bus1 電壓：$V_1 = V_{f1} - \dfrac{Z_{12}}{Z_{22}} V_{f2}$，bus3 電壓：$V_3 = V_{f3} - \dfrac{Z_{32}}{Z_{22}} V_{f2}$ ........(式 7-11)

【結論】

(1) **若匯流排 n 發生三相短路故障，則故障電流：$I_{fn}" = \dfrac{V_{fn}}{Z_{nn}}$，其中 $Z_{nn}$ 為從 bus n 打開看進去之「戴維寧等效阻抗($Z_{th}$)」。**

(2) 若忽略「負載電流」($I_L$)，則各匯流排發生故障前之電壓為 $V_1 = V_2 = ..... = V_f$ ，

若 bus n 發生三相短路故障，則 bus m 之電壓為：

$$V_m = (1 - \frac{Z_{mn}}{Z_{nn}})V_f \qquad \text{(式 7-12)}$$

## 牛刀小試

1. **考慮如圖之電力系統，若忽略故障前負載電流，已知故障前電壓為** 1.05pu.

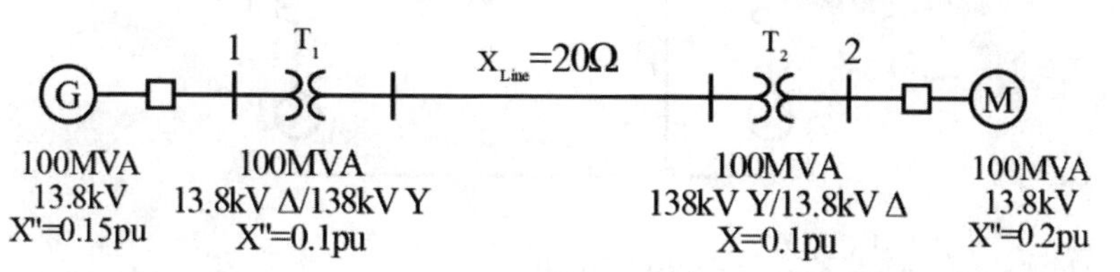


**試求：**

(1) $Z_{bus}$ **？**

(2)**設匯流排** 1 **發生三相短路故障，試利用** $Z_{bus}$ **求解次暫態故障電流？又其中由輸電線部分供應之電流為？**

(3)**設匯流排** 2 **發生三相短路故障，試利用** $Z_{bus}$ **求解次暫態故障電流？又其中由輸電線部分供應之電流為？**

**詳解**

(1) 同上節所述舉例，可以重畫單相分析並改以「標么導納」表示各支路元件如圖所示：

則正序匯流排導納矩陣為：

$$Y_{bus} = j\begin{pmatrix} -6.6667 - 3.27871 & 3.2787 \\ 3.2787 & -3.2787 - 5 \end{pmatrix} = j\begin{pmatrix} -9.9454 & 3.2787 \\ 3.2787 & -8.2787 \end{pmatrix} pu.$$

故正序匯流排阻抗矩陣為：

$$Z_{bus}=Y_{bus}^{-1}=-j\frac{\begin{pmatrix}-8.2787 & -3.2787\\ -3.2787 & -9.9454\end{pmatrix}}{9.9454\times 8.2787-3.2787^2}=j\begin{pmatrix}0.11565 & 0.04580\\ 0.04580 & 0.13893\end{pmatrix}pu.$$

(2) 設匯流排 1 發生三相短路故障如下圖，次暫態故障電流：

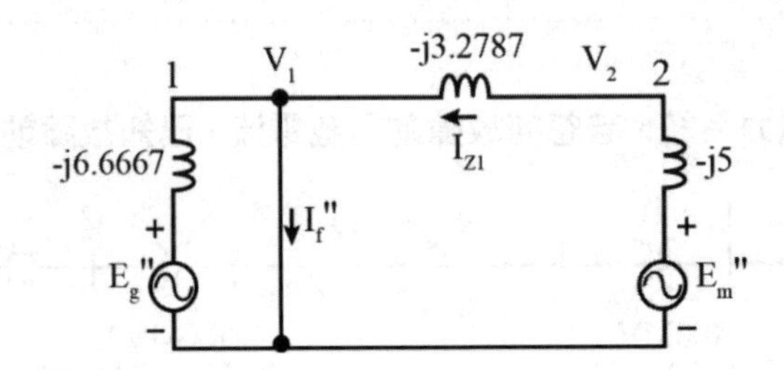


$$I_{f1}"=\frac{V_f}{Z_{11}}=\frac{1.05\angle 0°}{j0.11565}=-j9.079\,pu.$$

又 BUS 1 故障期間各匯流排電壓為：$V_1=(1-\frac{Z_{11}}{Z_{11}})V_f=0\,pu.$、

$$V_2=(1-\frac{Z_{21}}{Z_{11}})V_f=(1-\frac{0.04580}{0.11565})1.05\angle 0°=0.6342\,pu.$$

故由輸電線部分提供之次暫態電流為

$$I_{21}=-j3.2787(V_2-V_1)=-j3.2787(0.6342-0)=-2.079\,pu.$$

(3) 設匯流排 2 發生三相短路故障如下圖，次暫態故障電流：

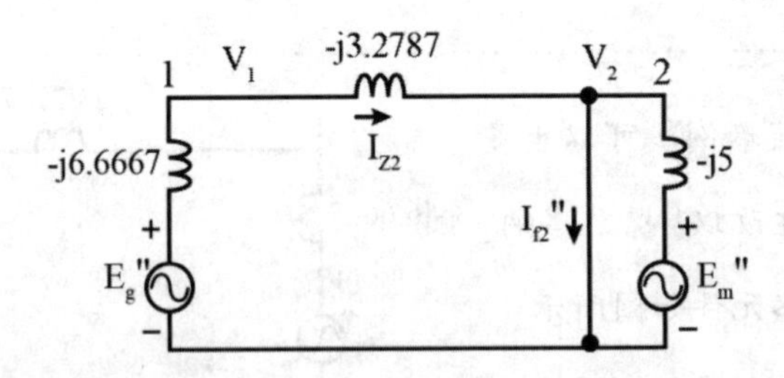


$$I_{f2}"=\frac{V_f}{Z_{22}}=\frac{1.05\angle 0°}{j0.13893}=-j7.558\,pu.$$，

又 BUS 2 故障期間各匯流排電壓為：

$$V_1=(1-\frac{Z_{12}}{Z_{22}})V_f=(1-\frac{0.04580}{0.13893})1.05\angle 0^\circ=0.7039\angle 0^\circ pu.\text{、}V_2=0$$

故由輸電線部分提供之次暫態電流為

$$I_{12}=-j3.2787(V_1-V_2)=-j3.2787(0.7039-0)=-2.308pu.$$

2. **一電力系統由 3 個匯流排所組成，其阻抗矩陣為**

$$Z_{bus}=\begin{bmatrix} j0.07571 & j0.03715 & j0.059182 \\ j0.03715 & j0.05643 & j0.04541 \\ j0.059182 & j0.04541 & j0.13899 \end{bmatrix}$$

**(1)假設故障前各匯流排電壓均為**$1.0\angle 0^\circ$**，當匯流排發生三相接地故障時，故障電流的大小為多少 p.u.？**

**(2)承上題，故障時匯流排 1、2 的電壓分別為多少 p.u.？**

詳解

(1) 由「式 7-10.」可知故障電流：$I_{f3}"=\frac{V_f}{Z_{33}}=\frac{1\angle 0^\circ}{j0.13899}=-j7.2pu$

(2) 由「式 7-11.」可知匯流排 1 之電壓：

$$V_1=V_f-\frac{Z_{13}}{Z_{33}}V_f=(1-\frac{0.059182}{0.13899})1\angle 0^\circ=0.574pu.$$ ，

匯流排 2 之電壓：$V_2=V_f-\frac{Z_{23}}{Z_{33}}V_f=(1-\frac{0.04541}{0.13899})1\angle 0^\circ=0.673pu.$

3. **一個四匯流排電力系統的匯流排阻抗矩陣（bus impedance matrix）如下所示：**

$$Z_{bus}=j\begin{bmatrix} 0.2671 & 0.1505 & 0.0865 & 0.098 \\ 0.1505 & 0.1975 & 0.1135 & 0.1286 \\ 0.865 & 0.1135 & 0.1801 & 0.739 \\ 0.098 & 0.1286 & 0.0739 & 0.214 \end{bmatrix}pu$$

**假設在匯流排 2 發生三相直接接地故障，試計算：**

**(1)匯流排 2 上的故障電流。**

**(2)故障發生時匯流排 4 的電壓值。（註：假設故障前電壓為 1pu）**

**(3)匯流排 3 流至匯流排 2 的故障電流值（若連接該兩匯流排的線路阻抗為 j0.2pu）。**

**詳解**

(1) 匯流排 2 發生三相接地短路故障，則該 BUS 2 次暫態故障電流：

$$I_{f2}"=\frac{V_f}{Z_{22}}=\frac{1\angle 0^\circ}{j0.1975}=-j5.06pu.$$

(2) 又 BUS 2 故障期間，匯流排 4 電壓為：

$$V_4=(1-\frac{Z_{42}}{Z_{22}})V_f=(1-\frac{0.1286}{0.1975})1\angle 0^\circ=0.349\angle 0^\circ pu.$$，

(3) 匯流排 3 電壓為：$V_3=(1-\frac{Z_{32}}{Z_{22}})V_f=(1-\frac{0.1135}{0.1975})1\angle 0^\circ=0.425\angle 0^\circ pu.$

匯流排 2 電壓為：$V_2=(1-\frac{Z_{22}}{Z_{22}})V_f=0pu.$

由 BUS 3 流至 BUS 2 之故障電流為 $I_{32}=\frac{V_3-V_2}{j0.2}=\frac{0.425}{j0.2}=-j2.125pu.$

**4. 某電力系統包含 4 個匯流排，編號分別為①、②、③及④。對應此系統之阻抗矩陣 $Z_{bus}$ 為：**

$$Z_{bus}=\begin{array}{c} \\ ① \\ ② \\ ③ \\ ④ \end{array}\begin{array}{c} \begin{array}{cccc} ① & ② & ③ & ④ \end{array} \\ \begin{bmatrix} j0.2436 & j0.1938 & j0.1544 & j0.1456 \\ j0.1938 & j0.2295 & j0.1494 & j0.1506 \\ j0.1544 & j0.1494 & j0.1954 & j0.1046 \\ j0.1456 & j0.1506 & j0.1046 & j0.1954 \end{bmatrix} \end{array}$$

**若匯流排①至匯流排②之線路阻抗為 j0.125 標么（p.u.），匯流排④至匯流排①之線路阻抗為 j0.4 標么。假設繼統故障前，各匯流排之電壓皆為 $1\angle 0^\circ$ 標么，忽略負載電流，試求匯流排①發生直接接地之三相短路故障時：**

**(1)匯流排④流至匯流排①之故障電流標么值。**

**(2)匯流排①流出的故障電流標么值。**（105 高考三級）

**詳解**

(1) 匯流排②發生直接接地故障，則 BUS 4 電壓為：

$V_4 = (1 - \frac{Z_{42}}{Z_{22}})V_f = (1 - \frac{j0.1506}{j0.2295})1\angle 0° = 0.3438\angle 0° pu.$，BUS 1 電壓為：

$V_1 = (1 - \frac{Z_{12}}{Z_{22}})V_f = (1 - \frac{j0.1938}{j0.2295})1\angle 0° = 0.1556\angle 0° pu.$，則由匯流排④流到

匯流排①之故障電流為：$I_{41} = \frac{V_4 - V_1}{Z_{41}} = \frac{0.349 - 1}{j0.4} = -j0.4705 pu.$

(2) BUS 2 流出之故障電流為：$I_f'' = \frac{V_f}{Z_{22}} = \frac{1\angle 0°}{j0.2295} = 4.3573\angle -90° pu.$，

(　) 5. 已知一電力系統之母線阻抗矩陣為 $Z_{bus} = j\begin{bmatrix} 0.3 & 0.2 & 0.1 & 0.3 \\ 0.2 & 0.4 & 0.6 & 0.2 \\ 0.1 & 0.6 & 0.5 & 0.4 \\ 0.3 & 0.2 & 0.4 & 0.8 \end{bmatrix}$，則

三相直接接地故障發生於哪一母線時，所造成的故障電流最大？

(A)母線 1　(B)母線 2　(C)母線 3　(D)母線 4。(105 台北自來水)

(　) 6. 某電力系統共有三個匯流排，其匯流排阻抗矩陣（bus impedance matrix）如下：

$$Z_{bus} = \begin{matrix} & (1) & (2) & (3) \\ (1) & j0.1429 & j0.1143 & j0.0517 \\ (2) & j0.1143 & j0.1714 & j0.0857 \\ (3) & j0.0571 & j0.0857 & j0.1429 \end{matrix} \; p.u.$$

行列號碼即為對應匯流排之號碼。若故障前匯流排 2 之電壓為$1\angle 0°$，當匯流排 2 發生三相直接接地故障，則其故障電流約為多少？

(A)j5.8　(B)-j5.8　(C)j7.0　(D)-j7.0。(103 台北自來水)

詳解

5. (**A**)。匯流排 n 發生三相短路故障，則該 BUS 故障電流：$I_{fn}"=\dfrac{V_f}{Z_{nn}}$，本題因 $Z_{11}=0.3$ 為最小，故由 bus 1 造成的「故障電流」最大，答案選(A)。

6. (**B**)。匯流排 2 發生三相短路故障，則該 BUS 故障電流：
$I_{f2}"=\dfrac{1\angle 0°}{j0.1714}=-j5.8pu.$，故答案選(B)。

# 7-4 逐步建立匯流排阻抗矩陣 $Z_{bus}$

## 焦點 5 多匯流排之問題須逐步建立 $Z_{bus}$ 來求解

考試比重 ★★★☆☆

選擇題為主、非選擇題題型亦有。

1. 多匯流排網路系統，若其有 n 個匯流排，則從單點匯流排(如第 k 個 bus)看入之「戴維寧等效阻抗」($Z_{th}$)，恰為第 k 個匯流排之自組抗(即 $Z_{kk}$)；若由第 m，k 個匯流排看入之「戴維寧等效阻抗」，則為 $Z_{mk}=Z_{mm}+Z_{kk}-2Z_{mk}$ ........(式 7-13) 此為逐步建立多匯流排之 $Z_{bus}$ 的預備公式。
2. 電力系統之匯流排數目若 $n\geq 4$，欲利用 $Y_{bus}{}^{-1}$ 求 $Z_{bus}$ 並不容易，此時可改採「逐步建立 $Z_{bus}$」方式來求解；故針對「無源網路」(網路電壓源關閉，此即「戴維寧等效」之觀念)，由每次增加 1 個阻抗分支，直到整個網路完成為止。

3. 此「逐步建立」方式，可分成以下兩大 Group，四大 Type 來分別說明如下：

**【Group I】有一 m 匯流排系統，加入阻抗分支 $Z_b$ 後，匯流排數目會多 1(即匯流排數目 $n \to n+1$)：**

<<Type 1>>：加入阻抗分支 $Z_b$ 起點在「參考匯流排」 (Bus 0) 至第 p 個匯流排 (Bus p)上，如圖 7-8 所示：

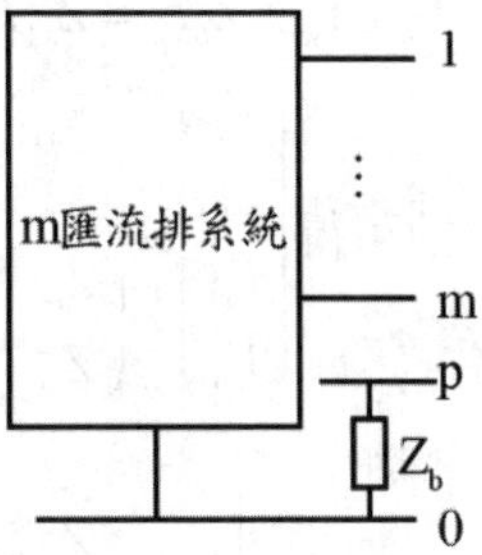

則因為 BUS 1~m 之電壓依舊未變，只是多了 $V_p$ 以及經由 $Z_b$ 流入網路之電流 $I_p$，故由 $\bar{V} = Z_{bus}\bar{I}$，可得

圖 7-8

$$\begin{pmatrix} V_1 \\ .. \\ V_m \\ V_p \end{pmatrix} = \left(\begin{array}{ccc|c} Z_{11} & .. & Z_{1m} & 0 \\ .. & .. & .. & .. \\ Z_{m1} & .. & Z_{mm} & 0 \\ \hline 0 & 0 & 0 & Z_b \end{array}\right) \begin{pmatrix} I_1 \\ .. \\ I_m \\ I_p \end{pmatrix}$$

$$\Rightarrow \bar{V}_{new} = \begin{pmatrix} Z_{11} & .. & Z_{1m} & 0 \\ .. & .. & .. & .. \\ Z_{m1} & .. & Z_{mm} & 0 \\ 0 & 0 & 0 & Z_b \end{pmatrix}_{new} \bar{I}_{new} \Rightarrow Z_{new} = \begin{pmatrix} & Z_{old} & & 0 \\ & & & .. \\ & & & 0 \\ 0 & 0 & 0 & Z_b \end{pmatrix} \text{................(式 7-14)}$$

> 記誦要訣　新的 $Z_{bus}$ 為舊的 $Z_{bus}$，在其行、列各加了由 0 所構成，右下對角為 $Z_b$ 之各元素。

<<Type 2>>：加入阻抗分支 $Z_b$ 之起點在「第 k 個匯流排」增加至匯流排 p 上 (Bus p)，如圖 7-9 所示：

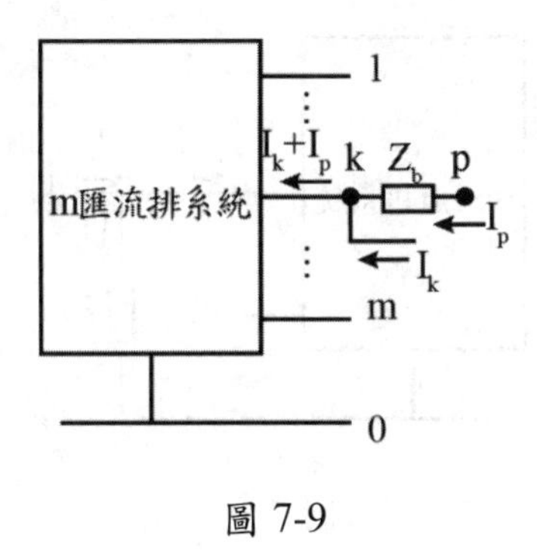


圖 7-9

此時 BUS 1~m,p 之電壓為：

$$V_1 = Z_{11}I_1 + ... + Z_{1k}(I_k + I_p) + ... + Z_{1m}I_m = Z_{11}I_1 + ... + Z_{1k}I_k + ... + Z_{1m}I_m + Z_{1k}I_p$$

$$\vdots$$

$$V_k = Z_{k1}I_1 + ... + Z_{kk}(I_k + I_p) + ... + Z_{km}I_m = Z_{k1}I_1 + ... + Z_{kk}I_k + ... + Z_{km}I_m + Z_{kk}I_p$$

$$V_p = V_k + Z_bI_p = Z_{k1}I_1 + ... + Z_{kk}I_k + ... + Z_{km}I_m + (Z_{kk} + Z_b)I_p$$

故可得 $\begin{pmatrix} V_1 \\ .. \\ V_m \\ V_p \end{pmatrix} = \begin{pmatrix} Z_{11} & .. & Z_{1m} & Z_{1k} \\ .. & .. & .. & .. \\ Z_{m1} & .. & Z_{mm} & Z_{mk} \\ Z_{1k} & .. & Z_{mk} & Z_{kk} + Z_b \end{pmatrix} \begin{pmatrix} I_1 \\ .. \\ I_m \\ I_p \end{pmatrix}$

$$\Rightarrow Z_{new} = \left(\begin{array}{ccc:c} & & & Z_{1k} \\ & Z_{old} & & .. \\ & & & Z_{mk} \\ \hdashline Z_{1k} & .. & Z_{mk} & Z_{kk} + Z_b \end{array}\right) \quad \text{......(式 7-15)}$$

記誦要訣：新的 $Z_{bus}$ 為舊的 $Z_{bus}$，在其行、列各加了由 $Z_{1k}, Z_{2k}, ....Z_{mk}$ 所構成，右下對角為「由 Bus k 看進去之戴維寧阻抗 $Z_{kk} + Z_b$」。

**【Group II】加入阻抗分支後，匯流排數目不變($n \to n$)：**

<<Type 3>>：加入阻抗分支 $Z_b$ 之起點在「參考匯流排」加在第 k 個匯流排上，如圖 7-10.所示：

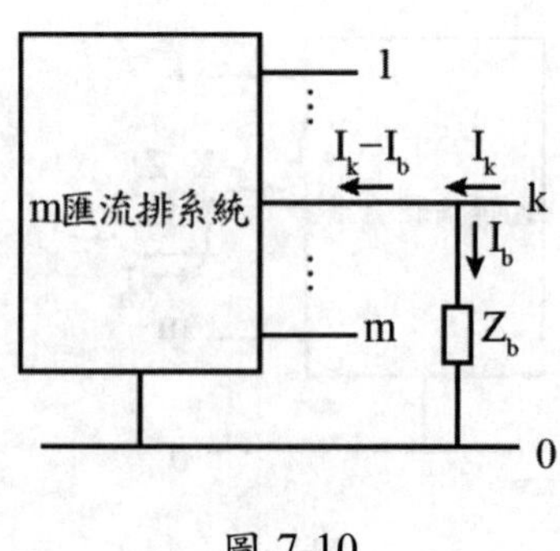


圖 7-10

此時 BUS 1~m 之電壓為：

$V_1 = Z_{11}I_1 + ... + Z_{1k}(I_k - I_b) + ... + Z_{1m}I_m = Z_{11}I_1 + ... + Z_{1k}I_k + ... + Z_{1m}I_m - Z_{1k}I_b$

⋮

$V_k = Z_{k1}I_1 + ... + Z_{kk}(I_k - I_b) + ... + Z_{km}I_m = Z_{k1}I_1 + ... + Z_{kk}I_k + ... + Z_{km}I_m - Z_{kk}I_b$

$V_m = Z_{m1}I_1 + ... + Z_{mk}I_k + ... + Z_{mm}I_m - Z_{mk}I_b$，又 $V_k = Z_bI_b$

故 $-Z_{k1}I_1 + ... - Z_{kk}I_k - ... - Z_{km}I_m + (Z_b + Z_{kk})I_b = 0$

故可得 $\begin{pmatrix} V_1 \\ .. \\ V_m \\ 0 \end{pmatrix} = \begin{pmatrix} Z_{11} & .. & Z_{1m} & -Z_{1k} \\ .. & .. & .. & .. \\ Z_{m1} & .. & Z_{mm} & -Z_{mk} \\ -Z_{1k} & .. & -Z_{mk} & Z_{kk}+Z_b \end{pmatrix} \begin{pmatrix} I_1 \\ .. \\ I_m \\ I_b \end{pmatrix} \Rightarrow Z_{new} = Z_{old} - \dfrac{\begin{pmatrix} 第 \\ k \\ 行 \end{pmatrix}(第\ \ k\ \ 列)}{Z_{kk} + Z_b}$

……………………………………………………………………………………（式 7-16）

> **記誦要訣**　新的 $Z_{bus}$ 為舊的 $Z_{bus}$ 減去修正矩陣 $\begin{pmatrix} 第 \\ k \\ 行 \end{pmatrix}(第\ \ k\ \ 列)$，再除以「由 Bus k 看進去之戴維寧阻抗 $Z_{kk} + Z_b$」。

<<Type 4>>：加入阻抗分支 $Z_b$ 起點在「第 i 個匯流排」加到「第 j 個匯流排」上，如圖 7-11 所示：

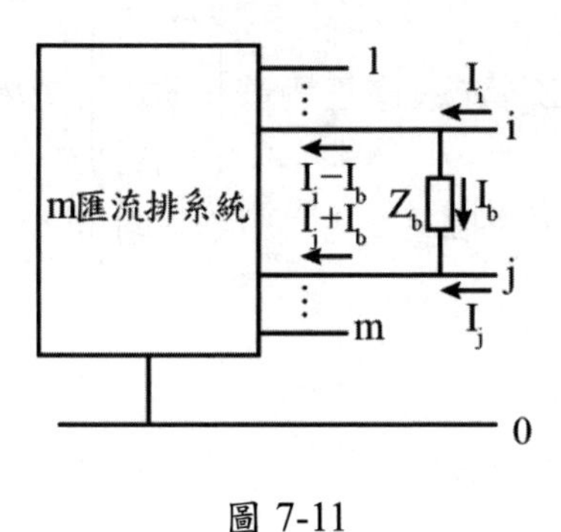


圖 7-11

此時 BUS 1~m 之電壓為：

$V_1 = Z_{11}I_1 + ... + Z_{1i}(I_i - I_b) + ... + Z_{1j}(I_j + I_b) + ... + Z_{1m}I_m$

$= Z_{11}I_1 + ... + Z_{1i}I_i + Z_{1j}I_j + ... + Z_{1m}I_m + (Z_{1j} - Z_{1i})I_b$

⋮

$V_i = Z_{i1}I_1 + ... + Z_{ii}(I_i - I_b) + Z_{ij}(I_j + I_b) + ... + Z_{im}I_m$

$= Z_{i1}I_1 + ... + Z_{ii}I_i + Z_{ij}I_j + ... + Z_{im}I_m + (Z_{ij} - Z_{ii})I_b$

⋮

$V_j = Z_{j1}I_1 + ... + Z_{ji}(I_i - I_b) + Z_{jj}(I_j + I_b) + ... + Z_{jm}I_m$

$= Z_{j1}I_1 + ... + Z_{ji}I_i + Z_{jj}I_j + ... + Z_{jm}I_m + (Z_{jj} - Z_{ji})I_b$

$V_m = Z_{m1}I_1 + ... + Z_{mi}(I_i - I_b) + Z_{mj}(I_j + I_b) + ... + Z_{mm}I_m$

$= Z_{m1}I_1 + ... + Z_{mi}I_i + Z_{mj}I_j + ... + Z_{mm}I_m + (Z_{mj} - Z_{mi})I_b$，又 $V_i - V_j = I_b Z_b$

故 $(Z_{i1} - Z_{j1})I_1 + ... + (Z_{im} - Z_{jm})I_m + (Z_{ii} + Z_{jj} - 2Z_{ij} + Z_b)I_b = 0$

可得 $\Rightarrow Z_{new} = Z_{old} - \dfrac{\begin{pmatrix} \text{第}i\text{行} \\ \text{減} \\ \text{第}j\text{行} \end{pmatrix}(\text{第}i\text{列} - \text{第}j\text{列})}{Z_{ii} + Z_{jj} - 2Z_{ij} + Z_b}$ ……………………………………(式 7-17)

記誦要訣 新的 $Z_{bus}$ 為舊的 $Z_{bus}$ 減去修正矩陣 $\begin{pmatrix} \text{第}i\text{行} \\ \text{減} \\ \text{第}j\text{行} \end{pmatrix}$ (第 $i$ 列 減 第 $j$ 列) 再除以「由 Bus i 及 Bus k 之間看進去之戴維寧阻抗 $Z_{ii} + Z_{jj} - 2Z_{ij} + Z_b$」。

## 牛刀小試

1. **利用「逐步建立阻抗矩陣法」，建立下圖電路之 $Z_{bus}$？**

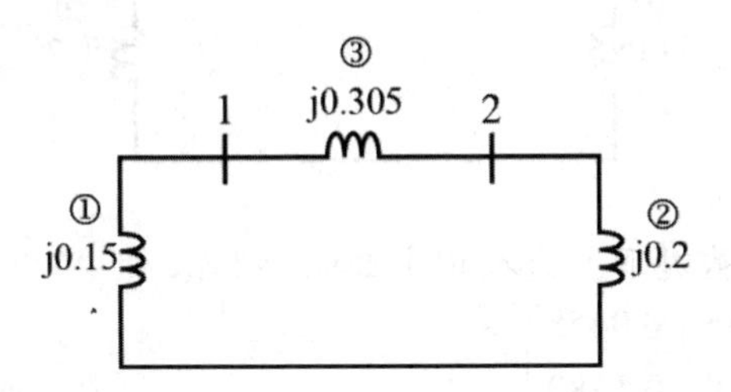


**詳解**

以圖標①、②、③依序建立 $Z_{bus}$ 如下：

(1) 在匯流排 1 先建立①之 j0.15 阻抗 $\Rightarrow$ Type 1 $\Rightarrow Z_{bus}^{(1)} = j(0.15)$

(2) 在(1)之基礎下，於匯流排 2 建立②之 j0.2 阻抗

$$\Rightarrow \text{Type 1} \Rightarrow Z_{bus}^{(2)} = \begin{pmatrix} Z_{bus}^{(1)} & 0 \\ 0 & j0.2 \end{pmatrix} = j\begin{pmatrix} 0.15 & 0 \\ 0 & 0.2 \end{pmatrix}$$

(3) 在(1)&(2)之基礎下，加入之 j0.305 阻抗 $\Rightarrow$

$$\text{Type 4} \Rightarrow Z_{new} = j\begin{pmatrix} 0.15 & 0 \\ 0 & 0.2 \end{pmatrix} - j\frac{\begin{pmatrix} 0.15 \\ -0.2 \end{pmatrix}\begin{pmatrix} 0.15 & -0.2 \end{pmatrix}}{0.15 + 0.2 - 0 + 0.35}$$

$$= j\begin{pmatrix} 0.1156 & 0.0458 \\ 0.0458 & 0.1389 \end{pmatrix}$$

2. **承上例題，若在 bus 1 及 bus 2 間加上 j0.4 pu.，設此阻抗與網路間無耦合情況，請建立新的 $Z_{bus}$？**

**詳解**

可畫新的電路圖如下所示：

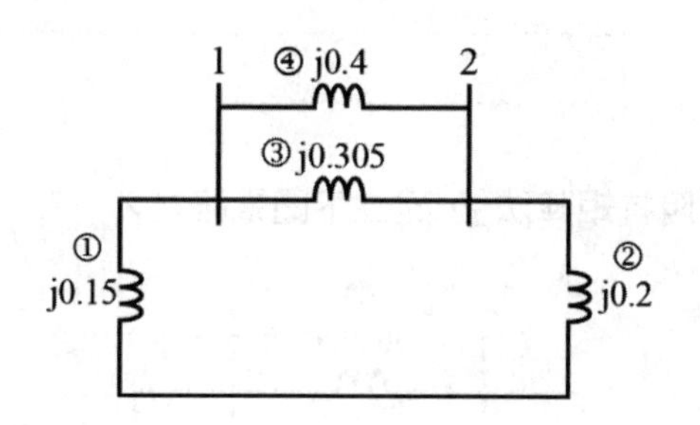


則在上一範例之基礎下，加入 j0.4 阻抗 ⇒ Type 4

$$\Rightarrow Z_{new} = j\begin{pmatrix} 0.1156 & 0.0458 \\ 0.0458 & 0.1389 \end{pmatrix}$$

$$-j\frac{\begin{pmatrix} 0.1156-0.0458 \\ 0.0458-0.1389 \end{pmatrix}\begin{pmatrix} 0.1156-0.0458 & 0.0458-0.1389 \end{pmatrix}}{0.1156+0.1389-2\times 0.0458-0.4}$$

$$= j\begin{pmatrix} 0.1070 & 0.0574 \\ 0.0574 & 0.1235 \end{pmatrix}$$

3. **利用「逐步建立阻抗矩陣法」，建立下圖電路之 $Z_{bus}$ ？**

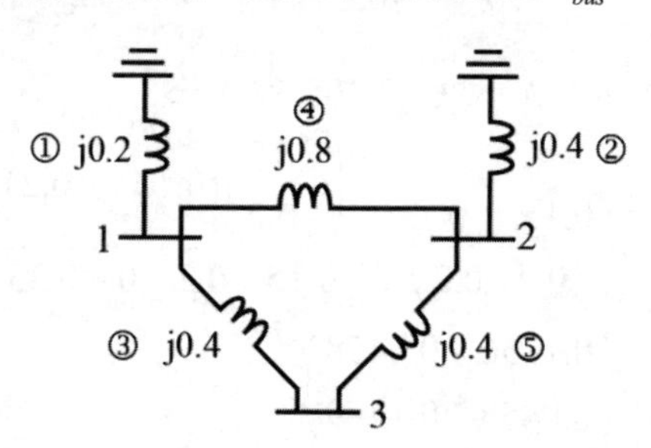


**詳解**

以圖標①,②,③,④,⑤依序建立 $Z_{bus}$ 如下：

(1) 在匯流排 1 先建立①之 j0.2 阻抗 ⇒ Type 1 ⇒ $Z_{bus}{}^{(1)} = j(0.2)$

(2) 在(1)之基礎下，於匯流排 2 建立②之 j0.4 阻抗

$$\Rightarrow \text{Type 1} \Rightarrow Z_{bus}{}^{(2)} = \begin{pmatrix} Z_{bus}{}^{(1)} & 0 \\ 0 & j0.4 \end{pmatrix} = j\begin{pmatrix} 0.2 & 0 \\ 0 & 0.4 \end{pmatrix}$$

(3) 在(1)&(2)之基礎下，於匯流排 3 建立②之 j0.4 阻抗，此時若起點在 bus 1 $\Rightarrow$ Type 2

$$\Rightarrow Z_{bus}^{(3)} = \begin{pmatrix} & & & Z_{1k} \\ & Z_{old} & & .. \\ & & & Z_{mk} \\ Z_{1k} & .. & Z_{mk} & Z_{kk}+Z_b \end{pmatrix} = j\begin{pmatrix} 0.2 & 0 & 0.2 \\ 0 & 0.4 & 0 \\ 0.2 & 0 & 0.2+0.4 \end{pmatrix}$$

$$= j\begin{pmatrix} 0.2 & 0 & 0.2 \\ 0 & 0.4 & 0 \\ 0.2 & 0 & 0.6 \end{pmatrix}$$

(4) 在(1)~(3)之基礎下，於匯流排 1,2 間建立④之 j0.8 阻抗 $\Rightarrow$ Type 4

$$\Rightarrow Z_{bus}^{(4)} = Z_{bus}^{(3)} - j\frac{\begin{pmatrix} 0.2-0 \\ 0-0.4 \\ 0.2-0 \end{pmatrix}\begin{pmatrix} 0.2-0 & 0-0.4 & 0.2-0 \end{pmatrix}}{0.2+0.4-2\times 0+0.8}$$

$$= j\begin{pmatrix} 0.1714 & 0.5714 & 0.1714 \\ 0.5714 & 0.2857 & 0.0571 \\ 0.1714 & 0.0571 & 0.5714 \end{pmatrix}$$

(5) 在(1)~(4)之基礎下，於匯流排 2,3 間建立⑤之 j0.4 阻抗 $\Rightarrow$ Type 4

$$\Rightarrow Z_{bus}^{(5)} = j\begin{pmatrix} 0.1714 & 0.5714 & 0.1714 \\ 0.5714 & 0.2857 & 0.0571 \\ 0.1714 & 0.0571 & 0.5714 \end{pmatrix}$$

$$-j\frac{\begin{pmatrix} -0.11429 \\ 0.22857 \\ -0.35143 \end{pmatrix}\begin{pmatrix} -0.11429 & 0.22857 & -0.35143 \end{pmatrix}}{0.2857+0.5714-2\times 0.0571+0.4} = j\begin{pmatrix} 0.16 & 0.08 & 0.12 \\ 0.08 & 0.24 & 0.16 \\ 0.12 & 0.16 & 0.34 \end{pmatrix}$$

4. **如圖所示之次暫態系統，所有電抗值均為相同系統基準之 pu 值，故障前匯流排 2 之電壓為$1.0\angle 0°$pu，並忽略所有故障前電流。假設因定期維護而將開關設備 A、B 及 C 打開，可求得其匯流排阻抗矩陣如下表所示。現維護工作完成，將開關設備 A、B 及 C 投入（閉合），請建立其新的匯流排阻抗矩陣後，求當匯流排 2 發生三相短路故障時：**

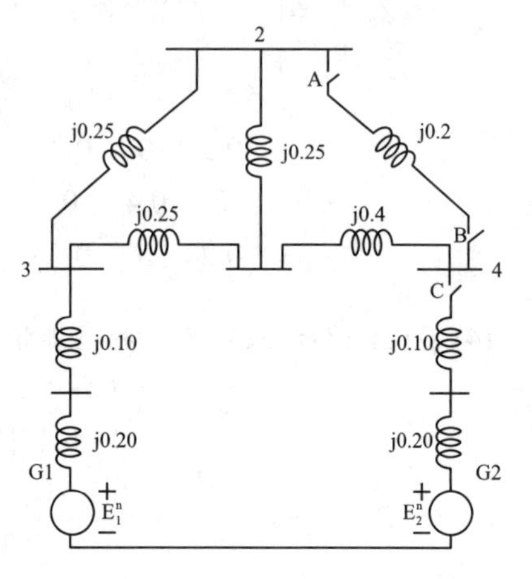


(1)**故障點之次暫態故障電流為多少？**

(2)**匯流排 4 之電壓為多少？**

(3)**流經開關設備 B 及 C 之故障電流分別為多少？**

**（均請計算至小數點後 4 位，以下四捨五入）**（102 經濟部）

$$
Z_{bus} = \begin{matrix} & \begin{matrix} 1 & 2 & 3 & 4 \end{matrix} \\ \begin{matrix} 1 \\ 2 \\ 3 \\ 4 \end{matrix} & \begin{pmatrix} j0.45 & j0.4 & j0.3 & j0.45 \\ j0.4 & j0.45 & j0.3 & j0.4 \\ j0.3 & j0.3 & j0.3 & j0.3 \\ j0.45 & j0.4 & j0.3 & j0.85 \end{pmatrix} \end{matrix}
$$

**詳解**

本題以舊的$Z_{bus} = j\begin{pmatrix} 0.45 & 0.4 & 0.3 & 0.45 \\ 0.4 & 0.45 & 0.3 & 0.4 \\ 0.3 & 0.3 & 0.3 & 0.3 \\ 0.45 & 0.4 & 0.3 & 0.85 \end{pmatrix}$基礎下，若開關 C 先投入，

再 A,B 投入，可以分別以逐步建立之方式求出新的$Z_{bus}$

(1) a. 在舊的 $Z_{bus}=j\begin{pmatrix}0.45 & 0.4 & 0.3 & 0.45\\ 0.4 & 0.45 & 0.3 & 0.4\\ 0.3 & 0.3 & 0.3 & 0.3\\ 0.45 & 0.4 & 0.3 & 0.85\end{pmatrix}$ 基礎下，若開關 C 先投入

$\Rightarrow$ 即起點於參考匯流排，加入 j0.1 到匯流排 4 之上 $\Rightarrow$ Type 3

$$\Rightarrow Z_{bus}{}^{(1)}=Z_{bus}-\frac{\begin{pmatrix}\text{第}\\ k\\ \text{行}\end{pmatrix}(\text{第}\quad k\quad \text{列})}{Z_{44}+Z_b}$$

$$=j\begin{pmatrix}0.45 & 0.4 & 0.3 & 0.45\\ 0.4 & 0.45 & 0.3 & 0.4\\ 0.3 & 0.3 & 0.3 & 0.3\\ 0.45 & 0.4 & 0.3 & 0.85\end{pmatrix}-j\frac{\begin{pmatrix}0.45\\ 0.4\\ 0.3\\ 0.85\end{pmatrix}(0.45\quad 0.4\quad 0.3\quad 0.85)}{0.85+0.1}$$

$$=j\begin{pmatrix}0.45 & 0.4 & 0.3 & 0.45\\ 0.4 & 0.45 & 0.3 & 0.4\\ 0.3 & 0.3 & 0.3 & 0.3\\ 0.45 & 0.4 & 0.3 & 0.85\end{pmatrix}-j\begin{pmatrix}0.2025 & 0.18 & 0.135 & 0.3825\\ 0.18 & 0.16 & 0.12 & 0.34\\ 0.135 & 0.12 & 0.09 & 0.255\\ 0.3825 & 0.34 & 0.255 & 0.7225\end{pmatrix}$$

$$\Rightarrow Z_{bus}{}^{(1)}=j\begin{pmatrix}0.45-0.2025 & 0.4-0.18 & 0.3-0.135 & 0.45-0.3825\\ 0.4-0.18 & 0.45-0.16 & 0.3-0.12 & 0.4-0.34\\ 0.3-0.135 & 0.3-0.12 & 0.3-0.09 & 0.3-0.255\\ 0.45-0.3825 & 0.4-0.34 & 0.3-0.255 & 0.85-0.7225\end{pmatrix}$$

$$=j\begin{pmatrix}0.2475 & 0.22 & 0.165 & 0.0675\\ 0.22 & 0.29 & 0.18 & 0.06\\ 0.165 & 0.18 & 0.21 & 0.045\\ 0.0675 & 0.06 & 0.045 & 0.1275\end{pmatrix}$$

b. 在 $Z_{bus}{}^{(1)}=j\begin{pmatrix}0.2475 & 0.22 & 0.165 & 0.0675\\ 0.22 & 0.29 & 0.18 & 0.06\\ 0.165 & 0.18 & 0.21 & 0.045\\ 0.0675 & 0.06 & 0.045 & 0.1275\end{pmatrix}$ 基礎下，

若開關 A,B 先後投入，即在匯流排 2,4 間，加入阻抗 j0.2 ⇒ Type 4

$$Z_{bus}^{(2)} = j\begin{pmatrix} 0.2475 & 0.22 & 0.165 & 0.0675 \\ 0.22 & 0.29 & 0.18 & 0.06 \\ 0.165 & 0.18 & 0.21 & 0.045 \\ 0.0675 & 0.06 & 0.045 & 0.1275 \end{pmatrix} - j\frac{\begin{pmatrix} 0.22-0.0675 \\ 0.29-0.06 \\ 0.18-0.045 \\ 0.06-0.1275 \end{pmatrix}\begin{pmatrix} 0.1525 & 0.23 & 0.135 & -0.0675 \end{pmatrix}}{0.29+0.1275-2\times0.0675+0.2}$$

$$\Rightarrow Z_{bus}^{(2)} = j\begin{pmatrix} 0.2475 & 0.22 & 0.165 & 0.0675 \\ 0.22 & 0.29 & 0.18 & 0.06 \\ 0.165 & 0.18 & 0.21 & 0.045 \\ 0.0675 & 0.06 & 0.045 & 0.1275 \end{pmatrix} - j\frac{\begin{pmatrix} 0.0232 & 0.0351 & 0.0206 & 0.0103 \\ 0.0351 & 0.0529 & 0.0311 & -0.0155 \\ 0.0206 & 0.0311 & 0.0182 & -0.0091 \\ 0.0103 & -0.0155 & -0.0091 & 0.0046 \end{pmatrix}}{0.4825}$$

$$\Rightarrow Z_{bus}^{(2)} = j\begin{pmatrix} 0.2475 & 0.22 & 0.165 & 0.0675 \\ 0.22 & 0.29 & 0.18 & 0.06 \\ 0.165 & 0.18 & 0.21 & 0.045 \\ 0.0675 & 0.06 & 0.045 & 0.1275 \end{pmatrix} - j\begin{pmatrix} 0.0481 & 0.0727 & 0.0427 & 0.0213 \\ 0.0727 & 0.1096 & 0.0645 & -0.0321 \\ 0.0427 & 0.0645 & 0.0377 & -0.0189 \\ 0.0213 & -0.0321 & -0.0189 & 0.0095 \end{pmatrix}$$

$$= j\begin{pmatrix} 0.1994 & 0.1473 & 0.1223 & 0.0462 \\ 0.1473 & 0.1804 & 0.1155 & 0.0921 \\ 0.1223 & 0.1155 & 0.1723 & 0.639 \\ 0.0462 & 0.0921 & 0.639 & 0.118 \end{pmatrix}$$

若 bus 2 發生三相短路故障，則故障電流為：

$I_{f2}" = \frac{V_f}{Z_{22}} = \frac{1\angle 0°}{j0.1804} = -j5.5432pu.$

(2) 匯流排 4 的電壓為 $V_4 = (1-\frac{Z_{42}}{Z_{22}})V_f = (1-\frac{0.0921}{0.1804})1\angle 0° = 0.4895\angle 0° pu.$

(3) 故障期間，匯流排 2 的電壓為 $V_2 = 0\angle 0°$，則流經開關 B 之故障電流為：

$I_{42}" = \frac{V_4 - V_2}{j0.2} = \frac{0.4895\angle 0°}{j0.2} = -j2.4475pu.$

流經開關 C 之故障電流為：$I_{40}" = \frac{V_4}{j0.2+j0.1} = \frac{0.4895\angle 0°}{j0.3} = -j1.6317pu.$

# 7-5 用「三相短路容量法(SCC)」求故障電流

## 焦點 6 三相短路容量用在「匯流排」、「設備」或「輸電線」上之求解故障電流

考試比重 ★★★☆☆

此節為高、普考常考重點，各類公職考試中選擇題、非選擇題題型均有。

1. 在一平衡三相電力系統中，因為故障前為平衡三相，若故障是發生三相均接地短路，此時在故障期間亦為「平衡故障」，故仍可以「單相處理」而畫出單相戴維寧等效電路如圖 7-10.所示，其中上標(0)表示在故障前，$V_{LL}{}^r$ 為「額定線電壓」，$V_{LN}{}^{(0)}$ 為「故障前單相相電壓」(故 $V_{LN}{}^{(0)} = \frac{V_{LL}{}^r}{\sqrt{3}}$)，$X$ 為由匯流排看進去之「戴維寧等效電抗」，$I_{SC}$ 為「故障電流」，則 $|I_{SC}| = \frac{V_{LN}{}^{(0)}}{X} = \frac{V_{LL}{}^r}{\sqrt{3}X}$ ...............(式 7-18)

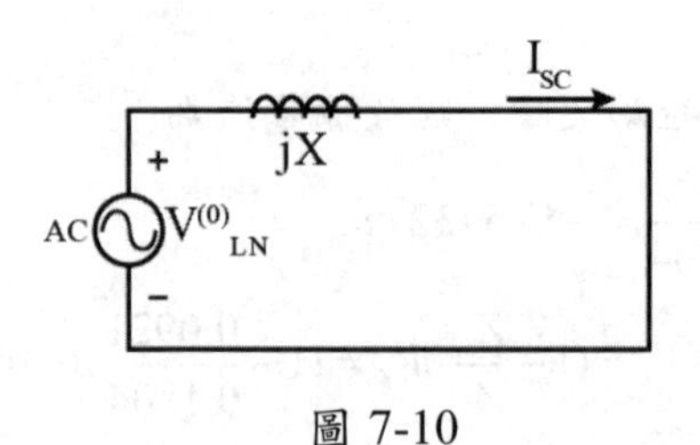


圖 7-10

2. **定義**：匯流排三相短路容量(SCC-Short Circuit Capacity for BUS)為「匯流排額定電壓 X 故障短路電流」，即 $SCC_{bus}=\sqrt{3}V_{LL}{}^{r}I_{SC}$ ……………(式 7-19.)，如此可求出「故障電流」：$I_{SC}=\dfrac{SCC_{bus}}{\sqrt{3}V_{LL}{}^{r}}$ ………………………(式 7-20.)，一般而言，故障前匯流排會給定電壓標么值 $V_{pu}{}^{(0)}$ 且以「線對線的額壓」 $V_{LL}{}^{r}$ 為基準，再以式 7-18.代入式 7-19.，可再演式如下：

$$SCC_{bus}=\sqrt{3}V_{LL}{}^{r}I_{SC}=\sqrt{3}V_{LL}{}^{r}\frac{V_{LN}{}^{(0)}}{X}=V_{LL}{}^{r}\frac{V_{LL}{}^{(0)}}{X}=\frac{V_{LL}{}^{r}V_{LL}{}^{r}}{X}\times\frac{V_{LN}{}^{(0)}}{V_{LL}{}^{r}}=\frac{(V_{LL}{}^{r})^{2}}{X}V_{pu}{}^{(0)}$$

………………………………………………………………………………………………(式 7-21.)

3. 當給定 $SCC_{bus}$ ，可求由匯流排看進去之「戴維寧等效電抗」 $X$ ：

$X=\dfrac{(V_{LL}{}^{r})^{2}}{SCC_{bus}}V_{pu}{}^{(0)}$ ……………(式 7-22.)，其中 $X=\dfrac{(V_{LL}{}^{r})^{2}}{SCC_{bus}}V_{pu}{}^{(0)}$ 為故障前工作電壓的標么值，故可知匯流排之短路容量並非常數，而是與故障前電壓有關，若故障前電壓越大，則其短路容量也越大。

**老師的話**

由「式 7-22.」可知，當 $X\rightarrow 0$ 即為「理想電壓源」，在匯流排的觀念，即為「無限匯流排」( $\infty Bus$ )。

4. 求「輸電線」的短路容量：當給定「實際輸電線電抗 $X_L$ 」以及「額定線電壓 $V_{LL}{}^{r}$ 」，此時輸電線的三相短路容量為 $SCC_{line}=\dfrac{(V_{LL}{}^{r})^{2}}{X_L}\dfrac{V_{LL}{}^{(0)}}{V_{LL}{}^{r}}$ ……………………………(式 7-23.)

5. 求「設備」(如：同步發電機、同步電動機或變壓器等)的短路容量：當給定設備之「額定容量 $S_{rated}$ 」以及「以額定線電壓為基準之標么電抗 $X_{pu}'$ 」，此時設備的三相短路容量為

$$SCC_{device}=\frac{(V_{LL}{}^{r})^2}{X}V_{pu}{}^{(0)}=\frac{(V_{LL}{}^{r})^2}{X_{pu}'\times Z_b}V_{pu}{}^{(0)}=\frac{(V_{LL}{}^{r})^2}{X_{pu}'\times\frac{(V_{LL}{}^{r})^2}{S_r}}V_{pu}{}^{(0)}=\frac{S_r}{X_{pu}'}V_{pu}{}^{(0)}$$

..........(式 7-24.)

6. 以短路容量法計算故障電流之步驟如下：

**STEP** 1. 計算「電源側」、「匯流排」、「設備」以及「輸電線」之各短路容量。

**STEP** 2. 劃出系統短路容量圖。

**STEP** 3. 故障點短路容量計算：以下分為

(1) SCC 串聯運算：如圖 7-11.所示，其計算式為：

$$SCC=\frac{1}{\frac{1}{SCC_1}+\frac{1}{SCC_2}}$$ ..........(式 7-25.)

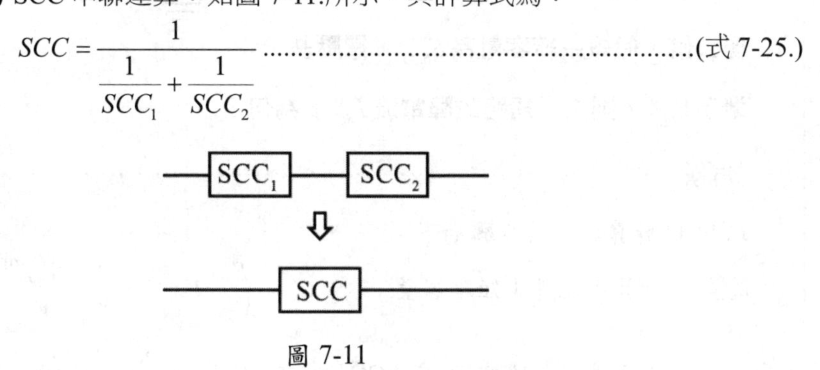

圖 7-11

(2) SCC 並聯運算：

如圖 7-12 所示，其計算式為：$SCC=SCC_1+SCC_2$ ............(式 7-25.)

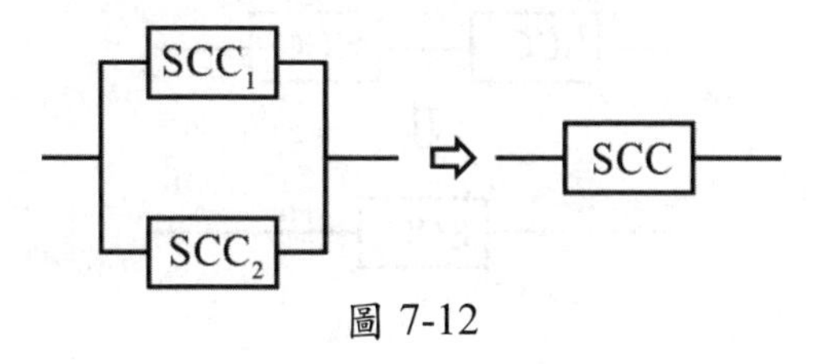

圖 7-12

STEP 4. 計算「故障電流」：求得故障點之短路容量後，其「對稱故障電流」為 $I_{sy}=\frac{SCC_F}{\sqrt{3}V_{LL}{}^r}$，若需計算「非對稱故障電流 $I_{asy}=kI_{sy}$」(或「非對稱短路容量」)，則將「對稱故障電流」(或「對稱短路容量」)乘上 K 值即可，此時 K 值係依電力系統之電壓等級而定，一般而言，600V 以上之高壓系統，K=1.6，600V 以下之低壓系統，K=1.25。

牛刀小試……

1. **如圖所示系統，包含 2 個串聯元件，元件 1 電抗標么值為 $X_{pu,1}$，以 $S_{r1},V_{LL}{}^r$ 為基準，元件 2 電抗標么值為 $X_{pu,2}$，並以 $S_{r2},V_{LL}{}^r$ 為基準，$V_{pu}{}^{(0)}$ 代表故障前之電壓標么值，假設系統容量為 $S_{b,3\phi}$，電壓基準為 $V_{LL}{}^b$，則求「短路故障電流 $I_{SC}$」為何？**

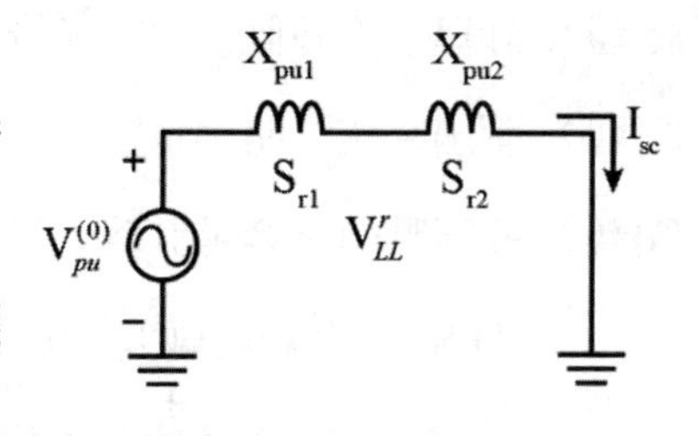


詳解……

以 SCC 計算之，其步驟如下：

STEP 1. 計算「元件 1 短路容量」：$SCC_1=\frac{S_{r1}}{X_{pu,1}}V_{pu}{}^{(0)}=\frac{S_{r1}}{X_{pu,1}}\frac{V_{LL}{}^{(0)}}{V_{LL}{}^r}$；

「元件 2 短路容量」：$SCC_2=\frac{S_{r2}}{X_{pu,2}}V_{pu}{}^{(0)}=\frac{S_{r2}}{X_{pu,2}}\frac{V_{LL}{}^{(0)}}{V_{LL}{}^r}$

STEP 2. 劃出系統短路容量圖如下：

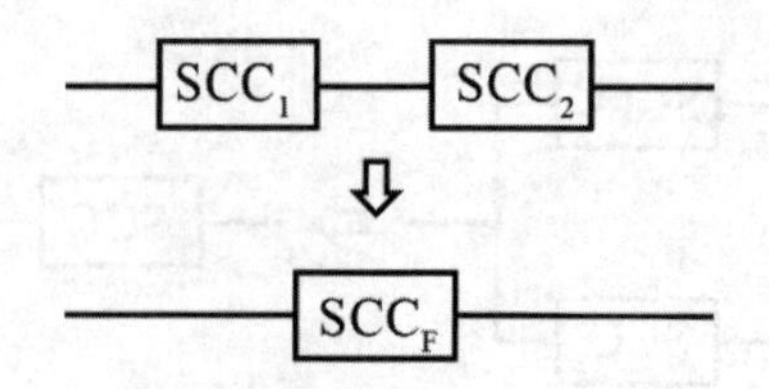

**STEP** 3. 故障點短路容量計算：

SCC 為串聯運算，其計算式為：

$$SCC_F = \frac{1}{\dfrac{1}{SCC_1} + \dfrac{1}{SCC_2}} = \frac{1}{\dfrac{X_{pu,1}}{S_{r1}} + \dfrac{X_{pu,2}}{S_{r2}}} \frac{{V_{LL}}^{(0)}}{{V_{LL}}^{r}}$$

$$= \frac{1}{\dfrac{X_{pu,1}}{S_{r1}} + \dfrac{X_{pu,2}}{S_{r2}}} \frac{{V_{LL}}^{(0)}}{{V_{LL}}^{b}} \frac{{V_{LL}}^{b}}{{V_{LL}}^{r}} = \frac{{V_{pu}}^{(0)}}{\dfrac{X_{pu,1}}{S_{r1}} + \dfrac{X_{pu,2}}{S_{r2}}} \frac{{V_{LL}}^{b}}{{V_{LL}}^{r}}$$

**STEP** 4. 計算「故障電流」：

$$I_{SC} = \frac{SCC_F}{\sqrt{3}{V_{LL}}^{r}} = \frac{{V_{pu}}^{(0)}}{\dfrac{X_{pu,1}}{S_{r1}} + \dfrac{X_{pu,2}}{S_{r2}}} \frac{{V_{LL}}^{b}}{{V_{LL}}^{r}} \frac{1}{\sqrt{3}{V_{LL}}^{r}} = \frac{{V_{pu}}^{(0)}}{\dfrac{X_{pu,1}}{S_{r1}} + \dfrac{X_{pu,2}}{S_{r2}}} \frac{{V_{LL}}^{b}}{\sqrt{3}({V_{LL}}^{r})^2}$$

【另解】利用標么值定義直接求解如下：

$$I_{SC} = I_{SC.pu} I_b = \frac{{V_{pu}}^{(0)}}{X_{pu,1}\dfrac{S_{b,3\phi}}{S_{r1}}\left(\dfrac{{V_{LL}}^{r}}{{V_{LL}}^{b}}\right)^2 + X_{pu,2}\dfrac{S_{b,3\phi}}{S_{r2}}\left(\dfrac{{V_{LL}}^{r}}{{V_{LL}}^{b}}\right)^2} \frac{{V_{LL}}^{b}}{\sqrt{3}{V_{LL}}^{b}}$$

$$= \frac{{V_{pu}}^{(0)}}{\dfrac{X_{pu,1}}{S_{r1}} + \dfrac{X_{pu,2}}{S_{r2}}} \frac{{V_{LL}}^{b}}{\sqrt{3}({V_{LL}}^{r})^2}$$

2. **如右圖為某工廠之配電系統，求 220v 匯流排處之「非對稱短路故障電流 $I_{SC}$ 」為？**

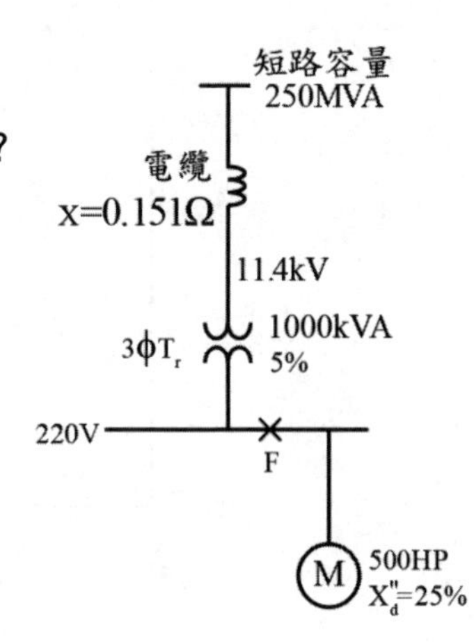

**詳解**

假設故障前電壓等於線路額壓，即$\dfrac{V_{LL}^{(0)}}{V_{LL}^{r}}=V_{pu}^{(0)}=1$

以 SCC 計算之，其步驟如下：

**STEP** 1. 計算「電源側匯流排短路容量」：$SCC_{bus}=250V_{pu}^{(0)}MVA=250MVA$；

及「電纜短路容量」：$SCC_{line}=\dfrac{(V_{LL}^{r})^2}{X}\dfrac{V_{LL}^{(0)}}{V_{LL}^{r}}=\dfrac{(11.4k)^2}{0.151}=861MVA$；

及「變壓器短路容量」：$SCC_{TR}=\dfrac{S_r}{X_{pu}'}V_{pu}^{(0)}=\dfrac{1}{0.05}MVA=20MVA$；

&「馬達短路容量」：$SCC_M=\dfrac{S_r}{X_{pu}'}V_{pu}^{(0)}=\dfrac{0.5}{0.25}MVA=2MVA$；

(馬達之$S_r$計算如下：

馬達輸出$1hp=0.746kW$，若馬達效率 90%功率因數 0.8，

則$S=\dfrac{P_{in}}{p.f.}=\dfrac{\frac{0.746}{0.9}}{0.8}\approx 1KVA\Rightarrow S_r=500KVA=0.5MVA$)

**STEP** 2. 畫出系統短路容量圖如下：

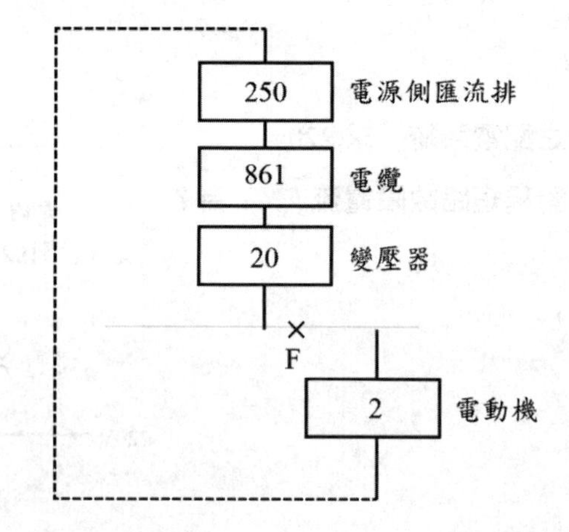

STEP 3. 故障點短路容量計算：其計算式為：

$$SCC_F = \frac{1}{\frac{1}{250}+\frac{1}{861}+\frac{1}{20}} + 2 = 20.1MVA$$

STEP 4. 計算「短路故障電流」：

先求「對稱故障電流」：$I_{sy} = \frac{SCC_F}{\sqrt{3}V_{LL}{}^r} = \frac{20.1MVA}{\sqrt{3}\times 0.22kV} = 52.8kA$；

再求「非對稱故障電流」：$I_{asy} = 1.25\times 52.8kA = 66kA$

3. **某電力系統如下圖所示，圖中兩台同步電動機連接在電壓為 440V 之電動機匯流排上，其次暫態電抗以 480 V、2000 kVA 為基底，分別為 $X''_{M1} = 80\%$ 及 $X''_{M2} = 25\%$。此電動機匯流排經由一條阻抗為 0.023 Ω 之線路與系統電源相連接，系統電源的電壓為 480 V，短路容量為 9.6 MVA，當於 F1 發生三相直接短路故障，若忽略負載電流，請計算初始之對稱故障電流有效值為多少 kA？**（98 高考三級）

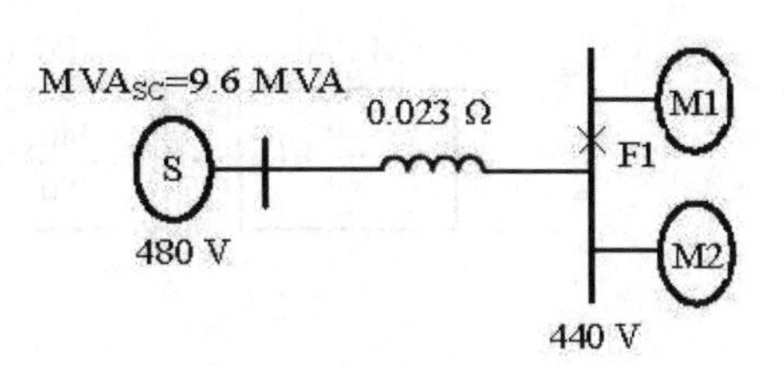


詳解 ……………………………………………………………………………

假設系統額壓為 $V_{LL}{}^r = 480V$，故障前工作電壓為 $V_{LL}{}^{(0)} = 440V$，則故障前電壓標么值為 $V_{pu}{}^{(0)} = \frac{V_{LL}{}^{(0)}}{V_{LL}{}^r} = \frac{440}{480} = 0.9167$

以 SCC 計算之，其步驟如下：

STEP 1. 計算「電源側匯流排短路容量」：$MVA_{SC} = 9.6V_{pu}{}^{(0)}MVA = 8.8MVA$；

及「線路短路容量」：

$$MVA_l = \frac{(V_{LL}{}^r)^2}{X}\frac{V_{LL}{}^{(0)}}{V_{LL}{}^r} = \frac{(0.48k)^2}{0.023}\frac{440}{480} = 9.1826MVA$$；

及「設備 M1 短路容量」：

$$MVA_{m1}=\frac{S_r}{X_{pu}{}'}V_{pu}{}^{(0)}=\frac{2}{0.8}\frac{440}{480}MVA=2.2917MVA$$ ；

&「設備 M2 短路容量」：

$$MVA_{m2}=\frac{S_r}{X_{pu}{}'}V_{pu}{}^{(0)}=\frac{2}{0.25}\frac{440}{480}MVA=7.3333MVA$$

STEP 2. 劃出系統短路容量圖如下：

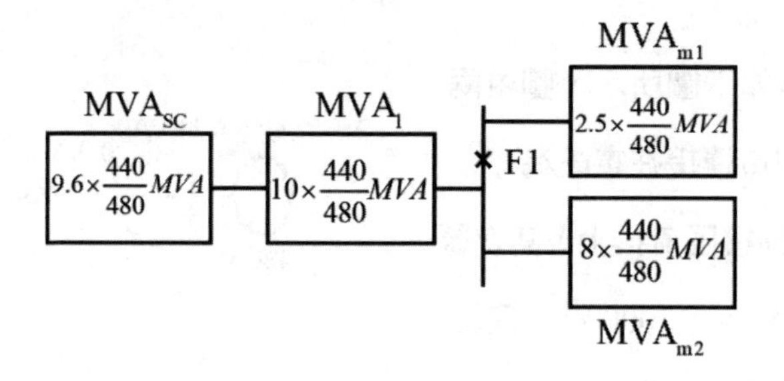


STEP 3. 故障點短路容量計算：其計算式為：

$$SCC_{F1}=\frac{1}{\frac{1}{MVA_{SC}}+\frac{1}{MVA_l}}+MVA_{m1}+MVA_{m2}$$

$$=\frac{1}{\frac{1}{8.8}+\frac{1}{9.1826}}+2.2917+7.3333=14.1MVA$$

STEP 4. 求「對稱故障電流」：$I_{sy}=\frac{SCC_F}{\sqrt{3}V_{LL}{}^{r}}=\frac{14.1MVA}{\sqrt{3}\times 0.48kV}=17kA$

**老師的話**

所謂初始對稱故障電流，「初始」即代表次暫態，「對稱」代表忽略直流偏移量，而僅考慮交流故障電流。

4. **下圖所示之電力系統，當匯流排 1 發生三相短路故障時，發電機與電動機等效電路以定電壓源串聯次暫態電抗表示，且其以額定 MVA，0.95 功因落後，1.05 倍的額定電壓運轉。而變壓器與輸電線路之等效電路則以漏磁電抗與串聯電抗表示，相關參數如下所示。試求：**

(1)**故障點 F 之次暫態故障電流，假設伏安基準值為 100 MVA。**

(2)**考慮負載電流時發電機側與電動機側流入故障點 F 之次暫態故障電流。**

（100 地特四等）

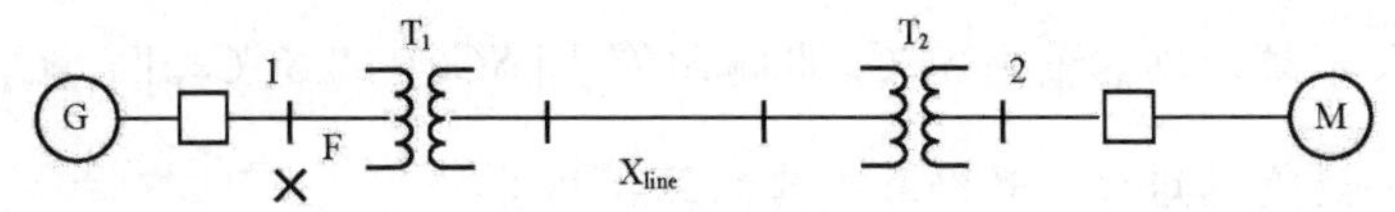


**發電機** G：100 MVA，13.8 kV，X"= 0.2 pu，

**變壓器** T1：100 MVA，13.8 kV/138 kV，Δ/Y，X = 0.1pu

**線路**：$X_{line} = 30\ \Omega$

**變壓器** T2：100 MVA，138 kV/13.8 kV，Y/Δ，X = 0.1pu

**電動機** M：100 MVA，13.8 kV，X" = 0.15 pu。

**詳解**

假設系統額壓等於故障前工作電壓，故 $V_{pu}^{(0)} = \dfrac{V_{LL}^{(0)}}{V_{LL}^{r}} = 1$

以 SCC 計算之，其步驟如下：

**STEP** 1. 計算「電源側短路容量」：$SCC_G = 100V_{pu}^{(0)}MVA = 100MVA$；

及「變壓器 1 短路容量」：

$$SCC_{T1} = \frac{(V_{LL}^{r})^2}{X}\frac{V_{LL}^{(0)}}{V_{LL}^{r}} = \frac{(13.8k)^2}{0.1} = 1904.4MVA\ ；$$

及「變壓器 2 短路容量」：

$$SCC_{T2}=\frac{(V_{LL}{}^{r})^2}{X}\frac{V_{LL}{}^{(0)}}{V_{LL}{}^{r}}=\frac{(138k)^2}{0.1}=190440MVA$$ ；

又線路電抗標么值：$X_L=0.1575pu.$，則「線路短路容量」：

$$SCC_{line}=\frac{(V_{LL}{}^{r})^2}{X_L}V_{pu}{}^{(0)}=\frac{(138k)^2}{0.1575}MVA=120914MVA$$

及「電動機 M 短路容量」：

$$SCC_{M}=\frac{(V_{LL}{}^{r})^2}{X'}\frac{V_{LL}{}^{(0)}}{V_{LL}{}^{r}}=\frac{(13.8k)^2}{0.15}=12696MVA$$

**STEP** 2. 系統短路容量為 $SCC_G$ 串聯 $SCC_{T1}\parallel SCC_{line}\parallel SCC_{T2}\parallel SCC_M$

**STEP** 3. 故障點短路容量計算：其計算式為：

$$SCC_F=\frac{1}{\frac{1}{1904.4}+\frac{1}{190440}+\frac{1}{120914}+\frac{1}{12696}}+100=1724.5MVA$$

**STEP** 4. 求「對稱故障電流」：$I_{sy}=\frac{SCC_F}{\sqrt{3}V_{LL}{}^{r}}=\frac{1724.5MVA}{\sqrt{3}\times 13.8kV}=72.14kA$

# 第 8 章　非對稱故障分析

## 8-1 系統表示及簡化假設、單線接地故障解題步驟

### 焦點 1　單線接地故障解題步驟

考試比重 ★★★☆☆

見於各類考試尤其高考專技與高普考。

1. 如圖8-1所示為一個三相n匯流排電力系統，其中匯流排n之a,b,c三相特別拉出；在未發生故障(故障前)時，三相故障電流為 0，即$I_n^a = I_n^b = I_n^c = 0$，若發生「a相單線接地故障」，則$I_n^a = I_f \neq 0, V_n^a = 0$；本章在討論若系統發生「單線接地故障(SLG-Single Line to Ground Fault)」、「線間故障(LLF-Line to Line Fault)」或「雙線接地故障(DLG-Double Line to Ground Fault)」等問題，此乃屬於非平衡三相故障範圍，與上章所討論之三相對稱故障不同，所以此時不可做「單相分析」，而改以針對「序域成分」做分析。

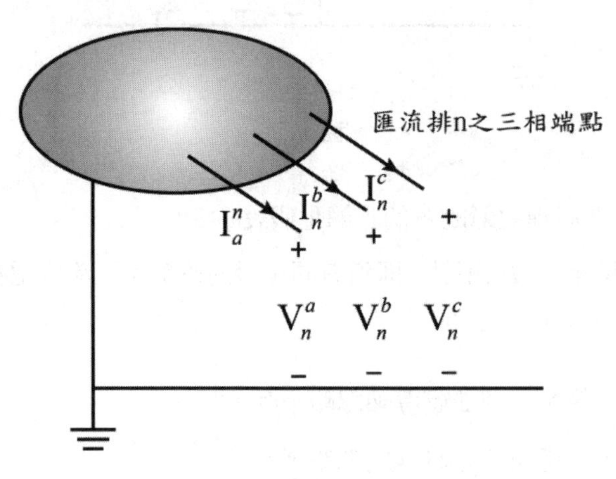


圖 8-1

2.「對稱故障」與「非對稱故障」之異同如下：

(1) 相異之處：非對稱故障對於「序域成分」(即「零序」、「正序」、「負序」)都需考慮，而對稱故障僅考慮「正序」成分。

(2) 相同之處：非對稱故障與對稱故障在故障發生前都是平衡三相狀態，且此時只有「正序」有電源，零序與負序均為無源。

3. 假設有一個三匯流排電力系統，若匯流排 n 發生「單線接地(a 相)故障」下圖 8-2，此時有接地阻抗 $Z_f$ ，則在故障發生期間，匯流排 n 的 a 相電流即為「故障電流」($I_n^a = I_f$)，並特別注意此時匯流排 n 的零序、正序與負序網路在「故障點」處互聯。

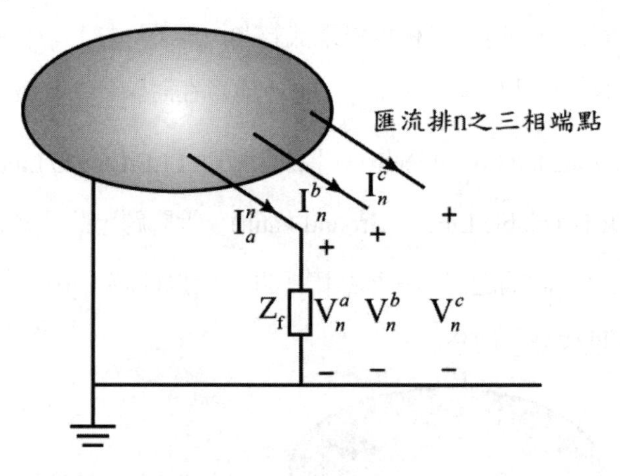


圖 8-2

4. 以下為解決此非對稱故障的幾個「簡化假設」：

(1) 故障前負載電流($I_L$)不計：即所有同步機內電勢與匯流排電壓均相同，等，於故障前電壓 $V_f$ 。

(2) 變壓器之繞組電阻與並聯導納忽略不計。

(3) 輸電線之串聯電阻與並聯導納忽略不計。

(4) 發電機之繞組電組、凸極性及飽和現象均忽略不計。

(5) 非旋轉電機之阻抗負載忽略。

(6) 感應電動機忽略。

(7) 不考慮Δ-Y 變壓器之相位移。

5. 承 3.，假設此時 n=2，即匯流排 2 發生單線接地故障，以下為其解題步驟：

**STEP** 1. 邊界條件 1：列出 BUS 2 之相域條件⇒只有 a 相有相電流及相電壓，

即 $\left\{\begin{matrix} I_2^{\ a}=I_f, I_2^{\ b}=0, I_2^{\ c}=0 \\ V_2^{\ a}=I_2^{\ a}Z_f \end{matrix}\right\}$ ……………………………………………(式 8-1)

**STEP** 2. 邊界條件 2：列出 BUS 2 之序域條件⇒

$\left\{\begin{matrix} \text{(1).零序、正序、負序電流都相等且三等分}a\text{相電流} \\ \text{(2).零序、正序、負序電壓總和等於序電流乘上3倍接地阻抗} \end{matrix}\right\}$，即

$$\left\{\begin{matrix} I_2^{\ 0}=I_2^{\ 1}=I_2^{\ 2}=\dfrac{I_2^{\ a}}{3} \\ V_2^{\ 0}+V_2^{\ 1}+V_2^{\ 2}=I_2^{\ 0}(3Z_f) \end{matrix}\right\} \text{……………………(式 8-2)}$$

推導如下：由 $I_S=A^{-1}I_P \Rightarrow \begin{pmatrix} I_2^{\ 0} \\ I_2^{\ 1} \\ I_2^{\ 2} \end{pmatrix}=\dfrac{1}{3}\begin{pmatrix} 1 & 1 & 1 \\ 1 & a & a^2 \\ 1 & a^2 & a \end{pmatrix}\begin{pmatrix} I_2^{\ a} \\ I_2^{\ b} \\ I_2^{\ c} \end{pmatrix}$

$$\Rightarrow \begin{pmatrix} I_2^{\ 0} \\ I_2^{\ 1} \\ I_2^{\ 2} \end{pmatrix}=\frac{1}{3}\begin{pmatrix} 1 & 1 & 1 \\ 1 & a & a^2 \\ 1 & a^2 & a \end{pmatrix}\begin{pmatrix} I_2^{\ a} \\ 0 \\ 0 \end{pmatrix}=\frac{1}{3}\begin{pmatrix} I_2^{\ a} \\ I_2^{\ a} \\ I_2^{\ a} \end{pmatrix}$$

又 $\left\{\begin{matrix} V_2^{\ 0}+V_2^{\ 1}+V_2^{\ 2}=V_2^{\ a} \\ I_2^{\ 0}+I_2^{\ 1}+I_2^{\ 2}=I_2^{\ a} \end{matrix}\right\}$

$$\Rightarrow V_2^{\ a}=I_2^{\ a}Z_f \Rightarrow V_2^{\ 0}+V_2^{\ 1}+V_2^{\ 2}=(I_2^{\ 0}+I_2^{\ 1}+I_2^{\ 2})Z_f=(3I_2^{\ 0})Z_f=I_2^{\ 0}(3Z_f)$$

**STEP** 3. 求出 $I_2^{\ 0}, I_2^{\ 1}, I_2^{\ 2}$ & $V_2^{\ 0}, V_2^{\ 1}, V_2^{\ 2}=?$

**詳解** ……………………………………………………………………

如下圖 8-3(a)為從 Bus 2 看進去之「零序戴維寧等效電路」，其中零序阻抗為 $Z_{22}^{\ 0}$，零序電壓為 $V_2^{\ 0}$，此為「無電壓源電路」；圖 8-3(b)為從

Bus 2 看進去之「正序戴維寧等效電路」，其中正序阻抗為 $Z_{22}{}^{1}$，正序電壓為 $V_2^1$，並有一電壓源 $V_f$；如圖 8-3(c)為從 Bus 2 看進去之「負序戴維寧等效電路」，其中負序阻抗為 $Z_{22}{}^{2}$，負序電壓為 $V_2{}^{2}$，此亦為一「無電壓源電路」。

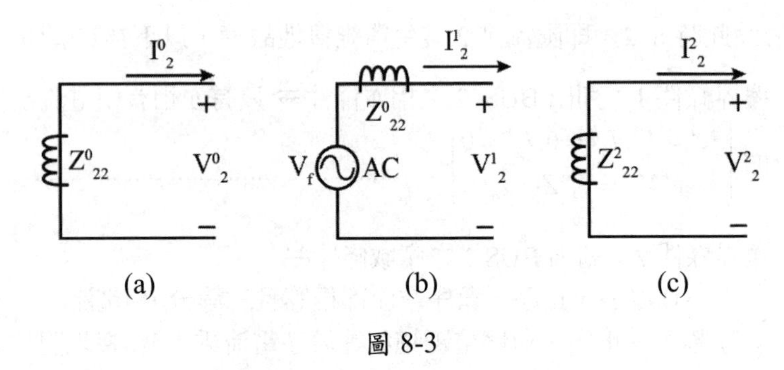


圖 8-3

而由 $\begin{Bmatrix} I_2{}^0 = I_2{}^1 = I_2{}^2 = \dfrac{I_2{}^a}{3} \\ V_2{}^0 + V_2{}^1 + V_2{}^2 = I_2{}^0(3Z_f) \end{Bmatrix}$，可畫出互聯的序網路如圖 8-4 所示：

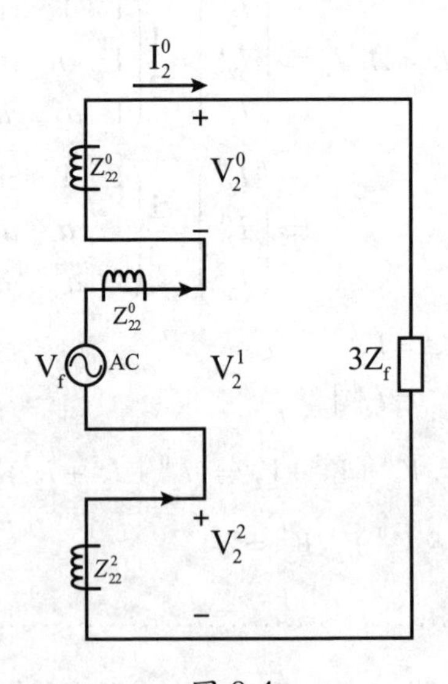


圖 8-4

此構成一封閉迴路，

則可以求出 $I_2^{\ 0}=I_2^{\ 1}=I_2^{\ 2}=\dfrac{V_f}{Z_{22}^{\ 0}+Z_{22}^{\ 1}+Z_{22}^{\ 2}+3Z_f}$ ......................(式 8-3)

以及 $V_2^{\ 0}=Z_{22}^{\ 0}(-I_2^{\ 0});V_2^{\ 1}=V_f-I_2^{\ 1}Z_{22}^{\ 1};V_2^{\ 2}=Z_{22}^{\ 2}(-I_2^{\ 2})$ ..................(式 8-4)

老師的話

上式 8-4.可以矩陣方式表示如下：

$$\begin{pmatrix}V_2^{\ 0}\\V_2^{\ 1}\\V_2^{\ 2}\end{pmatrix}=\begin{pmatrix}0\\V_f\\0\end{pmatrix}-\begin{pmatrix}Z_{22}^{\ 0}&0&0\\0&Z_{22}^{\ 1}&0\\0&0&Z_{22}^{\ 2}\end{pmatrix}\begin{pmatrix}I_2^{\ 0}\\I_2^{\ 1}\\I_2^{\ 2}\end{pmatrix}$$ ..............................................(式 8-5)

其物理意義為：當匯流排 2 發生「a 相單線接地故障」，在故障期間之各序電壓中，只有正序有「故障前電壓 $V_f$ 」再減去「各序之自阻抗」構成之對角矩陣 $\begin{pmatrix}Z_{22}^{\ 0}&0&0\\0&Z_{22}^{\ 1}&0\\0&0&Z_{22}^{\ 2}\end{pmatrix}$ 乘以「故障匯流排 2 之各序電流」 $\begin{pmatrix}I_2^{\ 0}\\I_2^{\ 1}\\I_2^{\ 2}\end{pmatrix}$ 。

**STEP 4.** 求出 $V_2^{\ a},V_2^{\ b},V_2^{\ c}\ \&\ I_2^{\ a},I_2^{\ b},I_2^{\ c}=?$

**詳解** ..............................................................................................

已知 $\begin{Bmatrix}I_2^{\ a}=I_f,I_2^{\ b}=0,I_2^{\ c}=0\\V_2^{\ a}=I_2^{\ a}Z_f\end{Bmatrix}$ ，則代入可得如下所述：

$$V_P=AV_S\Rightarrow\begin{pmatrix}V_2^{\ a}\\V_2^{\ b}\\V_2^{\ c}\end{pmatrix}=\begin{pmatrix}1&1&1\\1&a^2&a\\1&a&a^2\end{pmatrix}\begin{pmatrix}V_2^{\ 0}\\V_2^{\ 1}\\V_2^{\ 2}\end{pmatrix}$$

$$\&I_P=AI_S\Rightarrow\begin{pmatrix}I_2^{\ a}\\I_2^{\ b}\\I_2^{\ c}\end{pmatrix}=\begin{pmatrix}1&1&1\\1&a^2&a\\1&a&a^2\end{pmatrix}\begin{pmatrix}I_2^{\ 0}\\I_2^{\ 1}\\I_2^{\ 2}\end{pmatrix}\Rightarrow\begin{pmatrix}I_2^{\ a}\\0\\0\end{pmatrix}=\begin{pmatrix}1&1&1\\1&a^2&a\\1&a&a^2\end{pmatrix}\begin{pmatrix}I_2^{\ 0}\\I_2^{\ 1}\\I_2^{\ 2}\end{pmatrix}$$

牛刀小試

1. **如下圖所示為一「三相電力系統」，試以發電機側之 100MVA,13.8KV 為基準，假設故障前電壓$V_f = 1.05\angle 0° pu.$，忽略故障前負載電流以及Δ-T 變壓器之相位移不計，則：**

   **(1)畫出此一系統之零序、正序、負序網路。**

   **(2)試決定由匯流排 2 看進去，各序網路之「戴維寧等效」。**

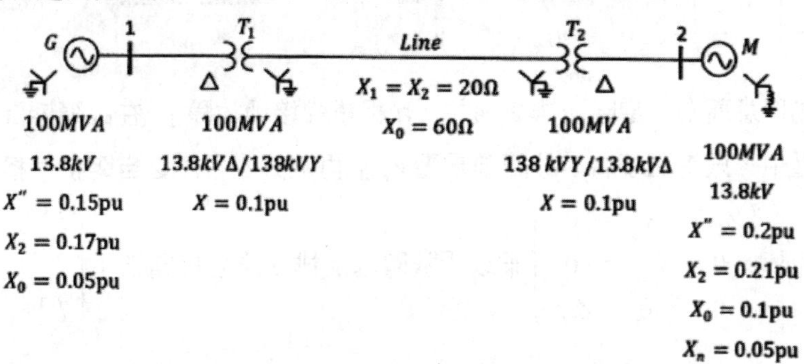


詳解

先求輸電線之阻抗基準值：$Z_{b,line} = \dfrac{138k^2}{100M} = 190.44\Omega$，輸電線之標么阻抗為：$X_0 = \dfrac{60}{190.44} = 0.315pu., X_1 = X_2 = \dfrac{20}{190.44} = 0.105pu.$

(1) 畫出各序網路之模型如下：

A. 標么零序網路：

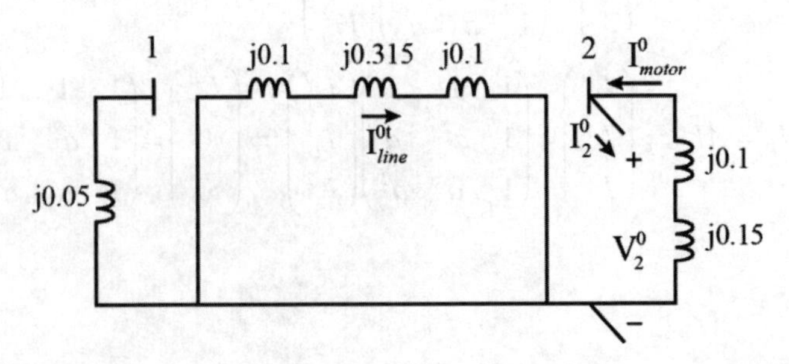

B. 標么正序網路：依題意忽略故障前負載電流

$\Rightarrow E_g{}'' = E_m{}'' = 1.05\angle 0^\circ pu.$ 以及Δ-T 變壓器之相位移不計

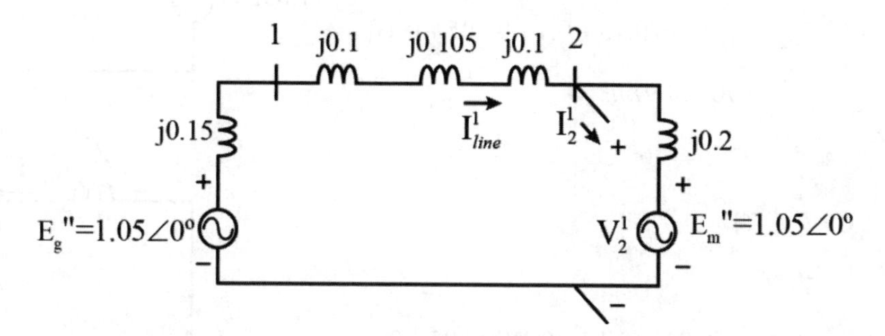


C. 標么負序網路：同上忽略故障前負載電流 $\Rightarrow E_g{}'' = E_m{}'' = 1.05\angle 0^\circ pu.$

以及Δ-T 變壓器之相位移不計

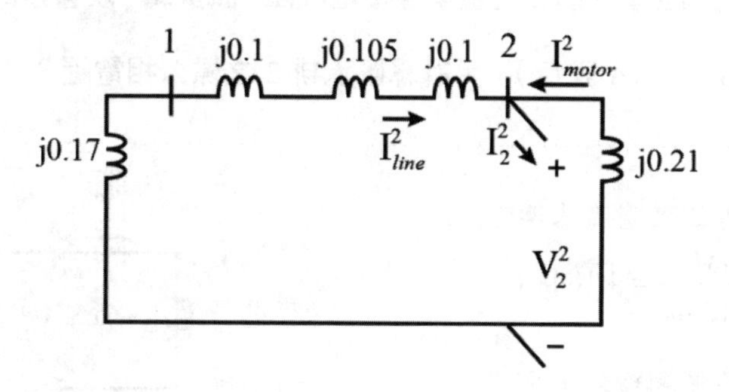


(2) 由匯流排 2 看進去，各序網路之「戴維寧等效」為

A. 零序網路：

其中 $Z_{22}{}^0 = j(0.1+0.15) = j0.25\,pu.$

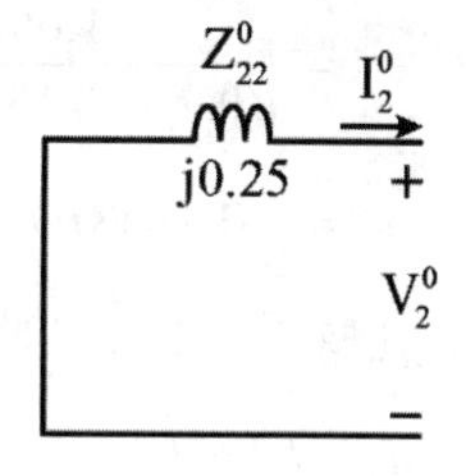

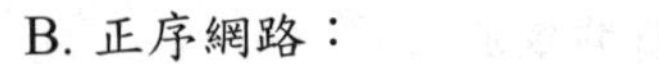

B. 正序網路：

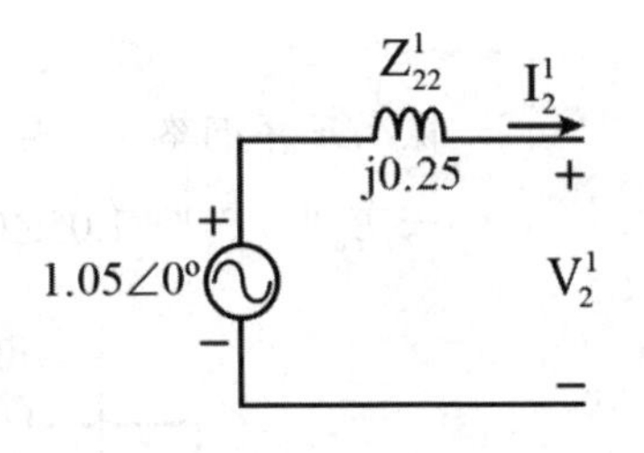


其中

$$Z_{22}{}^1 = j[0.2 \| (0.15+0.1+0.105+0.1)]$$

$$= j0.1389\,pu.$$

C. 負序網路：

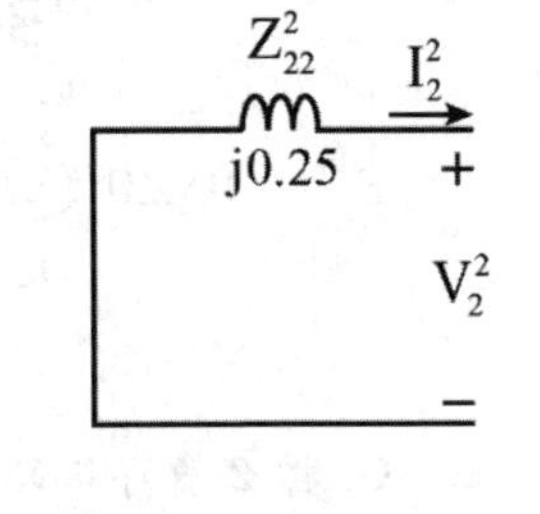


其中

$$Z_{22}{}^2 = j[0.21 \| (0.17+0.1+0.105+0.1)]$$

$$= j0.1456\,pu$$

**2. 承上一範例，設匯流排 2 發生單線接地故障，試計算「次暫態故障電流 $I_a$」（分別以 pu.及 KA 表示）；另計算匯流排 2 之標么相電壓？**

**詳解** ……………………………………………………………………

先求匯流排 2 之電流基準值：

$$I_{b2} = \frac{100M}{\sqrt{3}\times 13.8k} = 4.184kA，$$

以及互聯的序網路如下：

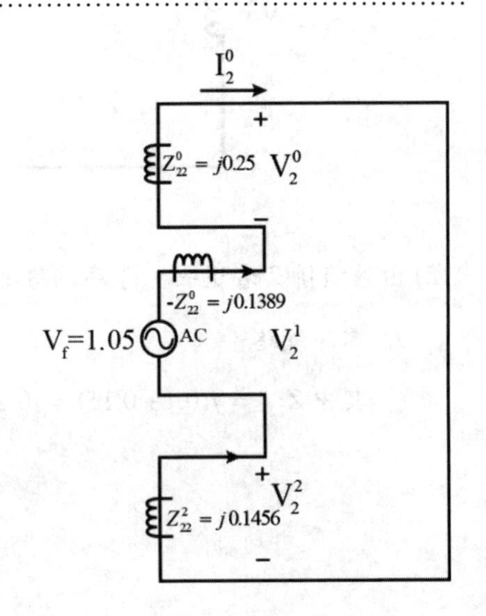


$$I_2{}^0 = I_2{}^1 = I_2{}^2$$

$$= \frac{1.05\angle 0^\circ}{j(0.25+0.1389+0.1456)}$$

$$= -j1.9643\,pu.$$

此時「次暫態故障電流 $I_a$」為：

$$I_a = I_2{}^a = I_2{}^0 + I_2{}^1 + I_2{}^2 = -j5.8929\,pu.$$

$$= -j5.8929 \times 4.184kA = -j34.65kA$$

匯流排 2 電壓之序成分為：

$$\begin{pmatrix} V_2^0 \\ V_2^1 \\ V_2^2 \end{pmatrix} = \begin{pmatrix} 0 \\ 1.05\angle 0^\circ \\ 0 \end{pmatrix} - j\begin{pmatrix} 0.25 & 0 & 0 \\ 0 & 0.1389 & 0 \\ 0 & 0 & 0.1456 \end{pmatrix}(-j)\begin{pmatrix} 1.9643 \\ 1.9643 \\ 1.9643 \end{pmatrix} = \begin{pmatrix} -0.491 \\ 0.7771 \\ -0.286 \end{pmatrix}$$

則 bus 2 之標么相電壓為：$\begin{pmatrix} V_2^a \\ V_2^b \\ V_2^c \end{pmatrix} = \begin{pmatrix} 1 & 1 & 1 \\ 1 & a^2 & a \\ 1 & a & a^2 \end{pmatrix}\begin{pmatrix} -0.491 \\ 0.7771 \\ -0.286 \end{pmatrix} = \begin{pmatrix} 0 \\ 1.179\angle 231.3^\circ \\ 1.179\angle 128.7^\circ \end{pmatrix}$

3. **某部發電機之額定為**50MVA,30KV**，其中性點直接接地**(Solidly grounded)**，發電機之正、負序與零序電抗分別為** 25%,15%,5%**，如欲將直接單線對地故障**(Bolted line-to-ground fault)**電流限制在「直接三相故障」**(Bolted three-phase fault)**電流之水準，請問發電機中性點之接地電抗值** $X_n$ **為何？**

（93 電機技師）

**詳解**

中性點直接接地(Solidly grounded)$\Rightarrow Z_f = 0$，發電機之正序電抗為 $X_1 = 0.25pu.$，負序電抗為 $X_2 = 0.15pu.$；零序電抗為 $X_0 = 0.05pu.$；而「直接三相故障」(Bolted three-phase fault)則只考慮「正序網路」如下：

其故障電流之大小為：$\left|I_{f,SLG}''\right| = \left|I_1\right| = \dfrac{1}{0.25} = 4pu.$，

其中 SLG 表示「單線接地故障」，又阻抗基準值為 $Z_b = \dfrac{V_b^2}{S_b} = \dfrac{(30k)^2}{50M} = 18\Omega$。

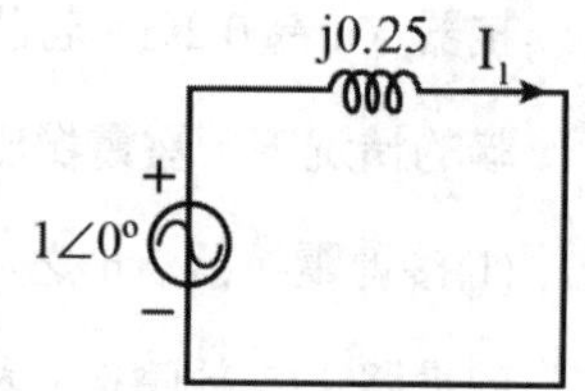


以下為發電機之序網路模型：

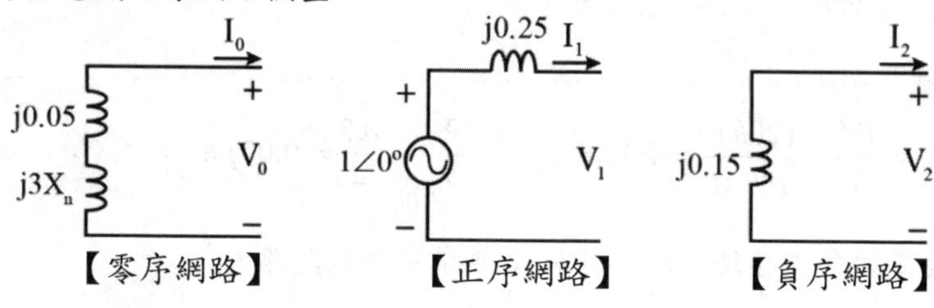

則發生「直接單線對地故障」，其各序網路之連接如下圖所示：

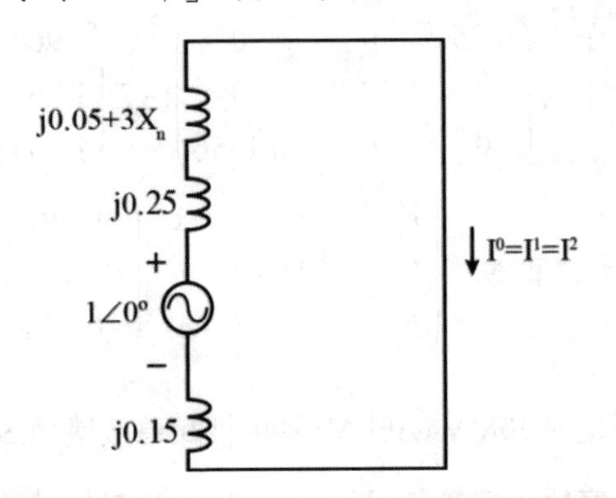


故障電流序成分為：

$$I^0 = I^1 = I^2 = \frac{1\angle 0^\circ}{j(0.05+3X_n+0.25+0.15)} = -j\frac{1}{(0.45+3X_n)}pu.$$

故障電流大小為：$\left|I_{f,SLG}''\right| = 3\left|I_0\right| = \dfrac{3}{(0.45+3X_n)}pu.$

依題意$\Rightarrow \left|I_{f,SLG}''\right| = 3\left|I_0\right| = \dfrac{3}{(0.45+3X_n)} = 4. \Rightarrow X_n = 0.1pu. = 0.1\times\dfrac{30^2}{50} = 1.8\Omega$

4. **額定為 100MVA、20kV 的同步發電機，其正序、負序及零序電抗分別為 $X_1$=$X_2$ =0.1 pu 及 $X_0$=0.05pu，又此發電機中性點採電抗接地，且該接地電抗器 Xn 為 0.2Ω。若此發電機正運轉在額定電壓，沒有負載，且與系統解聯的情況下，發電機出口端發生 a 相接地故障，接地電阻為零，試求：(1)接地電抗器 Xn 之 pu 值；(2)試繪出單相接地故障相序網路之戴維寧等效電路；(3)故障後 b 相電壓（以 kV 表示）及相角；(4) a 相故障電流大小（以 kA 表示）。**（101 經濟部）

詳解 ……………………………………………………………………

(1) $Z_b = \dfrac{V_b^2}{S_b} = \dfrac{(20k)^2}{100M} = 4\Omega \Rightarrow X_{n,pu} = \dfrac{X_n}{Z_b} = \dfrac{0.2}{4} = 0.05pu.$

(2) 發電機單相接地故障之序網路戴維寧等效電路為：

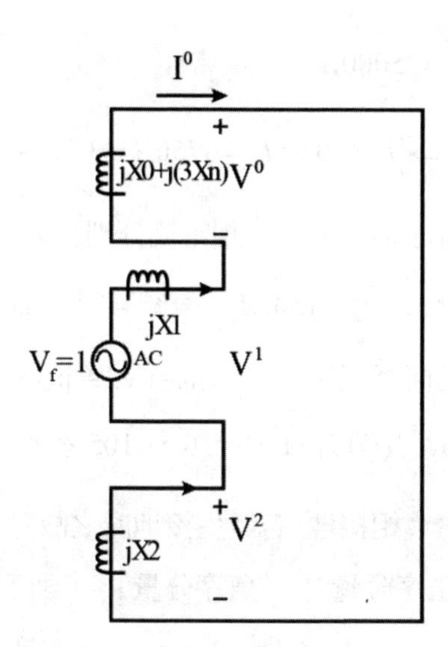


如此可計算出「各序電流」及「各序電壓」如下

$\Rightarrow I^0 = I^1 = I^2$

$$= \frac{V_f}{j(X_0 + X_1 + X_2 + 3X_n)} = \frac{1\angle 0^\circ}{j(0.1 + 0.1 + 0.05 + 0.15)} = -j2.5pu.$$

$V^0 = (-I^0)j(X_0 + 3X_n) = -0.5, V^1 = V_f - I^0 jX_1 = 1 - (j2.5)(j0.1)$

$= 1.25, V^2 = (-I^0)jX_2 = -0.25$

(3) 因為 $V_P = AV_S$

$$\Rightarrow \begin{pmatrix} V^a \\ V^b \\ V^c \end{pmatrix} = \begin{pmatrix} 1 & 1 & 1 \\ 1 & a^2 & a \\ 1 & a & a^2 \end{pmatrix} \begin{pmatrix} V^0 \\ V^1 \\ V^2 \end{pmatrix} = \begin{pmatrix} 1 & 1 & 1 \\ 1 & a^2 & a \\ 1 & a & a^2 \end{pmatrix} \begin{pmatrix} -0.5 \\ 1.25 \\ -0.25 \end{pmatrix} = \begin{pmatrix} 0.5 \\ -j\dfrac{\sqrt{3}}{2} \\ -1 + j\dfrac{3\sqrt{3}}{4} \end{pmatrix}$$

故 $V^b = 0.866\angle 270^\circ pu. \Rightarrow \left|V^b\right| = 0.866 \times 20kV = 17.32kV, \angle V^b = 270^\circ$

(4) $\begin{pmatrix} I^a \\ I^b \\ I^c \end{pmatrix} = \begin{pmatrix} 1 & 1 & 1 \\ 1 & a^2 & a \\ 1 & a & a^2 \end{pmatrix} \begin{pmatrix} I^0 \\ I^1 \\ I^2 \end{pmatrix} = \begin{pmatrix} 1 & 1 & 1 \\ 1 & a^2 & a \\ 1 & a & a^2 \end{pmatrix} \begin{pmatrix} -j2.5 \\ -j2.5 \\ -j2.5 \end{pmatrix} = \begin{pmatrix} -j7.5 \\ 0 \\ 0 \end{pmatrix}$

又 $I_b=\dfrac{S_b}{V_b}=\dfrac{100M}{20k}=5000A$

故 $I^a=-j0.75pu.\Rightarrow\left|I^a\right|=0.75I_b=3750A=3.75kA$

( ) 5. 一個三相不平衡之系統，其三相電流分別為 $I_a=12\angle 0°A$、$I_b=6\angle -90°A$ 及 $I_c=8\angle 150°A$，有關其零序 $I_0$、正序 $I_1$ 及負序 $I_2$ 成分之敘述，下列何者正確？ (A)$I_0=1.22-j0.46$ (B)$I_1=8.55+j3.12$ (C)$I_2=2.27-j1.67$ (D) $I_0+I_1+I_2=10$。(105 台北自來水)

( ) 6. 某電力系統發生單相接地,若發生接地處之故障電流 $I^f$ 的對稱分量為：零序分量 $I_{af}^0$ 、正序分量 $I_{af}^+$ 、負序分量 $I_{af}^-$，則下列何者正確？ (A) $I_{af}^0=I_{af}^+=I_{af}^-$ 、 $I^f=3I_{af}^0$ (B) $I_{af}^0=I_{af}^+=I_{af}^-$ 、 $I^f=I_{af}^0$ (C) $I_{af}^+=I_{af}^-$ 、 $I_{af}^0=0$ 、 $I^f=\sqrt{3}I_{af}^+\angle -90°$ (D) $I_{af}^0+I_{af}^++I_{af}^-=0$ 、 $I^f=\sqrt{3}I_{af}^+\angle -90°$。(103 台北自來水)

**詳解**

5. **(C)**。相域電流與序域電流之轉換為：

$$I_s=A^{-1}I_p\Rightarrow\begin{pmatrix}I_2^{\ 0}\\I_2^{\ 1}\\I_2^{\ 2}\end{pmatrix}=\frac{1}{3}\begin{pmatrix}1&1&1\\1&a&a^2\\1&a^2&a\end{pmatrix}\begin{pmatrix}I_2^{\ a}\\I_2^{\ b}\\I_2^{\ c}\end{pmatrix}\Rightarrow\begin{pmatrix}I_2^{\ 0}\\I_2^{\ 1}\\I_2^{\ 2}\end{pmatrix}=\begin{pmatrix}(4-\frac{\sqrt{3}}{6})-j5.5\\(4+\frac{7\sqrt{3}}{3})+j\frac{7}{3}\\(4-\sqrt{3})-j\frac{5}{3}\end{pmatrix}$$

故本題答案選(C)。

6. **(A)**。單相接地故障之序成分為：$\left\{\begin{matrix}I_2^{\ 0}=I_2^{\ 1}=I_2^{\ 2}=\dfrac{I_2^{\ a}}{3}\\V_2^{\ 0}+V_2^{\ 1}+V_2^{\ 2}=I_2^{\ 0}(3Z_f)\end{matrix}\right\}$

故本題答案選(A)。

# 8-2 線間故障

## 焦點 2　線間故障重點　考試比重 ★★★☆☆

見於各類電力系統及輸配電類考試。

1. 如下圖 8-5.所示為匯流排 n 發生「線間故障」(b,c 兩相相連故障，故障阻抗為 $Z_f$ ，並未「接地」)，則同上節之解題步驟如下 2 所述：

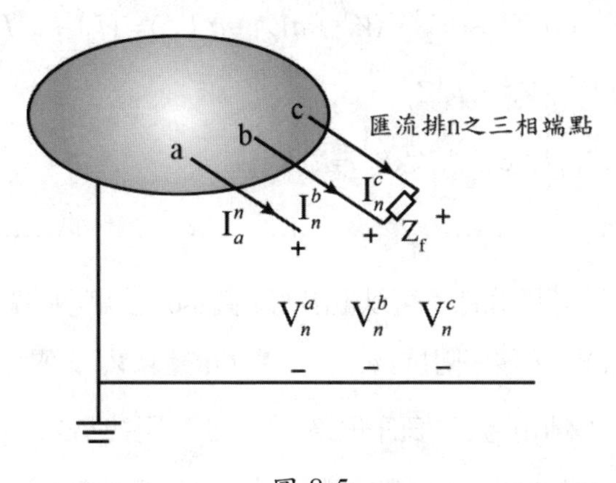


圖 8-5

2. 承上 1.，假設此時 n=2，即匯流排 2 之 b,c 相發生短路故障，其解題步驟如下：

STEP 1. 邊界條件 1：列出 BUS 2 之相域條件：$\left\{\begin{matrix} I_2{}^a = 0, I_2{}^b + I_2{}^c = 0 \\ V_2{}^b - V_2{}^c = I_2{}^b Z_f \end{matrix}\right\}$ ....(式 8-5)

STEP 2. 邊界條件 2：列出 BUS 2 之序域條件：$\left\{\begin{matrix} I_2^0 = 0 \\ I_2^1 + I_2^2 = 0 \\ V_2^1 + V_2^2 = I_2^1 Z_f \end{matrix}\right\}$ .........(式 8-6)

推導如下：

(1) 由 $I_S = A^{-1}I_P \Rightarrow \begin{pmatrix} I_2^{\,0} \\ I_2^{\,1} \\ I_2^{\,2} \end{pmatrix} = \frac{1}{3}\begin{pmatrix} 1 & 1 & 1 \\ 1 & a & a^2 \\ 1 & a^2 & a \end{pmatrix}\begin{pmatrix} I_2^{\,a} \\ I_2^{\,b} \\ I_2^{\,c} \end{pmatrix}$

$$\Rightarrow \begin{pmatrix} I_2^{\,0} \\ I_2^{\,1} \\ I_2^{\,2} \end{pmatrix} = \frac{1}{3}\begin{pmatrix} 1 & 1 & 1 \\ 1 & a & a^2 \\ 1 & a^2 & a \end{pmatrix}\begin{pmatrix} 0 \\ I_2^{\,b} \\ -I_2^{\,b} \end{pmatrix} = \frac{1}{3}\begin{pmatrix} 0 \\ aI_2^{\,b} - a^2 I_2^{\,b} \\ a^2 I_2^{\,b} - aI_2^{\,b} \end{pmatrix},$$

又 $a^2 + a + 1 = 0 \Rightarrow I_2^{\,1} + I_2^{\,2} = 0$

(2) 由「序域條件 2」$\Rightarrow V_2^{\,b} - V_2^{\,c} = I_2^{\,b} Z_f$

$$\Rightarrow V_2^{\,0} + a^2 V_2^{\,1} + aV_2^{\,2} - (V_2^{\,0} + aV_2^{\,1} + a^2 V_2^{\,2}) = (I_2^{\,0} + a^2 I_2^{\,1} + aI_2^{\,2})Z_f$$

所以 $V_2^{\,1} - V_2^{\,2} = I_2^{\,1} Z_f$

**STEP 3.** 求出 $I_2^{\,0}, I_2^{\,1}, I_2^{\,2}$ & $V_2^{\,0}, V_2^{\,1}, V_2^{\,2} = ?$

**詳解**

由上述之「邊際條件」，可以畫出如下圖 8-6.之「序網路戴維寧等效電路」，其中圖(a)中，零序阻抗為 $Z_{22}^{\,0}$，零序電壓為 $V_2^{\,0}$，零序網路為「無電壓源電路」；圖(b)為正、負序電路，其中正序阻抗為 $Z_{22}^{\,1}$，正序電壓為 $V_2^{\,1}$，並有一電壓源 $V_f$，負序阻抗為 $Z_{22}^{\,2}$，負序電壓為 $V_2^{\,2}$，且 $I_2^{\,1} = -I_2^{\,2}$。

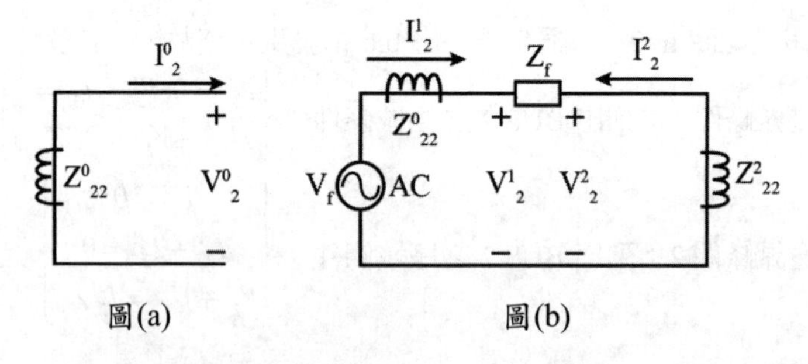


圖 8-6

如此可以求出 $I_2^{\,0} = 0; I_2^{\,1} = -I_2^{\,2} = \dfrac{V_f}{Z_{22}^{\,1} + Z_{22}^{\,2} + Z_f}$ ..........................(式 8-7)

**老師的話**

線間故障若無「接地」，則 $I_2^0=0$；同理線間故障若是「接地故障」問題，則 $I_2^0\neq 0$。

**STEP** 4. 求出 $V_2^a,V_2^b,V_2^c$ & $I_2^a,I_2^b,I_2^c=?$

**詳解**

已知 $\begin{Bmatrix} I_2^a=0, I_2^b=-I_2^c \\ V_2^0=0, V_2^1-V_2^2=I_2^1 Z_f \end{Bmatrix}$，則代入如下所述：

$$V_P=AV_S \Rightarrow \begin{pmatrix} V_2^a \\ V_2^b \\ V_2^c \end{pmatrix}=\begin{pmatrix} 1 & 1 & 1 \\ 1 & a^2 & a \\ 1 & a & a^2 \end{pmatrix}\begin{pmatrix} 0 \\ V_2^1 \\ V_2^2 \end{pmatrix}$$

$$\& I_P=AI_S \Rightarrow \begin{pmatrix} I_2^a \\ I_2^b \\ I_2^c \end{pmatrix}=\begin{pmatrix} 1 & 1 & 1 \\ 1 & a^2 & a \\ 1 & a & a^2 \end{pmatrix}\begin{pmatrix} 0 \\ I_2^1 \\ -I_2^1 \end{pmatrix}\Rightarrow \begin{pmatrix} I_2^a \\ 0 \\ 0 \end{pmatrix}=\begin{pmatrix} 0 \\ (a^2-a)I_2^1 \\ (a-a^2)I_2^1 \end{pmatrix}$$

**牛刀小試**

1. **承【焦點 1】牛刀小試第 1 題，設匯流排 2 發生 b,c 相間短路故障，試計算「次暫態故障電流」(分別以 pu.及 KA 表示)？**

**詳解**

畫出正、負序互連的序網路如下：

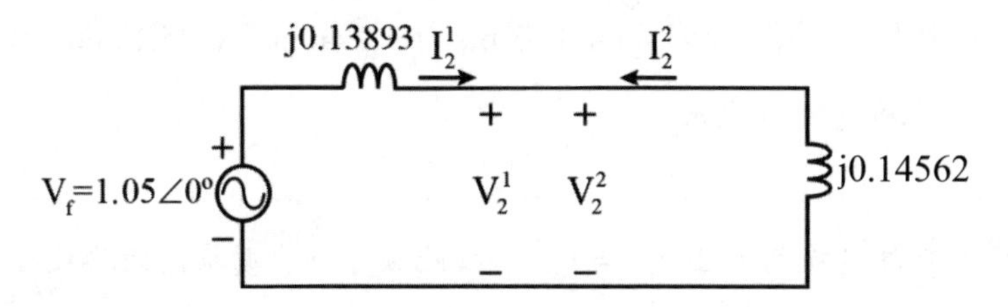

由上述結論

$$I_2^{\,0}=0; I_2^{\,1}=-I_2^{\,2}=\frac{1.05\angle 0^\circ}{j(0.1389+0.1456)}=-j3.69\,pu.$$

則「次暫態故障電流」：

$$I_P=AI_S \Rightarrow \begin{pmatrix} I_2^{\,a} \\ I_2^{\,b} \\ I_2^{\,c} \end{pmatrix}=\begin{pmatrix} 1 & 1 & 1 \\ 1 & a^2 & a \\ 1 & a & a^2 \end{pmatrix}\begin{pmatrix} 0 \\ -j3.69 \\ j3.69 \end{pmatrix} \Rightarrow \begin{pmatrix} 0 \\ -j\sqrt{3}\times(-j3.69) \\ -j\sqrt{3}\times j3.69 \end{pmatrix}=\begin{pmatrix} 0 \\ -6.391 \\ 6.391 \end{pmatrix} pu.$$

又匯流排 2 之電流基準值：$I_{b2}=\dfrac{100M}{\sqrt{3}\times 13.8k}=4.184kA$，

$$\Rightarrow \begin{pmatrix} I_2^{\,a} \\ I_2^{\,b} \\ I_2^{\,c} \end{pmatrix}=4.184\begin{pmatrix} 0 \\ -6.391 \\ 6.391 \end{pmatrix} kA.=\begin{pmatrix} 0 \\ -26.74 \\ 26.74 \end{pmatrix} kA.$$

( ) 2. 某系統故障時之故障電流為 $I^f$，故障電流之正序分量為 $I_{af}^{+}$、負序分量為 $I_{af}^{-}$、零序分量為 $I_{af}^{0}$，已知 $I_{af}^{+}=-I_{af}^{-}$ 且 $I_{af}^{0}=0$，則此系統之故障型態為： (A)單線接地 (B)雙線短路 (C)雙線短路接地 (D)三相接地。（105 台北自來水）

( ) 3. 一個三母線電力系統的零、正與負相序母線阻抗矩陣為

$$z_{bus}^{0}=j\begin{bmatrix} 0.16 & 0.05 & 0.14 \\ 0.05 & 0.35 & 0.07 \\ 0.14 & 0.07 & 0.34 \end{bmatrix} pu \qquad z_{bus}^{1}=z_{bus}^{2}=j\begin{bmatrix} 0.19 & 0.11 & 0.13 \\ 0.11 & 0.25 & 0.17 \\ 0.13 & 0.17 & 0.42 \end{bmatrix} pu$$

請問直接線對線故障發生在母線 2 之標么故障電流為何？（四捨五入至小數點以下第二位） (A)1.73 pu (B)3.46 pu (C)5.19 pu (D)6.92 pu。（105 台北自來水）

**詳解** ……………………………………………………………………………

2. **(B)**。已知零序電流為 0 且 $I_{af}^{\,1}=I_{af}^{\,2}$，故此故障為「雙線間短路故障」，答案選(B)。

3. **(B)**。本題令忽略負載電流以及故障前電壓均為 $V_f = 1\angle 0°$，由上述結論

$$I_2^{\,0} = 0; I_2^{\,1} = -I_2^{\,2} = \frac{V_f}{Z_{22}^{\,1} + Z_{22}^{\,2}} = \frac{1\angle 0°}{j(0.25+0.25)} = -j2\,pu.$$

則「次暫態故障電流」：

$$I_f = AI_s \Rightarrow \begin{pmatrix} I_2^{\,a} \\ I_2^{\,b} \\ I_2^{\,c} \end{pmatrix} = \begin{pmatrix} 1 & 1 & 1 \\ 1 & a^2 & a \\ 1 & a & a^2 \end{pmatrix} \begin{pmatrix} 0 \\ -j2 \\ j2 \end{pmatrix} = \begin{pmatrix} 0 \\ 2\sqrt{3} \\ -2\sqrt{3} \end{pmatrix} pu.$$ ，答案選(B)。

# 8-3 雙線接地故障

## 焦點 3　雙線接地故障重點　考試比重 ★★★☆☆

見於輸配電類考試以及台電選擇題。

1. 如下圖 8-7 所示為一「三相電力系統」，假設在匯流排 n 發生「線間接地故障」(b,c 兩相短路接地故障，故障阻抗為 $Z_f$ )。

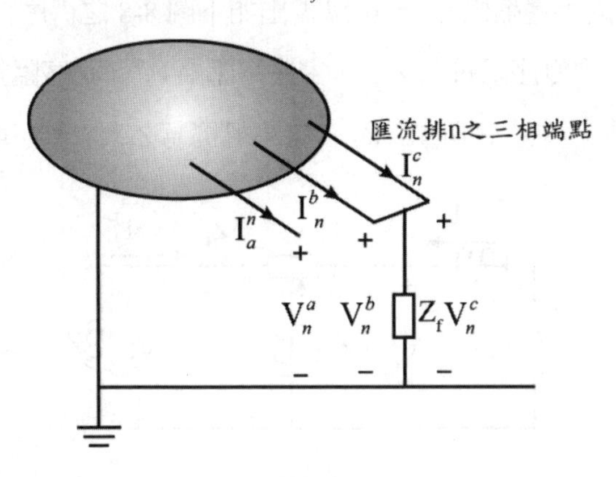


圖 8-7

2. 承上 1.，設此時 n=2，即匯流排 2 之 b,c 相發生相連接地故障，其解題步驟如下：

STEP 1. 邊界條件 1：列出 BUS 2 之相域條件：

$$\begin{Bmatrix} I_2^{a}=0 \\ V_2^{b}=V_2^{c}=(I_2^{b}+I_2^{c})Z_f \end{Bmatrix} \text{......(式 8-8)}$$

STEP 2. 邊界條件 2：列出 BUS 2 之序域條件：$\begin{Bmatrix} I_2^{0}+I_2^{1}+I_2^{2}=0 \\ V_2^{1}=V_2^{2} \\ V_2^{0}-V_2^{1}=(3Z_f)I_2^{0} \end{Bmatrix}$ ....(式 8-9)

推導如下：$\begin{Bmatrix} I_2^{a}=0 \\ V_2^{b}=V_2^{c} \\ V_2^{1}=(I_2^{b}+I_2^{c})Z_f \end{Bmatrix}$

$$\Rightarrow \begin{Bmatrix} I_2^{0}+I_2^{1}+I_2^{2}=0 \\ V_2^{0}+a^2V_2^{1}+aV_2^{2}=V_2^{0}+aV_2^{1}+a^2V_2^{2} \\ V_2^{0}+a^2V_2^{1}+aV_2^{2}=(I_2^{0}+a^2I_2^{1}+aI_2^{2}+I_2^{0}+aI_2^{1}+a^2I_2^{2})Z_f \end{Bmatrix}$$

$$\Rightarrow \begin{Bmatrix} I_2^{0}+I_2^{1}+I_2^{2}=0 \\ V_2^{1}=V_2^{2} \\ V_2^{0}-V_2^{1}=Z_f(2I_2^{0}-I_2^{1}-I_2^{2}) \end{Bmatrix} \Rightarrow \begin{Bmatrix} I_2^{0}+I_2^{1}+I_2^{2}=0 \\ V_2^{1}=V_2^{2} \\ V_2^{0}-V_2^{1}=(3Z_f)I_2^{0} \end{Bmatrix}$$

STEP 3. 求出 $I_2^{0},I_2^{1},I_2^{2}\ \&\ V_2^{0},V_2^{1},V_2^{2}=$ ？

**詳解** ..................................................................................

由上述之「邊際條件」，可以畫出如下圖 8-8 之「序網路戴維寧等效電路」，其中零序阻抗為 $Z_{22}^{0}$，零序電壓為 $V_2^{0}$，正序阻抗為 $Z_{22}^{1}$，正序電壓為 $V_2^{1}$，並有一電壓源 $V_f$，負序阻抗為 $Z_{22}^{2}$，負序電壓為 $V_2^{2}$。

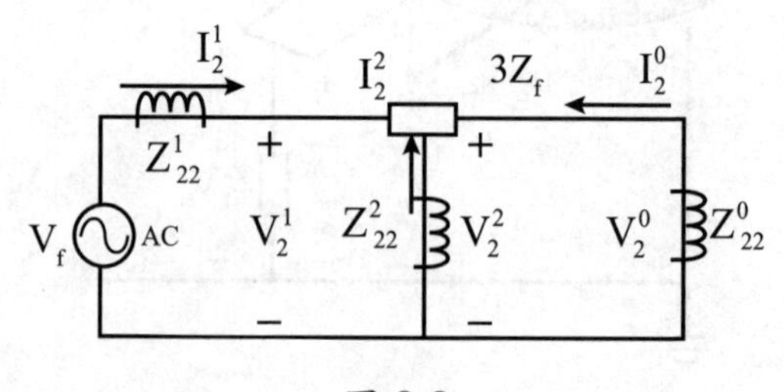


圖 8-8

如此可以求出
$$\begin{cases} I_2^{\ 1} = \dfrac{V_f}{Z_{22}^{\ 1} + [Z_{22}^{\ 2} \parallel (Z_{22}^{\ 0} + 3Z_f)} \\ I_2^{\ 2} = (-I_2^{\ 1}) \times \dfrac{Z_{22}^{\ 0} + 3Z_f}{Z_{22}^{\ 2} + (Z_{22}^{\ 0} + 3Z_f)} \\ I_2^{\ 0} = (-I_2^{\ 1}) \times \dfrac{Z_{22}^{\ 2}}{Z_{22}^{\ 2} + (Z_{22}^{\ 0} + 3Z_f)} \end{cases}$$
........................(式 8-10)

以及求出
$$\begin{pmatrix} V_2^{\ 0} \\ V_2^{\ 1} \\ V_2^{\ 2} \end{pmatrix} = \begin{pmatrix} -Z_{22}^{\ 0} I_2^{\ 0} \\ V_f - Z_{22}^{\ 1} I_2^{\ 1} \\ -Z_{22}^{\ 2} I_2^{\ 2} \end{pmatrix} = \begin{pmatrix} 0 \\ V_f \\ 0 \end{pmatrix} - \begin{pmatrix} Z_{22}^{\ 0} & 0 & 0 \\ 0 & Z_{22}^{\ 1} & 0 \\ 0 & 0 & Z_{22}^{\ 2} \end{pmatrix} \begin{pmatrix} I_2^{\ 0} \\ I_2^{\ 1} \\ I_2^{\ 2} \end{pmatrix}$$
..............(式 8-11)

**老師的話**

1. 線間匯流排 n 發生兩相接地故障，則 $I_2^{\ 0} \neq 0$，且序域電壓等於「僅有正序電源減掉自阻抗 $Z_{22}^{\ 0,1,2}$ 對角矩陣之壓降」。
2. 若需求他匯流排(如 bus 3…)之序域電壓，則可仿上(1)所述，只是「對角阻抗矩陣」之主對角線元素換成 $Z_{32}^{\ 0,1,2}$ 。

**STEP** 4. 求出 $V_2^{\ a}, V_2^{\ b}, V_2^{\ c}$ & $I_2^{\ a}, I_2^{\ b}, I_2^{\ c}$ = ？

**詳解**

已知 $\begin{cases} I_2^{\ a}, I_2^{\ b}, I_2^{\ c} \ \& \\ V_2^{\ 0}, V_2^{\ 1}, V_2^{\ 2} \end{cases}$，則代入如下所述：

$$V_P = AV_S \Rightarrow \begin{pmatrix} V_2^{\ a} \\ V_2^{\ b} \\ V_2^{\ c} \end{pmatrix} = \begin{pmatrix} 1 & 1 & 1 \\ 1 & a^2 & a \\ 1 & a & a^2 \end{pmatrix} \begin{pmatrix} V_2^{\ 0} \\ V_2^{\ 1} \\ V_2^{\ 2} \end{pmatrix}$$

$$\& I_P = AI_S \Rightarrow \begin{pmatrix} I_2^{\ a} \\ I_2^{\ b} \\ I_2^{\ c} \end{pmatrix} = \begin{pmatrix} 1 & 1 & 1 \\ 1 & a^2 & a \\ 1 & a & a^2 \end{pmatrix} \begin{pmatrix} I_2^{\ 0} \\ I_2^{\ 1} \\ I_2^{\ 2} \end{pmatrix}$$

## 牛刀小試

1. **承【焦點 2】牛刀小試第 1 題，設匯流排 2 發生 b,c 相間直接接地故障，試計算：**

   **(1)「次暫態故障電流」(以 pu.表示)？**

   **(2)「中性線故障電流」(以 pu.表示)？**

   **(3)電動機及輸電線各提供多少故障電流(以 pu.表示)？**

**詳解**

畫出匯流排 2 發生 b,c 相間直接接地故障之序網路如下：

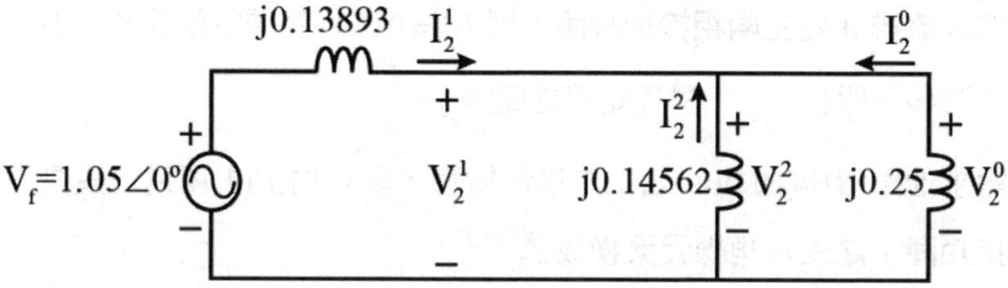

j0.13893　$I_2^1$　$I_2^0$

$V_f=1.05\angle 0^{\circ}$　$V_2^1$　$I_2^2$　j0.14562　$V_2^2$　j0.25　$V_2^0$

(1) 由上述結論，$I_2^{\ 1}=\dfrac{1.05}{j(0.1389+(0.1456\,\|\,0.25)}=-j4.546\,pu.$

$$I_2^{\ 2}=-j4.546\times\frac{j0.25}{j(0.1456+0.25)}=j2.873\,pu.$$

$I_2^{\ 0}=-j4.546\times\dfrac{j0.1456}{j(0.1456+0.25)}=j1.673\,pu.$，則「次暫態故障電流」：

$$\begin{pmatrix}I_2^{\ a}\\ I_2^{\ b}\\ I_2^{\ c}\end{pmatrix}=\begin{pmatrix}1 & 1 & 1\\ 1 & a^2 & a\\ 1 & a & a^2\end{pmatrix}\begin{pmatrix}j1.673\\ -j4.546\\ -j2.873\end{pmatrix}=\begin{pmatrix}0\\ 6.898\angle 158.66^{\circ}\\ 6.898\angle 21.34^{\circ}\end{pmatrix}pu.$$

(2)「中性線故障電流」：$I_n=I_2^{\ a}+I_2^{\ b}+I_2^{\ c}=3I_2^{\ 0}=j5.02\,pu.$

(3) 到目前為止，所有範例都是只求故障匯流排之電壓及電流，因此僅須用到個序網路由故障點看進去之「戴維寧等效」即可，然而本小題要求電動機及輸電線提供之故障電流，因為此非故障匯流排之電流，故須進一步展開各序網路如下：

以下為忽略Δ-Y 變壓器相位移之標么序網路：

<零序電路>

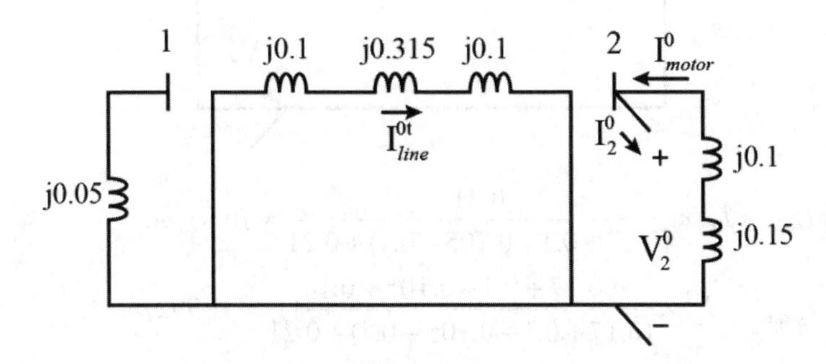


則 $I_{line}{}^{0}=0$ ，$I_{motor}{}^{0}=I_2{}^{0}=j1.673pu.$

<正序電路>

1　j0.1　j0.105　j0.1　2

$I^1_{line}$　$I^1_2$

j0.15　j0.2

$E_g''=1.05\angle 0^o$　$V^1_2$　$E''_m=1.05\angle 0^o$

則 $I_{line}{}^{1}=I_2{}^{1}\times\dfrac{0.2}{(0.15+0.1+0.105+0.1)+0.2}=-j1.388pu.$ ，

$$I_{motor}{}^{1}=I_2{}^{1}\times\frac{0.156+0.1+0.105+0.1}{(0.15+0.1+0.105+0.1)+0.2}=-j3.158pu.$$

<負序電路>

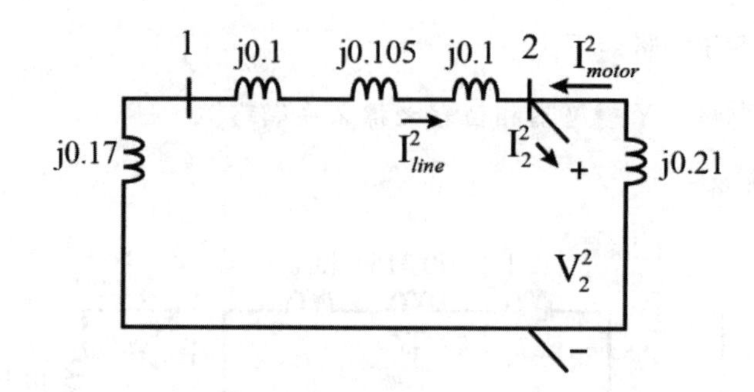


則 $I_{line}{}^2 = I_2{}^2 \times \dfrac{0.21}{(0.17+0.1+0.105+0.1)+0.21} = j0.88\,pu.$，

$I_{motor}{}^2 = I_2{}^2 \times \dfrac{0.17+0.1+0.105+0.1}{(0.17+0.1+0.105+0.1)+0.21} = j1.992\,pu.$；

故電動機及輸電線提供之故障電流為

$$\begin{pmatrix} I_{motor}{}^a \\ I_{motor}{}^b \\ I_{motor}{}^c \end{pmatrix} = \begin{pmatrix} 1 & 1 & 1 \\ 1 & a^2 & a \\ 1 & a & a^2 \end{pmatrix} \begin{pmatrix} j1.673 \\ -j3.158 \\ j1.992 \end{pmatrix} = \begin{pmatrix} 0.507\angle 90^\circ \\ 4.998\angle 153.17^\circ \\ 4.998\angle 26.83^\circ \end{pmatrix} pu.$$

$$\begin{pmatrix} I_{line}{}^a \\ I_{line}{}^b \\ I_{line}{}^c \end{pmatrix} = \begin{pmatrix} 1 & 1 & 1 \\ 1 & a^2 & a \\ 1 & a & a^2 \end{pmatrix} \begin{pmatrix} 0 \\ -j1.388 \\ j0.88 \end{pmatrix} = \begin{pmatrix} 0.507\angle 90^\circ \\ 1.981\angle 172.64^\circ \\ 1.981\angle 7.36^\circ \end{pmatrix} pu.$$

2. **某一輸電系統之正、負及零序阻抗矩陣為：**

$$Z^+_{bus} = Z^-_{bus} = j\begin{bmatrix} 0.05 & 0.01 & 0.03 & 0.02 \\ 0.01 & 0.06 & 0.04 & 0.03 \\ 0.03 & 0.04 & 0.05 & 0.02 \\ 0.02 & 0.03 & 0.02 & 0.05 \end{bmatrix} pu$$

$$Z^0_{bus} = j\begin{bmatrix} 0.01 & 0.06 & 0.04 & 0.06 \\ 0.06 & 0.07 & 0.01 & 0.01 \\ 0.04 & 0.01 & 0.03 & 0.01 \\ 0.06 & 0.01 & 0.01 & 0.10 \end{bmatrix} pu$$

**假設故障前每節點之電壓為 1.0 標么(pu)，試計算發生下列故障時之故障電流與 a、b、c 各相之相電壓。**

**(1)節點 4 發生單相接地故障。**

**(2)節點 2 發生線間故障。**（97 地特三等）

詳解 ……………………………………………………………………………

由題意，令故障前所有匯流排電壓為：$V_f = 1\angle 0° pu.$

(1) 節點 4 發生「單相接地故障」時：

令節點 4 之「相域故障電流」為 $I_4^a, I_4^b, I_4^c$，對應之序電流為：$I_4^0, I_4^1, I_4^2$，

則 $I_4^0 = I_4^1 = I_4^2 = \dfrac{V_f}{Z_{44}^0 + Z_{44}^1 + Z_{44}^2} = \dfrac{1\angle 0^0}{j(0.1+0.05+0.05)} = -j5 pu.$

由前面【老師的話】第(2)點 ⇒ 匯流排 4 之序電壓為：

$$\begin{pmatrix} V_4^0 \\ V_4^1 \\ V_4^2 \end{pmatrix} = \begin{pmatrix} 0 \\ V_f \\ 0 \end{pmatrix} - \begin{pmatrix} Z_{44}^0 & 0 & 0 \\ 0 & Z_{44}^1 & 0 \\ 0 & 0 & Z_{44}^2 \end{pmatrix} \begin{pmatrix} I_4^0 \\ I_4^1 \\ I_4^2 \end{pmatrix}$$

$$= \begin{pmatrix} 0 \\ V_f \\ 0 \end{pmatrix} - j \begin{pmatrix} 0.1 & 0 & 0 \\ 0 & 0.05 & 0 \\ 0 & 0 & 0.05 \end{pmatrix} \begin{pmatrix} -j5 \\ -j5 \\ -j5 \end{pmatrix} = \begin{pmatrix} -0.5 \\ 0.75 \\ -0.25 \end{pmatrix} pu.$$

匯流排 4 之相電壓為：

$$\begin{pmatrix} V_4^a \\ V_4^b \\ V_4^c \end{pmatrix} = \begin{pmatrix} 1 & 1 & 1 \\ 1 & a^2 & a \\ 1 & a & a^2 \end{pmatrix} \begin{pmatrix} V_4^0 \\ V_4^1 \\ V_4^2 \end{pmatrix}$$

$$= \begin{pmatrix} 1 & 1 & 1 \\ 1 & a^2 & a \\ 1 & a & a^2 \end{pmatrix} \begin{pmatrix} -0.5 \\ 0.75 \\ -0.25 \end{pmatrix} = \begin{pmatrix} 0 \\ 1.15\angle -130.9° \\ 1.15\angle 130.9° \end{pmatrix} pu.$$

(2) 節點 2 發生「線間故障」時：

令節點 2 之「相域故障電流」為 $I_2^a, I_2^b, I_2^c$，對應之序電流為：$I_2^0, I_2^1, I_2^2$，

則 $I_2^1 = \dfrac{V_f}{Z_{22}^1 + Z_{22}^2} = \dfrac{1\angle 0^0}{j(0.06+0.06)} = -j8.33pu.,$

$$I_2^2 = 0, I_2^0 = 0 \Rightarrow \begin{pmatrix} I_2^a \\ I_2^b \\ I_2^c \end{pmatrix} = \begin{pmatrix} 1 & 1 & 1 \\ 1 & a^2 & a \\ 1 & a & a^2 \end{pmatrix} \begin{pmatrix} I_2^0 \\ I_2^1 \\ I_2^2 \end{pmatrix} = \begin{pmatrix} 0 \\ -14.4 \\ 14.4 \end{pmatrix} pu.$$

匯流排 2 之序電壓為：

$$\begin{pmatrix} V_2^0 \\ V_2^1 \\ V_2^2 \end{pmatrix} = \begin{pmatrix} 0 \\ V_f \\ 0 \end{pmatrix} - \begin{pmatrix} Z_{22}^0 & 0 & 0 \\ 0 & Z_{22}^1 & 0 \\ 0 & 0 & Z_{22}^2 \end{pmatrix} \begin{pmatrix} I_2^0 \\ I_2^1 \\ I_2^2 \end{pmatrix}$$

$$= \begin{pmatrix} 0 \\ 1\angle 0^0 \\ 0 \end{pmatrix} - j \begin{pmatrix} 0.07 & 0 & 0 \\ 0 & 0.06 & 0 \\ 0 & 0 & 0.06 \end{pmatrix} \begin{pmatrix} 0 \\ -j8.33 \\ j8.33 \end{pmatrix} = \begin{pmatrix} 0 \\ 0.5 \\ 0.5 \end{pmatrix} pu.$$

匯流排 2 之相電壓為：$\begin{pmatrix} V_2^a \\ V_2^b \\ V_2^c \end{pmatrix} = \begin{pmatrix} 1 & 1 & 1 \\ 1 & a^2 & a \\ 1 & a & a^2 \end{pmatrix} \begin{pmatrix} 0 \\ 0.5 \\ 0.5 \end{pmatrix} = \begin{pmatrix} 1 \\ -0.5 \\ -0.5 \end{pmatrix} pu.$

# 第 9 章　電力經濟調度

## 9-1　經濟調度意義與其數學模型

### 焦點 1　最佳化電力潮流以及「拉格朗基乘數法」求極值

考試比重 ★★☆☆☆

見於各類考試尤其高考專技與高普考。

1. 「最佳化電力潮流(OPF-Optimum Power Flow)」或稱之為「經濟調度(Economic Dispatch)的意義：一大型互聯電力系統中，包含有多部發電機組，如何在**滿足「負載需求」與「線路損耗」的前提下**，決定各機組輸出的實、虛功(當然須在各機組的限制輸出範圍內)，以使總運轉成本為最低，稱為 OPL，本章即探討各機組輸出實功之經濟調度問題。
2. 互聯電力系統中，整體運轉成本 $C_T$ 等於各機組運轉成本 $C_1,C_2,.....$ 之總和；而各機組的運轉成本只與各機組的輸出實功有關，且與之成「二次函數關係」(將在「9-5 損失係數」中詳述)；因此，$C_T$ 與所有機組輸出的實功有關，係為一「非線性多變數函數」。
3. 經濟調度的分類：
   (1) 不考慮發電機組輸出限制及線損的經濟調度，即下一節所探討的主題，解題技巧為「增量成本(Incremental cost)」的觀念。
   (2) 考慮發電機組輸出限制但忽略「線損」的經濟調度，即 9-3.節所討論的主題，解題技巧為「限制輸出列表與其增量成本比較」的觀念。

(3) 考慮輸電線路損耗但不考慮發電機組輸出限制的經濟調度，即 9-4.節所討論的主題，解題技巧為「罰點因數」乘以「增量成本」的觀念。

4. 經濟調度為一多變數函數問題，其數學模型係以「拉格朗基乘數法(Lagrange Multiplier method)」為基礎，其主要內容為在一「等式條件」($g(x_1, x_2, ....) - c = 0$)下，求「目標函數」($f(x_1, x_2, ....)$)之極值，此時引入「拉格朗基函數」：$L = f(x_1, x_2, ....) + \lambda[g(x_1, x_2, ....) - c]$，其中 $\lambda$ 即為拉格朗基乘數，其有極值之充要條件為：

$$\begin{cases} \dfrac{\partial L}{\partial x_1} = \dfrac{\partial f}{\partial x_1} + \lambda \dfrac{\partial g}{\partial x_1} = 0 \\ \dfrac{\partial L}{\partial x_2} = \dfrac{\partial f}{\partial x_2} + \lambda \dfrac{\partial g}{\partial x_2} = 0 \\ \dfrac{\partial L}{\partial \lambda} = g(x_1, x_2, .) - c = 0 \end{cases} \quad \text{......(式 9-1.)}$$

**註**

1. 為進一步判斷極值為「最大值」或「最小值」，可利用「海斯矩陣」(Hessian Matrix)判斷，海斯矩陣(此時若為雙變數)列式如下：

$$H = \begin{pmatrix} \dfrac{\partial^2 L}{\partial x_1^{\ 2}} & \dfrac{\partial^2 L}{\partial x_1 \partial x_2} \\ \dfrac{\partial^2 L}{\partial x_2 \partial x_1} & \dfrac{\partial^2 L}{\partial x_2^{\ 2}} \end{pmatrix} \quad \text{......(式 9-2.)}$$

如該矩陣之所有「特徵值(eigenvalue)」均有負實部，此時海斯矩陣為「負定矩陣」(negative definite matrix)，求出之極值為「最大值」；同理，如該矩陣之所有「特徵值」均有正實部，此時海斯矩陣為「正定矩陣」(positive definite matrix)，求出之極值為「最小值」。

2. 一矩陣之特徵值若為 $\kappa$，其「特徵方程式」求法為：$|\kappa I - H| = 0$。

牛刀小試……

**◎ 已知一多變數函數為 $f(x_1,x_2)=5(x_1+x_2)$ ，其相對應之等式限制式為 $g(x_1,x_2)=x_1^{\ 2}+x_2^{\ 2}-1=0$ ，求 $f(x_1,x_2)$ 之極值？**

詳解……

令「拉格朗基函數」為：$L=f+\lambda g=5(x_1+x_2)+\lambda(x_1^{\ 2}+x_2^{\ 2}-1)$ ，

其中 $\lambda$ 為拉格朗基乘數，其有極值之充要條件為：

$$\begin{Bmatrix} \dfrac{\partial L}{\partial x_1}=\dfrac{\partial f}{\partial x_1}+\lambda\dfrac{\partial g}{\partial x_1}=0 \\ \dfrac{\partial L}{\partial x_2}=\dfrac{\partial f}{\partial x_2}+\lambda\dfrac{\partial g}{\partial x_2}=0 \\ \dfrac{\partial L}{\partial \lambda}=g(x_1,x_2,.)-c=0 \end{Bmatrix} \Rightarrow \begin{Bmatrix} \dfrac{\partial L}{\partial x_1}=5+2\lambda x_1=0......(1) \\ \dfrac{\partial L}{\partial x_2}=5+2\lambda x_2=0......(2) \\ \dfrac{\partial L}{\partial \lambda}=x_1^{\ 2}+x_2^{\ 2}-1=0...(3) \end{Bmatrix}$$

由(1)&(2)可知 $x_1=x_2$ ，代入(3)得 $x_1=x_2=0.707$ ，$\lambda=-3.54$ ，

故 $f(x_1,x_2)=5(x_1+x_2)=7.07$ ；

再代入「海斯矩陣」(Hessian Matrix)判斷其為「最大值」或「最小」值，

$$H=\begin{pmatrix} \dfrac{\partial^2 L}{\partial x_1^{\ 2}} & \dfrac{\partial^2 L}{\partial x_1 \partial x_2} \\ \dfrac{\partial^2 L}{\partial x_2 \partial x_1} & \dfrac{\partial^2 L}{\partial x_2^{\ 2}} \end{pmatrix}=\begin{pmatrix} 2\lambda & 0 \\ 0 & 2\lambda \end{pmatrix}=\begin{pmatrix} -7.07 & 0 \\ 0 & -7.07 \end{pmatrix}$$

，該矩陣之所有「特徵值」為 $|\kappa I-H|=0 \Rightarrow \det\begin{pmatrix} \kappa+7.07 & 0 \\ 0 & \kappa+7.07 \end{pmatrix}=0 \Rightarrow \kappa_{1,2}=-7.07$ ，其均有負實部，故此時海斯矩陣為「負定矩陣」，求出之極值為「最大值」。

老師的話

拉格朗基乘數法應用於「經濟調度」(不考慮輸出限制及線損之問題)中，其「目標函數」$f(P_1,P_2,............)$，即為

「總運轉成本」$-C_T = f(P_1,P_2,............)$，其與各機組之輸出實功有關；而「限制等式」即為負載需量 $P_D = P_1 + P_2 + ...............$，求運轉成本的最小值，即須先把各機組的「增量成本」求出，詳見以下說明。

## 9-2 發電機組的運轉成本與不考慮輸出限制及線損的經濟調度

### 焦點2 基本名詞解釋與不考慮輸出限制及線損之經濟調度解法

考試比重 ★★★☆☆

考題形式 見於各類電力系統及輸配電類考試。

1. 如下圖 9-1.所示為機組 i 的輸出輸入曲線(I/O Curve)，如下圖 9-2.所示為機組 i 的運轉成本與輸出實功的關係曲線；

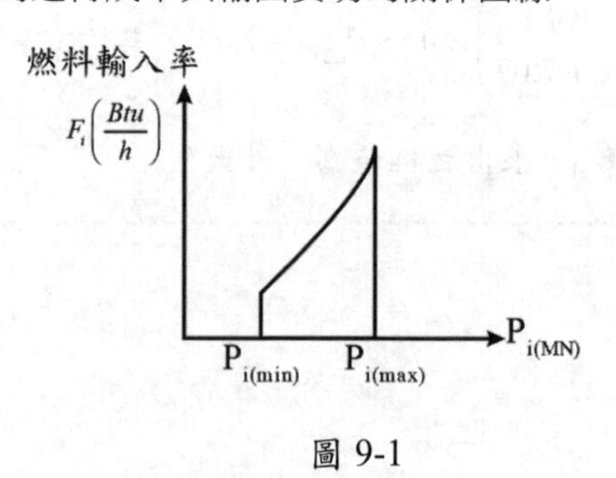


圖 9-1

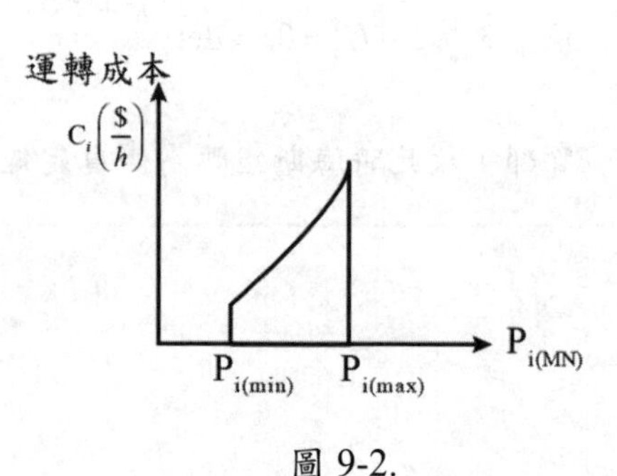


圖 9-2.

其中有以下幾個重要的定義：

(1) 熱比率(Heat Rate $H$ )：

公式為 $H=\dfrac{\text{熱時比率輸入}}{\text{電功率輸出率}}=\dfrac{heat/hr}{P_e}$ ....................(式 9-3)

單位為 $\dfrac{\frac{MBtu}{hr}}{MW}=\dfrac{MBtu}{MWh}$，如下圖 9-3.為機組 i 的熱比率曲線，與輸出實功之

函數關係為 $H_i=\dfrac{\alpha_i'}{P_i}+\beta_i'+\lambda_i P_i$ ....................(式 9-4)

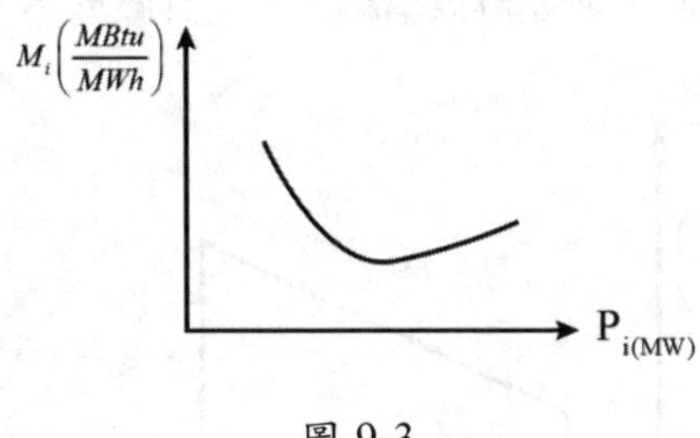


圖 9-3

老師的話

「熱比率」之物理意義為：「當每產出一單位之電能輸出，需要幾單位之熱時比率輸入」，故由其物理意義可知其值必大於 1。

(2) 熱能輸入率( $F_i$ )：公式為 $F_i=H_iP_i$，單位為 $\dfrac{MBtu}{h}$，如上圖 9-1.為機組 i 的(燃料)成本輸入曲線，與輸出實功之函數關係為 $F_i=\alpha_i'+\beta_i'P_i+\lambda_i P_i^2$ 。

(3) 運轉成本( $C_i$ )：此時最主要為機組 i 的燃料成本，屬於「變動成本」並與輸出實功 $P_i$ 有關，當給定燃料單價為 $k(\dfrac{\$}{MBtu})$，其公式為

$C_i=kF_i=\alpha_i+\beta_iP_i+\gamma_iP_i^2$ ....................(式 9-5)

單位為 $\frac{\$}{h}$，如上圖 9-2 為機組 i 的運轉成本輸入曲線，可由圖中得知，當輸出實功越高，所需之運轉成本越大。

2. **定義**：機組 i 之「遞增運轉成本」($IC_i$)，又稱為機組 i 的「邊際成本」，即單位輸出所增加之運轉成本，公式為 $IC_i = \frac{dC_i}{dP_i}$，其單位為 $\frac{\$}{MWh}$；由式 9-5.可得：

$$IC_i = \frac{dC_i}{dP_i} = \beta_i + 2\gamma_i P_i \quad \text{(式 9-6)}$$

一般遞增運轉成本越低，則運轉效率越高，又其圖形為一直線如圖 9-4 所示：

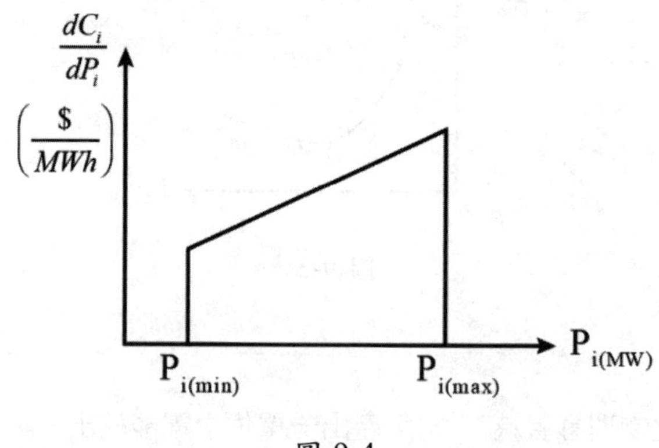


圖 9-4

**老師的話**

$IC_i$ 稱為第 i 機組的「遞增成本」(邊際成本)，其物理意義為「每增加 1 度電(MWh)的功率輸出，其所增加的燃料成本比率，一般電力調度原則為當所需電力增加時，優先增加 $IC_i$ 較小者，$IC_i$ 較大者則輸出不變，以求總成本的最小化。

3. **不考慮發電輸出限制及線損下之經濟調度**：考慮一互聯電力系統中，計有 N 部機組共同運轉，其運轉總成本為：$C_T = C_1(P_1) + C_2(P_2) + .....$，其中 $C_i$ 為機組 i(i=1,2,…)之運轉成本，只與機組 i 之輸出 $P_i$ 有關；在忽略「線路損失($P_L$)」下，所有機組之發電量總和須滿足負載需量 $P_D$，即 $P_D = P_1 + P_2 + .......$；由前一節之「拉格朗基數學模型」推導，找出能使 $C_T$ 為最低之各機組實功輸出組合，即 $C_T = f(P_1, P_2, ...) = C_1(P_1) + C_2(P_2) + .....$，以及在等式限制條件 $g(x_1, x_2) = P_D - P_1 - P_2 - .... = 0$ 下，令 Lagrange 函數為 $L = f + \lambda g = C_1(P_1) + C_2(P_2) + ... + \lambda(P_D - P_1 - P_2 - ....)$，其中求「極值」的條件為：

$$\begin{Bmatrix} \dfrac{\partial L}{\partial P_1} = 0 \\ \dfrac{\partial L}{\partial P_2} = 0 \\ ... \\ \dfrac{\partial L}{\partial x_1} = 0 \end{Bmatrix} \Rightarrow \begin{Bmatrix} \dfrac{\partial C_1}{\partial P_1} = \lambda \\ \dfrac{\partial C_2}{\partial P_2} = \lambda \\ ... \\ P_D = P_1 + P_2 + .... \end{Bmatrix} \Rightarrow \begin{Bmatrix} IC_1 = \lambda \\ IC_2 = \lambda \\ ... \\ P_D = P_1 + P_2 + .... \end{Bmatrix} \text{..................................(式 9-7)}$$

**協調方程式**：考慮一互聯電力系統中，計有 n 部機組共同運轉，其運轉總成本為：$C_T = C_1(P_1) + C_2(P_2) + .....$，其中 $C_i$ 為機組 i(i=1,2,…)之運轉成本可分列如下：

$$\begin{Bmatrix} C_1 = \alpha_1 + \beta_1 P_1 + \gamma_1 P_1^2 \\ C_2 = \alpha_2 + \beta_2 P_2 + \gamma_2 P_2^2 \\ ... \\ C_n = \alpha_n + \beta_n P_n + \gamma_n P_n^2 \end{Bmatrix}$$

，在忽略「線路損失($P_L$)」下，所有機組之發電量總和須滿足負載需量 $P_D$，即 $P_D = P_1 + P_2 + ....... + P_n$；由前一節結論可得「協調方程式」如下：

$$\begin{cases} IC_1=\beta_1+2\gamma_1P_1=\lambda \\ IC_2=\beta_2+2\gamma_2P_2=\lambda \\ \dots \\ IC_n=\beta_n+2\gamma_nP_n=\lambda \end{cases} \Rightarrow \begin{cases} P_1=\dfrac{\lambda-\beta_1}{2\gamma_1} \\ P_2=\dfrac{\lambda-\beta_2}{2\gamma_2} \\ \dots \\ P_n=\dfrac{\lambda-\beta_n}{2\gamma_n} \end{cases} \Rightarrow \text{代入 } P_D=P_1+P_2+\dots+P_n\text{，求出 }\lambda$$

$$\Rightarrow \lambda=\frac{P_D+\dfrac{\beta_1}{2\gamma_1}+\dfrac{\beta_2}{2\gamma_2}+\dots+\dfrac{\beta_n}{2\gamma_n}}{\dfrac{1}{2\gamma_1}+\dfrac{1}{2\gamma_2}+\dots+\dfrac{1}{2\gamma_n}} \quad \text{(式 9-8)}$$

## 牛刀小試

1. **某一互聯之電力系統包含 3 個發電機組，以經濟調度方式運轉，已知這些機組之運轉成本如下：**

$$\begin{cases} C_1=500+5.3P_1+0.004P_1^2(\text{單位}:\dfrac{\$}{hr},P_1:MW) \\ C_2=400+5.5P_2+0.006P_2^2(\text{單位}:\dfrac{\$}{hr},P_2:MW) \\ C_3=200+5.8P_1+0.009P_3^2(\text{單位}:\dfrac{\$}{hr},P_3:MW) \end{cases}$$

**設負載需量為 $P_D=800MW$，若忽略發電機組之輸出限制及線損，試求各機組之輸出功率？**

**詳解**

由上述結論
$$\begin{cases} C_1=500+5.3P_1+0.004P_1^2 \\ C_2=400+5.5P_2+0.006P_2^2 \\ C_3=200+5.8P_1+0.009P_3^2 \end{cases} \Rightarrow \begin{cases} IC_1=5.3P_1+0.008P_1=\lambda \\ IC_2=5.5+0.012P_2=\lambda \\ IC_3=5.8+0.018P_3=\lambda \end{cases}$$

$$\Rightarrow \lambda=\frac{800+\dfrac{5.3}{0.008}+\dfrac{5.5}{0.012}+\dfrac{5.8}{0.018}}{\dfrac{1}{0.008}+\dfrac{1}{0.012}+\dfrac{1}{0.018}}=8.5(\frac{\$}{hr})$$

$$\text{則}\begin{cases} P_1 = \dfrac{\lambda - 5.3}{0.008} = 400(MW) \\ P_2 = \dfrac{\lambda - 5.5}{0.012} = 250(MW) \\ P_3 = \dfrac{\lambda - 5.8}{0.018} = 150(MW) \end{cases}$$

2. **有兩部 800 MW 之火力發電機組之燃料成本函數（$/hr）如下：**

$$C_1 = 400 + 6.0P_1 + 0.004P_1^2$$

$$C_2 = 500 + \beta P_2 + \gamma P_2^2$$

$P_1$ **與** $P_2$ **的單位為 MW。**

**(1)若兩部機組總發電量為 550 MW 時的發電增量成本 λ 為$8/MWh。忽略損失，試求各機組的最佳發電量。**

**(2)若兩部機組總發電量為 1300 MW 時的發電增量成本 λ 為$10/MWh。忽略損失，試求各機組的最佳發電量。**

**(3)根據(1)與(2)的結果，試求第二部發電機組的燃料成本係數 β 與 γ。**（101 關務三等）

**詳解**

(1) 由題目所給：$\begin{cases} C_1 = 400 + 6.0P_1 + 0.004P_1^2 \\ C_2 = 500 + \beta P_2 + \gamma P_2^2 \end{cases} \Rightarrow \begin{cases} IC_1 = 6.0 + 0.008P_1 \\ IC_2 = \beta + 2\gamma P_2 \end{cases}$

$$\Rightarrow \begin{cases} \lambda = 8 = 6 + 0.008P_1 \Rightarrow P_1 = \dfrac{8-6}{0.008} = 250(MW) \\ P_2 = P_D - P_1 = 550 - 250 = 300(MW) \end{cases}$$

(2) 由題目所給：

$$\Rightarrow \begin{cases} \lambda = 10 = 6 + 0.008P_1 \Rightarrow P_1 = \dfrac{10-6}{0.008} = 500(MW) \\ P_2 = P_D - P_1 = 1300 - 500 = 800(MW) \end{cases}$$

(3) 由(1)⇒ $\left\{\begin{array}{c}\lambda = 8 = IC_2 = \beta + 2\gamma P_1 \\ P_1 = 500, => \beta + 2\gamma \times 500 = 8.....①\end{array}\right\}$，

由(2)⇒ $\left\{\begin{array}{c}\lambda = 10 = IC_2 = \beta + 2\gamma P_1 \\ P_1 = 800, \Rightarrow \beta + 2\gamma \times 800 = 10.....②\end{array}\right\}$，

解①②聯立解得：⇒ $\left\{\begin{array}{c}\gamma = 0.00182 \\ \beta = 7.1\end{array}\right\}$

**3. 有 3 座火力發電廠，其以$/h 為單位之燃料成本函數( fuel-cost functions )為：**

$C_1 = 250 + 7.2P_1 + 0.004P_1^2$

$C_2 = 500 + 7.3P_2 + 0.0025P_2^2$

$C_3 = 600 + 6.74P_3 + 0.003P_3^2$

**其中 $P_1$、$P_2$ 及 $P_3$ 之單位為 MW。**

**(1)若設定調速機（governors），使發電機均分負載，並忽略線路耗損（line losses）及發電機極限（generator limits），試問當總負載為 $P_D$=450MW 時，發電總成本為若干$/h？**

**(2)若忽略輸電線路耗損及發電機極限，試求總負載為 $P_D$=450MW 情況下，以經濟調度使總燃料成本為最低時之各發電機發電量。**

**【註：可採解析技巧（analytical technique）或利用疊代法（iterative method）求解，惟利用疊代法求解時，須以起始估計值 5.7=λ　$/MWh 開始。】**

詳解

(1) 設定 Governors 使負載均分 ⇒ $P_1 = P_2 = P_3 = \frac{450}{3} = 150MW$，及由題目所

給：$\left\{\begin{array}{c}C_1 = 250 + 7.2P_1 + 0.004P_1^2 \\ C_2 = 500 + 7.3P_2 + 0.0025P_2^2 \\ C_3 = 600 + 6.74P_3 + 0.003P_3^2\end{array}\right\} \Rightarrow \left\{\begin{array}{c}IC_1 = 7.2 + 0.008P_1 \\ IC_2 = 7.3 + 0.005P_2 \\ IC_3 = 6.74 + 0.006P_3\end{array}\right\}$

$$\Rightarrow\begin{cases}\lambda=8=6+0.008P_1\Rightarrow P_1=\dfrac{8-6}{0.008}=250(MW)\\ P_2=P_D-P_1=550-250=300(MW)\end{cases}$$

則總成本 $C_T=C_1+C_2+C_3$ 為

$$C_T=\begin{cases}C_1=250+7.2P_1+0.004P_1^2=250+7.5\times150+0.004\times150^2=1520\\ C_2=500+7.3P_2+0.0025P_2^2=500+7.3\times150+0.0025\times150^2=1651.25\\ C_3=600+6.74P_3+0.003P_3^2=600+6.74\times150+0.003\times150^2=1678.5\end{cases}$$

$$\Rightarrow C_T=4749.75\frac{\$}{hr}$$

(2) $$\begin{cases}IC_1=7.2+0.008P_1=\lambda\\ IC_2=7.3+0.005P_2=\lambda\\ IC_3=6.74+0.006P_3=\lambda\end{cases}\Rightarrow P_1=\frac{\lambda-7.2}{0.008},P_2=\frac{\lambda-7.3}{0.005},P_3=\frac{\lambda-6.74}{0.006}$$

代入 $P_D=450=P_1+P_2+P_3$，則

$450=125(\lambda-7.2)+200(\lambda-7.3)+167(\lambda-6.74)\Rightarrow\lambda=8$，

$P_3=450-100-140=210MW$

**4. 二座 800MW 的火力發電廠，其單位為之燃料成本函數(fuel cost functions)為：$C_1=400+6.0P_1+0.004P_1^2$，$C_2=500+\beta P_2+\gamma P_2^2$，其中 $P_1,P_2$ 之單位為 MW；求**

**(1)當總功率需求為 $P_D=550MW$，功率之增量成本(incremental cost of power) $\lambda=\$8/MWh$，若忽略線損，試決定每一座發電廠之最佳發電量？**

**(2)當總功率需求為 1300MW 時，功率之增量成本 $\lambda=\$10/MWh$，若忽略線損，試決定每一座發電廠之最佳發電量及 $\beta=$？$\gamma=$？**（94 地特三等）

**詳解**

(1) 由題目所給：

$$\begin{cases}C_1=400+6.0P_1+0.004P_1^2\\ C_2=500+\beta P_2+\gamma P_2^2\end{cases}\Rightarrow\begin{cases}IC_1=6.0+0.008P_1=\lambda=8\\ IC_2=\beta+2\gamma P_2=\lambda=8\end{cases}$$

$$\Rightarrow \begin{cases} P_1 = \dfrac{8-6}{0.008} = 250(MW) \\ P_2 = P_D - P_1 = 550 - 250 = 300(MW) \end{cases}$$

(2) $\begin{cases} C_1 = 400 + 6.0P_1 + 0.004P_1^2 \\ C_2 = 500 + \beta P_2 + \gamma P_2^2 \end{cases} \Rightarrow \begin{cases} IC_1 = 6.0 + 0.008P_1 = \lambda = 10 \\ IC_2 = \beta + 2\gamma P_2 = \lambda = 10 \end{cases}$

$\Rightarrow \begin{cases} P_1 = \dfrac{10-6}{0.008} = 500(MW) \\ P_2 = P_D - P_1 = 1300 - 500 = 800(MW) \end{cases}$，且由(1)&(2)之結果

$$\begin{cases} \beta + 2\gamma \times 250 = 8 \\ \beta + 2\gamma \times 800 = 10 \end{cases} \Rightarrow \begin{cases} \beta + 500\gamma = 8 \\ \beta + 1600\gamma = 10 \end{cases} \Rightarrow 1100\gamma = 2 \Rightarrow \begin{cases} \gamma = 0.002 \\ \beta = 6.8 \end{cases}$$

( ) 5. 某一發電機組之燃料遞增費用 IC(Incremental Cost)為 $\beta + 2\gamma P_G$ (元/MWh)，若其燃料費用最少為 α(元/h)，則此機組之燃料費用曲線(fuel-cost curve)為： (A) $\alpha + \beta + \gamma P_G$ (元/h) (B) $\beta + (\alpha + 2\gamma)P_G$ (元/h) (C) $\alpha + \beta P_G + 2\gamma P_G^2$ (元/h) (D) $\alpha + \beta P_G + \gamma P_G^2$ (元/h)。(105 台北自來水)

( ) 6. 某電力系統共有 A 與 B 兩部發電機，若 A 機之發電量為 $P_{GA}$ MW，B 機之發電量為 $P_{GB}$ MW，A 機成本函數為 $C_A=42+8.5P_{GA}+0.06P_{GA}^2$ (元/hr)，B 機成本函數為 $45+9.0P_{GB}+0.03P_{GB}^2$ (元/hr)，當 A 機之發電量為 200MW 時，A 機之增量成本為何？ (A)21 元/MWhr (B)32.5 元/MWhr (C)4100 元/MWhr (D)4142 元/MWhr。

**詳解**

5. **(D)**。已知燃料遞增成本為「燃料總成本函數對輸出實功的導函數」，即 $IC_G = \dfrac{dC_G}{dP_G}$，而題目所給 $IC_G = \beta + 2\gamma P_G$，故

$C_G = \beta P_G + \gamma P_G^2 + constant$，且燃料費用最少即 $P_G = 0$ 時，故

$C_{G,\min} = \alpha = constant$，答案選(D) $\Rightarrow C_G = \alpha + \beta P_G + \gamma P_G^2$。

6. **(B)**。由 $\begin{cases} C_A = 42 + 8.5P_{GA} + 0.06P_{GA}{}^2 \\ C_B = 45 + 9P_{GB} + 0.03P_{GB}{}^2 \end{cases} \Rightarrow \begin{cases} IC_A = 8.5 + 0.12P_{GA} = \lambda \\ IC_B = 9 + 0.06P_{GB} = \lambda \end{cases}$

$P_{GA} = 200MW \Rightarrow \lambda = 32.5(\$/MWh)$，答案選(B)。

# 9-3 考慮發電機組輸出限制下之經濟調度

## 焦點 3　發電機組輸出限制下之經濟調度重點

考試比重 ★★★☆☆

見於輸配電類考試以及台電選擇題。

1. 考慮輸出限制下，任一發電機組之輸出限制在 $P_{i(\min)} \le P_i \le P_{i(\max)}$，當有發電機組輸出達上限時，應令其維持在上限，並令其他未達上限之機組中，遞增成本最低者負責負載增量，若有兩部以上機組的遞增成本都是最低，則令其共同經濟運轉，其餘遞增成本較高之機組維持發電量不變。
2. 解題要訣在列表，表中載明以下各列：各機組之輸出、遞增成本、負載總和後，再一一判斷當需發電增量時，哪一個機組的發電量應該增加，哪一個機組的發電量應該維持不變。

   列表前先檢視題目是否有給「各機組成本函數($C_i$)」，

   (1) 若無，則假設如下：$\begin{cases} C_1 = \alpha_1 + \beta_1 P_1 + \gamma_1 P_1^2 \\ C_2 = \alpha_2 + \beta_2 P_2 + \gamma_2 P_2^2 \\ \dots \\ C_n = \alpha_n + \beta_n P_n + \gamma_n P_n^2 \end{cases}$ ……………………………(式 9-9)

(2) 再個別求出機組輸出與其相對應之「遞增成本」：

$$\begin{cases} IC_1 = \beta_1 + 2\gamma_1 P_1 \\ IC_2 = \beta_2 + 2\gamma_2 P_2 \\ \quad\cdots \\ IC_n = \beta_n P_n + 2\gamma_n P_n \end{cases} \cdots\cdots\text{(式 9-10)}$$

(3) 注意此時「發電下限( $P_{i(\min)}$ )」代入 $IC_i$ 得到增量成本最小值 $\lambda_{i(\min)}$ ，「發電上限( $P_{i(\max)}$ )」代入 $IC_i$ 得到增量成本最大值 $\lambda_{i(\max)}$ 。

(4) 加總發電量，檢視發電區間並說明經濟調度方式。

茲如以下牛刀小試列表說明之：

牛刀小試……………………………………

1. **某一互聯電力系統包含二機組，以經濟調度方式運轉，已知這些機組之運轉燃料成本函數為：** $\begin{cases} C_1 = 10P_1 + 0.008P_1^2 \\ C_2 = 8P_2 + 0.009P_2^2 \end{cases}$ **，設忽略線路損耗並考慮發電機組受到以下輸出限制：** $\begin{cases} 100 \le P_1 \le 600MW \\ 400 \le P_2 \le 1000MW \end{cases}$ **，試計算：**

   (1)**若** $P_D = 700MW$ **，求** $P_1 = ?, P_2 = ?\,MW$

   (2)**若** $P_D = 1000MW$ **，求** $P_1 = ?, P_2 = ?\,MW$

   (3)**若** $P_D = 1400MW$ **，求** $P_1 = ?, P_2 = ?\,MW$

詳解……………………………………

本題已給「各機組成本函數」，故先求出機組輸出與其相對應之「遞增成本」： $\begin{cases} IC_1 = 10 + 0.016P_1 \\ IC_2 = 8 + 0.018P_2 \end{cases}$ ，再加總兩部之發電量，檢視發電區間。

步驟如下：

STEP 1. 先填上各機組之最低負載，計算出各增量成本以及負載總和在「第一行」。

STEP 2. 再填上各機組之最高負載，計算出各增量成本以及負載總和在「最後一行」。

STEP 3. 比較各機組之增量成本，較高者維持原輸出，增量成本較低者則增加輸出，直到其「增量成本」到達原本較高的值即停止，並計算出增量輸出，如「第二行」所示。

STEP 4. 依序以 STEP 3 之原則，依序填上相關數值在第三(必要時填第四……)行，並討論在哪一輸出範圍為何種調度方式如下表最右欄所列。

| | $P_1$ | $IC_1$ | $P_2$ | $IC_2$ | $P_D$ | 經濟調度方式 |
|---|---|---|---|---|---|---|
| 第一行 | 100 | 11.6 | 400 | 15.2 | 500 | 1. $500 \le P_D \le 725MW$，$P_2 = 400MW$，$P_1 = P_D - 400$<br>2. $725 \le P_D \le 1244.4MW$ 機組 1 及 2 共同經濟調度<br>3. $1244.4 \le P_D \le 1600MW$，$P_1 = 600MW$，$P_2 = P_D - 600$ |
| 第二行 | 325 | 15.2 | 400 | 15.2 | 725 | |
| | 600 | 19.6 | 644.4 | 19.6 | 1244.4 | |
| 最後一行 | 600 | 19.6 | 1000 | 26 | 1600 | |

(1) 由上表，$P_D = 700MW$，則看第二行係第 2 台機組維持原輸出，而由第 1 部機組增量調度，先求 $P_2 = 400MW$，則 $P_1 = 700 - 400 = 300MW$

(2) 由上表，$P_D = 1000MW$，則看第三行係兩部共同調度，則以上節之方法，可以求出：$\begin{cases} C_1 = 10P_1 + 0.008P_1^2 \\ C_2 = 8P_2 + 0.009P_2^2 \end{cases} \Rightarrow \begin{cases} IC_1 = 10 + 0.016P_1 = \lambda \\ IC_2 = 8 + 0.018P_2 = \lambda \end{cases}$

$$P_1 + P_2 = 1000MW \Rightarrow \begin{cases} P_1 = 470.6MW \\ P_2 = 529.4MW \end{cases}$$

(3) 由上表可知，$P_D = 1400MW$，看最後一行並知已達第 1 部機組之上限輸出，故維持 $P_1 = 600MW$，則此時 $P_2 = 1400 - 600 = 800MW$

2. **某系統共有 A 與 B 兩組發電機，設 A 機組之發電量為 $P_{GA}$、成本函數為 $C_A=42+8P_{GA}+0.05P_{GA}^2$(元/MW)，B 機組之發電量為 $P_{GB}$、成本函數為 $C_B=40+10P_{GB}+0.05P_{GB}^2$(元/MW)。已知各機組發電量之限制條件為 50MW ≤ PGA ≤ 300MW 與 50MW ≤ $P_{GB}$ ≤ 500MW。在不考慮線路損失情況下，請回答下列問題：**
   **(1)當 $P_{GA}$ 為 200 MW，則 A 機之增量成本(incremental cost)為何？**
   **(2)當全系統需量為 700 MW，欲使總成本為最低，則 A 機發電量為多少？**
   **(3)當全系統需量為 700 MW，總成本為最低時的系統增量成本為何？**（102 台灣菸酒）

**詳解** ……………………………………………………………

本題「各機組成本函數」相對應之「遞增成本」為：$\begin{Bmatrix} IC_A = 8 + 0.1P_{GA} \\ IC_B = 10 + 0.1P_{GB} \end{Bmatrix}$，

並須注意本題之限制範圍。

(1) 當 $P_{GA} = 200MW$，A 機的增量成本為 $IC_A = 8 + 0.1P_{GA} = 8 + 20 = 28(\frac{\$}{MWh})$

(2) 列表及解題步驟如下：

**STEP** 1. 先填上各機組之最低負載，計算出各增量成本以及負載總和在「第一行」：

| $P_{GA}$ | $IC_A$ | $P_{GB}$ | $IC_B$ | $P_D$ |
| --- | --- | --- | --- | --- |
| 50 | 13 | 50 | 15 | 100 |

**STEP** 2. 再填上各機組之最高負載，計算出各增量成本以及負載總和在「最後一行」：

| $P_{GA}$ | $IC_A$ | $P_{GB}$ | $IC_B$ | $P_D$ |
|---|---|---|---|---|
| 300 | 38 | 500 | 60 | 800 |

**STEP** 3. 從第一行比較各機組之增量成本，15 較高，故 $P_{GB}$ 維持原輸出 50MW，增加 $P_{GA}$ 輸出，直到 $IC_A = 15$ 停止，並計算出增量輸出為 $P_{GA} = 70MW$，如「第二行」所示：

| $P_{GA}$ | $IC_A$ | $P_{GB}$ | $IC_B$ | $P_D$ |
|---|---|---|---|---|
| 70 | 15 | 50 | 15 | 120 |

**STEP** 4. 完成第二行後，此時若需增量輸出，則由 $P_{GA}$ & $P_{GB}$ 共同輸出調度，直到 $IC_A = IC_B = 38$ 停止，並計算出最終輸出 $P_{GA}=300MW$ & $P_{GB} = 280MW$，如「第三行」所示：

| $P_{GA}$ | $IC_A$ | $P_{GB}$ | $IC_B$ | $P_D$ |
|---|---|---|---|---|
| 300 | 38 | 280 | 38 | 580 |

**STEP** 5. 完成第三行後，此時若需增量輸出，因為 $P_{GA}$ 已達輸出上限，故 $P_{GA}$ 輸出不變=300MW，而只由 $P_{GB}$ 增加輸出，直到 $IC_B = 60$ 停止，

本題全系統需量 700MW，此在 $580 \le P_D \le 800MW$ 區間，故只有 $P_{GB}$ 增加輸出，故 $P_{GA} = 300MW$，$P_{GB} = 700 - 300 = 400MW$

(3) 由上述，此時系統中各機組之增量成本為：

$$\begin{cases} IC_A = 38\dfrac{\$}{MWh} \\ IC_B = 10 + 0.1\times 400 = 50\dfrac{\$}{MWh} \end{cases}。$$

3. **一個電廠內有兩部發電機組，各機組之燃料遞增成本分別如下：一號機 $\dfrac{dF_1}{dP_1} = 0.02P_1 + 4.4$，二號機為 $\dfrac{dF_2}{dP_2} = 0.024P_2 + 3.2$，其中 F 以每小時之燃料成本費用為單位（\$/h），P 則以 MW 為單位。若每一部機組的最大負載及**

**最小負載分別為** 125MW **及** 20MW**，總負載量為** 150MW **固定值。試比較兩發電機在經濟分配運轉下以及平均分攤負載運轉下，每單位小時所節省的燃料總成本。**（102 電機技師）

詳解

題目給定 $\begin{cases} \dfrac{dF_1}{dP_1} = 0.02P_1 + 4.4 = IC_1 \\ \dfrac{dF_2}{dP_2} = 0.024P_2 + 3.2 = IC_2 \end{cases}$，且有限制輸出：$\begin{Bmatrix} 20 \le P_1 \le 125 \\ 20 \le P_2 \le 125 \end{Bmatrix}$，

則列表解題如下：

STEP 1. 先填上各機組之最低負載，計算出各增量成本以及負載總和在「第一行」：

| $P_1$ | $IC_1$ | $P_2$ | $IC_2$ | $P_D$ |
|---|---|---|---|---|
| 20 | 4.8 | 20 | 3.68 | 40 |

STEP 2. 再填上各機組之最高負載，計算出各增量成本以及負載總和在「最後一行」：

| $P_1$ | $IC_1$ | $P_2$ | $IC_2$ | $P_D$ |
|---|---|---|---|---|
| 125 | 6.9 | 125 | 6.2 | 250 |

STEP 3. 從第一行比較各機組之增量成本，$IC_1$=4.8 較高，故 $P_1$ 維持原輸出 20MW，而增加 $P_2$ 輸出，直到 $IC_2 = 4.8$ 停止，並計算出 $P_2$ 輸出為 67MW，如「第二行」所示：

| $P_1$ | $IC_1$ | $P_2$ | $IC_2$ | $P_D$ |
|---|---|---|---|---|
| 20 | 4.8 | 67 | 4.8 | 87 |

STEP 4. 完成第二行後，此時若需增量輸出，則由 $P_1$ & $P_2$ 共同輸出調度，直到 $IC_1 = IC_2 = 6.2$ 停止，並計算出最終輸出 $P_1$=$90MW$ & $P_2 = 125MW$，如「第三行」所示：

| $P_1$ | $IC_1$ | $P_2$ | $IC_2$ | $P_D$ |
|---|---|---|---|---|
| 90 | 6.2 | 125 | 6.2 | 215 |

本題總負載為 150MW，此在 $87 \le P_D \le 215MW$ 區間，故由 $P_1$ & $P_2$ 共同輸出

調度，則 $\begin{Bmatrix} \lambda = 0.02P_1 + 4.4 \\ \lambda = 0.024P_2 + 3.2 \end{Bmatrix} \Rightarrow \begin{Bmatrix} P_1 = \dfrac{\lambda - 4.4}{0.02} \\ P_2 = \dfrac{\lambda - 3.2}{0.024} \end{Bmatrix} \xrightarrow{P_1 + P_2 = 150} \lambda = 5.49$

$\Rightarrow \begin{Bmatrix} P_1 = 54.5MW \\ P_2 = 95.5MW \end{Bmatrix}$；而由 $\begin{Bmatrix} \dfrac{dF_1}{dP_1} = 0.02P_1 + 4.4 = IC_1 \\ \dfrac{2F_1}{dP_2} = 0.024P_2 + 3.2 = IC_2 \end{Bmatrix}$，可以一次積分導出

$\begin{Bmatrix} F_1 = 0.01P_1^2 + 4.4P_1 + Const_1 \\ F_2 = 0.012P_2^{\ 2} + 3.2P_2 + Const_2 \end{Bmatrix}$，$\begin{Bmatrix} P_1 = 54.5MW \\ P_2 = 95.5MW \end{Bmatrix}$ 再代入可得

$\begin{Bmatrix} F_1 = 269.7 + Const_1 \\ F_2 = 414.7 + Const_2 \end{Bmatrix} \Rightarrow C_T = F_1 + F_2 = (684.4 + Const_1 + Const_2)\dfrac{\$}{hr}$

此為「經濟調度」下的總成本；若為 1,2 號機組平均負擔負載，則

$\begin{Bmatrix} F_1' = 0.01 \times 75^2 + 4.4 \times 7.5 + Const_1 \\ F_2' = 0.012 \times 75 + 3.2 \times 75 + Const_2 \end{Bmatrix}$

$\Rightarrow C_T' = F_1' + F_2' = (693.75 + Const_1 + Const_2)\dfrac{\$}{hr}$

故可節省總成本 $C_T' - C_T = 9.35\dfrac{\$}{hr}$

4. **假設在一個電力系統中，共有三部機組參與發電，以供應負載** 400 MW，**其中個機組發電量下限**($P_G^{\min}$)、**發電量上限**($P_G^{\max}$)、**與增量成本**( incremental cost，λ) **的最大值與最小值，如下表所示。( 忽略線路損失 )**

 (1)**試求在三部機組均發電的條件下，各發電機組應發多少電量，使得總成本為最低？**

 (2)**此時的系統增量成本為何？**（97 台灣菸酒）

| 機組編號 | $P_G^{\min}$ (MW) | $P_G^{\max}$ (MW) | $\lambda^{\min}$ ($/MWh) | $\lambda^{\max}$ ($/MWh) |
|---|---|---|---|---|
| 1 | 50 | 200 | 2.1 | 2.4 |
| 2 | 150 | 250 | 2.6 | 3.0 |
| 3 | 50 | 200 | 1.8 | 2.7 |

**詳解** ……………………………………………………………………

本題未給「各機組成本函數」，故先假設如下：$\begin{Bmatrix} C_1=\alpha_1+\beta_1P_1+\gamma_1P_1^2 \\ C_2=\alpha_2+\beta_2P_2+\gamma_2P_2^2 \\ C_3=\alpha_3+\beta_3P_3+\gamma_3P_3^2 \end{Bmatrix}$，

再列出機組輸出與其相對應之「遞增成本」：$\begin{Bmatrix} IC_1=\beta_1+2\gamma_1P_1 \\ IC_2=\beta_2+2\gamma_2P_2 \\ IC_3=\beta_3+2\gamma_3P_3 \end{Bmatrix}$，本題注意由「發電下限($P_G{}^{\min}$)」代入 $IC_i$ 得到各機組增量成本最小值 $\lambda_i{}^{\min}$，「發電上限($P_G{}^{\max}$)」代入 $IC_i$ 得到增量成本最大值 $\lambda_i{}^{\min}$，故由 $IC_i$ 著手並求 $\beta_i,\gamma_i$ 聯立解。

在假設式 $\begin{Bmatrix} IC_1=\beta_1+2\gamma_1P_1 \\ IC_2=\beta_2+2\gamma_2P_2 \\ IC_3=\beta_3+2\gamma_3P_3 \end{Bmatrix}$ 中，分別以 $P_{G1}{}^{\min}=50MW$ 代入得到

$\lambda_1{}^{\min}=2.1=\beta_1+2\gamma_1P_{G1}{}^{\min}$，以及以 $P_{G1}{}^{\max}=200MW$ 代入得

$\lambda_1{}^{\max}=2.4=\beta_1+2\gamma_1P_{G1}{}^{max}$，則解聯立如下：

$\begin{Bmatrix} \beta_1+2\gamma_1\times 50=2.1 \\ \beta_1+2\gamma_1\times 200=2.4 \end{Bmatrix}\Rightarrow\begin{Bmatrix} \beta_1=2 \\ \gamma_1=0.001 \end{Bmatrix}$，得到 $IC_1=2+0.002P_1$；

同理，分別以 $P_{G2}{}^{\min}=150MW$ 代入得 $\lambda_2{}^{\min}=2.6=\beta_2+2\gamma_2P_{G2}{}^{\min}$，及以 $P_{G2}{}^{\max}=250MW$ 代入得 $\lambda_2{}^{\max}=3=\beta_2+2\gamma_2P_{G2}{}^{\max}$，解聯立如下：

$\begin{Bmatrix} \beta_2+2\gamma_2\times 150=2.6 \\ \beta_2+2\gamma_2\times 250=3 \end{Bmatrix}\Rightarrow\begin{Bmatrix} \beta_2=2 \\ \gamma_2=0.002 \end{Bmatrix}\Rightarrow IC_2=2+0.004P_2$；同理

$\begin{Bmatrix} \beta_3+2\gamma_3\times 50=1.8 \\ \beta_3+2\gamma_3\times 200=2.7 \end{Bmatrix}\Rightarrow\begin{Bmatrix} \beta_3=1.5 \\ \gamma_3=0.003 \end{Bmatrix}\Rightarrow IC_3=1.5+0.006P_3$，

並列表及解題步驟如下：

**STEP** 1. 先填上各機組之最低負載，計算出各增量成本以及負載總和在「第一行」：

| $P_1$ | $IC_1$ | $P_2$ | $IC_2$ | $P_3$ | $IC_3$ | $P_D$ |
|---|---|---|---|---|---|---|
| 50 | 2.1 | 150 | 2.6 | 50 | 1.8 | 250 |

**STEP** 2. 再填上各機組之最高負載，計算出各增量成本以及負載總和在「最後一行」：

| $P_1$ | $IC_1$ | $P_2$ | $IC_2$ | $P_3$ | $IC_3$ | $P_D$ |
|---|---|---|---|---|---|---|
| 200 | 2.4 | 250 | 3 | 200 | 2.7 | 650 |

**STEP** 3. 從第一行比較各機組之增量成本，2.6 最高、2.1 次高，故 $P_1$ & $P_2$ 維持原輸出，最低者為 $IC_3$，則增加 $P_3$ 輸出，直到 $IC_3 = 2.1$ 停止，並計算出增量輸出為 $P_3 = 100MW$，如「第二行」所示：

| $P_1$ | $IC_1$ | $P_2$ | $IC_2$ | $P_3$ | $IC_3$ | $P_D$ |
|---|---|---|---|---|---|---|
| 50 | 2.1 | 155 | 2.6 | 100 | 2.1 | 300 |

**STEP** 4. 完成第二行後，再比較各機組之增量成本，2.6 最高，$P_2$ 維持原輸出，增加 $P_1$ & $P_3$ 輸出，在由最後一行之增量成本最小者得知，直到 $IC_1 = IC_3 = 2.4$ 停止，並計算出 $P_1$ & $P_3$，如「第三行」所示：

| $P_1$ | $IC_1$ | $P_2$ | $IC_2$ | $P_3$ | $IC_3$ | $P_D$ |
|---|---|---|---|---|---|---|
| 200 | 2.4 | 150 | 2.6 | 150 | 2.4 | 500 |

**STEP** 5. 完成第三行後，先看總負載需量為 400MW，此時無須在做下一行，因為 $300 \le P_D = 400 \le 500MW$ 此，所以由第三行知道 $P_2$ 維持在 150MW，而由 $P_1$ & $P_3$ 共同調度，且 $P_1 + P_3 = 400 - 150 = 250MW$，則由「協調方程式」

$$\Rightarrow P_1 + P_3 = 250 \begin{cases} IC_1 = 2 + 0.002P_1 = \lambda' \\ IC_2 = 2.6 \\ IC_3 = 1.5 + 0.006P_3 = \lambda' \end{cases} \Rightarrow \lambda' = 2.25$$，故可知：

(1) 各機組發電量：$\begin{cases} P_1 = 125MW \\ P_2 = 150MW \\ P_3 = 125MW \end{cases}$。

(2) 此時各機組之增量成本為：

$$\begin{cases} IC_1 = 2 + 0.002 \times 125 = 2.25 \dfrac{\$}{MWh} \\ IC_2 = 2.6 \dfrac{\$}{MWh} \\ IC_3 = 1.5 + 0.006 \times 125 = 2.25 \dfrac{\$}{MWh} \end{cases}。$$

**5. 三部火力機組供電系統，輸入輸出曲線（I/O curve）之部分量測值如下：**

| Unit Number | Power output（MW） | heat input（MBtu/h） | Min（MW） | Max（MW） | Fuel Cost（$/MBtu） |
|---|---|---|---|---|---|
| 1 | 40 | 565 | 40 | 300 | 0.80 |
| | 100 | 1090 | | | |
| | 300 | 2970 | | | |
| 2 | 40 | 993.8 | 40 | 350 | 1.02 |
| | 100 | 1439 | | | |
| | 200 | 2309 | | | |
| 3 | 50 | 781.25 | 50 | 450 | 0.90 |
| | 100 | 1175 | | | |
| | 400 | 3800 | | | |

**(1)求能滿足上述資料最適當的輸入輸出（I/O）曲線。**

**(2)當負載為 495 MW 時，求滿足最低成本之各發電機組發電量。**（95 高考三級）

詳解

本題未給「各機組成本函數」，故先假設如下：$\begin{cases} C_1 = \alpha_1 + \beta_1 P_1 + \gamma_1 P_1^2 \\ C_2 = \alpha_2 + \beta_2 P_2 + \gamma_2 P_2^2 \\ C_3 = \alpha_3 + \beta_3 P_3 + \gamma_3 P_3^2 \end{cases}$

再列出機組輸出與其相對應之「遞增成本」：$\begin{Bmatrix} IC_1 = \beta_1 + 2\gamma_1 P_1 \\ IC_2 = \beta_2 + 2\gamma_2 P_2 \\ IC_3 = \beta_3 + 2\gamma_3 P_3 \end{Bmatrix}$

再加總兩部之發電量，檢視發電區間。

(*)注意此時可由單位輔助記憶各式關係，例如此時成本函數單位為 $\dfrac{\$}{hr}$，則可由「Fuel Cost「單位 $\dfrac{\$}{MBtu}$，乘上「heat rate」$(\dfrac{MBtu}{hr})$。

同上解析，在假設式中分別以

$P_{1(min)} = 40MW, P_1 = 100MW, P_{1(\max)} = 300MW$ 代入 $C_1 = \alpha_1 + \beta_1 P_1 + \gamma_1 P_1^2$ 得到 $\begin{Bmatrix} \alpha_1 + 40\beta_1 + 40^2\gamma_1 = 565 \times 0.8 \\ \alpha_1 + 100\beta_1 + 100^2\gamma_1 = 1090 \times 0.8 \\ \alpha_1 + 300\beta_1 + 300^2\gamma_1 = 2970 \times 0.8 \end{Bmatrix}$；

同理分別以 $P_{2(min)} = 40MW, P_2 = 100MW, P_{2(\max)} = 200MW$ 代入

$C_2 = \alpha_2 + \beta_2 P_2 + \gamma_2 P_2^2$，得到 $\begin{Bmatrix} \alpha_2 + 40\beta_2 + 40^2\gamma_2 = 993.8 \times 1.02 \\ \alpha_2 + 100\beta_2 + 100^2\gamma_2 = 1439 \times 1.02 \\ \alpha_2 + 200\beta_2 + 200^2\gamma_2 = 2309 \times 1.02 \end{Bmatrix}$；

以及分別以 $P_{3(min)} = 50MW, P_3 = 100MW, P_{3(\max)} = 400MW$ 代入

$C_3 = \alpha_3 + \beta_3 P_3 + \gamma_3 P_3^2$ 得到 $\begin{Bmatrix} \alpha_3 + 50\beta_3 + 50^2\gamma_3 = 781.25 \times 0.9 \\ \alpha_3 + 100\beta_3 + 100^2\gamma_3 = 1175 \times 0.9 \\ \alpha_3 + 400\beta_3 + 400^2\gamma_3 = 3800 \times 0.9 \end{Bmatrix}$；

經過計算後得到 $\begin{Bmatrix} \alpha_1 = 180, \beta_1 = 6.72, \gamma_1 = 0.002 \\ \alpha_2 = 743.6, \beta_2 = 6.4, \gamma_2 = 0.00816 \\ \alpha_3 = 359.9, \beta_3 = 6.75, \gamma_3 = 0.00225 \end{Bmatrix}$，

故三部機組之「成本函數」為：$\begin{Bmatrix} C_1 = 180 + 6.72P_1 + 0.002P_1^2 \\ C_2 = 743.6 + 6.4P_2 + 0.00816P_2^2 \\ C_3 = 359.9 + 6.75P_3 + 0.00225P_3^2 \end{Bmatrix}$，

以及其「增量成本函數」為：$\begin{Bmatrix} IC_1 = 6.72 + 0.004P_1 \\ IC_2 = 6.4 + 0.01632P_2 \\ IC_3 = 6.75 + 0.0045P_3 \end{Bmatrix}$，並列表及解題

步驟如下：

STEP 1. 先填上各機組之最低負載，計算出各增量成本以及負載總和在「第一行」：

| $P_1$ | $IC_1$ | $P_2$ | $IC_2$ | $P_3$ | $IC_3$ | $P_D$ |
|---|---|---|---|---|---|---|
| 40 | 6.88 | 40 | 7.05 | 50 | 6.98 | 130 |

STEP 2. 再填上各機組之最高負載，計算出各增量成本以及負載總和在「最後一行」：

| $P_1$ | $IC_1$ | $P_2$ | $IC_2$ | $P_3$ | $IC_3$ | $P_D$ |
|---|---|---|---|---|---|---|
| 300 | 7.92 | 350 | 12.1 | 450 | 8.78 | 1100 |

STEP 3. 比較各機組之增量成本，7.05最高、6.98次高，故$P_2$&$P_3$維持原輸出，最低者為$IC_1$，則增加$P_1$輸出，直到$IC_1 = 6.98$停止，並計算出$P_1$增量輸出為$P_1 = 65MW$，如「第二行」所示：

| $P_1$ | $IC_1$ | $P_2$ | $IC_2$ | $P_3$ | $IC_3$ | $P_D$ |
|---|---|---|---|---|---|---|
| 65 | 6.98 | 40 | 7.05 | 50 | 6.98 | 155 |

STEP 4. 完成第二行後，再比較各機組之增量成本，7.05最高，$P_2$維持原輸出，增加$P_1$&$P_2$輸出，直到$IC_1 = IC_2 = 7.05$停止，並計算出$P_1$&$P_2$，如「第三行」所示：

| $P_1$ | $IC_1$ | $P_2$ | $IC_2$ | $P_3$ | $IC_3$ | $P_D$ |
|---|---|---|---|---|---|---|
| 8215 | 7.05 | 40 | 7.05 | 66.7 | 7.05 | 189.2 |

STEP 5. 完成第三行後，看「最後一行」「增量成本」之最低者為7.92，此時以第一節無「輸出限制」及「線損」之解題原則解之，並計算出$P_1$、$P_2$、$P_3$&$P_D$，如「第四行」所示，此時知道在$189.2 \le P_D \le 653.1MW$時，係由$P_1$、$P_2$、$P_3$三部機組共同調度。

| $P_1$ | $IC_1$ | $P_2$ | $IC_2$ | $P_3$ | $IC_3$ | $P_D$ |
|---|---|---|---|---|---|---|
| 300 | 7.92 | 93.1 | 7.92 | 260 | 7.92 | 653.1 |

故可列出如下表：

| $P_1$ | $IC_1$ | $P_2$ | $IC_2$ | $P_3$ | $IC_3$ | $P_D$ | 經濟調度方式 |
|---|---|---|---|---|---|---|---|
| 40 | 6.88 | 40 | 7.05 | 50 | 6.98 | 130 | |
| 65 | 6.98 | 40 | 7.05 | 50 | 6.98 | 155 | $189.2 \le P_D \le 653.1MW$ 時三部機組共同經濟調度 |
| 82.5 | 7.05 | 40 | 7.05 | 66.7 | 7.05 | 189.2 | |
| 300 | 7.92 | 93.1 | 7.92 | 260 | 7.92 | 653.1 | |
| ⋮ | ⋮ | ⋮ | ⋮ | ⋮ | ⋮ | ⋮ | |
| 300 | 7.92 | 350 | 12.1 | 450 | 8.78 | 1100 | |

(1) 由題目所給資料，可得各機組 I/O 曲線如下圖：

機組 1：

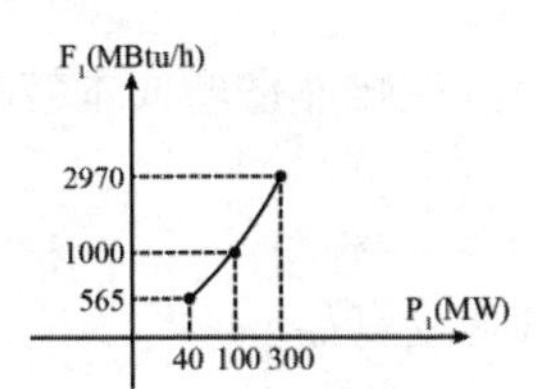


機組 2：

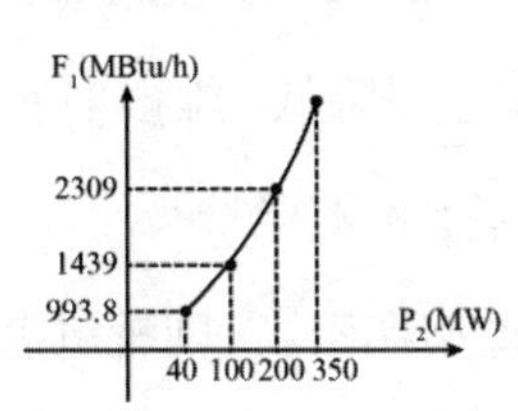


機組 3：

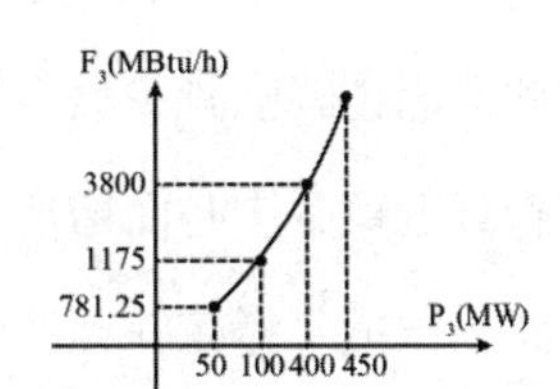


(2) 由上表，當負載為 495MW 時，則看第四行係三部機組共同調度，則由「協調方程式」

$$\Rightarrow P_1 + P_2 + P_3 = 495 \begin{Bmatrix} IC_1 = 6.72 + 0.004P_1 = \lambda \\ IC_2 = 6.4 + 0.01632P_2 = \lambda \\ IC_3 = 6.75 + 0.0045P_3 = \lambda \end{Bmatrix}$$

$$\Rightarrow \lambda = \frac{495 + \frac{6.72}{0.004} + \frac{6.4}{0.01632} + \frac{6.75}{0.0045}}{\frac{1}{0.004} + \frac{1}{0.01632} + \frac{1}{0.0045}} = 7.6236$$

故可知，$\begin{Bmatrix} P_1 = 226MW \\ P_2 = 75MW \\ P_3 = 194MW \end{Bmatrix}$。

# 9-4 考慮「線損」但忽略發電機組輸出限制下之經濟調度

## 焦點4 了解「罰點因數(Penalty factor)」及其意義

考試比重 ★★★☆☆

見於輸配電類考試以及台電選擇題。

1. 在一互聯的電力系統中，雖然某些機組的效率較高(即「增量成本」較低)，但可能因為位置離負載中心(Load Center)較遠，若將此時之輸電損耗考慮進去，則此機組也許應減少發電輸出以降低「線損」，而令其他雖然遞增成本較高但因其較靠近負載中心而增加其發電量。

2. 若將「線損」考慮在經濟調度因素中，則發電需量應改寫為

$$P_D = P_1 + P_2 + ..... - P_L \quad \text{(式 9-11)}$$

其中 $P_L$ 為「輸電線總損失」，其與各發電機組輸出有關，即 $P_L = f(P_1, P_2, ........)$；此時經濟調度在追求總發電成本 $C_T = C_1(P_1) + C_2(P_2) + ........$ 最低，即令 $dC_T = 0$，因為 $C_T = f(P_1, P_1, .....)$ 亦為多變數函數，故

$$dC_T = \frac{\partial C_T}{\partial P_1} dP_1 + \frac{\partial C_T}{\partial P_2} dP_2 + .............. = \frac{dC_1}{dP_1} dP_1 + \frac{dC_2}{dP_2} dP_2 + .......... \quad \text{(式 9-12)}$$

又 $P_D = 常數 \Rightarrow dP_D = 0 \Rightarrow dP_1 + dP_2 + ... - dP_L = 0$，可得

$$dP_1 + dP_2 + ... - \left(\frac{\partial P_L}{\partial P_1} dP_1 + \frac{\partial P_L}{\partial P_2} dP_2 + ....\right) = 0 \quad \text{(式 9-13)}$$

由(式 9-12.)減去 $\lambda \times$(式 9-13.)，則得

$$\left(\frac{dC_1}{dP_1} - \lambda + \lambda \frac{\partial P_L}{\partial P_1}\right) dP_1 + \left(\frac{dC_2}{dP_2} - \lambda + \lambda \frac{\partial P_L}{\partial P_2}\right) dP_2 + ...... = 0$$

$$\Rightarrow \lambda = \frac{\frac{dC_1}{dP_1}}{1-\frac{\partial P_L}{\partial P_1}}, \lambda = \frac{\frac{dC_2}{dP_2}}{1-\frac{\partial P_L}{\partial P_2}}, \text{..........(式 9-14)}$$

3. **定義**：由(式 9-14) $\lambda$ 之 $\frac{1}{1-\frac{\partial P_L}{\partial P_i}}$，定義其為第 i 機組之「罰點因數(penalty factor) $L_i$」，則式 9-14.可改寫為：$\lambda = IC_1 \times L_1 = IC_2 \times L_2 =$ ..........(式 9-15)

**老師的話**

1. 在未考慮「線損」時，$\lambda$ 即為系統各機組之「遞增成本」；若考慮線損之經濟調度，則解題之 $\lambda$ 表示為各機組之「遞增成本」與「罰點因數」之乘積。
2. 「罰點因數 $L_i$」之物理意義：式 9-15.中，若是發電機組離負載中心越遠，即表示其 $L_i$ 越大，相對地 $IC_i$ 會越小，則因 $IC_i = \beta_i + 2\gamma_i P_i$，故該機組之發電輸出 $P_i$ 會越小。

牛刀小試..........

1. **某一互聯電力系統包含二機組，以經濟調度方式運轉，已知這些機組之運轉燃料成本函數為：** $\begin{Bmatrix} C_1 = 10P_1 + 0.008P_1^2 \\ C_2 = 8P_2 + 0.009P_2^2 \end{Bmatrix}$**，以及系統之線路損耗為：** $P_L = 1.5\times10^{-4}P_1^2 + 2\times10^{-5}P_1P_2 + 3\times10^{-5}P_2^2$**，其中** $P_1, P_2, P_L$ **單位為** $MW$ **；若區域之** $\lambda = 16\frac{\$}{MWh}$**，在經濟調度原則下，試計算：**

   (1)**各機組輸出** $P_1 = ?, P_2 = ?\,MW$

   (2)**總負載需求** $P_D = ?\,MW$

   (3)**總負載成本** $C_T = ?$

詳解

本題已給「各機組成本函數」，故先求出機組輸出與其相對應之「遞增成本」：$\begin{Bmatrix} IC_1 = 10 + 0.016P_1 \\ IC_2 = 8 + 0.018P_2 \end{Bmatrix}$，以及兩部機組之「罰點因數」。

(1) 罰點因數：$\begin{Bmatrix} L_1 = \dfrac{1}{1-\dfrac{\partial P_L}{\partial P_1}} = \dfrac{1}{1-3\times10^{-4}P_1 - 2\times10^{-5}P_2} \\ L_2 = \dfrac{1}{1-\dfrac{\partial P_L}{\partial P_2}} = \dfrac{1}{1-6\times10^{-5}P_2 - 2\times10^{-5}P_1} \end{Bmatrix}$，則

$$\begin{Bmatrix} IC_1 \times L_1 = (10+0.016P_1)(\dfrac{1}{1-3\times10^{-4}P_1 - 2\times10^{-5}P_2}) = \lambda = 16......(1) \\ IC_2 \times L_2 = (8+0.018P_2)(\dfrac{1}{1-6\times10^{-5}P_2 - 2\times10^{-5}P_1}) = \lambda = 16......(2) \end{Bmatrix}$$

由(1)、(2)得到$\begin{Bmatrix} P_1 = 282MW \\ P_2 = 417MW \end{Bmatrix}$

(2) 因總線損為$P_L = 1.5\times10^{-4}P_1^2 + 2\times10^{-5}P_1P_2 + 3\times10^{-5}P_2^{\,2}$，故代入得

$P_L = 1.5\times10^{-4}\times282^2 + 2\times10^{-5}\times282\times417 + 3\times10^{-5}\times417^2 = 19.5MW$，

則總負載需求$P_D = 282 + 417 - 19.5 = 679.5MW$

(3) 總運轉成本為：$C_T = C_1 + C_2 = 10P_1 + 0.008P_1^2 + 8P_2 + 9\times10^{-3}P_2^{\,2}$

$= 10\times282 + 0.008\times282^2 + 8\times417 + 9\times10^{-3}\times417^2 = 8357(\dfrac{\$}{h})$

2. **某電力系統含有兩個發電機組。該系統總輸出損失如下：**

$P_L$=$5.0\times10^{-5}P_{G1}^2 - 0.06\times10^{-5}P_{G1}P_{G2}$+$8.0\times10^{-5}P_{G2}^2$ MW

**兩個發電機組之燃料增量成本（incremental cost）分別為：**

$F_1 = 6.6 + 0.012P_{G1}$ \$/MWhr，$F_2$=6.0+$0.0096P_{G2}$ \$/MWhr

**這些式子中各發電機組之發電量為 PG1 與 PG2 且單位均為 MW。若發電機組 1 供應 200MW 而發電機組 2 供應 300MW，試求此時各發電機組的罰點因數（penalty factor）？欲達成最經濟的調度，那一部發電機組需要增加供電量？那一部要減少供電量？請說明理由。**(96 電機技師)

詳解 ……………………………………………………………………

(1) 罰點因數：

$$\left\{\begin{array}{l} L_1=\dfrac{1}{1-\dfrac{\partial P_L}{\partial P_{G1}}}=\dfrac{1}{1-10^{-4}P_{G1}+0.06\times10^{-5}P_{G2}} \\ L_2=\dfrac{1}{1-\dfrac{\partial P_L}{\partial P_{G2}}}=\dfrac{1}{1+0.06\times10^{-5}P_{G1}-16\times10^{-5}P_{G2}} \end{array}\right\} \xrightarrow[P_{G1}=300]{P_{G1}=200} \left\{\begin{array}{l} L_1=1.02 \\ L_2=1.05 \end{array}\right\}$$

(2) 各機組之「增量成本」為 $\left\{\begin{array}{l} F_1=6.6+0.012\times200=9(\dfrac{\$}{MWh}) \\ F_2=6+0.0096\times300=8.88(\dfrac{\$}{MWh}) \end{array}\right\}$，

故代入得 $\left\{\begin{array}{l} L_1\times F_1=1.02\times9=9.18 \\ L_2\times F_2=1.05\times8.88=9.324 \end{array}\right\}$，比較之，因為 $L_2\times F_2>L_1\times F_1$，

故 $L_2\times F_2$ 會減少，亦即第 2 部機組減少供電量；而 $L_1\times F_1$ 會增加，亦即第 1 部機組增加供電量，直到平衡相等時，即達最佳經濟調度。

(　) 3. 某電力系統之線路總損失為 $P_L$，若第 i 部發電機組之發電量為 $P_{Gi}$，則其罰點因素(penalty factor)$L_i$ 為何？ (A) $1-\dfrac{\partial P_L}{\partial P_{Gi}}$ (B) $1-\dfrac{\partial P_{Gi}}{\partial P_L}$ (C) $1/(1-\dfrac{\partial P_L}{\partial P_{Gi}})$ (D) $1/(1-\dfrac{\partial P_{Gi}}{\partial P_L})$。(103 台北自來水)

詳解 ……………………………………………………………………

3. **(C)**。罰點因數之定義，故答案選(C)。

# 9-5 損失係數

## 焦點5 了解「線路損失」為各機組輸出之二次函數以及「損失係數」

考試比重 ★★☆☆☆

考題形式 見於輸配電類考試以及台電選擇題。

1. 在一互聯的電力系統中，若傳輸距離短、且負載密度大，則輸電損失可以忽略不計，相反的，一般大型電力系統之輸電損失則必須納入考量，且總輸電損失為所有機組輸出之二次函數，茲推導如下。
2. 如圖 9-5 所示，**假設 $I_1$、$I_2$ 之相位相同**，其中機組 1 供電至 bus 1，功率為 $P_1$(功因為 $pf_1$)，線路電流為 $I_1$，機組 2 供電至 bus 2，功率為 $P_2$(功因為 $pf_2$)，線路電流為 $I_2$，而後經線路 3 合併電流供電至 BUS 4；則總線損如下：

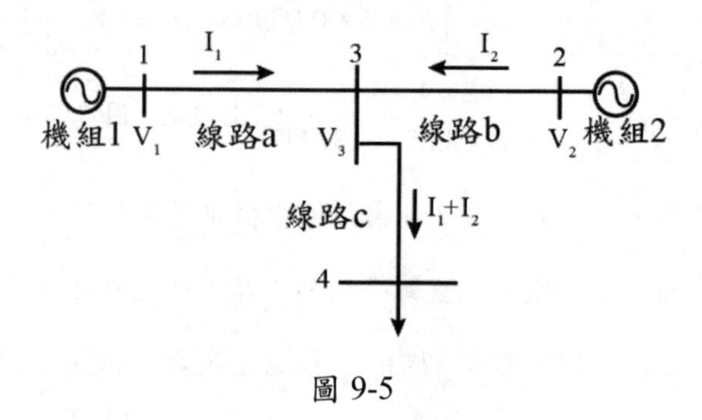


圖 9-5

$P_L = 3|I_1|^2 R_a + 3|I_2|^2 R_b + 3|I_1 + I_2|^2 R_c$ ............................................................(式 9-16)

但因為 $I_1$、$I_2$ 同相位，故 $|I_1 + I_2|^2 = |I_1|^2 + |I_2|^2 + 2|I_1||I_2|$，則式 9-16.可改寫為：

$P_L = 3|I_1|^2 (R_a + R_c) + 3|I_2|^2 (R_b + R_c) + 3|I_1||I_2|(2R_c)$ ..................................(式 9-17)

因為機組 1 提供之功率為：$P_1 = \sqrt{3}|V_1||I_1|(pf1) \Rightarrow |I_1| = \dfrac{P_1}{pf1 \times \sqrt{3}|V_1|}$，同理機組 2 提供之功率為：$P_2 = \sqrt{3}|V_2||I_2|(pf2) \Rightarrow |I_2| = \dfrac{P_2}{pf2 \times \sqrt{3}|V_2|}$，故代入式 9-17.中，可得：$P_L = \dfrac{P_1^2(R_a + R_c)}{(pf1)^2|V_1|^2} + \dfrac{P_2{}^2(R_b + R_c)}{(pf2)^2|V_2|^2} + 2\dfrac{P_1P_2(R_c)}{(pf1 \times pf2)|V_1||V_2|}$ ........................(式 9-18)

故由上式可知，總線路損耗 $P_L$ 為輸出功率 $P_1, P_2$ 之二次函數。

3. 由式 9-18.中，定義「損失係數(B coefficiency)」為：
   (1) $B_{11} = \dfrac{(R_a + R_c)}{(pf1)^2|V_1|^2}$ 為電流 $|I_1|$ 通過之線路實功損失係數，其中 $|I_1|$ 通過線路之電阻為 $R_a$ 串聯 $R_c$。
   (2) $B_{22} = \dfrac{(R_b + R_c)}{(pf2)^2|V_2|^2}$ 為電流 $|I_2|$ 通過之線路實功損失係數，其中 $|I_2|$ 通過線路之電阻為 $R_a$ 串聯 $R_c$。
   (3) $B_{12} = \dfrac{(R_c + R_c)}{(pf1)(pf2)|V_1||V_2|}$ 為電流 $|I_1| + |I_2|$ 同時通過之線路實功損失係數。

   故式 9-18.可改寫成以下形式：$P_L = B_{11}P_1^2 + B_{22}P_2{}^2 + 2B_{12}P_1P_2$ …(式 9-19)，損失係數 $B_{ij}$ 之單位為 $MW^{-1}$。

4. 一區域若有 N 部機組，則總輸電損失可以矩陣形式表達如下式：：

$$P_L = \begin{pmatrix} P_1 & P_2 & \dots & P_N \end{pmatrix}_{1\times N} \begin{pmatrix} B_{11} & B_{12} & \dots & B_{1N} \\ B_{21} & B_{22} & \dots & B_{2N} \\ \dots & \dots & \dots & \dots \\ B_{N1} & B_{N2} & \dots & B_{NN} \end{pmatrix}_{N\times N} \begin{pmatrix} P_1 \\ P_2 \\ .. \\ P_N \end{pmatrix}_{N\times 1}$$ ........................(式 9-20)

其中 $\begin{pmatrix} B_{11} & B_{12} & \dots & B_{1N} \\ B_{21} & B_{22} & \dots & B_{2N} \\ \dots & \dots & \dots & \dots \\ B_{N1} & B_{N2} & \dots & B_{NN} \end{pmatrix}_{N\times N}$ 稱為「B 矩陣」，為一「對稱矩陣」，其單位亦為 $MW^{-1}$。

牛刀小試

◎ **某一互聯電力系統如圖，已知** $\begin{Bmatrix} I_1 = 1\angle 0° pu, I_2 = 0.8\angle 0° pu \\ V_3 = 1\angle 0° pu \end{Bmatrix}$

$\begin{Bmatrix} Z_a = 0.04 + j0.16pu, Z_b = 0.03 + j0.12pu \\ Z_c = 0.02 + j0.08pu \end{Bmatrix}$ **，試計算：**

(1)**損失矩陣？**

(2)**總輸電損失？**

(3)**用另一方法核對計算結果是否正確？**

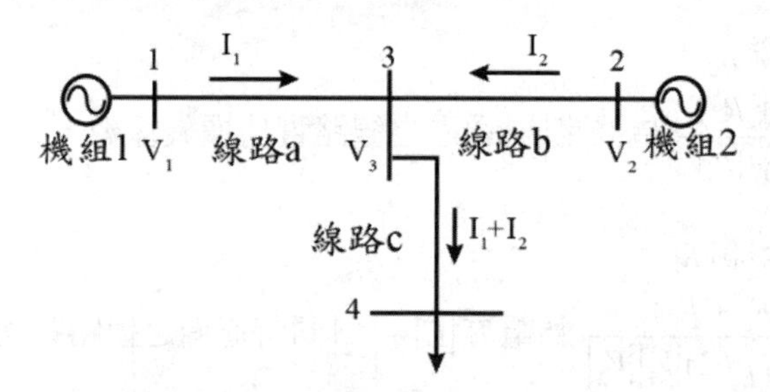


詳解

本題為二機組電力系統，且 $I_1, I_2$ 之相位相同，由圖中先求出 $|V_1|, |V_2|$，以及個別之功率因數：$pf1, pf2$。，再求出兩部機組輸出之 $P_1, P_2$。

(1) $\begin{Bmatrix} V_1 = V_3 + Z_a I_1 = 1\angle 0° + (0.04 + j0.16) \times 1\angle 0° = 1.05\angle 8.7° \\ V_2 = V_3 + Z_b I_2 = 1\angle 0° + (0.03 + j0.12) \times 0.8\angle 0° = 1.028\angle 5.4° \end{Bmatrix}$，

$\& \begin{Bmatrix} pf1 = \cos 8.7° = 0.988 \\ pf2 = \cos 5.4° = 0.996 \end{Bmatrix}$，故得

$\begin{Bmatrix} P_1 = \mathrm{Re}[V_1 I_1^*] = \mathrm{Re}[(1.05\angle 8.7°)(1\angle 0°)] = 1.04 pu. \\ P_2 = \mathrm{Re}[V_2 I_2^*] = \mathrm{Re}[(1.028\angle 5.4°)(0.8\angle 0°)] = 0.82 pu. \end{Bmatrix}$，

則 B 矩陣為：

$$B_{11} = \frac{(R_a + R_c)}{(pf1)^2 |V_1|^2} = \frac{0.06}{0.988 \times 1.05^2} = 0.0558$$ ；

$$B_{22} = \frac{(R_b + R_c)}{(pf2)^2 |V_2|^2} = \frac{0.05}{0.996 \times 1.028^2} = 0.0475\text{；}$$

$$B_{12} = \frac{(R_c + R_c)}{(pf1)(pf2)|V_1||V_2|} = \frac{0.04}{0.9885 \times 0.996 \times 1.05 \times 1.028} = 0.0188\text{；}$$

故 $B$ 矩陣 $= \begin{pmatrix} 0.0558 & 0.0188 \\ 0.0188 & 0.0475 \end{pmatrix}$

(2) 總線損為：

$$P_L = B_{11}P_1^2 + 2B_{12}P_1P_2 + B_{22}P_2^2$$

$$= 0.0558 \times 1.04^2 + 2 \times 0.0188 \times 1.04 \times 0.82 + 0.0475 \times 0.82^2 = 0.124\,pu.$$

(3) 因為總輸電損失亦可以下式表示之：

$$P_L = |I_1|^2 R_a + |I_2|^2 R_b + |I_1 + I_2|^2 R_c$$

$$= 1^2 \times 0.04 + 0.8^2 \times 0.03 + 1.8^2 \times 0.02 = 0.124\,pu.$$

故得證。

# 第 10 章 電力系統的暫態穩定

## 10-1 電力系統的暫態穩定

### 焦點 1 電力系統穩定度的了解

考試比重 ★★☆☆☆

見於各類考試尤其高考專技與高普考。

1. 電力系統在運轉過程中，難免遭遇若干「擾動」，所謂擾動即是破壞原先系統平衡的突發狀況，例如「輸出電功率突降」或「輸入機械功率突升」等等，而這些擾動產生的干擾力將造成原先工作點的漂移，系統如欲穩定，必須產生一足夠之回復力以抵銷干擾力之影響，使系統重新在新的工作點回到平衡狀態，此即為「電力系統穩定度(stability)」。
2. 電力系統的穩定度因為「擾動類型」可以分為以下兩大類：
   (1) 暫態穩定度(transient stability)：
      A. 擾動類型：**重大且突發性的**系統干擾，例如「機組跳脫」、「斷線故障」、「短路故障」或「負載突變」等等。
      B. 此時同步機的電氣頻率 $f_e$ 將會暫時偏離「同步頻率 $f_{synch.}$」，其「功率角 $\delta$」將產生變化，同步機是否能以新的穩態功率角重返同步頻率，此即為「暫態穩定度」討論之範疇；一般題目解題的範圍，係為產生故障干擾的 1 秒內，在電力系統中稱之為「第一層次搖擺」(此有別於「多層次搖擺」，在此先暫不討論)，此時需寫出功率角隨時間變化之函數 $\delta = \delta(t)$ (即為「搖擺方程式」)，其中因為剛發生干擾，同步機之**控制機制** (如「Governor

(調速器)」係為實功控制，「Exciter (勵磁機)」係為虛功控制)都還來不及反應，故「第一層次搖擺」之重要假設有二如下：

a. **同步機內電動勢大小$|E|$不變。**

b. **原動機提供之機械功率$P_m$不變。**

(2) 穩態穩定度(steady-state stability)：

A. 擾動類型：**較「微小」或「漸變」式**的系統干擾，例如「負載量的緩慢變化」等等。

B. 一般假設擾動於作用後立即消失，則此系統暫態為「無源響應」(No- source response)，對穩定的電力系統而言，最後仍將回復至平衡工作點，討論「穩態穩定度」時，不考慮「激磁機」及「調速器」等自動控制裝置的效應，因為此時干擾時間長，同步機的控制機制將會發生作用以促使系統回復平衡。

**老師的話**

1. 故障前系統為「平衡三相」，擾動型態則考慮三相短路故障，因此分析時僅會使用到「正序網路」。
2. 擾動期間，同步機頻率僅會微幅偏離同步頻率。

**牛刀小試**

◎ **說明「電力品質」與「電力系統穩定度」之涵義。**(96 地特三等)

**詳解**

(1) 電力品質對於電力系統而言，是一相當重要的課題，尤其對於「精密電子工業」而言，若稍有不穩，則將造成公司巨大的損失；站在電力公司的立場，電力品質代表電力系統對用戶之接受度，而站在使用者的立場，電力品質則代表用戶對電力公司供電品質的滿意度，故理想的電力品質，必須是提供者與使用者雙方都能滿意或提供的，至於滿意與否的界定，則需由電力品質相關因素的管制標準來規範，諸如「電壓閃爍標準」或「諧波標準」等等。

電力品質問題涵蓋甚廣，主要在探討電力系統中電壓、電流波形與頻率的正常化程度；造成電力品質不良的原因很多，諸如「天災」、「外物碰觸」、「設備劣化」、「人為因素」或「電路特性」等，以下就電力品質不良之肇因以及可能影響說明之：

A. 電壓、電流波形之正常程度：對於「非線性負載」(如：固態電路、變壓器激磁電流...)將造成諧波失真，導致非弦波電壓、電流，其結果會造成電力設備壽命變短，甚至故障。

B. 頻率穩定度：乃負載變動所造成，負載增加將造成頻率暫時下降，反之亦然，故若頻率變動過於劇烈，亦將造成電氣設備無法正常使用。

C. 三相平衡問題：乃單相負載(如：單相高週波爐、高速鐵路、捷運等...)所造成，可能導致馬達過熱、電腦螢幕扭曲或是通訊干擾。

D. 電壓閃爍：乃驟變負載(如：電弧爐、大型感應馬達啟動等...)所造成，可能導致電燈閃爍或使發電機激磁系統不穩定。

E. 電壓驟升/降、突波問題：乃「雷擊」、「開關突波」所造成，此突波電壓可能造成電力設備損毀。

F. 每年停電次數與停電時間：乃「人為事故」、「天災」、「維修」所造成，停電輕則將造成一般民眾生活的不便，重則導致高科技工廠的巨大損失。

為界定電力公司與用戶端的電力品質，相關機構如 IEC, IEEE, NEC, ANSI…都致力訂定標準與規範。

(2) 電力系統穩定度：當有一「擾動」發生，電力系統會嘗試產生一大於或等於「干擾力」的回復力，以促使狀態重新達成平衡的能力，稱之為「電力系統的穩定度」；穩定度是系統內各同步機由原穩態工作點轉移至新穩態工作點而不至於失步的能力，因此穩定度問題關心的是干擾發生後，同步機的「暫態行為」，穩定度分為以下三點說明之：

A. 穩態穩定度：探討當系統遭遇小而漸變的干擾時，系統維持同步的能力。

B. 動態穩定度：此乃穩態穩定度問題的延伸，探討持續時間較長(典型數值約數分鐘)的小干擾，此時相關控制機制(如：調速機 Governor、激磁機 Exciter 等…)的影響，將納入系統考量。

C. 暫態穩定度：主要在探討系統突遭「重大擾動」(如：發電機組跳脫、線路切換、輸電系統故障、負載突變等等…)時，各同步機是否能以新的「穩態功率角」重返同步頻率；通常在規劃新的發電或輸電元件時，會執行暫態穩定度分析，以決定所採取的保護系統架構、斷路器臨界清除時間、系統電壓階層以及系統間的傳輸容量，暫態穩定度又可細分為以下：

a. 第一層次搖擺：系統故障後第 1 秒內之功率角搖擺情形，此時發電機組的機械輸入功率及同步機內電勢均視為常數。

b. 多層次搖擺：系統故障後數秒內之功率角搖擺情形，此時必須考慮如「渦輪調速機」(Governor)及「激磁系統」(Exciter)等發電機控制系統之效應，同時採用更詳細的同步機模型。

## 焦點2　搖擺方程式推導與解法　考試比重 ★★★☆☆

見於各類電力系統及輸配電類考試。

1. 如圖 10-1 所示，同步機「轉子」(Roter)相對於「固定參考軸」及「同步旋轉參考軸」的角位置示意圖，其中 $\theta_m$ 稱為轉子的「角位置」，$\omega_m$ 稱為轉子的「角速度」，$\alpha_m$ 稱為轉子的「角加速度」，其關係式為 $\alpha_m = \dot{\omega}_m = \ddot{\theta}_m$，另外 $\delta_m$ 為「功率角」。

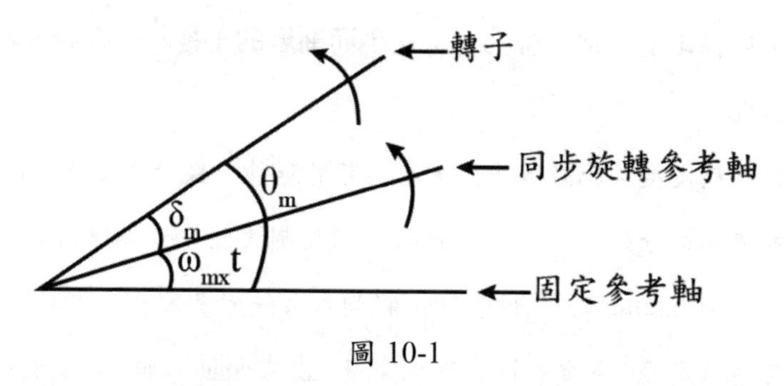


圖 10-1

2. 同上圖，若「同步旋轉參考軸」以同步角速率 $\omega_{ms}$ 旋轉，由基本速度公式，則與「機械功率角 $\delta_m$」之關係為 $\theta_m = \omega_{ms}t + \delta_m$，同步機轉子轉速為

$$\omega_m = \frac{d}{dt}\theta_m = \omega_{ms} + \dot{\delta}_m \quad \text{(式 10-1)}$$

且定義 $\dot{\delta}_m$ 為「速差」為「轉子轉速」與「同步轉速」之差，其公式為：$\dot{\delta}_m = \omega_m - \omega_{ms}$；同理，轉子的「角加速度」為 $\alpha_m = \dot{\omega}_m = \ddot{\theta}_m = \ddot{\delta}_m$，故「轉子的角加速度」也等於「**功率角 $\delta_m$ 的角加速度**」。

3. 同步發電機轉子的運動方程式，根據牛頓第二運動定律為

$$J\alpha_m = T_m - T_e = T_a \quad \text{(式 10-2)}$$

其中：$J$ 為「轉子轉動慣量」(單位：$kg \cdot m^2 = Weight \times Radius^2$)，

$\alpha_m$ 為「轉子角加速度」(單位：$rad/s^2$)，

$T_m$ 為「原動機提供之機械轉矩」(單位：$Nm$)，

$T_e$ 為「發電機的電磁反轉矩」(單位：$Nm$)，

$T_a$ 為「淨加速轉矩」(單位：$Nm$)，則由式 10-2.左右同乘 $\omega_m$ ，得到

$J\omega_m\alpha_m = (T_m - T_e)\omega_m \Rightarrow J\omega_m\ddot{\delta}_m = P_m - P_e$ ........................................(式 10-3)

其中：$P_m$ 為「機械功率輸入」，$P_e$ 為「電功率輸出」；

若以同步發電機之「額定容量 $S_{machine}$ 」為基準，則式 10-3.同除以 $S_{machine}$ ，得

$\frac{J\omega_m\ddot{\delta}_m}{S_{machine}} = \frac{P_m - P_e}{S_{machine}} = P_{m,pu} - P_{e,pu}$ ，**定義：正規化慣性常數(normalized inertia constant H)**：$H = \frac{\text{同步轉速時轉子儲存的動能}}{\text{同步發電機之額定伏安}} = \frac{\frac{1}{2}J\omega_{ms}^2}{S_{machine}}$ ......................(式 10-4)

單位為 $\frac{Joule}{VA}$ (或 sec)，因此上式 10-3.可轉化為：$\frac{2H}{\omega_{ms}}\ddot{\delta}_m = P_{m,pu} - P_{e,pu}$ ..(式 10-5)

左式稱之為「機械量的標么搖擺方程式」；又 $\omega_{ms} = \frac{2}{p}\omega_s, \delta_m = \frac{2}{p}\delta \Rightarrow \ddot{\delta}_m = \frac{2}{p}\ddot{\delta}$ ，

代入式 10-5.後，得到 $\frac{2H}{\omega_s}\ddot{\delta} = P_{m,pu} - P_{e,pu}$ ..................................................(式 10-6)

此式稱之為「電氣量的標么搖擺方程式」。

4. 耦合電機的共同搖擺：好幾部機組連接到相同之匯流排，或是距離相近之機組群，稱為「耦合電機(coherent machines)」，因為耦合電機通常遠離干擾發生處，因此彼此角度相近，故於暫態穩定度研究範圍中，可假設其角度相同，即所謂「共同搖擺」，如此便可結合個別電機的搖擺方程，以減少方程式個數，便於加速運算，詳見以下第二個範例。

**老師的話**

當容量基準不同時，$H$ 常數之轉換公式為：$H_{new} = H_{old} \times \frac{S_{b,old}}{S_{b,new}}$ ....(式 10-7)

存在於「轉子」的轉動動能不變，則由

$$H=\frac{\text{同步轉速時轉子儲存的動能}}{\text{同步發電機之額定伏安}}=\frac{\frac{1}{2}J\omega_{ms}{}^{2}}{S_{machine}}$$，得知 $H\times S_{machine}=$ 常數

牛刀小試

1. **一部 1058MVA,轉速 1800rpm 的發電機，其轉子(包括渦輪機旋轉軸)之轉動慣量為** $5371706lb\times ft^2$ **，則**

   **(1)H 常數為何？**

   **(2)轉子在額定轉速時儲存的動能為何？**

詳解

轉動慣量：$J=WR^2=5371706lb\times ft^2=5371706\times\frac{0.4535kg}{1lb}\times(\frac{0.3048m}{1ft})^2$

$$=226318kg\cdot m^2$$

(1) $\omega_{ms}=1800rpm=1800\frac{recycle}{\min}\times 2\pi\frac{rad}{1recycle}\times\frac{1\min}{60\sec}=60\pi\frac{rad}{\sec}$

$$\Rightarrow H=\frac{\frac{1}{2}J\omega_{ms}{}^{2}}{S_{machine}}=\frac{\frac{1}{2}\times 226318\times(60\pi)^2}{1058\times 10^6}=3.8\sec$$

(2) 轉子在額定轉速時儲存的動能：

$$\frac{1}{2}J\omega_{ms}{}^{2}=H\times S_{machine}=3.8\times 1058MVA=4020MJ$$

2. **某一工廠具 2 部三相 60Hz 發電機組，已知其額定分別為**

   **機組 1：**500MVA、15kV、$pf_1=0.85$、32 **極**、$H_1=2$ sec

   **機組 2：**300MVA、15kV、$pf_2=0.90$、16 **極**、$H_2=2.5$ sec

(1)以 100MVA 為基準，試寫出 2 部機組之搖擺方程式？

(2)設 2 部機組一起搖擺，即 $\delta_1(t)=\delta_2(t)$，試將個別搖擺方程式結合為一等效搖擺方程式？

**詳解**

由題意令 $S_{b,3\phi}=100MVA$，因此各機組之 H 常數應轉換如下：

$$H_1=2\times\frac{100}{500}=10\sec, H_2=2.5\times\frac{300}{100}=7.5\sec$$

(1) 個別機組的標么搖擺方程式為：

$$\frac{2H_1}{\omega_s}\ddot{\delta}_1=P_{m1,pu}-P_{e1,pu}\Rightarrow\frac{20}{377}\ddot{\delta}_1=P_{m1,pu}-P_{e1,pu}\ \&$$

$$\frac{2H_2}{\omega_s}\ddot{\delta}_2=P_{m2,pu}-P_{e2,pu}\Rightarrow\frac{15}{377}\ddot{\delta}_2=P_{m2,pu}-P_{e2,pu}$$

(2) 題意假設 2 部機組一起搖擺，則可將上二式合併如下：

$$\frac{2(H_1+H_2)}{\omega_s}\ddot{\delta}=(P_{m1,pu}+P_{m2,pu})-(P_{e1,pu}+P_{e2,pu})$$

$$\Rightarrow\frac{35}{377}\ddot{\delta}=(P_{m1,pu}+P_{m2,pu})-(P_{e1,pu}+P_{e2,pu})$$

3. 某一部三相、160MVA、15KV、四極、60Hz 的大型蒸氣渦輪同步發電機，其慣性常數 $H=90\frac{kJoule}{kVA}$，試求：

(1)在同步轉速運轉時，該發電機轉子所儲存之動能。

(2)若發電機之輸出電功率為 130MW，輸入機械功率扣除旋轉損失後之功率為 180000 馬力(1HP=746W)，則發電機的加速度為何？（100 關務三等）

**詳解**

(1) 由上述定義：$H=\dfrac{\text{同步轉速時轉子儲存的動能}}{\text{同步發電機之額定伏安}}=\dfrac{\frac{1}{2}J\omega_{ms}{}^2}{S_{machine}}$

$$\Rightarrow\frac{1}{2}J\omega_{ms}{}^2=H\times S_{machine}=90\times160=14400MJ$$

(2) 扣除旋轉損失後，輸入發電機的機械功率：

$P_m = \dfrac{180000 \times 746}{10^6} = 134.28MW$，加速功率標么值：

$P_{\alpha,pu} = \dfrac{P_m - P_e}{S_{machine}} = \dfrac{134.28 - 130}{160} = 0.02675pu.$

故「標么搖擺方程式」為：$\dfrac{2H}{\omega_{ms}}\ddot{\delta}_m = \dfrac{P_m - P_e}{S_{machine}} \Rightarrow \ddot{\delta}_m = 0.028rad/s^2$

# 10-2 簡化之同步機模型及其系統等效

## 焦點 3 電學基本觀念　考試比重 ★★★☆☆

見於輸配電類考試以及台電選擇題。

1. 暫態穩定之第一層次搖擺中，為簡化分析，茲有以下之基本假設：
   (1) 故障發生前後，同步機運轉於平衡三相正序。
   (2) 故障發生前後，同步機之「場激磁」不變，亦即其內電勢大小為定值。
   (3) 故障發生前後，機械功率維持不變。
   (4) 同步機之損失、飽和及凸極特性均忽略之。
2. 簡化之同步機模型係以暫態內電勢串聯直軸暫態電抗，其電路圖及相對應之相量圖如下圖 10-2(a)、(b)所示，其中$|E'|$為同步機內電勢大小(故障期間視為定值)，$X_d'$為「直軸暫態電抗」、$\delta$為「功率角」、$\theta$為「功因角」，$V_t$為同步機端電壓。

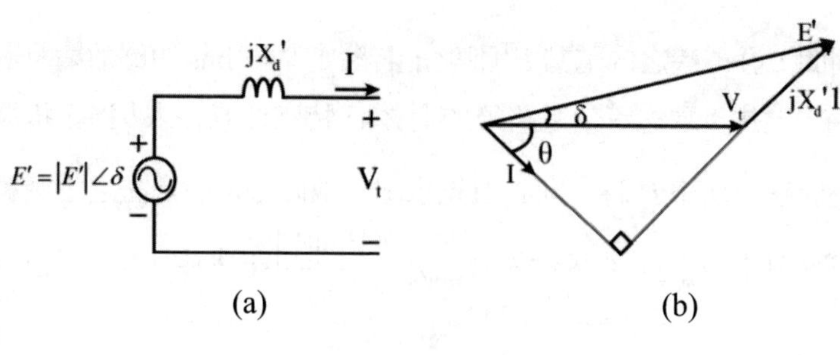


圖 10-2

3. 在系統模型中，係以理想電壓源串聯系統電抗來表示，其電路圖如圖 10-3 所示，其中理想電壓源代表「無限匯流排」(∞ bus)，而系統電抗包括「變壓器、輸電線、負載及其他電機」所構成之等效電抗，結合第 2、3 點以及前章之說明，由同步發電機供應到無限匯流排之「實功」為：$P_e = \dfrac{|E'||V_{bus}|}{X_{eq}} \sin\delta$ ...........(式 10-8)

其中 $X_{eq} = X_d' + X$ 。

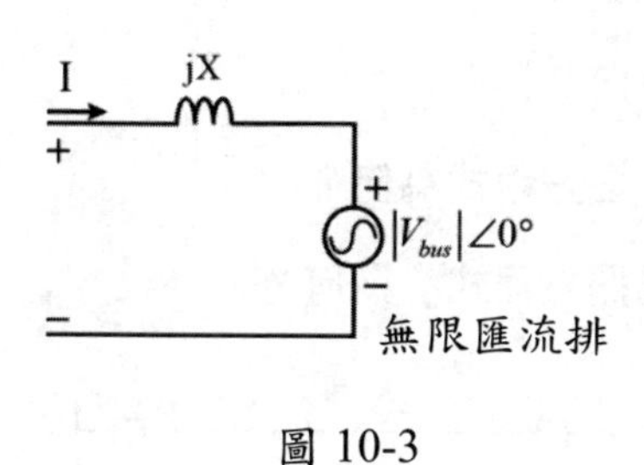


圖 10-3

4. 給予一電力系統單線圖(大部分考試為給「一部同步發電機經變壓器、線路再連至無限匯流排」)，其求解步驟如下：

STEP 1. 先簡化各阻抗

STEP 2. 畫出等效電路圖

STEP 3. 求出必要之 DATA，如「內電勢」、「電流」……

STEP 4. 故障前後機械功率 $P_m$ 不變。

STEP 5. 列出「標么搖擺方程式」

5. 在故障期間，發電機之內電勢$E'$不變，若給定某一 bus 短路故障且有「接地阻抗$Z_f$」時，上述步驟之等效電路須加上$Z_f$，特別注意在求「標么搖擺方程式」中之發電機輸出功率$P_e$時，則必須先求出從故障 bus 看進去之「戴維寧等效電壓$V_{th}$、等效阻抗$Z_{th}$」，然後代入公式$P_e = \dfrac{|E'||V_{th}|}{Z_{th}}\sin\delta$中，詳見以下 97 地特三等之嚴選範例。

嚴選範例

1. **如下圖所示之電力系統單線圖，同步發電機連接變壓器後，經兩條平行輸電線傳送電力至無限匯流排，圖中標示之所有標么電抗均使用相同之基準，若無限匯流排以 0.95 落後功因取得 1pu.實功，則**

   **(1)發電機之內電勢為何？**

   **(2)發電機供應電功率之方程式為何？**

   **(3)故障後之「標么搖擺方程式」為何？**

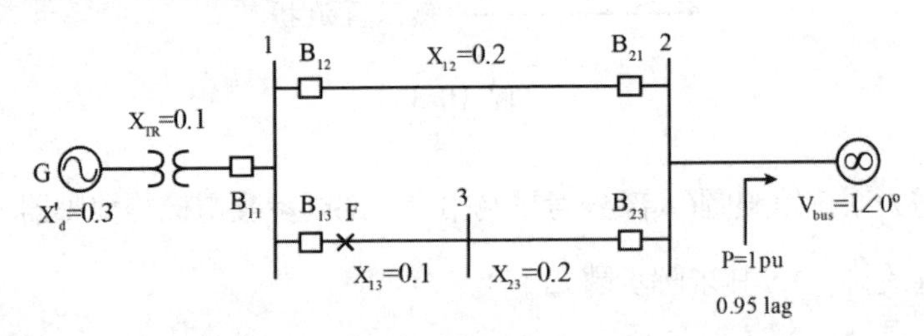


詳解

由上所述之求解步驟如下：

STEP 1. 先簡化各阻抗：$jX_{eq} = [(j0.1 + j0.2) \parallel j0.2] + j0.1 + j0.3 = j0.52$

STEP 2. 畫出等效電路圖如下，並令發電機內電勢為$E' = |E'|\angle\delta$，無限匯流排之電壓為$V = 1\angle 0°$

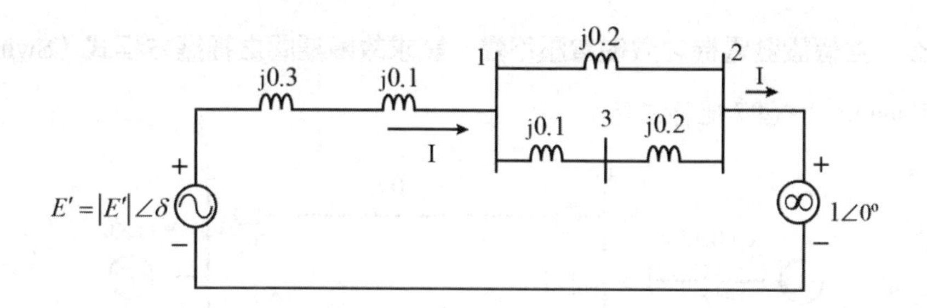


**STEP** 3. 求出發電機內電勢，因此時發電機之電流 $I$ 尚未得到，故先由無限匯流排...接收到的實功計算，故

$$P = 1pu, S = \frac{1}{0.95}\angle\cos^{-1}0.95 = VI^* \Rightarrow I = (\frac{S}{V})^* = 1.05263\angle -18.2°$$

則內電勢

$$E' = V + I \times jX_{eq} = 1 + 1.05263\angle -18.2° \times j0.52 = 1.2812\angle 23.95°$$

**STEP** 4. 因本題只有電抗(無電阻)故無實功損耗，故故障前後機械功率 $P_m = P_e = 1pu.$，本題之「標么搖擺方程式」：$\frac{2H}{\omega_s}\ddot{\delta} = P_{m,pu} - P_{e,pu}$

(1) 內電勢 $E' = V + I \times jX_{eq} = 1 + 1.05263\angle -18.2° \times j0.52 = 1.2812\angle 23.95°$

(2) 本題之「發電機供電功率方程式」：

$$P_e = \frac{|E'||V_{bus}|}{X_{eq}}\sin\delta = \frac{1.2812 \times 1}{0.52}\sin\delta = 2.4638\sin\delta$$ ，此為一正弦圖形。

(3) 本題之「標么搖擺方程式」：$\frac{2H}{\omega_s}\ddot{\delta} = P_{m,pu} - P_{e,pu} = 1 - 2.4638\sin\delta$

2. **如圖所示之電力系統中，60Hz 同步發電機與系統 MVA 基準值相同，同步發電機之暫態電抗為 0.2 標么，慣性常數為 5.66MJ/MVA。在相同的基準下，變壓器與二條輸電線路之電抗標么值標示於圖上，無限匯流排 2 的電壓亦如圖示。發電機傳送 0.77 標么之實功率至匯流排 1，匯流排 1 之電壓大小為 1.1 標么。若在匯流排 1 發生三相短路故障，故障阻抗為 0.082 標**

**么，並假設發電機之激磁電壓不變，試求故障期間之搖擺方程式（Swing Equation）。**（97 地特三等）

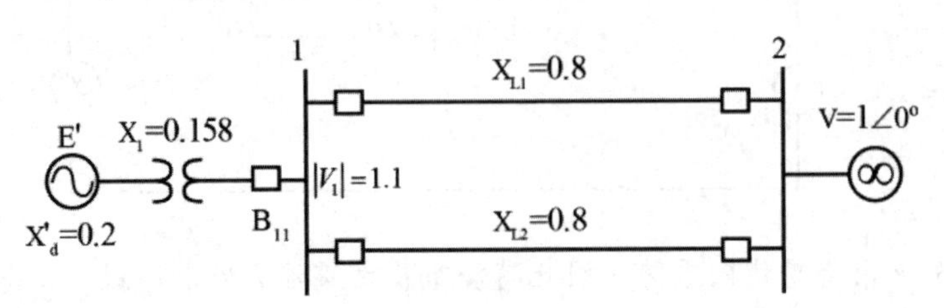


**詳解**

(1) 依題意畫出等效電路圖如下：

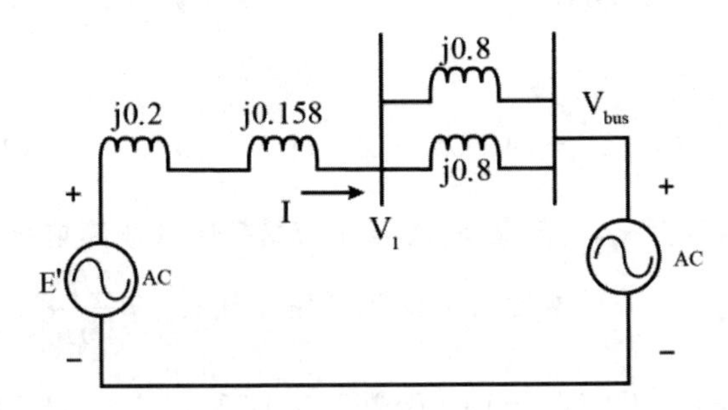


其中$|V_1| = 1.1, V_{bus} = 1\angle 0°$，發電機之$\omega_s = 2\pi \times 60 = 377 rad/\sec$

(2) 故障發生前，設 bus 1 之電壓相角為$\delta_1$，此時因為阻抗均為$X$，故實功無損失，則$P_e = \dfrac{|V_1||V_{bus}|}{(0.8 \| 0.8)} \sin\delta_1 = \dfrac{1.1}{(0.4)} \sin\delta_1 = 0.77 \Rightarrow \delta_1 = 16.26°$，又發電機輸出電流$I = \dfrac{V_1 - V_{bus}}{j(0.8 \| 0.8)} = \dfrac{1.1\angle 16.26° - 1\angle 0°}{j0.4} = 0.78\angle -10.3° pu.$，故發電機內電勢為：

$$E' = V_1 + j(X_d' + X_t) = 1.1\angle 16.26° + j(0.2 + 0.158)(0.78\angle -10.3°)$$
$$= 1.251\angle 27.8° pu.$$

(3) 故障期間(發電機之激磁電壓不變，即$E' = 1.251 pu.$)，可畫出此時之電路圖如下：

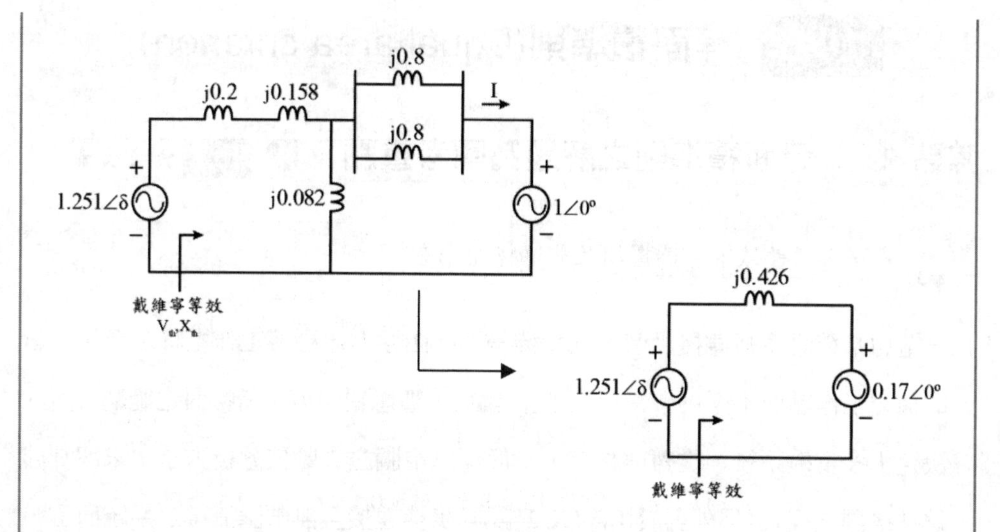


上圖中之戴維寧電壓及戴維寧阻抗分別為

$$\begin{cases} V_{th} = 1\angle 0° \times \dfrac{0.082}{(0.8 \| 0.8) + 0.082} = 0.17\angle 0° \, pu. \\ X_{th} = 0.2 + 0.158 + (0.8 \| 0.8 \| 0.082) = 0.426 \, pu. \end{cases}$$

故發電機之輸出電功率方程式為：$P_{e2} = \dfrac{1.251 \times 0.17}{0.426} \sin\delta = 0.5 \sin\delta$

而故障期間原動機輸入之機械功率不變，即 $P_{m2} = 0.77 \, pu.$

故本題之「標么搖擺方程式」為：

$$\frac{2H}{\omega_s}\ddot{\delta} = P_{m2,pu} - P_{e2,pu} \Rightarrow \frac{2 \times 5.66}{377}\ddot{\delta} = 0.77 - 0.5\sin\delta$$

$$\Rightarrow \frac{d^2}{dt^2}\delta = 25.644 - 16.65\sin\delta$$

# 10-3 等面積準則(Equal area criterion)

## 焦點 4 等面積準則之解題為國考重點 考試比重 ★★★★☆

見於各類考試中，選擇題及非選擇題均有。

1. 一電力系統發生暫態擾動時，同步機是否能由原本之穩態工作點移動至另一新的穩態工作點而不至於「失步」，此係屬於「暫態穩定度」所探討之範疇，而欲決定「多電機系統」之暫態穩定，一般係以電腦之「數值分析方法」求解其非線性搖擺方程式;另外對於 1 部(或 2 部)同步機連接至無限匯流排之系統而言，則可以利用本節所討論之「等面積準則」技巧決定其暫態穩定度。
2. 「等面積準則」之推導：如下圖 10-4.所示，假設原動機在 $t=0$ 時，輸出實功發生步級突增，即由 $P_{m0}$ 增加至 $P_{m1}$ ，但發電機輸出之功率角方程式不變，仍為 $P_e = P_{\max}\sin\delta$ ，其中各名詞代號如圖 10-4 右方所列文字所述；

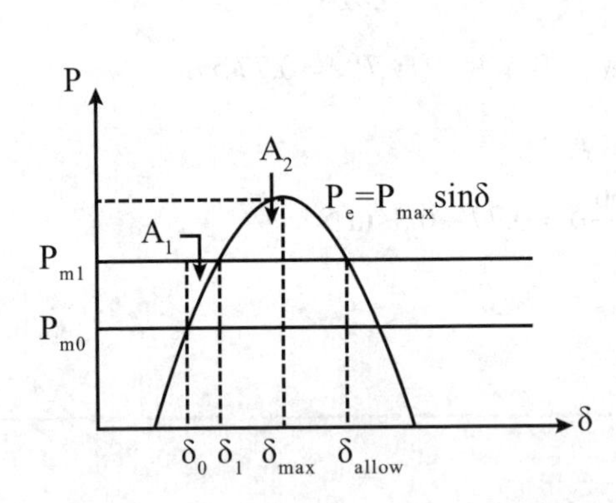


$P_{m0}$：原動機新提供之機械功率
$P_{m1}$：原動機原提供之機械功率
$P_e$：發電機輸出電功率方程式
$A_1$：加速面積
$A_2$：減速面積
$\delta_0$：原穩態功率角
$\delta_1$：新穩態功率角
$\delta_{max}$：最大搖擺功率角
$\delta_{allow}$：最大容許功率角

圖 10-4

首先「等面積準則」推導說明如下：

(1) 預備定理：由微積分基本定理：$\frac{d}{dt}(\dot{\delta})^2 = 2\dot{\delta}\frac{d}{dt}\dot{\delta} = 2\dot{\delta}\ddot{\delta}$ ..................(式 10-9)

(2) 由標么搖擺方程式 $\frac{2H}{\omega_s}\ddot{\delta} = P_{m,pu} - P_{e,pu}$，當左右均乘以 $\dot{\delta}$ 時，得

$$\frac{2H}{\omega_s}\ddot{\delta}\dot{\delta} = (P_{m,pu} - P_{e,pu})\dot{\delta} \Rightarrow \frac{H}{\omega_s}\frac{d}{dt}(\dot{\delta})^2 = (P_{m,pu} - P_{e,pu})\frac{d}{dt}\delta \text{ ..................(式 10-10)}$$

此時由式 10-10.左右積分得：

$$\frac{2H}{\omega_s}\ddot{\delta}\dot{\delta} = (P_{m,pu} - P_{e,pu})\dot{\delta} \Rightarrow \frac{H}{\omega_s}\int_{\delta_0}^{\delta_{\max}} d(\dot{\delta})^2 = \int_{\delta_0}^{\delta_{\max}} (P_{m,pu} - P_{e,pu})d\delta \text{ .........(式 10-11)}$$

因為此時工作於穩態工作點，故「速差 $\dot{\delta}$ 」等於 $\omega_s - \omega_{ms} = 0$ ，故式 10-11.中左邊為 0，故該式可進一步寫成

$$\int_{\delta_0}^{\delta_{\max}} (P_{m,pu} - P_{e,pu})d\delta = 0 \Rightarrow \int_{\delta_0}^{\delta_1} (P_{m,pu} - P_{e,pu})d\delta + \int_{\delta_1}^{\delta_{\max}} (P_{m,pu} - P_{e,pu})d\delta = 0$$

$$\Rightarrow \int_{\delta_0}^{\delta_1} (P_{m,pu} - P_{e,pu})d\delta = \int_{\delta_1}^{\delta_{\max}} (P_{e,pu} - P_{m,pu})d\delta \text{ ......................................(式 10-12)}$$

其中左邊部分為 $\delta_0 \to \delta_1$ 之積分，由圖中可以推知 $P_{m1} > P_e$ ，故該積分為「加速面積 $A_1$」，而式 10-12.右邊部分為 $\delta_1 \to \delta_{\max}$ 之積分，由圖中可以推知 $P_e > P_{m1}$ ，故該積分為「減速面積 $A_2$」，故 $A_1 = A_2$ 。

3.「暫態穩定度」運用等面積準則技巧判斷其是否能維持於「穩態」之條件，係以 $\delta_{\max} > \delta_{allow}$ 為判斷基準，而 $t_{cr}$ 為「臨界清除時間(critical clearing time)」，係用以表示穩定度允許下之最長故障維持時間，一般以「臨界功率角 $\delta_{cr}$ 」代入發電機功率方程式解之。

牛刀小試

1. 如下圖所示之電力系統單線圖(內容同【焦點 3】牛刀小試第 2 題)，

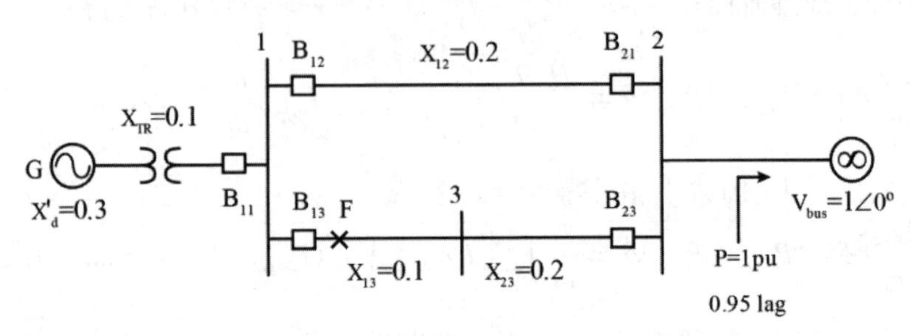


假設於 F 點發生暫時性三相直接短路接地故障，已知發電機初始係以穩態運轉，若：

(1) 故障於 3 週波後自行清除，故障期間因某一電驛誤動作而使得全部斷路器維持關閉狀態，試決定在此情形下，暫態穩定度是否可以維持？並計算最大功率角為何？

(2)若暫時性三相短路故障之持續時間大於 3 週波，試計算臨界清除角 $\delta_{cr}$ 及臨界清除時間 $t_{cr}$ 為何？

註：設發電機之慣性常數 $H = 3\sec$，且擾動期間 $P_m$ 維持定值。

詳解

(1) 故障前(假設下標為 1)之發電機功率方程式為 $P_{e1} = 2.4638\sin\delta$，故障中(假設下標為 2)之發電機功率為 $P_{e2} = 0$，故障後(假設下標為 3)之發電機功率方程式仍為 $P_{e1} = 2.4638\sin\delta$

(2) 故障前、中、後，本題之機械輸入功率均維持於定值，即

$P_{m1} = P_{m2} = P_{m3} = 1pu.$

(3) 故可畫出 I/O Curve 如下圖：

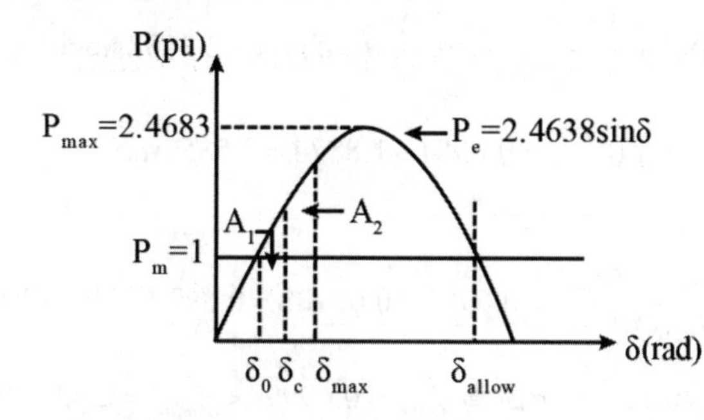


$\delta_0$：初始功率角

$\delta_e$：故障清除角

$\delta_{max}$：最大搖擺功率角

$\delta_{allow}$：最大容許功率角

(4) 當發生故障時，因為 $P_{e2}=0$ 、 $P_{m2}=1pu.$，故為「加速階段」，由「標么搖擺方程式」：$\dfrac{2H}{\omega_S}\ddot{\delta}=P_{m,pu}-P_{e,pu}\Rightarrow\dfrac{2\times3}{377}\ddot{\delta}=1-0=1\Rightarrow\ddot{\delta}=\dfrac{377}{6}$

故 $\dot{\delta}=\dfrac{377}{6}t+\dot{\delta}(0)=\dfrac{377}{6}t\Rightarrow\delta(t)=\dfrac{377}{12}t^2+\delta(0)=\dfrac{377}{12}t^2+\delta_0$，且由

$1=2.4638\sin\delta_0\Rightarrow\delta_0=0.4179rad,\delta_{allow}=\pi-0.4179=2.72rad$ 解得 $\delta_0$ & $\delta_{allow}$，代回上式 $\Rightarrow\delta(t)=\dfrac{377}{12}t^2+\delta_0=\dfrac{377}{12}t^2+0.4179$

又題目所給為 3 週波後故障自行清除，故 $t=\dfrac{3}{60}=0.05\sec$，代入上式：

$\delta(t)=\dfrac{377}{12}(0.05)^2+0.4179=0.4964(rad)$，得到「臨界清除角」：

$\delta_{cr}=0.4964rad$

故由「等面積準則」得知在故障期間之加速面積＝故障後之減速面積，可得 $\delta_{\max}$

$$\Rightarrow\int_{\delta_0}^{\delta_{cr}}(P_{m2}-P_{e2})d\delta=\int_{\delta_{cr}}^{\delta_{\max}}(P_{e3}-P_{m3})d\delta$$

$$\Rightarrow\int_{0.4179}^{0.4964}(1-0)d\delta=\int_{\delta_{cr}}^{\delta_{\max}}(2.4638\sin\delta-1)d\delta$$

$$\Rightarrow 0.4964-0.4179=2.4638\underline{\cos}\Big|_{\delta_{\max}}^{\delta_{cr}}+\delta_{cr}-\delta_{\max}$$

$$\Rightarrow 2.5844=\delta_{\max}+2.4638\cos\delta_{\max}$$

再利用「疊代求解」，先求一次疊代，let $f(\delta)=\delta+2.4638\cos\delta$

$\&y=2.5844\Rightarrow\delta^{(i+1)}=\delta^{(i)}+\dfrac{2.5844-f(\delta^{(i)})}{f'(\delta^{(i)})}, f'(\delta)=1-2.4638\sin\delta$

又令 $\delta^{(0)}=40°=0.6981rad, f(\delta^{(0)})=0.6981+1.8874=2.5855rad$；

$f'(\delta^{(0)})=1-2.4638\sin 40°=-0.5837$

$\Rightarrow\delta^{(1)}=0.6981+\dfrac{2.5844-2.5822}{-0.5837}=0.6981+0.00188=0.69998=40.12°$，

故最大功率角：$\delta_{\max}=40.12°$，而因為 $\delta_{\max}=0.69998<\delta_{allow}=2.72$，故系統暫態穩定。

(5) 如下圖，已知 $\delta_0=0.4179rad=23.95°$，$\delta_{allow}=2.7236rad=156.05°$

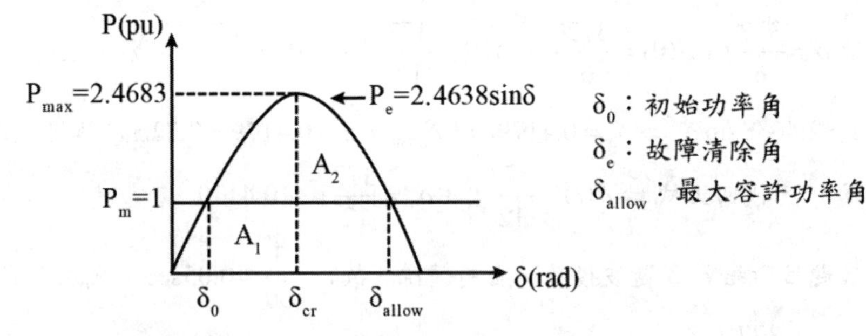


加速面積：$A_1=\int_{\delta_0}^{\delta_{cr}}(P_{m,pu}-P_{e,pu})d\delta=\int_{0.4179}^{\delta_{cr}}(1-0)d\delta=\delta_{cr}-0.4179$，

減速面積：$A_2=\int_{\delta_{cr}}^{\delta_{allow}}(P_{e,pu}-P_{m,pu})d\delta=\int_{\delta_{cr}}^{2.7236}(2.4638\sin\delta-1)d\delta$

$$=\delta_{cr}+2.4638\cos\delta_{cr}-0.4719$$

依據「等面積準則」，令 $A_1=A_2$，得到「臨界清除角」

$\Rightarrow\delta_{cr}=1.5489=88.74°$

又故障期間之 $\delta(t)=\dfrac{377}{12}t^2+0.4179\Rightarrow 1.5489=\dfrac{377}{12}{t_{cr}}^2+0.4179$

故得「臨界清除時間」：$t_{cr}=\sqrt{\dfrac{12}{377}(\delta_{cr}-0.4179)}=0.1897\sec$

2. 如圖之系統，左側之同步發電機經由二條並聯之輸電線連接至右側之無限匯流排。發電機輸出之電功率為 1 標么，且其端電壓及無限匯流排之電壓皆為 1 標么。圖上標示之變壓器及二條並聯輸電線的阻抗皆為標么值，發電機之暫態電抗為 $X_d' = 0.20$ 標么。當系統中較短的輸電線在 P 點發生三相短路故障時，若臨界清除時間（Critical clearing time）為 0.242 秒，發電機之轉子是否會穩定？請說明。假設故障前，線路上的斷路器皆閉合，而斷路器 A 為開路（Open）。（105 高考三級）

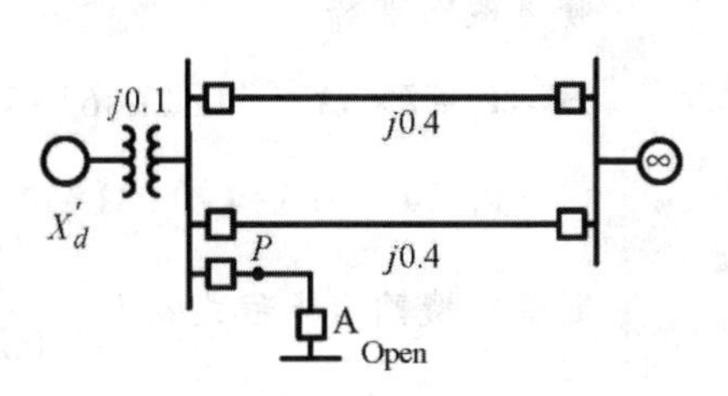


詳解

故障期間 $P_m$ 維持定值，所以依題目所給之單線圖可進一步畫出「等效電路圖」如右：

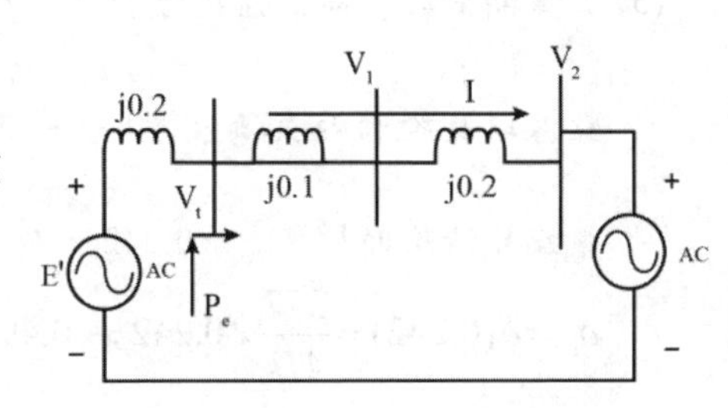


其中 $P_e = 1pu.$，$|V_t| = 1$，$V_2 = 1\angle 0°$，$X_{L,eq} = j0.4 \parallel j0.4 = j0.2$；且本題為「第一層次搖擺」，所以故障前、中、後之機械輸入功率均維持於定值，即 $P_{m1} = P_{m2} = P_{m3} = 1pu.$

(1) 上等效電路圖之電流為

$$I = \frac{V_t - V_2}{j(0.1+0.2)} = \frac{1\angle 17.46° - 1\angle 0°}{j0.3} = \frac{0.954 + j0.3 - 1}{j0.3} = 1 + j0.153$$

$$= 1.01\angle 8.7°$$

發電機內電勢

$E' = V_t + I \times jX_d' = 1\angle 17.46° + 1.01\angle 8.7° \times j0.2$

$= 0.954 + j0.3 + (-0.031 + j0.1997) = 0.923 + j0.4997 = 1.05\angle 28.43°$

則發電機輸出方程式為 $P_e = \dfrac{|E'||V_2|}{0.2+0.1+0.2}\sin\delta = 2.1\sin\delta$；當 $P_e = P_m = 1$

時，可求出 $\delta_0 = 28.44° = 0.4964rad$ & $\delta_{allow} = (180 - 28.44)° = 151.56°$

$= 2.6452rad$

(2) 由「等面積準則」

$\Rightarrow P_m(\delta_{cr} - \delta_0) = \int_{\delta_{cr}}^{\delta_{allow}} (2.1\sin\delta - 1)d\delta \Rightarrow \delta_{cr} - 0.4964 = \underline{2.1\cos\delta}\Big|_{2.6452}^{\delta_{cr}}$

$\Rightarrow \delta_{cr} = 1.4263rad$

(3) 故障期間之「標么搖擺方程式」為：$\dfrac{2H}{\omega_s}\ddot{\delta} = P_{m2,pu} - P_{e2,pu} = 1$，代入相關數據以及經過兩次積分得「功率角方程式」為：$\delta(t) = \dfrac{377}{4H}t^2 + 0.4964$，

「臨界清除時間」$t_c = 0.242$，代入上式得「臨界清除角」

$\delta_c = \delta(0.242) = \dfrac{377}{4H} \times 0.242^2 + 0.4964 = 1.4263 \Rightarrow H = 5.94MJ/MVA$，

故當 $H > 5.94MJ/MVA$ 時，發電機轉子可維持暫態穩定。

3. **有一部 60 Hz 同步發電機，暫態電抗為 0.2 pu、慣性常數 H 為 5 秒、端電壓為 1 pu 時，經由電抗值為 0.3 pu 傳輸線傳送 1 pu 實功率，至電壓為 1 pu 的無限匯流排。請計算發電機的暫態內部電壓（內電勢）與對無限匯流排的功率角。當發電機端發生一個三相接地故障，之後清除故障，請利用搖擺方程式（swing equation）與等面積法則（equal area criterion）描述發電機功率角的振盪情形。**（104 高考三級）

詳解

(1) 首先畫出如下圖之等效電路圖，其中 $E'=|E'|\angle\delta$ 為同步發電機內電勢，

則無限匯流排之電壓為 $V_{bus}=1\angle 0^\circ$ ， $f=60Hz \Rightarrow \omega_s=377rad/\sec$ ，

令發電機端電壓為 $V_1=|V_1|\angle\delta_1=1\angle\delta_1$ ，

則 $P_e=\dfrac{|V_1||V_{bus}|}{0.3}\sin\delta_1 \Rightarrow \delta_1=17.46^\circ$ ，

求得線路電流 $I=\dfrac{V_1\angle\delta_1-V_{bus}\angle 0^\circ}{j0.3}=1.0133\angle 8.74^\circ$ ，

以及內電勢 $E'=1\angle 0^\circ+(1.0133\angle 8.74^\circ)(j0.5)=1.0497\angle 28.44^\circ$

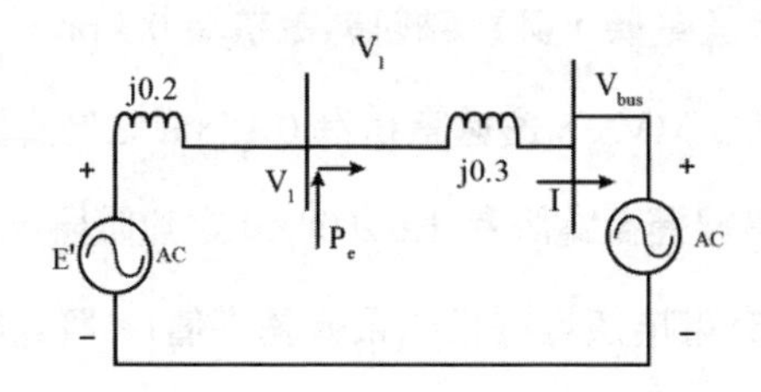


(2) 因為線路均為純電抗，故實功無損失，

$$P_e=\frac{|E'||V_{bus}|}{X}\sin\delta=\frac{1}{0.5}\sin\delta=2\sin\delta$$

又本題為「第一層次搖擺」，所以故障前、中、後之機械輸入功率均維持於定值，即 $P_{m1}=P_{m2}=P_{m3}=1pu.$；故障發生後，由「標么搖擺方程式」：

$$\frac{2H}{\omega_S}\ddot{\delta}=P_{m,pu}-P_{e,pu} \Rightarrow \frac{2\times 5}{377}\ddot{\delta}=1-0=1 \Rightarrow \ddot{\delta}=37.7 \Rightarrow \dot{\delta}=37.7t+\dot{\delta}(0)$$

因為 $\dot{\delta}(0)=0$ ，故 $\dot{\delta}=37.7t \Rightarrow \delta(t)=18.885t^2+\delta_0$ ，

又由 $1=2\sin\delta_0 \Rightarrow \delta_0=0.5236rad=30^\circ$

$\&\delta_{allow}=\pi-0.5236=2.618rad=150^\circ$

代回上式 $\Rightarrow \delta(t)=18.885t^2+0.5236$

(3) 求暫態分析之「臨界清除角」$\delta_{cr}$，由「等面積準則」，可得加速面積：

$A_1=\int_{\delta_0}^{\delta_{cr}}(P_{m,pu}-P_{e,pu})d\delta=\int_{0.5236}^{\delta_{cr}}(1-0)d\delta=\delta_{cr}-0.5236$，以及減速面積：

$$A_2=\int_{\delta_{cr}}^{\delta_{allow}}(P_{e,pu}-P_{m,pu})d\delta=\int_{\delta_{cr}}^{2.618}(2\sin\delta-1)d\delta$$

$$=2\cos\delta_{cr}-(-1.732)+\delta_{cr}-2.618$$

令 $A_1=A_2$，得到「臨界清除角」$\Rightarrow\delta_{cr}=79.56°=1.389rad$

因為 $\delta_{cr}=1.389rad<\delta_{allow}=2.618rad$，故此故障干擾在清除之後，得以維持「暫態穩定」，而不致導致系統崩潰。

4. **一部** 60 Hz **之同步發電機，其直軸暫態電抗為** 0.3 pu**、慣量常數**(inertia constant) H **為** 5.5MJ/MVA，**透過電抗為** 0.15 pu **之升壓變壓器及兩條電抗均為** 0.4 pu **之輸電線連至電壓為** $1.0\angle 0°$ pu **之無限匯流排**(infinite bus)，**如下圖所示**(**圖中所有電抗值均採相同系統基準值**)。**發電機傳送至無限匯流排之視在功率**(apparent power)**為** Pe = 0.8 pu **及** Q = 0.074 pu。**現假設圖中另一條加壓線路**(**無傳送電流**)**於送電出口端** F **點發生三相短路故障，在其開關設備動作隔離故障後，未發生故障之兩條輸電線仍維持送電。**(**請計算至小數點後** 5 **位，以下四捨五入**)

(1)**求故障發生前之功率角方程式**(power-angle equation)？

(2)**請用等面積法則**(equal-area criterion)**求該故障點之臨界清除角**(critical clearing angle)**及臨界清除時間**(critical clearing time)？（102 經濟部）

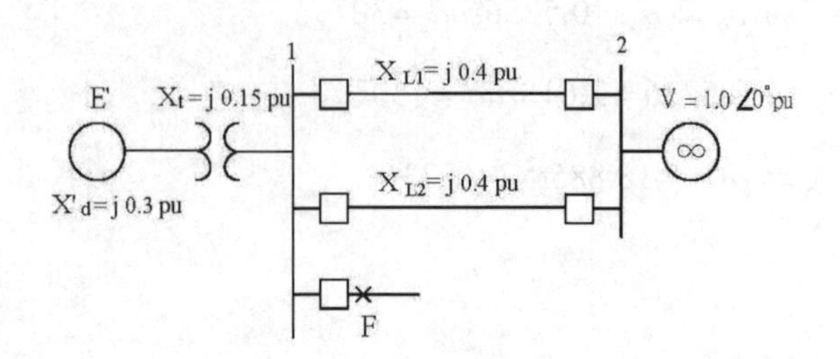

**詳解**

(1) 首先畫出圖之等效電路圖如下，其中 $E'=|E'|\angle\delta$ 為同步發電機內電勢，

無限匯流排之電壓為 $V_{bus}=1\angle 0°$ ，電路之等效電抗為

$$X_{eq}=X_d'+X_t+(X_{L1}\parallel X_{L2})=j0.3+j0.15+\frac{1}{\frac{1}{j0.4}+\frac{1}{j0.4}}=j0.65\Omega$$

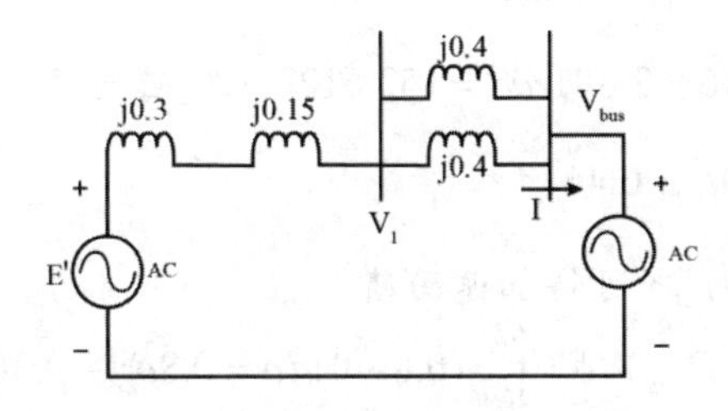


若假設電路之電流為 $I$ ，則由複數功率

$S_e=P_e+jQ=0.8+j0.074=0.803\angle 5.28°=VI^*$ ，可得

$I=(\frac{S_e}{V})^*=\frac{0.803\angle -5.28°}{1\angle 0°}=0.803\angle -5.28°$ ，再代入發電機功率方程式

$$P_e=\frac{|E'||V_{bus}|}{X_{eq}/j}\sin\delta$$

(2) 本題為「第一層次搖擺」，所以故障前、中、後之機械輸入功率均維持於定值，即 $P_{m1}=P_{m2}=P_{m3}=0.8pu.$

(3) 上解析以解出發電機之電流 $I=(\frac{S_e}{V})^*=\frac{0.803\angle -5.28°}{1\angle 0°}=0.803\angle -5.28°$

則其內電勢為 $E'=V_{bus}+jX_{eq}I=1\angle 0°+(0.65\angle 90°)(0.803\angle -5.28°)$

$$=1.048+j0.5197=1.1698\angle 26.38°$$

故故障發生前之「功率角方程式」為

$$P_e=\frac{|E'||V_{bus}|}{X_{eq}}\sin\delta=\frac{1.1698\times 1}{0.65}\sin\delta=1.8\sin\delta$$

(4) 故障發生後，由「標么搖擺方程式」：

$$\frac{2H}{\omega_S}\ddot{\delta}=P_{m,pu}-P_{e,pu}\Rightarrow\frac{2\times5.5}{377}\ddot{\delta}=0.8-0=0.8\Rightarrow\ddot{\delta}=27.418$$

$\Rightarrow\dot{\delta}=27.418t+\dot{\delta}(0)$，因為 $\dot{\delta}(0)=0$，故

$\dot{\delta}=27.418t\Rightarrow\delta(t)=13.709t^2+\delta_0$，又由

$0.8=1.8\sin\delta_0\Rightarrow\delta_0=0.46rad=26.388°$

$\&\delta_{allow}=\pi-0.46=2.681rad=153.612°$，代回上式

$\Rightarrow\delta(t)=13.709t^2+0.46$

由「等面積準則」，可得加速面積：

$A_1=\int_{\delta_0}^{\delta_{cr}}(P_{m,pu}-P_{e,pu})d\delta=\int_{0.46}^{\delta_{cr}}(0.8-0)d\delta=0.8\delta_{cr}-0.368$，

以及減速面積：

$$A_2=\int_{\delta_{cr}}^{\delta_{allow}}(P_{e,pu}-P_{m,pu})d\delta$$

$$=\int_{\delta_{cr}}^{2.681}(1.8\sin\delta-0.8)d\delta=0.8\delta_{cr}+1.8\cos\delta_{cr}+1.6124-2.1448$$

令 $A_1=A_2$，得到「臨界清除角」$\Rightarrow\delta_{cr}=1.479=84.76°$

又故障期間之「臨界清除時間」為

$1.479=13.709{t_{cr}}^2+0.46\Rightarrow t_{cr}=0.273\sec$

5. **如下圖所示之單線圖，若在 P 點處發生三相接地故障，可藉由同時打開斷路器 1 及 2 以清除該故障；已知在故障發生前瞬間，發電機正供應 1.0pu 之功率，試求「臨界清除角」？**（93 地特三等）

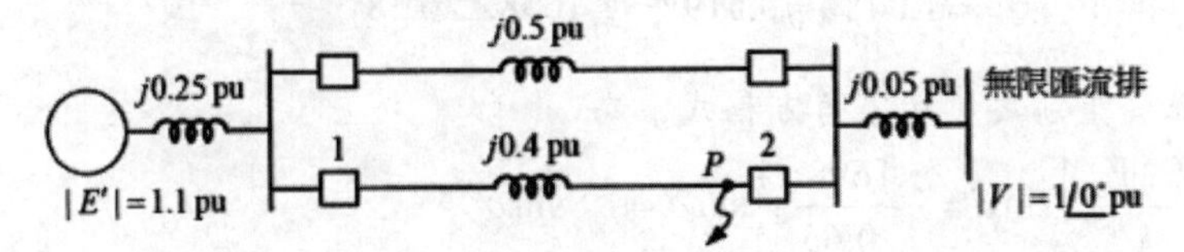

**詳解**

首先畫出等效電路圖如下，其中 $E'=|E'|\angle\delta=1.1\angle\delta$ 為發電機內電勢，無限匯流排之電壓為 $V_{bus}=1\angle 0°$，電路之等效電抗為

$$X_{eq}=0.25+\frac{1}{\frac{1}{0.5}+\frac{1}{0.4}}+0.05=0.25+\frac{1}{2+2.5}+0.05=0.522\Omega$$

代入發電機功率方程式 $P_e=\frac{|E'||V_{bus}|}{X_{eq}}\sin\delta=\frac{1.1\times 1}{0.522}\sin\delta=2.107\sin\delta$

又在故障發生前，系統達穩態，所以機械功率輸入等於電功率輸出

$\Rightarrow P_{m1}=P_e=1pu.$、初始功率角為 $2.107\sin\delta_0=1\Rightarrow\delta_0=0.496rad$

在故障發生期間，其電路圖如右：

電功率 $P_{e2}=0pu.$

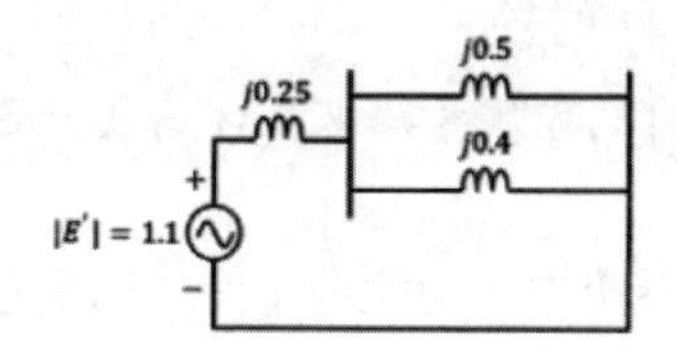


在故障清除後，其電路圖如右：

故電功率方程式為

$$P_{e3}=\frac{1.1\times 1}{0.25+0.5+0.05}\sin\delta=1.375\sin\delta$$，其「最大容許功率角」為

$$\delta_{allow}=\pi-\sin^{-1}\frac{1}{1.375}=2.33rad$$

由「等面積準則」，可得加速面積：

$$A_1=\int_{\delta_0}^{\delta_{cr}}(P_{m,pu}-P_{e,pu})d\delta=\int_{0.496}^{\delta_{cr}}(1-0)d\delta=\delta_{cr}-0.496，$$

以及減速面積：

$$\int_{\delta_{cr}}^{2.33}(1.375\sin\delta-1)d\delta=1.375(\cos\delta_{cr}-\cos 2.33)+\delta_{cr}-2.33$$

$$=\delta_{cr}+1.375\cos\delta_{cr}-1.38$$

令 $A_1=A_2$，得到「臨界清除角」$\Rightarrow\delta_{cr}=0.873=50°$

# 10-4 穩態穩定度與改善暫態穩定度之方法

## 焦點 5 穩態穩定度之意義與穩定工作點之判斷

考試比重 ★★★☆☆

見於輸配電類考試以及台電選擇題。

1. 在一電力系統中之穩態穩定度，即是在探討當系統遭遇**小而漸變的干擾**時，此電力系統維持同步的能力；此時稍修正「標么搖擺方程式」為

$$\frac{2H}{\omega_S}\ddot{\delta}=P_m-P_e-P_d \text{ ......(式 10-13)}$$

即加入一「阻尼功率 $P_d$」，而 $P_d=D\cdot\dot{\delta}$ ......(式 10-14)

其中 $D$ 為「阻尼係數」，$\dot{\delta}$ 為「速差」；則式 10-13.可作如下之推導：

$$\frac{2H}{\omega_S}\ddot{\delta}=P_m-P_e-D\cdot\dot{\delta}\Rightarrow\frac{2H}{\omega_S}\ddot{\delta}+D\cdot\dot{\delta}=P_m-P_e\Rightarrow \text{在小干擾下，}$$

$$\begin{Bmatrix}\delta=\delta_0+\delta_\Delta\\ \delta_\Delta\to 0\end{Bmatrix}\Rightarrow\begin{Bmatrix}\dot{\delta}=\dot{\delta}_\Delta\\ \ddot{\delta}=\ddot{\delta}_\Delta\end{Bmatrix}\Rightarrow\frac{2H}{\omega_S}\ddot{\delta}_\Delta+D\cdot\dot{\delta}_\Delta=P_m-P_e \text{ ......(式 10-15)}$$

又因為 $P_e = P_{\max}\sin\delta = P_{\max}\sin(\delta_0+\delta_\Delta) = P_{\max}(\sin\delta_0\cos\delta_\Delta + \cos\delta_0\sin\delta_\Delta)$

$\because \delta_\Delta \to 0$，$\therefore \begin{Bmatrix} \cos\delta_\Delta = 1 \\ \sin\delta_\Delta = \delta_\Delta \end{Bmatrix}$，代入得：

$P_e = P_{\max}\sin\delta_0 + \delta_\Delta P_{\max}\cos\delta_0 = P_{e0} + \delta_\Delta S_p = P_m + \delta_\Delta S_p$ ..............................(式 10-16)

其中【**定義**】：$S_p = P_{\max}\cos\delta_0 = \dfrac{dP_e}{d\delta}\Big|_{\delta=\delta_0}$ ..................................................(式 10-17)

$S_p$ 為「同步功率係數」(synchronizing power coefficient)，而 $P_{e0} = P_{\max}\sin\delta_0 = P_{\mathrm{m}}$ 為「起始電功率」，故式 10-15.$\Rightarrow \dfrac{2H}{\omega_S}\ddot{\delta}_\Delta + D\cdot\dot{\delta}_\Delta = P_m - (P_m + \delta_\Delta S_p) = -\delta_\Delta S_p$

$\Rightarrow \dfrac{2H}{\omega_S}\ddot{\delta}_\Delta + D\cdot\dot{\delta}_\Delta + \delta_\Delta S_p = 0 \Rightarrow \ddot{\delta}_\Delta + \dfrac{\omega_S}{2H}D\cdot\dot{\delta}_\Delta + \dfrac{\omega_S}{2H}S_p\delta_\Delta = 0$，取「拉普拉斯轉換」成 S-Domain 方程式為 $\Rightarrow s^2 + \dfrac{\omega_S}{2H}D\cdot s + \dfrac{\omega_S}{2H}S_p = 0$ ................................(式 10-18)

此為該電力系統在「穩態小干擾情況」下所對應之特性方程式。

2. 由「自動控制二階系統」之標準式：$s^2 + 2\zeta\omega_n s + {\omega_n}^2 = 0$ ....................(式 10-19)

其中 $\zeta$ 為「阻尼係數」，$\omega_n$ 為「自然振動頻率」(或稱之為「無阻尼震盪頻率」)，

當式 10-18.與式 10-19.相對照，此時可得

$$\begin{Bmatrix} \dfrac{\omega_s D}{2H} = 2\zeta\omega_n \\ \dfrac{\omega_s S_p}{2H} = {\omega_n}^2 \end{Bmatrix} \Rightarrow \begin{Bmatrix} \omega_n = \sqrt{\dfrac{\omega_s S_p}{2H}} \\ \zeta = \dfrac{\omega_s D}{4H}\times\dfrac{1}{\omega_n} \end{Bmatrix} \Rightarrow \begin{Bmatrix} \omega_n = \sqrt{\dfrac{\omega_s S_p}{2H}} \\ \zeta = \dfrac{D}{2\sqrt{2}}\times\sqrt{\dfrac{\omega_s}{S_p H}} \end{Bmatrix}$$ ......................(式 10-20)

3. 由同步功率係數**定義**：

$S_p = P_{\max}\cos\delta_0 = \dfrac{dP_e}{d\delta}\Big|_{\delta=\delta_0}$，並可由圖 10-5 可知，同步功率係數 $S_p$ 係為曲線上某一操作點之「切線斜率」，其中工作點是否為穩定運轉點之判斷為：

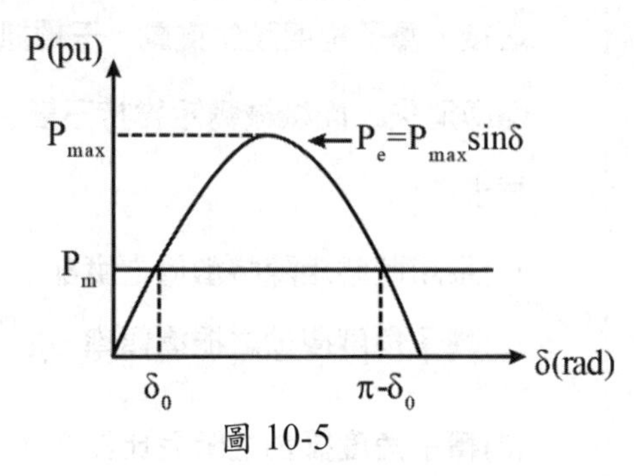

圖 10-5

$$\begin{cases} \left.\dfrac{dP_e}{d\delta}\right|_{\delta=\delta_0} > 0 \Rightarrow \delta_0\text{為穩定運轉點} \\ \left.\dfrac{dP_e}{d\delta}\right|_{\delta=\delta_0} < 0 \Rightarrow \delta_0\text{為不穩定運轉點} \end{cases} \quad \text{........(式 10-21)}$$

亦即在 $0° \sim 90°$ 為「穩定運轉區間」。

牛刀小試……………………………………………………

1. **已知一 60Hz 之同步發電機，穩定運轉於 $\delta_0 = 28.44°$ 下，其中功率角方程式為： $P_e = 2.1\sin\delta$ ，以及 $H = 5\sec$ ，若系統突遇一短暫干擾，進而造成電機轉子擺盪，假設此干擾在原動機動作前即已消失，試求此干擾所造成之轉子震盪頻率為多少 Hz？**

詳解……………………………………………………

先求穩態運轉下之「同步功率係數」$S_p = P_{max}\cos\delta_0 = 2.1\cos 28.44° = 1.8466$，

由式 10-20.轉子之震盪角頻率：$\omega_n = \sqrt{\dfrac{\omega_s S_p}{2H}}$ ，則

$$\omega_n = \sqrt{\frac{\omega_s S_p}{2H}} = 2\pi f_n \Rightarrow f_n = \frac{1}{2\pi}\sqrt{\frac{377\times 1.8466}{2\times 5}} = 1.33Hz$$

2. **有一 60 Hz 之單機無限匯流排系統，方塊圖如圖所示，在某功率角穩定運轉時，發電機常數為 $H = 2.0$，$K_D = 2.4$，$K_S = 1/\omega_0$。假設發電機受小擾動之後，轉子角度產生擺動，干擾訊號隨即消失，而機械轉矩維持不變。試求**

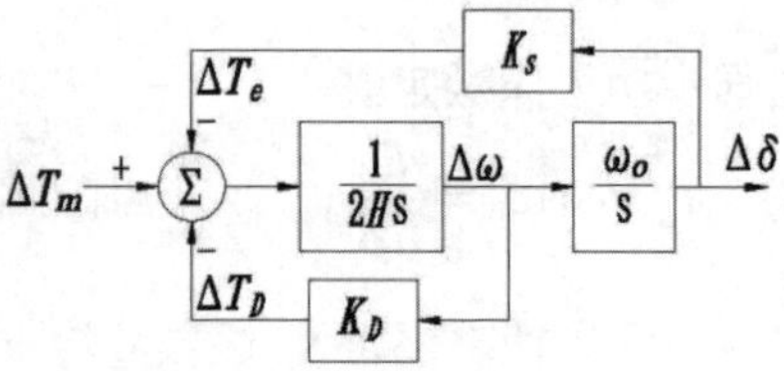

**(1)系統狀態矩陣特徵值之實部？**

**(2)轉子角度擺動之振盪頻率 $\omega_d(\dfrac{rad}{s})$ 為？**

**(3)轉子角度擺動之阻尼比為？**（93 經濟部）

**詳解**

(1)&(2)將方塊圖轉換成「訊號流程圖」如下，再以「梅森增益公式」解之

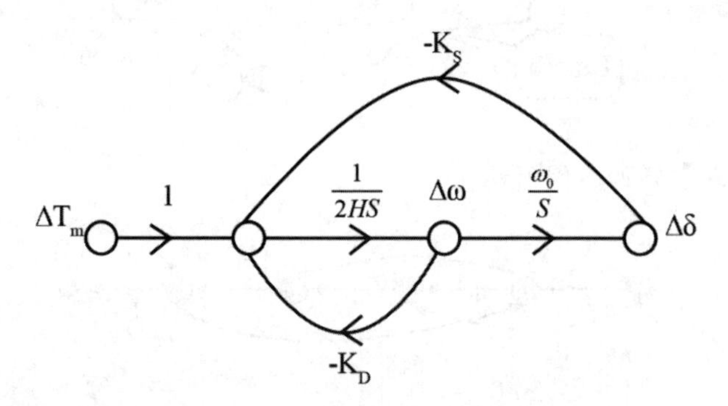


其中分母 $\Delta = 0 \Rightarrow 1 + \dfrac{K_D}{2Hs} + \dfrac{K_s\omega_0}{2Hs^2} = 0 \Rightarrow 4s^2 + 2.4s + 1 = 0$

$\Rightarrow 4s^2 + 2.4s + 1 = 0 \Rightarrow s = \dfrac{-2.4 \pm \sqrt{2.4^2 - 16}}{8} = -0.3 \pm j0.4$ (詳見以下補充)

上式 s 即為系統狀態之「特徵值」，故其實部為 $-0.3$，轉子振動角頻率為 0.4rad/sec。

(3) 前所提及之「自動控制二階系統」之標準式：$s^2 + 2\zeta\omega_n s + \omega_n{}^2 = 0$，可解得 $s = -\zeta\omega_n \pm j\sqrt{1-\zeta^2}\,\omega_n$，故得 $\left\{\begin{matrix} \zeta\omega_n = 0.3 \\ \sqrt{1-\zeta^2}\,\omega_n = 0.4 \end{matrix}\right\} \Rightarrow \zeta = 0.6$。

【補充】

「訊號流程圖」是描述線性系統的一組代數方程式中，其輸入變數與輸出變數之間的圖解法，若以一組代數方程式 $y = ax_1 + bx_2$ 為例，其訊號流程圖如下圖所示，其中 $y, x_1, x_2$ 所在的圓圈稱為「節點」(Node)，$a$、$b$ 稱為「增益」(Gain)，$y - x_1$ 及 $y - x_2$ 之間的連線稱為「分支」(Branch)，箭頭代表「訊號流向」(Flow)。

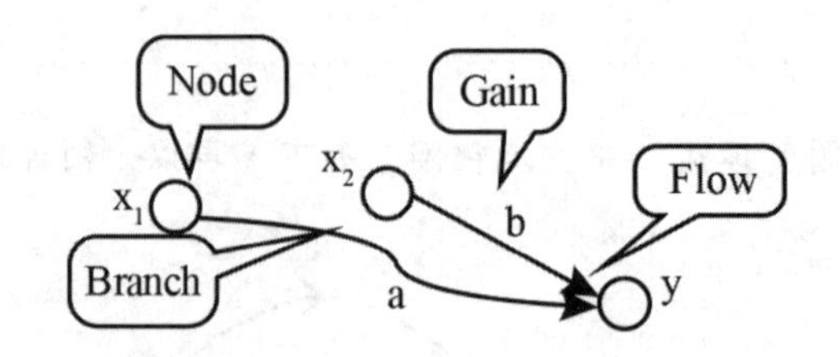


【基本定義】詳如下圖所示

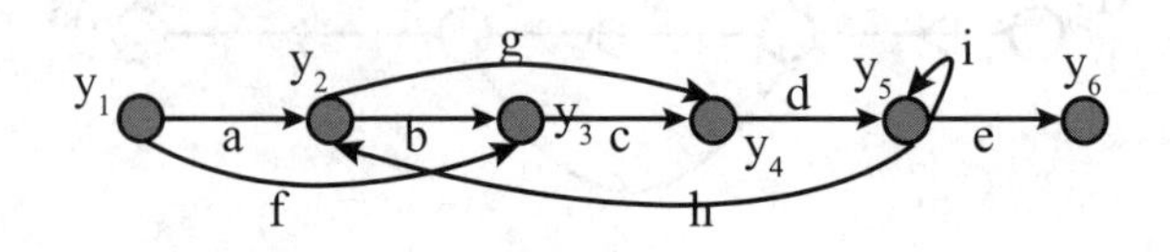


(1) 輸入端節點(Input Node)：節點上只有出去的支路，如上圖之 $y_1$

(2) 輸出端節點(Output Node)：節點上只有進來的支路，如上圖之 $y_6$

(3) 迴路(Loop)：起點與終點均為同一節點，且經過路徑中其他節點不得超過一次，如上圖之 b→c→d→h、g→d→h、i 等

(4) 迴路增益(Loop gain)：迴路上所有增益的乘積，如上為 bcdh、gdh、i 等

(5) 順向迴路(Forward path)：從輸入端節點開始順著箭頭方向到輸出端節點的路徑，且不得經過同一節點二次，如上圖之 a→b→c→d→e、f→c→d→e、a→g→d→e

(6) 順向迴路增益(Forward path Gain)：順向路徑上所有增益的乘積，如上圖之 abcde、fcde、aged

【重點】梅森增益公式(Mason's gain formula)：

(1) 梅森提出下列增益公式，系在簡化複雜閉迴路系統並求出輸出與輸入之增益。

(2) 公式：$M=\dfrac{Y(s)}{R(s)}=\dfrac{1}{n}\sum_{k=1}^{N}M_k n_k$

其中，

M 為輸出端節點與輸入端節點之間的增益

N 為順向路徑總數

Δ=1－(所有迴路增益之和)+(所有兩個未接觸的迴路增益乘積之和)

　－(所有三個未接觸的迴路增益乘積之和)－(...)

Mk：第 k 個順向路徑增益；Δk：與第 k 個順向路徑不接觸的所有迴路之 Δ 值

## 焦點 6　改善暫態穩定度之方法

考試比重 

見於各類考試問答題。

1. 由前述「等面積準則」分析暫態穩定度之觀念可知，三相短路故障期間，因為「電功率」輸出下降，而「機械功率」輸入不變，因此造成轉子加速，若斷路器能在「臨界清除時間」內啟斷故障，及時恢復部分電功率之輸出，則系統暫時穩定，反之則系統不穩定；因此，欲改善系統之暫態穩定度，可以由「標么搖擺方程式」來逐項討論，詳見以下之說明。
2. 相關改善「暫態穩定度」之方法及原理，如下表 10-1 所整理：

表 10-1

| 原公式：$\frac{2H}{\omega_S}\ddot{\delta}=P_m-P_e$<br>移項公式：$\ddot{\delta}=\frac{\omega_S}{2H}(P_m-P_e)$<br>原理觀念：轉子角加速度 $\ddot{\delta}\downarrow$ | 方法一：$P_m\downarrow$<br>方法二：$P_e\uparrow\Rightarrow P_e=\frac{\lvert E'\rvert\lvert V\rvert}{X}\sin\delta$<br>方法三：$H\uparrow$ |
|---|---|

| No. | 方法 | 操作細項 | 說明 |
|---|---|---|---|
| 一 | 降低機械功率輸入<br>$P_m \downarrow$ | 1.原動機之進氣閥門開度變小<br>2.採「快速閥門」操作 | 原動機械閥門操作改變流向，迅速降低渦輪機之機械輸出，藉以平衡故障期間之電功率輸出，延長臨界清除時間 |
| 二 | 提高電功率之輸出<br>$P_e \uparrow$<br>$\Rightarrow P_e = \dfrac{\lvert E' \rvert \lvert V \rvert}{X} \sin\delta$ | 1.提高發電機內電壓<br>2.採用高增益(High Gain)激磁機<br>3.降低輸電線串聯電抗<br>4.增加輸電線數目<br>5.串聯電容輸電線補償<br>6.採「成束導體」 | 1.$\lvert E' \rvert \uparrow \Rightarrow P_e \uparrow$<br>2.$\lvert V \rvert \uparrow \Rightarrow P_e \uparrow$<br>3.~6.$\lvert X \rvert \downarrow \Rightarrow P_e \uparrow$ |
| 三 | 慣性常數 $H \uparrow$ | 1.採較大之電機慣性常數<br>2.採電機較低的「暫態電抗」 | |
| 四 | 其他方法： | 1.採較高之電壓階層<br>2.降低變壓器漏電抗<br>3.斷路器(CB-Circuit Breaker)快速復閉<br>4.斷路器單極切換 | 1.如 161KV $\Rightarrow$ 345KV<br>2.變壓器電抗<br>3.大部分輸電線短路故障係短暫性，在線路不受激勵後一段時間(一般約 5-40 週波)，故障可自行消弧完畢，此時搭配斷路器快速復閉，可重新恢復 $P_e$ 輸出，增加暫態穩定度<br>4.多數短路故障為單線接地，故障相可以透過電驛偵測，搭配單極切換 CB 予以清除 |

# 10-5 凸極式同步發電機之激磁電壓及其複數功率

## 焦點 7 凸極式發電機相量圖之畫圖與計算

考試比重 ★★☆☆☆

考題形式　見於各類考試以及台電非選擇題。

1. 凸極式同步發電機之「激磁電壓」(或稱之為「內生電壓」)與「端電壓」之關係如下式所列：$E_a = V_t + R_a I_a + jX_d I_{ad} + jX_q I_{aq}$ ......................................(式 10-22)
   其中 $E_a$ 為「激磁電壓」，$V_t$ 為「端電壓」，$R_a$ 為「電樞電阻」，$I_{ad}$ 為「樞電流直軸分量」，$I_{aq}$ 為「樞電流交軸分量」，$X_d$ 為「直軸(direct axis)電抗」，$X_q$ 為「交軸(quadrature axis)電抗」，。
2. 凸極式發電機與圓極式發電機之差別，主要在於凸極機之「直軸電抗」與「交軸電抗」不相等($X_d \neq X_q$)，而圓極機之「直軸電抗」與「交軸電抗」係為相等($X_d = X_q$)，雖然兩者均採「雙電抗模型」(two-reaction model)，但因凸極機的直軸與交軸電抗互異，所以其相量圖也較為複雜，如以圖 10-6 所示，其中「電樞電流 $I_a$」落後「端電壓 $V_t$」之功因角 $\theta = \cos^{-1} pf.$，而功率角為 $\delta = \angle E_a - \angle V_t$。

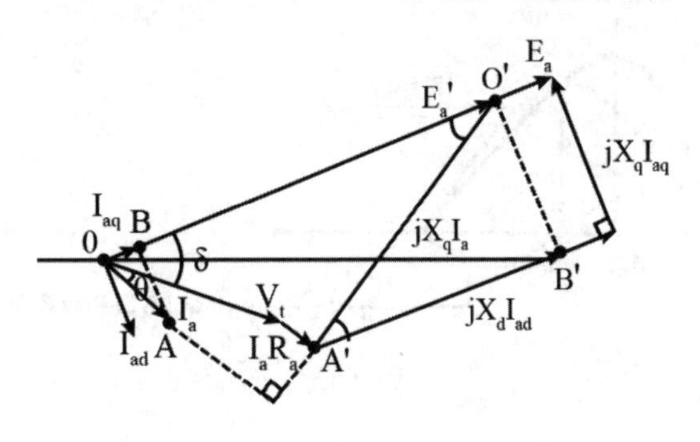


圖 10-6

3. 給定「端電壓$V_t$」(或「內生電壓」)，欲求「發電機內生電壓$E_a$」(或「端電壓」)之求解步驟：

**STEP** 1. 畫出「相量圖」

**STEP** 2. 導入一假想電壓$E_a'$，並在相量圖中$I_a$之延伸線上畫出垂直其之$X_q I_a$，即令$E_a' = V_t + jX_q I_a$，重點在求$E_a'$角度

**STEP** 3. 求出「電樞電流之交軸及直軸分量」，

即$\left\{ \begin{array}{c} I_{aq} = (|I_a|\cos(\theta+\delta)\angle E_a' \\ I_{ad} = (|I_a|\sin(\theta+\delta)\angle(E_a' - 90°) \end{array} \right\}$

**STEP** 4. 代入$E_a = V_t + R_a I_a + jX_d I_{ad} + jX_q I_{aq}$，求出$E_a$；詳細解法見以下範例。

4. 凸極機所送出之「複數功率」仍可由下式推出：$S_G = P_G + jQ_G = V_t(I_{ad} + I_{aq})^*$，

其結果為$\left\{ \begin{array}{l} P_G = \dfrac{|E_a||V_t|}{X_d}\sin\delta + \dfrac{|V_t|^2}{2}(\dfrac{1}{X_q} - \dfrac{1}{X_d})\sin 2\delta \\ Q_G = \dfrac{|E_a||V_t|}{X_d}\cos\delta + |V_t|^2(\dfrac{\cos^2\delta}{X_d} - \dfrac{\sin^2\delta}{X_q}) \end{array} \right\}$..............................(式 10-23)

在$|E_a|$&$|V_t|$固定的情況下，凸極機對$P_G - \delta$曲線之影響如下圖 10-7 所示，因為「凸極機」式 10-23.對傳送之實功與虛功的修正，可知凸極效應使得$P_G$最大值提早發生，且對應之$\delta < 90°$。

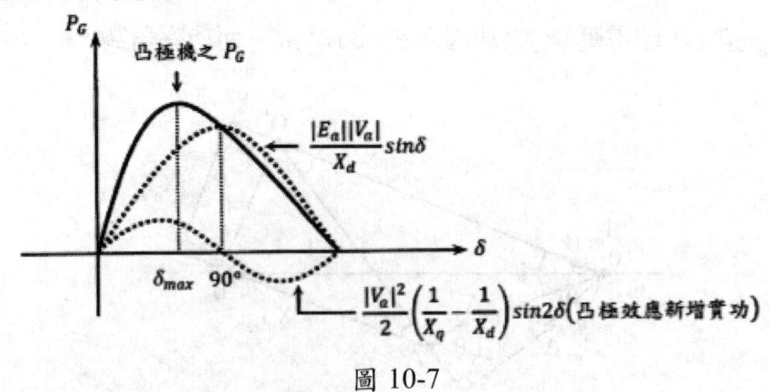


圖 10-7

## 牛刀小試

1. **已知一凸極機「內生電壓 $E_a$ 」為 $E_a = 1.5\angle 32°$，電樞電流為 $I_a = 0.6\angle -30°$，直軸電抗為 $X_d = 1.0$，交軸電抗為 $X_q = 0.6$，求其「端電壓 $V_t$ 」？**

**詳解**

題目沒給「樞電阻」$(R_a)$，故忽略之，由上述求解步驟詳述如下：

**STEP** 1. 畫出「相量圖」如下：

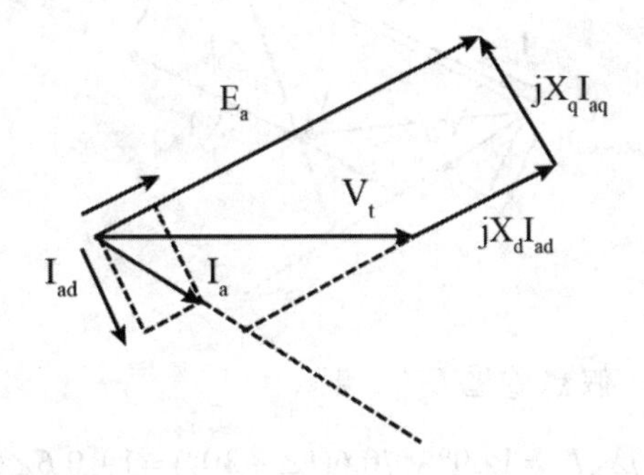


**STEP** 2. 本題不必導入一假想電壓 $E_a'$，因為在上述之相量圖中已知 $E_a$ & $I_a$ 之夾角 $\theta = \angle E_a - \angle I_a = 32° - (-30°) = 62°$

**STEP** 3. 求出「電樞電流之交軸及直軸分量」，即

$$\begin{cases} I_{aq} = 0.6\cos 62°\angle 32° = 0.282\angle 32° \\ I_{ad} = 0.6\sin 62°\angle -58° = 0.53\angle -58° \end{cases}$$

**STEP** 4. 代入 $E_a = V_t + R_a I_a + jX_d I_{ad} + jX_q I_{aq}$，則

$$V_t = E_a - jX_d I_{ad} - jX_q I_{aq}$$

$$= 1.5\angle 32° - j0.6(0.53\angle -58°) - j(0.282\angle 32°)$$

$$= (1.272 + j0.795) - (0.27 + j0.169) - (-0.149 + j0.239)$$

$$= 1.151 + j0.387 = 1.214\angle 18.58°$$

2. **已知一凸極機之「端電壓」為$V_t=1\angle 0°$，電樞電流為$I_a=1\angle -30°$，直軸電抗為$X_d=1.0$，交軸電抗為$X_q=0.6$，求其「內生電壓$E_a$」？**

詳解

題目沒給「樞電阻」($R_a$)，故忽略之，由上述求解步驟詳述如下：

STEP 1. 畫出「相量圖」如下：

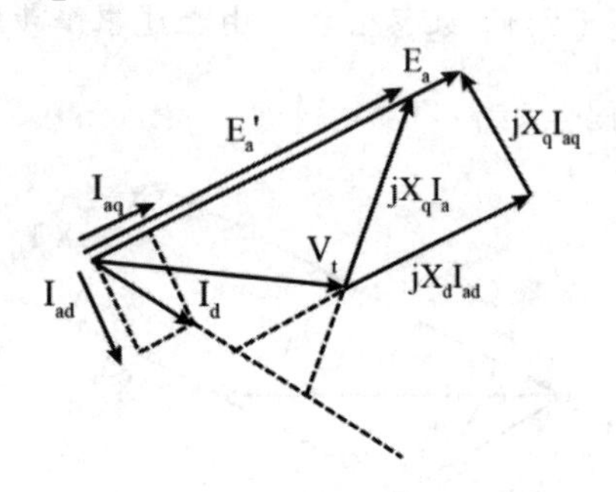


STEP 2. 本題導入一假想電壓$E_a'$，則

$$E_a'=V_t+jX_qI_a=1\angle 0°+j0.6(1\angle -30°)=1+0.6\angle 60°$$

$=1.3+j0.52=1.4\angle 21.8°$，故$E_a$ & $I_a$之夾角

$$\theta=\angle E_a'-\angle I_a=21.8°-(-30°)=51.8°$$

STEP 3. 求出「電樞電流之交軸及直軸分量」，即

$$\begin{Bmatrix} I_{aq}=\cos 51.8°\angle 21.8°=0.618\angle 21.8° \\ I_{ad}=\sin 51.8°\angle -68.2°=0.786\angle -68.2° \end{Bmatrix}$$

STEP 4. 代入$E_a=V_t+R_aI_a+jX_dI_{ad}+jX_qI_{aq}$，則

$$E_a=1\angle 0°+j(0.786\angle -68.2°)+j0.6(0.618\angle 21.8°)=1.715\angle 21.77°$$

3. **一部三相、75 MVA、13.8 kV、8 極、60 Hz 之凸極同步發電機，其直軸與交軸標么電抗分別為 1.0 及 0.6。該同步發電機以 0.866 落後的功率因數輸出其額定容量。試以 75 MVA 及 13.8 kV 為基值，並以端電壓$1\angle 0°$為參考相量，計算激磁電壓的相量。**(91 電機技師)

**詳解**

題目沒給「樞電阻」($R_a$)故忽略之，又「電樞電流」

$$I_a \Rightarrow I_a = \frac{|S|}{|V_t|}\angle -\cos^{-1} pf. = \frac{1}{1}\angle -\cos^{-1} 0.866 = 1\angle -30°$$

故由上述求解步驟詳述如下：

**STEP** 1. 畫出「相量圖」如右：

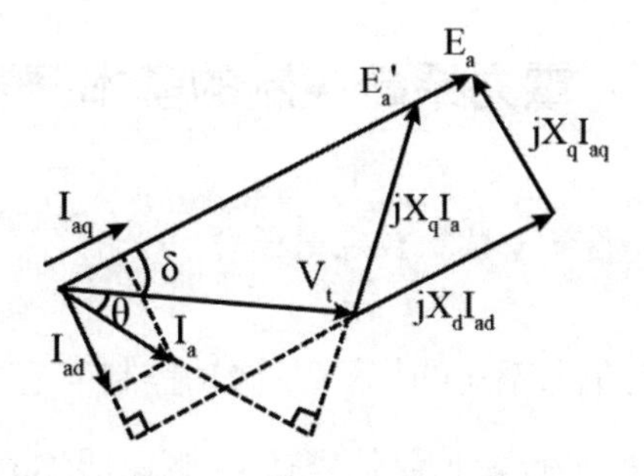


**STEP** 2. 本題導入一假想電壓 $E_a'$，則

$$E_a' = V_t + jX_q I_a = 1\angle 0° + j0.6(1\angle -30°) = 1 + 0.6\angle 60°$$

$$= 1.3 + j0.52 = 1.4\angle 21.8°$$

故 $E_a$ & $I_a$ 之夾角 $\theta = \angle E_a' - \angle I_a = 21.8° - (-30°) = 51.8°$

**STEP** 3. 求出「電樞電流之交軸及直軸分量」，即

$$\begin{Bmatrix} I_{aq} = (|I_a|\cos\theta)\angle E_a' = \cos 51.8°\angle 21.8° = 0.618\angle 21.8° \\ I_{ad} = (|I_a|\sin\theta)\angle (E_a' - 90°) = \sin 51.8°\angle -68.5° = 0.786\angle -68.5° \end{Bmatrix}$$

**STEP** 4. 代入 $E_a = V_t + R_a I_a + jX_d I_{ad} + jX_q I_{aq}$，則

$$E_a = 1\angle 0° + j(0.786\angle -68.5°) + j0.6(0.618\angle 21.8°)$$

$$= 1 + (0.731 + j0.288) + (-0.138 + j0.344)$$

$= 1.593 + j0.632 = 1.714\angle 21.64°$，因為

$$V_{b,Line-Line} = 13.8kV \Rightarrow E_a = 1.714 \times \frac{13.8}{\sqrt{3}}\angle 21.64° = 13.66\angle 21.64° kV_{LN}$$

(Line to Neutral)

# 第 11 章 電力系統的實虛功控制

## 11-1 電力系統控制緒論

### 焦點 1 電力系統控制的基本觀念 考試比重 ★★☆☆☆

見於各類考試及台電選擇題。

1. 本章探討電力系統的「實功、虛功控制」，在穩定度的範疇中，主要討論的是「動態穩定度」，針對「負載變動」，調速機(Governor)及激磁機(Exciter)都將發揮作用而促使實功、虛功再度回復平衡，以確保系統穩定。
2. 電力系統控制的目的在維持系統的實、虛功供需平衡，促使系統在遭遇干擾後又重新回到穩態，同時確保系統「頻率」及「電壓大小」穩定(或在容許的範圍之內)，同時要能兼顧「經濟調度」(如本書第九章所述)以及「可靠度」(例如傳輸線兩端電壓相角不宜超過45°)之要求。
3. 實功變化將造成「頻率」變動，當「供不應求」(原動機提供之 $P_m$ 小於電功率輸出 $P_e$)時，由標么搖擺方程式可知，轉子之角加速度 $\ddot{\delta}<0$，造成轉子減速，故頻率下降；而當「供過於求」時，轉子之角加速度 $\ddot{\delta}>0$，造成轉子加速，故頻率上升；另一方面，虛功則幾乎不受「頻率變動」之影響，只與「電壓大小」之變動有關，因此，實、虛功控制可以分開處理。
4. 一般而言，互聯電力系統中的每一部發電機都配備有「負載頻率控制」(LFC：Load Frequency Controll)與「自動電壓調整控制器」(AVR：Automatic Voltage Regulator)，茲分述如下說明：

(1) LFC 迴路控制實功與頻率，透過「調速器」(Governor)之運作，控制蒸氣閥門之開度大小，開度越大，則有更多蒸氣流入原動機，輸入發電機之機械功率自然變大；反之，則輸入發電機之機械功率變小。

(2) AVR 迴路控制虛功與電壓大小，透過「激磁機」(Exciter)之運作，控制輸出電壓大小；當激磁變大時，輸出電壓變大，反之，則輸出電壓變小；另外，除發電機之激磁控制電壓大小及虛功，尚有其他補充方法，例如：分接頭切換變壓器、切換式電容器、併聯電抗器等等。

# 11-2 發電機端電壓控制與自動電壓調整 AVR

## 焦點 2 電力系統與自動控制　考試比重 ★★☆☆☆

見於高考非選擇題以及台電選擇題。

1. 透過自動電壓調整器 AVR(Automatic Voltage Regulator)之控制，可控制發電機端電壓之大小，其控制過程如圖 11-1.之方塊圖所示：

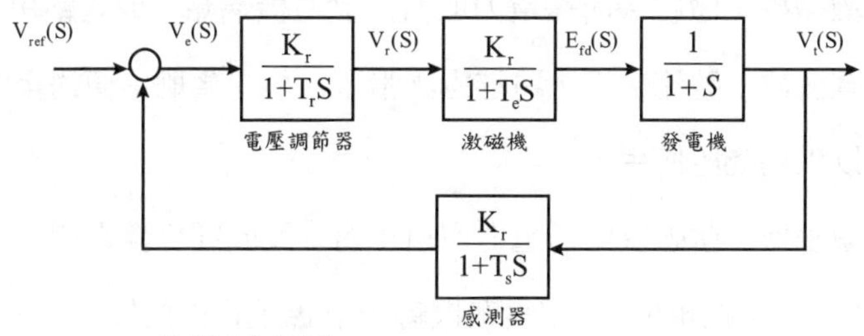


$V_{ref}(S)$：参考電壓

$V_e(S)$：誤差電壓

$V_r(S)$：電壓調節器輸出電壓

$E_{fd}(S)$：激磁機輸出之場電壓，其施加於機場繞組，以調整發電機端電壓

$V_t(S)$：發電機端電壓

圖 11-1

2. 上圖之說明如下：

(1) 「感測器」持續偵測並負回授發電機之端電壓，經調整至適當大小之後，與「參考電壓」做比較。

(2) 參考電壓與感測器傳回電壓信號之差值，經電壓調節器予以適度放大後，回饋入激磁機。

(3) 當端電壓達「設定值」時，誤差信號為 0，因此電壓調整器輸出亦為 0，然當勵磁機仍維持一定數值之場電壓輸出而不為 0，以確保同步發電機正常運作，並維持端電壓於設定值；當端電壓低於設定值時，誤差信號為正，因而 AVR 輸出亦為正，對激磁機而言，係將 AVR 的正輸入視為一額外輸入，其將增強激磁機之輸出場電壓，進而提升發電機端電壓，以達到設定電壓值。

3. 激磁機(Exciter)之種類有下：

(1) 老式激磁機：由「同步發電機」轉子驅動一「直流發電機」，由直流發電機產生之直流電力，再透過「滑環」與「電刷」傳送至同步發電機轉子，以供場繞組使用。

(2) 靜態式激磁機：激磁機所需電力取自「發電機端點」或「廠房交流電源」，而經「閘流體」整流之後，再透過「滑環」與「電刷」傳送至同步發電機轉子，以供場繞組使用。

(3) 無刷式激磁機：激磁機所需電力取自 1 台「反向同步發電機」，所謂反向同步發電機，其樞繞組位於「主發電機轉子」，場繞組則位於「主發電機定子」，其產生之交流電力，經由主發電機轉子上裝置之二極體整流後，直接送至主發電場繞組，此時無須再透過「滑環」與「電刷」，故稱之無刷式激磁機。

4. AVR 之穩定性：由圖 11-1 之方塊圖，可以再簡化如圖 11-2 之系統圖，此時可以求出此 AVR 系統之轉移函數：

$$\frac{V_t(s)}{V_{ref}(s)}=\frac{G(s)}{1+G(s)H(s)} \quad \text{（式 11-1）}$$

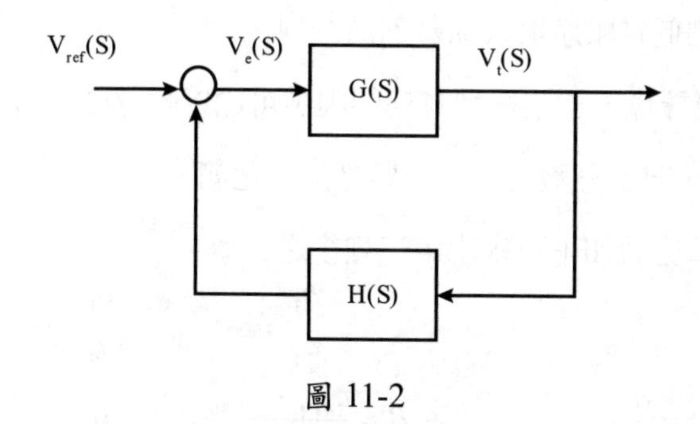


圖 11-2

其推導如下：$V_e=V_{ref}-HV_t \Rightarrow V_t=GV_e=G(V_{ref}-HV)\Rightarrow \frac{V_t}{V_{ref}}=\frac{G}{1+GH}$

另轉移函數之分母多項式為 0，可得特性方程式：$1+GH=0$，求解得其「特性根」，依照「自動控制」理論，AVR 系統如欲穩定，則特性根必須全部位於 s 之左半平面(LHP)，而只要有一根位於 s 之右半平面(RHP)，則系統必不穩定。

5. 對一「線性非時變系統」而言，若其「特性方程式」為

$$a_n s^n + a_{n-1}s^{n-1}+...+a_1 s+a_0=0(a_n,a_{n-1},...,a_1,a_0\in R) \quad \text{（式 11-2）}$$

則系統穩定度之判定，可利用「觀察法」與「羅氏-赫維茲準則」來判斷其穩定度，茲分述如下：

(1) 觀察法：式 11-2.中之所有特性根位於 s 左半面之必要條件(**注意非充要條件**)為「多項式沒有缺項」且「多項式中所有係數皆同號」，如此可由「觀察法」迅速知道不滿足此「必要條件」則系統必不穩定，但若滿足此必要條件，則系統仍不一定必為穩定，此時必須利用 Routh-Hurwitz 準則，做進一步之判斷。

(2) Routh-Hurwitz 準則：先以五階「特性方程式」為例，若

$\Delta(s) = a_5 s^5 + a_4 s^4 + a_3 s^3 + a_2 s^2 + a_1 s + a_0 = 0$

則羅氏表(Routh Table)之作法為：

A. 從高階到低階順序填入係數到前二列。

B.為了方便計算，若某一列有相同因數可加以約分(注意第一行不可因約分而變號)，若為分數可乘一正整數加以化簡。

C. 列表計算方式如下，求出第三列後之各值。

| | | | |
|---|---|---|---|
| $s^5$ | $a_5$ | $a_3$ | $a_1$ |
| $s^4$ | $\mathbf{a_4}$ | $\mathbf{a_2}$ | $\mathbf{a_0}$ |
| $s^3$ | $A = \dfrac{a_4 a_3 - a_5 a_2}{a_4}$ | $B = \dfrac{a_4 a_1 - a_5 a_0}{a_4}$ | $0$ |
| $s^2$ | $C = \dfrac{A a_2 - a_4 B}{A}$ | $D = \dfrac{A a_0 - a_4 0}{A} = a_0$ | $0$ |
| $s^1$ | $E = \dfrac{CB - A a_0}{C}$ | $0$ | $0$ |
| $s^0$ | $\dfrac{C a_0 - C0}{E} = a_0$ | $0$ | $0$ |

D. Routh Table 完成後，判斷其第一行元素符號改變的次數，即為其「**特性方程式**$\Delta(s)$」正實根的個數，其餘均為負實根。**(此為非特例情況)**

E. **線性非時變系統若為穩定之「充要條件」為⇒ Routh table 中的第一行(指左邊第一行直的)元素必須要同號。**

F. 但若 Routh table 無法順利完成，則此時稱為「**特例**」，需要做以下處理，此時系統為「不穩定」。

a. **特例一**：若 Routh table 發生某一列**第一個元素為 0**，但該列不全為 0 時，即稱為「特例 1」，此時使用下列兩個方法使 Routh table 能順利完成：

<<法 1>>倒根法(Reciprocal roots method)>>：令 $s=\frac{1}{z}$ 代入特性方程式 $\Delta(s)$，重新判斷 Routh table。

<<法 2>>(較建議此法)：

$\Delta(s)\times(s+1)$：將特性方程式 $\Delta(s)$ 乘上 $(s+1)$，重新判斷 Routh table

b. 特例二：若 Routh table 發生某一列元素全為 0 時，即稱為特例二，處理方法如下：

(a) 尋找「輔助方程式」(Auxiliary polynomial $\Rightarrow A(s)$)：即全為 0 的上一列係數(可做公因數化簡)所形成的方程式就稱為「輔助方程式」。

(b) 微分 $A(s)\Rightarrow\frac{d}{ds}A(s)$，所得的係數代入該零列係數，使 Routh Table 得以順利完成。

(c) 令「輔助方程式」$A(s)=0$ 時，則可得到系統的純虛根個數。

**牛刀小試**

1. **特性方程式** $\Delta(\mathrm{s})=s^4+8s^3+18s^2+16s+5=0$ **，請判別系統的穩定性？**

**詳解**

一般的 Routh-Hurwitz 準則解法，列 Routh Table 如下表：

| $s^4$ | 1 | 18 | 5 |
|---|---|---|---|
| $s^3$ | 8 | 16 | |
| $s^3$ (約去公因數 8) | 1 | 2 | |
| $s^2$ | $\frac{18-2}{1}=16$ | $\frac{5-0}{1}=5$ | 0 |
| $s^1$ | $\frac{16\times2-5}{16}=\frac{27}{16}$ | $\frac{0-0}{16}=0$ | 0 |
| $s^0$ | $a_0=5$ | 0 | 0 |

系統穩定之「充要條件」為⇒Routh table 中的第一行元素必須要同號，此例為全為正號，所以「符號改變的次數」為 0，故系統為穩定。

2. **一系統的特性方程式** $F(s) = s^5 + 2s^4 + 24s^3 + 48s^2 + 12s + 24$，**請判別此系統是否穩定？**（94 技師檢覈）

**詳解** ……………………………………………………………………………

Routh-Hurwitz 的特例二解法⇒Let A(s)

列 Routh Table 如下表：

| $s^5$ | 1 | 24 | 12 |
|---|---|---|---|
| $s^4$ | 2 | 48 | 24 |
| $s^3$ | $\frac{48-48}{2}=0$ | $\frac{24-24}{2}=0$ | |
| $A(s)=s^4+24s^2+12=0, d/dsA(s)=4s^3+48s$ | | | |
| $s^3$ | 4 | 48 | |
| $s^3$ (約去公因數 4) | 1 | 12 | |
| $s^2$ | $\frac{48-24}{1}=24$ | $\frac{24}{1}=24$ | |
| $s^2$ (約去公因數 24) | 1 | 1 | |
| $s^1$ | $\frac{12-1}{1}=11$ | | |
| $s^0$ | 1 | 0 | 0 |

因為第一行之元素均未變號，而輔助方程式 $s^4+24s^2+12=0$，可解得 $s=\pm j0.71$ and $\pm j4.85$ 均為純虛根，故之此系統有四個極點在虛軸上，而有一個極點在左半平面，故系統為「臨界穩定」。

3. **特性方程式** $\Delta(s) = s^4 + s^3 + 3s^2 + 3s + 5 = 0$，**請判別系統的穩定性及其根的分布。**

**詳解**

Routh-Hurwitz 準則解法的特例一，列 Routh Table 如下表：

| $s^4$ | 1 | 3 | 5 |
|---|---|---|---|
| $s^3$ | 1 | 3 | |
| $s^2$ | $\frac{3-3}{1}=0$ | $\frac{5-0}{1}=5$ | |

<法一>倒根法(Reciprocal roots method)：令 $s=\frac{1}{z}$ 代入特性方程式 $\Delta(s)$，

得 $\Delta(s)=\left(\frac{1}{z}\right)^4+\left(\frac{1}{z}\right)^3+3\left(\frac{1}{z}\right)^2+3\left(\frac{1}{z}\right)+5=0$

$\Rightarrow 5z^4+3z^3+3z^2+z+1=0$，列新 Routh table 如下：

| $s^4$ | 5 | 3 | 1 |
|---|---|---|---|
| $s^3$ | 3 | 1 | |
| $s^2$ | $\frac{9-5}{3}=\frac{4}{3}$ | $\frac{3-0}{3}=1$ | |
| $s^1$ | $\frac{3-\frac{4}{3}}{\frac{4}{3}}=-\frac{5}{4}$ | | |
| $s^0$ | 0 | | |

上表第一行有兩個變號，故此特性方程式有 2 個正實根即 2 個負實根。

<法二>(較建議以此法解題)

$\Rightarrow \Delta(s)\times(s+1)\Rightarrow \Delta(s)=s^5+2s^4+4s^3+6s^2+8s+5=0$，列 Routh table：

| $s^5$ | 1 | 4 | 8 |
|---|---|---|---|
| $s^4$ | 2 | 6 | 5 |
| $s^3$ | $\frac{8-6}{2}=1$ | $\frac{16-5}{2}=\frac{11}{2}$ | 0 |
| $s^3$ (×2 擴分) | 2 | 11 | |
| $s^2$ | $\frac{12-22}{2}=-5$ | $\frac{10}{2}=-5$ | |

| $s^2$ (約去公因數 5) | $-1$ | 1 | |
|---|---|---|---|
| $s^1$ | $\dfrac{-11-(2)}{-1}=13$ | 0 | |
| $s^0$ | 1 | | |

由上表可知第一行元素有 2 次變號，表示承上 $(s+1)$ 後的新特性方程式有 2 個正實根與 3 個負實根，而扣掉 $s=-1$ 這一個負實根，所以原特性方程式 $\Delta(s)$ 有 2 個正實根與 2 個負實根，此系統為「不穩定」。

4. **考慮一個單一回授閉迴路控制系統如圖所示，其閉迴路轉移函數為利用羅斯準則（Routh Stability Criterion）檢驗使系統穩定 k 之範圍。**（96 關務三等）

$$\frac{Y(s)}{R(s)}=\frac{k}{s^3+12s^2+20s+k}$$

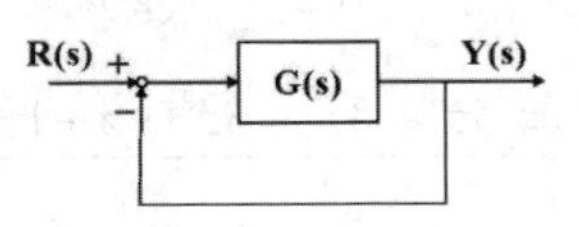


詳解 ……

列 Routh Table 如下：

| $s^3$ | 1 | 20 | |
|---|---|---|---|
| $s^2$ | 12 | k | |
| $s^1$ | $\dfrac{240-k}{12}$ | | |
| $s^0$ | k | | |

依照羅式準則，系統穩定的條件為第一列元素為同號且不缺項，故

$240-k>0$ and $k>0 \Rightarrow 0<k<240$。

5. **有一個單位回饋控制系統如下圖所示：**

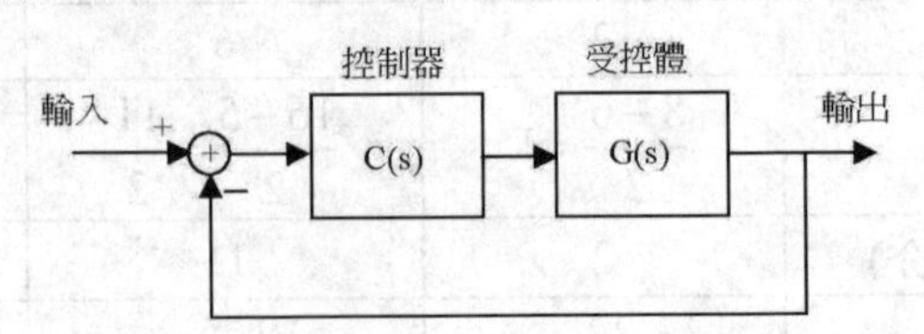

**其中受控體為**$G(s)=\dfrac{s+3}{s^2+4s+7}$**，控制器為**$C(s)=\dfrac{1}{s+1}$**，則**

**(1)此系統輸出對輸入的轉移函數（transfer function）為何？**

**(2)利用魯斯法則（Routh's Criterion）判定此系統是否穩定？**（97 高考二級控制系統）

**詳解**

(1) 此閉迴路控制系統之轉移函數計算如下：

$$\frac{\left(\dfrac{s+3}{s^2+4s+7}\right)\left(\dfrac{1}{s+1}\right)}{1+\left(\dfrac{s+3}{s^2+4s+7}\right)\left(\dfrac{1}{s+1}\right)}=\frac{s+3}{\left(s^2+4s+7\right)\left(s+1\right)+s+3}$$

(2) 上述轉移函數的分母乘開後為 $s^3+5s^2+12s+3=\Delta(s)$，針對此特性方程式列羅斯表如下：

| | | | |
|---|---|---|---|
| $s^3$ | 1 | 12 | |
| $s^2$ | 5 | 3 | |
| $s^1$ | $\dfrac{57}{5}$ | 0 | |
| $s^0$ | 3 | | |

依照羅式準則，系統穩定的條件為第一列元素為同號且不缺項，故判定系統為穩定。

6. **一回授系統的開路轉移函數**$G(s)=\dfrac{1}{(s^2+2s+2)(s-a)+k}$**，回授轉移函數**$H(s)=1$**，試求系統穩定**$a$**、**$k$**之範圍？**（94 技師檢覈）

**詳解**

(1) 閉迴路系統的「移轉函數」求法 $\Rightarrow \dfrac{G(s)}{1+G(s)H(s)}$

(2) 穩定度的判別用 Routh Hurwitz 準則判定。

$$\frac{G(s)}{1+G(s)H(s)}=\frac{\dfrac{1}{(s^2+2s+2)(s-a)+k}}{1+\dfrac{1}{(s^2+2s+2)(s-a)+k}}=\frac{1}{\Delta(s)}$$

$$\Rightarrow \Delta(s)=[(s^2+2s+2)(s-a)+k]+1$$

$$=s^3+(2-a)s^2+(2-2a)s+k-2a+1=0$$

| | | | |
|---|---|---|---|
| $s^3$ | $1$ | $2-2a$ | |
| $s^2$ | $2-a$ | $k-2a+1$ | |
| $s^1$ | $\dfrac{2a^2-4a+3-k}{2-a}$ | $0$ | |
| $s^0$ | $k-2a+1$ | | |

依照羅式準則，系統穩定的條件為第一列元素為同號且不缺項，故同時

滿足 $\Rightarrow\begin{cases}2-a>0,2-2a>0\\k-2a+1>1\\2a^2-4a+3-k>0\end{cases}\Rightarrow\begin{cases}a<1\\k-2a+1>0\\2a^2-4a+3>k\end{cases}$ 可畫圖如下斜線部分

所示範圍：

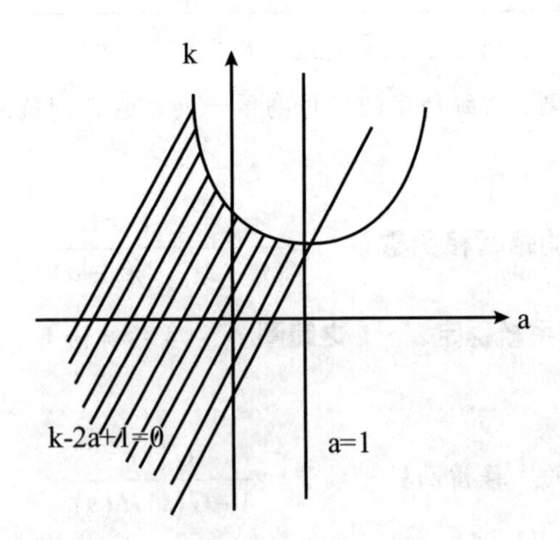

**7. 如下式為一個系統的特性方程式，請利用羅式法則求特性根的分布範圍，若有振盪頻率，也請一併求出。**（99 高考三級自動控制）

$$s^8 - s^7 - s^6 - s^5 - 13s^4 - 17s^3 - 17s^2 - 10s - 6 = 0$$

詳解 ……………………………………………………………………

Routh table as follow：

| | | | | | |
|---|---|---|---|---|---|
| $s^8$ | 1 | −1 | −13 | −17 | −6 |
| $s^7$ | **−1** | **−8** | **−17** | **−10** | |
| $s^6$ | −9 | −30 | −27 | −6 | |
| $s^6$ (通約 3) | **−3** | **−10** | **−9** | **−2** | |
| $s^5$ | −14/3 | −14 | −28/3 | | |
| $s^5$ (通約 14/3) | **−1** | **−3** | **−2** | | |
| $s^4$ | **−1** | **−3** | **−2** | | |
| $s^3$ | **0** | **0** | **0** | | |
| 遇特例二 | 輔助方程式 $A(s) = -s^4 - 3s^2 - 2$ | | | | |
| | $\dfrac{dA(s)}{ds} = -4s^3 - 6s \Rightarrow -2s^3 - 3s$ to arrange $s^3$ | | | | |
| $s^3$ | **−2** | **−3** | | | |
| $s^2$ | $\dfrac{6-3}{-2} = -\dfrac{3}{2}$ | $\dfrac{4}{-2} = -2$ | | | |
| $s^1$ | $\dfrac{5/2}{-3/2} = -\dfrac{5}{3}$ | **0** | | | |
| $s^0$ | **−10/3** | | | | |

因此第一行變號一次，故有一個特性根在 s 的右半平面；又由輔助方程式 $A(s) = -s^4 - 3s^2 - 2 = 0$，得出 $s = \pm j, \pm\sqrt{2}$，所以有四個特性根落在「虛軸」上，而對應之震盪頻率為分別為 1 rad/s 及 $\sqrt{2}$ rad/s；此題特性方程式為 8 次方，所以另三個根應在 s 之左半平面。

8. **一個控制系統的特徵方程式為** $F(s)=2s^4+s^3+3s^2+5s+5=0$ **，則該系統的不穩定之特徵值的個數有？個**（96 經濟部）

詳解

Routh table as follow：

| $s^4$ | 2 | 3 | 5 |
|---|---|---|---|
| $s^3$ | **1** | **5** | |
| $s^2$ | **−7** | **5** | |
| $s^1$ | **40 / 7** | | |
| $s^0$ | **5** | | |

因為第一行變號 2 次，故有 2 個特性根在 s 的右半平面；即系統會有 2 個不穩定的特徵值。

9. **由下列所示系統之閉迴路移轉函數，試分別判斷系統的穩定性為何？請說明個原因。**（96 經濟部）

(1) $G(s)=\dfrac{5(s+1)}{(s-1)(s^2+2s+2)}$

(2) $G(s)=\dfrac{5}{(s^2+4)^2(s+10)}$

詳解

(1) 閉迴路特性方程式 $\Delta_1=(s-1)(s^2+2s+2)=0$

可解得極點為 $s=1$，$s=-1\pm j$，因為 $s=1$ 在 $s$ 的右半平面，所以此閉迴路系統為不穩定。

(2) 閉迴路特性方程式 $\Delta_2=(s^2+4)^2(s+10)=0$

可解得極點為 $s=-10$，$s=\pm j2$ 因為極點 $s=\pm j2$ 為二衔且落在虛軸上，所以此閉迴路系統為不穩定。

10. **由下圖單位負回授控制系統中，若順向移轉函數(forward transfer function)，$G(s)=\dfrac{K}{s(s+1)(s+5)}$，則使此系統穩定的條件為何？**

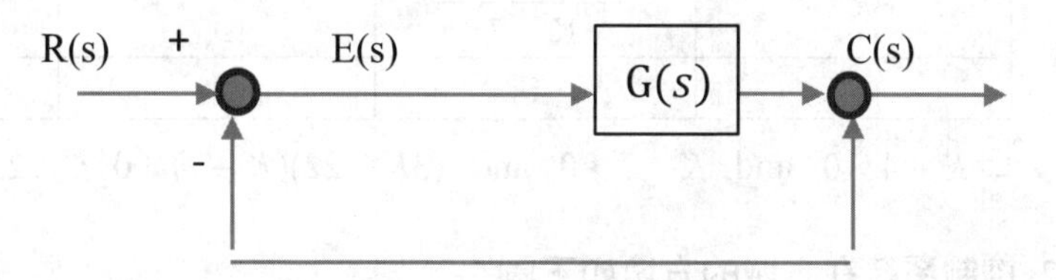


詳解

先求閉迴路移轉函數

$$G_c(s)=\frac{\dfrac{K}{s(s+1)(s+5)}}{1+\dfrac{K}{s(s+1)(s+5)}}=\frac{K}{s^3+6s^2+5s+K}$$

其特性方程式為 $\Delta(s)=s^3+6s^2+5s+K=0$，列 Routh Table 如下：

| $s^3$ | 1 | **5** | |
|---|---|---|---|
| $s^2$ | **6** | $\boldsymbol{K}$ | |
| $s^1$ | $\dfrac{30-K}{6}$ | | |
| $s^0$ | $\boldsymbol{K}$ | | |

$\Rightarrow 30-K>0$ And $K>0$，$\therefore 0<K<30$ ∴0<K<30。

11. **某系統之轉移函數如下，若此系統要穩定，則 K 的範圍為何？**

$$\frac{Y(s)}{R(s)}=\frac{s+1}{s^4+s^3+(K-4)s^2+3s+1}$$（98 鐵路特考高員級）

詳解

特性方程式為 $\Delta(s)=s^4+s^3+(K-4)s^2+3s+1$

列 Routh Table 如下：

| | | | |
|---|---|---|---|
| $s^4$ | 1 | $\boldsymbol{K-4}$ | 1 |
| $s^3$ | **1** | **3** | |
| $s^2$ | $\boldsymbol{K-7}$ | **1** | |
| $s^1$ | $\dfrac{3(\mathrm{K}-7)-1}{\mathrm{K}-7}$ | | |
| $s^0$ | **1** | | |

$\Rightarrow K-4>0$ and $K-7>0$, and $(3K-22)(K-7)>0$，$\therefore 22/3<K<\infty$

12. **控制系統在 s-域的方塊如下圖：**

    (1)**欲使系統穩定，試求參數 $K$ 的範圍。**

    (2)**若系統持續震盪，則此參數 $K$ 為何？且其頻率為何？**（103 中央印製廠）

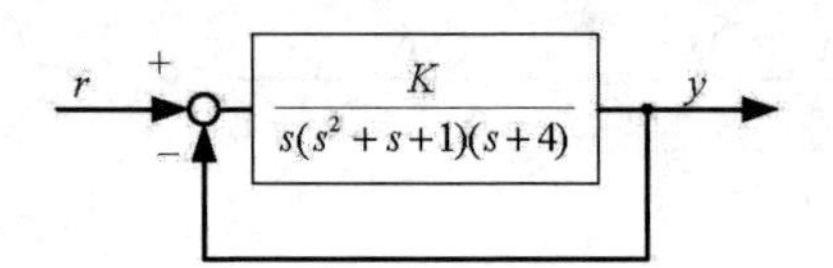


詳解 ……………………………………………………………………………

(1) 特性方程式為 $\Delta(s)=s(s^2+s+1)(s+4)+K=s^4+5s^3+5s^2+4s+K$

列 Routh Table 如下：

| | | | |
|---|---|---|---|
| $s^4$ | **1** | **5** | $\boldsymbol{K}$ |
| $s^3$ | **5** | **4** | |
| $s^2$ | **21** | $5K$ | |
| $s^1$ | $\dfrac{84-25K}{21}$ | | |
| $s^0$ | $5K$ | | |

$\Rightarrow 0<K<\dfrac{84}{25}$

(2) 當 $K=\dfrac{84}{25}$，羅斯表會產生「特例二」$\Rightarrow$ 即表示系統必有「純虛根」，且會持續振盪，則由其「輔助方程式」$A(s)=21s^2+\dfrac{84}{5}=0$，解得其根為 $s=\pm j\dfrac{2}{\sqrt{5}}=\pm j\omega \Rightarrow \omega \cong 0.894(rad/\sec)$ 即「震盪頻率」。

# 11-3 調速器之控制及負載頻率控制 LFC

## 焦點 3 Governor & LFC 對於系統實功之控制

考試比重 ★★★★☆

考題形式：見於各類考試中，選擇題及非選擇題均有。

1. 負載頻率控制應用於單台發電機時，可分為以下兩種模式，一為「自由調速機模式」(Governor Free)，另一為「自動發電模式」(AGC-Automatic Genration Control)，當發電機在「Governor Free」的模式下時，系統頻率因負載增加而下降時，模組輸出實功將增，以維持實功平衡；另外當發電機位於「AGC 模式」時，為了消除「穩態頻率誤差」(frequency steady-state error)，於是將頻率誤差經PID運算後，作為調速機參考功率變動信號 $\Delta P_{ref}$，如此不僅能維持實功平衡，也能消除穩態誤差。
2. 負載之分類有以下兩種：
   (1) 非頻率相依負載 $P_D$：顧名思義，此類負載與系統之頻率無關，此時以 $P_D$ 表示，例如「加熱器」、「照明」等電阻性負載。
   (2) 頻率相依負載 $P_D'$：此類負載與系統之頻率息息相關，以 $P_D'$ 表示，且 $P_D' = D \times \Delta f$，其中 $D$ 稱為「阻尼係數」，而 $D > 0$，故知當 $\Delta f \uparrow$ 此類負載 $P_D' \uparrow$，例如「馬達」等電感性負載。
3. 調速器之分類：調速器負責調整原動機之輸出功率，即輸入發電機之機械功率；另一方面，在忽略機電轉換損失下，輸入發電機組之機械功率 $P_m$ 等於機組輸出之電功率 $P_g$；因此，調速機能控制發電機之輸出實功，並依「頻率-功率」($f - P_m$) 關係不同，區分為以下兩大類：

(1) 下垂型調速器(Troop Governor)：亦稱為「常態調速機」(Normal Governor)，其能隨著頻率變化，適當調節實功輸出，以維持實功平衡；在穩態下，其 $f-P_m$ 關係為下垂形狀，如下圖 11-3 所示，故稱之「下垂型調速器」；因為穩態頻率必須下降，輸出功率才會增加以維持實功平衡，故無法保持頻率於預設值，調速器因為其下垂特性以決定實功增、減量之控制方式，稱為「一次控制」(primary control)或「自由調速機(governor free)」模式，**適用於多部機組之並聯運轉**。在自由調速機模式下，穩態 $\Delta f \neq 0$，如欲令 $\Delta f$ 重新歸 0，必須採取「二次控制」(secondary control)，或稱之為「增補控制」(supplementary control)，此即所謂的 AGC 或 LFC 控制策略。

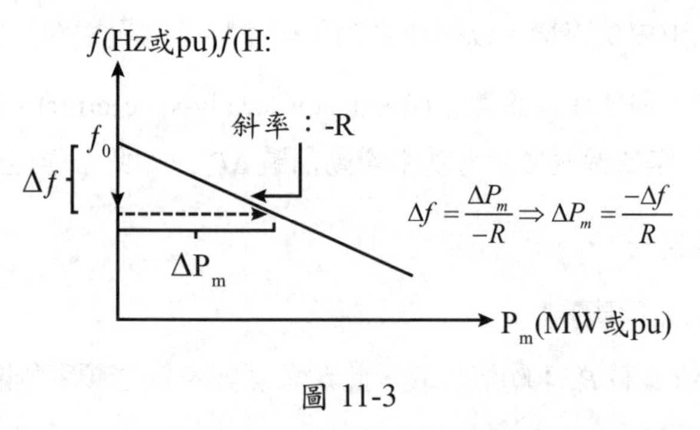


圖 11-3

(2) 恆速型調速器(Isochronous Governor)：適用於小型發電系統，由一部機組負責滿足負載需求；若系統中存在多部電機組，則通常選定一部容量最大之機組，令其操作於「Issochronous」模式，其餘較小容量之機組，操作於「droop」模式；當負載增加並嘗試導致頻率下降時，isochronous 機組將於偵測到後立即調增原動機輸出功率(搶在 droop 機組動作前)，以維持實功平衡，並保持頻率於預設值不變。

4. **定義**：如上圖 11-3 係「下垂型調速器」之 $f-P_m$ 圖，其斜率定義為 $-R$ ，其中 $-R=\dfrac{\Delta f}{\Delta P_m} \Rightarrow R=-\dfrac{\Delta f}{\Delta P_m}$ ， $R$ 稱為各機組之「調整常數」(Regulation constant)，或稱之為「速度調整率」(Speed Regulation)，單位為 $\dfrac{Hz}{MW}$ 或「pu」。若負載之總增量為 $\Delta P$ ，則由前述之「非頻率相依負載 $\Delta P_D$ 」與「頻率相依負載 $\Delta P_D'$ 」之關係，可得 $\Delta P=\Delta P_D+\Delta P_D'$ ，並推得 $\Delta P=\Delta P_D+\Delta P_D'=\Delta P_D+D\Delta f$ ..(式 11-3)
另外「調速器」有一參考功率設定 $P_{ref}$ 輸入，若調高其設定值至 $P'_{ref}$ ，則圖 11-3. 之特性曲線將往上移動，反之，則往下移動如下圖 11-4.所示，即在穩態下，如欲增加實功輸出，但維持頻率不下降，則可調增特性曲線，故穩態下之「頻率-功率」關係式為： $\Delta P_m=\Delta P_{ref}-\dfrac{\Delta f}{R}$ ..........................................................(式 11-4)

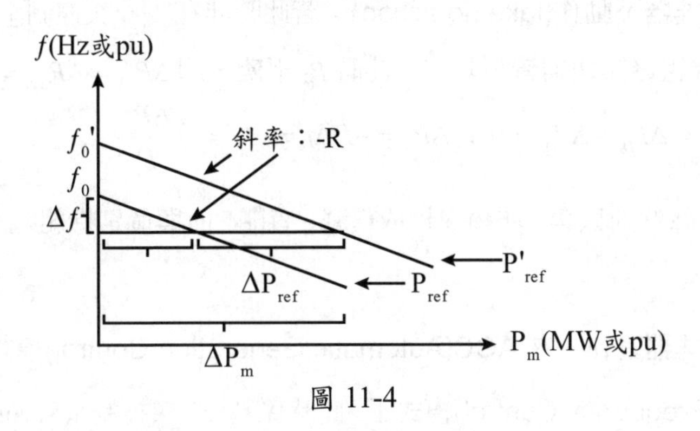

圖 11-4

5. 以「下垂型調速機」為例，說明負載變動與實功控制之關係：假設系統原來處於平衡狀態，而後電功率輸出增加，針對實功控制方式，可分為以下三種狀況說明之：

**狀況 1　調速器動作，在一次控制(如「自由調速器」(Governor Free)模式下)：**
若此時有兩部機組(1&2)併聯發電，且在「Prinarty control」之模式下，即 $\Delta P_{ref}=0$ ，則依據實功平衡，得 $\Delta P_{m1}+\Delta P_{m2}=\Delta P_D+D\Delta f \Rightarrow -\dfrac{\Delta f}{R_1}-\dfrac{\Delta f}{R_2}=\Delta P_D+D\Delta f$ ，故

$$\Delta f = \frac{-\Delta P_D}{\frac{1}{R_1} + \frac{1}{R_2} + D} \text{ ......(式 11-5)}$$

上式之物理意義為：若「非頻率相依負載增加$\Delta P_D$，則系統頻率 $f$ 會下降」，且個別機組之實功(負載)增量分別為：

$$\begin{cases} \Delta P_{m1} = -\dfrac{\Delta f}{R_1} = \dfrac{\frac{1}{R_1}\Delta P_D}{\frac{1}{R_1} + \frac{1}{R_2} + D} \\ \Delta P_{m2} = -\dfrac{\Delta f}{R_2} = \dfrac{\frac{1}{R_2}\Delta P_D}{\frac{1}{R_1} + \frac{1}{R_2} + D} \end{cases} \text{ ......(式 11-6)}$$

**狀況 2　調速器不動作(take no action)**：若此時非在「一次控制」之情形下，而係 1&2 機組之調速器皆不動作，此時 $P_m$ 不變，即 $\Delta P_{m1} = \Delta P_{m2} = 0$，則

$$\Delta P_{m1} + \Delta P_{m2} = \Delta P_D + \Delta P_D' = 0 \Rightarrow \Delta P_D = -D\Delta f \Rightarrow \Delta f = -\frac{\Delta P_D}{D} \text{ ......(式 11-7)}$$

此時頻率之降低則只與「非頻率相依負載」有關，而與個別機組之「調整常數」無關。

**狀況 3　調速器動作，在 AGC(Automatic Generation Control)模式或稱之在 LFC(Load Frequency Control)模式下**：此時係為「二次控制」(Secondary control)，透過調整調速器之參考功率設定，不僅維持穩態實功平衡，且迫使穩態頻率回到預設值(若牽涉到互聯電力系統，則連絡線電力潮流亦將回到預設值)；假設有負載總增量$\Delta P$，此時因為做「增補控制」，故$\Delta P_{ref1} \neq 0, \Delta P_{ref2} \neq 0$，欲讓穩態頻率變化$\Delta f = 0$，則由式 11-4.得

$$\Delta P = \Delta P_{m1} + \Delta P_{m2} = \Delta P_{ref1} - \frac{\Delta f}{R_1} + \Delta P_{ref2} - \frac{\Delta f}{R_2} = \Delta P_{ref1} + \Delta P_{ref2} \text{ ......(式 11-8)}$$

此即為「LFC 控制模式」。

### 牛刀小試

◎ **已知一** 500MVA,60Hz **之發電機，其調整常數為** $R = 0.05pu.$ **(以本身額定為基準)，若發電機頻率在穩態下增加** 0.01Hz.**，則原動機機械輸出功率下降多少？(設** $\Delta P_{ref} = 0$ **)**

**詳解**

頻率變動標么值：$\Delta f = \dfrac{0.01}{60} = 1.667 \times 10^{-4} pu.$，

又由題意之 $\Delta P_{ref} = 0$，因此原動機輸出機械功率變化量為：

$$\Delta P_m = \Delta P_{ref} - \frac{\Delta f}{R} = -\frac{\Delta f}{R} = -\frac{1.667 \times 10^{-4}}{0.05}$$

$= -3.3333 \times 10^{-3} pu. \Rightarrow -3.3333 \times 10^{-3} \times 500MW = -1.6667MW$，即下降 $1.6667MW$

6. 互聯電力系統之穩態頻率-功率關係：如圖 11-5 所示為 2 個控制區域之互聯電力系統，各區域均同意透過互聯之輸電線(或稱之為「聯絡線」tie-line)，輸出事先協議之定量電力至相鄰區域，各區之聯絡線電力潮流 $\Delta P_{12}, \Delta P_{21}$ 均定義向外輸出為正；在共同之基準下，各區域之調整常數、阻尼常數分別為 $Area1, R_1, D_1; Area2, R_2, D_2$，且假設該系統原本操作於穩態，預設頻率為 $f_0$。

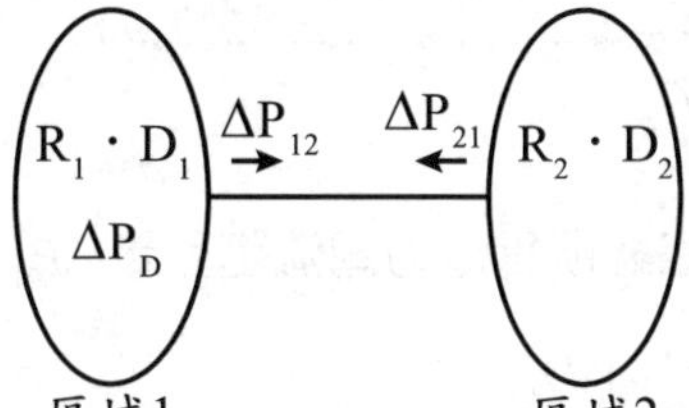

圖 11-5

狀況 1 區域 1 之「非頻率相依負載」突然增加 $\Delta P_D$，且此時各區域採「一次控制」模式，即 $\Delta P_{ref1} = \Delta P_{ref2} = 0$，則在穩態下依據實功平衡，可得

$$\Delta P_{m1} + \Delta P_{m2} = \Delta P_D + \Delta P_{D1}' + \Delta P_{D2}' \Rightarrow -\frac{\Delta f}{R_1} - \frac{\Delta f}{R_1} = \Delta P_D + D_1\Delta f + D_2\Delta f$$

$$\Rightarrow \Delta f = \frac{-\Delta P_D}{\frac{1}{R_1} + \frac{1}{R_2} + D_1 + D_2} = \frac{-\Delta P_D}{\beta_1 + \beta_2} \quad \text{......(式 11-9)}$$

上式中，令 $\beta_i = \frac{1}{R_i} + D_i$，則 $\beta_i$ 稱之為「區域 i 的頻率響應特性」(area frequency response characteristic)；將上式代入 $\Delta P_{m1}, \Delta P_{m2}$，亦可得各區域之「發電增量」分別為：

$$\left\{\begin{aligned} \Delta P_{m1} &= -\frac{\Delta f}{R_1} = \frac{\frac{1}{R_1}\Delta P_D}{\frac{1}{R_1} + \frac{1}{R_2} + D_1 + D_2} = \frac{\frac{1}{R_1}}{\beta_1 + \beta_2}\Delta P_D \\ \Delta P_{m2} &= -\frac{\Delta f}{R_2} = \frac{\frac{1}{R_2}\Delta P_D}{\frac{1}{R_1} + \frac{1}{R_2} + D_1 + D_2} = \frac{\frac{1}{R_2}}{\beta_1 + \beta_2}\Delta P_D \end{aligned}\right\} \quad \text{......(式 11-10)}$$

則「連絡線電力潮流」變動量為 $\Delta P_{12}$：

$$\Delta P_{12} = \Delta P_{m1} - (\Delta P_D + \Delta P_{D1}') = \frac{\frac{1}{R_1}\Delta P_D}{\frac{1}{R_1} + \frac{1}{R_2} + D_1 + D_2} - \Delta P_D - D_1\left(\frac{-\Delta P_D}{\frac{1}{R_1} + \frac{1}{R_2} + D_1 + D_2}\right)$$

$$\Rightarrow \Delta P_{12} = \frac{-(\frac{1}{R_2} + D_2)\Delta P_D}{\frac{1}{R_1} + \frac{1}{R_2} + D_1 + D_2} \quad \text{......(式 11-11)}$$

同理可得，區域 2 自聯絡線所得電力潮流變動量 $\Delta P_{21}$：

$$\Delta P_{21} = \Delta P_{m2} - \Delta P_{D2}' = \frac{(\frac{1}{R_2} + D_2)\Delta P_D}{\frac{1}{R_1} + \frac{1}{R_2} + D_1 + D_2} = -\Delta P_{12} \quad \text{......(式 11-12)}$$

**狀況 2　若區域 2 之「非頻率相依負載」突然增加** $\Delta P_D$ **，且此時各區域採「一次控制」模式**，即 $\Delta P_{ref1} = \Delta P_{ref2} = 0$ ，則同理亦可得，**區域 1 自聯絡線所得電力潮流變動量**： $\Delta P_{12} = \Delta P_{m1} - \Delta P_{D1}' = \dfrac{(\frac{1}{R_1} + D_1)\Delta P_D}{\beta_1 + \beta_2} = -\Delta P_{21}$

**狀況 3　若區域 2 之「非頻率相依負載」突然增加** $\Delta P_D$ **，且此時各區域採「增補控制」模式(或稱之為 LFC 控制、二次控制)**，即 $\Delta P_{ref1} \neq 0, \Delta P_{ref2} \neq 0, but \Delta f = 0$ ，亦即要讓穩態下的「頻率誤差」及「連絡線電力潮流誤差」歸零；為達此目的，於是定義「區域控制誤差 ACE」(Area Control Error)如下：

$ACE_1 = \Delta P_{12} + B_1 \Delta f$ ........................................................................................(式 11-13)

上式中， $ACE_1$ 為區域 1 之 ACE，且 $\Delta P_{12} = P_{12} - P_{12}^{sch}$ ，其中 $P_{12}$ 為區域 1 流向區域 2 之電力潮流，而 $P_{12}^{sch}$ 為區域 1 流向區域 2 之電力潮流預設值； $B_1$ 為區域 1 之「頻偏常數」(Frequency Bias Constant)，單位為 $\frac{MW}{Hz}$ ；同理亦可得 $ACE_2$ 為區域 2 之 ACE，且 $ACE_2 = \Delta P_{21} + B_2 \Delta f$ ， $\Delta P_{21} = P_{21} - P_{21}^{sch}$ ，其中 $P_{21}$ 為區域 2 流向區域 1 之電力潮流，而 $P_{21}^{sch}$ 為區域 2 流向區域 1 之電力潮流預設值； $B_2$ 為區域 2 之「頻偏常數」，單位為 $\frac{MW}{Hz}$ ，**只要設法讓各區域之 ACE 歸零，則穩態下之頻率以及連絡線電力潮流便可回到預設值，證明如下**：

$$\begin{Bmatrix} ACE_1 = \Delta P_{12} + B_1 \Delta f = 0 \\ ACE_2 = \Delta P_{21} + B_2 \Delta f = 0 \end{Bmatrix} \Rightarrow ACE_1 + ACE_2 = \Delta P_{12} + \Delta P_{21} + (B_1 + B_2)\Delta f = 0$$

$\Rightarrow \begin{Bmatrix} \Delta f = 0 \\ \Delta P_{12} = 0 \\ \Delta P_{21} = 0 \end{Bmatrix}$ ，故為了達成 LFC 控制目標，於是將 ACE 信號送進積分器，再將積分器輸出適當分配至區域內各機組之參考功率變動信號 $\Delta P_{ref}$ 。

老師的話

當 $ACE<0$ ，即表示 $\Delta P_{12},\Delta f$ 為負值，此時該區域應增加發電量；而當 $ACE>0$ ，即表示 $\Delta P_{12},\Delta f$ 為正值，此時該區域應減少發電量。

牛刀小試

1. **兩個電力系統 1&2 以連絡線(tie line)互聯並以頻率 60Hz 運轉，其容量均為 500MW，電力系統 1,2 之調整常數分別為 0.01 及 0.02pu，而阻尼係數分別為 0.8 及 1.0pu；當電力系統 1 的負載需求突然增加 100MW 時，則此時：**
   **(1)整個互聯系統之頻率變為？Hz**
   **(2)聯絡線上實功潮流有何變化？**
   **(3)電力系統 1 及 2 各增加多少輸出功率？**

詳解

本題除善用公式之外，另須注意先全部化為「標么值」計算之

以 500MVA 為容量基準，系統 1 之負載需求增加 100MW，則化為標么值：

$$\Delta P_D=\frac{100}{500}=0.2pu.$$

(1) 此時對應之頻率變動為：

$$\Delta f=\frac{-\Delta P_D}{\frac{1}{R_1}+D_1+\frac{1}{R_2}+D_2}=\frac{-0.2}{\frac{1}{0.01}+0.8+\frac{1}{0.02}+1}=-0.001318pu.，$$

故新系統頻率為 $f+\Delta f=(1-0.001318)\times 60Hz.=59.92Hz.$

(2) 連絡線電力潮流變化為：

$$\Delta P_{21}=\frac{\frac{1}{R_2}+D_2}{\frac{1}{R_1}+D_1+\frac{1}{R_2}+D_2}\Delta P_D=\frac{\frac{1}{0.02}+1}{\frac{1}{0.01}+0.8+\frac{1}{0.02}+1}\times 100MW=33.6MW$$

以及 $\Delta P_{12}=-\Delta P_{21}=-33.6MW$

(3) 系統 1 增加之輸出功率為：

$$\Delta P_{m1}=\frac{\frac{1}{R_1}}{\frac{1}{R_1}+D_1+\frac{1}{R_2}+D_2}\Delta P_D=\frac{\frac{1}{0.01}}{\frac{1}{0.01}+0.8+\frac{1}{0.02}+1}\times 100MW=65.9MW$$

以及系統 2 增加之輸出功率為：

$$\Delta P_{m2}=\frac{\frac{1}{R_2}}{\frac{1}{R_1}+D_1+\frac{1}{R_2}+D_2}\Delta P_D=\frac{\frac{1}{0.02}}{\frac{1}{0.01}+0.8+\frac{1}{0.02}+1}\times 100MW=32.9MW$$

2. **如圖所示之** 60Hz **電力系統包含** 2 **個互聯區域，區域** 1 **之總發電量為** 2000MW**，區域頻率響應特性** $\beta_1=700\text{MW}/Hz$ **；區域** 2 **之總發電量為** 4000MW**，區域頻率響應特性** $\beta_2=1400\text{MW}/Hz$ **，當區域** 1 **之負載突然增加** 100MW **時，各區域最初以本身總發電量之一半運轉，** $f=60Hz.\Delta P_{12}=\Delta P_{21}=0$ **。試決定下列情況下，各區域之穩態頻率誤差** $\Delta f$ **？聯絡線誤差** $\Delta P_{12}=$ **？** $\Delta P_{21}=$ **？**

(1)**不實施** LFC **機制。**　　(2)**實施** LFC **機制。**

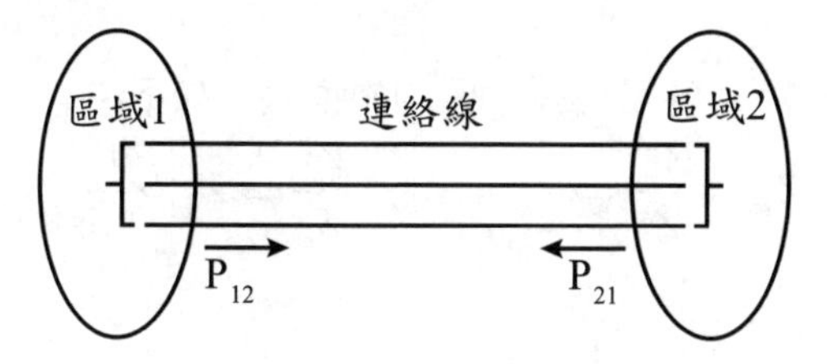

本題因為系統互聯，故各區之穩態頻率誤差 $\Delta f$ 相同

(1) 不實施 LFC 機制：則 $\Delta P_{ref1} = \Delta P_{ref2} = 0$，若不考慮頻率相依負載，

則在穩態下 $\Delta P_{m1} + \Delta P_{m2} = \Delta P_D$

$\Rightarrow -(\beta_1 + \beta_2)\Delta f = \Delta P_D \Rightarrow -(700+1400)\Delta f = 100 \Rightarrow \Delta f = -0.0476Hz.$

各機組分擔之發電增量：

$$\begin{cases} \Delta P_{m1} = -\dfrac{\Delta f}{R_1} = -\beta_1 \Delta f = -700 \times (-0.0476) = 33.33MW \\ \Delta P_{m2} = -\dfrac{\Delta f}{R_2} = -\beta_2 \Delta f = -1400 \times (-0.0476) = 66.67MW \end{cases}$$

即區域 1 中突增之 100MW 負載，其中 33.33MW 由區域 1 自行負責，

剩餘之 66.67MW 則由區域 2 經由聯絡線而供應，此時聯絡線誤差

$$\begin{cases} \Delta P_{21} = \Delta P_{m2} = 66.67MW \\ \Delta P_{12} = -\Delta P_{21} = -66.67MW \end{cases}$$

(2) 實施 LFC 機制：則在穩態下 $\Delta f = 0, \Delta P_{12} = \Delta P_{21} = 0$。

7. 基準容量變動時，標么調整常數(Regulation constant)需做轉換，由「實際值」不變之原則下，可以導出：

$$R = -\frac{\Delta f}{\Delta P_m} = R_{pu} \times \frac{f_b}{S_b} \Rightarrow R_{pu}' \times \frac{1}{S_b'} = R_{pu} \times \frac{1}{S_b} \Rightarrow R_{pu}' = R_{pu} \times \frac{S_b'}{S_b} \text{ ................(式 11-13)}$$

**老師的話**

1. 當基準容量變動時，各常用標么值的轉換公式如下：

(1) 標么阻抗：$Z_{pu} = \dfrac{Z_{act}}{Z_b} \Rightarrow Z_{act} = Z_{pu} \times \dfrac{V_b^2}{S_b} \Rightarrow Z_{pu}' \times \dfrac{V_b'^2}{S_b'} = Z_{pu} \times \dfrac{V_b^2}{S_b}$

$\Rightarrow Z_{pu}' = Z_{pu} \times (\dfrac{S_b'}{S_b}) \times (\dfrac{V_b}{V_b'})^2$

(2) 標么阻尼係數：$D_{pu}' = D_{pu} \times \dfrac{S_b}{S_b'}$

(3) 標么慣性常數：$H_{pu}' = H_{pu} \times \dfrac{S_b}{S_b'}$

2. 其中各區域「阻尼係數」之基準為各區「變動後之負載量(MW)」。
3. 其中各機組(區域)之「調整常數」(Regulation constant)之基準為各機組(區域)「變動後之發電量(MW)」。(見以下牛刀小試第 2、3 題)

## 牛刀小試

1. 一 60Hz 之互聯電力系統，其中 1 個區域內有 3 部渦輪－發電機組，其額定容量分別為 1000,750,500MVA，各機組以本身額定容量為基準之標么調整常數皆為 R=0.05 pu.，若系統負載突增 200MW，各渦輪發電機之參考功率設定 $\Delta P_{ref}$ 不變，忽略損失，沒有隨頻率變化之負載，試求：

   (1)區域頻率響應特性 $\beta$ 之標么值？

   (2)區域頻率之穩態降低值？

   (3)各機組渦輪機之機械功率輸出增加量？

**詳解**

找一個共同基準，如以 1000MVA 為基準，則各機組之標么調整常數為：

$$\begin{cases} R_1 = 0.05 \times \dfrac{1000}{1000} = 0.05\,pu. \\ R_2 = 0.05 \times \dfrac{1000}{750} = 0.0667\,pu. \\ R_3 = 0.05 \times \dfrac{1000}{500} = 0.1\,pu. \end{cases}$$，則

(1) 區域頻率響應特性 $\beta$ 之標么值：$\beta=\dfrac{1}{R_1}+\dfrac{1}{R_2}+\dfrac{1}{R_3}=45pu.$

(2) 依題意各渦輪發電機之參考功率設定 $\Delta P_{ref}$ 不變，以及沒有隨頻率變化之負載，即 $D_1=D_2=D_3=0$，則

$$\Delta P_{m1}+\Delta P_{m2}+\Delta P_{m3}=\Delta P_D\Rightarrow\frac{-\Delta f}{R_1}+\frac{-\Delta f}{R_2}+\frac{-\Delta f}{R_3}=\Delta P_D\Rightarrow-\beta\Delta f=\Delta P_D$$

$$\Rightarrow\Delta f=\frac{-\Delta P_D}{\beta}=-4.444\times10^{-3}\,pu.\Rightarrow-4.444\times10^{-3}\times60Hz=-0.2667Hz.$$

(3) 各機組渦輪機之機械功率輸出增加量為：

$$\begin{Bmatrix}P_{m1}=\dfrac{-\Delta f}{R_1}=\dfrac{4.444\times10^{-3}}{0.05}=0.08888pu.=88.88MW\\P_{m2}=\dfrac{-\Delta f}{R_2}=\dfrac{4.444\times10^{-3}}{0.0667}=0.06666pu.=66.66MW\\P_{m3}=\dfrac{-\Delta f}{R_3}=\dfrac{4.444\times10^{-3}}{0.1}=0.04444pu.=44.44MW\end{Bmatrix}$$

2. **考慮兩個電力區域 1&2 以連絡線(tie line)互聯並以頻率 60Hz 運轉，區域 1 負載 20000MW，最大容量為 20000MW，但其「備轉容量」(Spinning reserve)為 1000MW，此時發電量為 19000MW；區域 2 負載 40000MW，最大容量為 42000MW，其「備轉容量」亦為 1000MW，此時發電量為 41000MW；區域 1,2 之調整常數及阻尼係數分別為 0.05 及 1.0pu(以本身額定為基準)；當區域 1 接受區域 2 調度 1000MW 電力時，且此時不做增補控制，試求：(1)整個互聯系統之頻率變為多少 Hz？ (2)每一區域之「備轉容量」變化量？ (3)區域 2 到區域 1 之聯絡線上實功潮流？ (4)區域 1 及 2 各增加多少輸出功率？**

詳解

因基準有變，故須先求出新的標么值。

首先令共同之容量基準為$S_b' = 40000MW$，則各區域之「阻尼係數」係以「變動後之負載量為基準」，

故 $D' = D \times \dfrac{S_b}{S_b'} \Rightarrow \begin{cases} D_1 = 1 \times \dfrac{20000+1000}{40000} = 0.525 pu. \\ D_2 = 1 \times \dfrac{40000-0}{40000} = 1.0 pu. \end{cases}$，

各區域之「調整常數」係以各區域「變動後之發電量為基準」，故

$$R' = R \times \frac{S_b'}{S_b} \Rightarrow \begin{cases} R_1 = 0.05 \times \dfrac{40000}{20000} = 0.1 pu. \\ R_2 = 0.05 \times \dfrac{40000}{42000} = 0.0476 pu. \end{cases};$$

且區域 1 負載增量$\Delta P_D = 1000MW$

(1) 互聯系統之頻率為：

$$\Delta f = \frac{-\Delta P_D}{\dfrac{1}{R_1} + \dfrac{1}{R_2} + D_1 + D_2} = \frac{-\dfrac{1000}{40000}}{\dfrac{1}{0.1} + \dfrac{1}{0.0476} + 0.525 + 1} = \frac{-0.025}{32.533}$$

$$\Rightarrow -7.685 \times 10^4 pu. \Rightarrow \Delta f = -7.685 \times 10^4 \times 60Hz. = -0.046Hz.$$

(2) 每一區域之「備轉容量」變化量：

$$-\Delta P_{m1} = \frac{-\dfrac{1}{R_1}}{\dfrac{1}{R_1} + \dfrac{1}{R_2} + D_1 + D_2} \Delta P_D = -307.4MW \;;$$

$$-\Delta P_{m2} = \frac{-\dfrac{1}{R_2}}{\dfrac{1}{R_1} + \dfrac{1}{R_2} + D_1 + D_2} \Delta P_D = -645.8MW$$

(3) 區域 2 到區域 1 之聯絡線上實功潮流為：

$$\Delta P_{21}=\frac{\frac{1}{R_2}+D_2}{\frac{1}{R_1}+\frac{1}{R_2}+D_1+D_2}\Delta P_D=676.5MW$$

$$\Rightarrow P_{21}=1000+676.5=1676.5MW$$

(4) 區域 1 及 2 各增加輸出功率：

$$\left\{\begin{aligned}\Delta P_{D1}'&=\frac{D_1}{\frac{1}{R_1}+\frac{1}{R_2}+D_1+D_2}\Delta P_D=-16.1MW\\ \Delta P_{D2}'&=\frac{D_2}{\frac{1}{R_1}+\frac{1}{R_2}+D_1+D_2}\Delta P_D=-30.7MW\end{aligned}\right\}$$

3. **某額定頻率為 60 Hz 之電力系統含有兩個發電機組 A 和 B。機組 A 和 B 的容量分別為 500 MW 與 600 MW，分別供應 400 MW 及 500 MW 之電力到該系統。機組 A 和 B 的速度調節常數（Speed Regulation）以各別機組容量做為參考基準分別為 4%及 6%。考慮該系統負載隨頻率變化而有所變動，其特性為每當頻率減少 1%，則該系統負載需求量隨之減少 1.5%。當該系統負載需求突然增加了 120 MW 時，則電力系統之頻率將變為多少？各機組如何分擔這些負載突增量？**（96 地特三等）

詳解 ..........................................................................

因基準有變，故須先求出新的標么值；先選定 $S_b'=1000MVA$ 為基準容量，

則各機組之調整常數分別為：$\left\{\begin{aligned}R_A'&=R_A\times\frac{S_b'}{S_b}=0.04\times\frac{1000}{500}=0.08pu.\\ R_B'&=R_B\times\frac{S_b'}{S_b}=0.06\times\frac{1000}{600}=0.1pu.\end{aligned}\right\}$，

而系統之「阻尼係數」：$D=\frac{-0.015}{-0.01}=1.5pu.$，係以「變動後之負載量為基準」，故 $D'=D\times\frac{S_b}{S_b'}=0.5\times\frac{400+500+120}{1000}=1.53pu.$

系統負載增量 120MW，即為 $\Delta P_D = \dfrac{120}{1000} = 0.12pu.$，

則頻率變動 $\Delta f = -\dfrac{\Delta P_D}{\dfrac{1}{R_A}+\dfrac{1}{R_B}+D} = -\dfrac{0.12}{\dfrac{1}{0.08}+\dfrac{1}{0.1}+1.53} = -0.00499pu.$，

新系統頻率為：$f = f_0 + \Delta f = (1-0.00499)\times 60Hz. = 59.7Hz.$

各機組分攤之系統增量為：

$$\begin{cases} \Delta P_{mA} = -\dfrac{\Delta f}{R_A'} = \dfrac{0.00499}{0.08} = 0.0624pu. = 62.4MW \\ \Delta P_{mB} = -\dfrac{\Delta f}{R_B'} = \dfrac{0.00499}{0.1} = 0.049pu. = 49.9MW \end{cases}$$

## 焦點 4　轉速下降率(SD)與「$f-P_m$圖」之倒斜率(Sp)介紹

考試比重 ★★☆☆☆

見於輸配電類考試以及台電考題。

1. 如圖 11-6 之發電機之「頻率-功率」($f-P_m$)曲線圖，**定義**該發電機之「速度下降率 SD」(Speed Droop)為：$SD = \dfrac{f_{nl}-f_{fl}}{f_{fl}}$ …(式 11-14.)

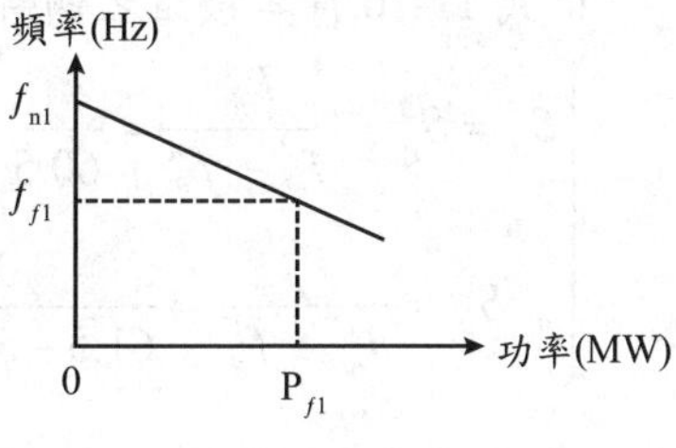

   其中 $f_{nl}$ 為「無載時之頻率」，$f_{fl}$ 為「滿載時之頻率」，SD 為「無單位」；另外由式 11-14.可推出：

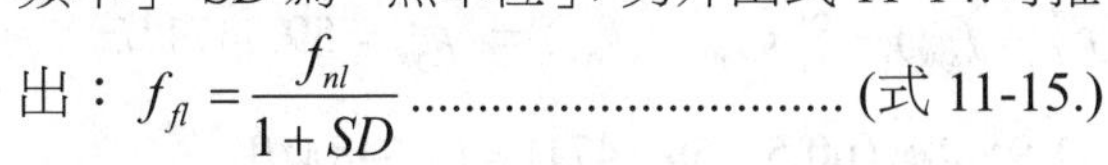

   $f_{fl} = \dfrac{f_{nl}}{1+SD}$ ……………………………(式 11-15.)

圖 11-6

2. 由上圖定義出另一倒斜率為：

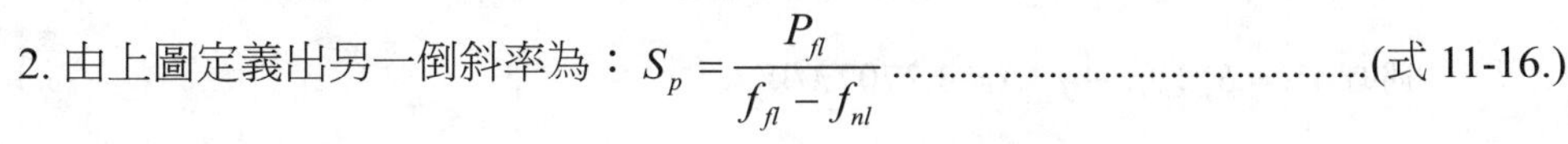

$S_p = \dfrac{P_{fl}}{f_{fl}-f_{nl}}$ ……………………………………(式 11-16.)

   單位為 MW/Hz.，其物理意義為「該發電機每下降 1Hz，其輸出功率增加多少

MW？」此時可求出在任一操作頻率 $f_s$ 中之輸出系統功率：

$P_{system} = S_p \times (f_{nl} - f_s)$ ....................(式 11-17)

牛刀小試 ....................

◎ **三部相同大小之同部發電機並聯運轉，其額定容量 3 MW，功率因數為 0.8 落後，發電機 A、B：無載頻率為 60.5Hz，轉速下降率（Speed Droop）為 2.6%，發電機 C：無載頻率為 61.5Hz，轉速下降率（Speed Droop）為 3%，試求：**

**(1)若總負載 7 MW，其系統頻率、各發電機供率分配值？**

**(2)其功率分配是否恰當，原因為何？**（101 經濟部）

詳解 ....................

先由式 11-15. $f_{fl} = \dfrac{f_{nl}}{1+SD}$ 求出各部發電機之滿載頻率為：

$$\begin{Bmatrix} f_{fl}^A = f_{fl}^B = \dfrac{f_{nl}^A}{1+SD} = \dfrac{60.5}{1+0.026} = 58.9669Hz. \\ f_{fl}^C = \dfrac{f_{nl}^C}{1+SD} = \dfrac{61.5}{1+0.03} = 59.7089Hz. \end{Bmatrix},$$

由式 11-16.得各機組之倒斜率為：

$$\begin{Bmatrix} S_p^A = S_p^B = \dfrac{P_{fl}^A}{f_{nl}^A - f_{fl}^A} = \dfrac{3}{60.5-58.9669} = 1.9568MW/Hz. \\ S_p^C = \dfrac{P_{fl}^C}{f_{nl}^C - f_{fl}^C} = \dfrac{3}{61.5-59.7087} = 1.6748MW/Hz. \end{Bmatrix}$$

(1) 總負載 7 MW 時，由「實功平衡」: $P_D = P_A + P_B + P_C$

$\Rightarrow 7 = S_p^A(f_{nl}^A - f_{sys}) + S_p^B(f_{nl}^B - f_{sys}) + S_p^C(f_{nl}^C - f_{sys}) \Rightarrow f_{sys} = 59.5471Hz$

故 $P_A = P_B = S_p^A(f_{nl}^A - f_{sys}) = 1.9568 \times (60.5 - 59.5471) = 1.8648MW$

同理 $P_C = S_p^C(f_{nl}^C - f_{sys}) = 3.2707MW$

(2) 因 $P_C = 3.2707MW$ 大於額定實功 $3.0MW$，故本題功率分配並不恰當。

# 第 12 章　電力系統保護

## 12-1　電力保護系統簡介

### 焦點 1　保護系統緒論及基本名詞介紹　考試比重 ★★☆☆☆

見於台電各類考試。

1. 電力系統保護的目的：

   電力保護系統須能正確判斷在運轉過程屬於「不良」抑或是「允許」之狀況，在**「停電範圍最小化」之原則下**，適時**隔離故障**，以避免設備損壞或造成系統不穩定。

2. 電力系統之所以要保護，乃在系統發生短路故障的極短時間內，經由保護裝置判別使設備及時跳脫，以避免造成更大的設備損傷；然而造成「短路故障」的原因，有可能是：

   (1) 閃電或開關突波引起的系統過電壓(Over Voltage)。

   (2) 絕緣物汙染：如絕緣礙子因氣候(或鹽分)而造成氧化現象。

   (3) 其他不可抗力之因素。

3. 「一次保護」與「後衛保護」：因「一次保護」可能失靈，為了保險起見，故需第二道防線保護，稱之「後衛保護」；後衛保護所使用的電驛，稱為「後衛電驛」(Backup Relay)；一次保護所使用之電驛稱為「一次電驛」，各保護設備間應妥善協調，故障發生時，由一次電驛先動作，若一次電驛失敗，經過預先設定的時間(此稱為**「保護協調時間」-CTI**：Coordination Time Interval)延遲後，後衛電驛再動作，一般 CTI 的典型值約為 0.2~0.5 秒左右。

4. 發生短路故障之清除時間，一般依系統電壓之高低而有所不同，如「超高壓系統」(EHV System，即電壓等級高於 250kV)約在 3 週波之內，而在其他電壓階層較低之系統，約在 5~10 週波內。

**老師的話**

若系統頻率為 60Hz.，則 1 週波約為 $60Hz.=\dfrac{60\text{cycle}}{\text{sec}}=\dfrac{1\text{cycle}}{X\,\text{sec}}\Rightarrow X=16.67ms$ 的時間。

5. 保護系統之組成，如下圖 12-1 所示，其最主要是分為以下三大部分：

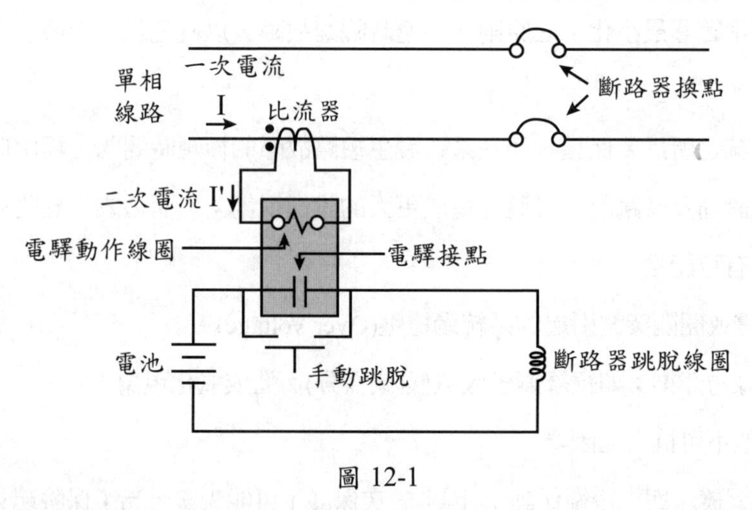


圖 12-1

(1) **儀表用變壓器**(即「比流計」CT，以及「比壓計」PT)：

用以將一次系統之大電流、大電壓轉為小電流、小電壓後饋入保護電驛中，如此保護電驛不必做的太大，則成本可以降低，同時兼顧人員於二次側操作時之安全。

(2) 保護電驛(Protective Relay)：

依保護目的之不同，電驛種類甚多，依 IEEE 之國際通用規定，各保護電驛之代號及主要功用如下表 12-1 所示，其中部分紅色標示之電驛為常見之電驛。

表 12-1

| 代號 | 電譯名稱 | 代號 | 電譯名稱 | 代號 | 電譯名稱 |
|---|---|---|---|---|---|
| 1 | 主開關 | 34 | 馬達帶動順序開關 | 67 | 交流定向過電流 |
| 2 | 延時起動或閉合電譯 | 35 | 電刷移動或滑環短路器 | 68 | 封鎖電譯 |
| 3 | 查驗或連鎖電譯 | 36 | 極性裝置 | 69 | 允控開關或流動電譯 |
| 4 | 主接觸或電譯 | 37 | 欠流或欠功電譯 | 70 | 電動變阻器 |
| 5 | 停止裝置 | 38 | 軸承保護電譯 | 71 | 檢流器故障檢出裝置 |
| 6 | 起動斷路器或開關 | 39 | 磁場轉弱接觸器 | 72 | 直流斷路器開關 |
| 7 | 陽極斷路器 | 40 | 磁場電譯 | 73 | 短路用接觸器或斷路器 |
| 8 | 控制電源切離裝置 | 41 | 磁場斷路器(欠磁激) | 74 | 警報裝置 |
| 9 | 反向裝置 | 42 | 運轉斷路器 | 75 | 位置改變機構 |
| 10 | 單元順序開關 | 43 | 手動變換或選擇裝置 | 76 | 直流過電流電譯 |
| 11 | 控制電源變壓器 | 44 | 單元順序起動電譯或接點 | 77 | 脈波發生器 |
| 12 | 過速裝置 | 45 | 直流過電壓電譯 | 78 | 相角測定或失步保護裝置 |
| 13 | 同步術速率裝置 | 46 | 逆相序電譯 | 79 | 交流復閉電譯 |
| 14 | 欠速裝置 | 47 | 逆相或欠相電壓電譯 | 80 | 直流低電壓電譯 |
| 15 | 速率調整裝置 | 48 | 不完全順序電譯 | 81 | 頻率電譯 |
| 16 | 蓄電池充電控制裝置 | 49 | 交流溫度電譯 | 82 | 直流復閉電譯 |
| 17 | 分路或放電裝置 | 50 | 瞬時過電流電譯 | 83 | 選擇接觸器 |
| 18 | 分速或減速裝置 | 51 | 交流定時過電流電譯 | 84 | 操作機構 |

| 代號 | 電譯名稱 | 代號 | 電譯名稱 | 代號 | 電譯名稱 |
| --- | --- | --- | --- | --- | --- |
| 19 | 起動至運轉變速裝置 | 52 | 交流斷路器 | 85 | 載波或副線接收電譯 |
| 20 | 電動閥 | 53 | 激磁機或直流發電機電譯 | 86 | 閉鎖電譯 |
| 21 | 測距(阻抗)電譯 | 54 | 高速直流斷路器 | 87 | 差動保護電譯 |
| 22 | 均衡斷路器 | 55 | 功率因數電譯 | 88 | 輔助馬達或馬達發電機 |
| 23 | 溫度控制裝置 | 56 | 激磁電譯 | 89 | 斷路器 |
| 24 | 分接頭切換機構 | 57 | 短路或接地裝置 | 90 | 自動電力調整裝置 |
| 25 | 同步或整步校準裝置 | 58 | 電力整流器失燃電譯 | 91 | 直流電壓方向電譯 |
| 26 | 電器溫度裝置 | 59 | 交流過電壓電譯 | 92 | 直流電壓電力方向電譯 |
| 27 | 交流低電壓電譯 | 60 | 電壓平衡電譯 | 93 | 磁場改變接觸器 |
| 28 | 電阻溫度裝置 | 61 | 電流平衡電譯 | 94 | 跳脫或自由跳脫電譯 |
| 29 | 隔離斷路器 | 62 | 延時停止或開關電譯 | 95 | 布氏電譯 |
| 30 | 動作表示器電譯 | 63 | 液體或氣體壓力電譯 | 96 | 突壓電譯(機械氏) |
| 31 | 外激裝置 | 64 | 接地保護電譯 | 97 | 動輪 |
| 32 | 直流逆流電譯 | 65 | 調速機 | 98 | 連結裝置 |
| 33 | 位置開關 | 66 | 斷續繼電器 | 99 | 自動記錄裝置 |

(3) **斷路器**(CB-Circuit Breaker)：具備消弧能力，可啟斷故障電流，並按保護電驛之通知而動作。

6. 圖 12-1 所示為一組「過電流(OC or CO)」保護系統之簡單示意圖，包括一組「**比流器(CT)**」，一組「**過電流電驛(OC Ry：Over Current Relay)**」及一組「**斷路器(CB)**」，其中 CT 用以再生線路電流(即圖中之「一次電流」$I$)，換言之，CT 二次電流 $I'$ 與一次電流 $I$ 成比例；一般而言，一次電流約為數千安培，經 CT 變流後，二次電流則在 0～5 安培，以供饋入電驛判讀；另外 OC Ry 的動作線圈連接於 CT 二次側，當 $I'$ 超過電驛設定之「**始動電流**」(Pickup current)值，電驛動作線圈所產生之電磁力將使其「常開(Normally Open)接點」閉合，電驛接點閉合後，CB 跳脫線圈動作，將促使 CB 啟斷故障。

7. 一般實務上電力系統之保護，會加上另一 CM 通訊模組作橫向溝通聯繫之用，如下圖 12-2 所示：

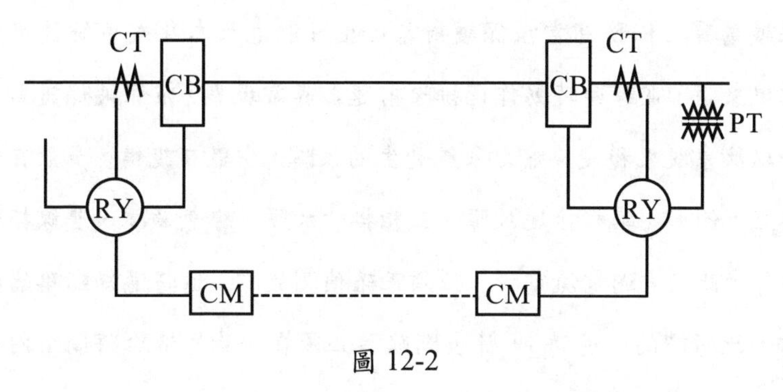


圖 12-2

8. 系統保護之設計標準，必須包含以下各點之考量：

(1) **可靠性**：保護設備極可能經年累月處於「待命狀態」，惟一旦發生故障，必須能適時正確動作，否則影響巨大。

(2) **選擇性**：保護系統必須能正確判斷是「真故障」才可動作，以避免非必要或是錯誤之跳脫，例如變壓器投入之初，其湧入電流相當大，保護系統必須能正確區分其與短路故障電流之不同，避免誤動作，如此變壓器才可順利投入。

(3) **速度**：迅速排除故障，以減少設備損失，確保系統之暫態穩定度。

(4) **簡單性**：應盡可能簡化保護設備及電路。

(5) **經濟性**：以最低成本獲得最大之保護與最小的斷電區間。

牛刀小試

1. (1) **說明保護電驛之任務為何？**

   (2) **繪圖並說明變壓器如何用差動電驛做保護？**（101 高考三級）

詳解

(1) 保護電驛之任務為當被保護對象發生可能危及本身或系統穩定度之異常現象時，電驛適時動作已排除前述之異常現象，確保被保護對象之安全以及系統之穩定；電力系統發生的故障，少數在設備，多數在輸電線路上，例如：單相接地故障、三相接地故障、線兼顧障、雙線接地故障等等，此時「過電流電驛」必須正確偵測故障，適時通知斷路器啟斷故障，此所謂的「適時」，係表斷路器必須在「臨界清除時間」內動作，以確保系統之暫態穩定度。

(2) 如本章「焦點 7」所述單相雙繞組變壓器之差動電驛保護，如下圖所示為單相雙繞組變壓器之差動保護，假設 CT1,CT2 之變流比分別為 $n_1:1, n_2:1$，則其二次側電流分別為 $I_1'=\frac{I_1}{n_1}, I_2'=\frac{I_2}{n_2}$，則由 KCL，流過差動電驛動作線圈 O 之電流為 $I'=I_1'-I_2'=\frac{I_1}{n_1}-\frac{I_2}{n_2}$；若變壓器未發生內部故障，則 $I_2=\frac{N_1}{N_2}I_1$，故動作線圈之電流

$$I'=\frac{I_1}{n_1}-\frac{I_2}{n_2}=\frac{I_1}{n_1}-\frac{N_1I_1}{n_2N_2}=\frac{I_1}{n_1}(1-\frac{\frac{N_1}{N_2}}{\frac{n_2}{n_1}})$$

；在正常情況下，變壓器內部並未發生短路故障，流過差動電驛動作線圈之電流差應為零，故

$$1-\frac{\frac{N_1}{N_2}}{\frac{n_2}{n_1}}=0\Rightarrow\frac{N_1}{N_2}=\frac{n_2}{n_1}$$，其物理意義為(「變壓器」二側匝數比需設定為與「CT 之變流比反比」)。

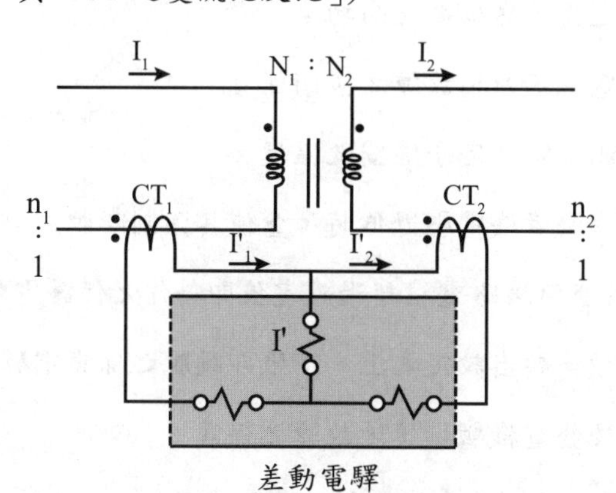


$\frac{N_1}{N_2}$：變壓器匝數比
$n_1$：$CT_1$降流比
$n_2$：$CT_2$降流比
O：差動電驛動作線圈
R：差動電驛抑制線圈

2. **圖為一個發電機組保護電驛架構單線圖，其中以 ANSI Code 編號的保護電驛有 51、32、46、49、27、59、81、64、87G、51N，試說明各編號的保護功能與目的。**

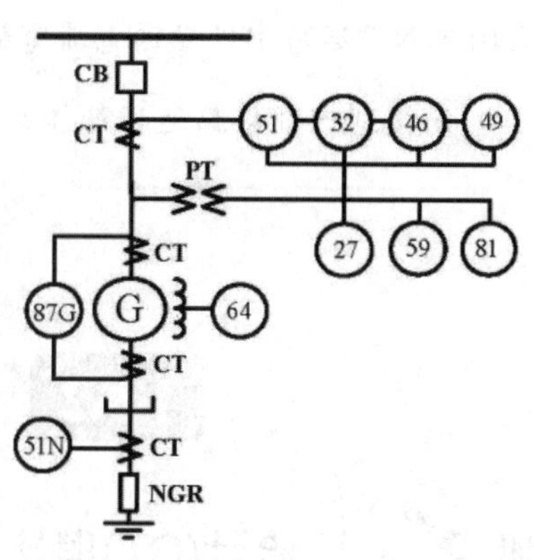


詳解

(1) 51：過電流保護電驛，保護發電機者包含有：

①：51G-接地過電流電驛，用以偵測發電機接地故障，而當中性線電流過高時，發電機跳脫。

②：51V-電壓控制過電流電驛，電驛受到低電壓元件之控制，為後衛保護的一種。

(2) 32：逆電力電驛：保護發電機不售逆向電力潮流之倒灌，如發電機失去原動機帶動而變成馬達運轉而導致之逆向功率。

(3) 46：負相序電驛：為發電機不對稱故障之後衛保護。

(4) 49：溫度電驛：用以偵測發電機定子線圈之溫度。

(5) 27：低電壓電驛：發電機勵磁機電壓過低時，會使其強制跳脫。

(6) 59：過電壓電驛：應用於交流線路電壓超過設定值即動作之保護電驛。

(7) 81：頻率保護電驛：電頻率超出設定之上、下限即跳脫之保護電驛。

(8) 64：磁場接地電驛：用於發電機磁場接地故障之保護。

(9) 87G：接地差動電驛：用以偵測發電機內部接地故障。

(10) 51N：延時中性點過電流電驛：依發電機中性點電流值之規劃動作曲線而接到內部接點延時動作。

## 12-2 儀表用變壓器

### 焦點 2 比流計(CT)與比壓計(PT)之介紹

考試比重 ★★★☆☆

見於台電各類考試。

1. 如下圖 12-3 所示為匯流排中所使用的兩種儀表用變壓器，左側裝置稱為「比壓器」 (PT-Potential Transformer)，上側裝置稱為「比流器」(CT- Current

Transformer)；二者因為一次側均與電力系統串接，故須採用電力系統同等級之絕緣；由圖中可知，**CT 與系統串聯**，用以將一次大電流降為二次小電流，**PT 則與系統並聯**，用以將一次高電壓降為二次低電壓，而經過 PT,CT 降壓及降流後的信號，方能饋入保護電驛中判讀。

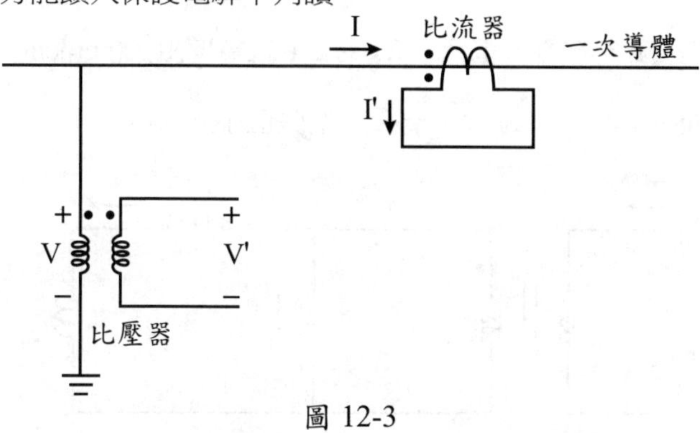


圖 12-3

2. 比流器降流升壓，是為「升壓變壓器」，其**二次側不得開路**，因為一旦開路則其二次側將出現大電壓，所以為了避免二次側開路，CT 二次側不得串接保險絲；比壓器降壓升流，是為「降壓變壓器」，**其二次側不得短路**，因為一旦短路則其二次側將出現大電流，極易燒毀設備。
3. 一般而言，PT 精確度高，因此常用「理想變壓器模型」表示之，即 $\dfrac{V'}{V}=\dfrac{1}{n}$，其中 $V'$ 為 PT 一次側電壓，$V$ 為 PT 二次側電壓，$n$ 為 PT 之「降壓比」；標準之 PT 的**二次側額定線間電壓為 115V**。
4. CT 為一次貫穿形式，即一次繞組直接貫穿 CT 鐵心形成單匝，利用電力系統之一次導體貫穿 CT 而得，以美國標準而言，CT **二次側額定電流為 5A**。
5. 理想上，CT 二次側應與「零阻抗電流感測裝置」相連，如此將促使 CT 二次側電流全部流經該感測裝置，而實際上 CT 電流分為兩部分，其中大部分電流流經「低阻抗電流感測裝置」，剩餘小部分電流則流入 CT 的「並聯激磁支路」，只要提高 CT 之激磁阻抗，將可促使激磁電流最小化以提高轉換精確度，比流器之等效電路如圖 12-4 所示，其中 $Z'$ 為 CT 二次側漏電抗，$X_e$ 為 CT 二次激磁電抗(因會飽和，故實務上以 $E'$& $I_e$ 表示之激磁曲線圖表查之)，$E'$ 為 CT 二次激磁電壓，$I_e$ 為 CT 二次激磁電流，$I'$ 為 CT 二次輸出電流，$I'+I_e$ 為 CT 二次電流，$I$ 為 CT 一次輸入電流，$Z_B$ 為 CT 之負擔阻抗(burden，即為「**保護電驛之等效阻抗**」其值不宜過大，一般典型數值小於 1Ω )。

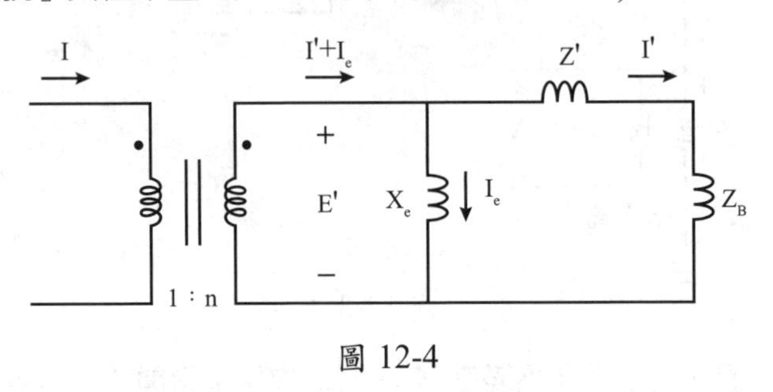


圖 12-4

6. CT 二次激磁電流 $I_e$ 與二次激磁電壓 $E'$ 之關係可以如下圖 12-5「複比式 CT」之激磁曲線來表示，由圖中可知，當激磁電壓過大而超過「膝點」時，則將進入飽和區，右側小表則為當不同之變流比所對應之二次側阻抗 $Z'$。

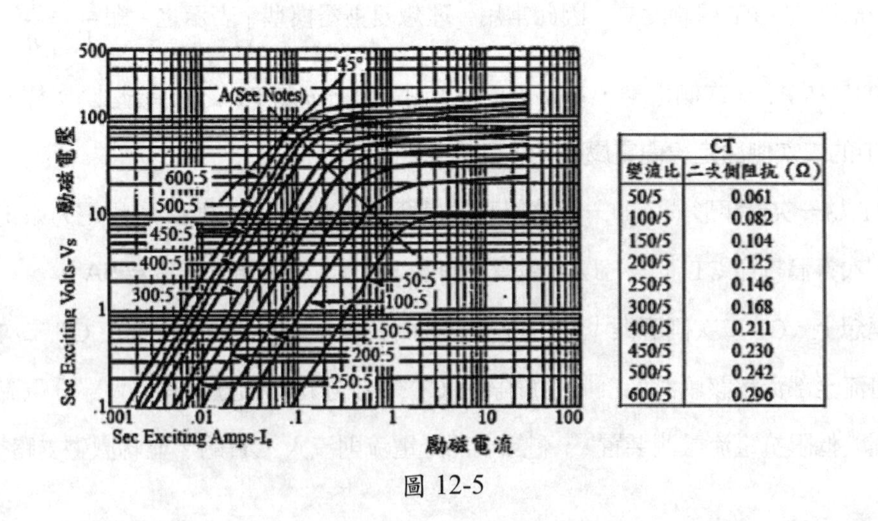


| CT | |
|---|---|
| 變流比 | 二次側阻抗 (Ω) |
| 50/5 | 0.061 |
| 100/5 | 0.082 |
| 150/5 | 0.104 |
| 200/5 | 0.125 |
| 250/5 | 0.146 |
| 300/5 | 0.168 |
| 400/5 | 0.211 |
| 450/5 | 0.230 |
| 500/5 | 0.242 |
| 600/5 | 0.296 |

圖 12-5

7. CT 性能之好壞，主要考量在其二次輸出電流 $I'$ 能否正確複製一次電流 $I$，亦即可從兩方面加以考慮，一為「儘量降低激磁電流 $I_e$」，此為比流器良好性能之指標，故有一評估 CT 誤差之公式如下式 12-1.所示，其值應越小越佳：

$$CT_{error} = \frac{I_e}{I'+I_e} \times 100\% \quad \text{(式 12-1.)}$$

另一為「盡量降低保護電驛之等效阻抗 $Z_B$」，因為如此可以使上式之分母增大，而使 CT 誤差值越小。

8. **利用 CT「等效線路」及「激磁曲線」決定此 CT 之性能之求解步驟如下：**

**STEP** 1. 令 CT 二次輸出電流為 $I'$

**STEP** 2. 計算 CT 二次激磁電壓 $E' = I'(Z'+Z_B)$，其中二次側阻抗 $Z'$ 可由激磁曲線右側小表查得，負擔阻抗 $Z_B$ 一般均會給定。

**STEP** 3. 根據 $E'$，由圖 12-4 之激磁曲線找出對應的「激磁電流」$I_e$。

**STEP** 4. 計算 CT 一次輸入電流 $I = n(I'+I_e)$。

**STEP** 5. 對不同之 $I'$，重複步驟 1~4。

**STEP** 6. 畫出 $I'$ 對 $I$ 之圖形。

牛刀小試

1. **針對變流比為 100：5 之「複比式 CT」，請依以下幾種不同情況，評估其性能，並計算 CT 誤差比？**

(1) $I'$=5A,$Z_B = 0.5\Omega$　(2) $I'$=8A,$Z_B = 0.8\Omega$　(3) $I'$=15A,$Z_B = 1.5\Omega$

詳解

此 CT 變流比 100：5，則查表知其「二次側漏阻抗 $Z' = 0.082\Omega$」。

依照上述解題步驟列表如下：

| | (1) $I'$=5A, $Z_B=0.5\Omega$ | (2) $I'$=8A, $Z_B=0.8\Omega$ | (3) $I'$=15A, $Z_B=1.5\Omega$ |
|---|---|---|---|
| 【步驟 1】計算 CT 二次激磁電壓 $E'=I'(Z'+Z_B)$ | $E'=I'(Z'+Z_B)$ $=5(0.082+0.5)$ $=2.91V$ | $E'=I'(Z'+Z_B)$ $=8(0.082+0.8)$ $=7.06V$ | $E'=I'(Z'+Z_B)$ $=15(0.082+1.5)$ $=23.73V$ |
| 【步驟 2】根據$E'$，由激磁曲線找出對應的「激磁電流」$I_e$ | $I_e=0.25A$ | $I_e=0.4A$ | $I_e=20A$ |
| 【步驟 3】計算 CT 一次輸入電流 $I=n(I'+I_e)$ | $I=n(I'+I_e)$ $=\frac{100}{5}(5+0.25)$ $=105A$ | $I=n(I'+I_e)$ $=\frac{100}{5}(8+0.4)$ $=168A$ | $I=n(I'+I_e)$ $=\frac{100}{5}(15+20)$ $=700A$ |
| 【步驟 4】計算 $CT_{error}$ $=\frac{I_e}{I'+I_e}\times100\%$ | $CT_{error}$ $=\frac{I_e}{I'+I_e}\times100\%$ $=\frac{0.25}{5+0.25}\times100\%$ $=4.8\%$ | $CT_{error}$ $=\frac{I_e}{I'+I_e}\times100\%$ $=\frac{0.4}{8+0.4}\times100\%$ $=4.8\%$ | $CT_{error}$ $=\frac{I_e}{I'+I_e}\times100\%$ $=\frac{20}{15+20}\times100\%$ $=57.1\%$ |
| CT 性能 | 優，故障電流需大於 105A | 優，故障電流需大於 168A | 差，二次電流高達 15A，且 $Z_B=1.5\Omega$ 亦大於前二者，且發生飽和現象 |

2. **一過電流電驛（CO）連接於比流器（CT）之二次側用於饋線保護，如下圖(a)所示，CT 為 ANSI 等級之多比值絕緣套管比流器，本題選擇 200/5 的抽頭，其勵磁電壓-勵磁電流特性曲線及二次側阻抗值如下圖(b)所示，假設 CO 設定在 10 A 動作，請計算：**

   **(1)當 CT 負擔為 1.0 Ω 時，CO 所能偵測之最小故障電流？**

   **(2)當 CT 負擔為 5.0 Ω 時，CO 所能偵測之最小故障電流？**（98 高考三級）

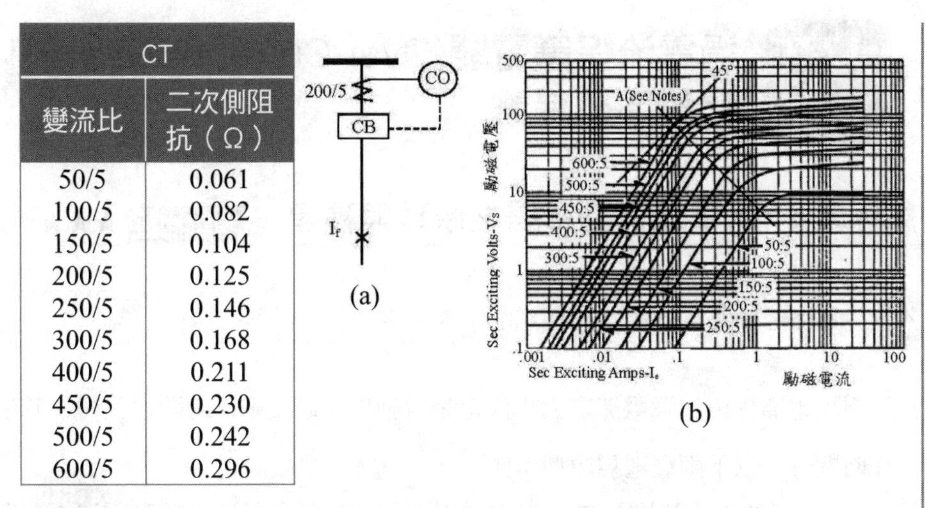

| CT | |
|---|---|
| 變流比 | 二次側阻抗（Ω） |
| 50/5 | 0.061 |
| 100/5 | 0.082 |
| 150/5 | 0.104 |
| 200/5 | 0.125 |
| 250/5 | 0.146 |
| 300/5 | 0.168 |
| 400/5 | 0.211 |
| 450/5 | 0.230 |
| 500/5 | 0.242 |
| 600/5 | 0.296 |



(a)

(b)

**詳解**

變流比 200/5，則查表得二次側漏阻抗為 $Z'=0.125\Omega$，且此 CT 設定之起始電流為 $I'=10A$

(1) 激磁電壓 $E'=I'(Z'+Z_B)=10(0.125+1)=11.25V$，經查激磁曲線得所對應之「激磁電流」：$I_e=0.3A$，故此時能偵測之最小故障電流為

$$I=n(I'+I_e)=\frac{200}{5}(10+0.3)=412A$$

(2) 激磁電壓 $E'=I'(Z'+Z_B)=10(0.125+5)=51.25V$，經查激磁曲線得對應之「激磁電流」：$I_e=30A$，故此時能偵測之最小故障電流為

$$I=n(I'+I_e)=\frac{200}{5}(10+30)=1600A$$

# 12-3 過電流保護電驛(Over Current Relay)與輻射系統保護

## 焦點 3 過電流保護電驛之原理與種類

見於輸配電類考試以及台電選擇題。

1. 過電流電驛係依故障電流之大小決定是否動作，以及動作時間之長短；其依動作時間分為以下兩種電驛類型：
   (1) 瞬時型 OC：即只要 CT 之二次電流 $I'$ 超過電驛所設定之始動電流 $I_p$，即立即使電驛接點瞬間閉合而啟斷斷路器(CB)。
   (2) 延時型 OC：當 CT 之二次電流 $I'$ 超過電驛所設定之始動電流 $I_p$ 時，此時並不會立即動作，其動作時間之長短，視 CT 之二次電流與電驛之始動電流之**比值**($\frac{|I'|}{I_p}$)以及「**時撥設定(TDS-Time Dial Setting)值**」而定。

2. 延時型 OC 之延遲時間(即電驛動作時間)之決定有以下二因素，並可由圖 12-6 查表得出：

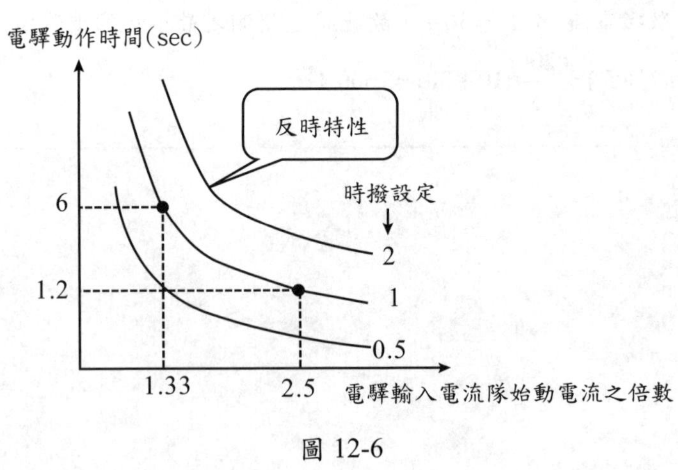


圖 12-6

(1) 延遲時間隨 $\frac{|I'|}{I_p}$ 增加而減少，即 OC 電驛動作時間與 $\frac{|I'|}{I_p}$ 成反比。

(2) 設定時間延遲值，稱為「時撥設定值(TDS)」，在相同的故障電流下，TDS 越大，延遲時間越長。

3. 如下圖 12-7 為一「輻射電力系統」示意圖，靠近電源側，此時稱之為「上游」，遠離電源側則稱之為「下游」；輻射系統中只有一個電源，因此若發生故障，故障電流僅為單方向，故輻射系統多利用「延時型過電流保護電驛」加以保護，並適當選擇各電驛之時撥設定(TDS)，讓最接近故障點之 CB 先動作，以提供一次保護；若一次保護失效，經過一「保護協調時間(CTI)」後，則後衛保護啟動，即由第 2 個接近故障點之 CB 來啟斷故障，若再失效，則再經過另一個「CTI」後，由第 3 個接近故障點之 CB 來啟斷故障，依此類推……。

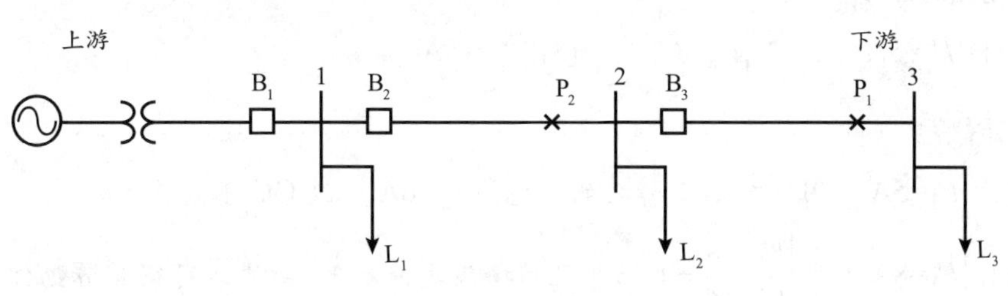


圖 12-7

4. 上圖中，$B_1, B_2, B_3$ 為「斷路器」(CB)，1,2,3 為「匯流排」(BUS)，$L_1, L_2, L_3$ 為各匯流排所接之「負載」(Load)；保護協調之目的在盡可能於故障時縮小停電範圍，當輻射系統採延時型過電流保護時，通常限制斷路器在 5 個週波以內，以免最接近電源之電驛時間延遲過長，而影響到保護效果，由越上游之後衛保護電驛動作，則停電範圍越大，動作時間也越久。

5. 圖 12-6 中，各斷路器「一次保護」以及「後衛保護」之範圍，如表 12-2 所列：

表 12-2

| 斷路器 | 一次保護範圍 | 後衛保護範圍 |
| --- | --- | --- |
| $B_1$ | $B_1-B_2$ 間線路 | $B_2$ 右側線路 |
| $B_2$ | $B_2-B_3$ 間線路 | $B_3$ 右側線路 |
| $B_3$ | $B_3$ 右側線路 | 無 |

牛刀小試

**1. 針對變流比為 100：5 之「複比式 CT「搭配 OC-8 過電流電驛，其電流分接頭設定為6A，時撥設定值為 1，請依以下幾種不同情況，求出電驛之動作時間？**

(1) $|I'|$=5A (2) $|I'|$=8A (3) $|I'|$=15A

詳解

(1) $|I'|$=5A，因小於本電驛之始動電流 $I_p$=6A，故 OC 不動作。

(2) $|I'|$=8A，因 $\frac{|I'|}{I_p}=\frac{8}{6}=1.33$，且時撥設定值為 1，故查表可得電驛動作時間為 6 sec。

(3) $|I'|$=15A，因 $\frac{|I'|}{I_p}=\frac{15}{6}=2.5$，且時撥設定值為 1，故查表可得電驛動作時間為 1.2 sec。

**2. 考慮圖(a)的輻射系統，左側電源是一個無限匯流排，每個斷路器每相均裝有相同型式之過電流電驛 R1、R2 及 R3，其中 R2 及 R3 的電流接頭設定為 5A，R3 的時間刻度設定為 3，其動作特性曲線如圖(b)所示，與故障電流相比，故障前的電流可以被忽略。**

(1)假設匯流排 4 的相間短路故障電流 $I_{F4}$ 為 3000A、R3 動作時間為 1.5 秒，試求 R3 之比流器匝比為______：5(比流器二次側額定為 5A)

(2)假設靠近 R3 的右側之三相短路最大故障電流 $I_{F3}$ 為 6000A，試求 R3 動作時間為何？

(3)R2 為 R3 之後衛保護，且 R2 之比流器匝比為 1200:5，R2 與 R3 在最大故障電流條件下之保護協調時間延遲為 0.5 秒，試求 R2 之時間刻度設定為何？（101 經濟部）

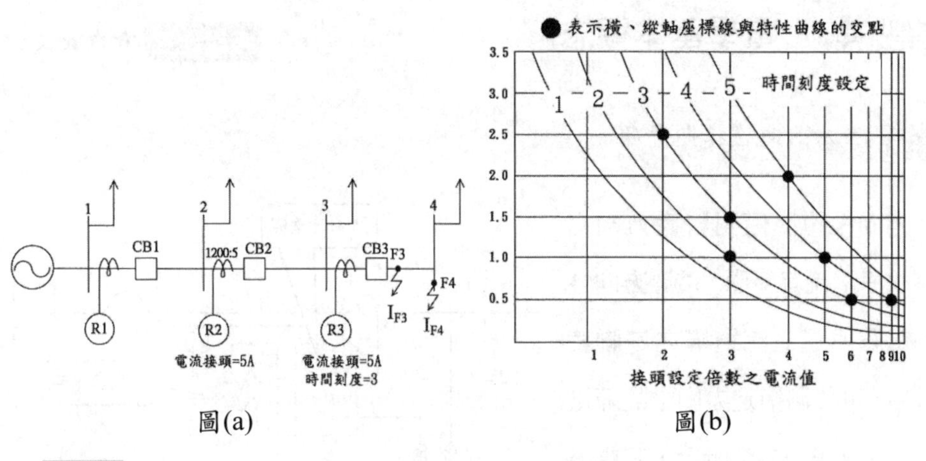


圖(a)　　　　　　　　　　圖(b)

詳解

(1) R3 的動作時間為 1.5 秒，TDS 為 3，由圖 3 表中可查得 CT 二次側電流為電流接頭設定的 3 倍，即為 15A；此時 CT 一次側之故障電流為 3000A，故設 R3 之比流器匝比為 $x \Rightarrow 3000:15 = x:5 \Rightarrow x = 1000$。

(2) R3 比流器匝數比為 1000:5，故此時 CT 二次側電流為 $\dfrac{6000}{\dfrac{1000}{5}} = 30A$，即為電流接頭設定(5A)的 6 倍。

(3) R2 的動作時間比 R3 慢一個保護協調時間延遲，即為 0.5+0.5=1 秒；其次，因 R2 比流器匝比為 1200:5，故最大故障電流 6000A 下，CT 二次

側電流為 $\dfrac{6000}{\dfrac{1200}{5}} = 25A$，即為電流接頭設定(5A)的 5 倍，查表可得 TDS 應為 4。

# 12-4 方向性電驛保護與雙電源系統保護

## 焦點 4 電學基本觀念

考試比重 ★★★☆☆

見於台電選擇題考題。

1. 方向性電驛僅對特定方向之故障電流有反應，透過方向性電驛與過電流電驛之串聯使用，可偵測指定方向之故障電流，如圖 12-8 所示，其中方向性電驛被設定為當故障點在 CT 右側時動作，如當 $P_1$ 點發生故障時，故障電流將自 BUS 1 流向 BUS 2，因一般線路多呈電抗性，故電流將落後電壓 90°，稱為「前向(forward direction)電流」，則方向性電驛動作；若故障點發生在 CT 左側某一點 $P_2$ 時，則故障電流自 BUS 2 流向 BUS 1，此時電流領先電壓 90°，稱為「逆向(reverse direction)電流」，則方向性電驛不動作。

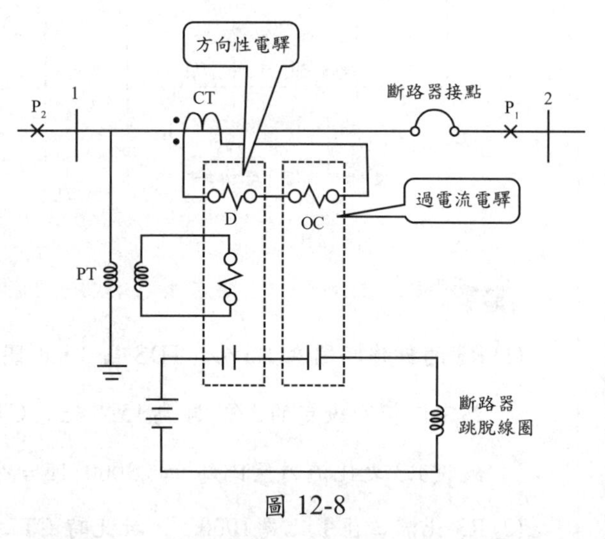

圖 12-8

2. 此外上圖中因「過電流電驛」與「方向性電驛」之接點為串接，故僅當 CT 電流同時滿足下列條件時，斷路器之跳脫線圈才會被激勵：

(1) 超過「過電流電驛」之始動電流值。

(2) 故障電流方向為正向。

3. 如何利用「方向性電驛」做雙電源系統之保護：如圖 12-9 所示之雙電源系統，如僅使用過電流電驛(如圖中之 $B_1$ & $B_3$ )保護，則各電驛間之協調將發生衝突如下：

(1) 當故障點為 $P_1$ 時，動作順序應為 $B_{23} \to B_{21}$ 。

(2) 當故障點為 $P_2$ 時，動作順序應為 $B_{21} \to B_{23}$ 。

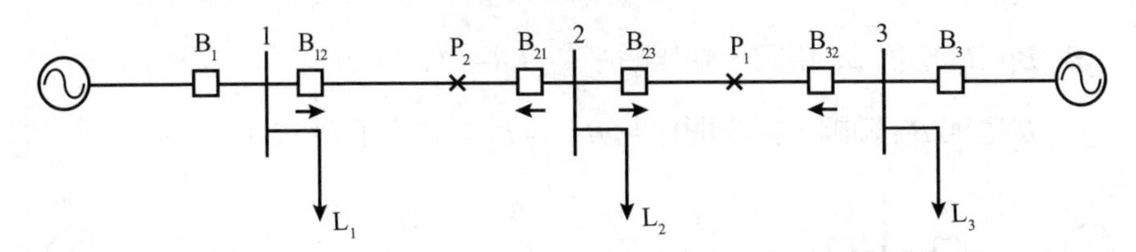


圖中節頭方向代表
方向性電驛定義之前向電流方向

圖 12-9

明顯的，因過電流電驛僅能判斷故障電流之大小，上述需求無法達成，所以要解決的問題，必須納入方向性電驛協助判別故障電流方向，說明如下：

(1) 故障點為 $P_1$ 時之保護協調為：

A. $B_{21}$ 不動作，因為非為其前向電流方向。

B. $B_1$、$B_{12}$ 應與 $B_{23}$ 協調，動作順序為 $B_{23} \to B_{12} \to B_2$

C. $B_3$ 應與 $B_{32}$ 協調，動作順序為 $B_{32} \to B_3$ ；並如下圖 12-10 所示。

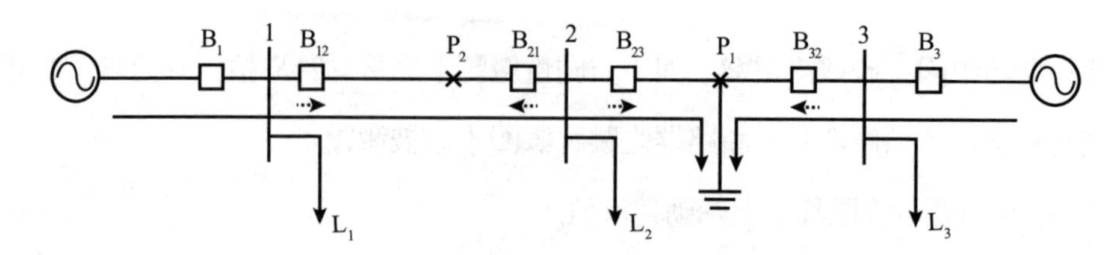


圖中虛線方向代表
方向性電驛定義之前向電流方向

圖 12-10

(2) 故障點為 $P_2$ 時之保護協調為：

A. $B_{23}$ 不動作，因為非為其前向電流方向。

B. $B_3$、$B_{32}$ 應與 $B_{21}$ 協調，動作順序為 $B_{21} \to B_{32} \to B_3$

C. $B_1$ 應與 $B_{12}$ 協調，動作順序為 $B_{12} \to B_1$；並如下圖 12-11 所示。

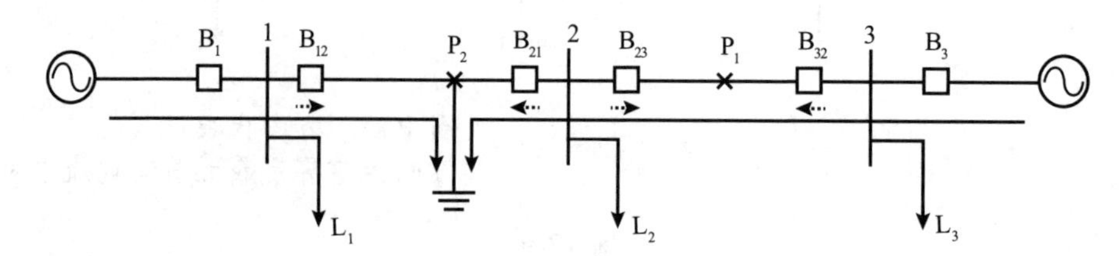


圖中虛線方向代表
方向性電驛定義之前向電流方向

圖 12-11

(3) 若故障發生於 BUS 1，則此時之保護協調為：

A. $B_{12}$、$B_{23}$ 不動作，因為非為其前向電流方向。

B. $B_1$ 及 $B_{21}$ 將動作清除故障，若 $B_{21}$ 不動作，則後衛保護順序為 $B_{32} \to B_3$，如下圖 12-12 所示：

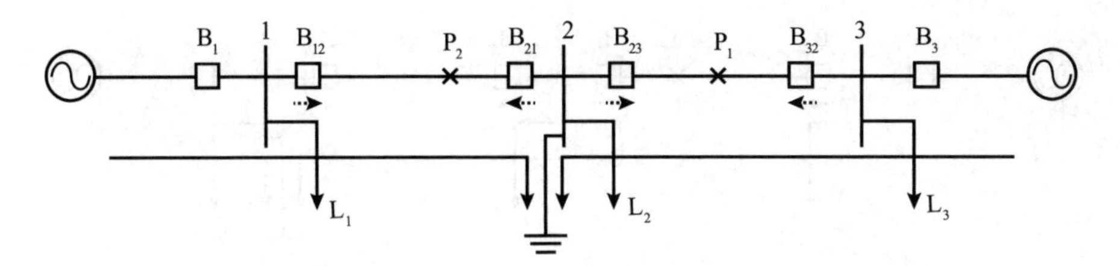


圖中虛線方向代表
方向性電驛定義之前向電流方向

圖 12-12

(4) 若故障發生於 BUS 2，則此時之保護協調為：

A. $B_{21}$、$B_{23}$ 不動作，因為非為其前向電流方向。

B. $B_{12}$ 及 $B_{32}$ 將動作清除故障，若 $B_{12}$、$B_{32}$ 不動作，則後衛保護為 $B_1$、$B_3$，如下圖 12-13 所示：

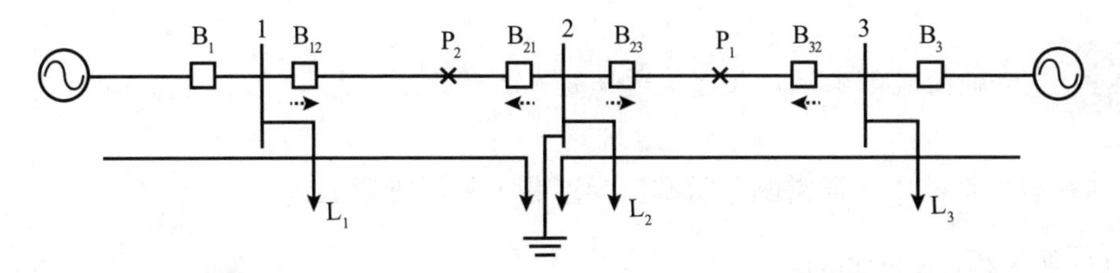


圖中虛線方向代表
方向性電驛定義之前向電流方向

圖 12-13

(5) 若故障發生於 BUS 3，則此時之保護協調為：

A. $B_{21}$、$B_{32}$ 不動作，因為非為其前向電流方向。

B. $B_3$ 及 $B_{23}$ 將動作清除故障，若 $B_{23}$ 不動作，則後衛保護順序為 $B_{12} \rightarrow B_1$，如下圖 12-14 所示：

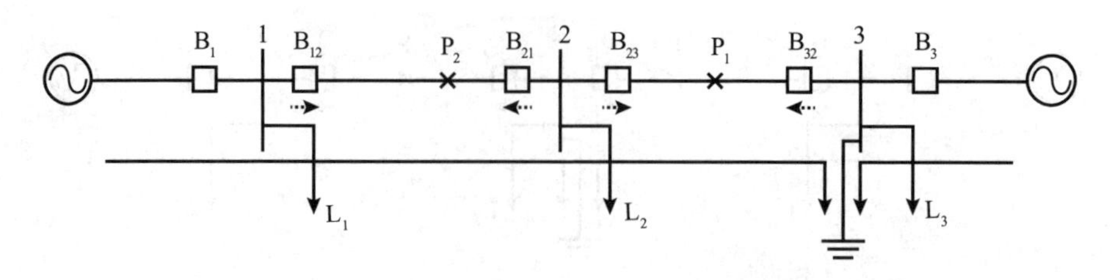


圖中虛線方向代表
方向性電驛定義之前向電流方向

圖 12-14

# 12-5 保護區間

## 焦點 5　劃定保護區間之方法

考試比重 ★★★☆☆

見於輸配電類考試以及台電選擇題。

1. 在一電力系統中，通常劃分數個保護區間，其保護對象包括：

   (1) 發電機(Generator)。

   (2) 變壓器(Transformer)。

   (3) 匯流排(Bus)。

   (4) 輸配電線路(Lines)。

   (5) 電動機(Motors)。

2. 如下圖 12-15 所示，各保護區將以框框定義其範圍，如保護區 1 包含 1 台發電機及與變壓器連接之部分引線，保護區 3 則包含 1 台發電機、1 台變壓器以及其部分連接引線……，總之「保護區間」具有以下之特徵：

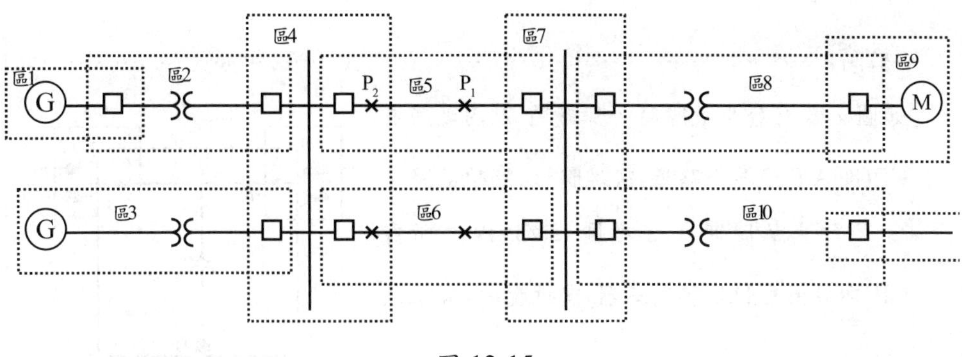


圖 12-15

(1) 區間邊界必為「斷路器」。

(2) 保護區間會相互重疊。

(3) 斷路器位於重疊區。

(4) 區內任何一點發生故障，區區所有斷路器皆應「啟斷」(open)；上圖中，當 $P_1$ 點發生故障時，區 5 內 2 台兩台 CB 都應開啟以排除故障，而當 $P_2$ 點發生故障時，區 4 及區 5 內 5 台 CB 都將啟斷以排除故障，換言之，故障若發生在「重疊區」，將有 2 個以上之保護區間被隔離，所以停電範圍較大，為避免類似之情況，重疊區應越小越好；不過，重疊區之存在有其必要，因為相鄰兩區間若未設重疊區，則代表有一小部分區域不屬於任何保護區而無法受到保護。

牛刀小試

1. **如圖之電力系統，其中在匯流排 1,3,4 之遠端有電源，A、B、C 為 BUS 對應之斷路器，試問當 $P_1$、$P_2$ 發生故障時，哪一個 CB 會啟斷？**

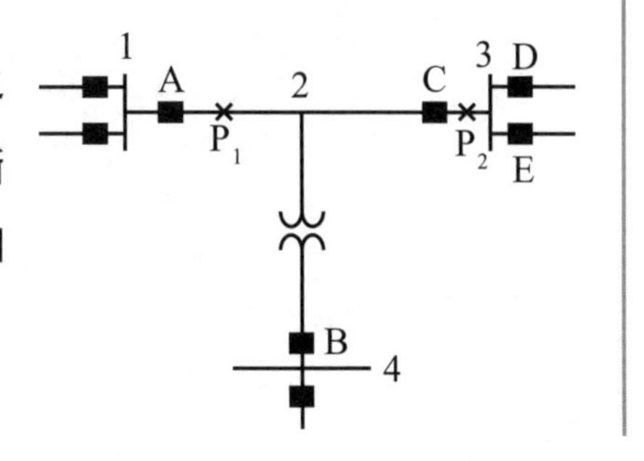

詳解

如圖，當$P_1$發生故障時，保護區 2 內之所有 CB(即 A,B,C 等斷路器)需跳脫，以隔離故障；當$P_2$發生故障時，保護區 2&3 內之所有 CB(即 A,B,C,D,E 等斷路器)需跳脫，以隔離故障。

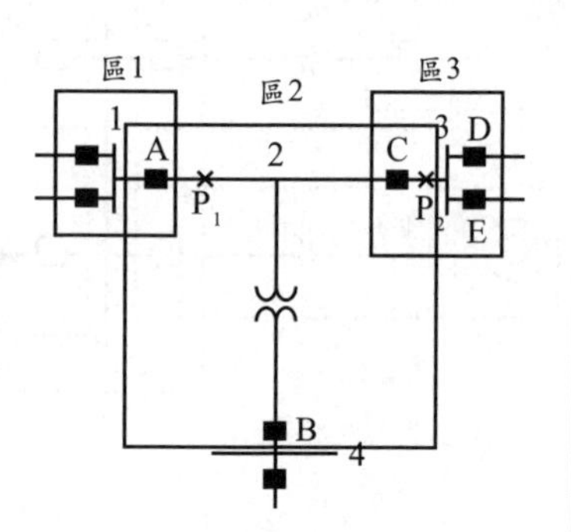


2. **若在 BUS 2 加上 F、G、H 等斷路器如圖所示，則當$P_1$、$P_2$發生故障時，哪一個 CB 會啟斷？**

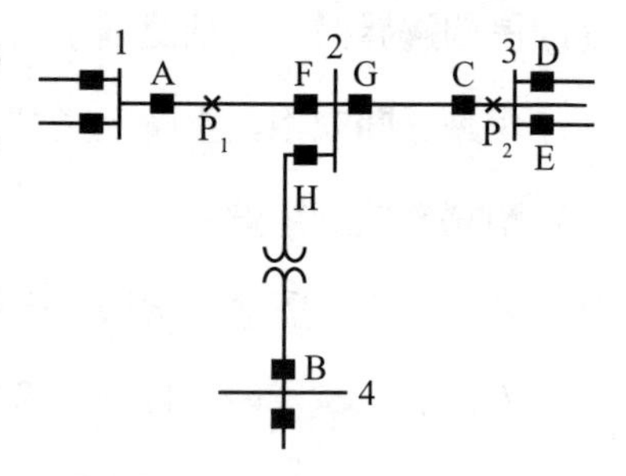


詳解

如圖，當$P_1$發生故障時，保護區 2 內之所有 CB(即 A,F 等斷路器)需跳脫，以隔離故障；當$P_2$發生故障時，保護區 4&5 內之所有 CB(即 C,D,E,G 等斷路器)需跳脫，以隔離故障。

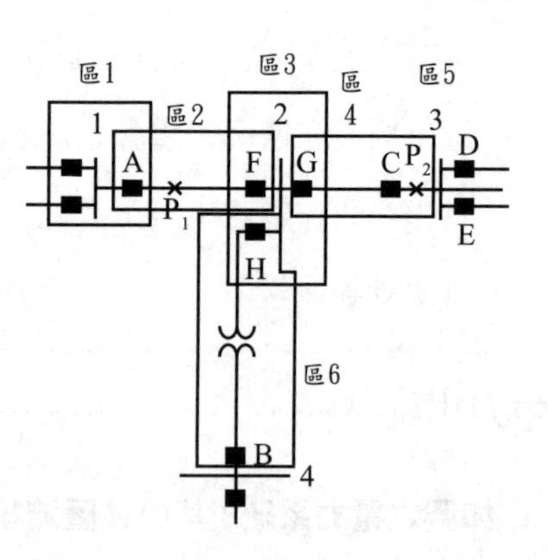

# 12-6 利用阻抗電驛(又稱為「測距電驛」)保護線路

## 焦點 6 阻抗電驛之原理與線路保護

考試比重 ★★★☆☆

見於輸配電類考試以及台電選擇題。

1. 輻射系統在使用「延時型過電流電驛」作保護，缺點是不易做好保護協調設計，因為各電驛間之協調時間安排必須十分精準，且當系統中有過多匯流排時，最接近電源側之 CB 其時間延遲可能過長；此外，雖然雙電源電路可採用「方向性電驛」保護，惟當輸電迴路中有過多電源時，使用方向性電驛亦不易協調保護，此時，應改採「阻抗電驛」做線路保護，而發生三相故障期間，電流驟增而接近故障處之匯流排電壓卻下降，舉例來說，若電流增大 5 倍，而電壓下降 3 倍，則電壓對電流之比值將少 15 倍，因此在作故障判別時，利用「電壓對電流之比值」要比單獨利用「電流大小」要來的靈敏。
2. 「阻抗(impedance)電驛」又稱之為「測距(distance)電驛」或「比率(ratio)電驛」，係隨電壓對電流之比值而響應，即當線路某處發生短路故障，則在設置保護裝置之線路某點，依據該處設置的 PT 會偵測出該處之對地電壓 $V_r$ ，該處設置的 CT 會偵測出故障電流 $I_f$ ，則該處之阻抗值可設定為 $Z_r=\dfrac{V_r}{I_f}$ ，若隨時偵測之 $|Z|<|Z_r|$ 時，則該處之斷路器會啟斷以排除故障。
3. 阻抗電驛之動作條件為 $|Z|<|Z_r|$ ，其中 $|Z|$ 為電驛所在位置到故障點之線路阻抗大小，此值越大代表電驛離故障點越遠，反之，則電驛離故障點越近；而 $|Z_r|$ 為可調整之電驛設定；由動作條件可知，阻抗電驛之保護範圍係以電驛本身為原點， $|Z_r|$ 所對應之距離範圍內之所有故障皆可測得， $|Z_r|$ 越大，則電驛之動作範

圍越大，所謂阻抗電驛之動作範圍即為其「有效範圍(reach)」，指該電驛能偵測出故障之最遠距離，例如 80%的電驛動作範圍，代表其可偵測出電驛所在位置至 80%線路長度內所生之任何故障。

4. 故障期間，若不考慮「切入效應(infeed effect.見下範例)」，則阻抗電驛看到的是電驛所在處至故障點間之線路阻抗 $Z$ ，如圖 12-16 所示，若 $|Z|<|Z_r|$ ，則電驛動作，代表故障發生在該阻抗電驛之有效範圍內；反之，則不動作。

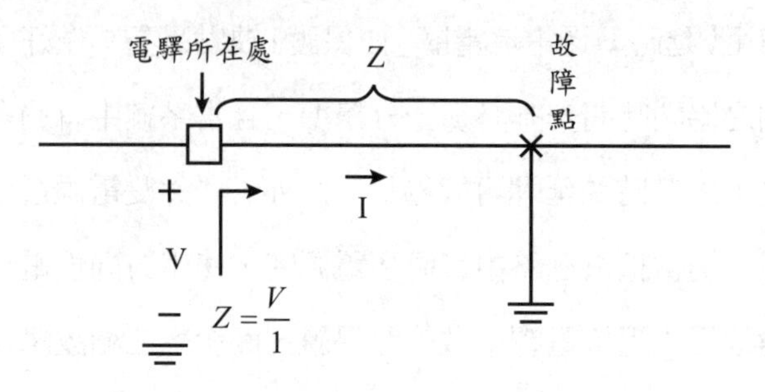


圖 12-16

牛刀小試……………………………………………………

1. **如下圖所示之電力系統，已知線路阻抗為** $Z_{12}=Z_{23}=3+j40\Omega, Z_{24}=6+j80\Omega$ **；阻抗電驛 B12 之有效範圍設定為：對線路 1-2 為 100%，對線路 2-4 為 120%，則**

 (1)**當匯流排 4 發生三相短路故障時，試證明阻抗電驛 B12 所看到的阻抗為** $Z_{apparent}=Z_{12}+Z_{24}+(\frac{I_{32}}{I_{12}})Z_{24}$

 (2)**若** $\left|\frac{I_{32}}{I_{12}}\right|>0.2$ **，則阻抗電驛 B12 是否仍看得見 BUS 4 所發生之故障？**

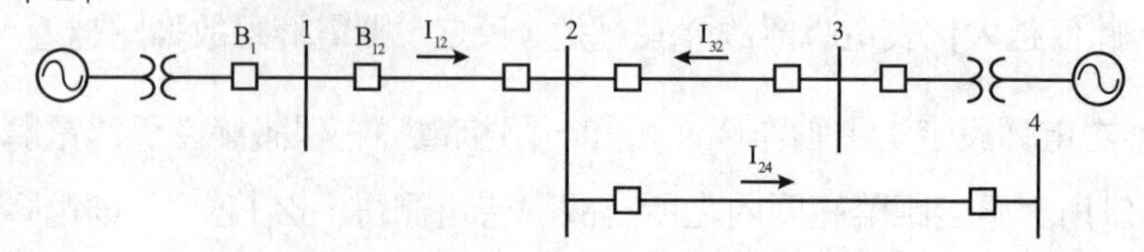

**詳解**

(1) 當 BUS 4 發生三相短路故障時，則從阻抗電驛 B12 看進去的阻抗為

$$Z_{apparent}=\frac{V_1}{I_{12}}=\frac{I_{12}Z_{12}+I_{24}Z_{24}}{I_{12}}=Z_{12}+(\frac{I_{12}+I_{32}}{I_{12}})Z_{24}=Z_{12}+Z_{24}+(\frac{I_{32}}{I_{12}})Z_{24}$$

(2) 若 $\left|\frac{I_{32}}{I_{12}}\right|>0.2$，則 $Z_{apparent}=Z_{12}+Z_{24}+(\frac{I_{32}}{I_{12}})Z_{24}>Z_{12}+1.2Z_{24}$

此時 B12 看不見 BUS 4 所發生之故障。

本題說明了所謂的「**切入效應**」，即來自線路 2-3 的故障電流 $I_{32}$，導致阻抗電驛 B12 的「有效範圍縮小(underreach)」；若無 $I_{32}$，原本 B12 的有效範圍可達 BUS 4 以右(因為對線路 2-4 為 120%)；由於 $I_{32}$ 的加入影響，連匯流排 4 的故障都無法偵測到。

2. **考慮圖所示包含測距電驛（具方向性）之** 161 kV **輸電線系統，可供應之最大負載為** 50 MVA。

(1)**選擇比流器（**CT**）之變流比（**ratio**），使得電驛二次側最大負載電流為** 5 **安培；可供的選擇為** I:5，**其中** I **可為** 200，300，400，500，600 **或** 700。

(2)**選擇比壓器（**PT**）之變壓比** V:1，**使得電驛二次側的系統對中性點電壓為** 67 **伏特**。

(3)**若電驛在系統側（一次側）看見的阻抗為** $V_p/I_p=Z_{line}$，**試決定電驛量得的阻抗表示式，**$Z_{relay}$。**（請以** $Z_{line}$、**變流比與變壓比之函數表示）**（99 高考三級）

**詳解**

(1) 最大負載 50MVA 之 161KV 輸電系統，其所對應之最大系統側線電流為 $I_{LL} = \dfrac{50MVA}{\sqrt{3} \times 161KV} = 0.1793KA = 179.3A$，欲滿足電驛二次側最大負載電流 5A 之要求，最接近之 CT 變流比為 $I:5 = 200:5$，如此，對應電驛之二次側最大負載電流為 $I = 179.3 \times \dfrac{5}{200} = 4.48A$

(2) 令一次側之系統對「中性點」電壓為 $V_p$，二次側之系統對「中性點」電壓為 $V_2$，則滿足電驛之二次側系統對中性點電壓 67KV 之 PT 變壓比為 $\dfrac{V}{1} = \dfrac{V_p}{V_2} = \dfrac{\dfrac{161KV}{\sqrt{3}} \times 1000}{67V} = \dfrac{1387.4}{1}$

(3) 設 $I_2$ 為電驛二次側電流，則電驛量得之阻抗為

$$Z_{relay} = \frac{V_2}{I_2} = \frac{\dfrac{V_p}{\text{變壓比}}}{\dfrac{I_p}{\text{變流比}}} = \frac{V_p}{I_p} \times \frac{\text{變流比}}{\text{變壓比}} = Z_{line} \times \frac{\text{變流比}}{\text{變壓比}}$$

# 12-7 差動電驛保護

## 焦點 7 差動電驛的動作原理與保護電力設備

考試比重 ★★★☆☆

見於各類考試以及台電非選擇題。

1. 差動電驛一般用來保護的電力設備有：

 (1) 發電機(Generator)。

(2) 變壓器(Transformer)。

(3) 匯流排(Bus)。

2. 圖 12-17 說明了差動電驛用於「發電機」保護的例子，圖中僅顯示其中一相，另外二相之接法與原理均相同；當電驛任一相動作時，則主斷路器之三相均會全部啟斷，此外，發電機「中性線斷路器」以及「場繞組斷路器」亦將一起跳脫。

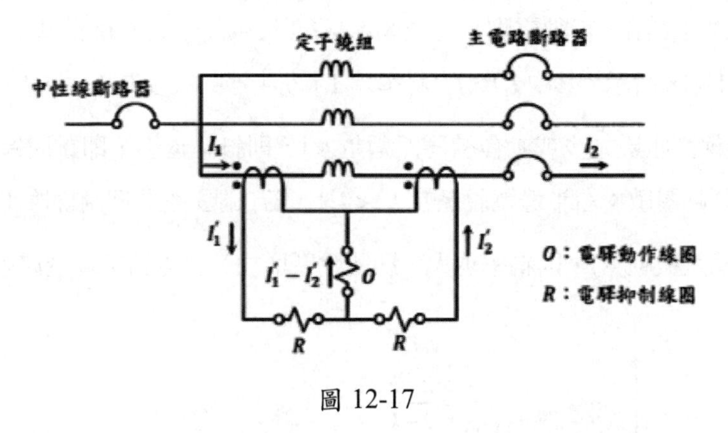


圖 12-17

3. 在正常情況下，發電機定子繞組內無短路故障情況，則 $I_1$=$I_2$，如若 CT 完全相同，則 $I_1$'=$I_2$'；此時，流入電驛「動作線圈 O」之電流為零，差動電驛不動作，當發電機定子繞組內發生故障，則 $I_1 \neq I_2$，進而造成 $I_1' \neq I_2'$，則將有 $I_1'$-$I_2'$ 之電流差流經動作線圈，若電流差夠大，將引起差動電驛動作，因為此類電驛係依照電流差而作動，故名「差動電驛」；線圈所產生之電磁力與其「磁動勢平方」成正比，且如上圖 12-16 所示之差動電驛動作條件如下：
$[N_O(I_1'-I_2')]^2 > [\frac{N_r}{2}(I_1'+I_2')]^2$，其中 $N_O$ 為「動作線圈 O 的匝數」，其中 $N_r$ 為「抑制線圈 R 的匝數」，且令 $k=\frac{N_r}{N_o}$；上式中兩邊取平方根，則 $|I_1'-I_2'| > k\left|\frac{I_1'+I_2'}{2}\right|$，因為 $I_1'$ 及 $I_2'$ 同相，則此時可分成以下兩方面來討論：

(1) 若 $I_1' > I_2'$，則

$$|I_1' - I_2'| > k\left|\frac{I_1' + I_2'}{2}\right| \Rightarrow I_1' - I_2' > \frac{k}{2}(I_1' + I_2') \Rightarrow I_1' > \left(\frac{2+k}{2-k}\right)I_2' \text{ .........(式 12-2.)}$$

(2) 若 $I_1' < I_2'$，則

$$|I_1' - I_2'| > k\left|\frac{I_1' + I_2'}{2}\right| \Rightarrow I_2' - I_1' > \frac{k}{2}(I_1' + I_2') \Rightarrow I_1' < \left(\frac{2-k}{2+k}\right)I_2' \text{ ......(式 12-3.)}$$

由上二式可畫出「差動電驛」之做動區(右圖灰色部分之「跳脫區」)與閉鎖區如右圖 12-18 所示，其中 $I_1' = I_2'$ 斜率為 1，左半邊跳脫區為 $I_1' > I_2'$，若 k 越小(即抑制線圈匝數越少或動作線圈匝數越多)，則斜率越小，即跳脫區增加，該差動電驛越靈敏；右半邊跳脫區為 $I_1' < I_2'$，若 k 越大(即抑制線圈匝數越多或動作線圈匝數越少)，則斜率越大，即跳脫區增加，該差動電驛越靈敏。

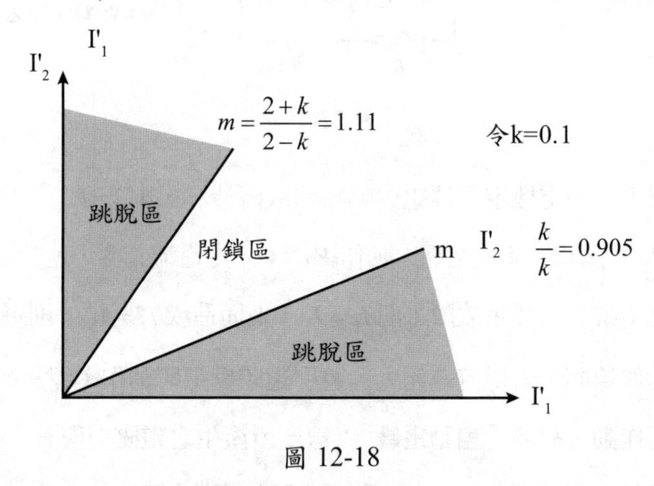


圖 12-18

4. 單相雙繞組變壓器之差動電驛保護：如下圖 12-19 所示為單相雙繞組變壓器之差動保護，假設 CT1,CT2 之變流比分別為 $n_1:1, n_2:1$，則其二次側電流分別為 $I_1' = \frac{I_1}{n_1}, I_2' = \frac{I_2}{n_2}$，則由 KCL，流過差動電驛動作線圈 O 之電流為 $I' = I_1' - I_2' = \frac{I_1}{n_1} - \frac{I_2}{n_2}$；若變壓器未發生內部故障，則 $I_2 = \frac{N_1}{N_2}I_1$，故動作線圈之

電流 $I' = \frac{I_1}{n_1} - \frac{I_2}{n_2} = \frac{I_1}{n_1} - \frac{N_1 I_1}{n_2 N_2} = \frac{I_1}{n_1}(1 - \frac{\frac{N_1}{N_2}}{\frac{n_2}{n_1}})$ ..............................................(式 12-4)

在正常情況下，變壓器內部並未發生短路故障，流過差動電驛動作線圈之電流差應為零，故 $1 - \frac{\frac{N_1}{N_2}}{\frac{n_2}{n_1}} = 0 \Rightarrow \frac{N_1}{N_2} = \frac{n_2}{n_1}$ ..............................................(式 12-5)

其物理意義為【「變壓器」二側匝數比需設定為與「CT 之變流比反比」】。

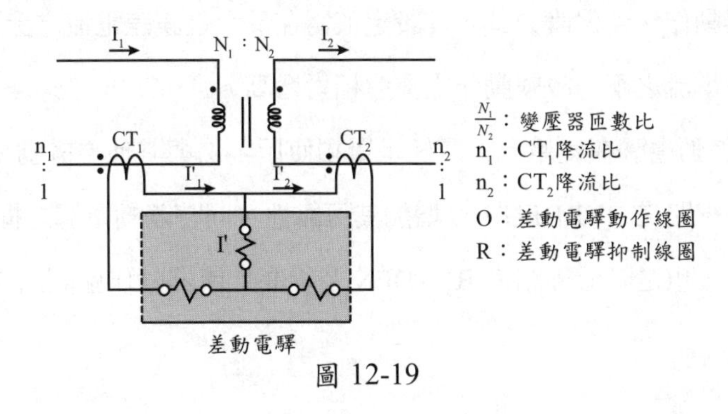


圖 12-19

5. 匯流排之差動電驛保護：如下圖 12-20.所示，欲保護之匯流排為中間的 BUS，在正常情況下，流過動作線圈之電流 $I_1' + I_2' - I_3'$ 若為 0，則差動電驛不動作。

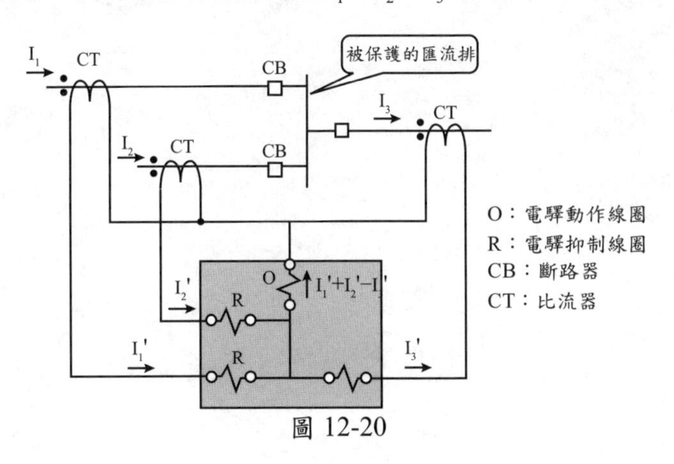


圖 12-20

6. 差動電驛(電驛代號 87)保護之範圍為：「相間之故障」以及「相對地之故障」；其不保護之範圍為：「外部故障」、「層間短路」以及「開路」等情況；例如外部故障可能引起 87 電驛誤動作，說明如下：
   (1) 因 CT 之品質無法絕對相同，即使是同一廠家同一批之產品，繞線品質，鐵心之飽合特性等，均會產生誤差，特別是外部短路故障產生之大電流，會在 CT 二次側產生不等之電流。
   (2) CT 之負載線路之長度及負擔（BURDEN）不同，產生之誤差電流信號，87 仍會誤動作。若保護方式，其設定值需在最大之誤差電流之上，而在最小之故障電流之下，故誤動作之機會相對增高。

   故 87 差動電驛在使用上，最好是單獨使用，勿與其他之計器或電驛合用，以減少線路之 BURDEN，以增加其可靠性。同時差動電驛之抑制線圈之阻抗很小，也是降低線路之 BURDEN 及提高比流器動作區間之方法。

# 第 13 章　配電系統與避雷器介紹

## 13-1 配電系統與避雷器介紹

### 焦點 1　基本名詞及其意義　考試比重 ★★☆☆☆

見於台電各類考試。

1. 電力系統包括「發電」、「輸變電」以及「配電」等各系統，其架構如下圖 13-1. 所示，其中發電端係由「發電機」(G-一般額定電壓為 11~20KV)升壓到 161KV 或 345KV 等超高壓，電力系統需高壓供電之原因有以下各點：

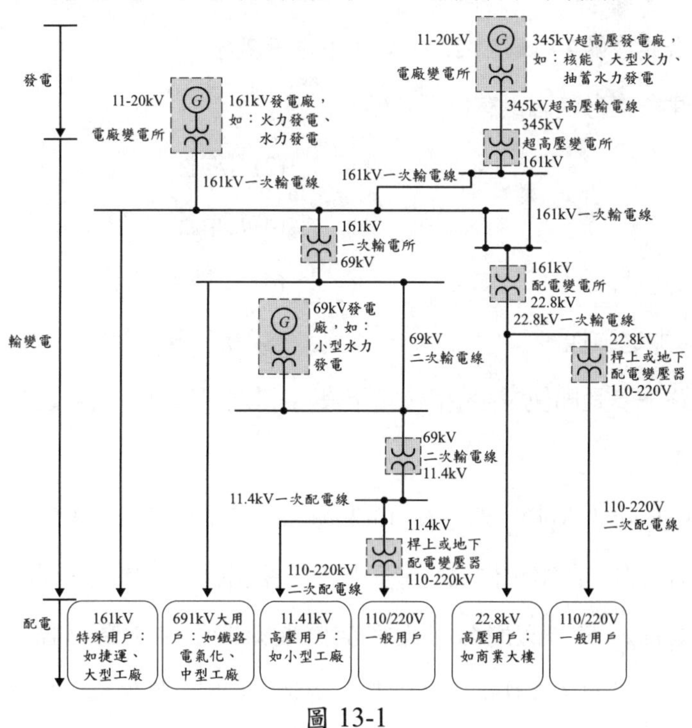


圖 13-1

(1) **線路損耗在高壓傳輸下會較小**，因為在相同之負載量(即視在功率$S$)下，線電壓($V_{LL}$)與線電流($I_L$)成反比，線路之熱損耗又與線電流之平方成正比，故高壓傳輸之損耗較少。

(2) **線路壓降小，並可得較佳之電壓調整率**(VR-Voltage Regulation)；而在發電設備端至高壓系統端之變壓器，一般採取Δ-Y 接為多，其理由如下：

A. 二次側(高壓側)Y 接線電壓為相電壓之$\sqrt{3}$倍，將更有助於電壓之升高。

B. 一次側(發電機側)Δ 接，則其產生之「三次諧波」及「零序電流」在Δ內形成環流，可以確保輸入電壓為弦波。

C. 二次側(高壓側)Y 接採直接接地，可大幅降低其絕緣需求。

如此再經過「輸變電」系統及「配電」系統，依不同等級之電壓需求供電給客戶，由上圖可知，配電系統之範圍從電力公司供電點(或稱之為「責任分界點」)到客戶負載端設備，一般為 22.8KV 以下之等級。

2. 配電系統建置之考量因素有以下各點：

(1)安全性。 (2)可靠性。
(3)經濟性。 (4)簡單性。
(5) 電壓穩定性。 (6) 運轉維護性。
(7) 負載增加之彈性。 (8) 環境條件性。

3. 理想的線路配置是即使發生故障亦不影響供電之可靠度；常見之「配電系統」型態有下：

(1) 輻射型(Radial type)：如下圖 13-2 所示，其中只有一個電源，每一條饋線(feeder)只由一個電源供電而未與其他線路相聯絡，故無法保證絕不停電，輻射型線路之一次饋線保護完全依賴線路上之「斷路器」(CB-Circuit Breaker)，一旦 CB 作故障啟斷其下游側所有用戶均停電，故此種配電型態之供電可靠度最差，但其建置費用相對較便宜，所以適用於無重要負載之處所使用。

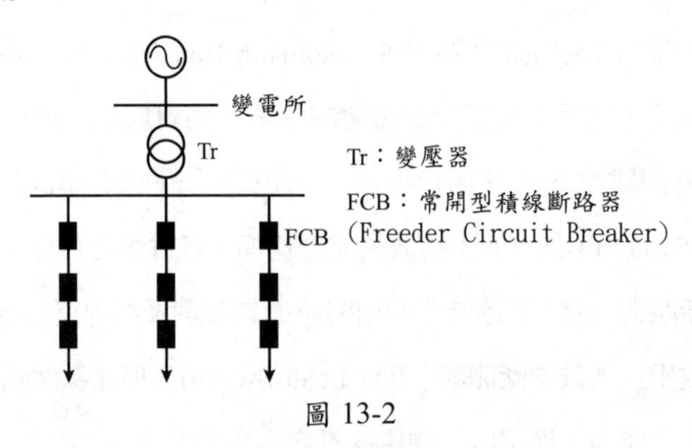


圖 13-2

(2) 二次選擇型(Secondary selective type)：如下圖 13-3 所示，為了改善上述供電可靠度不良之缺點，二次選擇型採用 2 部主變壓器分由不同之變電所供電，並於 2 部主變壓器之二次側線路間加裝「常開型聯絡斷路器」(Normally open Tie Breaker)，當其中 1 台變壓器發生故障時，其負載切換至另一線路，故供電之可靠度較高；正常運轉時，常開型連路斷路器處於 open 狀態，2 部變壓器並無並聯運轉，故短路容量不致增加，CB 之啟斷容量不必增大，不過因需增加聯絡設備，且變壓器容量必要時需酌予放大，故建置費用較輻射型略高。

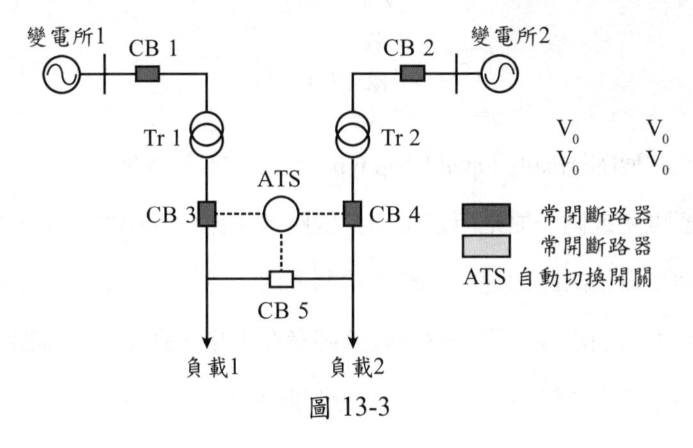


圖 13-3

(3) 一次選擇型(Primary selective type)：如下圖 13-4.所示，主變壓器高壓側有兩路由不同之變電所所饋供之電源，平時僅由其中一路受電，另一路則打開；故障發生時，自動切換開關(ATS-Automatic Transfer Switch)將於 1 秒內切換至備用線路，用戶只會感受到短暫的停電；而對於電腦或自動化設備等無法忍受瞬間跳電的特殊用戶而言，可改採「靜態切換開關」(STS-Static Transfer Switch)，其可於 1 週波內完全切換；就供電之可靠度而言，高壓側以配置斷路器為宜，不過裝置費用將超過二次選擇型線路，為了節省成本，一般會改用「負載啟斷開關」(On Load Switch)，但此種開關沒有啟斷「故障電流」之能力，僅可啟斷額定容量內之負載電流。

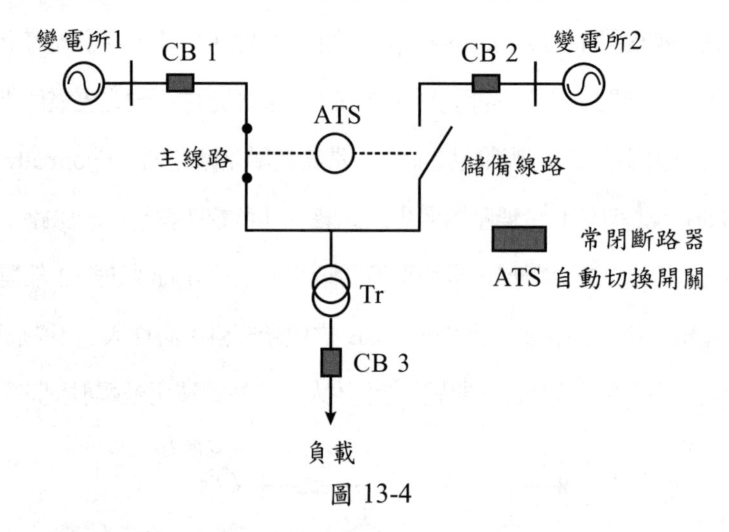


圖 13-4

(4) 常開環路型(Normally Open Loop type)：如下圖 13-5 所示，常開環路型由不同之變電所或同一變電所之不同主變壓器引出兩條輻射線路，線路末端並以常開型聯絡斷路器連接，形成常開迴路；線路中多處設置環路開關，除供幹線引入引出外，另提供分岐線將負載引出。通常一個環路開關包括 2 路幹線開關供饋線引入引出，2 路分歧開關供分歧線或負載引接，分歧點處另設無熔絲開關(NFB)或斷路器，以隔離分歧線之故障，此常開環路型係雙迴路電源供電，平時由某一迴路供電，故障發生時，改由另一迴路供電，供電可靠度中等，建置成本稍高，但運轉維護較不易。

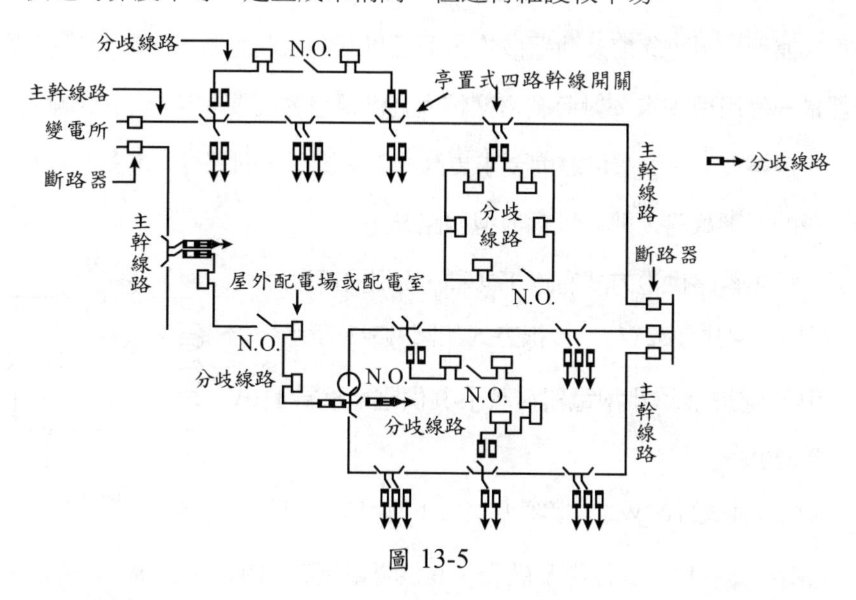


圖 13-5

(5) 重點網路型(Spot Network System)：如下圖 13-6 所示，此種形式之供電可靠度最高，重點網路型由 2~4 個大容量變壓器組成，變壓器一次側由同一變電所匯流排經不同饋線受電，變壓器二次側裝有迴路保護器，二次母線採並聯配置，故任一迴路或變壓器故障時，可由另一迴路或變壓器供電給

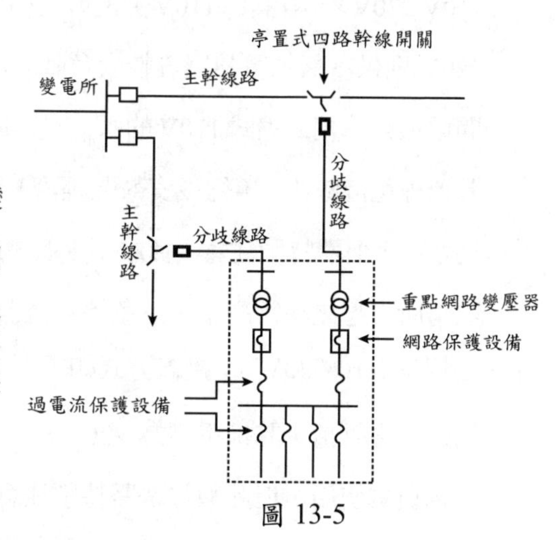


圖 13-5

所有負載，用戶不會有瞬時停電之顧慮，故可滿足電腦以及自動化設備等精密設備之需求。

4. 輻射型、一次選擇型、常開環路型及重點網路型為常見的地下配線型態，電力公司為兼顧供電可靠度及建置成本，通常以常開環路型為主，其可靠度尚能符合都是一般用戶需求，對負載密度較大且供電可靠度要求較高之市中心區，則採一次選擇型，對供電可靠度要求更高的工業園區，則採行「重點網路型」，對於一般的低壓線路，則多以輻射型線路為主。

5. 常見之低壓線路供電方式有以下 4 種，分述如下：

(1) 單相二線式(1$\phi$2W)：接線方式如圖 13-7 所示，適用於「電燈」及「小型電器負載」，其供電電壓為 110V 或 220V。

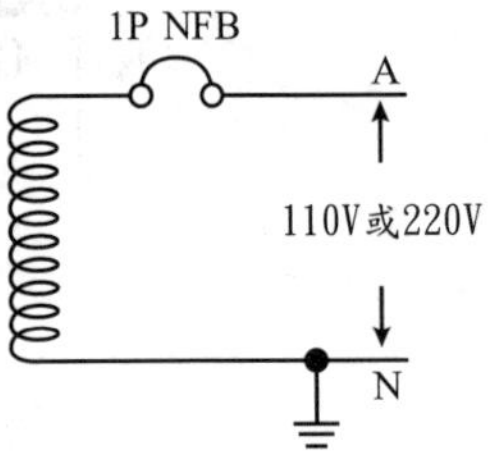

圖 13-7

(2) 單相三線式(1$\phi$3W)：接線方式如下圖 13-8 所示，適用於負載較大之住宅及商店，其供電電壓有 110V 及 220V 兩種，一般以 110V/220V 表示，其中 110V 供電燈及小型負載所用，220V 則供冷氣、電熱器等較大負載所使用，因其線間電壓為單相二線式 110V 的兩倍，故在相同負載下，其導線電流較小，導線投資較為經濟，且壓降及線損均較小，但需特別注意「負載不平衡」或「中性線斷線」所引起之異常高壓，以免燒毀電器。

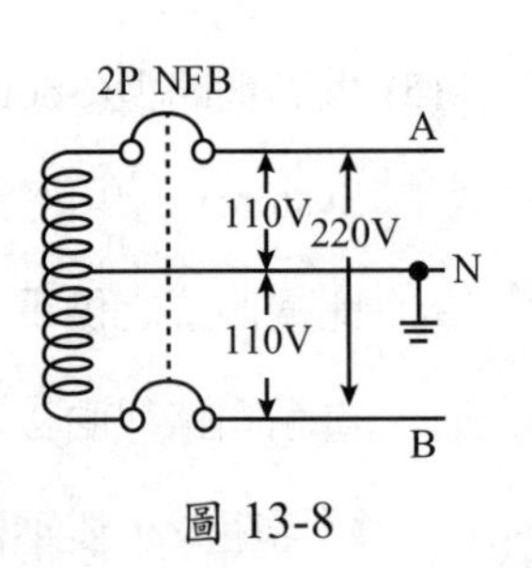


圖 13-8

(3) 三相三線式(3$\phi$3W)：接線方式如下圖 13-9.所示，用於三相負載，如「三相馬達」之供電，其線電壓為 220V，亦可利用中性線中間抽頭取出 110V 供單相負載使用，但此類接法需特別注意負載平衡之問題。

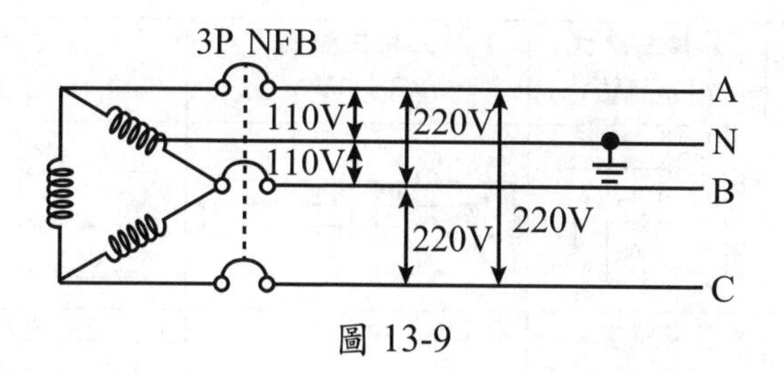


圖 13-9

(4) 三相四線式( $3\phi4W$ )：接線方式如下圖 13-10 所示，適用於「負載較大」之工廠或大樓，若改用單相三線供電，則容易因單向負載過大，導致電力公司配電系統之不平衡；三相四線式提供不同電壓供電燈及電力負載所使用，其供電電壓有 110/190V、120/208V、220/380V 等，其中較低之電壓為「相電壓」，可供電燈及小型電器使用，較高之電壓為「線電壓」，供給三相電動機所使用。

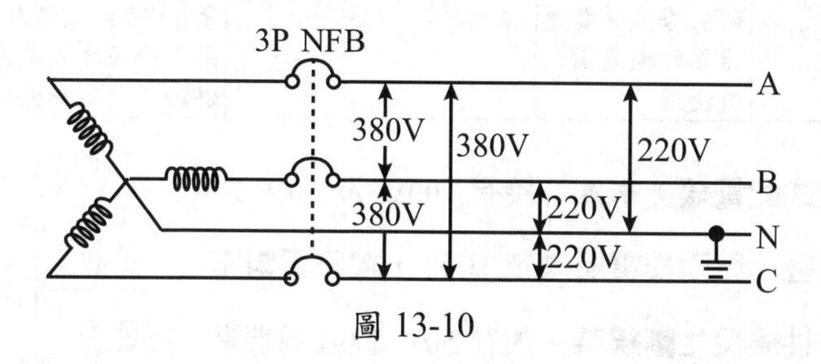


圖 13-10

牛刀小試

1. **說明四種常見之低壓供電方式，並分別畫出該系統配置圖並標明電壓等級、接線方式及使用之對象？**（100 普考）

詳解

同上述第 5 點之說明，茲列表如下：

| | 單相二線式<br>(1$\phi$2W) | 單相三線式<br>(1$\phi$3W) | 三相三線式<br>(3$\phi$3W) | 三相四線式<br>(3$\phi$4W) |
|---|---|---|---|---|
| 系統配置圖 | 1P NFB<br>A<br>110V或220V<br>N | 2P NFB<br>A<br>110V<br>220V<br>N<br>110V<br>B | 3P NFB<br>A<br>N<br>B<br>C<br>110V<br>110V<br>220V<br>220V<br>220V | 3P NFB<br>A<br>B<br>N<br>C<br>380V<br>380V<br>380V<br>220V<br>220V<br>220V |
| 電壓等級 | 110V 或 220V | 供電電壓有110V及220V兩種，一般以110V/220V表示 | 220V 或 110V | 三相四線式提供不同電壓供電燈及電力負載所使用，其供電電壓有110/190V、120/208V、220/380V等。 |
| 接線方式 | 如上圖無中間拉出 | 如上圖有中間抽頭拉出 | 三相接，中間抽頭拉出 | 三相Y接，中性點有拉出中性線 |
| 使用對象 | 適用於「電燈」及「小型電器負載」 | 適用於負載較大之住宅及商店，其中110V供電燈及小型負載所用，220V則供冷氣、電熱器等較大負載所使用 | 用於三相負載，如「三相馬達」之供電 | 適用於「負載較大」之工廠或大樓，提供不同電壓供電燈及電力負載所使用，供電電壓有110/190V、120/208V、220/380V等，其中較低之電壓為「相電壓」，可供電燈及小型電器使用，較高之電壓為「線電壓」，供給三相電動機所使用。 |

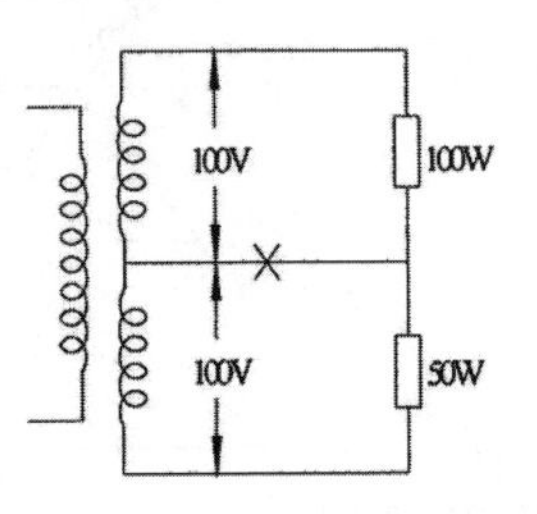


**2. 單相3線式配電線，末端各接有100W及50W之電阻性負載，原兩端電壓均為100V，線路電阻不計，當中性線發生斷線時，加在50W負載兩端電壓約變為原來的多少倍？**（101台電）

**詳解**

此電路圖需轉換為「等效電組」來解題。

由 $P=\dfrac{V^2}{R}\Rightarrow R=\dfrac{V^2}{P}$，則負載100W之等效電阻為：$R_{100W}=\dfrac{100^2}{100}=100\Omega$，

負載50W之等效電阻為：$R_{50W}=\dfrac{100^2}{50}=200\Omega$；跨壓200V，則由分壓定理，

負載50W兩端電壓為 $V_{50W}=200\times\dfrac{R_{50W}}{R_{100W}+R_{50W}}=200\times\dfrac{200}{100+200}=\dfrac{400}{3}V$

故為原本跨壓100V的 $\dfrac{\frac{400}{3}V}{100V}=\dfrac{4}{3}$ 倍。

# 13-2 負載特性與避雷器介紹

## 焦點 2　各種負載因素之意義及計算　考試比重 ★★★☆☆

見於台電各類考試。

1. 所謂負載因素即為用電戶的使用狀況，因為電力之使用會隨著「用電對象」、「季節」、「氣候」、「時間」而變化，而針對負載之管理與配用，則稱之為「電力調度」，電力調度是作為電力系統「經濟運轉」、「電源開發」、「負載預測」及「成本分析」之重要依據。
2. 為了衡量系統負載特性，定義一些重要參數如後所述：

(1) 負載因數(Load factor)：$F_L = \dfrac{\text{指定期間內之平均負載}}{\text{指定期間內之最大負載}}$ ........................(式 13-1)

其中，指定期間之平均負載為：$\dfrac{\text{該期間內之總發電量(kWh)}}{\text{該期間(h)}}$，指定期間可能為「一日」、「一月」、「一年」，分別稱之為「日負載因數」(Daily LF)、「月負載因數」(Monthly LF)及「年負載因數」(Yearly/Annual LF)，通常「年負載因數」因為週期最長，故最能觀察出完整之負載變動狀況。

A. 日負載因數：

$$F_{L日} = \frac{P_{avg}}{P_{peak}} = \frac{P_{avg} \times 24}{P_{peak} \times 24} = \frac{\text{負載一日內消耗之總能量}}{P_{peak} \times 24} \text{ ........................(式 13-2)}$$

B. 年負載因數：

$$P_{L年} = \frac{P_{avg}}{P_{peak}} = \frac{P_{avg} \times 24 \times 365}{P_{peak} \times 24 \times 365} = \frac{\text{負載一年內消耗之總能量}}{P_{peak} \times 8760} \text{ .............(式 13-3)}$$

一般而言，負載因數越大越好，而其最佳值為 1，代表在指定期間內，平均負載與最大負載相同，即負載量沒有波動；電力公司若能在不增加最高負載下提高系統之輸出，在對固定資產之投資而言，較為經濟有利，因此致力提高「負載因數」對電力公司唯一相當重要之課題；提高 LF 之方法包括如下：

A. **提高基本負載**，如增加「煤燃料發電」或「核能發電」等基載之發電輸出。

B. **積極調整可控制負載，使其全部或部分不在尖峰負載時發生。**

(2) 需量因數(Demand factor)：$F_D = \dfrac{\text{用戶或系統之最大需量(負載)}}{\text{用戶或系統之額定容量}}$ ......(式 13-4)

需量因數表示為「用戶」或「系統設備」同時使用之程度，若所有設備同時使用，則需量因數為 100%，一般而言是不可能到達 100%的；用戶或系統設備之額定容量總和，即為運轉中設備之「裝置容量」(Connected Load)乘上運轉功因(p.f.)。

(3) 參差因數(Diversity factor)：$F_{div} = \dfrac{\text{各單位最大負載(需量)和}}{\text{綜合用電之最大負載}}$ ............(式 13-5)

因用戶之最大需量不會同時發生而往往是彼此不同的，因此配電線路供電給若干負載時，線路之最大負載往往不等於各用戶最大需量之總和，此特性稱為「負載的參差性」(diversity)；參差因數大於或等於 1，若參差因數等於 1，代表各用戶之最大負載同時發生，參差因數大於 1，代表可以小容量設備供應容量和較大之負載，例如：以變壓器供電給各用戶時，變壓器之設備容量等於其所供給各用戶之最大負載總和除以該等用戶間之參差因數。

老師的話

由式 13-4.以及式 13-5.，可推導出綜合用電之最大需量

$=\text{設備額定容量總和}\times\dfrac{F_D}{F_{div}}=\text{裝置容量總和}\times pf\times\dfrac{F_D}{F_{div}}$ ........................(式 13-6)

(4) 重合因數(Coincidence factor)：$F_{coi}=\dfrac{1}{F_{div}}$ ..........................................(式 13-7)

即「重合因數」為「負載因數」之倒數。

(5) 損失因數：

$$F_{loss}=\frac{平均電力損失}{最大負載時之電力損失}=\frac{特定期間內電流平方之平均值}{同一期間內最大電流平方}$$ .....(式 13-8)

上式中之平均電力損失$=\dfrac{總損失(kWh)}{總期間(h)}$，同樣的，損失因數之特定期間亦可分為「日」、「月」或「年」來計算。

(6) 利用因數(Utilization factor)：$F_{uti}=\dfrac{設備最大需量}{設備額定容量}$ ............................(式 13-9)

利用因數為衡量發電設備利用率之指標。

(7) 全日效率：變壓器之全日效率可以下式 13-10.表示之：

$$\eta_{whole}(\%)=\frac{\sum\left(\frac{1}{m}\right)^2 VI\cos\theta\times hrs}{\sum\left(\frac{1}{m}\right)^2 VI\cos\theta\times hrs+P_i\times 24hrs+\sum\left(\frac{1}{m}\right)^2 P_c\times hrs}\times 100\%$$

..............................................................................................................(式 13-10)

其中$\left(\dfrac{1}{m}\right)$表示負載為滿載之$\left(\dfrac{1}{m}\right)$，$P_i\times 24hrs$ 為「總鐵損」，$\sum\left(\dfrac{1}{m}\right)^2 P_c\times hrs$ 為「總銅損」。

3. 避雷器之介紹，見以下考題說明：

## 考題說明

**1. 電力系統過電壓起因相當複雜，最明顯的原因有哪些？**（101 鐵路員級）

詳解 ..............................................................................................

電力系統過電壓起因有以下各項：

(1)開關突波。　(2)雷擊突波。

(3)長程輸電線於輕載或無載時，因「伏倫第效應」造成線路末端電壓上升。

**2.通常利用避雷器保護設備也避免過電壓的侵襲，請簡述避雷器的工作原理？**

（101 鐵路員級）

詳解

避雷器由控制元件與阻抗元件所串接而成，控制元件唯一「火花間隙」，正常情況下為開路狀態，當高壓雷行進波來時，火花間隙會破壞放電，以洩放突波能量，在此同時，阻抗元件呈現「低阻抗」，以利突波之通過，一旦突波能量洩放殆盡，阻抗元件轉換為「高阻抗」，已切斷續流，避免高頻電力損耗；避雷器裝設位置離被保護設備越近越好，並須具備以下特性：

(1) 動作迅速。
(2) 經久耐用。
(3) 放電不致造成避雷器損壞。
(4) 損壞後能立即辨識。
(5) 耐壓能力足夠。
(6) 避雷器損壞時不致造成線路全部停電。
(7) 放電電壓要夠低，避雷器動作時，被保護設備兩端電壓應小於其絕緣所能承受。

## 牛刀小試

**1. A、B、C 用戶之相關數據如下表所列，其「參差因數」為 1.3，試求：(1)綜合最大負載？(2)平均負載？(3)綜合負載因數？(4)每日用電量？**

| 用戶 | 裝置容量 (kVA) | 功因(落後) (%) | 需量因素 (%) | 負載因素 (%) |
|---|---|---|---|---|
| A | 100 | 85 | 50 | 40 |
| B | 50 | 80 | 60 | 50 |
| C | 150 | 90 | 40 | 30 |

詳解

各用戶之最大負載：$\begin{cases} A = 100 \times 0.85 \times 0.5 = 42.5kW \\ B = 50 \times 0.8 \times 0.6 = 24kW \\ C = 150 \times 0.9 \times 0.4 = 54kW \end{cases}$，由「負載因數」可得

各用戶之平均負載：$\begin{cases} A = 42.5 \times 0.4 = 17kW \\ B = 24 \times 0.5 = 12kW \\ C = 54 \times 0.3 = 16.2kW \end{cases}$

故(2)平均負載和 $= 17 + 12 + 16.2 = 45.2kW$

而由「參差因數」得到(1)綜合最大負載 $= \dfrac{42.5 + 24 + 54}{1.3} = 92.7kW$

(3) 綜合負載因數 $= \dfrac{45.2}{92.7} \times 100\% = 48.8\%$

(4) 每日用電量 $= 45.2 \times 24 = 1084.8kWh$

2. **如圖所示之單相二線式配電線路，若其「參差因數」為1.2，損失因數為0.3，試求此線路全年之電力損失？**

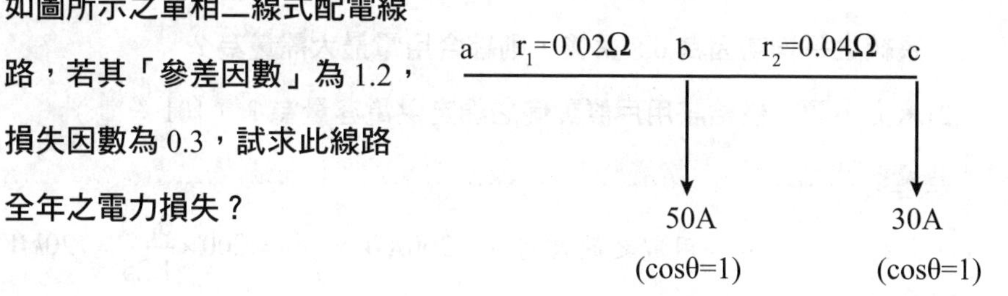


**詳解**

線路ab間之最大電流為：$I_{ab} = \dfrac{30 + 50}{1.2} = 66.7A$，

則ab與bc間之「最大功率損失」分別為：$\begin{cases} P_{ab} = 2 \times 66.7^2 \times 0.02 = 178W \\ P_{bc} = 2 \times 30^2 \times 0.04 = 72W \end{cases}$

全線路之「最大功率損失」為：$P_{loss} = P_{ab} + P_{bc} = 178 + 72 = 250W$

故此線路全年之電力損失 $= 250 \times 0.3 \times 24 \times 365 \times 10^{-3} = 657kWh$

3. **某鄉鎮裝置之馬達及電燈總容量為8000KW，其「需量因數」為0.65，若由發電廠直接供電至此鄉鎮，線損為20%，且相關之參差因數如下：**
   **(1)用戶間之參差因數=3.5；(2)變壓器間之參差因數=1.4；(3)饋線間之參差因數=1.2；(4)變電所間之參差因數=1.1；**
   **試求發電廠所應具備之容量？**

詳解

用戶對變電所之總參差因數 $=3.5\times1.4\times1.2\times1.1=6.47$，

綜合負載之「最大需量」

$$=\text{全部用戶之設備容量}\times\frac{\text{需量因數}}{\text{參差因數}}=8000\times\frac{0.65}{6.47}=803.7\text{kW}$$

所以發電機應具備之容量

$$=\text{綜合負載之最大需量}\times(1+\text{線損})=803.7\times(1+0.2)=964.4\text{kW}$$

4. (1) **某用戶群設備負載總和為 200KW，其需求因數=0.75，參差因數=1.25，系統之平均功因為 0.8 落後，則綜合用電最大需量為？**
   (2)**承上小題，供給該用戶群設備之額定供電容量為？**（101 台電）

詳解

(1) 由式 13-6.，綜合用電之最大需量 $=200KW\times\dfrac{F_D}{F_{div}}=200\times\dfrac{0.75}{1.25}=120kW$

(2) 額定供電容量 = 設備之裝置容量和 $=\dfrac{120}{0.8}=150kVA$

5. **一台變壓器 10KVA，其鐵損為 200W，銅損為 600W，一日中有 12 小時全負載，其餘 12 小時無負載，負載功率因素為 1，則此變壓器之全日效率為何？**（101 台電）

詳解

由式 13-10.，

$$\eta_{whole}(\%)=\frac{\sum\left(\dfrac{1}{m}\right)^2 VI\cos\theta\times hrs}{\sum\left(\dfrac{1}{m}\right)^2 VI\cos\theta\times hrs+P_i\times24hrs+\sum\left(\dfrac{1}{m}\right)^2 P_c\times hrs}\times100\%$$

$$=\frac{10K\times1\times12}{10K\times1\times12+0.2K\times24+0.6K\times12}\times100\%=90.9\%$$

(　) 6. 有關負載管理之名詞定義，下列何者有誤？　(A)負載因數=(平均負載÷最高負載) × 100 %　(B)需量因數=(用電端最高負載÷用電設備容量) × 100%　(C)利用因數=(供電端最高負載÷供電設備容量) × 100 %　(D)參差因數=(綜合最高負載÷各用戶最高負載之總和) × 100 %。(105 台電)

(　) 7. 有關負載管理之敘述，下列何者有誤？　(A)負載因數亦稱為負載率　(B)參差因數之倒數為重合因數　(C)負載因數之倒數為需量因數　(D)工業用電之負載曲線一般為雙峰負載曲線。(105 台電)

(　) 8. 下列有關參差因素之定義，何者正確？　(A)系統最大需量/系統額定容量　(B)1/重合因素　(C)平均負載/最大負載　(D)滿載功率/(滿載功率+滿載損失)。(104 台電)

(　) 9. 避雷器為一斷續服務的保護裝置，其主要的作用在消除突波或壓升，下列敘述何者有誤？　(A)作用速度應迅速且無延時　(B)每次動作後皆須進行維護，方可再發揮作用　(C)放電電壓與閃絡電壓皆須低於系統上任何設備所能承受的電壓　(D)放電容量不受雷電大小及電力系統容量之限制。(104 台電)

(　) 10. 避雷器之接電地阻應為多少 Ω 以下？　(A)5Ω　(B)10Ω　(C)20Ω　(D)100Ω。(104 台電)

(　) 11. 設甲用戶之最大負載為 80kW，乙用戶最大負載為 100kW，且全系統之負載為 150 kW，求其重合因數為何？　(A)1.2　(B)0.833　(C)0.2　(D)5。(103 台電)

( )12. 某用戶在一年 365 天中使用 400,000 (kW-hr)，其 15 分鐘之需量為 30 kW，試求此用戶之年負載因數為多少？ (A) 45.66% (B)38% (C)91% (D)60.8%。(103 台電)

詳解

6.(**D**) 7.(**C**) 8.(**B**) 9.(**B**) 10.(**B**)

11.(**B**)。重合因數為參差因數之倒數，故 $F_{coi}=\frac{1}{F_{div}}=\frac{1}{\frac{80+100}{150}}=0.833$，答案選(B)。

12.(**B**)。年負載因數：

$$P_{L年}=\frac{P_{avg}}{P_{peak}}==\frac{負載一年內消耗之總能量}{P_{peak}\times 8760}=\frac{400000kWh}{30kW\times\frac{60}{15}\times 8760h}=0.38$$，

故答案選(B)。

# 第二部分　歷年試題與解析

## 110年 經濟部所屬事業機構新進職員甄試（電機(一)）

**1**

某三相 765 kV、60 Hz 輸電線長 400 公里，每相輸電線電感為 0.88 mH/km、每相輸電線電容為 0.0126 μF/km，假設輸電線無耗損，請計算：

(一) 輸電線突波阻抗 $Z_c$（Ω，計算至小數點後第 1 位，以下四捨五入）。

(二) 輸電線突波阻抗承載 SIL（MW，計算至整數位，以下四捨五入）。

**詳解**

(一) $Z_c=\sqrt{\dfrac{0.88\times10^{-3}}{0.0126\times10^{-6}}}=264.3\Omega$

(二) $SIL=\dfrac{(765k)^2}{264.3}=2214MW$

**2**

如圖所示為一雙匯流排系統，發電機連接於匯流排 1，且 $V_1=1.0\angle0°pu$；匯流排 2 負載吸收(1+j0.5)pu 之功率；輸電線阻抗 z12=0.12+ $j$0.16pu。請利用牛頓-拉弗森法（Newton-Raphson），以初始估計值 $V_2^{(0)}=1.0\angle0°pu$，執行二次疊代，請計算：

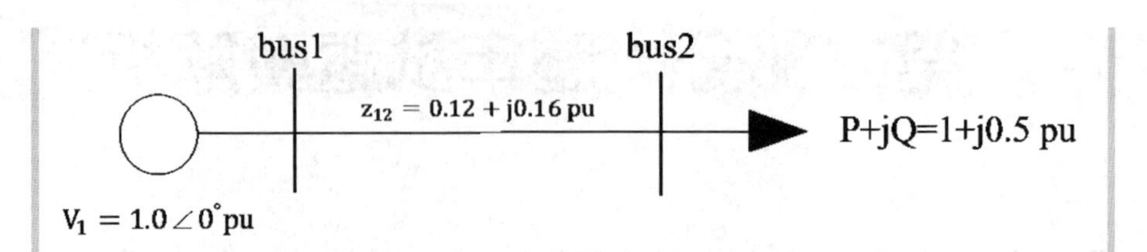


(一) 第一次疊代後 $\delta_2^{(1)}$ 為多少弳度（radian，1 弳度=57.3°；計算至小數點後第 1 位，以下四捨五入）？

(二) 第二次疊代後 $\left|v_2^{(2)}\right|$ 為多少 pu（計算至小數點後第 4 位，以下四捨五入）？

**詳解**

(一) $Y_{bus}=\begin{bmatrix} 5\angle -53.13^\circ & 5\angle 126.87^\circ \\ 5\angle 126.87^\circ & 5\angle -53.13^\circ \end{bmatrix}$

$V_2^{(0)}=|V_2|\angle\delta_2=1\angle 0^\circ$

$$\begin{cases} P_2 = 5|V_2|\cos(126.87^\circ-\delta_2)+3|V_2|^2 \\ Q_2 = -5|V_2|\sin(126.87^\circ-\delta_2)+4|V_2|^2 \end{cases} \Rightarrow \begin{cases} P_2^{(0)} = 5\cos 126.87^\circ + 3 = 0\text{p.u.} \\ Q_2^{(0)} = -5\sin 126.87^\circ + 4 = 0\text{p.u.} \end{cases}$$

$$J=\begin{bmatrix} \dfrac{\partial P_2}{\partial \delta_2} & |V_2|\dfrac{\partial P_2}{\partial |V_2|} \\ \dfrac{\partial Q_2}{\partial \delta_2} & |V_2|\dfrac{\partial Q_2}{\partial |V_2|} \end{bmatrix}$$

$$=\begin{bmatrix} 5|V_2|\sin(126.87^\circ-\delta_2) & 5|V_2|\cos(126.87^\circ-\delta_2)+6|V_2|^2 \\ 5|V_2|\cos(126.87^\circ-\delta_2) & -5|V_2|\sin(126.87^\circ-\delta_2)+8|V_2|^2 \end{bmatrix}$$

$$\Rightarrow J(0)=\begin{bmatrix} 4 & 3 \\ -3 & 4 \end{bmatrix} \Rightarrow [J(0)]^{-1}=\frac{1}{25}\begin{bmatrix} 4 & -3 \\ 3 & 4 \end{bmatrix}=\begin{bmatrix} 0.16 & -0.12 \\ 0.12 & 0.16 \end{bmatrix}$$

$\Delta P_2^{(0)}=-1-0=-1$

$\Delta Q_2^{(0)}=-0.5-0=-0.5$

$$\begin{bmatrix} \Delta P_2 \\ \Delta Q_2 \end{bmatrix} = \begin{bmatrix} \dfrac{\partial P_2}{\partial \delta_2} & |V_2|\dfrac{\partial P_2}{\partial |V_2|} \\ \dfrac{\partial Q_2}{\partial \delta_2} & |V_2|\dfrac{\partial Q_2}{\partial |V_2|} \end{bmatrix} \begin{bmatrix} \Delta\delta_2 \\ \dfrac{\Delta|V_2|}{|V_2|} \end{bmatrix}$$

$$\Rightarrow \begin{bmatrix} \Delta\delta_2^{(0)} \\ \dfrac{\Delta|V_2^{(0)}|}{V_2^{(0)}} \end{bmatrix} = \begin{bmatrix} 0.16 & -0.12 \\ 0.12 & 0.16 \end{bmatrix} \begin{bmatrix} -1 \\ -0.5 \end{bmatrix} = \begin{bmatrix} -0.1 \\ -0.2 \end{bmatrix}$$

$\delta_2^{(1)}=0-0.1=-0.1\text{rad}=-5.7°$

(二) $|V_2^{(1)}| = |V_2^{(0)}| \times (1+\dfrac{\Delta|V_2^{(0)}|}{V_2^{(0)}}) = 1\times(1-0.2)=0.8$

$V_2^{(1)}=0.8\angle -5.7°$

$$J(1)=\begin{bmatrix} 2.9458 & 1.1340 \\ -2.7060 & 2.1742 \end{bmatrix} \Rightarrow [J(1)]^{-1} = \begin{bmatrix} 0.2295 & -0.1197 \\ 0.2856 & 0.3140 \end{bmatrix}$$

$P_2^{(1)}=5\times0.8\times\cos(126.87°+5.7°)+3\times0.8^2=-0.7860\text{p.u.}$

$Q_2^{(1)}=-5\times0.8\times\sin(126.87°+5.7°)+4\times0.8^2=-0.3858\text{p.u.}$

$\Delta P_2^{(1)}=-1-[-0.7860]=-0.2140$

$\Delta Q_2^{(1)}=-0.5-[-0.3860]=-0.1142$

$$\begin{bmatrix} \Delta\delta_2^{(2)} \\ \dfrac{\Delta|V_2^{(2)}|}{V_2^{(2)}} \end{bmatrix} = \begin{bmatrix} 0.2295 & -0.1197 \\ 0.2856 & 0.3140 \end{bmatrix} \begin{bmatrix} -0.2140 \\ -0.1142 \end{bmatrix} = \begin{bmatrix} 0.0354 \\ -0.0970 \end{bmatrix}$$

$\delta_2^{(2)}=-0.1+0.0354=-0.064\text{rad}=-3.7°$

$|V_2^{(2)}| = |V_2^{(1)}| \times (1+\dfrac{\Delta|V_2^{(1)}|}{V_2})=0.8\times(1-0.0970)=0.7224$

$V_2^{(2)}=0.7224\angle -3.7°$

# 110年 經濟部所屬事業機構新進職員甄試（電機(二)）

**1**

**以** ANSICode **編號之保護電驛如下：**27、32、46、49、51、51N、59、64、81、87G

**(一) 請列表依序說明上述各電驛之名稱。**

**(二) 請列表依序說明上述各電驛之保護功能與目的。**

**詳解**

(一) 27：欠壓電驛

32：方向性電驛　　46：逆相序電驛

49：溫度電驛　　51：過電流電驛(延時)

51N：過電流接地電驛(延時)　　59：過電壓電驛

64：接地保護電驛　　81：過頻率電驛

87G：發電機差動電驛

(二) 27：欠壓電驛，電壓異常降低時，設備會發出信號讓斷路器跳脫以達到設備保護作用。

目的：電壓異常之低壓保護、停電及電力熔絲熔斷之檢知

32：方向性電驛，藉由電壓及電流的向角來決定故障方向

目的：透過方向性電驛判斷故障位置，以準確隔離線路，避免故障範圍擴大

46：逆相序電驛，使用於多相序之電源端，當電流相序相反時動作

目的：確保電源端之相序正確

49：溫度電驛，溫度過高時動作

目的：避免線圈內部繞組因溫度過高導致燒損或絕緣劣化之情形發生

51：過電流電驛，利用比流器ＣＴ二次側之電流在電驛內產生磁場，及另外以其他激磁方式產生與主磁通相異90度之磁場，互相作用後產生移動磁場，促使轉盤轉動

目的：電流過載保護

51N：小勢能過電流電驛，使用於三相四線多重接地系統，作為單相接地之保護。三相電流相量和為零時不動作，三相電流相量和不為零時動作

目的：單相接地之保護

59：過電壓電驛，電壓異常升高時(通常為正常值之120%)，設備會發出信號讓斷路器跳脫以達到設備保護作用。

目的：電壓異常升高之保護

64：接地保護電驛，電氣設備接地絕緣發生故障時動作的電驛

目的：一般用於設備外殼的漏電保護

81：過頻率電驛，系統超過頻率時，負載跳脫

目的：避免因負載過大發電機無法負荷而發生系統崩潰之情形發生

87G：發電機差動電驛，正常時流入流出之電流相同，電驛不動作。流入流出之電流不同時差動電驛動作

目的：保護發電機、變壓器等設備

## 2

三個阻抗值均為 $Zp=4.00+j3.00=5.00\angle 36.9^{\circ}\Omega$，連接成如圖所示。對平衡 208V 之線間電壓，請計算（計算至小數點後第 2 位，以下四捨五入）：

(一) 線電流為多少 A？

(二) 總功率為多少 W？

(三) 電抗功率為多少VAR？

(四) 多少 VA？

(五) 功率因數？

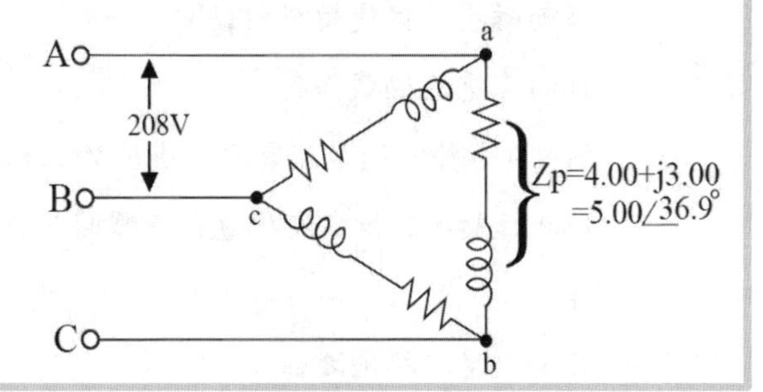


**詳解**

(一) $I_L=\sqrt{3}\times\dfrac{208}{5}=72.05A$

(二) $P=\sqrt{3}\times 208\times 72.05\times\cos 36.9^{\circ}=20766.72W$

(三) $Q=\sqrt{3}\times 208\times 72.05\times\sin 36.9^{\circ}=15575.04VAR$

(四) $S=\sqrt{3}\times 208\times 72.05=25958.4VA$

(五) $pf=\cos 36.9^{\circ}=0.8lag$

## 3

三台 30：1 降壓單相變壓器，連接成 Y-Y，由一次側外加 12kV 三相平衡電源，若二次側供給 200kW，功率因數為 0.8 之平衡三相負載時，請計算（計算至小數點後第 2 位，以下四捨五入）：

(一) 每台變壓器之額定容量為多少 kVA？

(二) 二次側之線電壓為多少 V？

(三) 二次側之線電流為多少 A？

(四)一次側之線電流為多少 A？

**詳解**

(一) $S=\dfrac{P}{\cos\theta}=\dfrac{\frac{200k}{3}}{0.8}=83.33kVA$

(二) $V_{L2}=\dfrac{12k}{30}=400A$

(三) $I_{L2}=\dfrac{200k}{\sqrt{3}\times 12k\times 0.8}=12.03A$

(四) $I_{L1}=\dfrac{12.03}{30}=0.4A$

# 111年 經濟部所屬事業機構新進職員甄試（電機(一)）

**1** 有 2 座火力發電廠 P1 及 P2，其燃料成本函數（單位為元/MWh）分別如下：

$C_1(P_1)=400+6.0P_1+0.004\,P_1^2$

$C_2(P_2)=500+6.8P_2+0.002\,P_2^2$

若忽略輸電線耗損，試求：

(一) 當系統總負載 $P_D=P_1+P_2=550MW$，在符合經濟調度下，$P_1$ 及 $P_2$ 發電廠之發電量各為多少？

(二) 假設 P1 發電廠之發電量限制為 $50MW \le P_1 \le 200MW$，$P_2$ 發電廠之發電量限制為 $50MW \le P_2 \le 400MW$，系統總負載 $P_D=P_1+P_2=550MW$，在符合經濟調度下，$P_1$ 及 $P_2$ 發電廠之發電量各為多少？

(三) 請簡述電力系統經濟調度之目的？

**詳解**

(一) $IC_1=0.008P_1+6$

$IC_2=0.004P_2+6.8$

$$\begin{cases} P_0 = P_1 + P_2 = 550MW \\ IC_1 = IC_2 \end{cases}$$

$P_1=250MW$，$P_2=300MW$

(二) $P_1=200MW$，$P_2=550-200=350MW$

(三) 經濟調度之目的為使系統運轉效率達到最高，即在滿足負載用量的情況下，使發電成本降至最低。

**2**

**三相輸電線線路長度為 40 公里（短程輸電線路），每相輸電線路常數 r=0.15Ω/km、L=1.3263mH/km，受電端之電壓為 220kV，頻率為 60Hz，負載功率為 381MVA，功率因數為 0.8 落後，試求（計算至小數點後第 1 位，以下四捨五入）：**

**(一) 送電端之三相輸入功率。**

**(二) 電壓調整率（以百分比表示）。**

**詳解**

(一) $Z=(0.15+j377\times1.3263\times10^{-3})\times40=6+j20\Omega$

$$I=\frac{381M\angle\cos^{-1}0.8}{\sqrt{3}\times220k}=1000\angle-37^\circ$$

$$V=\frac{220k}{\sqrt{3}}\angle0^\circ+1000\angle-37^\circ\times(6+j20)\times10^{-3}=144.33\angle4.93^\circ kV$$

$$S=3\times144.33\angle4.93^\circ\times1000\angle37^\circ\times10^{-3}=322.8+j288.6MVA$$

(二) $V_L=\sqrt{3}\times144.33=250kV$

$$Vk\%=\frac{250-220}{220}\times100\%=13.6\%$$

# 111年 經濟部所屬事業機構新進職員甄試（電機(二)）

**1** 請解釋下列電力系統專有名詞：

(一) 傅倫第效應（Ferranti Effect）

(二) 無限匯流排（Infinite Bus）

(三) 暫態穩定度（Transient Stability）

(四) 差動保護（Differential Protection）

(五) 斷路器啟斷容量（Interrupting Capacity）

**詳解**

(一) 傅倫第效應：長程輸電線路，當負載很小或開路時，在受電端電壓有上升現象，即受電端則電壓高於送電端電壓，稱為傅倫第效應。

(二) 無限匯流排：一個很大的電力系統且無論多少的實功率及虛功率輸入或輸出，其頻率及電壓都維持不變。

(三) 暫態穩定度：系統在大幅擾動下的穩定性。 在同步交流發電機大幅擾動後，機械的功率角（負載角）會因為軸的突然加速而有大幅變化。暫態穩定度研究的目標是確認在擾動消失後，負載角是否會回到穩態。

(四) 差動保護：根據「電路中流入節點電流的總和等於零」原理製成的；將被保護的電氣設備看成是一個節點，正常時一次側電流和二次側電流應當相等，差動電流等於零。當設備出現故障時，一次側電流和二次側的電流不相等而大於零的時候，當其數值大於裝置的設定值時，電驛系統將會發出通知，將被保護設備的各側斷路器跳開，使故障設備斷開電源以達到保護功用。

(五) 斷路器啟斷容量：斷路器可啟斷故障電流的能力。

**2**

**圖下為具有3 個電壓等級之三相平衡電力系統單線圖，圖中所示各變壓器之標么電抗值為以本身額定為基準計算求得，若發電機之輸出線電壓為13.8kV，輸電線之每線總電抗值為30Ω，負載為Y 接每相100Ω之純電阻負載，請回答下列問題：**

**(一) 請以第二台變壓器（Tr.2）之額定做為全系統標么計算基準值，繪出標么系統圖（計算至小數點後第4 位，以下四捨五入）。**

**(二) 請計算發電機輸出線電流$I_s$ 之實際值大小為多少A（計算至小數點後第2 位，以下四捨五入）？**

**(三) 請計算負載線電壓$V_L$ 之實際值大小為多少kV（計算至小數點後第2 位，以下四捨五入）？**

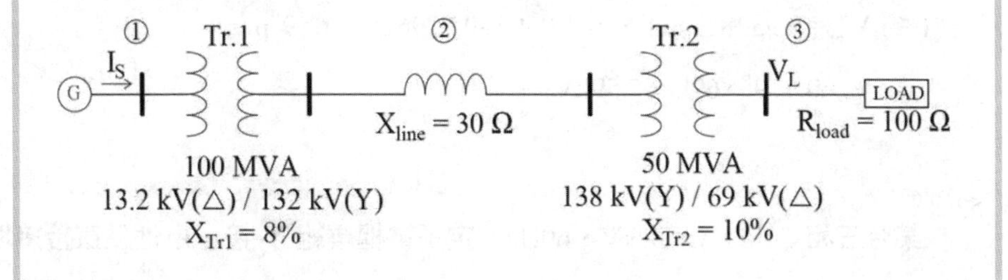


**詳解**

(一) $S_{base}$=50MVA

$V_{base}$=13.8kV／138kV／69kV

$X_{T1}=0.08\times\frac{50}{100}\times(\frac{13.2}{13.8})^2=0.0366\text{p.u.}$

$X_{line}=\frac{30}{\frac{138^2}{50}}=0.0788\text{p.u.}$

$X_{T2}=0.1\text{p.u.}$

$R_L = \frac{100}{\frac{69^2}{50}} = 1.0502\text{p.u.}$

j0.0366p.u.　j0.1p.u.　1.0502p.u.

j0.0788p.u.

G

(二) $I_{p.u.} = \frac{1\angle 0°}{j0.0366 + j0.0788 + j0.1 + 1.0502} = 0.9328\angle -11.59°\text{p.u.}$

$I_S = 0.9328 \times \frac{50M}{\sqrt{3} \times 13.8k} = 1.95\text{kA}$

(三) $V_{p.u.} = 0.9328\angle -11.59° \times 1.0502 = 0.9796\angle -11.59°\text{p.u.}$

$V_L = 0.9796 \times 69k = 67.59\text{kV}$

**3**

**某台三相 50MVA、25kV、60Hz、定子電樞繞組 Y 接、中性點直接接地之同步發電機，其正序電抗為 15%、負序電抗為 10%、零序電抗為 5%，若故障皆為直接故障（即故障阻抗為零），請計算（計算至小數點後第 2 位，以下四捨五入）：**

**(一) 發電機輸出端發生單線對地故障時，流入接地點之故障電流大小為多少 kA？**

**(二) 發電機輸出端發生兩線對地故障時，流入接地點之故障電流大小為多少 kA？**

**(三) 若要將單線對地故障電流大小限制為三相短路故障電流大小，應在發電機中性點對地間串接多少毫亨利（mH）之電感器？**

**詳解**

(一) $I_f=\dfrac{3\times 1}{j0.05+j0.15+j0.1}=-j10\text{p.u.}$

$|I_f|=10\times\dfrac{50M}{\sqrt{3}\times 25k}=11.55\text{kA}$

(二) $I_{a1}=\dfrac{1.0}{j0.15+\dfrac{j0.1\times j0.05}{j0.1+j0.05}}=-j5.4545\text{p.u.}$

$V_{a1}=V_{a2}=V_{a0}=E_a=I_{a1}\times Z_1=1-(-j5.4545)(j0.15)=0.1818\text{p.u.}$

$I_{a2}=-\dfrac{V_{a2}}{Z_2}=-\dfrac{0.1818}{j0.1}=j1.8181\text{p.u.}$

$I_{a0}=-\dfrac{V_{a0}}{Z_0}=-\dfrac{0.1818}{j0.05}=j3.6364\text{p.u.}$

$I_a=I_{a0}+I_{a1}+I_{a2}=j3.6364-j5.4545+j1.8181=0\text{p.u.}$

$I_b=I_{a0}+a^2I_{a1}+aI_{a2}=8.33\angle 139.11°\text{p.u.}$

$I_c=I_{a0}+aI_{a1}+a^2I_{a2}=8.33\angle 40.89°\text{p.u.}$

$|I_f|=8.33\times\dfrac{50M}{\sqrt{3}\times 25k}=9.62\text{kA}$

(三) $I_f=\dfrac{1.0}{0.15}=6.67\text{p.u.}=\dfrac{3\times 1.0}{0.05+0.15+0.1+3X_n}\Rightarrow X_n=0.05\text{p.u.}$

$\Rightarrow 2\pi\times 60\times L=0.05\times\dfrac{25^2}{50}\Rightarrow L=1.66\text{mH}$

# 111年 關務三等

## 1

一雙回路之三相輸電線，由 S 端送電至 R 端，單線圖如圖一(a)所示，每個導體直徑為 2cm，若導體排列方式如圖(b)所示，回路 2 的 S 端接地且 R 端開路，回路 1 三相平衡電流有效值為 500A，忽略導線電阻。

(一) 求回路 2 的 R 端 A 相電壓有效值。

(二) 若回路 2 的 R 端接地，試求回路 2 的 A 相電流有效值。

**詳解**

(一) $D_{AB}=\sqrt[4]{10\times6\times10\times6}=\sqrt{60}$

$D_{BC}=\sqrt[4]{10\times6\times10\times6}=\sqrt{60}$

$D_{AC}=\sqrt[4]{\sqrt{12^2+8^2}\times12\times\sqrt{12^2+8^2}\times12}=\sqrt{173.066}$

$GMD=\sqrt[3]{\sqrt{60}\times\sqrt{60}\times\sqrt{173.066}}=21.82\text{m}$

$D_{SA}=\sqrt[4]{(0.01\times0.7788\times8)^2}=0.2496=D_{SB}=D_{SC}$

$GMR_L=\sqrt[3]{0.2496^3}=0.2496\text{m}$

$L=0.2\ln\dfrac{21.82}{0.2496}=53.64\text{mH}$

$V=|0-500\times(j377\times53.64\text{m})|=10111.14\text{V}$

(二) $GMD=\sqrt[3]{6\times6\times12}=7.5595\text{m}$

$GMR=0.7788\times0.01=0.007788\text{m}$

$L=0.2\ln\dfrac{7.5595}{0.007788}=82.54\text{mH}$

$I=\dfrac{10111.14}{377\times82.54\text{m}}=324.93\text{A}$

**2**

**一電力系統單線圖如圖所示：**

**(一) 試以變壓器容量及線路電壓為基準，繪出標么等效電路。**

**(二) 試以 Gauss 法求出經 2 次疊代後的 $V_2$ 實際值（V）。**

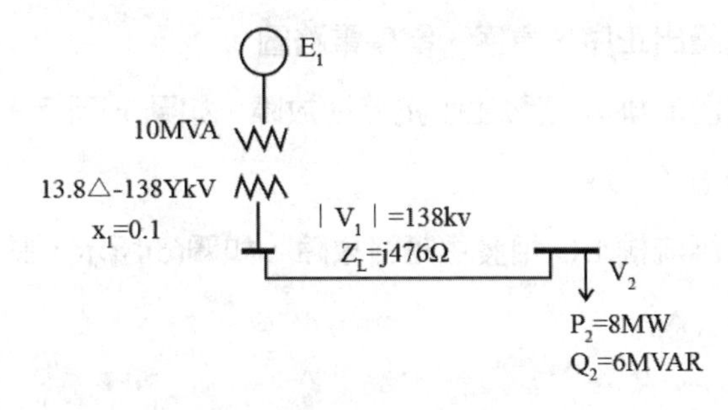


**詳解**

(一) $Z_{line}=j\dfrac{476}{\dfrac{138^2}{10}}=j0.25p.u.$，$S_2=\dfrac{8M+j6M}{10M}=0.8+j0.6p.u.$

E1
10MVA
13.8△-138YkV　$V_1=1.0\angle 0^{\circ}$
$x_1=0.1$　$|V_1|=138kv$
$V_2$
$Z_L=j476\Omega$
$Z_{line}=j0.25p.u.$
$P_2=8MW$
$Q_2=6MVAR$
$S_2=0.8+j0.6p.u.$

(二) $Y_{bus}=\begin{bmatrix}-j14 & j4\\ j4 & -j4\end{bmatrix}$

$$V_2^{(1)}=\frac{1}{-j4}\left[\frac{-0.8+j0.6}{1\angle 0^{\circ}}-(4\angle 90^{\circ}\times 1\angle 0^{\circ})\right]=0.87\angle -13.24^{\circ}$$

$$V_2^{(2)}=\frac{1}{-j4}\left[\frac{-0.8+j0.6}{0.87\angle -13.24^{\circ}}-(4\angle 90^{\circ}\times 1\angle 0^{\circ})\right]=0.92\angle -16.68^{\circ}$$

$V_2=0.92\times 138k=126.96kV$

**3**

某三相 60Hz 電力系統，以線路側 100MVA、115kV 為基值計算系統元件各相序阻抗標么值如圖(a)單線圖所示。若忽略故障前之電流，並假設發電機電動勢為 1.0∠0°pu。

(一) 試繪出正序、負序、零序電路圖。

(二) 若匯流排 A 相發生阻抗接地故障，如圖(b)所示，試求短路電流 If 實際值（A）。

(三) 若匯流排 BC 相發生短路故障，如圖(c)所示，試求短路電流 If 實際值（A）。

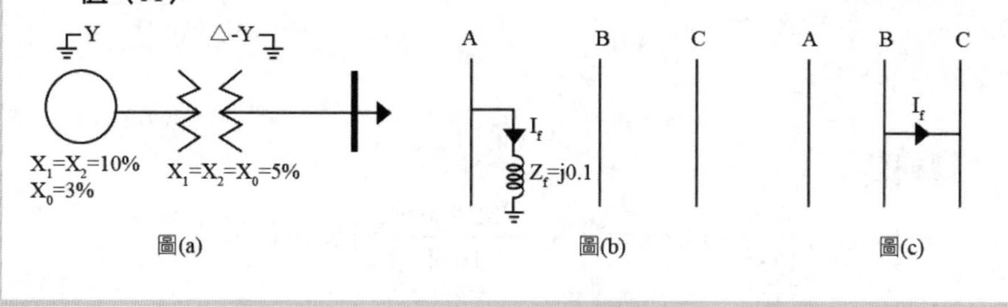


圖(a) 圖(b) 圖(c)

詳解

(一) 正序

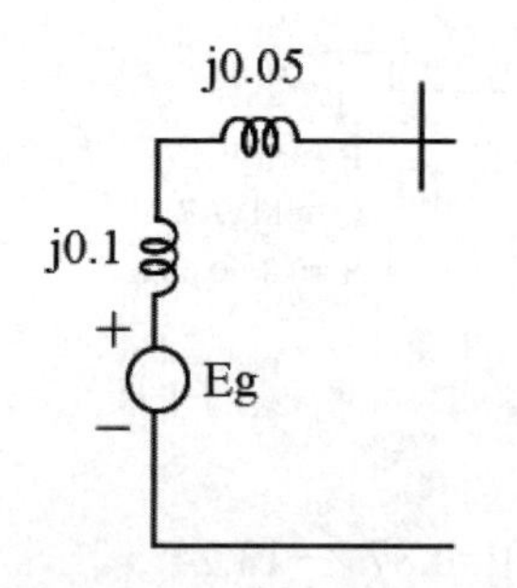


零序

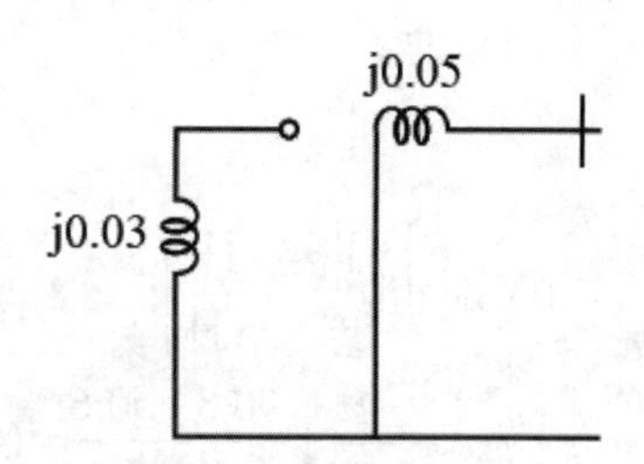

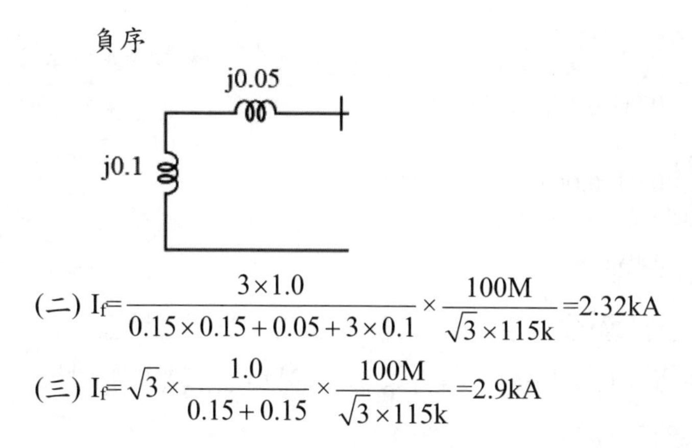


(二) $I_f = \dfrac{3\times1.0}{0.15\times0.15+0.05+3\times0.1}\times\dfrac{100M}{\sqrt{3}\times115k}$ =2.32kA

(三) $I_f = \sqrt{3}\times\dfrac{1.0}{0.15+0.15}\times\dfrac{100M}{\sqrt{3}\times115k}$ =2.9kA

一個電力系統具三匯流排，如圖所示。在基值容量為 1000MVA 時，各機組/負載的參數如下表所示：

| 機組/負載 | 發電量/用電量 | 頻率特性 |
| --- | --- | --- |
| 機組1 | 400MW | 速率調整率R1=6% |
| 機組2 | 600MW | 速率調整率R2=4% |
| 負載1 | 300MW | 頻率增加1%，負載增加1.5% |
| 負載2 | 300MW | 頻率增加1%，負載增加1.2% |
| 負載3 | 400MW | 頻率增加1%，負載增加0.8% |

所有機組並聯運轉在標稱頻率 60Hz，若負載 3 突然增加 100MW，且兩部機組均有能力進行調整，試求：

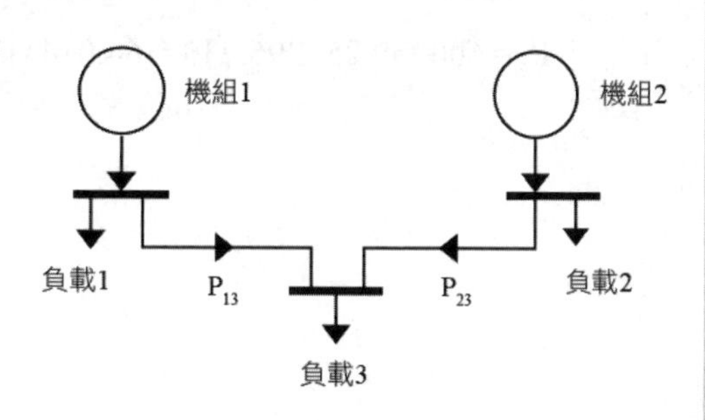


(一) 系統穩態工作頻率。

(二) $P_{13}$ 新的傳送功率。

(三) $P_{23}$ 新的傳送功率。

**詳解**

(一) $R_{1p.u.}=\frac{1000}{400}\times 0.06=0.15p.u.$

$R_{2p.u.}=\frac{1000}{600}\times 0.04=0.067p.u.$

$\Delta P_{L3}=\frac{100}{1000}=0.1p.u.$

$$\Delta W=\frac{-\Delta P_{L3}}{(\frac{1}{R_1}+D_1)+(\frac{1}{R_2}+D_2)+D_3}=\frac{-0.1}{(\frac{1}{0.15}+1.5)+(\frac{1}{0.067}+1.2)+0.8}$$

$=-3.97\times 10^{-3}p.u.$

$\Delta f=-3.97\times 10^{-3}\times 60=-0.2382H_Z$

$f=f_0+\Delta f=60-0.2382=59.7H_Z$

(二) $\Delta P_1=-\frac{-3.97\times 10^{-3}}{0.15}=2.647\times 10^{-2}p.u.=26.47MW$

$\Delta WD_1=(-3.97\times 10^{-3})\times 1.5=-5.955\times 10^{-3}p.u.=-5.955MW$

$\Rightarrow P_{L1}=300-5.955=294.045MW$

$P_{13}=400+26.47-294.045=132.425MW$

(三) $\Delta P_2=-\frac{-3.97\times 10^{-3}}{0.067}=5.925\times 10^{-2}p.u.=59.25MW$

$\Delta WP_2=(-3.97\times 10^{-3})\times 1.2=-4.764\times 10^{-3}=-4.764MW$

$\Rightarrow P_{L2}=300-4.764=295.236MW$

$P_{23}=600+59.25-295.236=364.014MW$

**5**

**試繪接線圖，並說明工作原理：**

**(一) 試繪零相比流器（ZCT）之接線圖，並說明其工作原理。**

**(二) 試繪接地比壓器（GPT）之接線圖，並說明其工作原理。**

**詳解**

(一) 零相比流器（ZCT）

無論是三相或單相電源，電流和必為 0A，所以比流器二次側電流等於 0A，若故障造成電流和不為 0A，則在二次側會產生感應電流，故可偵測漏電情形。

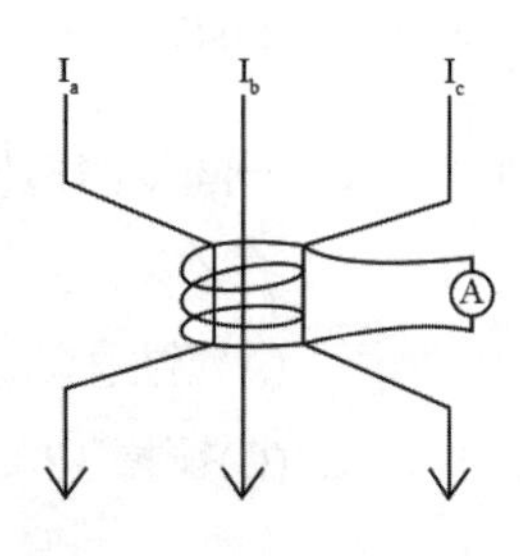


(二) 接地比壓器（GPT）

由三個單相比壓器組成，使用 Y 接地一開△連接，可偵測三相不接地系統的接地故障。

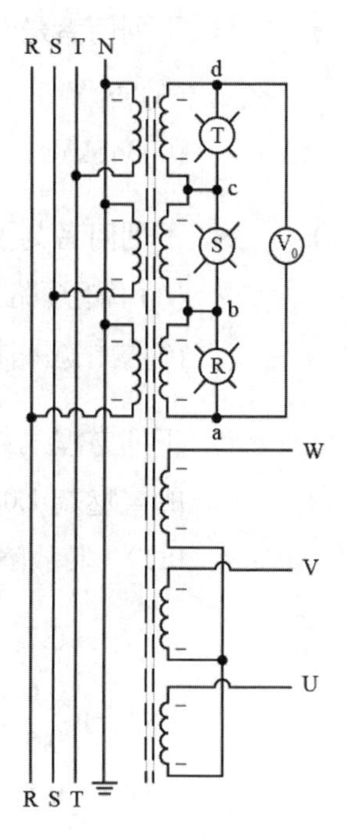

# 112年 中鋼新進人員甄試

( ) 1. 900kW 之負載，功率因數為 0.6 滯後，欲將功率因數提昇至 0.8 滯後，則須並聯之電容 kVAR 為何？

(A)37 (B)425
(C)475 (D)525

( ) 2. 一同步發電機由輸入功率到輸出功率間的基本損失，不包括以下何項？

(A)鐵損 (B)感應損
(C)銅損 (D)雜散損

( ) 3. 下列何者是台電公司目前最高的輸電系統電壓？

(A)69kV (B)161kV
(C)345kV (D)745kV

( ) 4. 下列何者為平衡故障？

(A)單相短路接地 (B)兩相線間短路
(C)雙相短路接地 (D)三相短路接地

( ) 5. 下列方程式為一電力系統之阻抗矩陣（ZBUS），假設故障前各匯流排的電壓為 1.0p.u.，若於匯流排 3 發生三相短路接地故障（接地阻抗為 0Ω），其故障電流大小約為何？

$$Z_{BUS}=j\begin{bmatrix}0.7 & 0.6 & 0.5 & 0.5\\0.6 & 0.7 & 0.6 & 0.6\\0.5 & 0.6 & 0.7 & 0.4\\0.5 & 0.6 & 0.4 & 0.7\end{bmatrix}$$

(A)2p.u. (B)1.67p.u.
(C)A1.43p.u. (D)2.5p.u.

(　) 6. 承上題，故障後匯流排 1 的電壓約為何？
(A)0p.u.　(B)0.14p.u.　(C)0.29p.u.　(D)0.43p.u.

(　) 7. 承上題，故障後匯流排 3 的電壓約為何？
(A)0p.u.　(B)0.14p.u.　(C)0.29p.u.　(D)0.43p.u.

(　) 8. 三具單相理想變壓器，其一次側與二次側匝數比為 40，以 Y-Y 接線供應三相 220V、10kW、功率因數為 0.8 之負載，則下敘述何者正確？
(A)一次側相電壓約為 5080V
(B)二次側相電壓約為 220V
(C)二次側線電流約為 0.8A
(D)二次側線電流約為 32A

## 【解答與解析】

答案標示為#者，表官方公告更正該題答案。

**1**.(D)。 $\cos\theta_1=0.6$，$\tan\theta_1=\frac{4}{3}$，$\cos\theta_2=0.8$，$\tan\theta_2=\frac{3}{4}$

$$Q=P(\tan\theta_1-\tan\theta_2)=900k\times\left(\frac{4}{3}-\frac{3}{4}\right)=525kVAR$$

**2**.(B)。 基本損失不包括感應損。

**3**.(C)。 台電公司目前最高的輸電系統電壓為 345KV。

**4**.(D)。 三相短路接地為平衡故障。

**5**.(C)。 $\left|I_f''\right|=\left|\frac{V_f}{Z_{33}}\right|=\left|\frac{1}{j0.7}\right|=1.43p.u.$

**6**.(C)。 $V_1=V_f-\frac{Z_{13}}{Z_{33}}V_f=1-\frac{j0.5}{j0.7}\times1=0.29p.u.$

**7**.(A)。 匯流排 3 發生三相短路接地故障⟹$V_3=0p.u.$

**8**.(ABD)。

Y 接：$V_L=\sqrt{3}\,V_p$，$I_L=I_p$

二次側線電壓 $V_{2L}$=220V，二次側相電壓 $V_{2p}=\dfrac{220}{\sqrt{3}}$=127V，一次側相電壓 $V_{1p}=\dfrac{220}{\sqrt{3}}\times 40$=5080V，一次側線電壓 $V_{1L}=\sqrt{3}V_{1p}$=8800V

$P=\sqrt{3}\,V_{2L}I_{2L}\cos\theta \Rightarrow I_{2L}=\dfrac{P}{\sqrt{3}V_{2L}\cos\theta}=\dfrac{10k}{\sqrt{3}\times 220\times 0.8}=32.8A=I_{2p}$，$I_{1p}=\dfrac{I_{2p}}{a}=\dfrac{32.8}{40}=0.82A=I_{1L}$

註：題目選項(B)應改為「一次側線電流約為 0.8A」。

# 112年 桃機新進從業人員甄試(A)

## 一、選擇題

( )　1. 3 台單相 6600/110V 變壓器以 Y-Y 的方式連接，其線間電壓為？
(A)11400/220　(B)19800/190　(C)11400/190　(D)19800/330V

( )　2. 一台單相額定 20kVA、8000/800V 雙繞組變壓器使用在頻率 60Hz 情況下，其等效串聯阻抗為 0.02+0.06p.u.，若將其接為 8.8kV/8kV 之自偶降壓變壓器，則等效串聯阻抗變為？
(A)0.22+0.66　(B)0.002+0.006　(C)0.2+0.6　(D)2+6

( )　3. 三相均為 10kVA、11000/220V、60Hz 之單相變壓器，擬接成 11000/380V 以供給三相負載，其接線方式為？
(A)△-△　(B)△-Y　(C)Y-△　(D)Y-Y

( )　4. 供應系統量測儀錶所需要之電流取樣，通常使用比流器的二次側限制為？
(A)不可開路　(B)不可短路　(C)不可接電流表(D)以上皆非

( )　5. 台灣一般家庭供電大都為 110V，而無熔絲保險跳電開關大都為 30A。若欲避免屋內跳電，則所有電器用電功率總和不得超過
(A)110　(B)30　(C)3000　(D)3300W

( )　6. 為了減少電力輸送過程電能的損耗，電力公司通常會採取哪種方式輸送電能？
(A)低電壓、高電流　(B)高電壓、低電流
(C)低電壓、低電流　(D)高電壓、高電流

( )　7. 將 3 台匝數比 30:1 之降壓單相變壓器，接成 Y-Y 接線，一次側外加 11.43kV 三相平衡電源，二次側供給 341A 三相平衡負載，則下列敘述何者正確？

(A)一次側線電流 3.79A (B)一次側相電流 6.56A
(C)二次側線電壓 381V (D)二次側相電壓 381V

( ) 8. 電氣火災是屬於哪一類的火災？
(A)甲類 (B)乙類 (C)丙類 (D)丁類

( ) 9. 分電盤上之無熔絲開關在裝置時應注意
(A)電源在上、開關往上扳為 ON (B)電源在上、開關往下扳為 ON
(C)電源在下、開關往上扳為 ON (D)電源在下、開關往下扳為 ON

( ) 10. 所謂標么系統就是以「標么基準值」為單位的計量，以下敘述何者正確？
(A)選定某個容量、電壓、電流及阻抗的數值作為基準值
(B)標么值==實際值/基準值
(C)便於比較電力系統中各元件特性與參數
(D)以上皆是

( ) 11. 變壓器的使用效率在負載量多少時效率最高？
(A)10~20 (B)30~40 (C)50~60 (D)70-80%

( ) 12. 有關負載的敘述，下列何者錯誤？
(A)負載曲線越接近彎曲的曲線越好
(B)研究負載特性須由負載曲線著手
(C)負載因數通常小於 100%
(D)負載因數=平均負載/最高負載

( ) 13. 下列何者不是電壓變動對電動機類設備之影響？
(A)用電電壓減小，將增加轉矩
(B)用電電壓增大，將減少滿載電流
(C)用電電壓減小，將增加溫升
(D)用電電壓增大，將減少溫升

(　)　14. 外鐵式變壓器的結構比較適合應用於何種負載？
(A)低電壓、低電流　(B)高電壓、高電流
(C)低電壓、高電流　(D)高電壓、低電流

(　)　15. 水力發電是將水抽至高處再經過鋼管下沖推動發電機旋轉發電，下列敘述何者有誤？
(A)損失的位能可直接轉換成電能
(B)位能減少、動能增加
(C)部分能量轉換成熱能散失
(D)遵守能量守恆定律

(　)　16. 無熔絲開關之 AF 表示為？
(A)框架容量　(B)跳脫電壓
(C)額定連續電流　(D)啟斷電流容量

(　)　17. 電能轉換成光能與熱能可用來照明，哪一項定律是符合整個過程？
(A)能量　(B)質量　(C)重力　(D)動能守恆

(　)　18. 某一系統的能量轉換效率為 0.8，若損失功率是 400W，則該系統的輸出功多少 W？
(A)1600　(B)500　(C)2000　(D)320W

(　)　19. 目前台電電費單在功率因數改善部分，功率因數低於 80%時，每低於 1%，加收多少電費？
(A)10　(B)1　(C)0.1　(D)0.01 元

(　)　20. 台電是以多少時間作為計算契約需量？
(A)5 分鐘　(B)10 分鐘　(C)15 分鐘　(D)20 分鐘。

**【解答與解析】**

1.(C)。Y 接：$V_L=\sqrt{3}V_p$，$V_{L1}=\sqrt{3}\times6600=11400V$，$V_{L2}=\sqrt{3}\times110=190V$

2.(A)。$S'=20k\left(1+\frac{8}{8.8-8}\right)=220kVA$，

$\frac{S'}{S}=11=\frac{Z'}{Z}$，Z'=11(0.02+j0.06)=0.22+j0.66 p.u.

註：此題後方數字應再加上「j」，表示虛數阻抗。

3.(B)。Y 接：$V_L=\sqrt{3}V_p$，△ 接：$V_L=V_p$，11000⟶11000⇒△接，220⟶380⇒Y 接，∴為△−Y 接

4.(A)。比流器二次測不可開路，比壓器二次側不可短路

5.(C)。P<110×30=3300W，故選擇不超過 3000W

6.(B)。採取高電壓、低電流方式輸送電力

7.(C)。Y 接：$V_L=\sqrt{3}V_p$，$I_L=I_p$，$V_{L1}=11.43kV$，$V_{p1}=\frac{11.43}{\sqrt{3}}=6.6kV$，$V_{p2}=6.6\times\frac{1}{30}=220V$，$VL2=\sqrt{3}\times220=381V$，$I_{L2}=I_{p2}=341A$，$I_{p1}=341\times\frac{1}{30}=11.37A$

8.(C)。電氣火災屬於丙類火災。

9.(D)。電源在上、開關往上扳為 ON。此題答案錯誤，應改選(A)。

10.(D)。以上皆是。

11.(C)。50~60%時效率最高。

12.(A)。負載曲線越接近直線越好。

13.(A)。用電電壓減小，將減少轉矩。

14.(C)。外鐵式變壓器的結構比較適合低電壓、高電流。

15.(A)。損失的位能無法直接轉換成電能。

16.(A)。 AF 為框架容量。

17.(A)。 遵守能量守恆。

18.(A)。 $P_i \times 0.2=400$，$P_i=2000W$，$P_o=P_i \times 0.8=1600W$

19.(C)。 加收 0.1 元。

20.(C)。 15 分鐘來做計算。

## 二、非選擇題

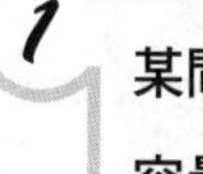

**某間工廠主要用電設備集中在 220V 的低壓動力匯流排上，包含照明設備容量共 120kVA、平均功率因數為 0.90；感應電動機總容量為 300kVA、平均功率因數為 0.75；其它設備等負載合計總容量 60kVA、平均功率因數為 0.60，請計算：**

**(一)全廠的功率因數與用電總容量。**

**(二)為了將功率因數提高到 0.95，最少需加裝多少電容量（kVAR）的電容器組？**

**詳解**

(一) $P=120k \times 0.9+300k \times 0.75+60k \times 0.6=369kW$

$$pf=\frac{P}{S}=\frac{369k}{120k+300k+60k}=0.77$$

(二) $Q_c=P(\tan\theta_1-\tan\theta_2)=369k \times (0.8286-0.3287)=184.46kVAR$

**2** **當負載連接到 120V（rms）、60Hz 的傳輸線，該負載吸收 4kW、0.8 滯後的功率因數。試求將 pf 提升至 0.95 所需的電容值。**

**詳解**

$Q_c=P(\tan\theta_1-\tan\theta_2)=4k\times(0.75-0.3287)=1685.2VAR$

$$C=\frac{Q}{2\pi fV^2}=\frac{1685.2}{2\pi\times60\times120^2}=310.58\mu F$$

**3** **配電電力管理主要的目的是能充分有效地利用電力，減少電力的損失，可採用那些方法？**

**詳解**

以下方法能充分有效地利用電力，減少電力的損失

(1)有效管理配電系統之電壓，以降低線路與設備損失。

(2)三相系統應保持三相負載平衡。

(3)負載重之設備應採用專用回路，並縮短大電力負載的供電距離。

(4)採用高效率變壓器，提高變壓器之負載率，或依自身條件，以多台變壓器組合併聯運轉。

# 112年 桃機新進從業人員甄試(B)

## 一、選擇題

(　) 1. 某單相負載電路利用 100/5 之比流器測量線路電流時，如果一次側匝數為 2 匝，二次測量測到 2A，則線路的電流為？
(A)200　(B)400　(C)600　(D)800A。

(　) 2. 有一單相變壓器，輸出容量 10kVA，在額定電壓時鐵損為 120W，額定電流時銅損為 180W，將此變壓器供給一功因 0.8 之負載，求 1/2 負載時之效率為多少？
(A)98.6　(B)97.3　(C)96.5　(D)96.0。

(　) 3. 供應系統量測儀錶所需要之電流取樣，通常使用比流器的二次側限制為？
(A)不可開路　(B)不可短路
(C)不可接電流表　(D)以上皆非。

(　) 4. 台灣一般家庭供電大都為 110V，而無熔絲保險跳電開關大都為 30A。若欲避免屋內跳電則所有電器用電功率總和不得超過
(A)110　(B)30　(C)3000　(D)3300W。

(　) 5. 有 A、B 兩個電熱水瓶，A 標示 110V、700W、B 標示 110V、500W，將兩個電熱水瓶同時接在 110V 電源上，則下列敘述哪一項正確？
(A)A 比較省電　(B)A 比較省時
(C)B 比較省電　(D)B 比較省時。

(　) 6. 針對需量控制的對策，下列敘述何者有誤？
(A)消除尖峰　(B)負載轉移至尖峰
(C)負載曲線谷底填充　(D)負載成長。

( ) 7. 下列敘述針對比壓器的特性與應用，何者有誤？
(A)低壓側一端需接地 (B)一次側需經過保險絲保護
(C)二次側需短路 (D)二次側電壓低。

( ) 8. 日常生活中，我們常以「度」作為計算電費，請問這是什麼的單位？
(A)電量 (B)電流 (C)電能 (D)溫度。

( ) 9. 符合位能→動能→電能的能量轉換過程是哪一種發電？
(A)火力 (B)風力 (C)水力 (D)太陽能。

( ) 10. 目前台灣電力公司的電力系統，其電源電壓頻率是多少？
(A)50 (B)60 (C)110 (D)220Hz。

( ) 11. 以下哪一種不是主要用電場所常見的設備？
(A)照明設備 (B)鬧鐘
(C)空調系統 (D)電腦與其它事務機器。

( ) 12. 配電無效電力的管理，主要是提高系統功率因數，可加裝什麼設備來改善？
(A)電容器 (B)電感器 (C)電阻器 (D)以上皆非。

( ) 13. 負載遽變引起電壓連續突降所致稱為電壓閃爍，下列何者非造成此現象的設備？
(A)電磁爐 (B)電焊機 (C)變頻器 (D)馬達。

( ) 14. 電路頻率降低時，則電容抗會
(A)增加 (B)減少 (C)不變 (D)不一定。

( ) 15. 外鐵式變壓器的結構比較適合應用於何種負載？
(A)低電壓、低電流 (B)高電壓、高電流
(C)低電壓、高電流 (D)高電壓、低電流。

( )　16. 60Hz 之變壓器操作在 50Hz 之電源，則加入變壓器之電壓額定需要？
(A)提高 1/6　(B)減少 1/6　(C)提高 1/5　(D)不變。

( )　17. 一般整流器的功能為
(A)直流電轉直流電　(B)交流電轉交流電
(C)直流電轉交流電　(D)交流電轉直流電。

( )　18. 家中所裝的電表，是用來測量什麼物理量？
(A)電能　(B)電壓　(C)電流　(D)頻率。

( )　19. 目前台電電費單在功率因數改善部分，功率因數高於 80%以上時，每高於 1%，減收多少電費？
(A)10　(B)1　(C)0.1　(D)0.01 元。

( )　20. 負載因數的比值越大代表
(A)用電分配不平均
(B)電費會越貴
(C)容易造成設備損壞
(D)配電設備有效利用率越高。

**【解答與解析】**

1.(A)。此題題意不清，應送分。

2.(D)。$\eta=\dfrac{10k\times0.8}{10k\times0.8+120+180}\times100\%=96\%$。

3.(A)。比流器二次側不可開路，比壓器二次側不可短路。

4.(C)。P<110×30=3300W，故選 3000W。

5.(B)。若 A、B 兩者水量相同，則加熱至同樣溫度消耗能量應為相同，而 A 功率較大，故 A 較省時。

6.(B)。負載轉移至離峰才是需量控制之對策。

7.(C)。比壓器二次側不可短路，比流器二次側不可開路。

8.(C)。「度」為電能單位。

9.(C)。此為水力發電。

10.(B)。台灣使用頻率為 60Hz。

11.(B)。鬧鐘不是主要用電場所常見的設備。

12.(A)。功率因數可靠加裝電容器來改善。

13.(C)。變頻器無法造成電壓閃爍。

14.(A)。$Z=\frac{1}{j\omega C}\propto\frac{1}{\omega}\propto\frac{1}{f}$，頻率降低，電容抗增加。

15.(C)。外鐵式變壓器適合低電壓、高電流。

16.(B)。$V'=V\times\frac{50}{60}=\frac{5}{6}V$，電壓額定須減少 1/6。

17.(D)。整流器功能為交流電轉直流電。

18.(A)。電表測量電能。

19.(C)。每超過 1%，該月份電費應減少 0.1%。

20.(D)。負載因數的比值越大代表配電設備有效利用率越高。

## 二、非選擇題

**1**

**某間工廠主要用電設備集中在 220V 的低壓動力匯流排上，包含照明設備容量共 120kVA、平均功率因數為 0.90；感應電動機總容量為 300kVA、平均功率因數為 0.75；其它設備等負載合計總容量 60kVA、平均功率因數為 0.60，請計算：**

**(一) 全廠的功率因數與用電總容量。**

**(二) 為了將功率因數提高到 0.95，最少需加裝多少電容量(kVAR)的電容器組？**

**詳解**

(一) $P=120k\times0.9+300k\times0.75+60k\times0.6=369kW$

$$pf=\frac{P}{S}=\frac{369k}{120k+300k+60k}=0.77$$

(二) $Q_c=P(\tan\theta_1-\tan\theta_2)=369k\times(0.8286-0.3287)=184.46kVAR$

**2**

**配電電力管理主要的目的是能充分有效地利用電力，減少電力的損失，可採用那些方法？**

**詳解**

$Q_c=P(\tan\theta_1-\tan\theta_2)=4k\times(0.75-0.3287)=1685.2VAR$

$$C=\frac{Q}{2\pi fV^2}=\frac{1685.2}{2\pi\times60\times120^2}=310.58\mu F$$

**3** **工廠使用之三相Δ-Δ型變壓器，如果其中一組變壓器故障，改以 V-V 型供電，則可輸出功率為原來額定功率的幾倍？**

**詳解**

$$\frac{\text{輸送功率}}{\text{原來功率}}=\sqrt{3}$$

# 112年 經濟部所屬事業機構新進職員甄試（電機(一)）

**1**

某三相電力系統單線圖如圖所示，匯流排 2 之負載 $S_2$=16.44MW－j38.1MVar，匯流排 3 之負載 $S_3$=80.31MW+j64.2MVar，所有阻抗標么值皆以 100MVA、500kV 為基準，如保持匯流排 3 電壓於 500∠0°kV，請回答下列問題（計算至小數點後第 2 位，以下四捨五入）

(一) 匯流排 2 之電壓大小$|V_2|$（以 kV 值表示）為多少？

(二) 匯流排 1 之電壓大小$|V_1|$（以 kV 值表示）為多少？

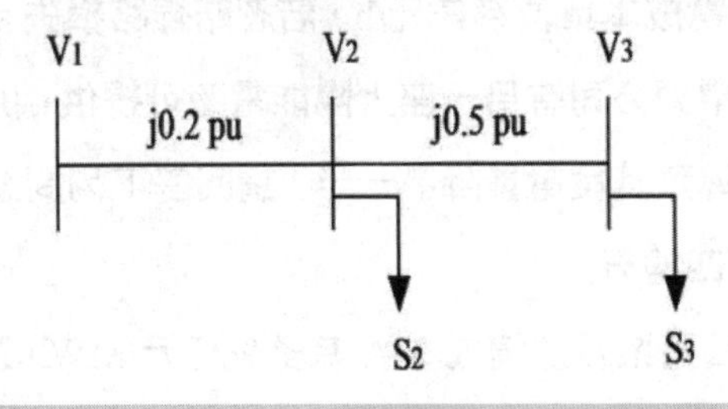


詳解

(一) $S_{3p.u.}=\dfrac{80.31}{100}+j\dfrac{64.2}{100}=0.8031+j0.642\text{p.u.}$

$S_{2p.u.}=\dfrac{16.44}{100}-j\dfrac{38.1}{100}=0.1644-j0.381\text{p.u.}$

$V_{3p.u.}=\dfrac{500\angle 0^\circ}{500}=1\angle 0^\circ\text{p.u.}$

$I_{2\to 3}=\dfrac{S_{3p.u.}}{V_{3p.u.}{}^*}=\dfrac{0.8031-j0.642}{1\angle 0^\circ}=0.8031\text{-}j0.642\text{p.u.}$

$V_2=1\angle 0^\circ+(0.8031-j0.642)\times j0.5=1.3807\angle 16.91^\circ\text{p.u.}$

$|V_2|=1.3807\times 500\text{k}=690.35\text{kV}$

(二) $I_{1\to2}=I_2+I_{2\to3}=\dfrac{0.1644+j0.381}{1.3807\angle-16.91^\circ}+(0.8031-j0.642)=0.8368-j0.3433$

$V_1=1.3807\angle16.91^\circ+j0.2\times(0.8368-j0.3433)=1.5016\angle22.26^\circ$p.u.

$|V_1|=1.5016\times500k=750.8kV$

**2** 某電力公司有 3 部火力發電機組，其發電成本與運轉限制如下：

$C_1(P_1)=150+8P_1+0.04P_1^2$，$40\leqq P_1\leqq100$

$C_2(P_2)=50+6P_2+0.02P_2^2$，$100\leqq P_2\leqq250$

$C_3(P_3)=300+4P_3+0.01P_3^2$，$50\leqq P_3\leqq600$

發電機容量單位為 MW，發電成本單位為仟元/h，若忽略線路損失，用戶負載需求為 860MW。又該電力公司有另一座太陽能電廠可提供 100MW 電力，此時雲層飄過上空，導致其發電量降為一半，請回答下列問題（計算至小數點後第 2 位，以下四捨五入）

(一) 在最佳調度時，該電力公司系統遞增成本 A 為多少仟元/MWh？

(二) 在最佳調度時，$P_1$、$P_2$、$P_3$ 分別為多少 MW？

(三) 若不考慮太陽能電廠之發電成本，在最佳調度時系統之總發電成本為多少仟元/h？

(四) 該電力公司平均每度發電成本為多少元/kWh？

**詳解**

(一) $IC_1=0.08P_1+8$

$IC_2=0.04P_2+6$

$IC_3=0.02P_3+4$

$$\lambda=\frac{\frac{8}{0.08}+\frac{6}{0.04}+\frac{4}{0.02}+860-50}{\frac{1}{0.08}+\frac{1}{0.04}+\frac{1}{0.02}}=14.4\text{ 仟元/MWh}$$

(二) $\begin{cases} P_1 + P_2 + P_3 = 810 \\ IC_1 = IC_2 = IC_3 = \lambda \end{cases}$ $\Rightarrow P_1$=80MW，$P_2$=210MW，$P_3$=520MW

(三) $C_T=C_1+C_2+C_3$=8322 仟元/h

(四) $\dfrac{14.4\times10^3}{1000k}$=14.4 元/kWh

**3**

**某長度** 50m **之同軸電纜，電感與電容分別為** 0.25μH/m **及** 50pF/m**，工作頻率為** 100kHz**，真空中介電係數** ε0=8.85×10-12F/m**、導磁係數** μ=μ0=4π×10-7H/m**，請回答下列問題（計算至小數點後第 2 位，以下四捨五入，** π=3.14)

**(一) 傳輸線之特性阻抗** $\hat{Z}c$ **為多少歐姆**(Ω)**，相位常數** β **為多少** rad/m**？**

**(二) 若介質（**Medium**）之導磁係數與自由空間相同，該介質之介電係數為何？**

**(三) 傳輸線之延遲時間為多少秒**(S)**？**

**詳解**

(一) $Z_c=\sqrt{\dfrac{L}{C}}=\sqrt{\dfrac{0.25\times10^{-6}}{50\times10^{-12}}}$=70.71Ω

$\beta = w\sqrt{LC} = 2\pi\times100k\times\sqrt{0.25\times10^{-6}\times50\times10^{-12}}$=$2.22\times10^{-3}$rad/m

(二) 70.71=$\dfrac{377}{\sqrt{\varepsilon_r}}$，$\varepsilon_r$=28.43

(三) $T_d=\sqrt{LC}=\sqrt{0.25\times10^{-6}\times50\times10^{-12}}$=3.54ns

# 112年 經濟部所屬事業機構新進職員甄試（電機(二)）

**1** 如圖所示為一 208V 的三相電力系統，此系統包含一個理想的三相 Y 接發電機，發電機經由輸電線供應之一 Y 接負載，輸電線的阻抗為 0.06+j0.12Ω，每相的負載為 12+j9Ω，試求（計算至小數點第 2 位，以下四捨五入）：

(一) 線電流的大小為多少？

(二) 負載上之線電壓及相電壓的大小為多少？

(三) 負載消耗的實功率、虛功率及視在功率為多少？

(四) 負載之功率因數為多少？

(五) 傳輸線上所消耗的實功率、虛功率及視在功率為多少？

(六)發電機所供應的實功率、虛功率及視在功率為多少？

(七) 發電機之功率因數為多少？

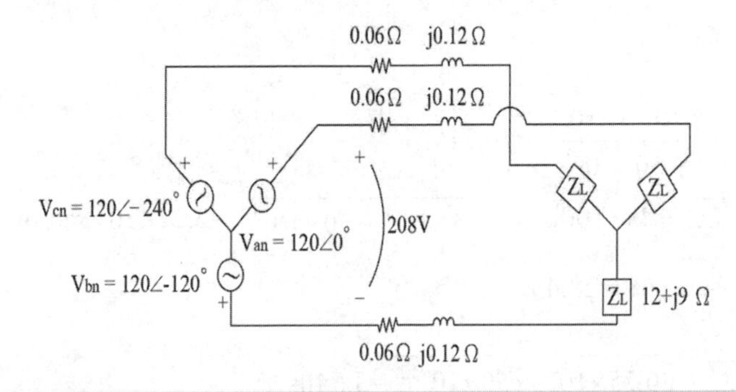

**詳解**

(一) $|I_L|=|\dfrac{120}{0.06+j0.12+12+j9}|=7.94A$

(二) $|V_P|=7.94\times|12+j9|=119.1V$

$|V_L|=\sqrt{3}\times7.94\times|12+j9|=206.29V$

(三) $P_L=3\times7.94^2\times12=2269.57W$

$Q_L=3\times7.94^2\times9=1702.18VAR$

$S_L=\sqrt{2269.57^2+1702.18^2}=2836.96VA$

(四) $pf=\dfrac{P_L}{S_L}=\dfrac{2269.57}{2836.96}=0.8(lag)$

(五) $P_{loss}=3\times7.94^2\times0.06=11.35W$

$Q_{loss}=3\times7.94^2\times0.12=22.70VAR$

$S_{loss}=\sqrt{11.35^2+22.70^2}=25.38VA$

(六) $P_G=11.35+2269.57=2280.92W$

$Q_G=22.70+1702.18=1724.88VAR$

$S_G=\sqrt{2280.92^2+1724.88^2}=2859.69VA$

(七) $pf=\dfrac{P_G}{S_G}=\dfrac{2280.92}{2859.69}=0.79(lag)$

**2**

考慮如圖所示之電力系統，若忽略故障前負載電流，已知故障前電壓為 1.05pu，試求（計算至小數點第 2 位，以下四捨五入)

(一) 匯流排阻抗矩陣 $Z_{bus}$ 為多少 pu？

(二) 設匯流排 1 發生三相短路故障，試利用 $Z_{bus}$ 求解次暫態故障電流為多少 pu？又其中由輸電線部分供應之電流為多少 pu？

(三) **設匯流排 2 發生三相短路故障，試利用 $Z_{bus}$ 求解次暫態故障電流為多少 pu？又其中由輸電線部分供應之電流為多少 pu？**

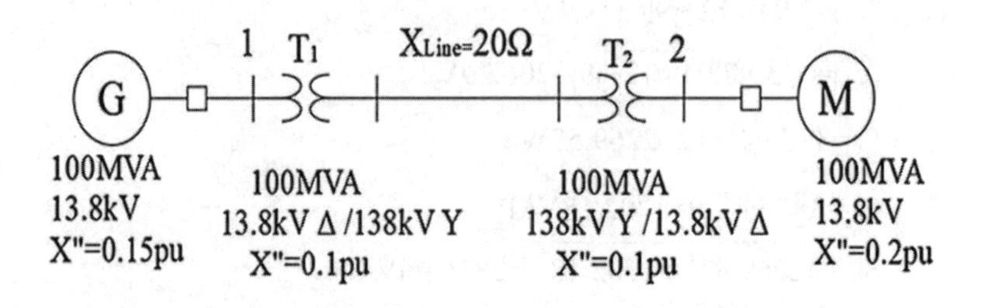


**詳解**

阻抗標么圖如下

(一)

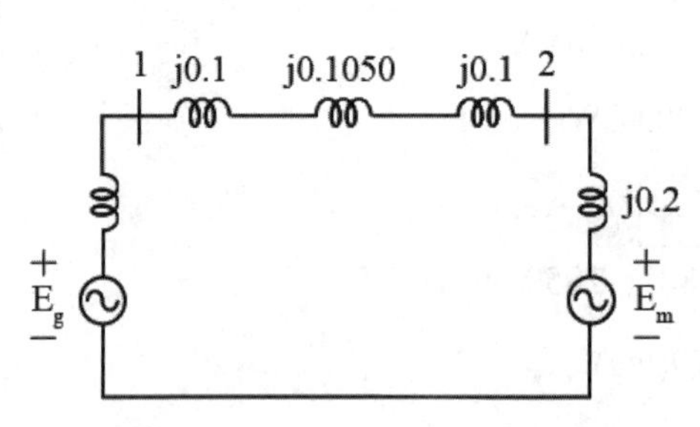


$S_{base}$=100MVA

$V_{base}$=13.8kV/138kV/13.8kV

$$Z_{base}=\frac{(138k)^2}{100M}=190.44\Omega$$

$$X_{line}=\frac{20}{190.44}=0.1050\text{p.u.}$$

$$Y_{bus}=\begin{bmatrix}\frac{1}{j0.15}+\frac{1}{j(0.1+0.1050+0.1)} & -\frac{1}{j(0.1+0.1050+0.1)}\\ -\frac{1}{j(0.1+0.1050+0.1)} & \frac{1}{j0.2}+\frac{1}{j(0.1+0.1050+0.1)}\end{bmatrix}$$

$$=\begin{bmatrix} -j9.946 & j3.279 \\ j3.279 & -j8.279 \end{bmatrix}\text{p.u.}$$

$$Z_{bus}=Y_{bus}^{-1}=\begin{bmatrix} j0.12 & j0.05 \\ j0.05 & j0.14 \end{bmatrix}\text{p.u.}$$

(二) 次暫態故障電流

$$I_F''=\frac{V_f}{Z_{11}}=\frac{1.05\angle 0^\circ}{j0.12}=-j8.75\text{p.u.}$$

輸電線供應電流

$$I_{line}''=-j8.754\times\frac{0.15}{0.15+(0.1+0.1050+0.1+0.2)}=-j2.36\text{p.u.}$$

(三) 次暫態故障電流

$$I_F''=\frac{V_f}{Z_{22}}=\frac{1.05\angle 0^\circ}{j0.14}=-j7.5\text{p.u.}$$

輸電線供應電流

$$I_{line}''=-j7.5\times\frac{0.2}{0.2+(0.1+0.1050+0.1+0.15)}=-j2.7\text{p.u.}$$

**3**

**額定為100MVA、20KV的同步發電機，其正序、負序及零序電抗分別為 $X_1=X_2=0.1$pu 及 $X_0=0.05$pu，又此發電機中性點採電抗接地，且該接地電抗器 $X_n$ 為 0.2Ω。若此發電機正運轉在額定電壓，沒有負載，且與系統解聯的情況下，發電機出口端發生a相接地故障，接地電阻為零，試求：**

**(一) 接地電抗器 $X_n$ 為多少 pu？**

**(二) 請繪出單相接地故障相序網路戴維寧等效電路（以 pu 表示）。**

**(三) a 相故障電流大小為多少 KA？**

**詳解**

(一) $X_n=\dfrac{0.2}{\dfrac{20^2}{100}}=0.05\text{p.u.}$

(二)



(三) $|I_f|=3\times\dfrac{1}{0.1+0.1+0.15+0.05\times3}\times\dfrac{100M}{\sqrt{3}\times20k}=21.65\text{kA}$

# 112年 臺灣菸酒評價職位人員轉任職員

## 一、選擇題

( ) 1. 設計電力系統時，輸送電力越大、距離越遠，採用的電壓越高，下列哪一個不是它的優點？
(A)電力設備的絕緣費用越高 (B)可提高輸電效率
(C)減少輸電線路壓降 (D)可減少輸電線路的用銅量。

( ) 2. 下列那一個不是直流輸電的優點？
(A)成本低 (B)無電感及電容的作用
(C)電壓升降及控制不易 (D)無集膚效應。

( ) 3. 目前台灣最高的輸電電壓是多少 kV？
(A)22.8 (B)69 (C)161 (D)345。

( ) 4. 電力系統裝置比壓器（PT,Potential Transformer）之目的為何？
(A)測 AC 大電流 (B)測 DC 電壓
(C)AC 變 DC (D)測 AC 高電壓。

( ) 5. 有一配電系統接三相交流感應電動機，測得輸入功率為 15kW，馬達的電壓 380V，電流 32A，則此配電系統的功率因數為何？
(A)0.62 (B)0.71 (C)0.82 (D)0.91。

( ) 6. 有一 Y 接三相四線式電路，其線間電壓是 22.8kV，電流 20A，功率因數 0.85，求其相間電壓約多少 kV？
(A)11.4 (B)13.16 (C)330 (D)660。

( ) 7. 有一交流單相 110V 電路，電流 30A，串接負載，阻抗 3+j4 歐姆，求功率因數多少？
(A)0.3 (B)0.5 (C)0.6 (D)0.8。

( ) 8. 有一電機設備其輸入電流及輸入電壓有效值分別為 8A 及 110V，其輸出電壓及輸出電流有效值分別為 110V 及 6A，則此電機設備的效率為？

(A)65% (B)75% (C)80% (D)95%。

( ) 9. 有一直流電壓源，空載時其端電壓為 12V，當負載電阻 R=6Ω 時，負載電流為 2A，則直流電壓源之內阻 R 為？

(A)內阻 R 為 0Ω (B)內阻 R 為 2Ω

(C)內阻 R 為 4Ω (D)內阻 R 為 6Ω。

( ) 10. 如圖所示，三相平衡電源，接三相平衡負載，求流過電阻負載 38 歐姆的電流約為多少 A？

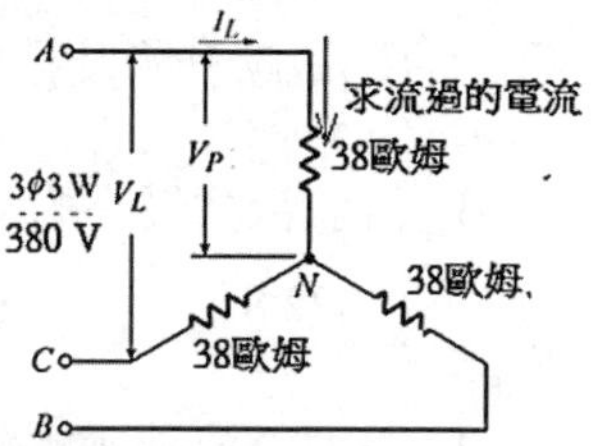

(A)10

(B)$10\sqrt{3}$

(C)20

(D)$10/\sqrt{3}$。

( ) 11. 三相感應電動機 380V，50HP，額定負載下，功率因數為 85%，效率為 82%，則其額定滿載電流約為多少 A？

(A)81.3A (B)133.4A (C)138.2A (D)162.6A。

( ) 12. 某電力系統 345kV 輸電線，長度 380 公里，其並聯電容 $4.084\times10^{-12}$ (F/m)，串聯電感 $0.1625\times10^{-6}$(H/m)，不考慮串聯電阻及並聯電導時，求此長程輸電線的特性阻抗約為多少歐姆？

(A)100 (B)200 (C)300 (D)400。

(　) 13. 關於輸電線路的電阻，下列敘述何者正確？
(A)電阻與長度成反比　(B)電阻與截面積成反比
(C)電阻與導磁係數成反比　(D)電阻與電阻係數成反比。

(　) 14. 某輸電線在頻率 60Hz 時的線路阻抗為 Z=1+j8 歐姆，若忽略集膚效應，則線路於頻率為 75Hz 時的阻抗為多少歐姆？
(A)1+j10　(B)1+j16　(C)1.25+j16　(D)1.25+j10。

(　) 15. 某 Y 接平衡負載由正相序的三相平衡系統供電，若負載之相電壓 $V_{an}=254\angle 0°$伏特，則線電壓 $V_{ab}$ 約為多少？
(A)$147\angle 30°$伏特　(B)$147\angle -30°$伏特
(C)$440\angle 30°$伏特　(D)$440\angle -30°$伏特。

(　) 16. 在三相完全換位的輸電線中，線路電感為 L 與線路對地電容為 C，若增加線路相間之距離，下列敘述何者正確？
(A)L 增加、C 增加　(B)L 減小、C 減小
(C)L 減小、C 增加　(D)L 增加、C 減小。

(　) 17. 如圖的短程輸電線模型中，其 ABCD 傳輸參數何者為 Z？
(A)A
(B)B
(C)C
(D)D。



(　) 18. 某三相、Y 接、125MVA、50kV 同步發電機之每相同步阻抗為 6.4Ω，若以 100MVA、40kV 為基準值，則此同步阻抗的標么值為？
(A)0.25pu　(B)0.32pu　(C)0.40pu　(D)0.52pu。

(　) 19. 下列何種電驛可做為變壓器之內部故障保護？
(A)差動電驛　(B)載波電驛
(C)過電流電驛　(D)方向性過電流電驛。

( ) 20. 某系統有兩部發電機，A 機發電量為 $P_A$、$200MW \le P_A \le 600MW$、成本函數為 $C_A=40+10P_A+0.05P^2$（元/小時）。B 機發電量為 $P_B$、100MW≤P-≤500MW、成本函數為 $C_B=45+8P_B+0.05P^2$（元/小時）。當系統需量為 600MW 時，A 機分擔多少發電量可使總成本為最低？
(A)200MW (B)290MW (C)310MW (D)350MW。

【解答與解析】

1.(A)。電力設備的絕緣費用越高為缺點。

2.(C)。電壓升降及控制不易非直流輸電的優點。

3.(D)。目前台灣最高的輸電電壓是 345kV。

4.(D)。比壓器測 AC 高電壓。

5.(B)。$pf=\cos\theta=\dfrac{P}{\sqrt{3}IV}=\dfrac{15k}{\sqrt{3}\times 380\times 32}=0.71$

6.(B)。Y 接：$V_L=\sqrt{3}V_p$，$V_p=\dfrac{V_L}{\sqrt{3}}=\dfrac{22.8k}{\sqrt{3}}=13.16kV$

7.(C)。$pf=\cos\theta=\dfrac{3}{\sqrt{3^2+4^2}}=0.6$

8.(B)。$\eta=\dfrac{6\times 110}{8\times 110}\times 100\%=75\%$

9.(A)。$V_L=2\times 6=12$ ⟹無消耗，直流電壓源無內阻。

10.(D)。Y 接：$V_L=\sqrt{3}V_p$，$V_p=\dfrac{V_L}{\sqrt{3}}=\dfrac{380}{\sqrt{3}}$，$I_p=\dfrac{V_p}{R}=\dfrac{\frac{380}{\sqrt{3}}}{38}=\dfrac{10}{\sqrt{3}}$ A

11.(A)。$I=\dfrac{50\times 746\div 0.82\div 0.85}{\sqrt{3}\times 380}=81.3A$

12.(B)。$Z=\sqrt{\dfrac{L}{C}}=\sqrt{\dfrac{0.1625\times 10^{-6}}{4.084\times 10^{-12}}}=200\Omega$

13.(B)。(A)電阻與長度成正比。
(C)電阻與導磁係數無關。
(D)電阻與電阻係數成正比。

14.(A)。$Z=1+\left(j8\times\frac{75}{60}\right)=1+j10\Omega$

15.(C)。$V_{ab}=\sqrt{3}\times254\angle30°=440\angle30°V$

16.(D)。增加線路相間之距離，L 增加、C 減小。

17.(B)。$\begin{bmatrix}V_s\\I_s\end{bmatrix}=\begin{bmatrix}A&B\\C&D\end{bmatrix}\begin{bmatrix}V_R\\I_R\end{bmatrix}$，$A=D=\frac{ZY}{2}+1$，$B=Z$，$C=Y(1+\frac{ZY}{4})$

18.(C)。$Z_{base}=\frac{{V_{base}}^2}{S_{base}}=\frac{(40k)^2}{100M}=16$，$Z_{(p.u.)}=\frac{6.4}{16}=0.4p.u.$

19.(A)。差動電驛可做為變壓器之內部故障保護。

20.(B)。$\frac{dC_A}{dP_A}=\frac{dC_B}{dP_B}\Rightarrow0.1P_A+10=0.1P_B+8$－①
$P_A+P_B=600$－②
①②式解聯立得 $P_A=290MW$，$P_B=310MW$

## 二、選擇題

**有一 22.8kV 電力系統，經變壓器（三相，22.8kV/0.38V，2000kVA）供負載 1000kW，功率因數 0.6，若在負載側加裝電力電容器改善功率因數至 0.8，試計算：**

**(一) 需加電力電容器多少 kvar？**

**(二) 功因改善後，負載側的虛功率多少 kvar？**

**詳解**

(一) $Q_c=P(\tan\theta_1-\tan\theta_2)=1000k\times\left(\frac{4}{3}-\frac{3}{4}\right)=583.33kVAR$

(二) $Q=S\sin\theta_2=2000k\times0.6=1200kVAR$

# 112年 關務三等

**1**

如圖所示為一三相交流平衡之電力系統單線圖。其中圖中符號 $G_i$，i=1、2、3 代表發電機；$T_i$，i=1、2、3 代表變壓器。傳輸線電抗之實際值與相關各設備的額定容量、額定電壓、與其電抗之標么（pu）值與基準（base）值已標示於圖上。

(一) 假設以 20MVA 與 66kV 作為全系統基準值，計算以下設備電抗之標么值：(1)變壓器 $T_1$；(2)發電機 $G_2$；(3)變壓器 $T_3$；(4)傳輸線。

(二) 假設該系統運轉於無載狀態，而發電機 $G_2$ 與 $G_3$ 均因歲修而未併網，僅發電機 $G_1$ 供電。計算此時流經傳輸線之電流。

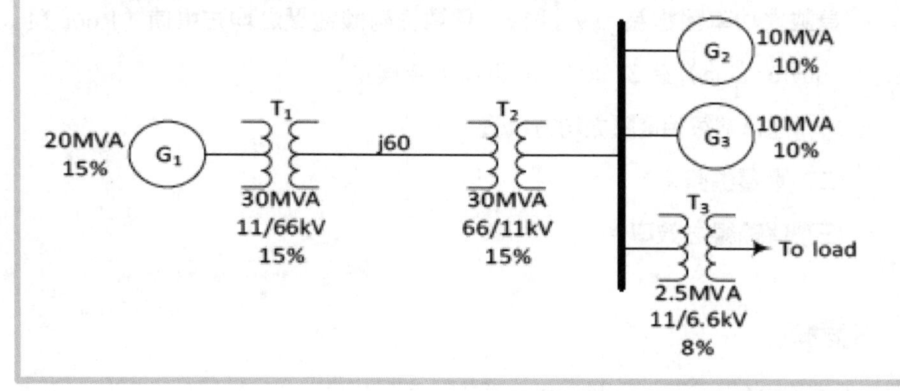


**詳解**

(一) (1) $X_{T1}=0.15\times\dfrac{20}{30}=0.1\text{p.u.}$

(2) $X_{G2}=0.1\times\dfrac{20}{10}=0.2\text{p.u.}$

(3) $X_{T3}=0.08\times\frac{20}{2.5}=0.64\text{p.u.}$

(4) $X_{線}=\frac{60}{\frac{66^2}{20}}=0.28\text{p.u.}$

(二) $I=\frac{1.0}{j(0.15+0.1+0.28+0.1+0.64)}=-j0.79\text{p.u.}$

$I=0.79\times\frac{66^2}{20}=172.06\text{A}$

**2** 某一 60Hz 短距離三相交流傳輸線，每相之電阻值為 R=0.62Ω，每相之電感值為 L=93.24mH。假設此傳輸線連接一三相 Y 連接 100MW 之負載，負載之功率因數為 0.9 滯後，負載線對線電壓之均方根值（Root Mean Square value）為 215kV。計算以下物理量：

(一) 送電端每相電壓之均方根值。

(二) 電壓調整率。

(三) 傳輸線之效率。

**詳解**

(一) $Z=0.62+j377\times93.24\times10^{-3}=35.16\angle88.99°\Omega$

$I_L=\frac{100\times10^6}{\sqrt{3}\times215\times10^3\times0.9}\angle-\cos^{-1}0.9=298.37\angle-25.84°\text{A}$

$=V_{S=}\frac{215\times10^3}{\sqrt{3}}\angle0°+(298.37\angle-25.84°)\times(35.16\angle88.99°)$

$=124.13\times10^3\angle0°+10.489\times10^3\angle63.15°=129.21\times10^3\angle4.15°\text{V}$

(二) $VR\%=\dfrac{129.21-124.13}{124.13}\times100\%=4.09\%$

(三) $\eta=\dfrac{100\times10^{6}}{3\times129.21\times10^{3}\times298.37\times\cos(4.15°+25.84°)}\times100\%=99.88\%$

3

**考慮三相交流電力系統，如圖所示。相關各項設備的額定容量、額定電壓、與其電抗標么（pu）值與基準（base）值已標示於圖上。假設匯流排之線對線電壓為 11kV，而三相短路故障發生於 F 處，計算：**

**(一) 故障電流為多少 kA？**

**(二) 故障容量為多少 kVA？**

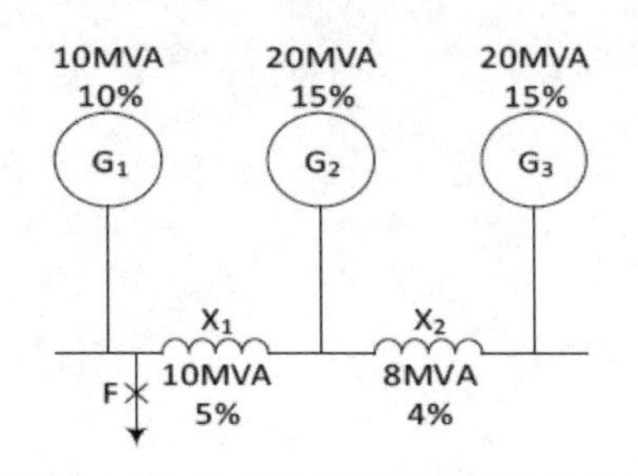


**詳解**

(一) $I_f=\dfrac{203.23M}{\sqrt{3}\times11k}=10.67kA$

(二) $MVA_{eq}=[MVA_{G3}//MVA_{X2}+MVA_{G2}]//MVA_{X1}+MVA_{G1}$

$=[\dfrac{20M}{0.15}//\dfrac{8M}{0.04}+\dfrac{20M}{0.15}]//\dfrac{10M}{0.05}+\dfrac{10M}{0.1}$

$=203226kVA$

**某一三相 Y−Δ 連接之30MVA、33/11kV 變壓器，以差動電驛保護。比流器之電流比於一次側為 500：5，而二次側為 2000：5。當故障電流為額定電流之 2 倍時，計算此時流經差動電驛之電流值。**

**詳解**

負載電流 $I_{L1}=\dfrac{30M}{\sqrt{3}\times 33k}$；$I_{L2}=\dfrac{30M}{\sqrt{3}\times 11k}$

比流器一次側 $N_1=\dfrac{500}{5}=100\Rightarrow$二次側故障電流 $I=\dfrac{2I_{L1}}{100}=10.50A$

比流器二次側 $N_2=\dfrac{200}{5}=400\Rightarrow$二次側故障電流 $I=\dfrac{2I_{L2}}{400}=7.87A$

∴流經差動電驛之電流值 33kV：$I_{RL}=10.50A$

11kV：$I_{RH}=\sqrt{3}\times 7.87=13.64A$

# 一試就中，升任各大
# 國民營企業機構
# 高分必備，推薦用書

政府採購法
10日速成
普通物理
實力養成
千華數位文化


## 共同科目

| | | | |
|---|---|---|---|
| 2B811121 | 國文 | 高朋・尚榜 | 590元 |
| 2B821131 | 英文 | 劉似蓉 | 650元 |
| 2B331131 | 國文(論文寫作) | 黃淑真・陳麗玲 | 470元 |

## 專業科目

| | | | |
|---|---|---|---|
| 2B031131 | 經濟學 | 王志成 | 620元 |
| 2B041121 | 大眾捷運概論（含捷運系統概論、大眾運輸規劃及管理、大眾捷運法<br>榮登博客來、金石堂暢銷榜 | 陳金城 | 560元 |
| 2B061131 | 機械力學(含應用力學及材料力學)重點統整＋高分題庫 | 林柏超 | 430元 |
| 2B071111 | 國際貿易實務重點整理+試題演練二合一奪分寶典<br>榮登金石堂暢銷榜 | 吳怡萱 | 560元 |
| 2B081131 | 絕對高分! 企業管理(含企業概論、管理學) | 高芬 | 650元 |
| 2B111082 | 台電新進雇員配電線路類超強4合1 | 千華名師群 | 750元 |
| 2B121081 | 財務管理 | 周良、卓凡 | 390元 |
| 2B131121 | 機械常識 | 林柏超 | 630元 |
| 2B161132 | 計算機概論(含網路概論)<br>榮登博客來、金石堂暢銷榜 | 蔡穎、茆政吉 | 近期出版 |
| 2B171121 | 主題式電工原理精選題庫 | 陸冠奇 | 530元 |
| 2B181131 | 電腦常識(含概論) 榮登金石堂暢銷榜 | 蔡穎 | 590元 |
| 2B191131 | 電子學 | 陳震 | 近期出版 |
| 2B201121 | 數理邏輯(邏輯推理) | 千華編委會 | 530元 |
| 2B211101 | 計算機概論(含網路概論)重點整理+試題演練 | 哥爾 | 460元 |

| | | | |
|---|---|---|---|
| 2B251121 | 捷運法規及常識(含捷運系統概述)<br>榮登博客來暢銷榜 | 白崑成 | 560元 |
| 2B321131 | 人力資源管理(含概要) | 陳月娥、周毓敏 | 690元 |
| 2B351131 | 行銷學(適用行銷管理、行銷管理學)<br>榮登金石堂暢銷榜 | 陳金城 | 590元 |
| 2B421121 | 流體力學（機械）·工程力學（材料）精要解析 | 邱寬厚 | 650元 |
| 2B491121 | 基本電學致勝攻略 榮登金石堂暢銷榜 | 陳新 | 690元 |
| 2B501131 | 工程力學(含應用力學、材料力學)<br>榮登金石堂暢銷榜 | 祝裕 | 630元 |
| 2B581112 | 機械設計(含概要) 榮登金石堂暢銷榜 | 祝裕 | 580元 |
| 2B661121 | 機械原理(含概要與大意)奪分寶典 | 祝裕 | 630元 |
| 2B671101 | 機械製造學(含概要、大意) | 張千易、陳正棋 | 570元 |
| 2B691131 | 電工機械(電機機械)致勝攻略 | 鄭祥瑞 | 590元 |
| 2B701111 | 一書搞定機械力學概要 | 祝裕 | 630元 |
| 2B741091 | 機械原理(含概要、大意)實力養成 | 周家輔 | 570元 |
| 2B751131 | 會計學(包含國際會計準則IFRS)<br>榮登金石堂暢銷榜 | 歐欣亞、陳智音 | 590元 |
| 2B831081 | 企業管理(適用管理概論) | 陳金城 | 610元 |
| 2B841131 | 政府採購法10日速成 榮登博客來、金石堂暢銷榜 | 王俊英 | 630元 |
| 2B851141 | 8堂政府採購法必修課：法規+實務一本go！<br>榮登博客來、金石堂暢銷榜 | 李昀 | 近期出版 |
| 2B871091 | 企業概論與管理學 | 陳金城 | 610元 |
| 2B881131 | 法學緒論大全(包括法律常識) | 成宜 | 690元 |
| 2B911131 | 普通物理實力養成 榮登金石堂暢銷榜 | 曾禹童 | 650元 |
| 2B921141 | 普通化學實力養成 | 陳名 | 550元 |
| 2B951131 | 企業管理(適用管理概論)滿分必殺絕技<br>榮登金石堂暢銷榜 | 楊均 | 630元 |

以上定價，以正式出版書籍封底之標價為準

# 一試就中，升任各大
# 國民營企業機構
# 高分必備，推薦用書

## 題庫系列

| | | | |
|---|---|---|---|
| 2B021111 | 論文高分題庫 | 高朋<br>尚榜 | 360元 |
| 2B061131 | 機械力學(含應用力學及材料力學)重點統整＋高分題庫 | 林柏超 | 430元 |
| 2B091111 | 台電新進雇員綜合行政類超強5合1題庫 | 千華<br>名師群 | 650元 |
| 2B171121 | 主題式電工原理精選題庫 | 陸冠奇 | 530元 |
| 2B261121 | 國文高分題庫 | 千華 | 530元 |
| 2B271131 | 英文高分題庫 榮登金石堂暢銷榜 | 德芬 | 630元 |
| 2B281091 | 機械設計焦點速成＋高分題庫 | 司馬易 | 360元 |
| 2B291131 | 物理高分題庫 | 千華 | 590元 |
| 2B301141 | 計算機概論高分題庫 榮登金石堂暢銷榜 | 千華 | 550元 |
| 2B341091 | 電工機械(電機機械)歷年試題解析 | 李俊毅 | 450元 |
| 2B361061 | 經濟學高分題庫 | 王志成 | 350元 |
| 2B371101 | 會計學高分題庫 | 歐欣亞 | 390元 |
| 2B391131 | 主題式基本電學高分題庫 | 陸冠奇 | 600元 |
| 2B511131 | 主題式電子學(含概要)高分題庫 | 甄家灝 | 500元 |
| 2B521131 | 主題式機械製造(含識圖)高分題庫 榮登金石堂暢銷榜 | 何曜辰 | 近期出版 |

| 2B541131 | 主題式土木施工學概要高分題庫　　榮登金石堂暢銷榜 | 林志憲 | 630元 |
|---|---|---|---|
| 2B551081 | 主題式結構學(含概要)高分題庫 | 劉非凡 | 360元 |
| 2B591121 | 主題式機械原理(含概論、常識)高分題庫<br>榮登金石堂暢銷榜 | 何曜辰 | 590元 |
| 2B611131 | 主題式測量學(含概要)高分題庫　　榮登金石堂暢銷榜 | 林志憲 | 450元 |
| 2B681131 | 主題式電路學高分題庫 | 甄家灝 | 550元 |
| 2B731101 | 工程力學焦點速成＋高分題庫　　榮登金石堂暢銷榜 | 良運 | 560元 |
| 2B791121 | 主題式電工機械(電機機械)高分題庫 | 鄭祥瑞 | 560元 |
| 2B801081 | 主題式行銷學(含行銷管理學)高分題庫 | 張恆 | 450元 |
| 2B891131 | 法學緒論(法律常識)高分題庫 | 羅格思<br>章庠 | 570元 |
| 2B901131 | 企業管理頂尖高分題庫(適用管理學、管理概論) | 陳金城 | 410元 |
| 2B941131 | 熱力學重點統整＋高分題庫　　榮登金石堂暢銷榜 | 林柏超 | 470元 |
| 2B951131 | 企業管理(適用管理概論)滿分必殺絕技 | 楊均 | 630元 |
| 2B961121 | 流體力學與流體機械重點統整＋高分題庫 | 林柏超 | 470元 |
| 2B971141 | 自動控制重點統整＋高分題庫 | 翔霖 | 560元 |
| 2B991141 | 電力系統重點統整＋高分題庫 | 廖翔霖 | 650元 |

以上定價，以正式出版書籍封底之標價為準

**歡迎至千華網路書店選購**

服務電話(02)2228-9070

千華網路書店

**更多網路書店及實體書店**

博客來網路書店　PChome 24hr書店　三民網路書店

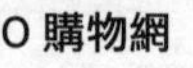

MOMO 購物網　金石堂網路書店　誠品網路書店

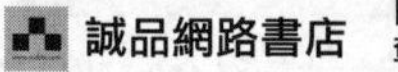

查詢實體書店

## 最狂校長帶你邁向金榜之路

### 15 招最狂國考攻略

謝龍卿 / 編著

獨創 15 招考試方法，以圖文傳授解題絕招，並有多張手稿筆記示範，讓考生可更直接明瞭高手做筆記的方式！

## 榮登博客來、金石堂暢銷排行榜

### 贏在執行力！吳盼盼一年雙榜致勝關鍵

吳盼盼 / 著

一本充滿「希望感」的學習祕笈，重新詮釋讀書考試的意義，坦率且饒富趣味地直指大眾學習的盲點。



好評2刷！

## 金榜題名獨門絕活大公開

### 國考必勝的心智圖法

孫易新 / 著

全球第一位心智圖法華人講師，唯一針對國考編寫心智圖專書，公開國考準備心法！

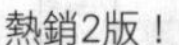

熱銷2版！

## 江湖流傳已久的必勝寶典

### 國考聖經

王永彰 / 著

九個月就考取的驚人上榜歷程，及長達十餘年的輔考經驗，所有國考生的 Q&A，都收錄在這本！

熱銷3版！

## 雙榜狀元讀書秘訣無私公開

### 圖解 最省力的榜首讀書法

賴小節 / 編著

榜首五大讀書技巧不可錯過，圖解重點快速記憶，答題技巧無私傳授，規劃切實可行的讀書計畫！

## 榮登金石堂暢銷排行榜

### 請問，國考好考嗎？

開心公主 / 編著

開心公主以淺白的方式介紹國家考試與豐富的應試經驗，與你無私、毫無保留分享擬定考場戰略的秘訣，內容囊括申論題、選擇題的破解方法，以及獲取高分的小撇步等，讓你能比其他人掌握考場先機！

# 推薦學習方法　影音課程

## 每天 10 分鐘！斜槓考生養成計畫

立即試看

**斜槓考生 / 必學的考試技巧 / 規劃高效益的職涯生涯**

**看完課程後，你可以學到**　　講師 / 謝龍卿

1. 找到適合自己的應考核心能力
2. 快速且有系統的學習
3. 解題技巧與判斷答案之能力

## 國考特訓班 心智圖筆記術

立即試看

**筆記術 + 記憶法 / 學習地圖結構**

**本課程將與你分享**　　講師 / 孫易新

1. 心智圖法「筆記」實務演練
2. 強化「記憶力」的技巧
3. 國考心智圖「案例」分享

國家圖書館出版品預行編目(CIP)資料

電力系統重點整理+高分題庫/廖翔霖編著. -- 第四版. --

新北市 : 千華數位文化股份有限公司, 2024.07

面； 公分

國民營事業

ISBN 978-626-380-563-7 (平裝)

1.電力系統 2.電力配送

448.3 113009857

50th 千華五十 築夢踏實

[國民營事業] 電力系統重點整理＋高分題庫

編　著　者：廖　翔　霖

發　行　人：廖　雪　鳳
登　記　證：行政院新聞局局版台業字第 3388 號
出　版　者：千華數位文化股份有限公司
地址：新北市中和區中山路三段 136 巷 10 弄 17 號
電話：(02)2228-9070　傳真：(02)2228-9076
客服信箱：chienhua@chienhua.com.tw

法律顧問：永然聯合法律事務所
編輯經理：甯開遠
主　　編：甯開遠
執行編輯：廖信凱
校　　對：千華資深編輯群
設計主任：陳春花
編排設計：邱君儀

千華官網／購書

千華蝦皮

出版日期：2024 年 7 月 20 日　第四版／第一刷



本書如有勘誤或其他補充資料，
將刊於千華官網，歡迎前往下載。